PRÉCIS

DE

ZOOLOGIE MÉDICALE

PAR

LE Dʳ G. CARLET

PROFESSEUR A LA FACULTÉ DES SCIENCES ET A L'ÉCOLE DE MÉDECINE
DE GRENOBLE
MEMBRE CORRESPONDANT DE L'ACADÉMIE DE MÉDECINE

Deuxième édition entièrement refondue

AVEC 512 FIGURES DANS LE TEXTE

PARIS

G. MASSON, ÉDITEUR

LIBRAIRE DE L'ACADÉMIE DE MÉDECINE

120, boulevard Saint-Germain, en face de l'École de Médecine

1888

MANUEL DE PATHOLOGIE INTERNE

Par M. le Dr DIEULAFOY, agrégé de la Faculté de médecine. Nouvelle édition. 2 volumes.　　　　12 fr.

RÉSUMÉ D'ANATOMIE APPLIQUÉE

Par M. le Dr PAULET, professeur à la Faculté de médecine de Lyon. 3e édition, avec 63 figures dans le texte.　7 fr.

MANUEL DE DIAGNOSTIC MÉDICAL

Par M. P. SPILLMANN, professeur à la Faculté de médecine de Nancy, 100 figures dans le texte.　7 fr. 50

MANUEL DE THÉRAPEUTIQUE

Par le Dr BERLIOZ, professeur à la Faculté de médne de Grenoble, avec une préface par M. BOUCHARD, professeur à la Faculté de médecine de Paris. 2o édition.　6 fr.

PRÉCIS D'HYGIÈNE PRIVÉE ET SOCIALE

Par M. le Dr A. LACASSAGNE, professeur à la Faculté de médecine de Lyon. 3e édition.　7 fr.

PRÉCIS DE MÉDECINE JUDICIAIRE

Par M. le Dr LACASSAGNE, professeur à la Faculté de médecine de Lyon, 2o édition avec figures dans le texte et 4 planches en couleur.　7 fr. 50

PRÉCIS DE ZOOLOGIE MÉDICALE

Par M. G. CARLET, doyen de la Faculté des sciences et professeur à l'Ecole de médecine de Grenoble, 2e édition, avec 207 figures dans le texte.　7 fr. 50

GUIDE PRATIQUE D'ÉLECTROTHÉRAPIE

Rédigé d'après les travaux et les leçons du Dr ONIMUS, par le Dr DONNEFOY, deuxième édition revue et augmentée par le Dr ONIMUS, avec 90 figures dans le texte.　6 fr.

ÉLÉMENTS DE PHYSIQUE

Appliquée à la médecine et à la physiologie, par M. MOITESSIER, doyen de la Faculté de médecine de Montpellier, *Optique*, avec 177 figures dans le texte.　7 fr. 50

PARIS

Sa topographie, son hygiène, ses maladies, par M. le Dr Léon COLIN, médecin inspecteur de l'armée. 1 volume de 532 pages.　6 fr.

Droits de traduction et de reproduction réservés.

Corbeil. — Imprimerie Crété.

PRÉCIS

DE

ZOOLOGIE MÉDICALE

A M. LE Dr MAREY

PROFESSEUR AU COLLÈGE DE FRANCE
MEMBRE DE L'INSTITUT ET DE L'ACADÉMIE DE MÉDECINE

A vous, mon cher Maître, qui avez guidé mes premiers pas dans la carrière physiologique, et qui n'avez jamais cessé de m'encourager de vos bienveillants conseils, je devais l'hommage de ce livre. Écrit, à proprement parler, au milieu de mes élèves, il résume un enseignement pendant lequel je me suis toujours efforcé de ne pas oublier que l'Animal a vécu, avant de devenir un objet de collection ou de dissection. En cherchant ainsi à ne pas séparer la Physiologie de l'Anatomie, je me suis essayé à une sorte de Zoologie en action.

Les grands ouvrages effrayent les élèves et les découragent parfois, au début de leurs études; de là ce Précis, simple guide de poche à travers le Monde animal. Dans le cours d'un voyage, on consulte son guide; mais c'est le pays qu'on regarde. Puissent mes lecteurs regarder, de tous leurs yeux, la Nature et surtout la Nature vivante, celle à laquelle vous avez su déjà arracher bien des secrets, celle qui réserve encore tant de surprises aux travailleurs de l'avenir!

G. CARLET.

PRÉCIS

DE

ZOOLOGIE MÉDICALE

CHAPITRE PREMIER

CONSIDÉRATIONS GÉNÉRALES SUR LA ZOOLOGIE

Définitions. — La *Zoologie* est la partie des sciences naturelles qui traite des Animaux. La *Zoologie médicale* a spécialement pour objet l'étude des Animaux utiles ou nuisibles à la santé, soit par eux-mêmes, soit par leurs produits.

Les *êtres vivants* ou *animés* ou *organisés* (Animaux, Végétaux, Protistes) renferment tous, dans leur composition, une substance fondamentale de consistance molle (*protoplasma*), formée de matières albuminoïdes et n'existant pas chez les *corps bruts* ou *inorganisés*.

L'*organisation* d'un être est l'ensemble des parties et des phénomènes qu'il présente. La science de l'organisation (*biologie*) comprend trois études principales : celle de la structure (*anatomie*), celle du fonctionnement (*physiologie*) et celle du développement (*embryologie*). Quand ces diverses branches de la biologie étendent leurs recherches à l'ensemble des Animaux, elles prennent respectivement les noms d'*anatomie comparée*, de *physiologie comparée* et d'*embryologie comparée*.

La Zoologie s'occupe non seulement de l'anatomie, de la physiologie et de l'embryologie des Animaux, mais encore de leurs formes extérieures (*morphologie*), de leurs mœurs (*éthologie*), de leur distribution géographique, de l'intérêt qu'ils présentent en tant qu'animaux utiles ou nuisibles, enfin de leur groupement suivant un ordre méthodique qui facilite leur étude et permette de les déterminer (*classification*).

Éléments anatomiques. — Ce sont les plus petites parties figurées dont se compose l'organisme. Chez les Protistes, le corps peut n'être qu'une sorte de gelée de protoplasma, sans forme définie ; mais, le plus souvent, il revêt une configuration spéciale et est un globule protoplasmique isolé ou associé à quelques-uns de ses semblables. Ce globule est tantôt simple (*cytode*), tantôt muni d'un noyau à son intérieur (*cellule*). On réunit souvent les cytodes et les cellules sous la dénomination générale d'*éléments cellulaires* ou de *plastides*. Les Animaux et les Végétaux sont composés d'un grand nombre d'éléments cellulaires groupés, soit entre eux, soit avec des corpuscules allongés de même nature (*fibres*). Les éléments anatomiques sont donc de trois sortes : les *cytodes*, les *cellules* et les *fibres*.

Tissus. — Un *tissu* est un ensemble d'éléments anatomiques semblables ou dissemblables et plus ou moins rapprochés. Les Animaux et les Végétaux ont tous des tissus ; les Protistes n'en ont pas. Un *système* est la réunion des parties formées d'un même tissu.

Organes. — Un *organe* est un instrument de conformation spéciale, composé de deux ou plusieurs tissus. Chaque organe a un ou plusieurs *usages*, accomplit un ou plusieurs *actes*.

Appareils. — Un *appareil* est un assemblage d'organes différents et solidaires. Chaque appareil remplit

une *fonction*. Celle-ci consiste en une série d'actes différents, mais coordonnés en vue d'un résultat spécial.

SUBORDINATION DES ORGANES AUX FONCTIONS. — Dans les
organismes inférieurs, les appareils disparaissent plus ou
moins complètement, mais les fonctions persistent et cela
suffit à affirmer que « la fonction prime l'organe » (LA-
MARCK). En employant le langage algébrique, on peut
dire que, dans l'équation de l'organisation, les fonctions
sont les *constantes* et les organes les *variables*.

Individu. — On appelle ainsi tout organisme doué
d'une existence isolée. Un *couple* est la réunion de deux
individus sexuellement différents.

Animal. — L'*Animal* est un être organisé, pourvu de
tissus et d'organes, doué de volonté et se nourrissant,
par le moyen d'un tube digestif, aux dépens du milieu
organique. L'ensemble des Animaux constitue le *Règne
animal* (LINNÉ).

Quelques Animaux parasites (Cestoïdes, Acanthocéphales), chez lesquels la nourriture servie par l'hôte suffit
à l'entretien de la vie, n'ont pas de tube digestif; il en
est de même chez quelques autres à existence éphémère
(Phylloxéras sexués, mâles des Rotateurs), ne vivant que
le temps nécessaire pour s'accoupler et mourir. On
trouve le plus souvent, chez ces Animaux, quelques traces
d'un tube digestif qui a disparu par le fait du parasitisme
ou de l'inaction, en sorte que ces exceptions s'expliquent
d'elles-mêmes et confirment la règle de la constance du
tube digestif.
L'Animal se nourrit de matières empruntées, soit directement, soit indirectement au Végétal, c'est-à-dire de
substances organisées ou organiques, auxquelles il fait
ensuite subir des oxydations : c'est donc un organisme
de *combustion* et d'*analyse*. Ses tissus sont riches en azote
et leur décomposition exhale une odeur repoussante
(odeur cadavérique), due à la formation de substances
ammoniacales.

Végétal. — Le *Végétal* est un être organisé, composé
de tissus et d'organes, dépourvu de volonté et se nourrissant, sans tube digestif, aux dépens du milieu inor-

ganique. L'ensemble des Végétaux constitue le *Règne végétal* (LINNÉ).

Le Végétal est essentiellement un organisme de *réduction* et de *synthèse*, empruntant presque exclusivement au milieu inorganique (air, eau, azotates, etc.), des matières qu'il réduit et transforme en substances organiques, sous la double influence de la chlorophylle et des rayons solaires. Ses tissus sont riches en carbone.

Protiste. — Le *Protiste* est un être organisé, sans tissus ni organes véritables, doué ou non de volonté, se nourrissant, sans tube digestif, aux dépens du milieu inorganique ou organique. L'ensemble des Protistes constitue le *Règne des Protistes* (HÆCKEL).

Le Règne des Protistes se compose d'êtres généralement microscopiques (Infusoires, Microbes, etc.), qui se rapprochent des Animaux inférieurs et des Végétaux inférieurs, présentent des caractères intermédiaires entre ceux des uns et des autres, mais ne sont en réalité ni Animaux ni Végétaux. Il renferme les soi-disant Animaux qu'on décrit encore quelquefois sous le nom de *Protozoaires* et les prétendus Végétaux qu'on a appelés *Protophytes*.

Empire organique. — Les trois règnes organiques ne sont pas séparés par des limites infranchissables ; ils sont au contraire reliés les uns aux autres, par des gradations insensibles (*natura non facit saltus*), et forment un tout désigné sous le nom d'*Empire organique*, par opposition à l'ensemble des corps bruts ou *Empire inorganique*.

La matière circule sans cesse de l'un à l'autre de ces Empires (*circulation de la matière*), subissant des métamorphoses, les unes progressives (surtout chez le Végétal), les autres régressives (surtout chez l'Animal), mais sans jamais disparaître (LAVOISIER). De même, la force, inhérente à la matière, se transforme de force vive en force de tension (surtout chez le Végétal), et de force de tension en force vive (surtout chez l'Animal), mais sans jamais se détruire (HELMHOLTZ).

Espèce. — On a défini l'*espèce :* la réunion des individus descendus l'un de l'autre ou de parents communs, et de ceux qui leur ressemblent autant qu'ils se ressemblent entre eux (Cuvier) ; ou encore : l'individu répété dans le temps et dans l'espace (Blainville). Mais ces définitions supposent l'espèce immuable. Or il est démontré aujourd'hui que l'espèce n'est pas fixe, qu'elle n'est qu'une forme temporaire et variable de l'organisation. La notion absolue de l'espèce a donc disparu.

Variété. — C'est un individu ou un ensemble d'individus provenant d'êtres de même espèce et se distinguant de ceux-ci par un ou plusieurs caractères peu importants. Exemple : un Chien épagneul.

On appelle *race* l'ensemble des individus ayant reçu et transmettant, par génération, les caractères d'une même variété. Exemple : la race épagneule.

Métissage. — C'est le croisement entre individus de même espèce, mais de races différentes. Les produits (*métis*) ressemblent à la fois aux deux parents et sont généralement susceptibles de se reproduire indéfiniment (*fécondité continue*), entre eux ou avec le type dont ils dérivent ; cependant il y a des exceptions :

$$\frac{\text{Cochon d'Inde sauvage}}{\text{Cochon d'Inde domestique}} = 0 ;$$

$$\frac{\text{Chat domestique d'Europe}}{\text{Chat domestique du Paraguay}} = 0.$$

Les descendants présentent assez souvent un ou plusieurs caractères que n'avaient pas les parents immédiats, mais que possédait un ancêtre (*atavisme*).

Hybridation. — C'est le croisement entre deux individus d'espèces différentes. Quand ce croisement est possible, le plus souvent des raisons physiques s'opposent à la fécondation et quelquefois, si celle-ci a lieu, le produit n'arrive pas à terme. Quand l'hybridation donne des résultats, elle peut être réciproque :

$$\frac{\text{Ane}}{\text{Jument}} = \text{Mulet} ; \quad \frac{\text{Cheval}}{\text{Anesse}} = \text{Bardot} ;$$

$$\frac{\text{Lapin}}{\text{Hase}} \text{ ou } \frac{\text{Lièvre}}{\text{Lapine}} = \text{Léporide} ;$$

ou ne pas être réciproque :

$$\frac{\text{Bouc}}{\text{Brebis}} = \text{Chabin} ; \qquad \frac{\text{Bélier}}{\text{Chèvre}} = 0.$$

Généralement les hybrides sont stériles (Mulet, Bardot), cependant ils peuvent être fertiles (Léporides). Dans ce dernier cas, la fécondité disparaît souvent, au bout d'un petit nombre de générations (*fécondité bornée*) ; si elle persiste, les produits se rapprochent ordinairement de plus en plus de l'une des espèces-souches ou se partagent entre l'une et l'autre de ces espèces (*retour au type*).

NOMBRE DES ESPÈCES ANIMALES. — D'après ce qui précède, il n'y a pas de limite absolue entre l'espèce et la variété ; cependant on continue à employer ces expressions dans le langage scientifique, mais en ne leur accordant qu'une valeur relative. C'est avec cette restriction qu'on apprécie à 600 000 espèces environ, le nombre des formes animales actuellement existantes.

Principe du transformisme (LAMARCK). — Une espèce peut, avec le temps, subir des variations suffisantes pour constituer une espèce distincte de la souche primitive.

Le transformisme considère les variétés comme des espèces naissantes ou en voie de formation, produites par des influences diverses, puis s'adaptant à des conditions nouvelles (*adaptation*), pour devenir, à leur tour, le point de départ de formes de plus en plus différentes de la souche et transmettant, comme les précédentes, leurs variations par la génération (*hérédité*).

Théorie de la descendance ou du transformisme (LAMARCK). — Elle admet que tous les organismes complexes dérivent d'organismes simples, par voie de transformations successives, et que ceux-ci sont eux-mêmes la postérité d'organismes rudimentaires.

Cette théorie, appelée encore quelquefois *théorie de l'évolution naturelle*, a remplacé la *théorie des créations successives* qui n'est plus aujourd'hui d'accord avec les faits ; elle considère toutes les espèces comme unies les unes aux autres par un véritable lien de parenté, sans s'inquiéter de savoir si elles proviennent d'une forme commune (*hypothèse monophylétique*) ou au contraire de plusieurs formes ancestrales (*hypothèse polyphylétique*). Dans ces conditions, la classification devient l'expression des rapports de descendance ou degrés de parenté, c'est-à-dire un arbre généalogique.

Hæckel suppose que le protoplasma se serait formé et se formerait peut-être encore actuellement, au fond des mers, par l'union directe des éléments chimiques. Dans cette hypothèse (*hypothèse du monisme*), les corps organiques proviendraient des corps inorganiques et ainsi auraient apparu, d'abord des gelées vivantes, puis des Protistes constituant, pour ainsi dire, le tronc d'un arbre d'où seraient sortis les deux immenses groupes des Animaux et des Végétaux, comme deux branches allant en se ramifiant de plus en plus à mesure qu'elles s'éloignent du tronc.

Faits et principes relatifs a la théorie de la descendance. — Nous exposerons brièvement, dans l'ordre suivant, une série de faits qui militent en faveur du transformisme : influence du milieu (E. Geoffroy Saint-Hilaire) ; influence de l'exercice ou de l'inaction des organes (Lamarck) ; lutte pour l'existence (Darwin) ; sélection naturelle (Darwin) ; mimétisme (Wallace) ; ségrégation (M. Wagner) ; variations corrélatives (Darwin) ; extinction des formes intermédiaires (Darwin) ; divergence des caractères (Darwin) ; division du travail (Milne Edwards) ; connexion des organes (Goethe ; Et. Geoffroy Saint-Hilaire) ; rapports d'homologie et d'analogie des organes (Et. Geoffroy Saint-Hilaire) ; organes rudimentaires (Darwin) ; parallélisme entre l'évolution de l'individu et l'évolution de l'espèce (Hæckel) ; succession géologique des organismes (Lyell ; Darwin) ; distribution géographique des êtres organisés (Darwin ; Hæckel). On voit, par l'énoncé des noms qui précèdent, le rôle considérable joué par Darwin, dans la recherche des causes du transformisme ; aussi appelle-t-on quelquefois celui-ci : le *Darwinisme*.

A. Influence du milieu. — Tout le monde sait que la chaleur, la lumière et la nutrition impriment aux organismes des variations plus ou moins considérables. L'extension géographique exerce quelquefois une telle influence, que des êtres provenant de la même souche, mais capturés dans des régions éloignées les unes des autres, ont été pris souvent pour des espèces distinctes. Un couple de nos Lapins domestiques, déposé en 1419

dans l'île de Porto Santo, près de Madère, a fait souche
d'individus qui sont devenus sauvages, ont pris des caractères spéciaux se rapprochant de ceux des Rats, et ne
donnent plus aujourd'hui de produits avec les Lapins
européens. Voilà donc une variété devenue une espèce,
dans le sens même qu'attachaient à ces mots les parti-
sans de la fixité de l'espèce.

B. Influence de l'exercice ou de l'inaction des organes.
— L'usage ou inversement le défaut d'usage d'une partie
en modifie la nutrition et le développement. Chez le Canard domestique, les muscles et les os des ailes sont
moins développés que chez le Canard sauvage, tandis que
c'est l'inverse pour les muscles et les os des pattes : la
raison en est que le premier se sert moins de ses ailes
et plus de ses pattes que le second. Les Poissons plats ou
Pleuronectes, forcés de se coucher sur le côté, par suite
de la faiblesse de leurs nageoires pectorales et de la position de leur centre de gravité, fortifient la moitié de la
mâchoire en contact avec le sol qui leur fournit les aliments et amènent l'œil inférieur à la face supérieure de
la tête. D'une manière générale, la vie parasitaire est
suivie de la disparition plus ou moins complète des organes de locomotion désormais sans emploi.

C. Lutte pour l'existence. — Les êtres engagent, soit
entre eux, soit avec les conditions physiques de la vie,
une véritable lutte (*lutte pour l'existence, combat pour la
vie, concurrence vitale*). Cette lutte est due, le plus souvent, à l'insuffisance des moyens de subsistance. Si une
seule espèce se multipliait, sans pertes ni obstacles, elle
aurait bientôt envahi toute la surface du globe. Les causes de destruction des organismes sont très nombreuses
et les rapports qu'ont entre eux les êtres organisés, dans
la lutte pour l'existence, sont souvent très complexes.
Ainsi, l'intervention des Bourdons, comme agents de
transport du pollen, est très utile pour la fécondation du
Trèfle; mais les nids de Bourdons sont souvent détruits
par les Mulots et ceux-ci ont pour ennemis les Chats. La
fécondité du Trèfle sera donc d'autant plus considérable,
dans un pays, qu'il y aura, dans ce pays, plus de Bourdons, moins de Mulots et plus de Chats.

D. Sélection naturelle. — Par la *sélection artificielle* ou
choix des reproducteurs, l'Homme arrive à obtenir rapidement des produits différant tellement de la souche que
quelques-uns peuvent être considérés comme des espèces nouvelles; mais nous savons déjà que ces produits
trop vite obtenus retournent souvent au type primitif.

Dans la *sélection naturelle*, les transformations sont en général excessivement lentes et les résultats assez fixes. L'agent sélecteur est ici la lutte pour l'existence. Dans cette lutte, les vainqueurs sont ceux qui possèdent des avantages spéciaux ; d'une manière générale, il y aura toujours *persistance du plus apte* qui alors servira de reproducteur. Les avantages des individus les mieux doués se transmettront ainsi à leurs descendants ; parmi ceux-ci, les plus avantagés l'emporteront à leur tour sur leurs rivaux moins bien partagés, et ainsi de suite, de génération en génération, de telle sorte qu'au bout d'un certain temps, les organismes ainsi modifiés différeront grandement de leurs premiers parents. La *sélection sexuelle* est une forme de la sélection naturelle, par laquelle ont été acquises les armes offensives et défensives (ergots des Gallinacés, cornes de Ruminants, etc.) ou les moyens variés de séduction (ramage et plumage des Oiseaux) qui donnent aux mâles la victoire pour la possession des femelles.

En général, la sélection naturelle anéantit les variations nuisibles, conserve ou améliore les déviations utiles ; elle s'exerce surtout sur les espèces les plus communes ou les plus répandues, car, tant en raison de leur multiplicité que de leur extension géographique, elles offrent plus de chances de variations. Il y a cependant des cas où les êtres restent en harmonie avec le milieu ; ainsi s'explique le maintien d'un grand nombre de formes inférieures à organisation très simple et supportant mieux, par cela même, que les organismes plus élevés, des changements dans les conditions d'existence. Enfin, la sélection naturelle, au lieu d'amener le perfectionnement graduel ou la conservation des caractères, peut être une cause de rétrogradation. Ainsi, la plupart des Insectes, dans les îles, en particulier les Coléoptères à Madère, ont des ailes réduites ou nulles, parce que ceux qui volent sont emportés par le vent dans la mer et que ceux qui ont des ailes imparfaites servent de reproducteurs.

E. MIMÉTISME. — On désigne, sous ce nom, la possibilité qu'ont beaucoup d'Animaux de prendre la couleur du milieu dans lequel ils vivent (*couleurs protectrices*) ou de changer d'aspect, en revêtant une sorte de déguisement. Ces faits s'accordent avec la théorie transformiste, car toute variation de couleur qui mettra un Animal en évidence lui sera nuisible, soit pour échapper à ses ennemis, soit pour poursuivre une proie, et tendra à disparaître par la sélection naturelle ; au contraire, toute couleur constituant une sauvegarde tendra à prédominer et à devenir la couleur de l'espèce. Ainsi s'expliquent le pelage blanc des Animaux des régions polaires, le pelage fauve de ceux des confins du désert, la couleur verte de ceux qui vivent sur les arbres ou dans les prés, la livrée variable de ceux qui sont blancs l'hiver et jaunâtres l'été, la couleur bleuâtre ou la transparence de ceux qui vivent à la surface de la mer, l'habitude qu'ont beaucoup d'Animaux de simuler la mort, de se rendre semblables à des corps inertes, tels que des cailloux, des feuilles ou des tiges, ou même à d'autres Animaux, ce qui leur permet de s'approcher de leurs victimes ou d'éviter leurs ennemis. Quant aux Animaux qui ne revêtent pas de couleurs protectrices, ils sont généralement doués de moyens de défense particuliers ou sont impropres à servir de pâture, par suite de leur odeur repoussante ou pour d'autres raisons ; alors la sélection naturelle développera, chez eux, une livrée de plus en plus voyante, qui les signalera à l'aversion des autres espèces.

F. Ségrégation. — C'est le nom qu'on donne à l'isolement des espèces. Celui-ci, en empêchant les croisements avec la souche ou avec les variétés nouvellement formées, joue un rôle important dans la modification des espèces. Ainsi, les ruisseaux des deux versants d'une chaîne de montagnes sont presque toujours peuplés de variétés différentes, de chaque côté, quelle que soit d'ailleurs l'orientation de la chaîne, ce qui empêche de pouvoir attribuer cette différence au climat.

G. Variations corrélatives. — Les différentes parties de l'organisme sont, dans le cours de leur croissance et de leur développement, si intimement liées entre elles que, lorsque des variations légères affectent un organe et s'accumulent par sélection naturelle, d'autres organes se modifient aussi, de plus en plus. Ce principe n'est qu'une variante de celui de la *corrélation des organes* et de celui du *balancement des organes*.

a. *Principe de la corrélation des organes* (Cuvier). — Les divers organes d'un Animal sont dans une dépendance telle, qu'ils assurent l'harmonie de l'ensemble et que l'on peut souvent, par la considération d'un seul organe, reconstituer plus ou moins exactement le reste du corps.

Ainsi, un Mammifère à sabots est forcément herbivore, car il est dans l'impossibilité de saisir une proie qui chercherait à lui échapper ; mais, pour paître, la bouche

n'a pas à s'ouvrir largement et son orifice restera étroit;
de plus, comme l'herbe est peu nutritive et de digestion
difficile, elle devra être ingérée en grandes quantités et
soumise à une longue mastication, ce qui amènera la
dilatation de l'estomac et l'aplatissement des molaires. En
conséquence, une bouche étroite, des molaires plates et
un estomac volumineux coïncideront avec la présence
des sabots et seront l'apanage des Mammifères herbivores; au contraire, pour des raisons opposées, un estomac médiocre, une gueule largement fendue, des molaires tranchantés seront en corrélation avec des griffes
préhensiles, chez les Carnivores.

b. *Principe du balancement des organes* (GŒTHE; GEOF-
FROY SAINT-HILAIRE). — L'accroissement ou, au contraire,
la diminution d'un organe ne se fait pas sans qu'un autre
organe de son système ou de ses relations ne diminue
ou n'augmente, en même temps.

Chez le Têtard, quand les branchies s'atrophient, les
poumons se développent; quand la queue diminue, les
pattes poussent. Chez le Kanguroo, les membres postérieurs sont démesurément longs, mais les membres antérieurs sont très réduits.

H. EXTINCTION DES FORMES INTERMÉDIAIRES. — Dans la
lutte pour l'existence, la victoire appartenant toujours
aux formes les mieux douées, les types intermédiaires
ou aberrants, moins bien armés pour la concurrence vitale, devront disparaître tôt ou tard. Ainsi, l'*Archæop-
teryx*, des schistes de Solenhofen, moitié Oiseau par ses
plumes et ses ailes, moitié Reptile par ses membres et
sa longue queue, moins bien doué sur terre que les Reptiles et dans l'air que les Oiseaux, n'a pu se maintenir
dans ces conditions défavorables.

I. DIVERGENCE DES CARACTÈRES. — Les variations corrélatives et l'extinction des formes intermédiaires étant
démontrées, il est clair que les variétés arriveront à dif-
férer de plus en plus les unes des autres et de leur
souche, à tel point, qu'elles ne donneront plus de produits, ni entre elles, ni avec la souche, et s'élèveront
ainsi au rang d'espèces.

J. DIVISION DU TRAVAIL PHYSIOLOGIQUE. — La division du
travail ou divergence des fonctions a été amenée par les
mêmes procédés de sélection que la divergence des caractères; elle consiste dans ce fait que, si l'on s'élève
dans la série des êtres, on voit les fonctions s'exercer
par un nombre de plus en plus considérable d'organes,
entre lesquels se divise le travail. Ainsi, chez les Vers,

tous les segments du corps sont à peu près identiques ; mais, chez les Vertébrés, chaque segment a, pour ainsi dire, ses attributions spéciales.

La division du travail contribue énormément au perfectionnement des organismes, mais les met dans des conditions d'existence plus délicates. Chez les Animaux à fonctions peu différenciées, l'organisme subit souvent des mutilations considérables, sans que la vie soit compromise pour cela ; bien plus, des morceaux séparés du corps pourront s'accroître et reconstituer des Animaux complets. Loin d'être un signe de supériorité, ainsi qu'on l'a prétendu quelquefois, cette résistance vitale est une preuve d'infériorité : il en est de ces Animaux, chez lesquels les fonctions sont plus ou moins confondues, comme de ces instruments grossiers où l'on peut retrancher plusieurs parties sans nuire au fonctionnement de ce qui reste ; au contraire, chez les êtres à fonctions spécialisées, comme dans les appareils de précision, la destruction de certains organes empêche le reste de remplir convenablement ses fonctions ou même de fonctionner.

K. CONNEXION DES ORGANES. — Les organes sont placés, les uns par rapport aux autres, dans une situation qui est généralement conservée, alors que la forme et les usages de ces organes ont changé.

Ce principe trouve son explication dans les degrés de parenté qui unissent les Animaux de différents groupes et est une confirmation de la théorie de la descendance.

L. RAPPORTS D'HOMOLOGIE OU D'ANALOGIE DES ORGANES. — Des organes sont dits *homologues* quand ils se sont formés de la même manière, sont composés de parties similaires et ont, par conséquent, des valeurs anatomiques égales. Exemple : le membre antérieur d'un Mammifère, l'aile d'un Oiseau, la nageoire pectorale d'un Poisson, ou encore : le membre antérieur et le membre postérieur d'un Mammifère, l'aile et la patte d'un Oiseau.

Des organes sont dits *analogues* lorsque, ne possédant ni la même conformation ni le même mode de développement, ils servent néanmoins aux mêmes usages et ont, par suite, des valeurs physiologiques égales. Ex. : l'aile d'un Oiseau et celle d'un Insecte, ou encore les poumons d'un Mammifère et les branchies d'un Poisson.

L'existence des organes homologues s'explique très bien par la théorie de la descendance ; la conformité de structure de ces organes est la conséquence d'une origine commune et les modifications qu'ils présentent sont dues à leur adaptation à des usages différents. Cette explication rend inutile l'hypothèse d'un soi-disant plan d'organisation, dont les types de transition suffisent d'ailleurs à démontrer l'inexactitude. Quant aux faits d'analogie, ils militent aussi en faveur de la théorie de la descendance, en montrant que des parties primitivement dissemblables peuvent devenir similaires, par suite de l'adaptation aux mêmes usages. Ainsi, les Cétacés ont l'apparence générale des Poissons, par suite de la vie aquatique et malgré qu'ils appartiennent à des classes différentes. Dans une même classe, on voit souvent une sorte de parallélisme s'établir entre Animaux d'ordres différents, mais menant le même genre de vie ; ainsi, chez les Marsupiaux, on observe des types de Carnivores, d'Insectivores et de Rongeurs analogues à ces mêmes types, chez les Placentaires.

M. ORGANES RUDIMENTAIRES. — La présence d'organes rudimentaires, pour la plupart sans usages, est inconciliable avec l'idée d'un plan d'organisation, avec celle des créations successives ou avec celle des causes finales ; mais elle trouve une explication rationnelle dans la théorie de la descendance. En effet, si ces organes ont existé chez des ancêtres, avec leur plein développement, on comprend leur maintien par l'hérédité et leur amoindrissement successif par le défaut d'usage ou par la sélection naturelle. Ainsi s'expliquent, chez l'Homme, les poils follets du corps, héritage réduit d'ancêtres velus ; les muscles rudimentaires du pavillon de l'oreille, ne pouvant plus communiquer aucun mouvement ; le repli semi-lunaire de l'angle interne de l'œil, reste d'une troisième paupière très développée chez beaucoup d'Animaux ; l'appendice vermiculaire du cœcum, indice de la poche que présentent, en ce point, beaucoup d'Herbivores ; etc.

N. PARALLÉLISME ENTRE L'ÉVOLUTION DE L'INDIVIDU ET L'ÉVOLUTION DE L'ESPÈCE. — L'embryologie montre que tous les Animaux ont pour point de départ une cellule et que la série des formes présentées par un Animal, pendant son développement (*ontogénie*), est la répétition abrégée de celles par lesquelles ses ancêtres auraient successivement passé (*phylogénie*), d'après la théorie de la descendance. « L'ontogénie est une courte répétition de la phylogénie » (HÆCKEL). Par exemple, l'embryon d'un Vertébré se présente d'abord comme un amas cellulaire, ensuite comme un sac à ouverture unique, qui acquiert bientôt une seconde ouverture ; ultérieurement, les membres apparaissent ; enfin, le Vertébré est constitué, après avoir revêtu successivement les formes d'un Protiste, d'un Cœlentéré, d'un Ver. De même, le Mammifère passe, durant son développement, par une série de phases pendant lesquelles ses organes ont successivement l'aspect qu'on observe chez les Poissons, les Batraciens, les Reptiles et Oiseaux. Lorsque des Animaux, si différents qu'ils puissent être d'ailleurs, par leur conformation ou leurs habitudes, passent par des phases embryonnaires semblables, comme par exemple les Cirripèdes et les autres Crustacés, on peut dire qu'ils sont unis entre eux par un lien de parenté. « Communauté de conformation embryonnaire révèle communauté d'origine. » (DARWIN.)

O. SUCCESSION GÉOLOGIQUE DES ÊTRES ORGANISÉS. — Il est démontré aujourd'hui que les changements successifs dans la faune et la flore, pendant les époques géologiques, ne sont pas dus à des cataclysmes subits ou révolutions, qui auraient anéanti les espèces existant alors et vu apparaître des êtres nouveaux. Les changements survenus à la surface de la terre ont été, au contraire, produits par l'action continue et longtemps prolongée des causes qui agissent encore à l'époque actuelle ; il y a beaucoup de fossiles communs à plusieurs assises successives et il y a des espèces, datant d'époques anciennes, qui vivent encore de nos jours. Plus une forme est ancienne, plus elle diffère des formes modernes. Entre les unes et les autres, on découvre, tous les jours, des formes de transition qui viennent combler les lacunes des archives géologiques. Actuellement, on a pu reconstituer l'arbre généalogique des principaux groupes d'Ongulés : on connaît tous les ancêtres du Cheval, ayant successivement 5 doigts : 4 et 1 rudimentaire ; 3 : 1 principal et 2 accessoires ; enfin 1 seul. Il n'est pas très rare, aujourd'hui, de trouver des Chevaux qui possèdent deux doigts latéraux rudimentaires. De même, on connaît un intermédiaire entre le Chien et l'Ours, l'Amphicyon, sorte de Chien plantigrade ; enfin, entre les Dipnoïens et les Ganoïdes, Poissons actuellement très différents, on a trouvé, dans le terrain dévonien, des types dont on ne saurait dire, avec certitude, s'ils appartiennent aux uns ou aux autres. Toutes les découvertes paléontologiques sont autant de faits en faveur du transformisme.

P. DISTRIBUTION GÉOGRAPHIQUE DES ÊTRES ORGANISÉS. — Sur un même continent, l'Amérique par exemple, malgré des conditions extérieures très diverses, les différents êtres d'un même groupe présentent des caractères de ressemblance qui indiquent une origine commune. Au contraire, dans des contrées très isolées, comme l'Amérique du Sud, l'Afrique et l'Australie, sous la même latitude, malgré des conditions climatériques analogues, les espèces animales ou végétales présentent des écarts énormes, dus à ce que leur isolement remonte aux temps très reculés, pendant lesquels la disposition des terres rendait les migrations possibles. Dans les îles d'origine géologique récente, comme les îles océaniques, les Batraciens, qui ne peuvent vivre dans l'eau de mer, et les Mammifères (sauf les Chauves-Souris) manquent absolument, faute d'avoir pu y arriver. Cependant le climat de ces îles est favorable aux uns et aux autres, car ceux qu'on y introduit s'y multiplient très bien. Tous ces faits ne peuvent être expliqués qu'en admettant une dispersion avec modification des formes.

Classification du règne animal. — Elle consiste dans le groupement des Animaux, suivant un ordre méthodique, qui permette de les déterminer.

L'idéal de la classification serait de pouvoir construire un arbre généalogique pour tous les êtres, mais la science est loin d'être arrivée à ce résultat et l'on ne connaîtra jamais toutes les divisions de l'arbre généalogique du monde organisé. Quoi qu'il en soit, bien que, dans la nature, les Animaux ne soient pas répartis par groupes, comme dans nos collections, il y en a qui, d'une manière incontestable, se rapprochent ou s'éloignent les uns des autres, par un ensemble de caractères empruntés aux diverses branches de la science zoologique ; alors aussi, on les rapprochera ou on les éloignera les uns des autres, dans la classification. Mais ces caractères ne sont pas absolus, car les ressemblances ou les différences sont parfois difficiles à apprécier, et il existe toujours des êtres intermédiaires dont la place est difficile à déterminer : il y a donc autant de classifications différentes que d'auteurs. Cependant, en tenant compte de tous les caractères et attribuant les plus importants. (*subordination des caractères*) aux groupes les plus vastes, on obtient une *classification* dite *naturelle*, malgré qu'elle renferme toujours quelque chose d'artificiel.

Nomenclature. — L'unité zoologique est l'*espèce ;* on la désigne par deux noms latins dont le premier est dit générique et le second spécifique (*nomenclature binaire*) : ainsi l'Ours brun du vulgaire est appelé *Ursus arctos*, pour le distinguer des autres Ours, et ceux-ci, réunis aux Ours bruns, forment le genre *Ursus*. De même qu'un cer-

tain nombre d'espèces forment un *genre*, de même un
certain nombre de genres constituent une *famille*, un
certain nombre de familles un *ordre*, un certain nombre
d'ordres une *classe*, un certain nombre de classes un *embranchement*. Lorsque ces expressions ne suffisent pas à
désigner tous les groupes, on a recours aux *sous-embranchements, sous-classes, sous-ordres, tribus* (sous-familles),
sous-genres et *variétés* (sous-espèces).

**Division du règne animal en embranche-
ments**. — Nous admettrons sept embranchements que
nous étudierons dans l'ordre suivant : *Chordés, Mollusques,
Arthropodes, Vers, Échinodermes, Cœlentérés, Spongiaires.*

Les Chordés possèdent, à l'état embryonnaire et quelquefois pendant toute la vie, un cordon cellulaire axial
(*corde dorsale* ou *notocorde*) que ne présentent pas les
autres Animaux. A l'époque où cette corde existe, elle
constitue l'axe d'une cloison qui divise le corps en deux
loges principales : l'une située au-dessus de la notocorde,
contenant la portion centrale du système nerveux (*loge
dorsale*), l'autre située au-dessous de la notocorde, renfermant les organes de nutrition et de reproduction (*loge
ventrale*). Les Arthropodes et les Vers, ayant généralement le corps divisé en anneaux, sont quelquefois réunis
sous le nom d'*Annelés ;* les premiers ont des membres
articulés, qui font toujours défaut chez les seconds. Les
Échinodermes et les Cœlentérés ayant leurs organes similaires disposés, comme des rayons, autour d'un centre,
tout en n'étant pas forcément symétriques par rapport à
ce centre, sont souvent appelés *Rayonnés ;* les premiers
ont un tube digestif libre, tandis que celui-ci est, chez
les seconds, soudé aux parois du corps. Les Spongiaires,
qu'il faut aujourd'hui absolument séparer des Cœlentérés, ont seuls le corps spongieux, c'est-à-dire criblé d'une
multitude de trous. Enfin, les Mollusques n'ont ni squelette intérieur, ni anneaux, ni rayons, ni pores multiples.
Le tableau suivant résume la division du règne animal
en embranchements :

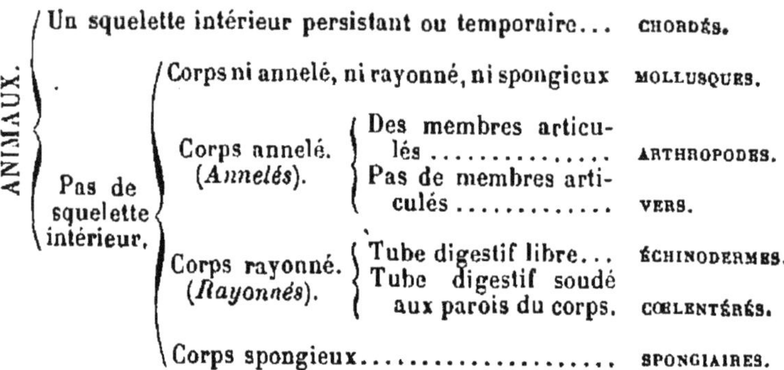

Les Chordés ont été divisés en trois sous-embranchements : les *Vertébrés*, les *Acrâniens* et les *Tuniciers*. Les Vertébrés sont les seuls Chordés qui aient le sang rouge, un axe osseux ou cartilagineux (*colonne vertébrale*) terminé en avant par un renflement (*crâne*) et divisé en une série d'anneaux (*vertèbres*) ou présentant au moins des indications de ces anneaux : ce sont les *Crâniotes* de quelques auteurs. Les Acrâniens ou Céphalochordés renferment le seul genre *Amphioxus;* ils n'ont, comme squelette axial, que la corde dorsale et celle-ci se prolonge jusqu'à l'extrémité antérieure du corps. Enfin les Tuniciers ou Urochordés ont une corde dorsale qui peut, soit persister pendant toute la vie (Pérennichordés), soit disparaître avec le développement (Caducichordés), mais n'occupe jamais que la région caudale du corps.

CHAPITRE II

NOTIONS D'HISTOLOGIE ET DE PHYSIOLOGIE GÉNÉRALE

Définitions. — On désigne, sous le nom d'*anatomie générale* ou d'*histologie* la partie de l'anatomie qui étudie les éléments anatomiques et les tissus. La *physiologie gé-*

nérale est la partie de la physiologie qui s'occupe des propriétés des éléments anatomiques (*physiologie cellulaire*) et des tissus.

Classification des éléments anatomiques. — Nous savons déjà qu'il y a trois sortes d'éléments anatomiques : les *cytodes*, les *cellules* et les *fibres*.

A. CYTODES. — Corpuscules de protoplasma plus ou moins globuleux. Les uns sont nus (*gymnocytodes*), les autres sont entourés d'une membrane (*lépocytodes*).

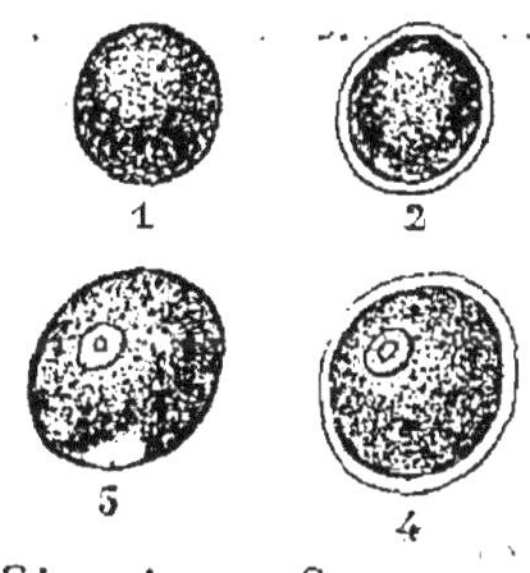

Fig. 1. — CYTODES ET CELLULES.

1, gymnocytode ; 2, lépocytode ; 3, cellule nue ; 4, cellule complète.

B. CELLULES. — Éléments anatomiques ayant la forme de corps ronds ou polyédriques, à dimensions à peu près égales, et présentant à leur intérieur une partie différenciée (*noyau* ou *nucléus*) dont la substance (*nucléine*) paraît différente de celle du protoplasma. Le noyau renferme souvent lui-même un ou plusieurs corpuscules distincts (*nucléoles*). Les cellules peuvent être nues (*cellules nues*) ou au contraire munies d'une enveloppe (*cellules complètes* ou simplement *cellules*).

C. FIBRES. — Éléments anatomiques fusiformes ou allongés.

Fig. 2. — FIBRE MUSCULAIRE LISSE.

Les fibres peuvent être nues ou entourées d'une membrane, privées de noyau ou au contraire nucléées.

Physiologie cellulaire. — Les phénomènes de la vie, dans les cellules, peuvent se grouper sous trois chefs principaux : la *nutrition*, la *multiplication* et l'*irritabilité*.

A. Nutrition cellulaire. — C'èst le phénomène par lequel le protoplasma vivant subit, sans se détruire, une rénovation continue. La nutrition suppose l'*assimilation* et la *désassimilation*. L'assimilation est la propriété qu'a le protoplasma de s'incorporer, c'est-à-dire de transformer eus a propre substance les matériaux qu'il emprunte au milieu dans lequel il vit. La désassimilation, au contraire, est la propriété qu'a le protoplasma de rejeter, dans le milieu qui l'entoure, des principes qui faisaient partie de sa propre substance. L'assimilation et la désassimilation s'effectuent simultanément et ce double mouvement (*tourbillon vital*) est la condition même de la vie ; mais il ne peut s'effectuer indéfiniment, par suite de modifications qui surviennent fatalement dans le protoplasma ou dans le milieu ; quand il cesse, c'est la mort.

B. Multiplication cellulaire. — On donne ce nom ou celui de *prolifération cellulaire* à la reproduction des éléments cellulaires. Quand ceux-ci ont acquis une certaine croissance (*accroissement*), ils se multiplient de deux manières : 1° par *segmentation;* 2° par *bourgeonnement.*

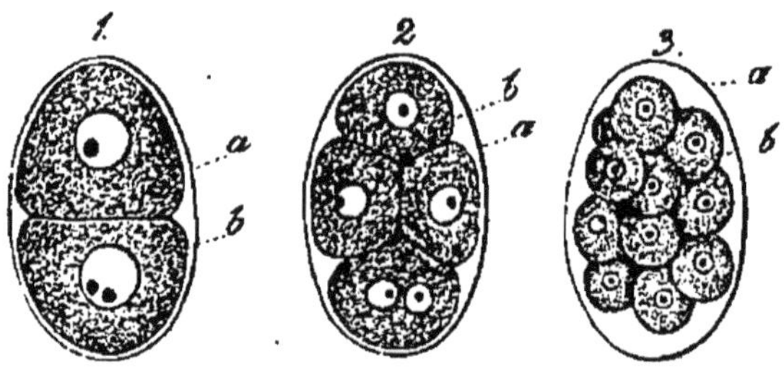

Fig. 3. — Multiplication des cellules (segmentation).

1, 2, 3, trois stades de la segmentation ; *a*, membrane d'enveloppe ; *b*, sphères de segmentation.

Dans la *segmentation*, la masse de protoplasma se divise en deux parties qui, après nutrition et accroissement, se subdivisent de même, et ainsi de suite. Quand le noyau existe, il se divise le premier, formant ainsi deux autres noyaux entre lesquels le protoplasma s'étrangle à son tour et se divise, pour constituer deux cellules nouvelles. Cette division du noyau se fait par deux procédés différents. Dans l'un (*segmentation directe*), le noyau s'étrangle au milieu, puis se rompt dans la partie étranglée. Dans l'autre (*segmentation indirecte* ou *karyokinèse*), le noyau prend la forme d'une étoile, puis se.

dédouble en deux étoiles réunies par un fuseau de fibrilles qui, après leur rupture au milieu, s'enroulent pour constituer deux nouveaux noyaux.

Dans le *bourgeonnement*, un point particulier de la cellule s'accroît, puis le bourgeon ainsi produit se sépare de la cellule qui lui a donné naissance. Ce mode de multiplication est beaucoup moins répandu que le précédent.

C. IRRITABILITÉ CELLULAIRE. — C'est le phénomène par lequel le protoplasma vivant réagit aux excitations portées sur lui. Cette réaction se fait généralement par le mouvement ; elle suppose la *sensibilité* ou propriété de sentir et la *motilité* ou propriété d'effectuer des mouvements. Les mouvements du protoplasma sont surtout accusés, lorsqu'il est dépourvu de membrane d'enveloppe : on le voit alors modifier sa forme générale, soit sur place, soit au contraire en se transportant, au moyen de prolongements de forme variable.

Classification des tissus. — Les tissus peuvent être divisés en quatre groupes (RANVIER) :

1º Ceux dans lesquels les cellules flottent librement dans un milieu liquide (*lymphe et sang*) ;

2º Ceux dans lesquels les cellules sont soudées les unes aux autres par une substance unissante peu abondante (*épithéliums*) ;

3º Ceux dans lesquels la substance intercellulaire est très abondante et caractéristique (*tissu conjonctif*, *tissu cartilagineux*, *tissu osseux*) ;

4º Ceux dans lesquels les cellules ont subi des modifications telles, qu'elles sont devenues, le plus souvent, méconnaissables (*tissu musculaire*, *tissu nerveux*).

Quel que soit le groupe auquel un tissu appartient, il offre toujours à considérer : 1º la nature des éléments dont il se compose (*structure*) ; 2º la manière dont ces éléments sont agencés (*texture*).

Sang. — Le *sang* est le liquide nourricier de l'organisme ; il est toujours alcalin et contient des cellules (*globules*) en suspension dans sa partie fluide (*plasma*) : c'est un tissu cellullaire, avec une substance intercellulaire liquide.

Chez les Vertébrés, le sang est rouge vif (*sang artériel*) ou rouge sombre (*sang veineux*). Le plasma renferme une matière azotée (*fibrine*) qui, hors de l'économie, passe spontanément à l'état solide (*coagulation*); le reste du plasma (*sérum*) contient en dissolution de l'albumine et diverses matières organiques ou inorganiques. Les globules sont de deux sortes, les uns rouges, très nombreux (*globules rouges* ou *hématies*), qui donnent au sang sa couleur; les autres incolores, beaucoup moins abondants (*globules blancs* ou *leucocytes*).

Le sang circule dans un système de canaux (*vaisseaux sanguins*) formant un circuit fermé. On évalue à 5 litres environ la quantité de sang renfermée dans le corps de l'Homme.

Chez les Invertébrés, le sang est généralement incolore et ne renferme que des globules blancs analogues à ceux des Vertébrés. Quand il est coloré (rouge, jaune, vert, bleuâtre), sa couleur est due au plasma et non aux globules. Le sang de quelques Invertébrés ne se coagule pas.

Les *globules rouges* sont formés, presque en totalité, par une matière rouge (*hémoglobine*) contenant une proportion notable de fer. Ils fixent et transportent avec eux l'oxygène de l'air respiré ; ce sont de véritables *cellules respiratoires*. Ceux des Mammifères sont des disques circulaires (elliptiques chez les Camélidés), légèrement biconcaves et sans noyau (excepté dans la période de développement) ; ils ont, chez l'Homme, $0^{mm},007$

Fig. 4. — GLOBULES ROUGES DU SANG DE L'HOMME (gross. 350 diam.).

de diamètre ou 7 µ (1) et 2 µ d'épaisseur, dimensions qui varient peu, en plus ou en moins, chez les divers Mammifères. Ceux des autres Vertébrés sont elliptiques, légèrement biconvexes et toujours pourvus d'un noyau intérieur; plus volumineux que ceux des Mammifères, ils atteignent leur plus grand diamètre chez les Batraciens

(1) La lettre µ, employée en histologie, représente 1 millième de millimètre.

(Grenouille 20 μ; Amphiume 70 μ). Chéz l'Homme, on compte 5 millions de globules rouges dans un millimètre cube de sang. Le nombre des globules rouges est plus considérable chez les Mammifères que chez les autres Vertébrés; il diminue, à mesure que les dimensions des globules augmentent.

Les *globules blancs* sont de petits corps protoplasmiques, d'un aspect granuleux, qui se meuvent en-poussant à leur surface des prolongements de formes variées; ils constituent des *cellules nutritives*. Moins denses et moins nombreux (1000 fois moins chez l'Homme) que les globules rouges, ils sont plus rares chez les Mammifères que chez les autres Vertébrés. Sous l'influence de l'eau, ils deviennent sphériques et présentent un ou plusieurs noyaux. Ils ont chez l'Homme 10 μ de dia-mètre.

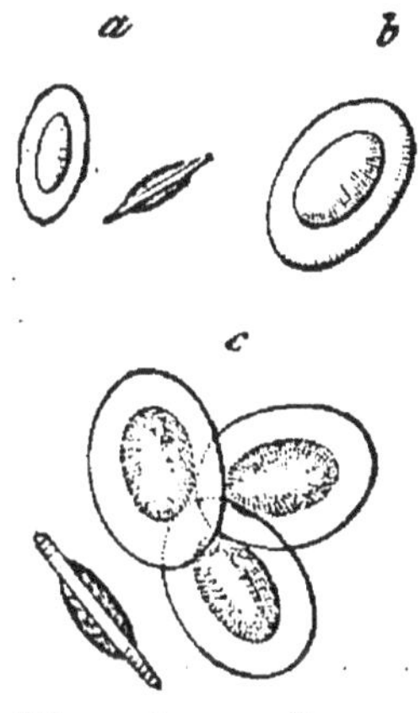

Fig. 5. — Globules rouges du sang des Vertébrés ovipares.

a, globules du sang de la Poule, vus de face et de profil; b, globules du sang de la Grenouille; c, globules d'un Poisson (Squale). Même grossissement.

Coagulation du sang. — A sa sortie des vaisseaux, le sang, abandonné à lui-même, se prend bientôt en une masse rouge (*caillot*), qui ne tarde pas à se rétracter, en laissant transsuder un liquide jaunâtre qui n'est autre que le sérum. Le caillot est formé par la fibrine coagulée, qui a emprisonné les globules; sa face supérieure présente quelquefois une

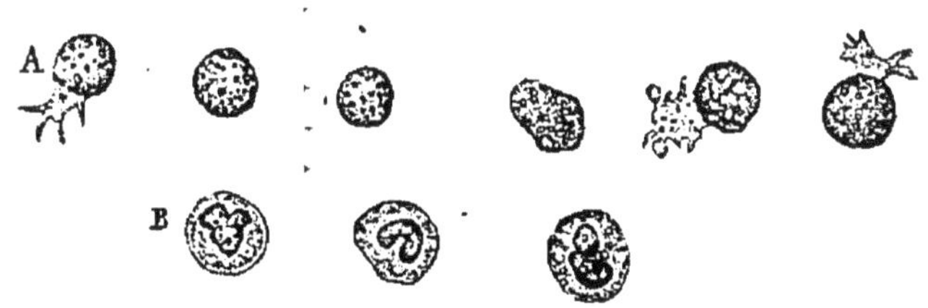

Fig. 6. — Globules blancs du sang de l'Homme.

A, globules vivants, les uns immobiles, les autres émettant des prolongements; B, globules traités par l'acide acétique.

couche blanche (*couenne*), due à la lenteur de la coagulation qui permet aux globules rouges de gagner le fond du vase, avant la solidification complète. La coagulation peut être retardée ou même empêchée par un certain nombre de substances (sulfate de soude, eau sucrée, etc.). Si l'on compare le sang coagulé au sang fluide, on peut établir la formule suivante :

$$\text{Sang fluide.} \begin{cases} \text{Plasma} \begin{cases} \text{Sérum.............} \\ \text{Fibrine.} \end{cases} \\ \text{Globules} \begin{cases} \text{blancs.} \\ \text{rouges.} \end{cases} \end{cases} \text{Caillot.} \Big\} \text{Sang coagulé.}$$

Si l'on bat le sang avec une baguette, lorsqu'il sort des vaisseaux, on voit s'attacher à l'instrument des filaments blanchâtres de fibrine ; le sang qui reste est dit *défibriné* et ne se coagule plus ; c'est donc à la fibrine qu'est due la coagulation du sang.

ANALYSE DU SANG. — Elle est résumée dans le tableau suivant :

$$\text{SANG.} \begin{cases} \text{Eau.............................. 79} \\ \text{Substances sèches.} \begin{cases} \text{Globules........ 12} \\ \text{Albumine....... 6} \\ \text{Fibrine.... 0,03} \\ \text{Sels, graisse, etc.} \end{cases} \end{cases}$$

Ces chiffres sont faciles à retenir : 79 et 21 sont les volumes d'azote et d'oxygène, qui forment 100 volumes d'air ; 12 est le nombre 21 renversé, 6 est la moitié de 12 et 3 la moitié de 6.

Le sang renferme les mêmes gaz que l'air atmosphérique. mais leur ordre de prédominance dans le liquide sanguin est précisément l'inverse de ce qu'il est dans l'air : ainsi, l'acide carbonique est toujours le gaz dominant du sang et l'oxygène y est plus abondant que l'azote.

Lymphe. — La *lymphe* est un liquide alcalin, incolore ou légèrement blanchâtre, qui contient des globules blancs en suspension dans un plasma assez analogue à celui du sang.

Elle dérive du plasma sanguin et représente la partie de ce plasma qui a servi à la nutrition ; elle peut se coaguler en un caillot incolore. Les tissus baignent dans un mélange de plasma sanguin et de lymphe où se meuvent des globules blancs. Ce mélange constitue le véritable milieu intérieur de l'organisme, celui dans lequel s'effectue la nutrition.

Chez les Vertébrés, la lymphe progresse dans des vaisseaux spéciaux (*vaisseaux lymphatiques*) allant la déverser dans le sang.

- Chez les Invertébrés, la lymphe n'est pas distincte du sang avec lequel elle est mélangée pour constituer le fluide nourricier (*hémolymphe*).

Épithéliums. — Les épithéliums sont des tissus formés exclusivement de cellules. Tantôt ils revêtent la surface des organes (*épithéliums de revêtement*) et ont seulement un rôle protecteur; tantôt ils pénètrent dans leur intérieur (*épithéliums glandulaires*) et constituent eux-mêmes des organes spéciaux (*glandes*), caractérisés par la présence de liquides également spéciaux (*sécrétions*). Ils peuvent être composés d'une seule couche de cellules (*épithéliums à une seule couche*), ou de plusieurs couches superposées (*épithéliums stratifiés*). Dans ce dernier cas, l'épithélium n'a qu'une existence très limitée; constamment, des cellules superficielles se détachent et les vides ainsi produits se remplissent au moyen des cellules profondes. Les surfaces tapissées par les épithéliums sont, les unes closes, les autres en communication avec l'extérieur. Quand elles sont closes, ce sont des sortes de sacs complets ou incomplets (*séreuses*) renfermant un liquide clair et peu abondant (*sérosité*); quand elles sont ouvertes, elles forment un véritable tégument, soit externe, soit interne. Les membranes tégumentaires internes (*muqueuses*) sont lubrifiées par un liquide généralement épais (*mucus*).

A. Épithéliums de revêtement. — Ils ne renferment jamais de vaisseaux et ne présentent que très rarement des fibres nerveuses. Leurs cellules sont tantôt minces et aplaties en forme de dalles (*épithéliums pavimenteux*), tantôt plus ou moins cylindriques (*épithéliums cylindriques*) et quelquefois munies, à leur extrémité libre, de *cils vibratiles*, sortes de filaments protoplasmiques doués d'un mouvement continu (*épithélium vibratile*).

a. *Epithélium pavimenteux*. — Il peut être à une seule couche et porte le nom d'*endothélium* (alvéoles pulmonaires, grandes cavités séreuses), ou au contraire stratifié, soit à cellules molles (muqueuse buccale), soit à cellules cornées (couche superficielle de l'épiderme).

b. *Épithélium cylindrique*. — Il peut être à une seule couche (intestin), ou au contraire stratifié (certains conduits glandulaires).

c. *Épithélium vibratile*. — Il peut être à une seule couche (trompe de Fallope), ou au contraire stratifié (trachée). La cellule vibratile présente une sorte de cuticule (*plateau*), d'où partent des cils qui paraissent se

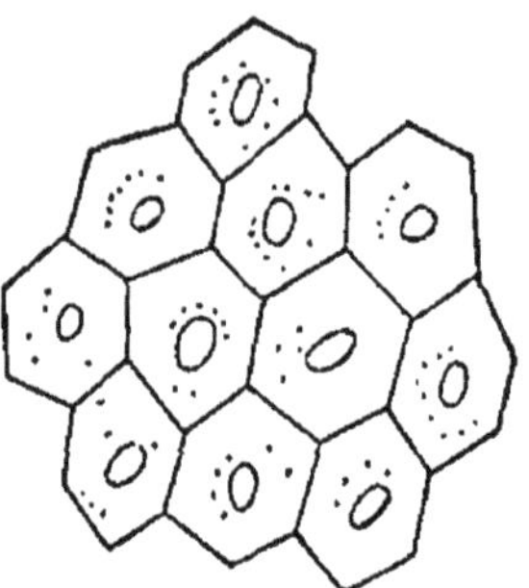

Fig. 7. — ÉPITHÉLIUM PAVIMENTEUX.

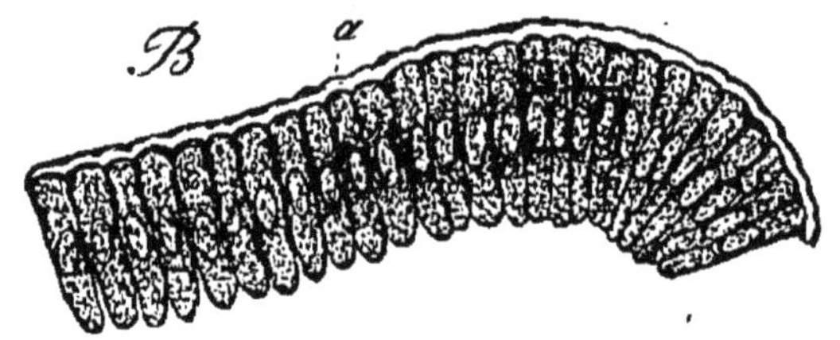

Fig. 8. — ÉPITHÉLIUM CYLINDRIQUE.

continuer avec le protoplasma de la cellule. Les mouvements des cils vibratiles sont indépendants du système nerveux ; ils sont ralentis par le froid et les acides, activés par la chaleur et les alcalis ; ils persistent plus ou moins longtemps après la mort ; ils disparaissent complètement, à partir de 50°. On n'observe jamais de cils vibratiles chez les Arthropodes.

B. ÉPITHÉLIUMS GLANDULAIRES. — Ils empruntent au sang certains éléments, non seulement pour leur nutrition, mais encore dans un but général, soit pour fabriquer des produits nouveaux utiles à l'organisme (*sécrétion*), soit pour débarrasser le sang de principes nuisibles à l'économie (*excrétion*). Les glandes salivaires *sécrètent;* les reins *excrètent*. C'est toujours dans l'intérieur de l'épithélium glandulaire que s'élaborent les substances spéciales à chaque sécrétion. Celles-ci sont généralement liquides, mais elles tiennent souvent en suspension des éléments anatomiques provenant de la desquamation de l'épithélium. Quelques glandes (ovaires, testicules) peuvent être le siège de la production d'éléments anatomiques spéciaux (ovules, spermatozoïdes). Le système nerveux agit sur les vaisseaux des glandes, soit pour diminuer, soit pour augmenter leur circulation, et sur les éléments glandulaires eux-mêmes, pour modifier leur activité. La dilatation des vaisseaux coïncide avec la sécrétion de la glande et leur resserrement avec le repos de l'organe.

Il ne faut pas confondre la sécrétion et l'excrétion avec l'*exsudation* et l'*exhalation*. Dans l'*exsudation*, il y a passage d'un liquide à travers une membrane qui agit comme un filtre, de telle sorte que le liquide exsudé ne diffère pas sensiblement du liquide situé de l'autre côté de la paroi exsudante (Exemple : exsudation du plasma sanguin à travers les vaisseaux capillaires). L'*exhalation* ne s'effectue que sur des gaz libres ou dissous dans un liquide (Exemple : exhalation d'acide carbonique et de vapeur d'eau par la surface pulmonaire).

On peut diviser les glandes en deux grandes catégories, suivant que les vaisseaux sont séparés de l'épithélium par une membrane propre (*glandes en culs-de-sac*) ou, au contraire, pénètrent dans cet épithélium (*glandes conglobées*) (RENAUT).

a. *Glandes en culs-de-sac.* — Organes creux formés par une paroi mince (*membrane propre*) tapissée d'un épithélium plus ou moins sphéroïdal, munis généralement d'un canal excréteur présentant l'épithélium de revêtement de la surface sur laquelle s'ouvre la glande. On distingue deux sortes de glandes en cul-de-sac : les unes en *tube* ou *tubuleuses*, les autres en *grappe* ou *acineuses*. Les premières sont des culs-de-sac cylindriques ; les secondes ont pour éléments des ampoules ou grains (*acini*) : les unes et les autres peuvent être simples ou composées, c'est-à-dire formées d'un ou de plusieurs éléments constituants.

b. *Glandes conglobées.* — Ces glandes ont leurs vaisseaux en contact direct avec l'épithélium (foie, etc.).

Tissu conjonctif. — C'est le *tissu unissant* de l'économie ; c'est lui qui unit les organes, les enveloppe, les pénètre et remplit les vides qui les séparent. Il se présente sous des aspects très variés, suivant ces diverses attributions, mais donne toujours de la *gélatine* par la coction.

A son origine, le tissu conjonctif est constitué entièrement par des cellules; mais, quand il est arrivé à son complet développement, il présente : 1° des *faisceaux connectifs*, composés de fibrilles très ténues (*fibrilles conjonctives*) entourées d'une membrane qui offre souvent des épaississements en forme de fibres annulaires ou spirales (*fibres spirales*) ; 2° des *fibres élastiques;* 3° des cellules plates (*cellules conjonctives*) ayant souvent des prolongements multiples anastomosés; 4° une matière amorphe, en quantité variable.

Les fibres élastiques résistent à l'action de la potasse à froid et se colorent en jaune, sous l'action du picro-carminate d'ammoniaque; elles se distinguent ainsi des fibres conjonctives, qui se colorent en rose par le picro-carmin et disparaissent rapidement, sous l'influence de la potasse. Aucune de ces fibres ne dérive de cellules; elles résultent simplement d'une transformation particulière de la substance fondamentale.

Formes du tissu conjonctif. — Nous distinguerons trois formes de tissu conjonctif : 1° le *tissu conjonctif lâche;* 2° le *tissu fibreux;* 3° le *tissu élastique.*

A. Tissu conjonctif lache. — Il est constitué par des fibres conjonctives qui se croisent dans tous les sens et circonscrivent des sortes d'aréoles dont la cavité est presque virtuelle, à l'état normal, mais peut facilement s'insuffler ou s'infiltrer (*œdème*). Ce tissu est très abondant sous la peau et autour de certains organes; il s'interpose partout entre les vaisseaux et les tissus qu'ils vont nourrir; c'est par ses mailles que le plasma, sorti des vaisseaux, arrive aux éléments anatomiques et c'est dans ses mailles qu'il est repris par les lymphatiques, qui s'y ouvrent plus ou moins directement.

a. *Tissu muqueux* ou *gélatineux.* — C'est une variété du tissu conjonctif lâche, qui se compose : 1° d'une substance intercellulaire gélatiniforme, différenciée quelquefois en faisceaux de fibres; 2° de cellules, souvent ramifiées, avec prolongements anastomosés. On ne l'observe guère, chez les Vertébrés, que pendant la période du développement ; mais il est, au contraire, très répandu chez les Invertébrés : c'est lui qui constitue la plus grande partie du corps des Cœlentérés et de beaucoup de Mollusques.

b. *Tissu adipeux*. — Autre variété de tissu conjonctif lâche, dans laquelle les cellules deviennent, pour la plupart, le siège d'une surcharge graisseuse qui les transforme en *vésicules adipeuses*. Celles-ci sont des cellules à membrane enveloppe très nette, à protoplasma et à noyau rejetés vers la périphérie, par une goutte de graisse qui occupe le centre.

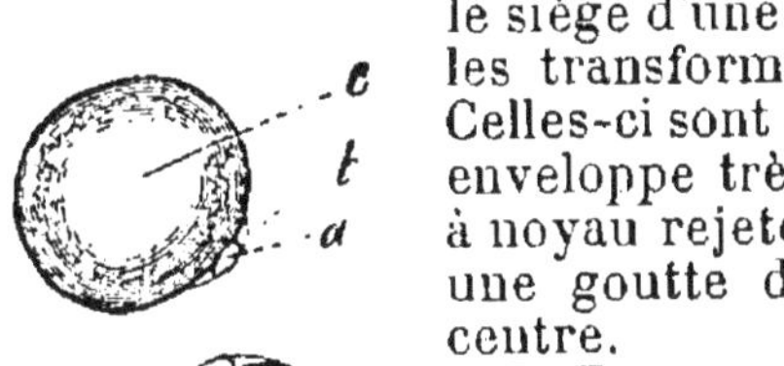

Fig. 9. — Deux cellules adipeuses.

a, noyau ; b, membrane ; c, graisse.

B. Tissu fibreux. — Dans cette forme, les fibres conjonctives prennent une direction commune, soit qu'elles s'étalent en plans, soit qu'elles se rassemblent en cordons, et les cellules, forcées de se placer dans les intervalles des faisceaux, sont ordonnées par rapport à ces derniers. Le tissu fibreux est dur et présente une grande résistance à l'extension : il rattache les muscles aux os (tendons) et constitue souvent des membranes d'enveloppe (sclérotique, dure-mère, etc.).

C. Tissu élastique. — Il est caractérisé par la prédominance des fibres élastiques, qui quelquefois existent seules. Contrairement au tissu fibreux, il se laisse distendre et revient ensuite à sa forme primitive. Il forme, à lui seul, les ligaments jaunes des vertèbres.

Tissu cartilagineux. — Formé par une substance fondamentale présentant une rigidité caractéristique et creusée de cavités (*chondroplastes*) qui renfer

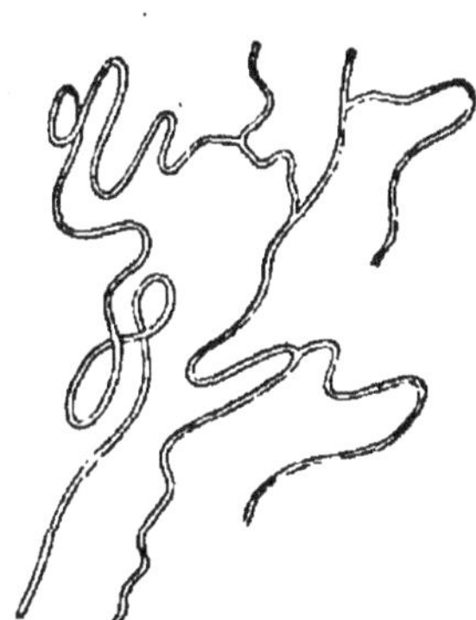

Fig. 10. — Fibre élastique.

ment des cellules spéciales. Il donne toujours de la *chondrine* par l'ébullition.

La cellule cartilagineuse est généralement arrondie ou

ovalaire, quelquefois ramifiée (Céphalopodes). Elle possède un ou deux noyaux et forme autour d'elle, à l'âge adulte, une membrane cartilagineuse (*capsule*). Pendant la période de développement, la charpente solide des Vertébrés est en grande partie cartilagineuse et reste même toujours dans cet état, chez les *Poissons* dits *cartilagineux ;* mais, chez les Vertébrés supérieurs, elle s'ossifie bientôt presque partout. Le tissu cartilagineux est peu répandu chez les Invertébrés.

Suivant la nature de la substance fondamentale, on distingue trois variétés de tissu cartilagineux : 1° Le *cartilage hyalin*, où cette substance est homogène (cartilages des côtes, cartilages articulaires); 2° le *cartilage réticulé*, où la substance intercapsulaire contient des réseaux de fibres élastiques très serrées (épiglotte, cartilages de l'oreille); 3° le *fibro-cartilage*, où la substance intercapsulaire est composée de fibres conjonctives (disques intervertébraux). Ces divers cartilages, à l'exception des cartilages articulaires, sont entourés d'une membrane fibreuse (*périchondre*) qui renferme des vaisseaux; le cartilage n'en possède point.

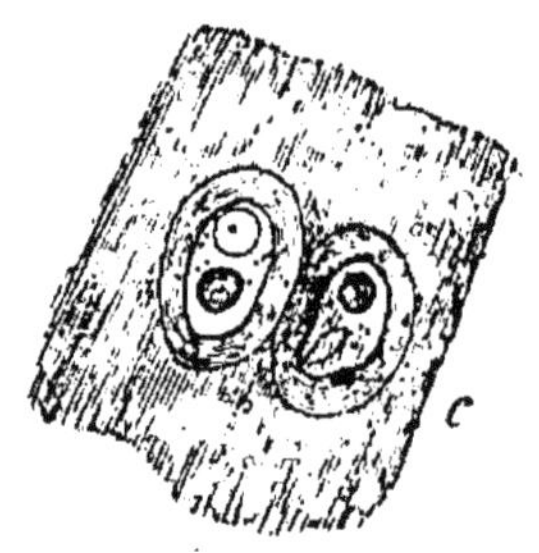

Fig. 11. — Deux cellules cartilagineuses.

Tissu osseux. — Il présente une substance fondamentale incrustée de sels calcaires et creusée de cavités (*ostéoplastes*) renfermant des cellules spéciales. Il constitue les *os*, c'est-à-dire les parties dures et spéciales aux Vertébrés dont l'ensemble forme la charpente solide connue sous le nom de *squelette*. On désigne sous le nom d'*articulation*, la réunion par contiguïté de deux pièces du squelette. On appelle *squelette naturel* celui dont les os sont réunis par leurs articulations, *squelette artificiel* celui où les articulations sont remplacées par des liens étrangers à l'organisme.

Configuration des os. — Les os peuvent être *longs, larges, courts*. Quelle que soit leur configuration, ils présentent des parties saillantes et des parties creuses. Les saillies sont désignées sous différents noms (*tubérosités, protubérances, apophyses, condyles, épines, crêtes*); les creux portent aussi diverses dénominations (*cavités, fosses, fossettes, trous, gouttières, canaux*).

Le tissu osseux est dit *compact*, quand il est en masses serrées, et *spongieux*, lorsqu'il se présente sous l'aspect d'aréoles de capacité variable communiquant entre elles. La surface des os est toujours limitée par une couche plus ou moins épaisse de tissu compact. Les os larges et les os courts sont spongieux au centre; les os longs ne sont spongieux qu'aux extrémités; leur partie moyenne (*corps*) est compacte et creusée, dans sa longueur, d'une cavité cylindrique (*canal médullaire*) qui manque rarement (Paresseux, Cétacés, Chéloniens). A l'extérieur, les os sont recouverts, dans leur partie non articulaire, par une membrane fibreuse (*périoste*) et, dans leur portion articulaire, par un cartilage (*cartilage articulaire*); à l'intérieur, ils sont traversés par de nombreux canaux ramifiés et anastomosés (*canaux de Havers*), qui font communiquer la surface de l'os avec les cavités dont il est creusé. Ces canaux renferment des vaisseaux sanguins et des nerfs ; l'os ne possède pas d'autres lymphatiques que ceux du périoste.

Structure des os.— On distingue, dans le tissu osseux : les *lamelles osseuses*, les *ostéoplastes* et la *moelle*.

a. *Lamelles osseuses.* — Elles forment la trame de l'os et constituent plusieurs systèmes de couches, les uns parallèles à la surface de l'os, les autres concentriques aux canaux creusés dans son épaisseur (canal médullaire, canaux de Havers).

b. *Ostéoplastes* ou *corpuscules osseux.* — Ce sont de pe-

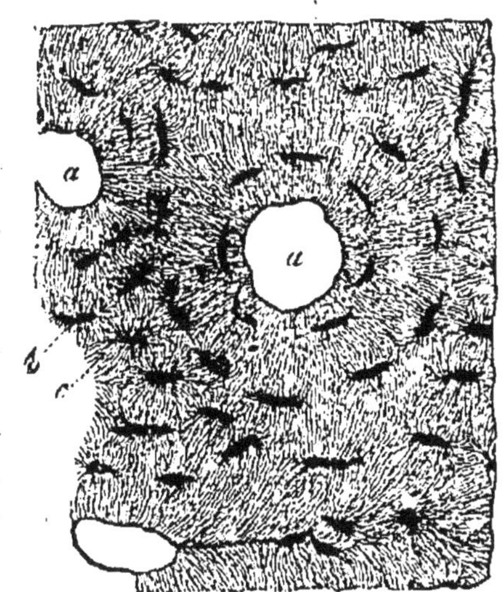

Fig. 12. — Tissu osseux.

a, section des canaux de Havers ; *b*, corpuscules osseux ; *c*, canalicules osseux.

tites cavités étoilées, allongées dans le sens des lamelles, et dont les ramifications (*canalicules osseux*) s'anastomosent entre elles. Au milieu de chaque corpuscule, on trouve une cellule (*cellule osseuse*) en voyant des prolongements dans les canalicules osseux. Les corpuscules osseux manquent dans les os de beaucoup de Poissons.

c. *Moelle*. — Elle se rencontre dans toutes les cavité osseuses (canal médullaire, canaux de Havers, vacuoles du tissu spongieux) et jusque sous le périoste. Elle est composée de tissu conjonctif soutenant des vaisseaux sanguins, des nerfs, des cellules adipeuses et

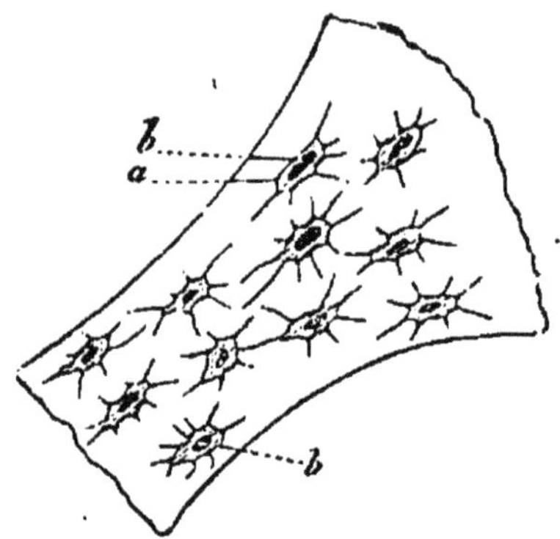

Fig. 13. — CELLULES OSSEUSES.

a, cellule; b, noyau.

trois formes principales d'éléments cellulaires : les uns (*myéloplaxes*) sont de grosses cellules irrégulières, à noyaux multiples; d'autres (*ostéoblastes*) de petites cellules sphériques à noyau, servant à la formation de l'os; d'autres encore (*hématoblastes*) des cellules à noyau, analogues aux globules blancs du sang, mais colorées par l'hémoglobine et considérées comme devant donner naissance à des globules rouges.

La moelle se présente sous deux aspects différents : 1° la *moelle rouge*, abondante dans le tissu osseux jeune, renfermant beaucoup d'hématoblastes et très peu de graisse; 2° la *moelle jaune*, en général localisée dans le canal médullaire des os longs, contenant beaucoup de graisse et peu d'hématoblastes. Chez les Oiseaux, la moelle disparaît de bonne heure dans la plupart des os; elle est remplacée par de l'air.

COMPOSITION CHIMIQUE DU TISSU OSSEUX. — Elle est résumée dans le tableau suivant :

os. { Matières inorganiques. { Phosphate de chaux... 60 ; Carbonate de chaux.... 8 ; Phosphate de magnésie. 1 } 69 / Matières organiques... { Osséine... 30 ; Graisse... 1 } 31 } 100

Les os doivent leur dureté aux matières minérales qu'ils renferment; on peut isoler celles-ci par a calcination des os à l'air libre. L'osséine s'obtient par la macération de l'os dans l'acide chlorhydrique dilué. Celui-ci dissout les matières minérales ; l'os devient alors mou et flexible..

Développement du tissu osseux. — Les os proviennent soit du tissu conjonctif (*os d'origine membraneuse*), soit d'un cartilage préexistant (*os d'origine cartilagineuse*). Dans le premier cas (os de la voûte du crâne, etc.), l'os se développe par durcissement de la substance fondamentale et transformation des cellules conjonctives. Dans le second cas (os des membres, etc.), il y a destruction du cartilage, puis organisation d'un tissu conjonctif de nouvelle formation dont les cellules se transforment en corpuscules osseux, pendant que la substance intercellulaire devient substance fondamentale. Le second cas rentre ainsi dans le premier.

Tissu musculaire. — Il forme les *muscles*, c'est-à-dire les parties qu'on désigne communément sous le nom de *chair* ou sous celui de *viande* et qui sont les organes du mouvement.

Les éléments du tissu musculaire sont des fibres (*fibres musculaires*) constituées essentiellement par une substance albuminoïde (*musculine*). Ces fibres sont contractiles au plus haut degré, c'est-à-dire qu'elles peuvent se raccourcir (*contraction*) et revenir ensuite à leur longueur primitive (*relâchement*).

Les muscles sont rouges chez les Animaux à sang chaud et blancs chez les autres. Ils se terminent habituellement par des prolongements d'un blanc luisant, arrondis (*tendons*) ou aplatis (*aponévroses d'insertion*), formés essentiellement par des fibres conjonctives. Les muscles qui se fixent sur les os s'y attachent (*insertions*) soit directement, soit, plus souvent, par l'intermédiaire de fibres tendineuses. Quelques muscles s'insèrent à la peau (*muscles peaussiers*) par toute l'étendue de leur surface ou seulement par une de leurs extrémités ; ils prennent quelquefois un développement considérable et constituent ce qu'on appelle le *pannicule charnu :* ce sont eux qui permettent au Chat de faire « le gros dos », au Dindon de faire « la roue », etc.

Le corps charnu des muscles est seul contractile; il est dur pendant la contraction, mou pendant le relâchement; les tendons ne changent pas de forme ni de consistance, pendant ces deux états opposés.

On désigne sous le nom de *paralysie*, la perte complète ou incomplète de la contractilité musculaire.

Au point de vue de la situation, les muscles peuvent être *profonds* ou *superficiels*. Ces derniers deviennent tous visibles, quand on a dépouillé le cadavre de sa peau : ce sont les muscles de l'*écorché*. Au point de vue de la forme, on distingue des muscles *longs, larges, courts;* enfin il existe des muscles *annulaires* minces (*orbiculaires*), ou épais (*sphincters*), entourant les orifices naturels. Au point de vue physiologique, on distingue des muscles qui communiquent aux divers segments du corps des mouvements de *flexion,* d'*extension*, d'*adduction*, d'*abduction*, de *rotation*, etc. Deux muscles sont dits *congénères*, quand ils produisent le même mouvement, *antagonistes*, quand ils agissent en sens contraire.

Un muscle qui se contracte ne change pas de volume; autrement dit, ce qu'il perd en longueur, il le gagne en largeur et en épaisseur (1).

La quantité dont un muscle se raccourcit varie en proportion de sa longueur; la force d'un muscle varie en proportion de son épaisseur. Les muscles courts produisent des mouvements moins étendus, mais meuvent des masses plus considérables que les muscles longs de même volume.

La substance musculaire est contractile par elle-même; mais c'est toujours un excitant extérieur qui la fait se contracter. Cet excitant peut être mécanique, physique, chimique physiologique; dans ce dernier cas, c'est le système nerveux qui commande la contraction. L'électricité détermine, dans le muscle, une contraction brève qu'on appelle *secousse musculaire* ou *contraction simple*, pour la distinguer de la *contraction proprement dite*, qui a lieu sous l'action de la volonté et que l'on considère comme un phénomène complexe, résultant de la fusion d'une série de secousses musculaires (2). Celles-ci, au nom-

____

(1) On peut le démontrer très simplement, au moyen d'une Sangsue que l'on plonge vivante dans un tube à essais rempli d'eau et surmonté d'un tube capillaire, au milieu duquel s'arrête le niveau du liquide : ce niveau reste stationnaire pendant que la Sangsue, véritable muscle vivant, se raccourcit ou s'allonge.　　　　(G. C.)

(2) On peut enregistrer les secousses et les contractions, au moyen d'appareils spéciaux (*myographes*); les meilleurs sont ceux de MAREY.

bre d'une trentaine par seconde, concourent non seulement à la contraction, mais encore à la production d'un
son grave (*son musculaire*) correspondant à une trentaine
de vibrations par seconde. En même temps que ces phénomènes s'accomplissent, un mouvement ondulatoire
(*onde musculaire)* chemine à la surface du muscle et ne
cesse qu'avec la contraction. Outre qu'ils sont contractiles, les muscles sont encore élastiques, c'est-à-dire
qu'après s'être allongés sous l'action d'un poids, ils reviennent à leur longueur primitive, si l'on supprime cette
action ; c'est grâce à cette élasticité que se produit la
fusion des secousses qui composent la contraction.

Un muscle qui se contracte travaille et par conséquent
consomme de la chaleur. Celle-ci est produite par une
activité plus grande de la nutrition dans le muscle, au
moment de la contraction ; mais, comme toute la chaleur
produite n'est pas transformée en travail, il en résulte
un échauffement du muscle.

Peudant la vie, le muscle présente un certain degré de
resserrement permanent (*tonicité*) qui est
plus développé dans les muscles lisses que
dans les striés et qui persiste, tant que les
relations avec le système nerveux sont
intactes. Quand un muscle est paralysé,
sa nutrition est troublée ; il devient alors
pâle, flasque et peut même disparaître,
au bout d'un temps plus ou moins long.
Quelque temps après la mort, le muscle
passe par un état de durcissement temporaire (*rigidité cadavérique*), qui précède
le relâchement définitif.

On distingue deux formes de tissu musculaire : le *tissu lisse* et le *tissu strié*.

A. TISSU MUSCULAIRE LISSE. — Il est constitué par des *fibres-cellules* ou *fibres lisses*
souvent réunies en faisceaux (*muscles
lisses*). La fibre lisse est fusiforme, dépourvue de membrane d'enveloppe et
munie, dans sa partie renflée, d'un noyau
en forme de bâtonnet. La contraction des
muscles lissses est lente et de longue durée.

Fig. 14. — Fɪ-
ʙʀᴇ ᴍᴜꜱᴄᴜʟᴀɪʀᴇ
ʟɪꜱꜱᴇ.

Chez les Vertébrés et les Acrâniens, les
fibres lisses ne s'observent que dans les
organes soustraits à l'action de la volonté (tube digestif, vaisseaux, etc.). Les autres Animaux, à l'exception

des Arthropodes, ne possèdent guère que des fibres lisses.

B. Tissu musculaire strié. — Il est constitué par des fibres (*fibres striées*) formées de disques empilés, alternativement mono réfringents et biréfringents, ce qui leur donne une apparence striée. La contraction des muscles striés est brusque et de courte durée.

Chez les Arthropodes, à l'exception des Péripates, tous les muscles du corps sont striés et leurs fibres peuvent être parallèles ou ramifiées. Chez les Vertébrés, les fibres striées constituent : 1° les muscles qui exécutent les mouvements volontaires(*muscles volontaires*), 2° le cœur ou *muscle cardiaque.*

a. *Muscles volontaires des Vertébrés.* — Les fibres de ces muscles sont parallèles et entourées d'une mince enveloppe élastique (*sarcolemme* ou *myolemme*), sous laquelle se trouve un nombre plus ou moins considérable de noyaux. Chaque fibre provient d'une cellule fusiforme qui s'est énormément allongée et dont le noyau s'est multiplié, de manière à fournir les nombreux noyaux disséminés à la surface de la substance musculaire.

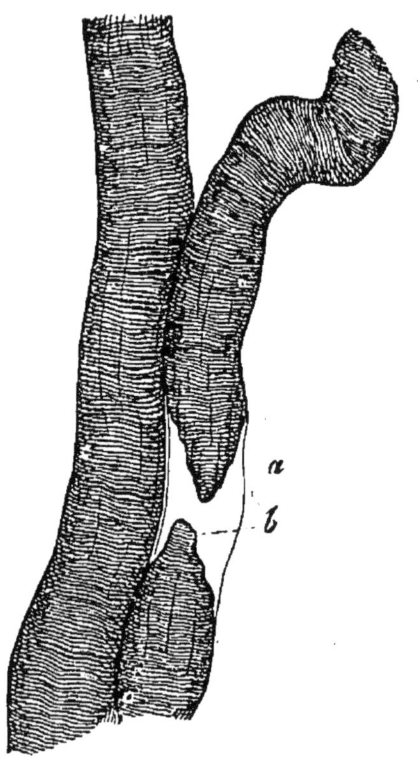

Fig. 15. — Deux fibres musculaires striées.

Dans l'une, il s'est fait une rupture en (*b*) et le sarcolemme (*a*) se voit sous la forme d'un tube vide (gross. 350).

Les fibres musculaires se groupent en *faisceaux primitifs* entourés par une gaine conjonctive (*périmysium interne*) qui forme aussi une loge à chaque fibre. Ces faisceaux, visibles seulement au microscope, se réunissent en *faisceaux secondaires* visibles à l'œil nu et tapissés par

une couche analogue à la précédente (*périmysium externe*).
Enfin, le muscle ainsi constitué est enveloppé, à son tour,
par un manchon de tissu conjonctif
(*gaine aponévrotique*).

b. *Muscle cardiaque des Vertébrés.*
— Les fibres musculaires du cœur
sont striées transversalement et dépourvues de sarcolemme. Chez les
Batraciens et les Poissons, elles ont
la forme de fibres-cellules ; chez les
autres Vertébrés, elles sont constituées par des articles soudés bout
à bout, et les fibres ainsi formées
s'anastomosent entre elles.

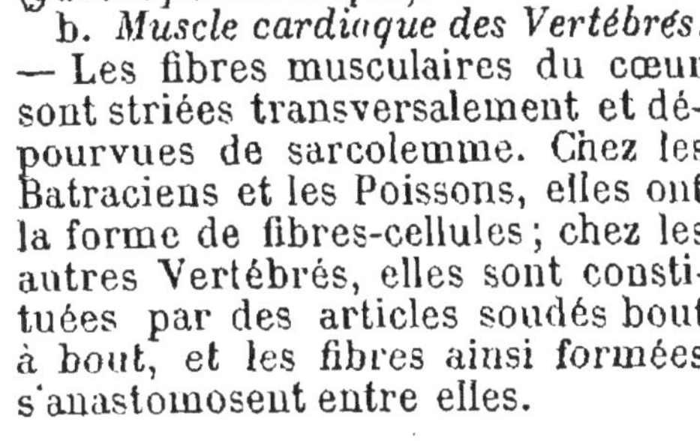

Fig. 16. — Fibres du cœur.

. **Tissu nerveux.** — Il forme le
système nerveux et se compose de
deux substances : l'une grise (*substance grise*), contenant des cellules
(*cellules nerveuses*) qui sont l'élément
essentiel des renflements nerveux (*centres et ganglions*) ;
l'autre blanche (*substance blanche*), constituée par des
fibres (*fibres nerveuses*) qui forment les cordons nerveux
(*nerfs et parties blanches des centres*).

Le tissu nerveux renferme de l'eau, des composés albuminoïdes, des matières
phosphorées et divers sels ; la
substance grise est acide et
la blanche alcaline. D'une manière générale, le système
nerveux régularise et harmo-
nise les diverses fonctions de
la vie ; il est le siège de la
sensibilité et de la volonté.
On désigne sous le nom d'*a-
nesthésie*, la diminution ou l'a-
bolition de la sensibilité.

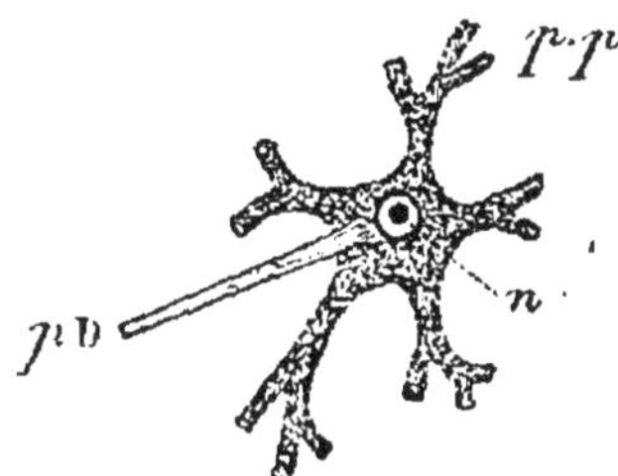

Fig. 17. — Cellule nerveuse multipolaire.

n, noyau et nucléole ; *p* D,
prolongement de Deiters ; *p*,
p. prolongements protoplasmiques.

A. Cellules nerveuses des
Vertébrés. — Constituées par
une masse de protoplasma
granuleux, munie d'un noyau

généralement pourvu d'un nucléole, elles présentent, le
plus souvent, un nombre variable de prolongements

(*cellules multipolaires*) dont l'un, plus fin, non ramifié (*prolongement de Deiters*), se continue avec une fibre nerveuse, tandis que les autres (*prolongements protoplasmiques*) se divisent pour aller s'anastomoser avec les ramifications de cellules voisines. Plus rarement, elles présentent deux prolongements opposés (*cellules bipolaires*) ou un seul prolongement (*cellules unipolaires*).

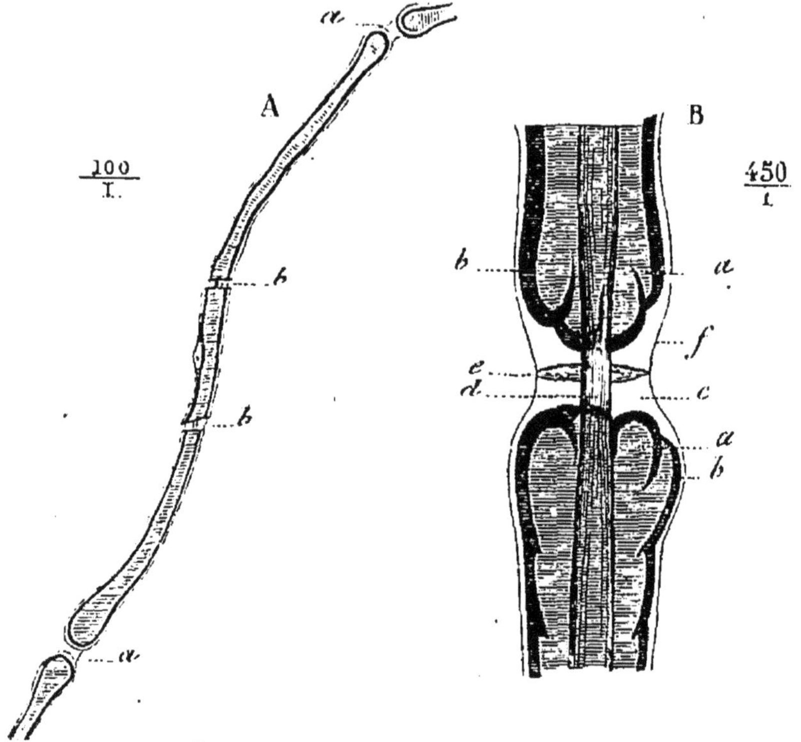

Fig. 18. — FIBRES NERVEUSES A MYÉLINE.

Elles ont été traitées par l'acide osmique qui colore la myéline en noir. A, fibre nerveuse montrant les étranglements annulaires *a*, *a* et un noyau ovalaire ; elle présente deux cassures qui font voir le cylindraxe, en *b*, *b*. B, étranglement annulaire, à un plus fort grossissement ; *a*, *a*, renflements de la myéline, présentant des plis *b*, *b* ; *c*, étranglement incolore ; *d*, cylindraxe ; *e*, strie transversale de l'étranglement ; *f*, gaine de Schwann.

B. FIBRES NERVEUSES DES VERTÉBRÉS. — Ce sont des fils d'une extrême finesse, d'un millième à un centième de millimètre de diamètre, dont la longueur peut atteindre plusieurs mètres, chez les grands Animaux. Les fibres nerveuses sont séparées, les unes des autres, par du tissu conjonctif très délicat; elles se groupent, à leur tour, en faisceaux enveloppés par une gaine conjonctive (*périnèvre*) et cet écheveau, entouré lui-même d'une gaine conjonctive (*névrilème*), forme un nerf.

On distingue deux sortes de fibres : les *fibres à myéline* ou *foncées* et les *fibres sans myéline* ou *pâles*.

a. *Fibres à myéline.* — Elles se composent de trois parties qui sont, de dehors en dedans : 1° une enveloppe mince (*gaine* ou *membrane de Schwann*) dans laquelle on observe des *noyaux ovalaires;* 2° une substance médullaire (*myéline*) qui, vue au microscope, donne aux bords de la fibre l'aspect d'un double contour, par suite de propriétés particulières de réfraction ; 3° au centre de la myéline, un cordon mince (*cylindraxe*) qui est la continuation d'un prolongement de Deiters et constitue la partie la plus importante de la fibre. Elles ne s'anastomosent jamais et présentent. de distance en distance, des *étranglements annulaires* (RANVIER) au niveau desquels la myéline manque et qui permettent de considérer les fibres comme formées de cellules soudées dont les noyaux sont représentés par ceux de la gaine de Schwann. Quand elles arrivent à un centre nerveux ou à une fibre musculaire, elles y pénètrent, en se dépouillant de leur gaine.

b. *Fibres sans myéline.* — Elles sont constituées simple-

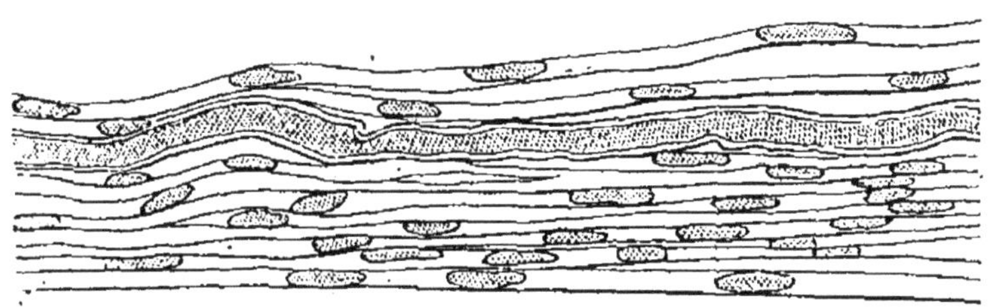

Fig. 19. — FIBRES NERVEUSES SANS MYÉLINE.

On voit, au milieu d'elles, une fibre nerveuse à myéline.

ment par le cylindraxe et la membrane de Schwann munie de nombreux noyaux. Ces fibres ne présentent ni le double contour ni les étranglements des fibres à moelle ; elles existent seules chez l'embryon et, pendant toute la vie, chez les Cyclostomes ; elles peuvent ne pas s'anastomoser (embryons) ou au contraire présenter de nombreuses anastomoses. Ces dernières fibres (*fibres de Remak*) sont surtout abondantes dans les nerfs qui se rendent aux organes de nutrition.

C. Névroglie. — On désigne, sous ce nom, la masse enveloppante des cellules et des fibres, dans les centres nerveux des Vertébrés. Elle joue le rôle d'un tissu conjonctif par rapport à ces éléments, mais sa nature est purement épithéliale (Renaut).

D. Tissu nerveux des Invertébrés. — Un ganglion nerveux se compose de cellules périphériques enveloppant une substance centrale granuleuse (*substance ponctuée*) du sein de laquelle partent les nerfs (Leydig). C'est là une structure embryonnaire ; il est démontré aujourd'hui que, chez les Céphalopodes au moins, dans les ganglions entièrement développés, il y a continuité entre les cellules périphériques et les cylindraxes des fibres nerveuses, comme chez les Vertébrés, la substance ponctuée correspondant à la névroglie de ces derniers (Vialleton). Les nerfs sont toujours formés de fibres sans myéline, qui ne sont pas individualisées par une gaine propre et ne présentent généralement pas d'anastomoses.

E. Considérations générales sur la physiologie des cellules et des fibres nerveuses. — Les cellules nerveuses constituent les points de départ et d'arrivée des actes nerveux ; elles sont de deux sortes : les unes (*cellules sensitives*) reçoivent des impressions sensitives, les autres (*cellules motrices*) président à des mouvements ; mais leur forme paraît être la même, dans les deux cas.

Les fibres nerveuses sont de simples conducteurs. Les unes (*fibres sensitives* ou *centripètes*) conduisent aux cellules sensitives des excitations ou impressions périphériques et constituent des nerfs sensitifs ; les autres (*fibres motrices* ou *centrifuges*) transmettent à la périphérie les ordres élaborés dans les cellules motrices et forment des nerfs moteurs. Ces deux sortes de nerfs paraissent identiques et semblent conduire l'excitation également bien dans les deux sens (*conductibilité indifférente*); ils ne diffèrent que par l'organe auquel ils se rendent, qui accuse soit du mouvement, soit de la sensibilité. La plupart des nerfs renferment à la fois des fibres motrices et des fibres sensitives (*nerfs mixtes*).

La conduction nerveuse se fait isolément dans les diverses fibres : aussi ne peuvent-elles se suppléer l'une l'autre. Dès qu'un filet nerveux est détruit sur un point, il y a paralysie de l'endroit où il se rend.

La vitesse de l'agent nerveux est d'environ 60 mètres par seconde dans les nerfs sensitifs et de 30 mètres seulement dans les nerfs moteurs ; l'acte cérébral le plus simple (*vitesse de la pensée*) demande, en moyenne, un dixième de seconde pour s'effectuer.

On dit qu'un nerf est en activité, quand il est soumis à une excitation, soit expérimentale, soit physiologique. Les excitants expérimentaux peuvent être mécaniques (choc, section, écrasement), physiques (électricité) ou chimiques (acides, bases, sel marin et autres agents de déshydratation). Les excitants physiologiques sont toutes les causes qui, dans l'organisme, font sortir un nerf de son état de repos (sensations, volonté, etc.). Divers poisons agissent sur les nerfs : l'aconitine sur les deux ordres de nerfs, mais plus spécialement sur les nerfs sensitifs, en diminuant leur activité (FRANCESCHINI) ; le curare sur les nerfs moteurs seulement, en les frappant d'inertie (CL. BERNARD).

CHAPITRE III

ANIMAUX EN GÉNÉRAL

ARTICLE Ier. — **Classification des appareils et des fonctions de l'organisme.**

La notion anatomique d'*appareil* correspondant exactement à la notion physiologique de *fonction*, il en résulte qu'une seule et même classification convient à la fois aux appareils et aux fonctions.

On admet aujourd'hui trois grandes classes de fonctions : 1º les fonctions de *nutrition*, qui servent à l'entretien de l'individu ; 2º les fonctions de *reproduction*, qui assurent la conservation de l'espèce ; 3º les fonctions de *relation*, qui mettent l'individu en rapport avec le monde extérieur.

Le tableau suivant, qui résume la classification des fonctions, indique aussi l'ordre que nous suivrons dans leur étude ; mais cette étude sera toujours précédée de celle de l'appareil correspondant.

<pre>
            ⎧ Fonctions ⎧ DIGESTION. — Appareil digestif........ ⎫
            ⎪   de   ⎨ CIRCULATION. — Appareil circulatoire... ⎪
            ⎪ nutrition.⎪ RESPIRATION. — Appareil respiratoire.. ⎪
            ⎪   ⎩ URINATION. — Appareil urinaire........ ⎪
  FONCTIONS ⎨   ⎬ APPAREILS.
            ⎪ Fonctions de REPRODUCTION. — Appareil reproducteur.⎪
            ⎪   ⎧ LOCOMOTION. — Appareil locomoteur.... ⎪
            ⎪   ⎪ PHONATION. — Appareil phonateur..... ⎪
            ⎪   ⎨ INNERVATION. — Système nerveux...... ⎪
            ⎪ Fonctions⎪ TOUCHER. ⎫   ⎪
            ⎪   de   ⎪ GUSTATION.⎪   ⎪
            ⎩ relation.⎨ OLFACTION.⎬ — Organes des sens......⎭
                       ⎪ AUDITION. ⎪
                       ⎩ VISION.   ⎭
</pre>

D'une manière générale, mais plus spécialement chez les Vertébrés, on appelle *splanchnologie* la partie de l'anatomie qui étudie les appareils de la digestion, de la respiration, de l'urination et de la reproduction. Les organes dont se composent ces appareils sont désignés sous le nom de *viscères* ; ils sont creux, présentent des fibres musculaires dans leurs parois, sont tapissés à l'intérieur par une membrane muqueuse et revêtus à l'extérieur par une membrane séreuse ayant la forme d'un sac sans ouverture, qui les rattache aux parois du tronc. L'*angiologie* est la partie de l'anatomie qui s'occupe de l'appareil circulatoire. L'étude de l'appareil locomoteur comprend celle des muscles (*myologie*), celle du squelette (*ostéologie*) et celle des articulations (*arthrologie*). La *névrologie* a pour objet le système nerveux (centres nerveux et nerfs) et les organes des sens.

Article II. — **Appareils et fonctions de nutrition.**

Considérations générales sur les appareils et les fonctions de nutrition. — Au moyen de l'*appareil digestif*, l'animal introduit dans son organisme les substances dont il se nourrit (*aliments*), les dissout en partie et les rend assimilables (*digestion*), puis rejette les matériaux non utilisables (*matières fécales*). Les produits dissous de la digestion passent alors sans lésion (*absorption*) dans l'*appareil circulatoire* qui les transporte, sous forme de sang, dans tout l'organisme (*circulation*). Au moyen de l'*appareil respiratoire*, le sang prend dans l'air l'oxygène nécessaire à l'entretien de la vie et rend à l'air l'acide carbonique résultant de l'oxydation des tissus (*respiration*). En même temps, le sang cède ses principes nutritifs aux tissus (*assimilation*) et reçoit d'eux, en échange, leurs résidus (*désassimilation*). L'*appareil urinaire* se charge (*urination*) de l'expulsion de la majeure partie des résidus liquides et azotés (*urine*) de la nutrition des tissus.

Appareil digestif et digestion. — L'appareil digestif, qui n'existe jamais chez les Végétaux, fait aussi défaut chez les Protistes et chez quelques Animaux parasites (Cestoïdes) ou dégradés (Phylloxéras sexués). Ces êtres se nourrissent alors comme les plantes, par absorption, ou ne prennent aucune nourriture et vivent un temps très limité, aux dépens de leur propre substance.

La *digestion* est la fonction par laquelle les aliments sont rendus *absorbables* et *assimilables*.

La plus simple cavité digestive est un cul-de-sac par l'orifice duquel entrent les aliments et sortent leurs résidus. Quand la cavité se développe davantage, elle prend la forme d'un tube ouvert à ses deux extrémités dont l'une antérieure (*bouche*) sert aux entrées, l'autre pos-

térieure (*anus*), aux sorties. Puis le tube se dilate, dans
son milieu, pour former un *estomac* intermédiaire à deux
conduits, l'un antérieur (*œsophage*) et l'autre postérieur
(*intestin*). Ce dernier lui-même ne tarde pas à se diffé-

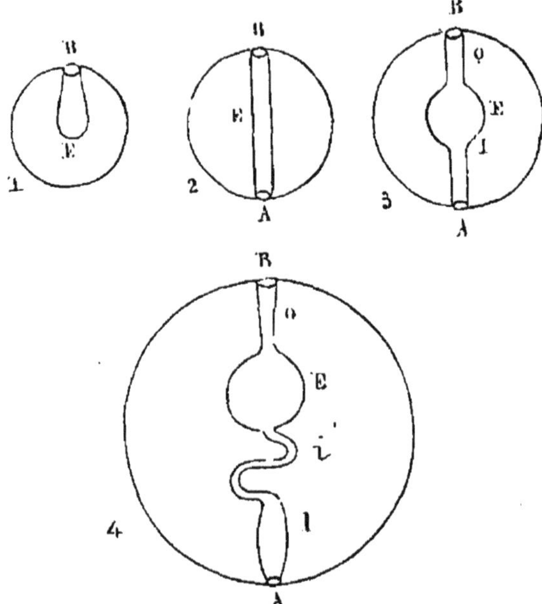

Fig. 20. — SCHÉMA DES MODIFICATIONS QUE SUBIT L'APPAREIL DIGESTIF
DANS LA SÉRIE ANIMALE.

A, anus ; B, bouche ; E, estomac ; I, gros intestin ; *i*, intestin grêle
O, œsophage.

rencier en deux portions : l'antérieure (*intestin grêle*) est
longue, contournée et d'un plus petit calibre que la portion postérieure (*gros intestin*) qui est courte et plus ou
moins rectiligne. Chez les Animaux pourvus d'une queue,
l'anus est toujours situé à la base de cet appendice.

Des organes annexes, plus ou moins compliqués, se développent autour du tube digestif. Les uns sont des
glandes qui sécrètent des sucs pour la digestion ; les
autres servent, soit à la préhension des aliments (tentacules, mâchoires, mains), soit à leur division (dents), soit

à leur progression dans l'intérieur du tube digestif (cils vibratiles, fibres musculaires des parois).

Au point de vue physiologique, on peut considérer trois parties dans le tube digestif : une première, d'*introduction*, s'étendant de la bouche à l'estomac ; une deuxième, de *digestion*, comprenant l'estomac et l'intestin grêle ; une troisième, d'*expulsion*, constituée par le gros intestin.

Appareil circulatoire et circulation. — D'une manière générale, on appelle *circulation* le mouvement que le sang et la lymphe exécutent à travers l'organisme.

Chez les Spongiaires et les Cœlentérés, l'appareil circulatoire n'est pas distinct de l'appareil digestif ; des cils vibratiles y sont les agents moteurs du liquide nutritif. Chez les Échinodermes, l'appareil circulatoire, après s'être formé aux dépens du tube digestif, s'en sépare pour constituer un système de canaux (*vaisseaux*) ; mais la circulation se fait encore par l'action de cils vibratiles. Chez les Vers, l'appareil circulatoire offre un système de cavités (*lacunes*) auquel s'ajoutent des vaisseaux contractiles. Chez les Arthropodes et les Mollusques, l'appareil circulatoire se compose de lacunes, de vaisseaux et d'un corps à parois contractiles, allongé ou globuleux (*cœur*), qui détermine le sens du courant circulatoire. Chez l'Amphioxus, il n'y a pas de cœur proprement dit, mais le rôle de cet organe est rempli par un certain nombre de vaisseaux contractiles. Chez les Vertébrés, l'appareil de la circulation est constitué par un cœur et des vaisseaux ramifiés, les uns sanguins, les autres lymphatiques. Les vaisseaux sanguins sont de trois sortes : les *artères*, les *veines* et les *capillaires*. Par sa contraction, le cœur pousse le sang dans les artères et celles-ci le conduisent dans toutes les parties du corps. Le sang revient ensuite au cœur par les veines, après avoir traversé les capillaires. Ces derniers rampent dans la trame des organes où ils établissent la communication des artères avec les veines. C'est dans le système capillaire, dont les parois sont très minces, que le sang se met en rapport intime avec les tissus et avec l'air.

Chez les Invertébrés, le *cœur* est *artériel*, c'est-à-dire qu'il envoie aux différents organes le sang revivifié qu'il reçoit : ce n'est qu'exceptionnellement (Céphalopodes dibranches) qu'il se complique d'un *cœur veineux*, pour lancer dans l'appareil respiratoire le sang qui a servi à la nutrition.

Chez les Vertébrés, le *cœur* peut être simplement *veineux* (Poissons) ou à la fois *artériel* et *veineux* (autres Vertébrés) ; mais il n'est jamais uniquement artériel.

Appareil respiratoire et respiration. — La *respiration* consiste dans une absorption d'oxygène et une élimination correspondante d'acide carbonique, s'effectuant, d'une part, dans le sang (*respiration externe ou hématose*), d'autre part, dans les tissus (*respiration interne ou combustion respiratoire*). Que l'oxygène soit puisé directement dans l'air (*respiration aérienne*), ou dans l'eau qui tient ce gaz en dissolution (*respiration aquatique*), c'est toujours le sang qui, d'un côté, prend de l'oxygène au milieu ambiant et lui abandonne de l'acide carbonique, tandis que, d'un autre côté, il fournit de l'oxygène aux tissus et leur enlève de l'acide carbonique. L'azote ne joue aucun rôle dans la respiration.

Quelquefois l'absorption de l'oxygène et l'exhalation de l'acide carbonique se font uniquement par la peau (*respiration cutanée*) ; mais, le plus habituellement, ces échanges s'effectuent dans des organes spéciaux qu'on désigne sous les noms de *branchies*, de *trachées* et de *poumons*.

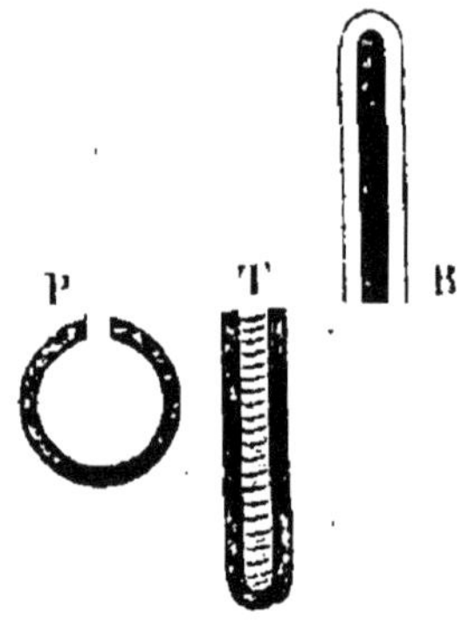

Fig. 21. — Schémas du poumon (P), de la trachée (T) et de la branchie (B).

En dernière analyse, tous ces organes sont constitués par une membrane perméable, qui sépare le fluide respirant (sang) du fluide respirable (air en nature ou dissous dans l'eau).

Les *branchies* sont des organes saillants, tubuleux ou lamelleux, qui accomplissent la respiration aquatique. Elles renferment du sang et baignent dans l'eau.

Les *poumons* sont des cavités intérieures, plus ou moins vésiculeuses et toujours remplies d'air. Ils présentent un orifice (*glotte* chez les Vertébrés; *pneumostome* chez les Invertébrés), pour l'entrée et la sortie de l'air.

Les *trachées* sont des tubes intérieurs dans lesquels l'air circule. Elles sont munies d'un fil spiral et généralement ramifiées. Elles s'ouvrent au dehors, par des orifices en forme de boutonnières (*stigmates*) et se terminent, dans les divers organes, par des extrémités closes.

On observe encore, chez un certain nombre d'Animaux, des *organes accessoires de respiration* que nous étudierons en temps et lieu.

CHALEUR ANIMALE. — Tous les Animaux produisent de la chaleur, sous l'influence des combinaisons chimiques qui s'effectuent dans l'organisme; mais les uns ont une température élevée, restant sensiblement constante pour la même espèce (*Animaux homothermes* ou *à température constante* ou *à sang chaud*), tandis que les autres présentent au contraire une température variable avec celle du milieu, tout en restant un peu supérieure à celle-ci (*Animaux hétérothermes* ou *à température variable* ou *à sang froid*).

La chaleur animale provient surtout de la combustion des albuminoïdes, des hydrocarbures et des graisses, matières donnant lieu à la production d'eau, d'acide carbonique et d'urée. A ce point de vue, on a comparé l'organisme à une machine à vapeur; mais il y a cette différence que la machine animale seule donne, comme résidu de la combustion, une matière azotée, l'urée.

Les Mammifères et les Oiseaux sont les seuls Animaux

homothermes; leur respiration est intense et ils sont protégés contre le rayonnement, par un revêtement de poils ou de plumes; leur température oscille entre 36° et 44° (Homme 37°; Lapin 40°; Poule 43°).

Pour connaître la température du corps d'un Animal ou d'un organe, on emploie le thermomètre. Pour obtenir la chaleur produite par un Animal, on se sert du calorimètre : chez l'Homme, elle est de 112 calories par heure.

Animaux hibernants. — Parmi les Animaux à sang chaud, quelques-uns dits *hibernants* (Hérisson, Marmotte, etc.); subissent, à l'approche des froids, un notable abaissement de température, dû à la diminution d'activité des fonctions de nutrition; ils passent l'hiver, plongés dans un profond sommeil (*sommeil hibernal*) et ne sortent de leur léthargie qu'au printemps, se rapprochant ainsi des Animaux à sang froid.

Appareil urinaire et urination. — L'*urination*

ou fonction de l'appareil urinaire a pour but la formation de l'urine (*excrétion urinaire*) et son expulsion de l'organisme (*miction*). L'urine contient les résidus azotés de la nutrition des tissus; elle est généralement liquide, mais peut quelquefois être solide (Oiseaux, Reptiles).

Chez quelques Cœlentérés et Échinodermes, on observe des organes glandulaires que l'on suppose être des organes urinaires. Chez les Vers, l'appareil urinaire est représenté par des canaux dépendant des téguments et symétriquement disposés (*vaisseaux aquifères* chez les Vers plats; *organes segmentaires* chez les Vers supérieurs). Chez les Arthropodes, la dépuration urinaire est le plus souvent effectuée par des canaux annexés au tube digestif (*canaux de Malpighi*). Chez les Mollusques, les organes urinaires présentent plus d'indépendance et affectent des formes variables. Enfin, chez les Vertébrés, on trouve toujours, dans la cavité abdominale, deux glandes (*reins*) excrétant un liquide (*urine*) qui est versé au dehors par un orifice impair, souvent réuni à celui de l'appareil génital.

ARTICLE III. — Appareils et fonctions de reproduction.

La *reproduction* est l'ensemble des phénomènes qui assurent la conservation de l'espèce, par la production de nouveaux individus. La *génération* est le mode suivant lequel les espèces ont pris naissance. Ces deux expressions sont donc différentes, mais on les emploie souvent l'une pour l'autre.

On a désigné sous le nom de *génération spontanée* ou d'*hétérogénie*, la naissance d'êtres qui ne proviendraient pas de parents, ou, en d'autres termes, qui seraient créés et non engendrés. Dans l'état actuel de la science et, dans la nature actuelle, aucun fait positif ne permet d'admettre l'existence de ce mode de génération chez les êtres vivants (PASTEUR); mais rien ne prouve que l'apparition des premiers organismes n'a pu se faire par hétérogénie, car les conditions étaient alors différentes de ce qu'elles sont et de celles qu'on peut produire aujourd'hui.

Divers modes de reproduction. — La reproduction peut avoir lieu sans appareil spécial et, dans ce cas, elle est dite *agame* ou *asexuelle;* ou bien, au contraire, elle s'effectue par le moyen d'organes destinés à cet usage (*organes sexuels* ou *reproducteurs*) et elle est appelée *sexuelle*.

La reproduction asexuelle n'est jamais exclusive; elle ne s'observe que chez les Animaux inférieurs, mais ceux-ci peuvent aussi se reproduire sexuellement.

On désigne sous le nom de *digenèse*, la particularité que présentent un certain nombre d'Animaux de posséder les deux modes de reproduction, sexuelle et asexuelle. On appelle plus spécialement *génération alternante*, un mode de digenèse caractérisé par l'alternance régulière d'une génération sexuelle, avec une génération asexuelle. Dans ce cas (Salpes, etc.), un animal sexué, au lieu de donner naissance à un individu semblable à lui, en produit un (*nourrice*) qui ne lui ressemble pas, mais qui donnera, par génération agame, une progéniture semblable au premier parent, sans prendre les caractères de celui-ci.

Reproduction asexuelle. — Il y a deux modes de reproduction agame : 1° la *scissiparité* ou reproduction par fractionnement; 2° la *gemmiparité* ou reproduction par bourgeonnement.

SCISSIPARITÉ. — La reproduction par scissiparité ne s'observe que chez les Animaux inférieurs cest l Protistes. Après un agrandissement général et régulier, le corps s'étrangle vers le milieu et donne naissance à deux fragments qui se développent, l'un et l'autre, pour constituer un nouvel être semblable au premier. La scissiparité est généralement *transversale*, mais elle peut être *longitudinale* ou *diagonale*.

Ce mode de reproduction est la réalisation naturelle de phénomènes qui se produisent accidentellement ou qu'on produit à volonté, chez beaucoup d'Animaux. Ainsi, un Ver de terre peut être divisé en deux parties et chacune d'elles reproduit ce qui lui manque, pour reconstituer l'organisme complet.

GEMMIPARITÉ. — Elle diffère de la scissiparité, en ce que c'est seulement une partie circonscrite du corps, qui s'accroît pour le reproduire.

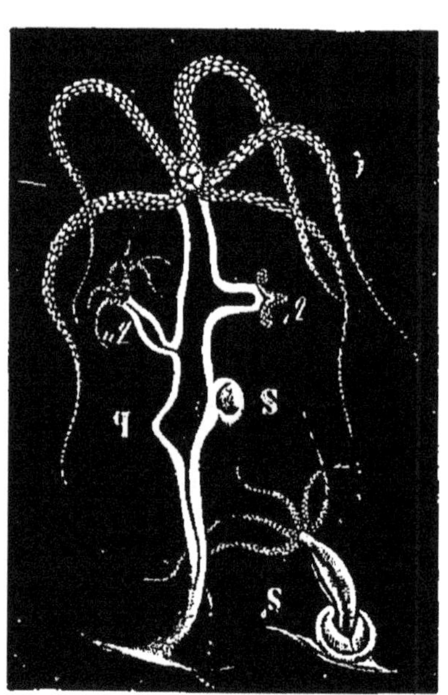

Fig. 22. — HYDRE D'EAU DOUCE.

b, *b'*, *b"*, bourgeons à divers degrés de développement; S', bourgeon complètement séparé de la mère et pouvant vivre indépendant ; S, point qui correspond au détachement de ce bourgeon.

Le bourgeonnement peut être latéral (Corail) ou axial (Naïs); les bourgeons peuvent être caducs (Hydre) ou au contraire persistants (Corail), de façon à constituer une colonie.

Reproduction sexuelle. — Elle consiste dans la production de cellules spéciales appelées *ovules* qui, à part quelques exceptions (*parthénogenèse*), doivent subir l'influence (*fécondation*) d'autres cellules (*spermatozoïdes*), pour donner naissance à un nouvel organisme. C'est le seul mode de reproduction des Animaux supérieurs.

L'ovule et le spermatozoïde proviennent, en général, d'organes spéciaux, l'*ovaire* et le *testicule*, chargés respectivement de les élaborer et constituant les *glandes sexuelles* ou *génitales*.

On appelle plus spécialement *œuf*, un corps qui renferme, sous une enveloppe commune, un ovule et des parties accessoires destinées à l'évolution de l'être futur. Tous les Animaux ont des ovules, mais tous n'ont pas des œufs; cependant, on emploie souvent ces expressions comme synonymes.

ANIMAUX MONOÏQUES. ANIMAUX DIOÏQUES. ANIMAUX NEUTRES. — Les ovules et les spermatozoïdes peuvent tantôt se trouver sur le même individu qui est dit *monoïque* ou *hermàphrodite* (☿), tantôt être répartis entre deux individus de sexe différent, appelés *dioïques* ou *unisexués*, dont l'un, *mâle* (♂), produit des spermatozoïdes et l'autre *femelle* (♀) des ovules. On observe quelquefois des Insectes qui ne peuvent se reproduire et sont appelés *neutres;* ce sont tantôt des femelles (Abeilles ouvrières), tantôt des mâles ou des femelles (neutres des Termites) à organes génitaux non développés. Chez les Animaux dioïques, la fécondation a lieu, soit à l'intérieur du corps (*fécondation intérieure :* Vertébrés supérieurs), soit à l'extérieur (*fécondation extérieure*), pendant (Grenouilles) ou après (Poissons osseux) la ponte. Chez les Animaux monoïques, tantôt l'individu peut à lui seul se reproduire (*hermaphrodisme suffisant :* Huître); tantôt, ne se suffisant pas à lui-même, il a besoin du concours d'un de ses sem-

blables (*hermaphrodisme insuffisant* ou *androgynie :* Colimaçon), soit par suite de la structure des organes génitaux, soit parce que la maturité des ovules et celle des
spermatozoïdes n'ont pas lieu simultanément.

ORGANES SEXUELS. — A l'état le plus simple, les produits
sexuels tombent dans la cavité du corps ou débouchent
directement au dehors, après s'être détachés des glandes
génitales; mais, en général, des voies d'issue, plus ou
moins compliquées (*conduits vecteurs*), conduisent les
produits de la génération.

a. *Organes mâles.* — Les testicules se continuent avec
des conduits vecteurs (*canaux déférents*) présentant souvent un réservoir (*vésicules éminale*) et aboutissant à un
conduit musculo-membraneux (*canal éjaculateur*) qui
verse le sperme dans des organes spéciaux (*organes copulateurs*) facilitant l'intromission de ce fluide, dans l'appareil femelle. Des glandes annexes sécrètent des liquides
qui se mêlent au sperme ou servent à l'entourer d'enveloppes protectrices (*spermatophores*).

b. *Organes femelles.* — Les ovaires déversent les ovules
dans des conduits vecteurs (*oviductes*) qui s'élargissent
souvent, sur un point de leur parcours, de manière à
former une chambre incubatrice (*utérus*), pour le développement de l'œuf. Des organes accessoires, situés à la
partie terminale des canaux vecteurs, reçoivent les organes copulateurs pendant l'accouplement (*poche copulatrice*) ou emmagasinent le sperme (*réceptacle séminal*);
.quelquefois ces deux sortes d'organes récepteurs sont
confondus en un seul (*vagin*). Des glandes annexes fournissent tantôt une des substances constituantes de l'œuf,
tantôt ses enveloppes.

On appelle *ovipares* les animaux qui pondent des œufs;
voovivipares, ceux dont les œufs éclosent dans l'oviducte ;
vivipares, ceux dont les œufs se développent à l'intérieur
d'un utérus véritable, en empruntant, à la mère, les matériaux nécessaires à leur évolution. Les femelles de ces der-

niers Animaux possèdent toujours des glandes spéciales (*mamelles*) dont le produit (*lait*) sert à la nutrition du jeune être. A l'exception des Monotrèmes, tous les Mammifères sont vivipares. Les ovovivipares donnant naissances à des petits vivants, comme les vivipares, sont appelés quelquefois aussi vivipares (Vipère, Corail, etc.); mais, en réalité, les Mammifères sont les seuls Animaux chez lesquels on observe la viviparité.

Parthénogenèse. — Ainsi que nous l'avons signalé plus haut, à titre d'exception, l'œuf n'a pas toujours besoin de subir l'influence des spermatozoïdes, pour donner naissance à un être. Cette anomalie, qui ne s'observe que chez quelques Invertébrés (Arthropodes, Rotateurs) a été désignée sous le nom de *parthénogenèse* (reproduction virginale).

Chez l'Abeille commune, les œufs de la reine donnent naissance à des femelles ou à des mâles, suivant qu'ils ont été ou non fécondés. Chez les Pucerons, tous les individus sont aptères et femelles, pendant le printemps et l'été; dans cette période de temps, ils engendrent des petits vivants, qui deviennent à leur tour des femelles fécondes, sans l'approche du mâle. Ces femelles vivipares sont pourvues d'organes génitaux (*pseudovaires*) construits sur le type des ovaires; mais elles manquent d'organes d'accouplement. C'est seulement à l'arrière-saison, qu'on voit naître des femelles et des mâles ailés, munis d'organes copulateurs. L'accouplement a lieu aussitôt : les femelles ailées pondent ensuite des œufs qui hivernent (*œufs d'hiver*) et d'où sortent, au printemps suivant, des femelles aptères et vivipares.

Si le fait de la parthénogenèse est aujourd'hui bien démontré, il faut cependant remarquer que les êtres qui en proviennent sont de plus en plus dégradés et, qu'au bout d'un certain nombre de générations, la puissance reproductrice, après avoir considérablement diminué, finit par s'éteindre. Pour que l'espèce ne disparaisse pas, il est nécessaire que, par le concours des deux sexes, une nouvelle génération sexuelle redevienne la souche d'un nouveau cycle.

ARTICLE IV. — **Appareils et fonctions de relation.**

Considérations générales sur les appareils et les fonctions de relation. — Les fonctions de relation se rapportent à la *motilité* ou ensemble des propriétés de mouvement et à la *névrilité* ou ensemble des propriétés du système nerveux. Elles sont diffuses dans la masse du corps chez les Animaux inférieurs; mais, quand l'organisme se perfectionne, elles deviennent l'apanage d'appareils distincts.

A. APPAREILS ET FONCTIONS DE MOTILITÉ. — Au moyen de l'*appareil locomoteur*, les Animaux peuvent déplacer leur corps en totalité ou en partie (*locomotion*), pour se procurer leur nourriture ou pour échapper à leurs ennemis. En outre, quelques Animaux possèdent un *appareil* phonateur, au moyen duquel ils produisent des mouvements donnant lieu à des sons qui constituent, soit un appel, soit un langage (*phonation*).

B. APPAREILS ET FONCTIONS DE NÉVRILITÉ. — C'est par le tissu nerveux que l'Animal peut avoir des notions (*sensations*) sur les phénomènes qui se produisent en lui (*sensations internes*) ou en dehors de lui (*sensations externes*) et présenter des phénomènes caractéristiques (pensée, volonté, instinct, intelligence, etc.), dont l'ensemble est connu sous le nom général de *volition*.

Les *sensations internes* sont celles que nous éprouvons sans l'intervention des agents extérieurs. Elles nous renseignent sur le fonctionnement de nos organes et sont vagues, confuses, indéterminées ; cependant elles peuvent prendre un certain degré d'intensité et devenir des *besoins*, sensations nouvelles, qui se localisent, en partie, dans les organes plus particulièrement intéressés à la satisfaction de ces besoins. Exemple : la faim, la soif, etc.

Les *sensations externes* sont, les unes générales, les autres spéciales. Les *sensations générales* sont ainsi nommées, parce qu'elles n'ont pas d'appareil localisé et peuvent se rencontrer dans tous les tissus où se trouvent des élé-

ments nerveux ; elles ne donnent aucun renseignement
sur la nature de l'agent qui produit l'impression. Exemple : la douleur. Les *sensations spéciales* sont toujours
fournies par des appareils périphériques (*organes des sens*)
et renseignent sur les qualités des agents extérieurs.
Exemple : les sensations visuelles. Si nous appliquons, sur
la peau, le bord aiguisé d'un couteau, le sens du toucher
nous fait sentir (*sensation spéciale*) le tranchant de l'instrument ; mais si nous pressons sur ce dernier, de façon
à entamer la peau, aussitôt nous ressentons de la douleur
(*sensation générale*) et nous rapportons cette sensation,
non plus au couteau, mais seulement à la partie qui a été
blessée.

Le tissu nerveux forme plusieurs appareils : 1° le *système nerveux*, dont les fonctions sont désignées sous le
nom général d'*innervation ;* 2° les *organes* ou mieux les
appareils des sens, dont chacun possède une fonction spéciale.

Appareil locomoteur et locomotion. — La *locomotion* est la fonction par laquelle le corps peut se
mouvoir tout entier (*locomotion totale*) ou dans quelques-
unes de ses parties (*locomotion partielle*). Elle s'effectue
au moyen d'organes très variés constituant l'*appareil locomoteur*.

Dans les conditions les plus simples, le mouvement est
produit par la contraction du protoplasma, qui s'effectue
suivant une direction déterminée ; mais de telles conditions ne s'observent guère que chez les Protistes. Les
organes de locomotion les plus élémentaires qu'on trouve,
dans le règne animal, sont les *cils vibratiles*, qui facilitent
la progression dans l'eau ; en général, il existe un appareil locomoteur. Celui-ci se compose : 1° d'une partie active, constituée par un *système musculaire ;* 2° d'une partie
passive, représentée tantôt par le tégument qui reste
mou et s'unit au système musculaire (*enveloppe musculo-
cutanée*), tantôt par des parties dures (*squelette*) soit extérieures (*squelette extérieur* ou *exosquelette*), soit intérieures (*squelette intérieur* ou *endosquelette*). Le plus souvent, il existe, sur des points déterminés du corps, des
appendices particuliers (*membres*), qui sont de puissants
leviers locomoteurs. Ceux-ci sont tantôt des prolongements de l'enveloppe musculo-cutanée, tantôt des pièces

articulées formées, soit par les téguments, soit par une charpente intérieure (1).

On donne le nom *d'attitudes* aux diverses poses qu'affectent les Animaux pour se maintenir, soit debout (*station*), soit couchés (*décubitus*).

Suivant la nature du point d'appui, on distingue trois modes de locomotion : *locomotion terrestre, locomotion aquatique* ou *natation, locomotion aérienne* ou *vol.*

Dans la *locomotion terrestre*, on observe deux types principaux : l'un, dans lequel l'effort pousse le sol en sens inverse du mouvement de translation (marche, course, saut) ; l'autre, dans lequel un point du corps se fixe et attire le reste à lui (reptation, grimper). Dans la *locomotion aquatique*, ce sont tantôt des sortes de rames (cils vibratiles, nageoires, membres) qui déterminent la progression, tantôt une poche pleine d'eau qui, en se vidant brusquement, propulse l'animal, dans un sens opposé à celui de la sortie du liquide (Poulpe, Méduse). Dans la *locomotion aérienne*, c'est toujours par le déplacement d'un plan incliné que s'effectue la translation. L'aile frappe l'air obliquement, repoussant le fluide suivant une certaine direction et imprimant, au corps de l'Animal, un mouvement en sens inverse.

Appareil phonateur et phonation. — L'*appareil phonateur* est l'appareil producteur des sons ; la *phonation* est le résultat de son fonctionnement. Les Vertébrés supérieurs produisent des sons, au moyen d'un organe particulier situé, tantôt à l'origine (*larynx*), tantôt à la terminaison (*syrinx*) de la trachée et vibrant sous l'influence de l'air expiré. Chez les Invertébrés, les Insectes seuls ont une manifestation vocale ; mais elle est d'un tout autre genre que celle des Vertébrés : on l'appelle *stridulation.*

Système nerveux et innervation. — Le système

____

(1) Les leviers, sur lesquels agissent les muscles, appartiennent aux trois genres établis en mécanique. Le levier du 1er genre ou intersistant produit généralement l'extension (ex. : extension de l'avantbras sur le bras) ; celui du 3e genre ou interpuissant amène presque toujours la flexion (ex. : flexion de l'avant-bras sur le bras) ; celui du 2e genre ou interrésistant est le plus rare; contrairement aux deux autres, il favorise la force, au détriment de la vitesse (ex. : soulèvement du corps sur la pointe des pieds).

nerveux peut être comparé à une chaîne dont l'une des extrémités est en rapport avec des organes sensibles et l'autre en rapport avec des organes moteurs, la partie centrale servant à transformer les impressions sensitives en excitations motrices.

Supposons deux cellules centrales, l'une *sensitive*, l'autre *motrice*, réunies par une fibre nerveuse intermédiaire et reliées : la sensitive à une membrane sensible,

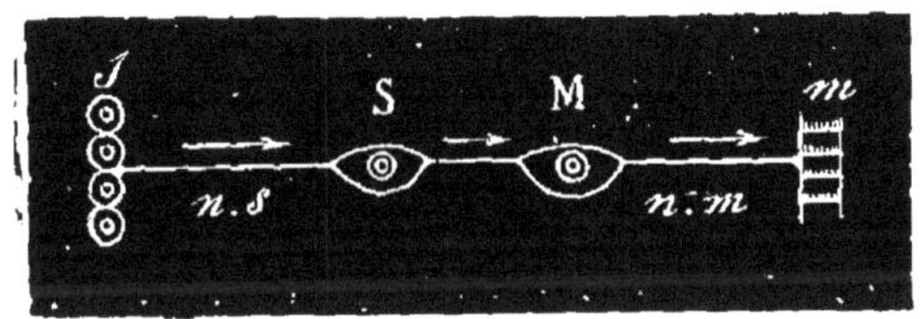

Fig. 23. — Schéma général du système nerveux.

M, cellule motrice; *m*, muscle; *n. m*, nerf moteur; *n. s*, nerf sensitif
S, cellule sensitive; *s*, surface sensible.

par une fibre d'un nerf sensitif ou centripète; la motrice à un muscle, par une fibre d'un nerf moteur ou centrifuge. Si la membrane sensible vient à être impressionnée par un agent extérieur, l'impression sera conduite par la fibre sensitive à la cellule sensitive et y donnera lieu ou non à une sensation ; dans le premier cas, l'impression aura été perçue (*perception*), tandis que, dans le second, elle ne l'aura pas été. En sortant de la cellule sensitive, l'impression, perçue ou non, est transmise à la cellule motrice qui la transforme en excitation motrice (*motricité*). Celle-ci sera transmise au muscle par la fibre motrice et donnera lieu à des mouvements volontaires, si l'impression a été perçue, involontaires (*mouvements réflexes*), si elle ne l'a pas été. Il est souvent difficile de distinguer entre les mouvements volontaires et les mouvements réflexes, de même qu'on ne peut toujours établir une limite nette entre les phénomènes de l'instinct et ceux de l'intelligence.

INSTINCT ET INTELLIGENCE. — L'*instinct* est le désir impérieux et inné d'exécuter des séries d'actes propres à atteindre un but final que l'acteur ne comprend généralement pas (H. FOL). La construction des nids, chez les

Oiseaux, est une opération instinctive; peut se faire, sans que ceux-ci aient été en relation avec des individus de leur espèce.

L'*intelligence* est la faculté d'employer les moyens appropriés pour atteindre un but que l'être lui-même comprend et qu'il atteint d'autant mieux qu'il le conçoit plus clairement (H. Fol). Un Chien qui se débarrasse de sa muselière, pendant la nuit, pour aller dévorer un Mouton du voisinage, et qui rentre, avant le jour, se remettre à lui-même sa muselière, fait preuve d'intelligence.

FORMES DU SYSTÈME NERVEUX. — Le système nerveux se présente sous deux formes fondamentales : 1° le *type rayonné ;* 2° le *type bilatéral.* Il comprend toujours des *centres nerveux* d'où s'échappent des *nerfs* périphériques.

A. TYPE RAYONNÉ. — Il atteint son maximum de complication chez les Échinodermes, où l'on trouve autant de centres nerveux (*cerveaux ambulacraires*) que de rayons dans le corps. Ce sont des cordons nerveux rayonnant autour d'un anneau de même nature, qui entoure l'œsophage.

B. TYPE BILATÉRAL. — Il s'observe chez tous les Animaux à symétrie bilatérale. Les centres nerveux se composent de masses plus ou moins volumineuses reliées entre elles par des fibres nerveuses transversales (*commissures*) ou longitudinales (*connectifs*).

1° *Arthropodes et Vers.* — Il existe, au-dessus de l'œsophage, une masse ganglionnaire simple ou double (*ganglions sus-œsophagiens ou cérébroïdes*) qui, par un anneau nerveux entourant l'œsophage (*collier œsophagien*), se relie à une masse ganglionnaire située au-dessous (*ganglions sous-œsophagiens*). Celle-ci est la première paire d'une chaîne de ganglions (*chaîne ganglionnaire*) en forme de chapelet ou d'échelle, située le long de la région ventrale du corps. Chez les Animaux les plus dé-

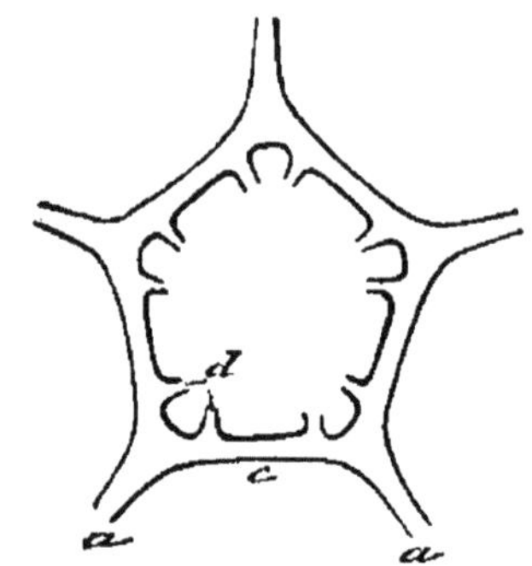

Fig. 24. — SYSTÈME NERVEUX · DE L'OURSIN (type rayonné).

a, a, troncs ambulacraires; c, anneau nerveux pentagonal; d, nerfs du tube digestif.

gradés de ces deux embranchements, les centres nerveux peuvent se réduire à la masse ganglionnaire sus-œsophagienne ou même faire complètement défaut.

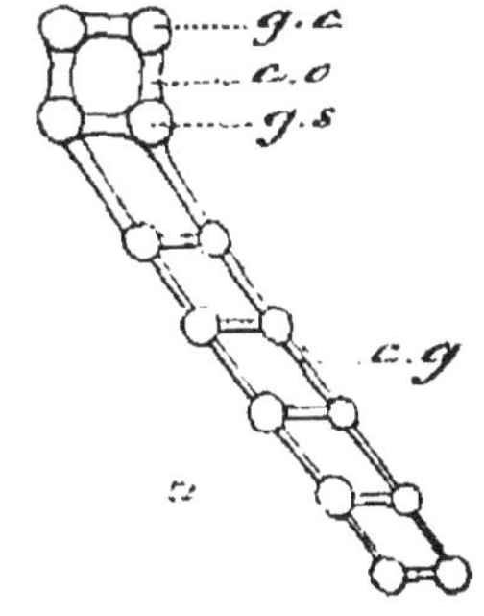

Fig. 25. — Schéma du système nerveux des arthropodes (type bilatéral).

c.g, chaîne ganglionnaire ventrale ; *c.o*, collier œsophagien; *g.c*, ganglions sus-œsophagiens ou cérébroïdes ; *g.s*, ganglions sous-œsophagiens.

2° *Mollusques*. — On trouve trois groupes de ganglions principaux : 1° *sus-œsophagiens ;* 2° *sous-œsophagiens ;* 3° *viscéraux.*

Les premiers sont reliés aux deux autres par des cordons qui passent de chaque côté de l'œsophage et forment ainsi deux colliers nerveux autour de ce canal *collier antérieur* et *collier postérieur).*

3° *Chordés.*—La partie centrale du système nerveux (*névraxe*) est toujours située au-dessus de la corde dorsale. Chez les Tuniciers, c'est simplement une *moelle tubulaire* qui persiste (Pérennichordes) ou se réduit à un seul ganglion chez l'adulte (Caducichordes). Le névraxe prend un grand développement chez l'Amphioxus mais ne constitue qu'une *moelle épinière ;* chez les Vertébrés, il se renfle, à la partie antérieure, en un véritable *cerveau,* pour former un *axe cérébro-spinal* ou *encéphalo-rachidien.* Il n'y a jamais de collier œsophagien.

Organes des sens. — Les·*organes* ou mieux les *appareils des sens* sont au nombre de cinq (*toucher, goût, odorat, ouïe, vue*) ; chacun d'eux fait percevoir spécialement différentes qualités des corps extérieurs.

Les organes des sens varient beaucoup dans leur mode de conformation; mais, en les comparant entre eux, on voit qu'ils présentent toujours une membrane sensible (*organe récepteur*) recevant une impression qu'un nerf (*organe conducteur*) transmet au cerveau (*organe percepteur*). A ces parties essentielles, s'ajoutent souvent des parties accessoires, servant à accroître ou, au contraire, à diminuer l'intensité de l'impression.

Toucher. — Le *tact* ou *toucher* renseigne à la fois sur la forme, la température et le poids des corps. Il a pour siège le tégument ou des appendices qui en dépendent. C'est le plus répandu et le moins localisé des sens; les autres peuvent être considérés comme en dérivant plus ou moins directement : ainsi, le goût et l'odorat sont respectivement des touchers de molécules sapides ou odorantes, la vue et l'ouïe de véritables touchers de vibrations.

Goût. — Il donne la sensation des *saveurs* et réside, chez les Vertébrés, dans la cavité buccale. On ne sait presque rien sur ce sens, chez les Invertébrés.

Odorat. — Il donne la notion des *odeurs* et sert souvent de guide aux Animaux pour la recherche et le choix de leurs aliments : c'est une sorte de goût à distance. D'une manière générale, l'organe de l'olfaction est représenté par une ou plusieurs fossettes, tapissées de cils vibratiles.

Ouïe. — C'est le sens qui fait percevoir les *sons*. Sous sa forme la plus simple, l'organe fondamental de l'ouïe (*oreille*) est représenté par une vésicule pleine de liquide (*otocyste*), contenant en suspension un ou plusieurs corpuscules calcaires (*otolithes*).

Vue. — La sensation visuelle est produite par l'action de la lumière sur un organe (*œil*) de forme variable. Celui-ci peut-être simplement représenté par une tache pigmentaire à laquelle aboutit un nerf ; mais, pour qu'il y ait perception des objets extérieurs, il faut que leur image se forme sur une membrane sensible (*rétine*), condition qui se trouve réalisée par l'adjonction d'une lentille convergente plus ou moins complexe.

Article V. — **Développement**.

Le terme général de *développement* est employé pour définir l'évolution d'un organisme, à partir de la première et plus simple phase de son existence, jusqu'à la plus complexe. Le développement suit immédiatement la fécondation de l'œuf; il présente à considérer des *transformations* et des *métamorphoses*.

Les *transformations* sont les modifications qui se passent dans l'œuf et ont pour résultat la formation du jeune être (*embryon*). Exemple : les transformations de l'Oiseau.

Les *métamorphoses* sont les changements subis, après l'éclosion, par des Animaux qui naissent sous une forme (*larve*) différente de celle de l'adulte. Exemple : les métamorphoses de la Grenouille. Les métamorphoses sont généralement en corrélation avec des transformations très simples dans l'œuf.

STRUCTURE DE L'ŒUF. — Chez tous les Animaux, l'*œuf* ou plutôt *l'ovule*, est, dans le principe, une cellule simple, nue et constituée par une masse protoplasmique (*vitellus*) renfermant un noyau (*vésicule germinative* ou *de Purkinje*) qui lui-même renferme habituellement un nucléole (*tache germinative* ou *de Wagner*).

Le plus souvent, l'ovule présente, au bout d'un certain temps, une enveloppe qui, tantôt formée par la surface du vitellus, prend le nom de *membrane vitelline*, tantôt provenant du tissu de l'ovaire, s'appelle *chorion*, ces deux sortes d'enveloppes pouvant d'ailleurs coexister. Quelquefois le chorion est assez résistant, pour former une véritable coque (œuf des Poissons osseux) et il existe alors, sur un point de sa surface, un petit orifice (*micropyle*) qui livre passage à l'élément fécondateur. Il ne faut pas confondre cette coque avec la coquille qui se développe plus tard, sur quelques œufs (Oiseaux).

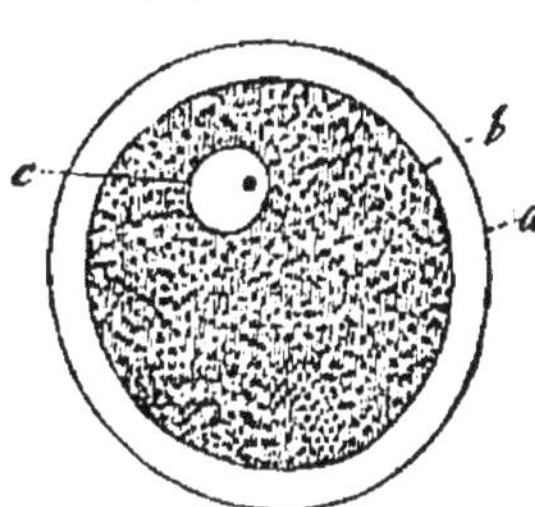

Fig. 26. — OVULE HUMAIN.

a, membrane vitelline ou chorion; *b*, vitellus; *c*, vésicule germinative avec la tache germinative (gross. 250 diam.).

Quand l'ovule a atteint un certain degré de développement, il subit une série de modifications (*phénomènes de maturation*) qui le rendent apte à être fécondé ; il perd sa limpidité et la vésicule germinative gagne la périphérie ; alors une partie de la substance de cette vésicule s'échappe sous forme de globules (*globules polaires*) qui se placent entre le vitellus et la membrane d'enveloppe, tandis que le reste revient au centre, où il s'entoure de granulations vitellines disposées en stries radiaires (*aster* ou *pronucléus femelle*) (H. Fol).

Le vitellus est formé du protoplasma proprement dit (*protoplasme* ou *vitellus formatif*) et d'une quantité variable de matières graisseuses (*deutoplasme* ou *vitellus nutritif*), produites quelquefois par une glande spéciale

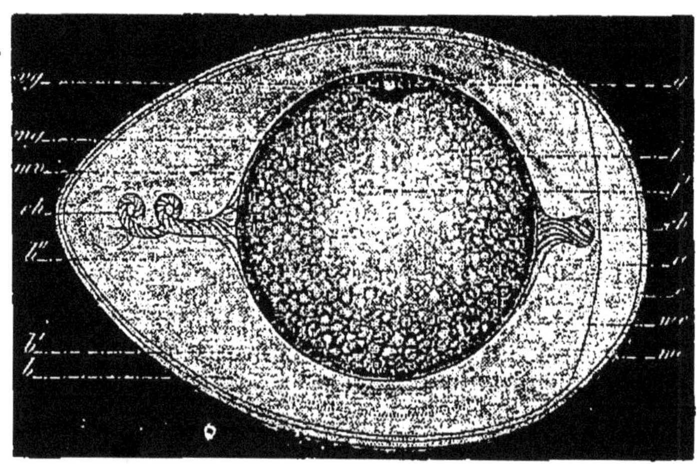

Fig. 27. — Œuf d'Oiseau.

a, chambre à air ; *b*, *b*, *b*", couches d'albumine ; *c*, coquille ; *ch*, chalazes ; *g*, cicatricule ; *j*, jaune ; *j'*, latebra ; *mc*, *mc'*, les deux feuillets de la membrane coquillère ; *mv*, couche mince de vitellus blanc située au-dessous de la membrane vitelline *mv* ; *vg*, vésicule germinative.

(*vitellogène*). On peut admettre trois sortes d'œufs : 1° les *œufs alécithes*, qui ne renferment qu'une petite quantité de vitellus nutritif, distribuée dans l'œuf d'une manière uniforme. (Éponges, Méduses, Échinodermes, Amphioxus) ; 2° les *œufs télolécithes*, dans lesquels le vitellus nutritif, plus ou moins abondant, est séparé ou se sépare, à un moment donné, du vitellus formatif, pour occuper l'un des pôles de l'œuf (Vers, Mollusques, Vertébrés) ; 3° les *œufs centrolécithes*, dans lesquels le vitellus nutritif est central et entouré complètement par le vitellus formatif (Arthropodes).

Dans l'œuf de l'Oiseau, le vitellus nutritif, appelé vulgairement « le *jaune* », est très abondant ; le vitellus formatif (*vitellus blanc*) constitue, à la surface du jaune, dans sa région équatoriale, un épaississement lenticulaire (*cicatricule* ou *germe*) au-dessous duquel il s'enfonce dans le jaune, sous l'aspect d'un battant de cloche (*latebra*), et de chaque côté duquel il forme une mince couche qui entoure le jaune. Une membrane vitelline, qui est peut-être plutôt un chorion, recouvre le tout. Telle est la structure de l'œuf, au moment où il va se détacher de l'ovaire, moment où il est facile de reconnaître, dans la cicatricule, la vésicule et la tache germinatives. C'est dans l'oviducte que l'œuf s'entoure successivement de diverses parties accessoires (*membrane chalazifère, couches d'albumine ; membrane coquillière : coquille*), sur lesquelles nous aurons à revenir.

Fécondation. — Nous avons déjà dit que la fécondation est l'œuvre de deux cellules : l'une femelle (*ovule*), l'autre mâle (*spermatozoïde*). Les cellules mâles flottent en nombre considérable dans un liquide (*liquide spermatique*) et cet ensemble porte le nom de *sperme*.

Pour démontrer que c'est le spermatozoïde et non le liquide spermatique qui féconde l'œuf, on soumet le sperme de Grenouille à des filtrations méthodiques. Le liquide qui s'écoule du filtre ne contient pas de spermatozoïdes et ne féconde pas les œufs de Grenouille, tandis que la fécondation a lieu, sous l'action du résidu riche en spermatozoïdes, qui est resté sur le filtre.

Les spermatozoïdes sont des cellules vibratiles de forme variable. Habituellement, ils présentent une partie renflée (*tête*) et un prolongement filiforme (*queue*) ; mais quelquefois, ils ont une forme étoilée (Écrevisse). La tête peut s'allonger (Pigeon), se contourner en vrille (Moineau), ou même disparaître complètement (Insectes). Enfin le spermatozoïde peut être dépourvu de queue (Ascaride) ou en avoir deux (Crapaud commun). Les dimensions des spermatozoïdes n'ont aucun rapport avec celles des Animaux qui les produisent ; le caractère essentiel de ces cellules est leur motilité, qui les fait aller à la rencontre des ovules et pénétrer dans leur intérieur. Cette pénétration se fait, soit par perforation de la membrane vitelline, soit par passage dans le micropyle.

Dès que le spermatozoïde a pénétré dans l'œuf, sa queue se résorbe et sa tête se gonfle, en formant une tache claire. Celle-ci s'entoure de rayons, comme l'aster femelle, de manière à constituer une autre étoile (*aster* ou *pronucléus mâle*) ; mais elle perd ses rayons, en se

rapprochant du centre, et se fusionne avec le promucléus
mâle pour constituer un seul corps (*noyau de segmentation*) (H. Fol; Éd. van Beneden) qui, par divisions successives, donnera naissance aux noyaux de toutes les
cellules de l'embryon. On s'explique ainsi la transmission
des qualités des parents aux descendants.

SEGMENTATION. — On donne ce nom à la division plus
ou moins complète du contenu de l'œuf, après la fécondation (Prévost et Dumas).

Aussitôt après la formation du noyau de segmentation,
celui-ci s'allonge en un fuseau (*fuseau de segmentation*)
qui s'étrangle au milieu et finit par se diviser, en formant deux autres noyaux autour desquels se groupe le
vitellus, dont la division a suivi celle du noyau. A ce moment, l'œuf renferme deux cellules embryonnaires (*blas-
tomères*) qui vont se subdiviser à leur tour, par le même
procédé, et ainsi de suite.

Dans les œufs qui ne renferment qu'une petite quantité de vitellus nutritif (*œufs alécithes*), la segmentation
intéresse la totalité du vitellus qui se divise en sphères
à peu près identiques (*segmentation totale et égale*)
et prend, quand elle est achevée, l'aspect d'une mûre
(*morula*). Au centre de cette masse, se développe une cavité (*cavité de segmentation*) qui augmente graduellement; les cellules de la morula, qui constituaient plusieurs couches, se répartissent sur une seule rangée,
tout autour de la cavité de segmentation, pour constituer
une vésicule sphérique (*blastosphère* ou *blastula*) pleine
de liquide. Bientôt, une partie de la blastosphère se replie en dedans, de façon à constituer, par invagination,
un double sac dont la cavité intérieure ne tarde pas à
disparaître, par le contact des deux feuillets. L'embryon
a alors la forme d'une outre (*gastrula*) dont la paroi
(*blastoderme*) est composée du feuillet externe primitif
(*ectoderme* ou *épiblaste*) doublé d'un feuillet interne
(*entoderme* ou *hypoblaste*) dont la cavité (*intestin primitif*) communique avec l'extérieur, par l'orifice d'invagination (*blastopore*). La gastrula doit être considérée
comme un état embryonnaire très important, par lequel
passent tous les Animaux. Entre les deux feuillets de la
gastrula s'interpose un feuillet moyen (*mésoderme* ou
mésoblaste); ces trois feuillets sont le point de départ de
la formation de toutes les parties de l'organisme.

Dans les œufs qui contiennent une quantité notable de
vitellus de nutrition (*œufs télolécithes*, *œufs centrolécithes*), la segmentation et la formation de la gastrula su-

bissent de profondes modifications, soit parce que les sphères de segmentation sont très inégales (*segmentation totale et inégale*), soit parce qu'une partie du vitellus reste étrangère au fonctionnement (*segmentation partielle*) ; mais nous ne pouvons ici entrer dans plus de détails.

Au point de vue de la segmentation, on peut diviser les œufs en deux catégories : 1° les *œufs holoblastiques* c'est-à-dire à segmentation totale, soit égale, soit inégale (Mammifères vivipares, Batraciens, Leptocardiens, Gastéropodes, Lamellibranches, Vers, Échinodermes, Cœlentérés) ; 2° les *œufs méroblastiques* ou à segmentation partielle (Monotrèmes, Oiseaux, Reptiles, Poissons, Céphalopodes, Arthropodes). Dans ces derniers, la cicatricule subit seule la segmentation ; le reste forme d'ordinaire un appendice de l'embryon (*sac vitellin*).

Nous venons de voir que les Animaux se constituent aux dépens d'une vésicule à trois *feuillets* dits *blastodermiques;* cependant quelques parasites (*Dicyémides, Orthonectides*), que beaucoup de naturalistes considèrent comme des Vers dégradés par le parasitisme, ne possèdent jamais que deux feuillets blastodermiques (ÉD. VAN BENEDEN); enfin les Protozoaires n'offrent jamais ces feuillets. Pour ceux qui n'admettent pas que les Dicyémides et Orthonectides soient des Vers dégradés et qui considèrent les Protozoaires comme des Animaux, le règne animal se décomposerait alors en trois sous-règnes : 1° les *Métazoaires*, à trois feuillets blastodermiques ; 2° les *Mésozoaires*, à deux feuillets blastodermiques ; 3° les *Protozoaires*, sans aucune différenciation blastodermique. On réunit quelquefois les Métazoaires et les Mésozoaires sous la dénomination générale d'*Histozoaires*, parce qu'ils possèdent des tissus; les Protozoaires n'en présentent jamais.

RÉTROGRADATION. — Dans le cours du développement, l'organisme est souvent le siège d'un certain nombre de réductions ; il en résulte, soit pour quelques organes, soit pour le corps tout entier, un changement de forme plus ou moins considérable. Ainsi, les embryons des Vertébrés présentent un corps glanduleux (*thymus*) dont on ignore les usages et qui disparaît ensuite plus ou moins complètement; c'est lui qui constitue le « ris » chez le Veau.

Les métamorphoses que subissent les Animaux sont généralement *progressives*, c'est-à-dire qu'elles amènent l'organisme à un état de plus en plus élevé (Batraciens,

Insectes); mais elles peuvent être, au contraire, *régressives*, en ce sens que, par la disparition de certains organes, l'organisme rétrograde, ainsi que cela s'observe chez les Cirripèdes et quelques parasites.

On appelle *parasites* des Animaux qui se nourrissent aux dépens d'un être (*hôte*) sur lequel ils vivent d'une manière permanente (Poux) ou temporaire (Sangsues). Le parasitisme peut s'effectuer, soit sur la même espèce, soit sur des espèces différentes (*migrations*); les changements d'hôtes correspondent à des formes différentes du parasite. Quand le parasite mène une vie de repos, les organes de relation disparaissent (Linguatules); si, de plus, les substances nutritives lui sont fournies toutes préparées par l'hôte qu'il habite, les organes de nutrition subissent à leur tour une notable réduction (Cestoïdes); mais les organes de reproduction prennent, en revanche, un développement considérable.

On appelle *commensaux* des êtres qui ne vivent pas, comme les parasites, aux dépens du corps de leur hôte, mais qui partagent seulement la nourriture de celui-ci. Ex. : les petits Crabes (Pinnothères) qu'on trouve dans les branchies des Moules.

CHAPITRE IV

VERTÉBRÉS

ORGANISATION

Les *Vertébrés* sont des animaux à symétrie bilatérale, pourvus d'un squelette intérieur dont l'axe (*colonne vertébrale*) est constitué, à l'origine, par une corde dorsale autour de laquelle se développent des vertèbres généralement distinctes. Le système nerveux central (*axe cérébro-spinal* ou *névraxe*) ne présente jamais de collier œsophagien et est situé dans une cavité dorsale, distincte d'une cavité ventrale qui renferme les viscères. Jamais plus de deux paires de membres. Tous possèdent un crâne, un cœur et ont le sang rouge. Les uns ont une respiration toujours pulmonaire (*Pulmonés*), les autres une respiration branchiale, transitoire ou permanente

(*Branchiés*); ils peuvent se subdiviser en cinq classes, comme l'indique le tableau suivant :

<table>
<tr><td rowspan="6">VERTÉBRÉS.</td><td rowspan="3">Amniens
ou
Pulmonés</td><td>Des mamelles........................</td><td colspan="2">MAMMIFÈRES.</td></tr>
<tr><td rowspan="2">Pas de mamelles.</td><td>Des plumes....</td><td>OISEAUX.</td></tr>
<tr><td>Pas de plumes.</td><td>REPTILES.</td></tr>
<tr><td rowspan="3">Anamniens
ou
Branchiés</td><td>Pas de nageoires à rayons..........</td><td colspan="2">BATRACIENS.</td></tr>
<tr><td>Des nageoires à rayons.............</td><td colspan="2">POISSONS.</td></tr>
</table>

Chez les Pulmonés, l'embryon est toujours enveloppé dans un sac rempli de liquide (*amnios*); il présente une vésicule nutritive (*allantoïde*), en communication avec

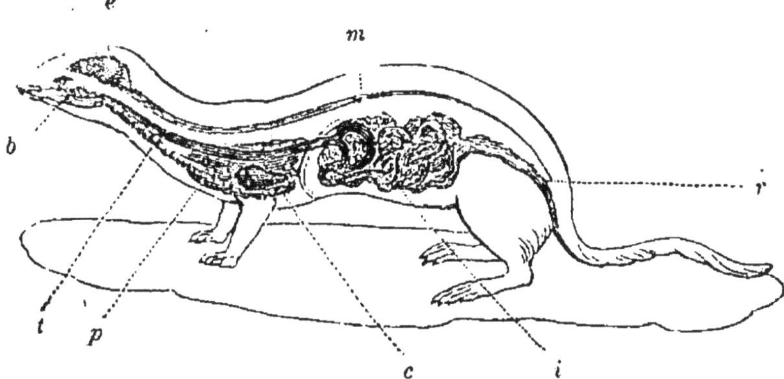

Fig. 28. — SCHÉMA DE L'ORGANISATION DES VERTÉBRÉS (plus particulièrement dans la classe des Mammifères).

b, cavité buccale; *c*, cœur: *e*, encéphale; *i*, intestin; *m*, moelle épinière; *p*, poumons; *r*, rectum; *t*, trachée.

l'intestin. Chez les Branchiés, il n'y a jamais d'amnios et l'allantoïde, si elle existe parfois, est toujours rudimentaire. Les Pulmonés sont donc des *Amniens* et des *Allantoïdiens;* les Branchiés sont au contraire des *Anamniens* et des *Anallantoïdiens*. Les Amniens dépourvus de mamelles, c'est-à-dire les Oiseaux et les Reptiles, ont un crâne articulé à la colonne vertébrale par une seule saillie osseuse (*condyle occipital*) et ne possèdent pas de cloison musculaire complète (*diaphragme*) entre le thorax et l'abdomen, caractères communs qui les ont fait grouper sous la dénomination générale de *Sauropsidés* et qui les séparent des Mammifères; ceux-ci ont deux condyles occipitaux, en même temps qu'un diaphragme complet. La présence, chez les Batraciens et les Poissons, de branchies transitoires ou permanentes, ainsi que la persistance des reins primitifs de l'embryon (*corps de Wolff*) les ont fait réunir sous l'appellation d'*Ichthyopsidés*. Enfin on peut rapprocher les Mammifères et les Oiseaux comme étant *Homothermes* ou à température constante; par opposition aux autres Vertébrés qui sont tous *Hétérothermes* ou à température variable.

Appareil digestif. — Le tube digestif présente toujours une bouche et un anus très éloignés l'un de l'autre. Excepté chez les Cyclostomes, la cavité buccale renferme deux mâchoires : l'une supérieure, généralement fixe ; l'autre inférieure, toujours mobile. Ces deux mâchoires portent habituellement des dents qu'il faut considérer comme un produit de la muqueuse buccale. Celles-ci peuvent manquer ou être remplacées par un bec corné (Monotrèmes, Oiseaux, Tortues). A la suite de la bouche, se trouve un pharynx ou arrière-bouche; puis viennent l'œsophage, l'estomac, l'intestin grêle et le gros intestin, dont la partie terminale (*rectum*) est rectiligne. Chez beaucoup de Vertébrés (Monotrèmes, Oiseaux, Reptiles, Batraciens, Plagiostomes), les conduits génitaux et les conduits urinaires débouchent dans la partie terminale du rectum, qui prend alors le nom de *cloaque*. Le tube digestif est recouvert, dans sa partie gastro-intestinale, par une séreuse appelée *péritoine*. Celui-ci présente deux feuillets : l'un *viscéral*, l'autre *pariétal*, appliqués respectivement contre les viscères et la paroi de là cavité abdominale; un de ses replis (*mésentère*), appelé vulgairement « fraise » chez le Veau, rattache l'intestin à la colonne vertébrale.

Les glandes annexes du tube digestif sont situées, les unes dans les parois mêmes du canal (*glandes intrapariétales*), les autres en dehors de ce canal (*glandes extrapariétales*). Les glandes intrapariétales sont petites et très nombreuses; les extrapariétales sont, au contraire, assez volumineuses et en petit nombre. Ces dernières sont : les *glandes salivaires*, en rapport avec la cavité buccale; le *foie* et le *pancréas*, en rapport avec l'intestin grêle. Les Vertébrés à respiration aquatique n'ont pas de glandes salivaires; les Cyclostomes n'ont pas de pancréas.

Appareil circulatoire. — Tous les Vertébrés ont un cœur entouré d'un sac membraneux (*péricarde*) et situé au-dessous de l'œsophage. Chez les Poissons à respi-

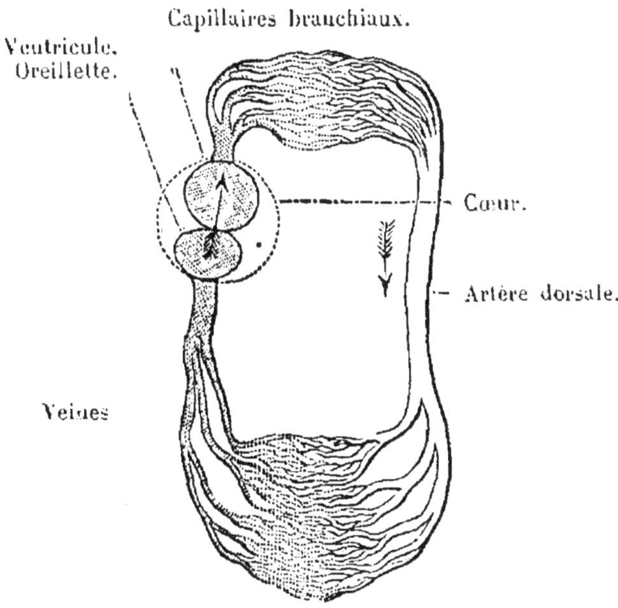

Fig. 29. — Schema de la circulation des Poissons (excepté les Dipnoïens).

ration uniquement branchiale, le cœur est veineux et composé de deux cavités, l'une postérieure (*oreillette*), l'autre antérieure (*ventricule*). Chez les autres Vertébrés, cet organe s'est recourbé plus ou moins fortement sur lui-même et se compose de deux oreillettes, l'une veineuse, l'autre artérielle, situées en avant ou au-dessus d'un ventricule tantôt simple (Dipnoïens, Batraciens, Ophidiens, Sauriens, Chéloniens), tantôt double (Crocodiliens, Oiseaux, Mammifères). Dans ce dernier cas, l'une des moitiés du cœur est veineuse (*cœur veineux*) et l'autre artérielle (*cœur artériel*). Chez les Vertébrés pulmonés, il y a toujours : 1° pour le poumon, un système artériel et un système veineux (*circulation pulmonaire* ou *petite circulation*); 2° pour les organes, un système artériel et un système veineux (*circulation générale* ou *grande circulation*). Les deux systèmes artériels partent toujours de la région ventriculaire du cœur et emportent le sang aux organes ; les deux systèmes veineux aboutissent toujours à la région auriculaire et rapportent au cœur le sang des organes. Un système artériel peut être figuré sous

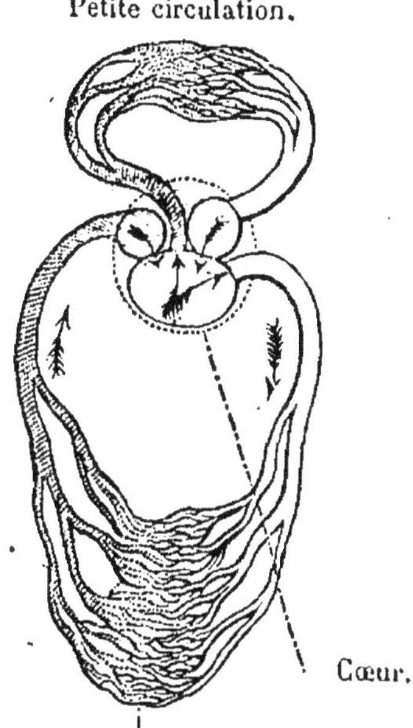

Fig. 30. — Schéma de la circulation, chez les vertébrés a ventricule simple.

la forme d'un cône dont le sommet est au ventricule et dont la base est en continuité avec le système capillaire ; un système veineux est un cône en continuité, par sa base, avec le système capillaire, et, par son sommet, avec l'oreillette. Les veines présentent, généralement dans leur intérieur, des replis (*valvules*) disposés de manière à empêcher le reflux du sang.

Enfin il existe, dans l'appareil circulatoire, des parties où le sang marche directement d'un système capillaire vers un autre système capillaire : c'est là ce qu'on appelle des *systèmes portes*. Le plus commun de ces systèmes

nombreuses; les extrapariétales sont, au contraire, assez volumineuses et en petit nombre. Ces dernières sont : les *glandes salivaires*, en rapport avec la cavité buccale; le *foie* et le *pancréas*; en rapport avec l'intestin grêle. Les Vertébrés à respiration aquatique n'ont pas de glandes salivaires; les Cyclostomes n'ont pas de pancréas.

Appareil circulatoire. — Tous les Vertébrés ont un cœur entouré d'un sac membraneux (*péricarde*) et situé au-dessous de l'œsophage. Chez les Poissons à respi-

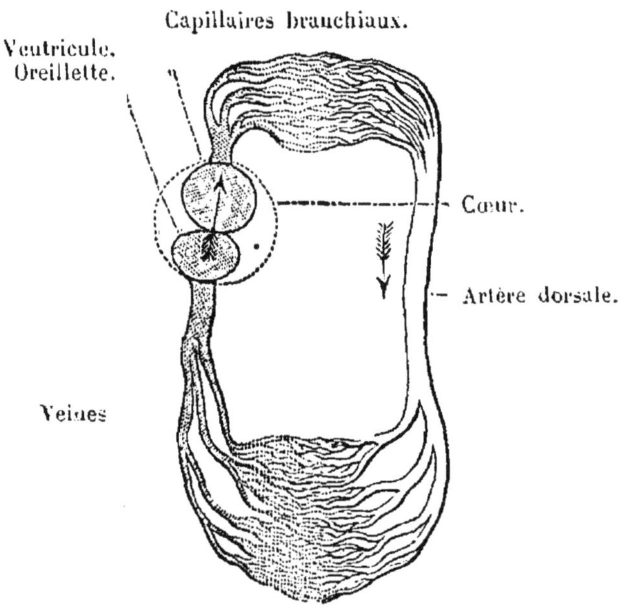

Fig. 29. — Schéma de la circulation des Poissons (excepté les Dipnoïens).

ration uniquement branchiale, le cœur est veineux et composé de deux cavités, l'une postérieure (*oreillette*), l'autre antérieure (*ventricule*). Chez les autres Vertébrés, cet organe s'est recourbé plus ou moins fortement sur lui-même et se compose de deux oreillettes, l'une veineuse, l'autre artérielle, situées en avant ou au-des-

est celui de la *veine porte;* elle présente un tronc intermédiaire à deux systèmes capillaires et figure un arbre dont les racines sont dans les viscères digestifs, tandis que les branches se ramifient dans le foie.

Chez tous les Vertébrés, il existe un *système* dit *lym-*

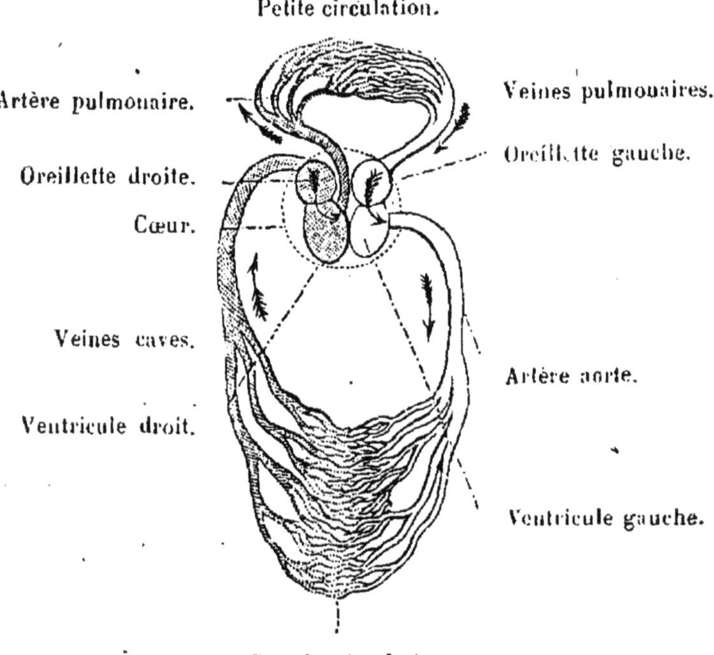

Fig. 31. — Schéma de la circulation chez les Oiseaux et les Mammifères.

phatique, renfermant un liquide que nous connaissons déjà sous le nom de *lymphe.* Ce système est spécial aux Vertébrés; il doit être considéré comme une annexe du système veineux.

Chez les Vertébrés à sang froid, le système lymphatique constitue un ensemble de cavités qui entourent les vaisseaux sanguins et se continuent, à la périphérie, avec des lacunes sous-cutanées. Il présente, sur certains points,

des réservoirs pulsatiles à parois canaliculées (*cœurs lymphatiques*), dans lesquels la lymphe pénètre, pendant qu'ils se dilatent, et desquels elle sort, pendant qu'ils se contractent.

Chez les Vertébrés à sang chaud, il existe des *vaisseaux lymphatiques* naissant dans les interstices ou la profondeur des organes et aboutissant à deux troncs qui débouchent dans le système veineux, au voisinage du cœur. Les vaisseaux lymphatiques sont munis de valvules analogues à celles des veines et présentent, sur leur trajet, des corps glandulaires (*ganglions lymphatiques*), surtout développés chez les Mammifères.

La *rate* est un organe qu'on observe dans le voisinage de l'estomac, chez tous les Vertébrés excepté les Cyclostomes. Cet organe, sur les usages duquel on discute encore, manque chez les Invertébrés ; il est constitué par des corpuscules glandulaires, entre lesquels on trouve une substance molle d'un rouge foncé (*pulpe splénique*).

Appareil respiratoire. — Les Vertébrés pulmonés (Mammifères, Oiseaux, Reptiles) respirent par deux poumons. Ceux-ci communiquent avec le pharynx, par un conduit (*trachée*) situé au-dessous de l'œsophage et présentant deux bifurcations (*bronches*) qui correspondent chacune à un poumon. Les Vertébrés branchiés (Batraciens, Poissons) ont un nombre variable de branchies situées, de chaque côté du pharynx, sur des arcs (*arcs branchiaux*), entre lesquels existent des fentes (*fentes branchiales*) laissant passer, sur les branchies, l'eau qui entre par la bouche. Ces branchies sont tantôt extérieure, tantôt renfermées dans une cavité (*chambre branchiale*) recouverte par un repli de la peau (*battant operculaire*). Celui-ci contient des os d'origine cutanée et présente en arrière une fente (*ouïes*), pour la sortie de l'eau. Chez la plupart des Poissons, on observe une poche pleine d'air (*vessie aérienne*) qui, le plus souvent, communique avec l'œsophage et paraît homologue du poumon des autres Vertébrés, mais ne fonctionne, comme organe respiratoire, que chez les Dipnoïens.

Le degré de développement de l'appareil respiratoire

est en corrélation avec celui de l'appareil circulatoire. Là où le cœur n'a que deux cavités, la respiration est uniquement branchiale. Les poumons ne coexistent qu'avec un cœur ayant au moins trois cavités; ils atteignent leur maximum de complication, quand le cœur est quadriloculaire, chez les Vertébrés homothermes.

Appareil urinaire. — Les reins sont toujours au nombre de deux; leurs canaux excréteurs (*uretères*) s'ouvrent quelquefois dans le rectum ou directement en dehors; mais, le plus souvent, ils aboutissent à un réservoir spécial (*vessie urinaire*).

Les reins des Vertébrés ovipares reçoivent du sang, non seulement de l'artère rénale, mais encore de veines spéciales (*veine porte rénale*), venant de la partie postérieure du corps. Ces veines, après s'être ramifiées dans les reins, vont déboucher dans la veine qui ramène au cœur le sang de la partie inférieure du corps (*veine cave inférieure*).

On trouve, sur les reins ou dans leur voisinage, des corps glanduliformes (*capsules surrénales*) dont les usages sont inconnus.

Appareil reproducteur. — Les sexes sont séparés; cependant quelques Poissons (Serrans) sont monoïques. Les ovaires et les testicules forment des glandes habituellement paires, logées dans la cavité viscérale ou ses dépendances et généralement pourvues de canaux excréteurs. Ceux-ci peuvent se réunir en un conduit commun qui débouche au dehors, entre l'anus et le méat urinaire; mais souvent aussi, ils s'ouvrent avec les uretères, dans un cloaque. Chez la plupart des Batraciens et des Poissons, il n'y a pas d'organes d'accouplement. Les Batraciens et quelques Poissons subissent seuls des métamorphoses.

Appareil locomoteur. — Il présente une segmentation très remarquable, facile à reconnaître sur le squelette et sur les muscles du tronc. Ceux-ci offrent, chez les Poissons, une disposition très régulière, les deux côtés du corps montrant une série de masses musculaires (*myotomes* ou *myomères*), en même nombre que les espaces invertébraux. Chez les Vertébrés plus élevés, cette disposition existe aussi; mais elle est masquée par le grand développement que prennent les muscles moteurs du premier article des membres.

Le squelette se compose : 1° d'une partie intérieure (*endosquelette*), constituée par les os et les cartilages formant la charpente solide du corps; 2° d'une partie extérieure (*exosquelette*), formée d'éléments durs, appartenant à la peau.

A. ENDOSQUELETTE. — Il comprend : 1° une partie axiale constante, dans laquelle on distingue la *colonne vertébrale* ou *rachis* et la *tête;* 2° une partie appendiculaire, qui peut être rudimentaire ou nulle, constituée par les *membres*.

a. *Colonne vertébrale.* — Chez tous les Vertébrés, des vertèbres cartilagineuses ou osseuses se développent autour de la corde dorsale et une portion de celle-ci reste dans la partie centrale (*corps*) de la vertèbre, chez les Poissons, les Batraciens et quelques Reptiles, mais disparaît chez les autres Vertébrés.

Une vertèbre, considérée en général, se compose essentiellement d'un *corps*, d'une paire d'arcs supérieurs limitant un *trou vertébral* et d'une paire d'arcs inférieurs limitant un *trou hémal.* Les arcs supérieurs ou *lames vertébrales* présentent deux prolongements latéraux (*apophyses transverses*) et un médian (*apophyse épineuse*); ils portent aussi quatre éminences latérales (*apophyses articulaires*), pour l'articulation des vertèbres entre elles ; enfin ils présentent, près du corps, quatre *échancrures* concourant à former des orifices intervertébraux (*trous de conjugaison*). Les arcs inférieurs, surtout développés dans la région du tronc où ils forment les *côtes*, sont, le plus souvent, réunis par une partie intermédiaire (*sternum*). Un disque cartilagineux (*disque intervertébral*) se trouve interposé entre les corps de deux vertèbres consécutives, et forme l'élément élastique par le moyen duquel le rachis jouit d'une mobilité plus ou moins grande.

Quelquefois, les corps des vertèbres sont réunis par des surfaces articulaires (cou des Ongulés). Enfin, le rachis est creusé, à son intérieur, d'un canal longitudinal (*canal vertébral*) formé par la réunion des trous vertébraux et communiquant avec l'extérieur, par les trous de conjugaison.

Chez les Vertébrés munis de membres postérieurs bien développés, un certain nombre de vertèbres, comprises entre les hanches, se modifient pour former, à la partie postérieure du tronc, une pièce appelée *sacrum* : ce sont les vertèbres *sacrées*. Les vertèbres situées en avant de celles-ci peuvent se diviser en trois groupes : les *cervicales* ou du cou, les *dorsales* ou du dos, les *lombaires* ou des reins. La plus antérieure des vertèbres dont les côtes sont unies au sternum est la première dorsale, et sont dorsales aussi toutes les vertèbres suivantes, qui portent des côtes reliées ou non au sternum. En avant des dorsales, se trouvent les *cervicales*, avec ou sans côtes ; en arrière des dorsales sont les lombaires, toujours dépourvues des côtes. Enfin on appelle vertèbres *caudales* ou *coccygiennes* tous les éléments vertébraux situés en arrière du sacrum et constituant l'axe solide de la *queue*.

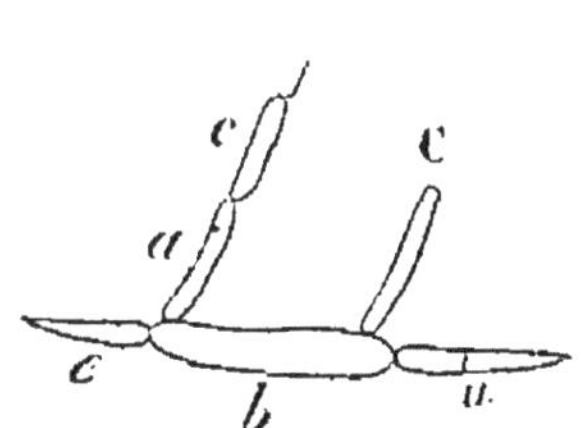

Fig. 32. — SCHÉMA DE L'ARC HYOÏDIEN.

a, apophyal ; *b*, basihyal ; *c*, ceratohyal ; C, corne postérieure ; *e*, entoglosse ; *s*, stylohyal ; *u*, urohyal.

Chez les Vertébrés dépourvus de membres, il n'y a plus de régions nettement distinctes et les vertèbres sont assez semblables les unes aux autres.

b. *Tête.* — Elle se compose du *crâne* et de la *face*.

Le *crâne* est constitué par un renflement antérieur de la colonne vertébrale ; il présente une cavité intérieure qui se continue avec le canal vertébral. On peut considérer le crâne comme formé par les corps et les arcs neuraux d'un certain nombre de vertèbres.

La *face* est située au-dessous du crâne et composée d'arcs assimilables aux arcs hémaux. En arrière de l'arc antérieur (*arc maxillaire*), se trouve un autre arc (*arc hyoïdien*) composé d'un corps (*basihyal*) et de deux paires de branches (*cornes*) dont l'une, antérieure (*petite corne*, chez l'Homme) s'attache au crâne, tandis que l'autre, postérieure (*grande corne*, chez l'Homme) supporte l'appareil respiratoire (1).

c. *Membres*. — Il y a lieu de considérer des *membres pairs* et des *membres impairs*.

Les membres pairs, au plus au nombre de quatre, deux antérieurs et deux postérieurs, peuvent manquer tous à la fois, ou les antérieurs seulement, ou les postérieurs seulement. Les membres antérieurs s'attachent au tronc par l'*épaule* ou *arc scapulaire* et les postérieurs par le *bassin* ou *arc pelvien*. Les uns et les autres se terminent par des doigts dont le nombre ne dépasse jamais cinq (Mammifères, Oiseaux, Reptiles, Batraciens) ou par un nombre considérable de rayons (Poissons); ils forment des mains, des pattes, des ailes on des nageoires.

Les membres impairs n'existent que chez les Vertébrés hétérothermes; ils forment chez les Poissons et quelques Batraciens, des *nageoires médianes* ou *verticales* distinctes des quatre membres. Ces nageoires sont pourvues de rayons chez les Poissons; elles n'en présentent jamais chez les Batraciens.

B. Exosquelette. — Il est généralement peu développé; cependant la cuirasse du Tatou, une partie de la carapace des Tortues, l'ensemble du revêtement écailleux des Pois-

(1) Le basihyal présente souvent un prolongement antérieur (*entoglosse* ou *os lingual*) et un prolongement postérieur (*urohyal*). Les cornes antérieures sont composées généralement de trois pièces (*apohyal, cératohyal, stylohyal*) distinctes chez les Poissons, mais dont les deux dernières, chez l'Homme, se soudent entre elles et au temporal, pour former l'apophyse styloïde. Les cornes postérieures, décomposées, chez les Poissons, en plusieurs arcs (*arcs branchiaux*) qui portent les branchies, forment, chez les autres Vertébrés, une seule pièce, qui donne attache au larynx.

sons et, par extension, les plumes, les poils, les ongles, etc., font partie du squelette cutané.

Appareil phonateur. — Nous l'étudierons en son
lieu et place, dans les diverses classes de Vertébrés.

Système nerveux. — Il se laisse diviser en deux
parties distinctes, dont les analogues sont plus ou moins
confondues chez les Invertébrés : 1° le système *cérébro-
spinal* ou *encéphalo-rachidien*, se rendant aux organes de
relation et soumis à l'influence de la volonté ; 2° le *système viscéral* ou *du grand sympathique* innervant les autres organes et indépendant de la volonté. Chez tous les
Vertébrés, l'axe cérébro-spinal ou encéphalo-rachidien se
compose d'un renflement (*encéphale*) renfermé dans le
crâne et d'une tige (*moelle épinière*) qui s'avance plus ou
moins loin, dans le canal vertébral.

Extérieurement, la moelle épinière présente deux *renflements*, l'un *cervical*, l'autre *dorsal*, correspondant à
l'origine des nerfs des membres ; intérieurement, elle est
creusée d'un *canal central* qui communique avec des cavités (*ventricules*) situées à l'intérieur de l'encéphale et
remplies d'un liquide (*liquide céphalo-rachidien*) qui entoure aussi l'axe cérébro-spinal.

Les nerfs du système cérébro-spinal sortent par paires :
les uns (*nerfs crâniens*), des trous de la base du crâne ; les
autres (*nerfs rachidiens*) des trous de conjugaison situés
entre les vertèbres. Les nerfs crâniens sont au nombre
de douze paires, chez les Amniens (*olfactif, optique,
oculo-moteur commun, pathétique, trijumeau, oculo-moteur
externe, facial, auditif, glosso-pharyngien, pneumo-gas-
trique, spinal, grand hypoglosse*). Chez les Anamniens, les
deux dernières paires ne sont pas bien différenciées. Un
rameau dorsal du pneumogastrique (*nerf latéral*) s'étend
le long des flancs, chez ceux de ces Animaux, dont la vie
est exclusivement aquatique ; il innerve des organes spéciaux (*organes de la ligne latérale*) qui paraissent fournir
des renseignements sur les qualités de l'eau ambiante.
Les nerfs rachidiens naissent par deux *racines :* l'une
inférieure, l'autre supérieure et munie d'un ganglion qui
fait défaut sur la première.

L'axe cérébro-spinal est séparé du canal vertébral qui
le renferme, par des membranes protectrices (*méninges*).

La méninge la plus interne (*pie-mère*) est une membrane conjonctive très vasculaire, qui adhère à la surface de l'axe cérébro-spinal et pénètre dans ses anfractuosités. La méninge la plus externe (*dure-mère*) est une membrane fibreuse, qui tapisse l'intérieur du crâne et du canal vertébral ; elle présente, chez les Vertébrés à sang chaud, des replis constituant de véritables cloisons entre les hémisphères du cerveau (*faux du cerveau*) ou entre le cerveau et le cervelet (*tente du cervelet*). Entre la pie-mère et la dure-mère, on observe, chez les Mammifères, une membrane séreuse (*arachnoïde*) pourvue de deux feuillets en rapport, l'un avec la dure-mère, l'autre avec la pie-mère dont il est séparé, sur un grand nombre de points, par le liquide céphalo-rachidien. L'arachnoïde sécrète, entre ses deux feuillets, un liquide très peu abondant (*liquide arachnoïdien*) qu'il ne faut pas confondre avec le liquide céphalo-rachidien ; elle est rudimentaire chez les Oiseaux et n'existe pas chez les Poissons, où elle est remplacée par un tissu adipeux, qui remplit la plus grande partie de la cavité crânienne.

Le système nerveux viscéral a sa portion centrale constituée par une double chaîne de ganglions nerveux reliés, d'une part, à l'axe cérébro-spinal et fournissant, d'autre part, des nerfs aux organes.

Organes des sens. — Le toucher s'exerce par des corpuscules particuliers (*corpuscules du tact*) situés dans le tégument et formant les terminaisons d'un grand nombre de fibres sensibles.

Le goût a généralement pour siège la muqueuse de la langue où des corpuscules spéciaux (*corpuscules du goût*) transmettent les impressions gustatives, par l'intermédiaire d'un nerf crânien (*glosso-pharyngien*). Chez les Vertébrés inférieurs, le sens du goût semble siéger dans toute la cavité buccale ; quelques Poissons présentent en outre, sur la peau, des organes (*organes cyathiformes*) comparables à ceux du goût. Les organes latéraux des Vertébrés aquatiques (Poissons, larves des Batraciens, Batraciens pérennibranches) offrent des points de ressemblance avec les organes cyathiformes.

L'organe de l'odorat est représenté par deux fossettes (*fosses nasales*) rarement réduites à une seule (Cyclostomes), tapissées par une muqueuse plissée, munie d'éléments sensoriels (*cellules olfactives*) en relation avec un nerf crânien (*nerf olfactif*). Les fosses nasales sont généralement terminées en cul-de-sac chez les Poissons; mais elles communiquent avec la cavité buccale, chez les autres Vertébrés.

L'organe de l'ouïe est constitué essentiellement, de chaque côté, par un sac membraneux (*labyrinthe membraneux*) relié au cerveau par un nerf crânien (*nerf auditif*).

Les yeux sont pairs et mis chacun en relation avec le cerveau, par un nerf spécial (*nerf optique*). Les impressions visuelles se font sur une rétine dont la lumière doit traverser les diverses couches avant d'atteindre les éléments sensibles (*cônes* et *bâtonnets*).

Développement. — Nous avons assisté plus haut (*Voy.* p. 63) à la formation d'une vésicule à trois feuillets (*vésicule blastodermique*) constituant un être fort simple. L'*ectoderme* reçoit les impressions extérieures et préside aux fonctions de relation : c'est lui qui forme l'épiderme avec ses dépendances et aussi le système nerveux central avec les organes des sens. L'*entoderme* enveloppe le vitellus qu'il absorbe peu à peu et sert surtout aux fonctions de nutrition : c'est lui qui donne naissance à l'épithélium du tube digestif et de ses glandes annexes. Le *mésoderme* provient de l'entoderme et forme la masse de l'embryon, à l'exception du système nerveux central et des revêtements épithéliaux, cutané ou muqueux : c'est lui qui préside aux fonctions de reproduction.

La partie du blastoderme sur laquelle doit se former le nouvel être se distingue par un épaississement cellulaire (*disque embryonnaire*) qui prend bientôt la forme d'une semelle où l'on peut déjà distinguer une partie céphalique, une partie caudale et des parties latérales. Sur la région dorsale du disque embryonnaire, apparaît un épaississement longitudinal (*ligne primitive*) qui marque la direction de l'embryon. En avant de la ligne primitive, se creuse un sillon (*gouttière médullaire*) formé par l'ectoderme et dont les bords (*crêtes médullaires*) se rejoignent pour former un canal (*canal encéphalo-médullaire*) d'où dérivent toutes les parties du système nerveux central. Du côté céphalique, le tube médullaire se renfle en trois vésicules (*vésicules cérébrales*) qui formeront les diverses parties de l'encéphale. La première (*prosencéphale*) produit les hémisphères cérébraux avec les lobes olfactifs; la deuxième (*mésencéphale*) donne les lobes optiques; la troisième (*postencéphale*) constitue antérieurement le cervelet et postérieurement le bulbe rachidien.

La première trace du système osseux est la notocorde qui s'édifie aux dépens de l'entoderme et autour de laquelle les vertèbres se développent, d'avant en arrière, avec un arc dorsal (*arc neural*), qui entoure le névraxe, et un arc ventral (*arc hémal*), qui protège les viscères. La boîte crânienne est d'abord cartilagineuse à la base et membraneuse au sommet; chez l'enfant, les parties membraneuses (*fontanelles*) ne disparaissent qu'à l'âge de deux ans. Les organes de l'ouïe et de la vue apparaissent de bonne heure; ceux de l'odorat et du goût ne se développent que plus tard.

De chaque côté du cou, une série de fentes mettent en communication le pharynx avec le liquide extérieur. Ces fentes sont séparées par des arcs costiformes dont le premier (*arc maxillaire*) et le second (*arc hyoïdien*) doivent être distingués des autres, en nombre variable (*arcs branchiaux*), qui portent les branchies chez les Branchiés. La première fente (*fente hyo-mandibulaire*) forme le conduit auditif externe, la caisse du tympan et la *trompe* d'Eustache; les autres fentes (*fentes branchiales*) correspondent aux fentes branchiales des Poissons et disparaissent de bonne heure chez les Vertébrés aériens. Les membres apparaissent tardivement : ils sont identiques à l'origine; ce n'est qu'au bout d'un certain temps qu'on peut distinguer s'ils se terminent par une main, une patte, une aile ou une nageoire.

Le canal digestif représente d'abord un tube fermé aux deux extrémités et ouvert à la partie moyenne, par laquelle il communique avec la vésicule blastodermique. Une expansion du mésoderme constitue, autour du tube digestif, une cavité (thorax et abdomen) tapissée par une membrane séreuse spéciale (plèvre et péritoine); cette cavité, d'abord largement béante, se rétrécit, de plus en plus, en un orifice qui sera plus tard l'ombilic. Alors, la vésicule blastodermique est divisée, par cet orifice, en deux cavités : l'une extra-embryonnaire (*vésicule ombilicale*), qui fournit à l'embryon ses premiers éléments nutritifs ; l'autre intra-embryonnaire (*cavité intestinale de l'embryon*). Le cul-de-sac antérieur de cette dernière cavité formera plus tard le pharynx et l'œsophage, tandis que son cul-de-sac postérieur constituera la partie terminale du rectum ; la portion intermédiaire donnera naissance à l'estomac, à l'intestin grêle et au gros intestin, jusqu'au milieu du rectum. La cavité buccale, d'une part, et la cavité ano-rectale, d'autre part, résulteront de dépressions de l'ectoderme, qui se mettront en communication avec les culs-de-sac antérieur et postérieur de l'intestin primitif. La vessie urinaire dérive de la partie antérieure du rectum (Amniens, Batraciens) ou est une dilatation des uretères (Poissons).

Le poumon, simple boursouflure de l'œsophage, ne tarde pas à se cloisonner plus ou moins ; il ne fonctionne qu'après la naissance.

Le cœur est d'abord un tube pulsatile dont nous étudierons plus tard le développement chez les Mammifères ; il ne parvient pas au même terme dans les diverses classes des Vertébrés, mais présente toujours, à sa partie antérieure, un tronc (*bulbe artériel*) d'où partent deux séries de vaisseaux (*arcs aortiques*) qui longent les arcs branchiaux, se recourbent vers la colonne vertébrale et déversent le sang dans un tronc longitudinal (*aorte*) au-dessus du tube digestif. Chez les Poissons, ce système se modifie peu ; mais, chez les autres Vertébrés hétérothermes, certaines portions des arcs vasculaires s'atrophient, de manière qu'il ne reste, en général, que deux arcs ou crosses aortiques ; enfin, chez les Vertébrés homothermes, une seule crosse aortique persiste, à droite pour les Oiseaux, à gauche pour les Mammifères.

Tous les embryons possèdent des organes excréteurs rappelant les organes segmentaires des Vers, disposition qui, rapprochée de la segmentation du squelette et des muscles du tronc, permet de considérer les Vertébrés comme ayant les Vers parmi leurs ancêtres. Trois paires d'organes rénaux se développent successivement, mais ne coexistent en pleine activité, chez aucun Vertébré : 1° le rein céphalique (*pronéphros*) ; 2° le rein médian (*mésonéphros* ou *Corps de Wolff*) : 3° le rein postérieur (*métanéphros* ou *rein définitif*). Les reins céphaliques sont situés dans le voisinage du cœur; ils s'observent chez les Anamniens et disparaissent de bonne heure, mais persistent chez la Myxine. Ils sont formés par un système de tubes parallèles terminés, du côté interne, par des cœcums renflés, dont chacun enveloppe un petit peloton artériel (*glomérule*), et débouchant, du côté externe, dans un canal excréteur (*conduit segmentaire*) qui aboutit à la terminaison de l'intestin ou s'ouvre derrière l'anus. Quand les reins céphaliques s'atrophient, les corps de Wolff se développent à la partie dorsale de l'embryon, de chaque côté de la colonne vertébrale. Le mésonéphros est constitué de la même manière que le pronéphros; chez les Poissons, son canal excréteur est aussi le conduit segmentaire, mais, chez les autres Vertébrés, celui-ci se divise longitudinalement en deux autres conduits : le *canal de Wolff*, qui devient le canal excréteur du corps de Wolff; le *canal de Müller*, qui n'a plus de connexion rénale. Chez les Poissons et les Batraciens, les corps de Wolff persistent toute la vie et servent à l'excrétion urinaire; chez les Batraciens, le canal de Wolff sert à la fois à l'émission de l'urine et du sperme, le canal de Müller devenant l'oviducte. Chez les Amniens, le corps de Wolff disparaît et ne tarde pas à être remplacé par le métanéphros ou rein proprement dit. Celui-ci provient d'un bourgeon creux, qui se développe sur la partie inférieure du canal de Wolff; ce dernier conduit devient le canal déférent.

Les produits sexuels tirent leur origine, chez l'embryon, d'un épaississement de l'épithélium du péritoine, dans le voisinage du rein et de l'attache du mésentère. Après une période d'indifférence, les glandes sexuelles acquièrent les caractères mâles ou femelles; rarement elles restent à l'état de glandes hermaphrodites (quelques Poissons osseux).

L'embryon des Pulmonés est fortement recourbé en arc; nous savons déjà que seul il possède un amnios et une allantoïde. L'amnios est rempli de liquide (*liquide amniotique*) et dépourvu de vaisseaux; il est constitué par une expansion du blastoderme, qui vient se fermer en voûte sur la face dorsale de l'embryon, laissant en dehors la vésicule ombilicale et l'allantoïde. Celle-ci provient d'une boursouflure de l'intestin, en arrière du point d'implantation de la vésicule ombilicale; elle est très vasculaire et prend une part importante à la nutrition ainsi qu'à la respiration de l'embryon. Chez les Mammifères dits *Placentaires*, l'allantoïde s'enfonce sur certains points de la paroi de l'utérus, pour constituer un organe que nous étudierons plus loin sous le nom de *placenta*. Cette pénétration n'a pas lieu chez les Marsupiaux et les Monotrèmes, non plus que chez les Sauropsidés ; cependant, chez les Oiseaux, il existe un organe placentoïde qui plonge dans l'albumine et établit ainsi un passage entre les Sauropsidés et les Mammifères (MATHIAS DUVAL).

CHAPITRE V

MAMMIFÈRES

APPAREILS ET FONCTIONS DE NUTRITION

ARTICLE Ier. — **Appareil digestif.**

L'appareil digestif se compose du tube digestif (*cavite buccale, pharynx, œsophage, estomac, intestin grêle, gros intestin*) et de ses annexes (*glandes salivaires, foie, pancréas*).

Cavité buccale. — Constituée par un squelette osseux (*os des mâchoires*) et par des parties molles (*lèvres* en avant, *joues* sur les côtés, *langue* en bas, *voûte palatine* en haut, *voile du palais* en arrière).

A. OS DES MACHOIRES. — La mâchoire supérieure, toujours fixe, comprend, de chaque côté, un *intermaxillaire*, un *sus-maxillaire* et un *palatin*. Les deux premiers se fusionnent de bonne heure, chez l'Homme, pour former un seul *os maxillaire supérieur*. La mâchoire inférieure est composée de deux os qui, souvent, se soudent ensemble pour constituer le *maxillaire inférieur*. Les os maxillaires forment, dans la cavité buccale, deux rebords curvilignes (*arcades dentaires*) revêtus par un épaississement de la muqueuse (*gencives*) et portant les dents enchâssées dans des cavités spéciales (*alvéoles*).

Dents. — Organes durs implantés dans les os maxillaires et servant à la mastication.

Les dents peuvent être permanentes ou, au contraire, temporaires (*dents de lait*) et remplacées, au bout d'un certain temps, par des dents plus volumineuses, en corrélation avec l'accroissement des mâchoires (*deuxième dentition*). Elles sont rarement nulles (Pangolin, Fourmilier, Échidné).

On appelle *incisives*, les dents implantées dans les os

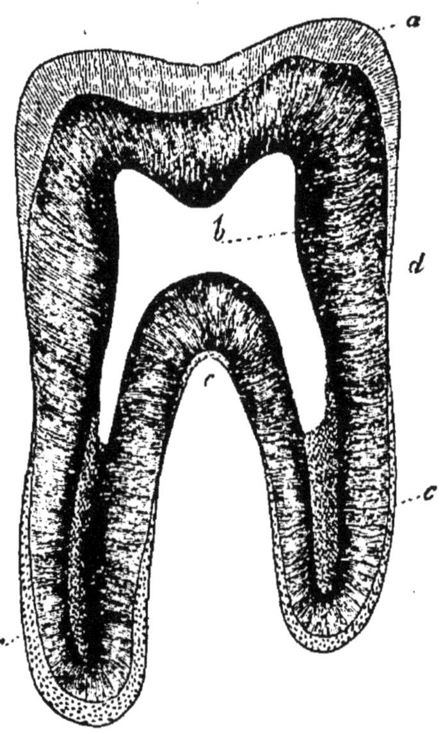

Fig. 33. — Dent molaire de l'Homme (section longitudinale).

a, émail; *b*, cavité dentaire; *r*, cément; *d*, ivoire et canalicules dentaires.

intermaxillaires et celles qui leur correspondent, à la mâchoire inférieure; *canines*, la paire de dents occupant, l'extrémité antérieure des os maxillaires supérieurs et celle qui lui correspond, à la mâchoire inférieure; *molaires*, toutes les autres dents : *prémolaires*, celles qui se renouvellent; *vraies molaires*, celles qui ne succèdent pas à des dents de lait.

Chaque dent présente une portion enchâssée dans l'alvéole (*racine*) et une portion libre (*couronne*) qui fait saillie hors de la gencive. Celle-ci adhère à la partie de la dent intermédiaire entre la couronne et la racine (*collet*). On ne trouve des dents à plusieurs racines que chez les Mammifères.

Les dents sont constituées essentiellement par une substance dure (*ivoire*) creusée d'un grand nombre de canalicules dentaires. Une substance plus dure encore (*émail*) enveloppe la couronne, en formant (*dents composées*) ou non (*dents simples*) des replis à son intérieur; c'est la substance la plus dure de l'organisme, mais elle fait quelquefois complètement défaut (Édentés). Enfin une véritable substance osseuse (*cément*) revêt la racine et est reliée à la surface interne de l'alvéole par un tissu fibreux très dense (*périoste alvéolo-dentaire*).

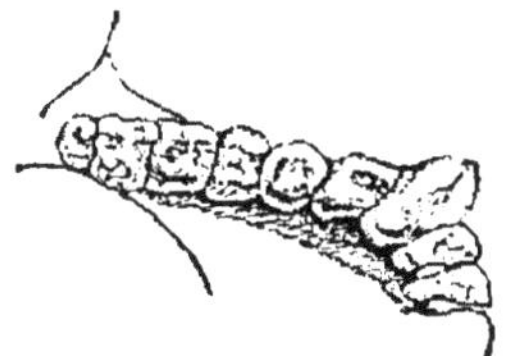

Fig. 34. — DENTS SIMPLES.

Fig. 35. — DENTS COMPOSÉES.

Au centre de l'ivoire, se trouve une cavité (*cavité dentaire*) qui s'ouvre à l'extrémité de la racine, par un orifice large ou étroit, suivant que la croissance de la dent a lieu pendant toute la vie (défenses de l'Éléphant) ou seulement pendant un temps limité (dents de l'Homme). Un nerf de sensibilité et des vaisseaux nourriciers pénètrent, par ce canal, dans une partie molle (*pulpe dentaire*) qui remplit la cavité dentaire et sert à la nutrition de la dent. Les Mammifères à dents d'une seule sorte (*Homodontes*) ne subissent pas de changement de dentition (Cétacés, Édentés); mais il n'en est pas de même chez les Mammifères à dents de deux ou trois sortes (*Hétérodontes*).

On a représenté, par des *formules dentaires*, le nombre et la répartition des dents :

$$\text{Homme} : \frac{2}{2} \text{ i}, \frac{1}{1} \text{ c}, \frac{5}{5} \text{ m} \left(\frac{2}{2}, \frac{3}{3}\right) = 32,$$

$$\text{ou, plus simplement} : \frac{2 \cdot 1 \cdot 2 \cdot 3}{2 \cdot 1 \cdot 2 \cdot 3} = 32.$$

$$\text{Rat} : \frac{1}{1} \text{ i}, \frac{0}{0} \text{ c}, \frac{3}{3} \text{ m} = 16,$$

$$\text{ou, plus simplement} : \frac{1 \cdot 0 \cdot 3}{1 \cdot 0 \cdot 3} = 16.$$

Ce qui veut dire :

De chaque côté et à chaque mâchoire, l'Homme a : 2 incisives, 1 canine et 5 molaires, dont 2 prémolaires et 3 vraies molaires, en tout 32 dents. De chaque côté et à chaque mâchoire, le Rat possède : 1 incisive, pas de canine et 3 molaires, en tout 16 dents.

La dentition d'un Animal révèle ses mœurs et son régime.

B. LÈVRES. — Ce sont deux replis musculo-cutanés, l'un supérieur, l'autre inférieur, circonscrivant l'orifice buccal.

Les lèvres sont charnues et mobiles, excepté chez les Monotrèmes, où elles sont remplacées par un revêtement corné en forme de bec; quelquefois, elles ne se rencontrent pas en avant (Oryctère) ou la lèvre supérieure est divisée par une fente médiane (Lièvre, Chat, etc.). L'orifice buccal est tantôt étroit (Herbivores), tantôt large (Carnivores).

C. JOUES. — Prolongements latéraux et indivis des lèvres.

Chez quelques Singes, Chiroptères et Rongeurs, les joues se développent, de façon à constituer de véritables réserves alimentaires (*abajoues*).

D. LANGUE. — Organe charnu servant à la gustation et à la phonation.

La langue présente une musculature d'une grande complexité ; son extrémité antérieure (*pointe*) est libre, mais son extrémité postérieure (*base*) est fixée à un os spécial (*os hyoïde*) et au maxillaire inférieur. Elle est quelquefois accompagnée d'une *sous-langue* (Ouistiti). La

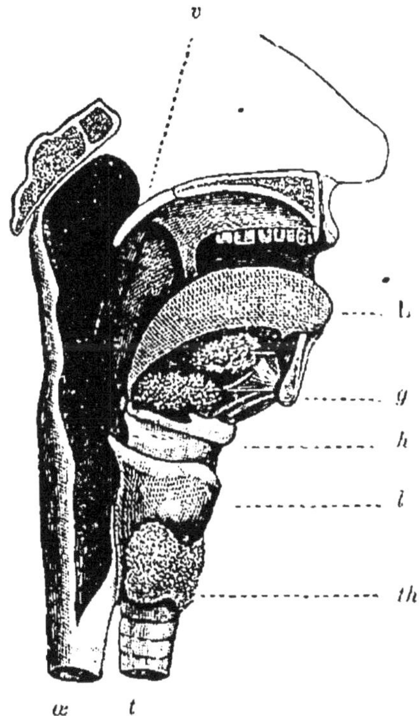

Fig. 36. — COUPE VERTICALE DE LA BOUCHE ET DU PHARYNX DE L'HOMME.

g, glande sous-maxillaire au-dessus de laquelle on voit la glande sublinguale ; *h*, os hyoïde ; L, langue ; *l*, larynx ; *œ*, œsophage ; *p*, pharynx ; *t*, trachée ; *th*, corps thyroïde ; *v*, voile du palais.

surface dorsale de la langue présente un grand nombre d'éminences (*papilles*) dont les unes sont gustatives et les autres tactiles. Celles-ci sont quelquefois cornées (Chat, Lion) et servent à détacher les chairs adhérentes aux os.

E. VOÛTE PALATINE. — Plafond de la cavité buccale.

F. VOILE DU PALAIS. — Cloison mobile, musculo-membraneuse, qui termine en arrière la voûte palatine.

Le voile du palais offre, chez l'Homme et quelques Singes, un prolongement médian (*luette*). Il se continue, à chacune de ses extrémités, par deux *piliers*, l'un antérieur, l'autre postérieur, entre lesquels se trouve logé un organe glandulaire (*amygdale*). Les piliers antérieurs vont se perdre sur les côtés de la langue et circonscrivent l'*isthme du gosier*, qui sépare la bouche du pharynx; les piliers postérieurs se perdent sur les côtés du pharynx et limitent l'*isthme naso-pharyngien*, qui fait communiquer les fosses nasales avec le pharynx.

Pharynx. — Entonnoir musculo-membraneux situé derrière les fosses nasales et la bouche. Il forme un vestibule commun aux voies digestive et respiratoire.

Œsophage. — Canal musculo-membraneux allant du pharynx à l'estomac. Aplati dans l'état de vacuité, il se dilate, par l'effet du passage des aliments. Il occupe la partie inférieure du cou, toute la longueur du *thorax* ou *poitrine* et traverse une cloison musculaire (*diaphragme*) qui sépare le thorax de l'*abdomen* ou *ventre*.

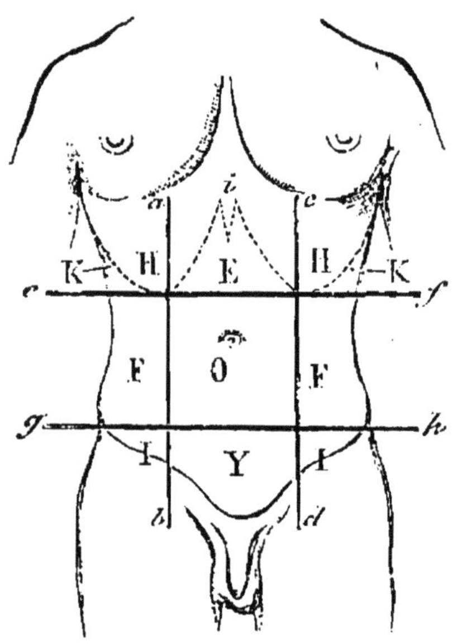

Fig. 37. — Région de l'abdomen.

ab, *cd*, lignes verticales passant par le milieu du pli de l'aine; *cf*, ligne horizontale passant sous le bord inférieur des fausses côtes; *gh*, ligne horizontale menée par les épines iliaques; E, épigastre; F, F, flancs; H, H, hypochondres; I, I, régions iliaques; *i*, sternum; K, K, rebord des fausses côtes; O, région ombilicale; Y, hypogastre.

Cette dernière cavité, comprise entre la poitrine et le bassin, présente, en son milieu, la cicatrice (*ombilic* ou *nombril*) que laisse, après la naissance, le cordon (*cordon ombilical*) qui unit le fœtus à sa mère. On appelle *épigas-*

tre, la région située au-dessus de la *région ombilicale* ou
ventre proprement dit et *hypogastre* ou *bas-ventre*, celle
qui est située au-dessous de cette même région. Les *hypo-*

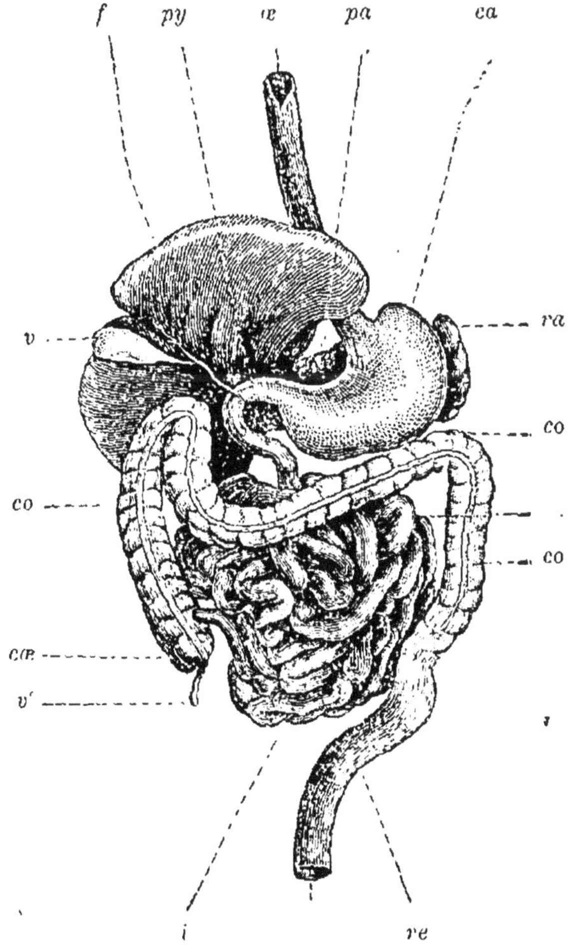

Fig. 38. — APPAREIL DIGESTIF DE L'HOMME.

ca, cardia; *cœ*, cœcum; *co*, côlon; *f*, foie; *i*, intestin grêle; *œ*, œsophage; *pa*, pancréas; *py*, pylore; *ra*, rate; *re*, rectum; *v*, vésicule
biliaire; *v'*, appendice vermiculaire du cæcum.

chondres se trouvent de chaque côté de l'épigastre; les
flancs, de chaque côté de la région ombilicale; les *régions
iliaques*, de chaque côté de l'hypogastre.

Estomac. — Poche musculo-membraneuse située dans la région épigastrique de l'abdomen.

L'estomac présente deux ouvertures : l'une d'entrée (*cardia*), communiquant avec l'œsophage ; l'autre de sortie (*pylore*), se continuant avec l'intestin et munie d'un bourrelet circulaire (*valvule pylorique*) qui peut, suivant son état de resserrement ou de relâchement, arrêter les aliments ou leur livrer passage. Il offre, en outre, deux bords (*grande* et *petite courbure*) et deux *culs-de-sac :* l'un grand, situé dans le voisinage du cardia ; l'autre petit, voisin du pylore. Ses parois renferment des *glandes en tube*, les unes *muqueuses*, sécrétant du mucus, les autres *gastriques*, sécrétant un liquide acide (*suc gastrique*). L'estomac est dit *simple*, quand il est uniloculaire (Chien) ; *multiple*, quand sa cavité est divisée en plusieurs compartiments (Mouton).

Intestin grêle. — Segment du tube digestif, qui s'étend de l'estomac au gros intestin. Il est séparé de celui-ci par un repli valvulaire intérieur (*valvule iléo-cœcale*), qui permet le passage des matières de l'intestin grêle dans le gros intestin, mais s'oppose à leur reflux.

La première portion de l'intestin grêle (*duodénum*) présente, dans ses parois, des glandes en grappe (*glandes de Brünner*); l'autre portion constitue l'*intestin grêle proprement dit* ou *jéjuno-iléon*. La muqueuse présente des replis transversaux (*valvules conniventes*) et des filaments vasculaires (*villosités*). On voit, à sa surface, les orifices d'un grand nombre de glandes en tube (*glandes de Lieberkühn*) sécrétant un suc alcalin (*suc intestinal*); enfin, on trouve, dans son épaisseur, des *follicules clos*, soit isolés, soit réunis (*plaques de Peyer*), correspondant aux amygdales de la cavité buccale.

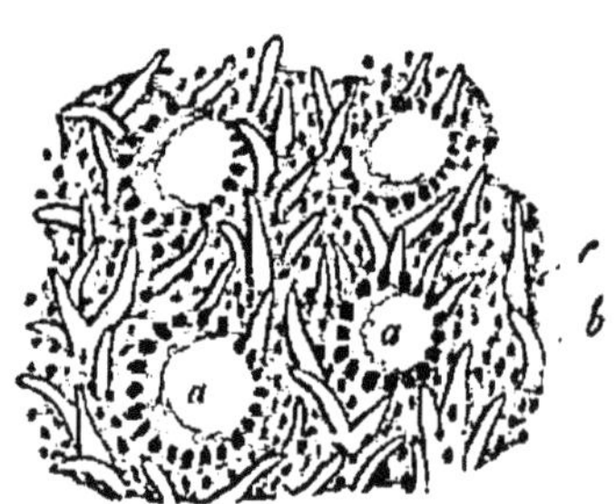

Fig. 39. — Muqueuse de l'intestin grêle.

a, follicules clos entourés, comme d'un anneau, par les ouvertures des glandes de Lieberkühn ; *b*, villosités ; *c*, glandes de Lieberkühn, plus isolées.

Gros intestin. — Il se divise en trois parties (*cæcum, côlon, rectum*) dont la réunion forme, chez l'Homme, une sorte de gros point d'interrogation.

Le *cæcum*, très développé chez les Herbivores, manque chez la plupart des Insectivores. Chez l'Homme et les Singes qui s'en rapprochent le plus, il présente un prolongement grêle (*appendice vermiforme*). Le *côlon* offre chez l'Homme, une partie ascendante (*côlon ascendant*) une partie transversale (*côlon transverse*) et une partie descendante (*côlon descendant*). Le *rectum* est plus ou moins rectiligne et muni, autour de l'anus, d'un muscle annulaire, à l'état de tension permanente (*sphincter de l'anus*). Ce n'est que chez les Monotrèmes qu'on observe un cloaque. La muqueuse du gros intestin ne présente guère que des glandes de Lieberkühn et des follicules clos.

PÉRITOINE. — Il fixe les viscères à la paroi de l'abdomen et facilite leur glissement. Il présente trois sortes de *replis :* 1° des *ligaments*, qui se rendent de la paroi abdominale à un viscère (ex. : le ligament coronaire du foie, qui va du diaphragme au foie) ; 2° des *mésentères*, qui fixent l'intestin à la paroi postérieure de l'abdomen (ex. : le mésentère proprement dit, qui rattache l'intestin à la colonne

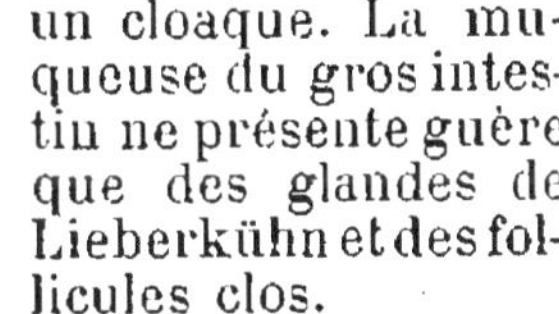

Fig. 40. — SCHÉMA DU PÉRITOINE.

c, côlon ; E, estomac ; *e*, grand épiploon ; *é*, petit épiploon ; F, foie ; *i*, intestin grêle ; *l*, ligament coronaire du foie ; *m*, mésentère.

vertébrale) ; 3° des *épiploons*, qui s'étendent entre deux viscères (ex. : le grand et le petit épiploon, qui vont respectivement de l'estomac au côlon et de l'estomac au foie).

Glandes salivaires. — Glandes en grappe, sécrétant

la *salive*. Les unes (*glandes muqueuses*) sont renfermées dans la muqueuse de la cavité buccale ; les autres, beaucoup plus volumineuses et extra-pariétales, constituent trois paires : 1° les *glandes parotides ;* 2° les *glandes sous-maxillaires ;* 3° les *glandes sub-linguales.*

La *glande parotide* est située au-dessous du conduit auditif externe ; son canal excréteur (*canal de Stenon*) débouche à la face interne de la joue. Surtout développée chez les Herbivores ; rudimentaire chez les Édentés.

La *glande sous-maxillaire* est située à la partie antérieure et supérieure du cou ; son conduit excréteur (*canal de Wharton*) s'ouvre sur les côtés du frein de la langue. Surtout développée chez les Édentés.

La *glande sub-linguale* est située en avant de la glande sous-maxillaire ; ses canaux excréteurs (*conduits de Rivinus*) s'ouvrent aussi sur les côtés du frein de la langue.

Foie. — Glande qui sécrète la bile et une certaine quantité de sucre (*glycose*).

Le foie est la glande la plus volumineuse du corps ; il est enveloppé d'une membrane fibreuse (*capsule de Glisson*) et situé à droite, dans la partie supérieure de la cavité abdominale, immédiatement au-dessous du diaphragme. Il présente, à sa face inférieure, un sillon transverse par lequel entrent les vaisseaux et sort le canal excréteur de la bile (*canal cholédoque*). Celui-ci débouche dans le duodénum ; il porte habituellement un conduit accessoire (*canal cystique*) se rendant à un réservoir spécial (*vésicule biliaire*) qui manque quelquefois (Cheval, Éléphant, Cerf, Cétacés). Le foie est constitué par des cellules (*cellules hépatiques*) groupées de façon à former des grains d'environ 1 millimètre de diamètre (*lobules hépatiques*), entourés d'une fine membrane conjonctive dépendant de la capsule de Glisson. Les cellules hépatiques élaborent la bile et le sucre (*glycose*). La bile passe dans des canalicules (*canalicules biliaires*) qui se ramifient, tant à la surface que dans l'intérieur des lobules, entre les cellules hépatiques, et sont les origines des voies biliaires. Le sucre provient de la transformation d'un véritable amidon animal (*glycogène*), sous l'influence d'un ferment spécial (CL. BERNARD) ; il passe dans les veines hépatiques et se détruit en partie (par oxydation ou autrement), de façon que sa proportion dans le sang est peu importante, à l'état normal; mais il n'en est pas de même dans certains états pathologiques (diabète sucré). La production de glycogène n'a lieu, chez l'adulte, que dans le foie ; mais, dans le jeune âge, tous les tissus en voie de formation contiennent cette substance.

Pancréas. — Glande en grappe, annexe du duodénum, sécrétant le suc pancréatique.

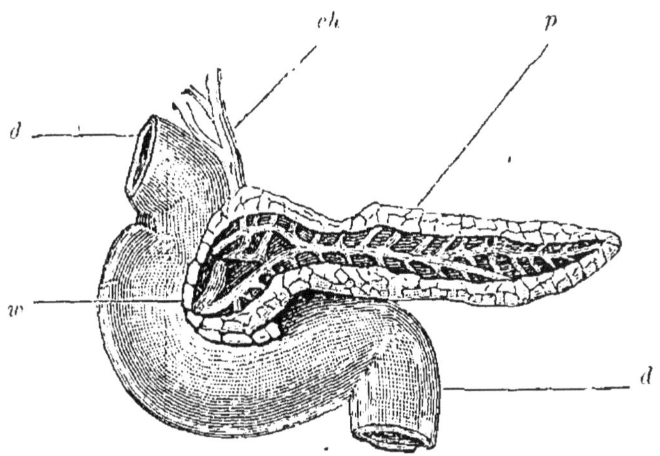

Fig. 41. — PANCRÉAS ET DUODÉNUM.

ch, canal cholédoque; d, d, duodénum; p, pancréas; w, canal de
Wirsung.

Le pancréas est situé derrière l'estomac et verse son produit dans le duodénum, par un double conduit excréteur dont l'un (*canal de Wirsung*) s'unit avec le canal cholédoque.

ARTICLE II. — **Digestion**.

La digestion a été définie plus haut (*voy.* p. 42). Elle comprend deux sortes de phénomènes : les uns accessoires (*phénomènes mécaniques*), les autres fondamentaux (*phénomènes chimiques*).

A. Phénomènes mécaniques. — Ils ont pour but de saisir les aliments (*préhension des aliments*), de les diviser au moyen des dents (*mastication*), de les faire passer de la bouche dans l'estomac (*déglutition*), de les faire progresser dans l'estomac et l'intestin (*mouvements de l'estomac et de l'intestin*), enfin d'expulser leurs résidus (*défécation*).

A'. Préhension des aliments. — a. *Préhension des solides.* — Chez l'Homme, les membres antérieurs atteignent leur plus haut degré de perfection, comme instruments de préhension; ils servent aussi aux mêmes usages chez les Singes et beaucoup de Rongeurs claviculés. Les mâchoires constituent, chez la plupart des Mammifères, l'unique instrument de préhension; mais la mâchoire inférieure est seule mobile et joue le principal rôle. Les incisives, aussi bien par leur situation antérieure que par leur forme tranchante, sont les seules dents vraiment préhensiles. Le Cheval se sert de ses lèvres, l'Éléphant de sa trompe, le Fourmilier de sa langue, pour saisir les aliments.

b. *Préhension des liquides.* — Elle se fait suivant trois modes principaux : la *succion*, l'*aspiration* et le *lapement*. 1° Dans la *succion*, les lèvres s'appliquent exactement sur la surface d'où doit sortir le liquide et le voile du palais est abaissé, de façon à interrompre toute communication de la bouche avec le pharynx. Alors la langue effectue des mouvements de va-et-vient, attirant le liquide, à la façon d'un piston qui se meut dans un corps de pompe représenté ici par la bouche. C'est par ce procédé que l'enfant tète sa mère. Pendant cet acte, la respiration continue à s'effectuer et n'est suspendue qu'au moment de la déglutition ; 2° Dans l'*aspiration*, le voile du palais est relevé et la langue immobile. Le vide qui attire le liquide dans la cavité buccale est produit par l'inspiration thoracique. L'Éléphant *aspire* des boissons avec la trompe et les rejette ensuite dans la bouche, par une forte expiration ; 3° Dans le *lapement*, la langue est dardée dans le liquide par sa pointe ramenée en arrière, puis celle-ci le lance dans la cavité buccale. Cette façon de boire, la plus lente de toutes, s'observe chez les Carnivores ; elle leur suffit, car ils boivent peu, et elle est en corrélation avec la disposition de leur gueule qui, largement fendue, ne pourrait plonger complètement dans l'eau, sans immerger aussi les narines.

B'. Mastication. — Elle s'effectue par les mouvements de la mâchoire inférieure et rend les substances solides plus aptes à être attaquées par les sucs digestifs. Les molaires sont les vraies dents de la mastication, tantôt coupantes (Carnivores), tantôt râpeuses (Herbivores). Dans le premier cas, les mâchoires agissent comme une paire de ciseaux; dans le second, elles font l'office de râpe : en effet, la surface triturante des dents est plate et sillonnée de bandes d'émail transversales (Rongeurs) ou longitudinales (Ruminants), suivant que le mouvement de la mâchoire est, au contraire, longitudinal (Rongeurs) ou transversal (Ruminants, conditions analogues à celles qui se trouvent réalisées dans la râpe.

C'. Déglutition. — Quand les aliments ont été divisés par la mastication et réduits en bouillie par leur mélange avec la salive (*insalivation*), ils prennent la forme d'une masse arrondie (*bol alimentaire*). La *déglutition* est l'acte par lequel s'effectue le transport du bol alimentaire et des liquides, de la bouche dans l'estomac : 1° Dans un premier temps, la langue fait, pour ainsi dire, le gros dos et, comprimant le bol alimentaire contre la voûte palatine, le pousse vers le pharynx; 2° Dans un deuxième temps, le pharynx se soulève et le larynx se porte en avant. L'épiglotte vient alors buter contre la base de la langue et se renverse sur l'ouverture supérieure du larynx, en même temps que la glotte se ferme. Mais déjà le voile du palais s'est soulevé horizontalement, jusqu'à rencontrer le pharynx, et oblitère l'isthme naso-pharyngien, comme la base de la langue oblitère elle-même l'isthme du gosier. Alors le bol alimentaire traverse le pharynx et se précipite vers l'œsophage, sous l'influence d'une véritable aspiration produite par la dilatation antéro-postérieure du pharynx (Maissiat), le soulèvement du voile du palais (Carlet) et l'ampliation de l'entrée de l'œsophage par suite d'une dépression thoracique, due surtout à la contraction du diaphragme (Arloing) ; 3° Dans un troisième temps, le bol alimentaire, qui est arrivé à l'orifice supérieur de l'œsophage, est chassé par les contractions des fibres musculaires de cet organe vers l'estomac (*contractions péristaltiques*). La déglutition des liquides ne diffère pas sensiblement de celle des aliments solides.

D'. Mouvements de l'estomac et de l'intestin. — Ils sont lents et faibles, mais continuent l'œuvre de la mastication, en présentant les diverses parties de la masse alimentaire à l'action des sucs digestifs.

E'. Défécation. — Elle s'effectue sous l'influence de la contraction des muscles abdominaux, qui forcent la tension du sphincter de l'anus, aidés par un muscle du bas-

sin (*releveur de l'anus*) amenant, au-devant des matières
fécales, l'orifice qu'elles doivent franchir.

B. Phénomènes chimiques. — Ils modifient, plus ou moins,
les aliments, par l'action d'agents albuminoïdes spéciaux
(*ferments*), qui sont en dissolution dans les divers sucs
digestifs.

Le tableau suivant résume la classification des matières
organiques entrant dans la composition des aliments.

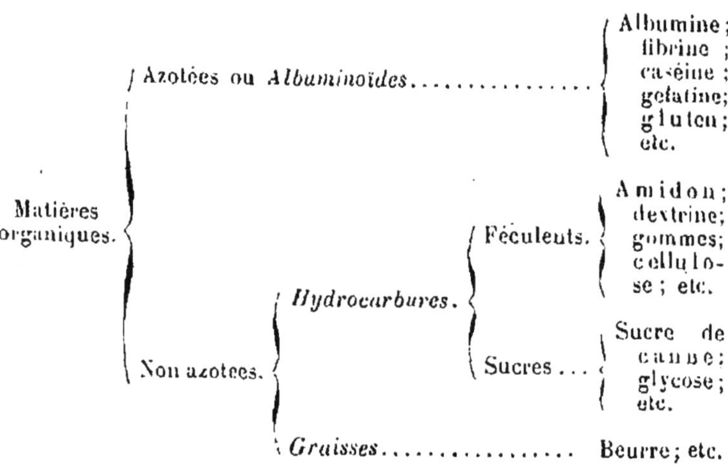

A'. Action de la salive. — La salive a généralement
une réaction neutre ou alcaline, souvent acide entre les
repas, surtout après l'exercice de la parole ; elle contient
un ferment soluble (*ptyaline*), qui transforme la fécule
cuite en dextrine et en glycose (Leuchs). La salive pure,
extraite directement, par les conduits excréteurs des
glandes salivaires, n'a pas d'action chimique. La salive
mixte ne paraît exercer son action saccharifiante que sous
l'influence de microbes spéciaux habitant toujours la cavité buccale (Béchamp et Estor). La salive a plutôt une
action physique ; elle facilite la mastication (surtout la
salive parotidienne, très aqueuse), la déglutition (surtout
la *salive sublinguale*, visqueuse) et la gustation (surtout
la *salive sous-maxillaire*, filante) (Cl. Bernard).

B'. Action du suc gastrique. — Le suc gastrique contient un acide (*acide chlorhydrique*) et deux ferments
solubles, dont l'un (*pepsine*) transforme les albuminoïdes
en *peptones* ou *albuminose*, tandis que l'autre (*ferment
de la présure*) précipite la caséine du lait et la transforme

en fromage. Les peptones diffèrent des albuminoïdes en ce qu'elles sont solubles dans l'eau et très diffusibles. Le suc gastrique ne paraît pas avoir d'action sur les aliments non azotés.

C'. ACTION DE LA BILE. — La bile ne contient pas de ferments digestifs ; elle renferme des acides azotés (*acides biliaires*), des substances colorantes et une matière grasse (*cholestérine*). Elle est faiblement émulsive et facilite l'absorption de la graisse ; de plus, elle constitue un excitant énergique des muscles de l'intestin.

D'. ACTION DU SUC PANCRÉATIQUE. — Le suc pancréatique est alcalin et constitue le plus important des sucs digestifs ; il contient trois ferments solubles : un saccharifiant (*diastase pancréatique*), un peptonisant (*trypsine*), un saponifiant (*ferment saponifiant*). A l'aide de ces trois ferments, le suc pancréatique agit sur les trois catégories principales d'aliments : il saccharifie les féculents, même quand ils sont crus (VALENTIN) ; il peptonise les albuminoïdes (CORVISART) ; il saponifie les graisses, c'est-à-dire les dédouble en glycérine et acides gras (CL. BERNARD). Ceux-ci s'unissent à l'alcali, pour former des savons qui donnent au suc pancréatique des propriétés émulsives d'une grande énergie.

E'. ACTION DU SUC INTESTINAL. — Le suc intestinal contient un ferment soluble (*ferment inversif*), qui transforme le sucre de canne, non assimilable, en un mélange de glycose et de lévulose (sucre interverti) directement utilisable par l'économie (CL. BERNARD). Il semble aussi compléter ce que les autres sucs ont commencé et paraît avoir, mais à un faible degré, un triple pouvoir saccharifiant, peptonisant et émulsif. On désigne, sous le nom de *chyle*, la partie fluide de la bouillie alimentaire, dans l'intestin grêle. C'est un liquide lactescent, peu coagulable et renfermant en suspension un grand nombre de gouttelettes graisseuses. Dans le gros intestin, les aliments ne subissent pas de modification appréciable ; les matières stercorales ne contiennent presque plus de substance digestive.

ARTICLE III. — **Absorption digestive.**

L'*absorption* est l'acte par lequel les substances fluides, extérieures aux tissus *vivants*, pénètrent sans lésion dans leur intérieur. Elle ne doit pas être confondue avec l'*osmose*, phénomène physique présidant au mélange de gaz ou de liquides miscibles, séparés par des membranes *inertes*.

L'absorption est un phénomène physiologique s'exerçant sur des fluides en contact avec des membranes vivantes. (La vessie urinaire du cadavre se laisse traverser par les liquides; mais celle de l'animal vivant n'absorbe pas, par sa surface interne.) Chez les Animaux dépourvus de vaisseaux, l'absorption se fait, de proche en proche, par les éléments anatomiques ; mais partout où il y a des veines et des lymphatiques, ces vaisseaux sont les voies de transport des substances absorbées (*voies de l'absorption*). On peut dire que, dans l'absorption, le liquide absorbé est toujours plus aqueux que celui dans lequel il passe (MILNE EDWARDS).

Quand les aliments ont été digérés, ils sont absorbés pour servir à la nutrition des diverses parties du corps. Cette absorption digestive se fait surtout dans l'intestin, où la surface d'absorption est rendue énorme par la présence des valvules conniventes et des villosités. Celles-ci présentent un réseau sanguin superficiel et leur axe est occupé par un capillaire lymphatique ; elles sont donc admirablement disposées pour l'absorption, tant à cause de leur richesse vasculaire que parce qu'elles baignent dans le chyle.

La glycose et les peptones sont absorbées, presque en totalité, par les capillaires sanguins et amenées, par la veine porte, au foie où ces substances se fixent en partie. Les matières grasses passent uniquement par les lymphatiques de l'intestin ou *chylifères ;* elles donnent à ces vaisseaux un aspect lactescent. Finalement, tous les produits dissous de la digestion se rendent dans le système veineux; ils traversent les poumons avant de servir à la nutrition.

ARTICLE IV. — **Appareil circulatoire.**

L'appareil circulatoire se compose du *cœur* et de vaisseaux chariant, les uns du sang (*vaisseaux sanguins*), les autres de la lymphe (*vaisseaux lymphatiques*). Les vaisseaux sanguins forment le *système artériel*, le *système veineux* et le *système capillaire ;* les vaisseaux lymphatiques constituent le *système lymphatique.*

Cœur. — Ovoïde musculeux, quadriloculaire, rejetant par les artères le sang qu'il reçoit par les veines.

Une cloison longitudinale partage le cœur en deux moitiés indépendantes, l'une gauche, l'autre droite. La première est remplie de sang artériel (*cœur gauche* ou *artériel*), et la seconde de sang veineux (*cœur droit* ou *veineux*). Chacun de ces cœurs est subdivisé transversalement, par une cloison incomplète, en deux loges dont

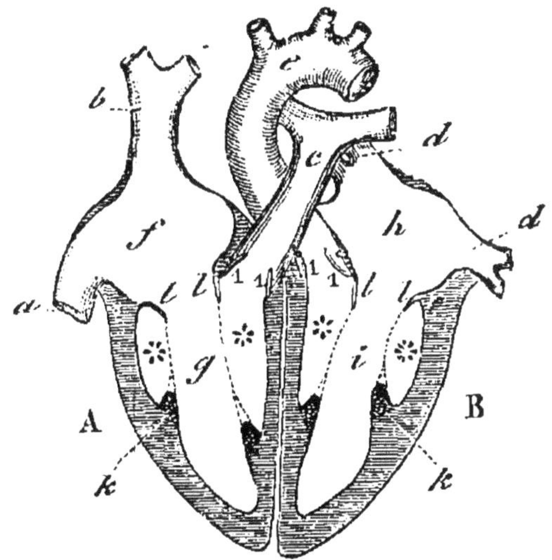

Fig. 42. — SCHÉMA DES DEUX MOITIÉS DU CŒUR.

A, moitié droite; B, moitié gauche ; *a*, veine cave inférieure ; *b*, veine cave supérieure; *c*, artère pulmonaire; *d*, veines pulmonaires; *e*, aorte; *f*, oreillette droite; *g*, ventricule droit; *h*, oreillette gauche ; *i*, ventricule gauche; *k*, piliers, avec les cordages tendineux marqués d'un astérisque; *l*, valvules auriculo-ventriculaires; 1, valvules sigmoïdes.

l'une, supérieure, est plus ou moins globuleuse (*oreillette*) et l'autre, inférieure, plus ou moins conique (*ventricule*). Une ouverture (*orifice auriculo-ventriculaire*) pratiquée dans la cloison transversale, est munie d'une valvule (*valvule auriculo-ventriculaire*) qui laisse passer le sang de l'oreillette dans le ventricule, mais s'oppose à son reflux. La valvule auriculo-ventriculaire du cœur gauche se nomme *mitrale* (en forme de mitre) et celle du cœur droit *tricuspide* (à trois pointes); elles sont formées de lames membraneuses terminées par des cordages tendineux, qui les rattachent à des colonnes charnues (*piliers*) nées des parois ventriculaires.

Les cavités du cœur sont tapissées par une membrane conjonctive (*endocarde*), dont les valvules ne sont que des replis; le cœur lui-même est enveloppé d'une membrane séreuse (*péricarde*) qui facilite ses mouvements.

Le cœur est muni, chez quelques Herbivores (Bœuf, etc.), d'un os dans les parois ventriculaires (*os du cœur*). Les ventricules sont isolés à leur pointe, chez le Dugong.

A. OREILLETTES. — Elles ont des parois minces et sont l'aboutissant des veines. Dans l'oreillette droite, débouchent les deux *veines caves* et la *veine cardiaque;* elles y apportent respectivement le sang veineux du corps et du cœur. Dans l'oreillette gauche, s'ouvrent les quatre *veines pulmonaires;* elles y déversent le sang artériel venant des poumons.

B. VENTRICULES. — Ils ont des parois épaisses et sont l'origine des artères. Dans le ventricule droit, est l'orifice de l'*artère pulmonaire*, qui conduit le sang veineux aux poumons. Dans le ventricule gauche, est l'orifice de l'*aorte*, qui porte le sang artériel à toutes les parties du corps. Chacun de ces orifices est muni de trois replis en forme de nids (*valvules sigmoïdes*) qui permettent le passage du sang, du ventricule dans l'artère, mais s'opposent à son retour.

Système artériel. — Il offre à étudier : les *artères en général*, l'*artère pulmonaire* et l'*artère aorte*.

A. ARTÈRES EN GÉNÉRAL. — Toutes les artères de l'organisme proviennent des ramifications, soit de l'*artère pulmonaire*, soit de l'*artère aorte*. Dans chacun de ces systèmes, les ramifications artérielles s'unissent souvent entre elles (*anastomoses*).

Les artères sont constituées par trois tuniques : une *externe*, composée de tissu conjonctif, à éléments longitudinaux ; une *moyenne*, formée d'un réseau de fibres élastiques, dans les mailles duquel sont logées des fibres musculaires dirigées transversalement ; une *interne*, représentée par une membrane élastique tapissée d'endothélium. La tunique moyenne est la plus importante : c'est grâce à son épaisseur que les artères restent béantes, lorsqu'elles sont vides, et à ses fibres musculaires qu'elles peuvent, sur le vivant, diminuer leur calibre. Les plus petites artères ne renferment pas de fibres élastiques ; celles-ci sont d'autant plus abondantes que les artères sont plus grosses.

B. ARTÈRE PULMONAIRE. — Elle part du ventricule droit et, après un court trajet, se divise en deux branches qui se ramifient dans chacun des poumons.

C. ARTÈRE AORTE. — Elle sort du ventricule gauche, fournit, à son origine, deux artères nourricières pour le cœur (*artères cardiaques*), puis se recourbe derrière cet organe (*crosse de l'aorte*), traverse la poitrine (*aorte thoracique*), l'abdomen (*aorte abdominale*) et, arrivée au bassin, se termine par trois branches, une médiane (*sacrée moyenne*) qui longe le sacrum, et deux latérales (*iliaques primitives*).

De chaque côté de la crosse de l'aorte, se détachent la *carotide primitive* et la *sous-clavière*. La première se divise en deux branches : l'une (*carotide externe*), pour la face ; l'autre (*carotide interne*), pour l'œil et la partie antérieure du cerveau. La seconde irrigue, par une de ses branches (*vertébrale*), le reste de l'encéphale et la moelle épinière, mais elle est surtout destinée au membre supérieur ; elle traverse le creux de l'aisselle (*axillaire*), puis le bras (*humérale*), pour se terminer, au pli du coude, par deux branches, l'une externe (*radiale*), l'autre interne (*cubitale*), qui distribuent le sang à l'avant-bras et à la main.

L'aorte thoracique donne des branches à l'œsophage, aux bronches et aux espaces intercostaux.

L'aorte abdominale fournit les artères des parois et des viscères de l'abdomen. L'une de ces artères viscérales (*tronc cœliaque*) se trifurque, pour se rendre à l'estomac (*coronaire stomachique*), au foie (*hépatique*) et à la rate (*splénique*) ; deux autres vont aux intestins (*mésentériques*) ; deux autres encore, aux reins (*rénales*) ; deux autres enfin, aux organes génitaux (*spermatiques*).

Les iliaques primitives se divisent, de chaque côté, en deux branches : l'une (*iliaque interne*), pour le bassin et ses organes ; l'autre (*iliaque externe*), pour le membre inférieur. Cette dernière traverse la partie antérieure et interne de la cuisse (*fémorale*) et gagne le creux du jarret (*poplitée*), où elle se bifurque. L'une des bifurcations fournit le sang aux régions antérieure de la jambe (*tibiale antérieure*) et dorsale du pied (*pédieuse*) ; l'autre (*tronc tibio-péronier*) se distribue au reste de la jambe et à la plante du pied.

Système veineux. — Nous étudierons successivement : les *veines en général*, les *veines pulmonaires*, les *veines cardiaques*, la *veine cave supérieure* et la *veine cave inférieure*.

A. VEINES EN GÉNÉRAL. — Toutes les veines de l'organisme ont pour aboutissant les troncs veineux que nous venons d'énumérer. Les unes accompagnent les artères (*veines satellites des artères*), les autres offrent une disposition irrégulière ; mais le nombre des veines est plus considérable que celui des artères, et les anastomoses entre les veines sont plus fréquentes qu'entre les artères.

Les veines sont composées des mêmes tuniques que les artères, mais leur tunique moyenne a peu d'épaisseur et ne leur permet pas de rester béantes, lorsqu'elles sont vides de sang. Elles offrent généralement, dans leur intérieur, des valvules en forme de poches, formées aux dépens de leur tunique interne. Ces valvules ont leur fond dirigé du côté des capillaires et préviennent ainsi le cours rétrograde du sang ; elles font défaut dans un certain nombre de veines (veines pulmonaires, veine porte, etc.).

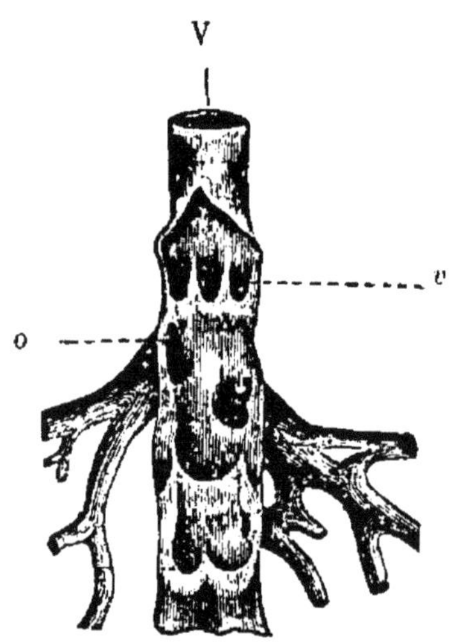

Fig. 43. — VEINE OUVERTE.

o, ouverture d'une branche veineuse dans le tronc V ; v, valvules.

B. VEINES PULMONAIRES. — Au nombre de quatre, deux pour chacun des poumons, elles amènent le sang de ces organes, dans l'oreillette gauche, par quatre orifices distincts.

C. VEINES CARDIAQUES. — Elles débouchent dans l'oreillette droite et rapportent le sang des parois du ventricule droit (*veines de Galien*) ainsi que du reste du cœur (*grande veine coronaire*).

D. VEINE CAVE SUPÉRIEURE. — Tronc commun de toutes les veines de la moitié supérieure du corps ; résulte de la fusion des deux *troncs veineux brachio-céphalique*.

6.

formés eux-mêmes par la réunion de la *veine jugulaire interne* et de la *veine sous-clavière*, qui correspondent à la carotide primitive et à l'artère sous-clavière.

E. VEINE CAVE INFÉRIEURE. — Tronc veineux de toutes les parties situées au-dessous du diaphragme ; résulte de la réunion des deux *veines iliaques primitives* qui correspondent aux deux artères du même nom. Située à droite de l'aorte, qu'elle côtoie dans toute sa longueur, la veine cave inférieure arrive dans l'oreillette droite où elle présente, à son embouchure, une valvule rudimentaire (*valvule d'Eustachi*). Elle offre, comme appendice, la *veine porte*, qui représente, à elle seule, un arbre vasculaire tout entier.

Veine porte. — Elle est formée par l'ensemble des veines des viscères abdominaux, moins les organes génito-urinaires. Après leur sortie des viscères, ces veines se réunissent en un tronc qui se bifurque dans le sillon transverse du foie, pour se ramifier, dans cet organe, avec les branches de l'artère hépatique. Ces deux vaisseaux forment, autour des lobules hépatiques, un réseau d'où partent des capillaires, qui pénètrent dans le lobule et convergent au centre, pour former une veinule (*veine intra-lobulaire*) qui est l'origine des veines du foie (*veines hépatiques*). Celles-ci s'ouvrent dans la veine cave inférieure, par deux ou trois troncs volumineux.

Système capillaire. — Il est constitué par des *vaisseaux* dits *capillaires sanguins*, d'une très grande finesse, établissant la continuité entre les artères et les veines.

Les capillaires ne sont visibles qu'au microscope ; leur calibre varie de $0^{mm},006$ à $0^{mm},03$. Ils sont formés par une membrane amorphe tapissée d'un endothélium en continuité avec celui des artères et des veines ; c'est à travers leur paroi excessivement mince qu'ont lieu les échanges, soit nutritifs avec les organes (*capillaires généraux*), soit respiratoires avec l'air (*capillaires pulmonaires*).

Système lymphatique. — Il offre à étudier : les *vaisseaux lymphatiques en général*, le *canal thoracique* et la *grande veine lymphatique*.

A. VAISSEAUX LYMPHATIQUES EN GÉNÉRAL. — Ils charrient

la lymphe (*vaisseaux lymphatiques proprement dits*) ou le chyle (*vaisseaux chylifères*), de la périphérie vers le centre; ils aboutissent tous au canal thoracique ou à la grande veine lymphatique. Ils paraissent naître dans l'intimité des tissus, soit par un réseau capillaire (*capillicules*), soit par des cavités irrégulières (*lacunes*). Extérieurement, ils présentent, sur leur trajet, des ganglions (*ganglions lymphatiques*) dont les usages sont encore problématiques. Intérieurement, ils offrent des valvules analogues à celles des veines et sont tapissés par un endothélium à cellules festonnées, autour duquel se trouve un manchon plus ou moins épais de tissu conjonctif, renfermant des fibres musculaires lisses, qui sont disposées dans toutes les directions.

B. CANAL THORACIQUE. — Gros tronc charriant la lymphe et le chyle des parties sous-diaphragmatiques du corps et de la moitié sus-diaphragmatique du côté gauche. Parti d'une ampoule (*réservoir de Pecquet*), située au-dessous du diaphragme, il longe la colonne vertébrale et va se jeter dans la veine sous-clavière gauche.

C. VEINE LYMPHATIQUE. — Tronc très court, recevant les vaisseaux lymphatiques de la moitié droite de la portion sus-diaphragmatique du corps ; s'ouvre dans la veine sous-clavière droite.

ARTICLE V. — **Circulation**.

Nous allons jeter un coup d'œil rapide sur les divers phénomènes qui résultent du mouvement circulatoire; nous examinerons, dans le chapitre consacré au développement de l'organisme des Mammifères, les modifications que subit l'appareil circulatoire de l'embryon, avant l'établissement de la circulation définitive.

Trajet du sang dans l'organisme (HARVEY, 1619). — Le sang qui sort du ventricule gauche, par l'aorte, parcourt successivement les artères, les capillaires et les veines de tout le corps, puis rentre dans l'oreillette droite, après avoir accompli la *grande circulation* ou *circulation générale ;* il ressort ensuite du cœur, par le ventricule droit, puis traverse les artères, capillaires et veines pulmonaires, pour revenir enfin, par l'oreillette gauche, à son point de départ, après avoir effectué la *petite circulation*, ou *circulation pulmonaire*.

Cette double circulation se fait sous l'influence des mouvements du cœur dont les cavités se resserrent (*systole*) ou se relâchent (*diastole*) ; les valvules auriculo-ventriculaires et sigmoïdes déterminent le sens dans lequel se fait le cours du sang. On peut donc comparer le cœur à une pompe double (cœur gauche, cœur droit) qui lance dans les artères le sang qui lui arrive par les veines. Le sang veineux, que le cœur droit envoie aux poumons, s'y débarrasse de l'excès d'acide carbonique qu'il contenait, en même temps qu'il se charge d'une nouvelle provision d'oxygène le transformant en sang artériel. Celui-ci passe dans le cœur gauche, puis dans les capillaires généraux où, au contact des tissus, il redevient sang veineux, en perdant une partie de son oxygène et se chargeant d'acide carbonique. Ainsi : 1° les artères et les veines de la grande circulation renferment respectivement du sang artériel et du sang veineux, tandis que c'est l'inverse pour les vaisseaux de la petite circulation ; 2° l'ensemble de la circulation peut être figuré par un 8 dont le centre serait le cœur, tandis que les deux boucles représenteraient la grande et la petite circulation, la moitié droite du 8 étant la partie veineuse et la moitié gauche la partie artérielle du cycle circulatoire.

Pression du sang. — La systole des ventricules peut soulever, dans l'aorte, une colonne de mercure de 15 centimètres. Cette pression va en diminuant successivement dans les artères ; elle n'est plus que de 3 centimètres dans les capillaires et se réduit à 1 centimètre dans les veines, devenant même négative, dans les gros troncs veineux, au moment de l'inspiration.

Vitesse du sang. — Au moyen d'instruments spéciaux (*hémodromomètres, hémodromographes*), on a trouvé que, dans les artères, la vitesse du sang est en moyenne de 30 centimètres par seconde et diminue du cœur aux capillaires, tandis que, dans les veines, elle n'est que de 20 centimètres et va en augmentant des capillaires au cœur. Dans le système capillaire, la vitesse des globules, étudiée au microscope, ne dépasse pas 1 millimètre par seconde.

Durée de la circulation. — On évalue à 30 secondes la durée minima de la circulation totale, chez l'Homme, c'est-à-dire le temps employé par une substance injectée dans le sang, pour revenir à son point de départ (Hering).

La durée de la petite circulation serait de 6 secondes seulement (JOLYET).

A. CIRCULATION CARDIAQUE. — Elle offre à étudier le *rythme* et les *bruits* du cœur.

a. *Rythme du cœur.* — On appelle *révolution cardiaque* la succession des trois phrases suivantes : 1° *systole des oreillettes;* 2° *systole des ventricules;* 3° *pause* ou *repos du cœur.* Les deux oreillettes se resserrent simultanément et lancent le sang dans les ventricules relâchés à ce moment. A leur tour, les deux ventricules se resserrent et leur durcissement produit le battement du cœur contre la paroi de la poitrine (*choc du cœur*). En même temps, les oreillettes se relâchent, mais le sang des ventricules ne pouvant y refluer, à cause de l'obstacle des valvules auriculo-ventriculaires, soulève les valvules sigmoïdes et s'élance dans les troncs artériels. Après leur systole, les ventricules se relâchent et le cœur tout entier est au repos. Le sang projeté dans le système artériel tend alors à refluer dans les ventricules ; mais il développe, dans son mouvement de retour, les valvules sigmoïdes qui lui barrent le passage; pendant ce temps, l'oreillette se remplit graduellement et une nouvelle systole auriculaire recommence une autre révolution du cœur. Au moyen d'appareils spéciaux (*cardiographes*) applicables aux Animaux vivants, on a pu faire tracer au cœur des courbes qui représentent les diverses phases de ses mouvements (CHAUVEAU et MAREY).

b. *Bruits du cœur.* — L'oreille appliquée sur la poitrine, au niveau du cœur, perçoit deux bruits, à chaque révolution cardiaque. Le *premier bruit* coïncide avec la systole ventriculaire et le choc du cœur: il est sourd et produit par le claquement des valvules auriculo-ventriculaires ; le *second bruit* coïncide avec la diastole ventriculaire : il est clair et dû au claquement des valvules sigmoïdes (ROUANET). A ces deux bruits, séparés par un silence très court (*petit silence*), succède un silence plus long (*grand silence*) qui correspond au repos du cœur et à la systole des oreillettes.

B. CIRCULATION ARTÉRIELLE. — Elle se fait sous l'influence des mouvements du cœur.

Si l'on ouvre une artère, sur un Animal vivant, il s'écoule un jet de sang, qui est projeté d'autant plus loin et qui est d'autant plus saccadé, que l'artère est plus rapprochée du cœur. L'élasticité artérielle diminue l'intermittence due aux mouvements du cœur; de plus, elle favorise l'action de cet organe, en diminuant les résistances qu'il doit surmonter (MAREY). En rétrécissant le calibre des artères, la contractilité artérielle gêne, au contraire, l'action du cœur et entrave la circulation dans les organes.

Pouls. — C'est la sensation de soulèvement brusque que le doigt éprouve, lorsqu'il palpe une artère appliquée contre un plan osseux. On explore surtout les pulsations de l'artère radiale, car on peut facilement les percevoir au poignet et même les enregistrer (*sphygmographes*; le meilleur est celui de Marey).

Le pouls coïncide avec la systole du cœur, bien qu'avec un léger retard dû à la propagation de l'onde sanguine. C'est cette onde ou vibration transmise (à raison de 10 mètres par seconde) que le doigt perçoit et non le mouvement du sang, car ce mouvement est beaucoup plus lent ($0^m,30$ par seconde). Les pulsations sont environ deux fois moins fréquentes chez l'adulte (70 par minute) que chez le nouveau-né ; elles s'accélèrent sous diverses influences (exercice, chaleur, fièvre, etc.).

C. CIRCULATION CAPILLAIRE. — Elle est due, comme la précédente, à la force impulsive du cœur.

Le cours du sang dans les capillaires est uniforme et lent, ainsi qu'on peut s'en assurer, en observant au microscope la circulation capillaire, sur les parties transparentes des Animaux vivants (membrane interdigitale de la Grenouille, etc.). La nappe de sang contenue dans les capillaires est comparable à un lac que traverserait le fleuve sanguin.

D. CIRCULATION VEINEUSE. — C'est encore l'impulsion cardiaque qui est la force motrice.

L'action du cœur est très atténuée par les capillaires ; c'est seulement, dans des cas exceptionnels, qu'elle se transmet jusqu'aux veines (*pouls veineux*). Plusieurs causes accessoires favorisent la circulation de retour, soit par aspiration du sang (diastole cardiaque, inspiration thoracique) soit par compression des veines (contractilité des veines, contraction des muscles en rapport avec elles).

ARTICLE VI. — Appareil respiratoire.

L'appareil respiratoire comprend les *poumons* et les conduits aériens qui les précèdent (*cavités nasales, pharynx, larynx, trachée, bronches*).

Cavités nasales. — Elles sont au nombre de deux

et présentent : 1° un vestibule plus ou moins dilatable (*narines* ou *naseaux*) ; 2° des *fosses nasales* à parois fixes, communiquant avec des anfractuosités (*sinus*) creusées dans les os de la tête.

Les *narines* sont les portes d'entrée de l'air ; le plus souvent, la bouche sert aussi à cet usage, mais quelquefois (Jumentés, Proboscidiens, Cétacés), l'introduction de l'air par la bouche est rendue impossible, à cause de la situation du larynx au-dessus du voile du palais.

Les *fosses nasales* présentent des replis (*cornets*) séparés par des excavations (*méats*) et sont tapissées par une muqueuse très vasculaire (*membrane pituitaire*) couverte de cils vibratiles.

Pharynx. — Il sert à la fois au passage de l'air et des aliments.

Il est toujours béant et ne cesse de fonctionner, comme canal aérifère, que pendant les très courts instants de la déglutition.

Larynx. — Situé à la partie antérieure et inférieure du pharynx, il constitue l'organe de la phonation et sera, comme tel, étudié plus loin. Il présente une ouverture (*glotte*) qui peut se rétrécir, à certains moments.

On trouve, en avant du larynx, un organe glanduleux (*corps thyroïde*) qui provient d'un diverticule creux de la face ventrale du pharynx. L'accroissement anormal de la glande thyroïde constitue le goître.

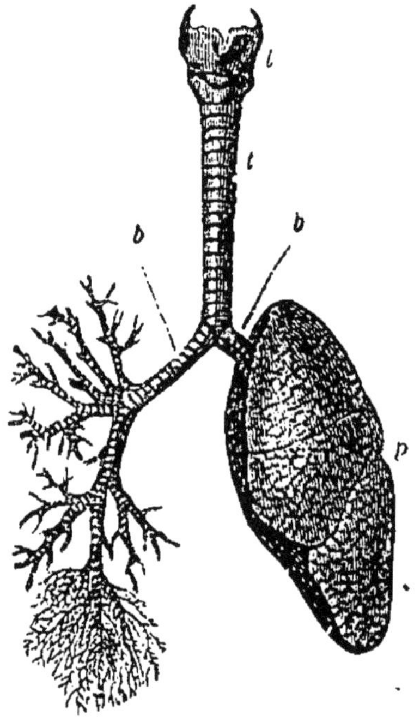

Fig. 44. — ARBRE AÉRIEN DE L'HOMME.

b. b, les deux bronches ; *l*, larynx ; *p*, l'un des poumons ; l'autre a été détruit, pour montrer les ramifications bronchiques ; *t*, trachée.

Trachée. — C'est le tube qui fait suite au larynx.

Située en avant de l'œsophage, la trachée est maintenue béante par une série d'arceaux cartilagineux complétés en arrière par des fibres musculaires lisses qui s'insèrent aux deux extrémités de chaque arceau. Elle est tapissée, à l'intérieur, par une muqueuse revêtue d'un épithélium vibratile stratifié.

Bronches. — Ce sont les branches de bifurcation de la trachée.

Au nombre de deux, exceptionnellement de trois (Ruminants, Porcins), les bronches figurent chacune un

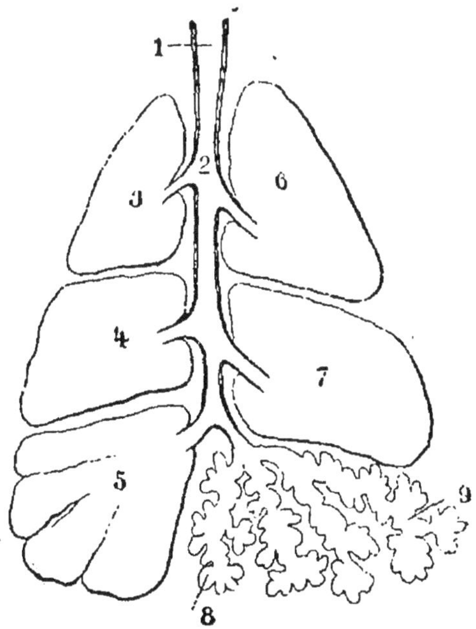

Fig. 45. — Schéma d'un lobule pulmonaire.

1, bronche lobulaire; 2, bronchiole; 3, 4, 5, 6, 7, lobules primitifs; 8, 9, conduits alvéolaires montrant les alvéoles pulmonaires.

(Mathias Duval.)

arbre aérien qui se divise en une multitude de rameaux de plus en plus petits. Elles sont munies de fibres lisses tapissées de cils vibratiles et pourvues d'anneaux cartilagiueux complets, qui ne tardent pas à dégénérer en petits noyaux, puis à disparaître (*bronches capillaires*).

Poumons. — Ce sont deux organes spongieux, renfermés dans la poitrine.

La poitrine ou le thorax est une cavité complètement close, limitée en avant par le sternum, en arrière par la colonne vertébrale, sur les côtés par les côtes et les muscles intercostaux, en haut par la base du cou, en bas par le muscle diaphragme. Chaque poumon est enveloppé d'une membrane séreuse (*plèvre*) dont un feuillet recouvre le poumon; tandis que l'autre tapisse la moitié correspondante de la cavité thoracique; ces deux feuillets glissent l'un sur l'autre et laissent entre eux une cavité vide d'air (*cavité pleurale*).

Chez l'Homme, le poumon gauche a deux lobes et le droit en présente trois. Chaque lobe du poumon est constitué par des grappes d'ampoules pyramidales (*lobules pulmonaires*) se décomposant en grappes (*lobules primitifs*) de cœcums tubulaires (*conduits alvéolaires*) auxquels aboutissent les dernières divisions bronchiques. Chaque conduit alvéolaire présente, sur ses parois, des boursouflures en cul-de-sac (*alvéoles pulmonaires*) qui sont les éléments essentiels du poumon. La paroi des alvéoles est une fine membrane conjonctive, riche en fibres élastiques et tapissée par un réseau capillaire sanguin recouvert d'un endothélium.

Article VII. — **Respiration**.

La respiration a été définie plus haut (p. 45). Elle comprend des *phénomènes mécaniques*, des *phénomènes physiques* et des *phénomènes chimiques*.

Nous avons construit un appareil schématique de la respiration, qui effectue ces trois ordres de phénomènes. Il se compose essentiellement : 1° d'un soufflet que l'on fait mouvoir, pour reproduire à la fois les phénomènes mécaniques et physiques ; 2° d'un flacon où la combustion d'un charbon figure les phénomènes chimiques ; 3° de deux tubes reliant le soufflet au flacon et représentant l'appareil circulatoire.

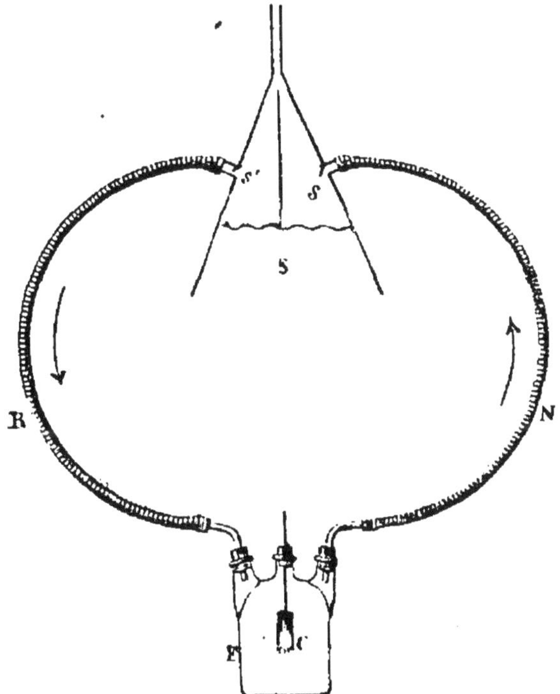

Fig. 40. — Schéma de la respiration.

C, charbon incandescent, figurant la respiration interne (combustion); F. flacon simulant le système capillaire; N, demi-cercle à sang noir (chargé d'acide carbonique) de l'appareil circulatoire; R, demi-cercle à sang rouge (oxygéné); S, soufflet représentant la cage thoracique et effectuant la respiration externe (hématose). Au moment de l'inspiration, il y a à la fois, sous l'influence du vide produit, entrée de l'air dans le poumon et sortie de l'acide carbonique du sang, à l'intérieur de cet organe. Pendant l'expiration, au contraire, en même temps que l'acide carbonique est chassé au dehors, il y a pénétration dans le sang d'une partie de l'oxygène inspiré. Ces phénomènes sont représentés au moyen des deux soupapes s et s'. La première (s) s'ouvre de façon à laisser sortir l'acide carbonique du tube N lorsqu'on ouvre le soufflet; la seconde (s') s'ouvre de manière à laisser entrer de l'air oxygéné dans le tube R, quand on ferme le soufflet. La cloison médiane qu'on voit dans le soufflet a pour but d'empêcher l'acide carbonique exhalé en s pendant l'inspiration, de s'introduire en s' pendant l'expiration.

A. PHÉNOMÈNES MÉCANIQUES. — Ils ont pour but l'entrée

(*inspiration*) et la sortie (*expiration*) de l'air qui sert à la respiration.

Inspiration. — L'introduction de l'air dans l'appareil respiratoire se fait par suite du vide relatif qui résulte de la contraction simultanée du diaphragme et des muscles élévateurs des côtes. Le diaphragme est un dôme musculo-membraneux, convexe du côté du thorax ; quand il se contracte, sa courbure diminue et la cage thoracique se trouve agrandie, dans son diamètre longitudinal. Les élévateurs des côtes projettent celles-ci en avant et en dehors, ce qui amène à la fois l'agrandissement des deux autres diamètres du thorax. Le poumon, doué d'une grande élasticité, suit les parois thoraciques dont il est séparé par le sac vide de la plèvre. Alors, l'air extérieur se précipite dans la cavité pulmonaire agrandie ; mais l'orifice glottique est trop étroit pour que la quantité d'air qui entre puisse rétablir la pression atmosphérique à l'intérieur du poumon.

Expiration. — L'expulsion de l'air intra-pulmonaire se fait surtout par le retour du poumon sur lui-même, en vertu de son élasticité. Aussitôt, la cage thoracique et le diaphragme suivent ce mouvement de retrait. L'air intra-pulmonaire passant alors brusquement, d'une pression inférieure à celle de l'atmosphère à une pression qui lui est supérieure, est expulsé en partie.

Si, dans l'expiration, la limite d'élasticité du thorax est dépassée, cet organe revient sur lui-même et donne lieu à une sorte d'inspiration : c'est sur cette inspiration par élasticité du thorax, que sont fondés la plupart des procédés pour rappeler les noyés à la vie.

Rythme des mouvements respiratoires. — L'inspiration et l'expiration se succèdent sans repos intermédiaire (Marey). La durée du mouvement expiratoire est plus longue que celle du mouvement inspiratoire. L'Homme adulte effectue environ 18 mouvements respiratoires par minute.

Bruits respiratoires. — Les mouvements respiratoires s'accompagnent de deux bruits, l'un *inspiratoire*, l'autre *expiratoire*, qu'on peut entendre, en appliquant l'oreille contre la poitrine. La durée du bruit inspiratoire est plus longue que celle du bruit expiratoire. Le premier bruit est dû aux vibrations de l'air : 1º à la glotte (Spittal) ; 2º à l'entrée des alvéoles pulmonaires (Laennec) ; c'est-à-dire aux deux endroits où un renflement succède à un rétrécissement des voies respiratoires. Le second bruit est produit par le courant de l'expiration qui vient se briser,

comme dans un sifflet, contre un véritable biseau formé
par les cordes vocales supérieures et la base de l'épiglotte
(BERGEON). Ce bruit sec se transmet ensuite jusqu'au poumon.

B. PHÉNOMÈNES PHYSIQUES. — Ce sont ceux qui président
aux échanges gazeux entre l'air et le sang.

Dans un mouvement respiratoire ordinaire : 1º le volume de l'air qui entre ou sort (*air courant*) est d'environ un demi-litre; 2º le tiers de l'air pur inspiré est
rendu à l'atmosphère, mélangé avec deux tiers d'air vicié
(GRÉHANT). La pression engendrée par les mouvements
d'expiration est plus grande que celle qui résulte des
mouvements d'inspiration; mais la différence est très petite, dans la respiration ordinaire.

On appelle *transpiration pulmonaire* le dégagement de
vapeur d'eau qui accompagne le travail respiratoire. C'est
cette vapeur qui se condense, sous forme de nuage, au
sortir du nez ou de la bouche, quand la température
extérieure est suffisamment basse. On peut évaluer à environ 500 grammes la quantité d'eau dégagée par les poumons de l'Homme, dans l'espace de vingt-quatre heures.

C. PHÉNOMÈNES CHIMIQUES. — Ce sont ceux qui président
aux échanges gazeux entre le sang et les tissus.

La respiration est, en réalité, une combustion lente
(LAVOISIER). Cette combustion se passe dans tous les tissus (W. EDWARDS) et non dans le poumon, car le sang
qui sort de cet organe a une température moins élevée
que celui qui y entre (CL. BERNARD).

Le sang qui arrive aux poumons est peu oxygéné et son
hémoglobine s'empare de l'oxygène qui s'est dissous
dans la membrane pulmonaire, au contact de l'air; mais
cette combinaison n'est pas très stable et les tissus la détruisent, pour prendre l'oxygène dont ils ont besoin.
L'acide carbonique du sang se produit dans les tissus et
passe ensuite dans les capillaires, où il se combine avec
les sels du sérum (BERT); sa sortie, pendant la traversée
pulmonaire, est un phénomène de dissociation.

Dans la respiration : 1º la proportion de l'oxygène absorbé l'emporte sur celle de l'acide carbonique exhalé;
2º l'oxygène ainsi introduit en excès, est destiné à brûler
l'hydrogène des éléments organiques, pour former de
l'eau; mais celle-ci est en quantité minime; l'eau qui
s'exhale par le poumon et par la peau provient surtout
des boissons ou même de la plupart des matières solides
de l'alimentation. Chez l'Homme il y a, par heure, environ 20 litres d'oxygène absorbé et 16 litres d'acide car-

bonique exhalé. De plus, l'air expiré contient une petite quantité de matière animale voisine de l'état de décomposition.

La peau de l'Homme absorbe une faible quantité d'oxygène et exhale : 1° une quantité d'acide carbonique qui est le centième de ce qui sort par les poumons; 2° une quantité d'eau, sous forme de vapeur ou de liquide (*sueur*), qui est à peu près le double de celle qui est fournie par la transpiration pulmonaire.

Influence de la pression barométrique sur le travail respiratoire. — 1° Si la pression diminue, le sang s'appauvrit en oxygène et en acide carbonique ; mais il perd relativement plus d'oxygène que d'acide carbonique (BERT). 2° Si la pression augmente, le sang devient de plus en plus riche en oxygène ; mais la quantité d'acide carbonique qu'il contient varie peu (BERT). Quant à l'azote, la quantité de ce gaz contenue dans le sang augmente proportionnellement à la pression. La diminution de l'oxygène avec la pression explique les phénomènes que présentent les aéronautes, les voyageurs en montagne (*mal des montagnes*) et les habitants des lieux élevés. L'augmentation de l'oxygène avec la pression enraye les oxydations organiques, quand la tension de ce gaz est trop forte, et peut même exercer une véritable *action toxique* (BERT). Ainsi s'explique l'état maladif des ouvriers qui travaillent dans l'air comprimé. Enfin le dégagement de bulles d'azote dans le sang, au moment d'une décompression brusque, interrompt la circulation pulmonaire et peut amener la mort subite.

Asphyxie. — C'est la suspension des phénomènes de la respiration. Elle se produit, soit par diminution de l'absorption d'oxygène, soit par diminution de l'exhalation d'acide carbonique. Elle a lieu, tantôt par cause mécanique (submersion, strangulation), tantôt par suite de la viciation de l'air. Dans l'*air confiné*, la mort des animaux à sang chaud est déterminée par le manque d'oxygène. celle des animaux à sang froid par l'excès d'acide carbonique (BERT).

On désigne aussi quelquefois, sous le nom d'*asphyxie*, l'intoxication par des gaz délétères. Dans l'empoisonnement par l'oxyde de carbone, ce gaz se substitue à l'oxygène des globules rouges et la mort arrive rapidement, par privation d'oxygène (CL. BERNARD).

Article VIII. — **Appareil urinaire.**

L'appareil urinaire comprend les *reins*, les *uretères*, la *vessie* et l'*urètre*.

Reins. — Ils sont toujours au nombre de deux, placés dans l'abdomen, de chaque côté de la colonne vertébrale. Leur forme est habituellement celle d'un haricot

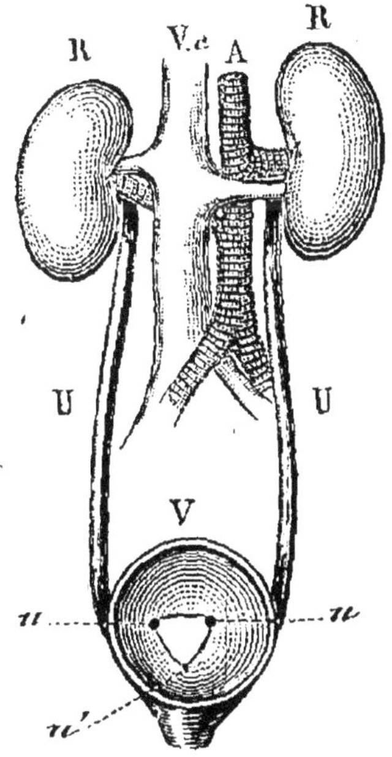

Fig. 47. — Appareil urinaire.

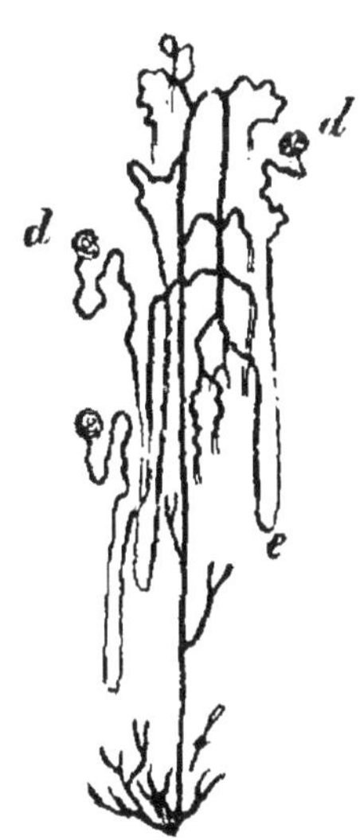

Fig. 48. — Schéma de la structure du rein.

A, aorte; R, reins; U, uretères; u, leurs orifices dans la vessie; u', orifice de l'urètre; V, vessie sectionnée; Vc, veine cave inférieure.

d, corpuscules de Malpighi; e, tube de Henle; f, tube de Bellini.

dont l'échancrure (*hile*) est située en dedans et occupée par une poche membraneuse, en forme d'entonnoir (*bassinet*). Ils peuvent être simples (Homme), lobulés (Bœuf) ou lobés (Cétacés).

· Ils se composent essentiellement de petits tubes (*cana-licules urinifères*) qui sont rectilignes à leur partie inter-ne (*tubes de Bellini*), en anse à leur partie moyenne (*tubes de Henle*) et plus ou moins contournés à leur par-tie externe ou périphérique (*tubes de Ferrein*). Celle-ci se termine par une dilatation cupuliforme (*capsule de Bow-mann*) qui enveloppe un petit peloton artériel (*glomérule de Malpighi*) pour former un corpuscule (*corpuscule de*

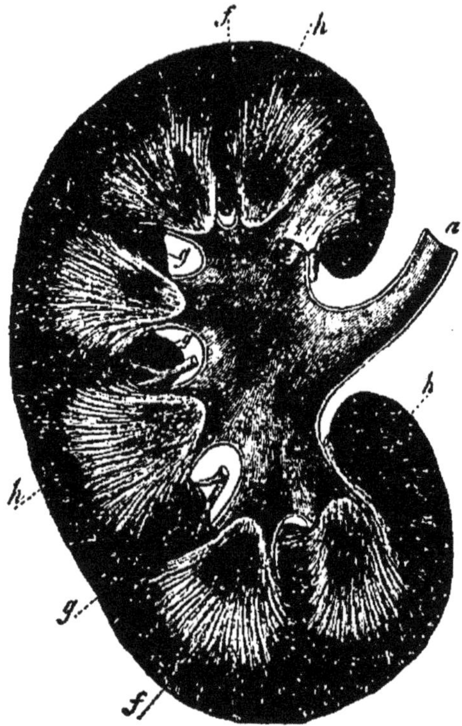

Fig. 49. — Section longitudinale du rein.

a, uretère; *b*, bassinet; *c*, calices; *d*, papilles; *e*, pyramides.

Malpighi) dont le canalicule urinifère est le canal excré-teur. Les tubes de Bellini forment, par leur réunion, des pyramides (*pyramides de Malpighi*) dont les sommets (*papilles*) sont entourés de petits cônes membraneux (*calices*) qui s'ouvrent dans le bassinet.

Uretères. — L'*uretère* ou canal excréteur du rein est

un tube musculo-membraneux qui part du bassinet et se rend à la vessie, dans laquelle il pénètre obliquement.

Vessie. — C'est un réservoir musculo-membraneux qui se termine par un rétrécissement (*col de la vessie*) donnant naissance au canal de l'urètre.

Urètre. — C'est le canal qui sert à l'écoulement de l'urine contenue dans la vessie. Nous le décrirons avec les organes génitaux, car il constitue un canal commun à l'appareil urinaire et à l'appareil reproducteur. Il est entouré d'un sphincter, à son origine (*sphincter urétral*).

ARTICLE IX. — **Urination**.

L'urination a été définie plus haut (voy. p. 47). Son mécanisme n'est pas encore connu d'une manière satisfaisante.

On admet généralement l'exsudation de l'eau, par le glomérule, et l'excrétion des autres matières de l'urine, par les cellules épithéliales de la partie contournée des canalicules urinifères (BOWMANN).

L'urine est excrétée par les reins, d'une manière continue, et s'accumule dans la vessie ; elle ne peut rétrograder par les uretères, car ces conduits font valvule sous la pression du liquide, par suite de leur pénétration oblique dans le réservoir urinaire. L'expulsion de l'urine (*miction*) se fait, à intervalles plus ou moins éloignés, sous l'action des fibres musculaires vésicales qui, avec l'aide des muscles abdominaux, triomphent de la tension permanente du sphincter urétral.

L'urine contient : 1° de *l'urée*, substance la plus azotée de l'organisme, provenant de l'oxydation des aliments azotés et aussi de l'usure des tissus; 2° de *l'acide urique*, autre substance azotée, moins abondante ; 3° de *l'acide hippurique* peu azoté, mais riche en carbone, se formant en très petite quantité dans l'urine de l'Homme, à la suite d'une nourriture végétale, et remplaçant l'acide urique chez les Herbivores ; 4° de la *créatine*, alcaloïde animal résultant de la désassimilation du tissu musculaire ; 5° des *sels* dont les plus importants sont les chlorures de sodium et de potassium, les phosphates de chaux et de magnésie, les sulfates de soude et de potasse. La mau-

vaise odeur qu'exhale l'urine, au contact de l'air, provient
de la transformation de l'urée en carbonate d'ammoniaque. Toutes les parties constituantes de l'urine sont con-
tenues dans le sang : aucune ne se forme dans le rein.
On peut considérer l'urine comme du sang privé de ses
globules, de sa fibrine et de son albumine ; mais elle contient plus de chlorure de sodium, de phosphates et de
sulfates que le sang. Le rein agit donc à la manière d'un
filtre sélecteur.

Chez un Homme du poids moyen de 65 kilogrammes,
il y a environ 65 grammes de matériaux solides, dans
l'urine de 24 heures. La moitié de ce chiffre environ (30
grammes) correspond à la quantité d'urée ; la proportion
d'acide urique est trente fois moindre (1 gramme).

L'urine des Carnivores diffère peu de celle de l'Homme ;
elle est, comme celle-ci, acide au moment de l'excrétion. Chez les Herbivores, l'urine est trouble et alcaline ;
elle contient de l'urée en quantité assez considérable,
mais l'acide urique y est remplacé par l'acide hippurique.
Tant que les Herbivores tètent ou se nourrissent de leur
propre substance (*inanition*), c'est-à-dire tant que leur
régime est carnivore, l'urine de ces Animaux est acide
et renferme de l'acide urique au lieu d'acide hippurique.
Inversement, les Carnivores soumis à une alimentation
peu ou pas azotée excrètent, pendant ce temps, des urines
hippuriques et alcalines. Il est à noter que le Porc, qui
est omnivore comme l'Homme, a cependant une urine
alcaline et ne renfermant ni acide urique ni acide hippurique.

Une remarque intéressante, après ce qui précède, c'est
que le sang du rein, arrivant directement de l'aorte par
l'artère rénale, et venant d'être décarboné dans le poumon, se débarrasse de son urée dans le rein et est, au
sortir de cet organe, dans la veine rénale, le sang le plus
pur de tout l'organisme.

ARTICLE X. — **Nutrition générale.**

La *nutrition générale* est l'ensemble des travaux ac-
complis par les éléments anatomiques (*nutrition cellulaire*) et les appareils de nutrition (*fonctions de nutrition*) ; c'est par elle que l'organisme vivant répare ses
pertes incessantes, se reconstituant sans cesse, à mesure
qu'il se détruit.

Les aliments de l'Animal (albuminoïdes, féculents, sucres, graisses) sont des substances complexes peu oxygénées ; ses déchets sont au contraire des substances relativement simples et riches en oxygène (eau, acide carbonique, urée, composés salins). Il se produit donc, à l'intérieur du corps, des oxydations dues à l'action de l'oxygène de l'air ; celles-ci sont la source de la *force*, qu'elle se manifeste par du travail ou par de la chaleur.

BUDGET DE L'ORGANISME. — Un organisme vivant possède, en quelque sorte, un *budget* avec ses deux parties corrélatives, les *recettes* ou *entrées* et les *dépenses* ou *sorties*. Si l'on donne, à un Animal adulte, une quantité d'aliments telle qu'il y ait égalité entre ces deux facteurs, on le soumettra à la *ration d'entretien*.

Un Homme de poids moyen (65 kilos) et soumis à la ration d'entretien, perd, par vingt-quatre heures, environ 3000 grammes d'eau (urine, excréments, sueur, évaporation pulmonaire), 30 grammes de sels inorganiques (urine, excréments, sueur), 300 grammes de carbone (acide carbonique de l'air expiré, excréments, urée, etc.), 20 grammes d'azote (urée, acide urique, etc.).

Pour trouver les 300 grammes de carbone et les 20 grammes d'azote nécessaires à la ration physiologique de l'Homme, il faut recourir à un *régime mixte*. En effet, si l'on ne vivait que de pain (1), il faudrait en manger 2 kilogrammes par jour, pour trouver les 20 grammes d'azote indispensables ; or une semblable masse serait difficile à digérer et fournirait 600 grammes de carbone, lesquels produiraient un excès nuisible de combustion. Si l'on s'en tenait à la viande seule (2), il faudrait 3 kilogrammes de cette substance, pour obtenir 300 grammes de carbone ; mais alors on aurait 90 grammes d'azote, excès plus dangereux encore que celui de carbone, surtout à cause de la production d'acide urique, lequel s'accumulerait dans l'organisme et y causerait de graves désordres. Avec le régime mixte, il suffit de 1 kilogramme de pain et de 330 grammes de viande, pour obtenir 330 grammes de carbone et 19 grammes d'azote, nombres qui, dans la recette, correspondent presque à ceux de la perte.

Les pertes sont d'autant plus grandes que l'air est plus sec et plus froid, et que l'exercice est plus violent. Dans

(1) 100 grammes de pain renferment 30 grammes de carbone et 1 gramme d'azote.

(2) 100 grammes de viande contiennent 10 grammes de carbone et 3 grammes d'azote.

ce dernier cas, une grande déperdition d'acide carbonique et de vapeur d'eau accompagne l'usure du muscle.

Inanition. — L'Homme peut résister à la privation d'aliments pendant huit ou dix jours et plus longtemps encore, s'il peut boire de l'eau (40 jours, dans l'expérience du docteur Tanner). La perte de poids porte surtout sur la graisse et les muscles, la composition du sang restant sensiblement la même, jusqu'aux jours qui précèdent la mort. Celle-ci arrive quand le corps a perdu près de la moitié de son poids; la température interne n'est alors que de 25° à 30°.

CHAPITRE VI

MAMMIFÈRES

APPAREILS ET FONCTIONS DE REPRODUCTION

Article Ier. — **Appareil reproducteur.**

L'appareil reproducteur se compose des organes mâles et des organes femelles ; il est situé dans la région inférieure du bassin (*périnée*). Excepté chez les Monotrèmes, les orifices sexuels sont extérieurs et distincts de l'anus.

§ 1. — *Organès mâles.*

Les organes mâles comprennent : 1° les *testicules*, qui produisent le sperme ; 2° les *canaux excréteurs*, qui transportent ce liquide ; 3° le *pénis*, organe copulateur ou d'accouplement.

Testicules. — Au nombre de deux, ils se composent d'une grande quantité de tubes flexueux (*canalicules séminifères*) dont l'une des extrémités se termine en cul-de-sac, tandis que l'autre aboutit aux canaux excréteurs.

Le testicule se développe dans l'abdomen de l'embryon

sur le bord interne du corps de Wolff dont les canalicules ne tardent pas à le pénétrer, pour donner naissance aux canalicules séminifères. Rarement (Cétacés, Monotrèmes) les testicules restent dans l'abdomen ; le plus souvent, ils descendent dans un canal situé au pli de l'aine (*canal inguinal*), y demeurent quelquefois (Rongeurs), mais viennent, le plus souvent, se loger à l'extérieur, dans une bourse musculo-cutanée (*scrotum*) située en arrière du pénis (en avant chez les Marsupiaux).

Canaux excréteurs. — Ils sont constitués par des conduits pairs (*épididyme, canal déférent, conduit éjaculateur*) et un canal impair (*urètre*) tapissés par une membrane muqueuse.

L'*épididyme* est un tube contourné sur lui-même, qui reçoit les canalicules séminifères et se continue avec le *canal déférent*. Celui-ci forme, près de sa terminaison, un renflement (*vésicule séminale*) qui manque quelquefois (Carnivores, Cétacés, Monotrèmes) et à partir duquel il prend le nom de *canal éjaculateur*, pour venir déboucher dans l'urètre, de chaque côté d'une saillie médiane (*crête urétrale* ou *verumontanum*). Au centre de celle-ci, se trouve l'orifice d'un cul-de-sac (*utricule prostatique*) homologue de l'utérus.

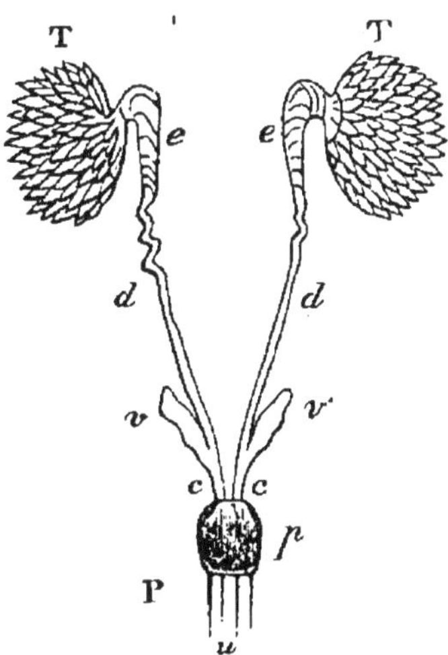

Fig. 50. — APPAREIL GÉNITAL DE L'HOMME (schéma).

c, c, conduits éjaculateurs ; d, d, canaux déférents ; e, e, épididymes ; P, pénis ; p, prostate ; T, T, testicules ; u, urètre ; v, v, vésicules séminales.

L'*urètre* est un canal qui s'étend du col de la vessie à l'extrémité du pénis. Il se décompose en deux portions distinctes, l'une renfermée dans le bassin (*portion membraneuse*), l'autre extra-pelvienne (*portion spongieuse*). Celle-ci est entourée d'un tissu érectile (*corps spongieux*), c'est-à-dire d'un tissu formé d'aréoles, sortes de capillaires très dilatés où le sang peut s'accumuler en grande quantité. Le corps spongieux existe chez tous les Mammifères, excepté les Monotrèmes ; il se termine par deux renflements plus ou moins accentués, l'un postérieur (*bulbe*), l'autre antérieur (*gland*). A l'intérieur, le canal de l'urètre présente les orifices d'un certain nombre de glandes dont la plus volumineuse (*prostate*) entoure le col de la vessie ; les autres sont situées plus bas et extra-pariétales (*glandes de Cooper*) ou intra-pariétales (*glandes de Littre*).

Pénis. — On désigne sous ce nom ou sous celui de *verge*, l'organe copulateur du mâle.

Le pénis résulte de l'accolement de l'urètre et d'une tige érectile simple ou double (*corps caverneux*) qui lui sert de soutien ; il est réduit, chez les Monotrèmes, aux deux corps caverneux. Le *gland*, qui le termine, est tantôt arrondi (Homme, Cheval) tantôt pointu (Taureau, Porc, Chien), exceptionnellement bifide (Marsupiaux). Un repli cutané (*fourreau*) enveloppe la verge et constitue une véritable couronne (*prépuce*) autour du gland. Rarement le fourreau est libre et la verge pendante (Primates, Chiroptères); le plus souvent, le fourreau est adhérent et la verge portée dans une gaîne qui peut s'ouvrir du côté de l'ombilic (Ongulés) ou de l'anus (Rongeurs). Un certain nombre de Mammifères (Simiens, Chiroptères, Carnivores, Rongeurs, Pinnipèdes, la plupart des Cétacés), possèdent, à l'intérieur de la verge, un axe cartilagineux ou osseux (*os pénien*).

§ 2. — *Organes femelles.*

Les organes femelles comprennent : 1° les *ovaires*, qui produisent les ovules ; 2° les *canaux excréteurs*, qui transportent les ovules ; 3° la *vulve* ou ensemble des organes génitaux externes,

Ovaires. — Au nombre de deux et toujours intérieurs, ils présentent, près de leur surface, une grande quantité de vésicules closes (*ovisacs* ou *vésicules de Graaf*).

L'ovaire se développe, au même endroit que le testicule,

et ne diffère pas de celui-ci au début; mais bientôt, l'épi-thélium péritonéal qui recouvre l'ovaire, envoie dans sa profondeur des prolongements en culs-de-sac, qui ne tardent pas à s'oblitérer, pour former les ovisacs.

Canaux excréteurs. — Ils sont constitués par les *oviductes*, l'*utérus* et le *vagin*.

L'*oviducte*, appelé encore *trompe utérine* ou *de Fallope*, est un canal flexueux ayant une extrémité rétrécie qui s'ouvre dans l'utérus et une extrémité élargie (*pavillon*) qui débouche près de l'ovaire, dans la cavité péritonéale. Il s'élargit et fonctionne comme utérus, chez les Monotrèmes.

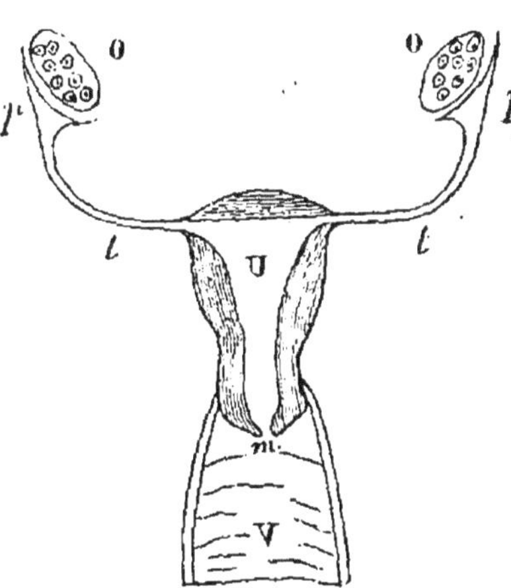

Fig. 51. — Appareil génital de la Femme (schéma).

m, museau de tanche ; O, O, ovaires; *p. p*, pavillons des trompes *t, t*; U, uterus ; V, vagin.

L'*utérus* ou *matrice* est un réservoir dans lequel les ovules fécon-dés se développent. Il présente une partie élar-gie (*corps*) et une partie rétrécie (*col*) dont une portion (*museau de tan-che*) fait saillie dans le vagin. Il peut être *sim-ple* (Primates), *bicorne* (Carnivores, Insectivo-res, Ongulés, Cétacés), *bifide* (la plupart des Rongeurs) *double* (Lépo-ridés, Marsupiaux) ou *nul* (Monotrèmes).

Le *vagin* est un canal membraneux allant du col de l'utérus à la vulve; il peut être simple (Placentaires), double (Marsupiaux) ou nul (Monotrèmes).

Vulve. — Elle présente un orifice extérieur et une cavité intérieure.

L'ouverture extérieure de la vulve a la forme d'une fente longitudinale, limitée à ses extrémités par deux commissures et sur les côtés par deux replis (*grandes lèvres*), en dedans desquels se trouvent le plus souvent deux replis plus petits (*petites lèvres* ou *nymphes*). La commissure la plus éloignée de l'anus loge un petit organe érectile (*clitoris*) correspondant au pénis ; généralement imperforé, simple et composé de parties molles, il peut être traversé par l'urètre (Lémuriens, Rongeurs), bifurqué (Marsupiaux) ou même muni d'un *os clitoridien* (espèces à os pénien). Entre le clitoris et la commissure anale se trouvent le *méat urinaire* et l'*orifice du vagin*. Celui-ci est entouré par deux organes érectiles de forme ovoïde (*bulbes du vagin*) qui correspondent au bulbe de l'urètre du mâle et présentent les orifices de deux glandes (*glandes de Bartholin*) homologues des glandes de Cooper. Souvent, chez les femelles vierges, un repli de la muqueuse, formant une cloison incomplète (*hymen*), occupe l'entrée du vagin.

ARTICLE II. — **Reproduction.**

La reproduction est l'ensemble des phénomènes qui préparent, réalisent ou suivent le rapprochement des sexes. Elle a lieu lorsque les organes génitaux ont atteint leur développement (*puberté*).

ACTES DU MÂLE. — Ils comprennent la *sécrétion du sperme*, l'*érection* et l'*éjaculation*.

Sécrétion du sperme. — Le sperme, dont l'étude a été faite plus haut (voy. p. 62), se forme (*spermatogénèse*) dans les cellules épithéliales (*cellules spermatogènes*) des canalicules séminifères. Il constitue d'abord une masse crémeuse, composée presque exclusivement de spermatozoïdes ; mais, ils se mélange, dans les canaux excréteurs, avec les liquides provenant de la sécrétion des glandes annexes.

Érection. — État de turgescence et de rigidité du pénis. Cet état est momentané et dû à l'accumulation du sang dans le tissu érectile ; il a pour point de départ les impressions fournies, soit par les organes des sens, soit par les organes génitaux.

Éjaculation. — Acte par lequel le sperme est lancé hors des voies génitales, à la suite de l'érection. C'est un phénomène réflexe qui se produit quand les sensations génitales ont atteint leur plus haut degré.

ACTES DE LA FEMELLE. — Ils sont constitués essentiellement par l'*ovulation* à laquelle s'ajoutent accessoirement des phénomènes d'*érection* et d'*éjaculation*.

Ovulation. — Ensemble des phénomènes qui amènent la formation de l'ovule et sa sortie de l'ovaire. L'ovule, dont l'étude a été faite plus haut (*Voy.* p. 60), est produit par l'épithélium des vésicules de Graaff. A l'époque de la puberté, un ou plusieurs ovisacs s'hypertrophient, s'ouvrent et laissent échapper l'ovule qu'ils contiennent. Celui-ci est reçu par les pavillons de la trompe et progresse dans l'oviducte, par le moyen de cils vibratiles qui tapissent l'intérieur de ce canal. Ces phénomènes coïncident avec la sécrétion de mucosités sanguinolentes par les organes génitaux de la femelle, suintement analogue à celui de l'hémorragie mensuelle de la Femme (*menstruation*).

Érection de la femelle. — Elle se produit dans le clitoris et le bulbe du vagin, mais n'amène pas de modifications visibles à l'extérieur.

Éjaculation de la femelle. — On appelle ainsi l'émission, au moment du coït, de deux liquides, dont l'un provient des glandes de Bartholin et l'autre de glandes siégeant au col de l'utérus. Ces liquides sont sans analogie avec le sperme ; ils lubrifient le vagin et facilitent les mouvements tant du pénis que des spermatozoïdes.

Copulation. — Appelée encore *accouplement* ou *coït*, elle commence avec l'introduction du pénis en érection dans le vagin et se termine par l'éjaculation.

Le moment de l'accouplement (*rut*) n'a lieu en général qu'une fois par an, chez les Animaux sauvages, le plus souvent au printemps, quelquefois à la fin de l'été (Ruminants) ou même en hiver (Carnivores); mais les espèces domestiques peuvent s'accoupler en toute saison. La copulation ne féconde qu'une seule portée ; le plus souvent, une femelle suffit à un mâle. Quelques Mammifères, (surtout les Carnivores) se réunissent par couples, tout le temps que dure l'éducation des petits ; il en est même (Chevreuil) qui ne se quittent point, pendant toute la vie.

Fécondation. — La rencontre de l'ovule et des spermatozoïdes paraît se faire dans la partie élargie de l'oviducte. Nous avons étudié ailleurs (voy. p. 62 et suiv.) les phénomènes intimes de la fécondation.

Gestation. — Etat de la femelle dans l'utérus de laquelle a lieu le développement d'un ou de plusieurs œufs. La gestation de la Femme porte le nom de *grossesse*.

Après la fécondation, l'utérus augmente à la fois de volume et d'épaisseur, le ventre se gonfle, le rut cesse chez les Animaux. La durée de la gestation est fixe pour chaque espèce, mais très variable suivant les espèces et, jusqu'à un certain point, en rapport avec la taille de l'Animal (24 mois pour l'Éléphant, 12 pour la Chamelle, 11 pour la Jument, 9 pour la Femme et la Vache, 5 pour la Chèvre et la Brebis, 4 pour la Truie ; 9 semaines pour la Chienne, 8 pour la Chatte, 4 pour la Lapine et la Souris). Chez les Marsupiaux, les petits sont mis au monde prématurément et introduits aussitôt, par la mère, dans la poche marsupiale, où ils subissent une nouvelle gestation.

Parturition. — On désigne sous ce nom ou sous ceux de *part* et d'*accouchement* (plus spécialement employé pour la Femme), l'expulsion du produit de la conception et de ses annexes.

L'expulsion du fœtus s'effectue à l'aide des fibres musculaires de l'utérus et de celles des muscles abdominaux ; elle est précédée et accompagnée de douleurs plus ou moins accusées. Sous l'influence des efforts d'expulsion, le chorion se déchire, le col de l'utérus se dilate et une partie de l'amnios forme, entre les lèvres de la vulve, une saillie (*poche des eaux*) qui ne tarde pas à se rompre, en laissant écouler une partie du liquide amniotique (*eaux de l'amnios*). Alors paraît le fœtus, qui se présente (*présentation*) généralement par la tête, partie la plus volumineuse du corps, et franchit plus ou moins facilement l'orifice vulvaire. Pendant la parturition, la femelle se tient debout (Jument, Vache) ou couchée (Chienne, Chatte) et, si le cordon ombilical n'est pas rompu par ses mouvements ou par la chute du produit, elle le coupe avec les dents. Après l'expulsion du fœtus, celle des annexes se produit (*délivrance*) ; les femelles dévorent aussitôt ce *délivre* ou *arrière-faix* (placenta avec ou sans caduque, chorion et amnios) qui pourrait attirer les mâles ou les Animaux carnassiers : c'est même, par une aberration de cet instinct, que certaines femelles (surtout chez les Animaux domestiques) mangent aussi le jeune. En général, les Herbivores naissent assez forts et les Carnivores faibles, quelquefois même aveugles. Chez les femelles multipares, les fœtus sont expulsés les uns après les autres, à des intervalles variables, la naissance de chaque fœtus étant suivie de l'expulsion de ses annexes.

Lactation. — Désigne, à la fois, la sécrétion du lait par les mamelles, et l'action de nourrir avec du lait ou d'allaiter (*allaitement*). Sert à la nutrition des jeunes, incapables de manger et de digérer les substances nutritives dont les adultes font usage. Caractérise les Mammifères.

La sécrétion du lait ne se manifeste que chez la femelle

et après l'accouchement ; sa durée est subordonnée à celle de l'allaitement. L'évacuation du lait s'opère sous l'influence d'une action extérieure (pression ou succion).

Mamelles. — Glandes ayant la forme de grappes et rarement celle de tubes simples (Monotrèmes) ou composés (Cétacés). Elles existent dans les deux sexes, mais restent rudimentaires chez le mâle, et ne se développent chez la femelle, qu'à l'époque de puberté, ne devenant même très apparentes qu'au moment de la lactation. Excepté chez les Monotrèmes, les mamelles sont pourvues d'un prolongement (*mamelon*) que le nouveau-né saisit avec ses lèvres, pour sucer le lait (action de téter). Les canaux excréteurs du lait (*conduits galactophores*) s'ouvrent directement sur le mamelon (Femme) ou bien (Vache, etc.) se réunissent en un réservoir commun (*sinus galactophore*) dans lequel le lait s'amasse, pour sortir ensuite par un ou plusieurs *trayons*.

Les mamelles sont placées superficiellement, entre la peau et les muscles sous-jacents ; elles sont disposées symétriquement et leur nombre est en rapport avec celui des petits de chaque portée. Elles occupent la face ventrale du corps, pouvant être *pectorales* (Primates), *abdominales* (Carnivores), *inguinales* (Équidés) ou même occuper à la fois la poitrine, l'abdomen et les aines (Hyracidés). Chez les Marsupiaux, les mamelles sont situées au fond de la poche marsupiale ; elles ont de longs mamelons (*tétines*) auxquels les nouveau-nés se suspendent et restent attachés, pendant un temps plus ou moins long.

Lait. — Liquide blanc, opaque, alcalin, à saveur légèrement sucrée. Il renferme des globules graisseux (*globules du lait*) en suspension dans un liquide albumineux tenant lui-même, en dissolution, une matière azotée (*caséine*) coagulable par les acides, du sucre de lait (*lactose*) et divers sels minéraux (dont les phosphates forment la moitié). La composition du lait varie suivant les espèces et, dans une même espèce, suivant diverses circonstances (régime, etc.) ; mais, d'une manière générale, pour 100 grammes de lait, elle oscille autour de la formule suivante :

$$\text{LAIT}\begin{cases} \text{Eau} \dots\dots\dots\dots\dots\dots\dots\dots\ 90 \\[1em] \text{Substances sèches}\begin{cases}\text{Graisse}\dots\dots\ 3 \\ \text{Caséine}\dots\dots\ 3 \\ \text{Sucre de lait}\dots\ 3 \\ \text{Albumine et sels.}\ 1\end{cases}10 \end{cases}100$$

Les globules du lait (de 1 à 2 millièmes de millimètre de diamètre) donnent de la crème par le repos, du beurre par le battage (*barattage*). Les acides (présure, etc.), en coagulant la caséine, produisent un *fromage blanc* qui est dit *maigre* si le lait est écrémé et *gras* dans le cas où il contient la crème du lait. Le liquide qui baigne le caillot est acide (*petit-lait*); il contient l'albumine et le sucre de lait. C'est ce sucre qui, quand le lait est abandonné à lui-même, se transforme en acide lactique et amène la coagulation de la caséine (altération qu'on peut retarder par l'addition de 1 à 2 millièmes de bicarbonate de soude).

Le lait d'Anesse est pauvre en graisse et riche en sucre; celui de Vache est riche en graisse et pauvre en sucre; celui de Chèvre ressemble beaucoup à celui de Femme; ces deux derniers présentent des proportions moyennes de graisse et de sucre.

Dans les premiers jours qui suivent la parturition, le lait est très séreux (*colostrum*) et présente, au milieu des globules du lait, des globules plus gros (*globules du colostrum*); il possède des propriétés purgatives qui le rendent propre à faire évacuer les produits excrémentitiels (*méconium*) renfermés dans l'intestin du fœtus.

Article III. — **Développement.**

Nous avons étudié plus haut (voy. p. 78) les principaux phénomènes du développement des Vertébrés; nous devons nous occuper ici spécialement du placenta et de l'appareil circulatoire de l'embryon des Mammifères.

Placenta. — C'est un organe intermédiaire entre la mère et l'embryon, servant à la nutrition et à la respiration de celui-ci, chez tous les Mammifères vivipares, à l'exception des Marsupiaux.

Chez les Marsupiaux, l'enveloppe extérieure de l'œuf reste lisse; chez les autres Mammifères vivipares (*Placentaires*), il se garnit de villosités à l'intérieur desquelles pénètrent des ramifications provenant de l'allantoïde. Ce sont ces villosités qui, en grandissant et s'introduisant dans la muqueuse utérine, forment le placenta. L'amnios, en se développant, entoure d'une gaine les vaisseaux de l'allantoïde, et ainsi se constitue un cordon plus ou moins long (*cordon ombilical*) qui sert d'intermédiaire entre le corps de l'embryon et le placenta.

Tantôt les villosités placentaires sont unies si intimement à l'utérus, qu'une partie de la muqueuse utérine (*caduque*) se détache, lors de la parturition, et est expulsée avec le produit (*Mammifères Décidués* ou *à caduque*). Tantôt, au contraire, les villosités placentaires sont si peu adhérentes aux fossettes de la muqueuse utérine, qu'elles se détachent entièrement au moment de la naissance, sans qu'il y ait élimination d'aucune partie de la muqueuse utérine (*Mammifères Adécidués* ou *sans caduque*).

a. *Mammifères Adécidués.* — On observe, chez eux, deux sortes de placenta : 1° le *placenta diffus*, à villosités courtes, simples et répandues sur toute la surface de l'œuf (Porcins, Jumentés, etc.) ; 2° le *placenta cotylédonaire*, à villosités longues, ramifiées, n'occupant que des places isolées (*cotylédons*) à la surface de l'œuf (la plupart des Ruminants).

b. *Mammifères Décidués.* — Ils présentent aussi deux sortes de placenta : 1° le *placenta zonaire*, dans lequel les villosités forment une ceinture autour de la région équatoriale de l'œuf, les pôles étant lisses (Carnivores, etc.) ou villeux (Proboscidiens); 2° le *placenta discoïde*, dont les villosités constituent un disque simple ou lobé (Primates, Chiroptères, etc.).

CIRCULATION CHEZ L'EMBRYON. — Nous ne ferons que jeter un coup d'œil rapide sur cette question. Chez l'Homme, vers le quinzième jour, s'établit une première circulation, subordonnée à la vésicule ombilicale ; vers la cinquième semaine, une deuxième circulation se montre en rapport avec le développement de l'allantoïde.

Dans la *première circulation*, le cœur, d'abord tubuleux, se complique de trois dilatations (*bulbe aortique, ventricule, oreillette*) dont chacune offre une cavité unique. Le sang, chassé par les contractions du cœur, circule dans les parois de la vésicule ombilicale. Dans la *deuxième circulation*, appelée encore *allantoïdienne* ou *placentaire*, les vaisseaux de la vésicule ombilicale s'atrophient et ceux de la vésicule allantoïde, qui se développent de plus en plus, vont former le placenta. A ce moment, la cavité ventriculaire est divisée en deux ventricules distincts ; mais la cavité auriculaire présente une cloison incomplète et les deux oreillettes communiquent par un trou (*trou de Botal*). Le sang qui va au placenta est veineux; il revient de cet organe, chargé d'oxygène et de matériaux nutritifs provenant du sang de la mère, arrive dans l'oreillette droite, par la veine cave inférieure, est dirigé par une valvule bien développée (*valvule d'Eustache*, atrophiée chez l'adulte) vers le trou de Botal, passe dans l'oreillette gauche, le ventricule gauche et l'aorte. Quant au sang veineux, qui arrive dans l'oreillette droite par la veine cave supérieure, il passe dans le ventricule droit et l'artère pulmonaire. Celle-ci transporte une partie insignifiante de ce sang dans les poumons à peine perméables ; le reste passe dans l'aorte, au moyen d'un canal de communication (*canal artériel*) entre l'artère pulmonaire et l'aorte; puis retourne en partie au placenta, avec une portion du sang sorti du ventricule gauche. Communication des oreillettes, absence de petite circulation, mélange du sang artériel et du sang veineux, tels sont les principaux caractères de la deuxième circulation. Au moment où celle-ci s'établit, l'embryon change de nom et devient le *fœtus*. Après la naissance, la circulation placentaire est terminée. Le nouveau-né respire et le poumon, jusqu'alors rudimentaire, se développe

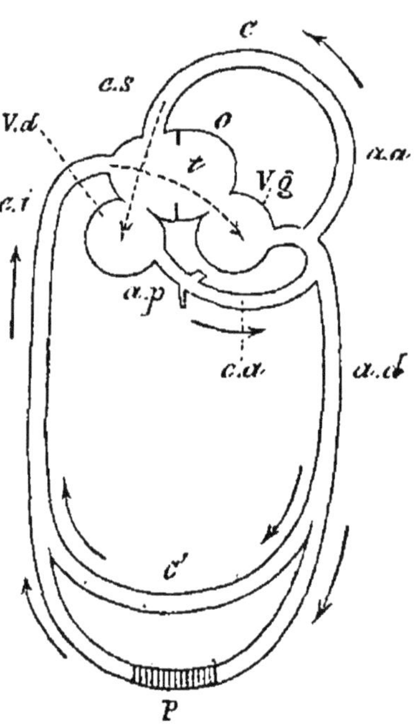

Fig. 52. — Schéma de la deuxième circulation.

aa, aorte ascendante ; *ad*, aorte descendante ; *ap*, artère pulmonaire ; *c*, *c'*, capillaires des extrémités supérieure et inférieure ; *ca*, canal artériel ; *ci*, veine cave inférieure ; *cs*, veine cave supérieure ; *o*, oreillettes ; *P*, placenta ; *t*, trou de Botal ; *vd*, ventricule droit ; *vg*, ventricule gauche (G. C.).

sous l'influence de l'afflux sanguin. Alors s'établit la *troisième circulation* ou *circulation pulmonaire*, pendant laquelle le trou de Botal et le canal artériel s'oblitèrent plus ou moins rapidement.

CHAPITRE VII

MAMMIFÈRES

APPAREILS ET FONCTIONS DE RELATION

ARTICLE Ier. — **Appareil locomoteur.**

§ I. — *Ostéologie.*

Le squelette comprend : la *colonne vertébrale*, la *tête* (crâne et face), les *côtes*, le *sternum*, l'*arc scapulaire*, l'*arc pelvien* et les *membres* (antérieurs et postérieurs).

Colonne vertébrale. — Elle se compose de cinq régions distinctes (*cervicale, dorsale, lombaire, sacrée, coccygienne* ou *caudale*). Chez l'Homme, les trois premières régions forment trois courbures alternatives, en rapport avec l'attitude bipède ; chez les autres Mammifères. ces courbures se réduisent à deux : l'une *cervicale,* l'autre *dorso-lombaire.*

A. RÉGION CERVICALE. — Concave en arrière, chez l'Homme et les Singes anthropoïdes ; concave en haut, chez les autres Mammifères. A l'exception du Lamantin, qui a six vertèbres au cou, et des Bradypes, qui en ont huit ou neuf, il y a toujours *sept* vertèbres cervicales. Les apophyses transverses de ces vertèbres sont soudées avec une côte rudimentaire, attachée au corps de l'os. Un trou, pour le passage de l'artère vertébrale, existe habituellement entre ces deux pièces qu'on décrit à tort comme les deux racines de l'apophyse transverse. Les apophyses épineuses sont, en général, peu développées, à cause de la mobilité de cette partie du corps. La première vertèbre cervicale (*atlas*) possède toujours deux facettes articulaires, qui reçoivent les condyles de l'occipital. La deuxième (*axis*) est munie, excepté chez les Cétacés, d'une longue apophyse (*apophyse odontoïde*) autour de laquelle pivote l'atlas et s'effectue la rotation de la tête.

B. RÉGION DORSALE. — Convexe en arrière, chez l'Homme et les Singes anthropoïdes ; convexe en haut, chez les Quadrupèdes. Le nombre des vertèbres dorsales est, le plus souvent, de douze ou treize ; elles portent de longues apophyses épineuses (rudimentaires ou nulles chez les Chiroptères) dirigées en bas (Homme, Anthropoïdes) ou en arrière (Quadrupèdes) et sont munies de facettes articulaires, pour les côtes.

C. RÉGION LOMBAIRE. — Elle offre, chez l'Homme, une courbure qui alterne avec celle de la région dorsale, mais est de même sens, chez les autres Mammifères. Elle se compose ordinairement de cinq à sept vertèbres (cinq chez l'Homme). Il y a, le plus souvent, dix-neuf ou vingt vertèbres dorso-lombaires. Les apophyses épineuses sont généralement grandes, horizontales chez l'Homme et les grands Singes, dirigées en avant (*antéversion*) chez les Quadrupèdes. Les apophyses transverses sont réduites à un simple mamelon (*apophyses mamillaires*) situé en arrière d'une longue apophyse homologue d'une côte (*apophyse costiforme*). Les apophyses costiformes sont toutes à peu près de même longueur et horizontales, chez l'Homme et les grands Singes ; chez les Quadrupèdes, elles augmentent de longueur d'avant en arrière et se dirigent en avant, comme les apophyses épineuses.

D. RÉGION SACRÉE. — Elle se compose de trois à cinq vertèbres (cinq chez l'Homme) soudées entre elles et formant le sacrum compris entre les deux os iliaques. Cette région n'est pas distincte chez les Cétacés, par suite de l'absence des membres postérieurs. La largeur du sacrum atteint son maximum dans l'espèce humaine, à cause de l'attitude bipède.

E. RÉGION CAUDALE. — La plus variable des régions du rachis. Elle se réduit à quelques vertèbres, chez l'Homme et les Singes anthropoïdes, pour constituer le *coccyx* (composé de quatre vertèbres chez l'Homme). Chez les espèces à longue queue, elle peut compter jusqu'à quarante vertèbres et plus ; mais les antérieures sont seules pourvues d'un trou central, les autres se réduisent à leur corps.

Crâne. — Chez l'Homme, le crâne se compose de huit os : 1 *occipital*, 1 *sphénoïde*, 1 *ethmoïde*, 1 *frontal*, 2 *pariétaux*, 2 *temporaux*. Ce nombre peut varier chez les autres Mammifères, en plus, par la division de quelques os, ou en moins, par leur soudure.

L'*occipital* occupe la partie postérieure du crâne. Il présente un trou (*trou occipital*) pour le passage de la moelle épinière et une paire d'éminences articulaires (*condyles occipitaux*) servant à l'articulation de la tête avec l'atlas. Au-dessus du trou occipital, se trouve une saillie médiane quelquefois très accentuée (*protubérance occipitale*

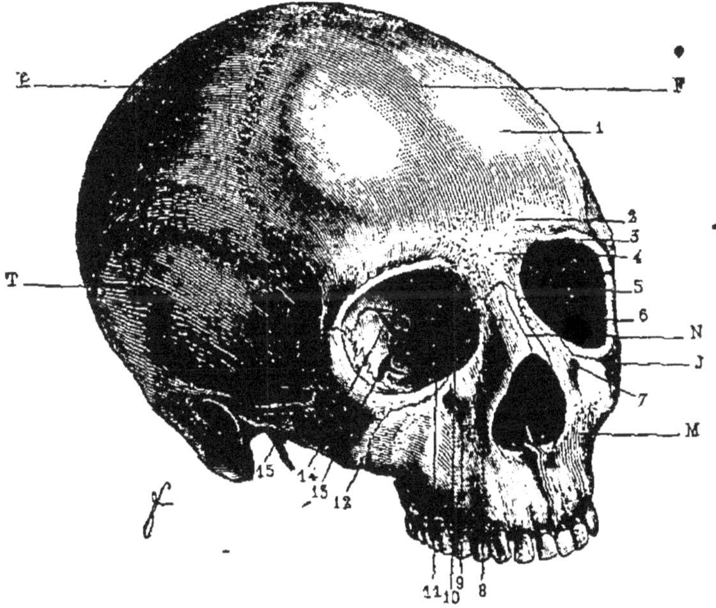

Fig. 53. — Tête osseuse de l'Homme.

F, frontal ; J, jugal ; M, maxillaire supérieur ; N, nasal ; P, pariétal ; T, temporal ; 1, bosse frontale ; 2, arcade sourcilière ; 3, arcade orbitaire ; 4, bosse nasale ; 5, partie orbitaire du sphénoïde ; 6, partie orbitaire du jugal ; 7, trou sous-orbitaire ; 8, branche montante du maxillaire supérieur ; 9, fosse canine ; 10, lacrymal ; 11, ethmoïde ; 12, suture du jugal et du maxillaire supérieur ; 13, fente sphéno-maxillaire ; 14, fente sphénoïdale et trou optique ; 15, suture de l'arcade zygomatique avec le jugal.

externe) ; en avant des condyles, un trou (*trou condylien antérieur*) livre passage au nerf grand hypoglosse.

Le *sphénoïde* est situé à la partie inférieure du crâne, en avant de l'occipital. Il se compose de deux pièces (*sphénoïde antérieur* et *sphénoïde postérieur*) dont les parties médianes se soudent, chez l'Homme, pour constituer un corps creusé d'une cavité (*sinus sphénoïdal*). Le sphénoïde postérieur présente, en haut, une fossette (*selle turcique*) qui reçoit le corps pituitaire ; il porte, de chaque côté, une expansion en forme d'aile (*grandes ailes*). Le sphénoïde antérieur porte deux ailes plus petites (*petites ailes*) dont chacune est percée d'un trou (*trou optique*), pour le passage du nerf optique. Les grandes et les petites ailes sont séparées par une fente (*fente sphénoïdale*).

L'*ethmoïde* est enclavé entre le sphénoïde et le frontal. Il se compose de deux *masses latérales* et d'une lame médiane (*lame perpendiculaire*). Les masses latérales sont limitées, en haut, par une cloison perforée (*lame criblée*) pour le passage des rameaux du nerf olfactif ; elles présentent de nombreuses lamelles osseuses roulées en petits cornets (*volutes ethmoïdales*). Le bord supérieur de la lame perpendiculaire forme, dans le crâne, la *crête ethmoïdale* présentant, le plus souvent, une saillie pointue (*apophyse crista-galli*) qui donne attache à la faux du cerveau ; son bord inférieur s'articule avec le vomer et se continue avec la lame cartilagineuse qui sépare les deux fosses nasales.

Le *frontal* est simple (Primates, Insectivores, Proboscidiens) ou double ; il occupe la partie antérieure du crâne. Creusé, à sa base, de cavités (*sinus frontaux*) quelquefois très développées (Proboscidiens), il présente, chez les Ruminants pourvus de cornes, des prolongements osseux qui forment les supports de ces organes.

Les *pariétaux* sont situés à la partie latéro-supérieure du crâne ; ils sont tantôt distincts (Primates), tantôt réunis en un seul os. Leur surface externe offre une crête (*crête pariétale*) d'autant plus saillante et rapprochée de la ligne médiane, que le muscle temporal, qui s'y insère, est lui-même plus puissant.

Les *temporaux* sont situés au-dessous des pariétaux ; ils se composent primitivement de quatre parties (*squamosal, pétreux, mastoïdien, tympanique*) qui se soudent de bonne heure. Le squamosal est creusé d'une cavité (*cavité glénoïde*) pour l'articulation de la mâchoire inférieure ; il présente une longue apophyse (*apophyse zygomatique*) qui va s'unir au jugal, pour former l'*arcade zygomatique* (très saillante chez les Carnivores, nulle chez quelques Insectivores et Édentés). Le pétreux ou *rocher* est la partie la plus dure du squelette et renferme l'oreille interne ; il est creusé, sur sa face postérieure, d'un enfoncement (*trou auditif interne*) qui livre passage aux nerfs auditif et facial. Le mastoïdien présente une saillie (*apophyse mastoïde*) très développée chez l'Homme et rudimentaire chez beaucoup de Mammifères (Carnivores, Rongeurs). Le tympanique constitue la majeure partie du *conduit auditif externe* et de la *caisse du tympan*. Celle-ci forme, à la base du crâne, un renflement (*bulle tympanique*) qui devient considérable, chez les Animaux où l'apophyse mastoïde est rudimentaire. Le temporal de l'Homme présente, à sa partie inférieure, une longue épine (*apophyse styloïde*) qui, en réalité, appartient au système hyoïdien (voy. p. 75) et, chez les autres Mammifères, est distincte du crâne.

La base du crâne est creusée intérieurement de trois *fosses* (antérieure, moyenne, postérieure) surtout distinctes chez l'Homme. Au milieu de la fosse antérieure se voit l'*apophyse crista-galli* de l'ethmoïde. Au milieu de la fosse moyenne, s'observe la *selle turcique* du sphénoïde. Dans la fosse postérieure, entre l'occipital et le rocher, se trouve le *trou déchiré postérieur*, par lequel sortent les nerfs glosso-pharyngien, pneumogastrique et spinal, en même temps que la veine jugulaire interne, qui emporte presque tout le sang de l'intérieur du crâne. Ce trou livre aussi passage, chez quelques Mammifères (Cheval, Porc, etc.), à l'artère carotide interne, tandis que chez d'autres (Homme, Chien, etc.) elle passe dans un canal spécial (*canal carotidien*) creusé dans le rocher. Le *trou déchiré antérieur* situé, chez l'Homme, en dedans de la pointe du rocher et distinct du trou déchiré postérieur, en est souvent (Cheval, etc.) simplement séparé par un ligament, de sorte qu'il n'y a qu'un seul *trou déchiré*.

Face. — Elle se compose, chez l'Homme, de 14 os : 2 *maxillaires supérieurs*, 1 *maxillaire inférieur*, seuls os qui portent des dents, 2 *nasaux*, 2 *lacrymaux*, 2 *jugaux* ou *malaires*, 2 *palatins*, 2 *cornets*, 1 *vomer*.

Chez la plupart des Mammifères, il faut ajouter à cette liste : deux *os intermaxillaires* ou *incisifs*, qui portent les incisives et sont soudés, chez l'Homme, avec les maxillaires supérieurs; deux *os ptérygoïdiens*, qui, chez l'Homme encore, se soudent avec le sphénoïde, pour former l'*aile interne* de l'*apophyse ptérygoïde*. Dans quelques cas, il existe un certain nombre d'os supplémentaires (*os prénasal* du Paresseux, *os du boutoir* du Porc et de la Taupe, etc.). Par contre, quelques os peuvent faire défaut, comme par exemple le lacrymal (Phoques et la plupart des Cétacés et le jugal (Tenrec).

A un point de vue général, la face peut se diviser en deux parties : la *mâchoire supérieure* et la *mâchoire inférieure*.

La mâchoire supérieure est surtout constituée par les *intermaxillaires* et les *maxillaires supérieurs*. Ces derniers os sont creusés d'un vaste sinus (*sinus maxillaire*).

La mâchoire inférieure est représentée par le maxillaire inférieur composé lui-même d'un *corps* et de deux *branches* qui forment, avec celui-ci, l'*angle de la mâchoire*. Le corps présente, chez l'Homme, au milieu de sa face postérieure, de petits tubercules (*apophyses géni*) où viennent s'insérer des muscles de la langue. Les branches se terminent par un *condyle* saillant, en avant duquel se trouve une apophyse triangulaire (*apophyse coronoïde*). Ce condyle s'articule avec la cavité glénoïde du temporal, disposition spéciale aux Mammifères. La forme du condyle et celle de la cavité glénoïde, la longueur ainsi que la direction de la branche maxillaire varient suivant le régime de l'Animal. Les deux moitiés du maxillaire inférieur, au lieu de se souder, de façon à former un os unique (Homme, Singes, etc.), restent parfois distinctes (Bœuf, Chien, etc.). L'angle de la mâchoire présente quelquefois une apophyse (*apophyse angulaire*) dirigée en arrière (Carnivores, Rongeurs) ou en dedans (Marsupiaux). Les branches n'existent pas toujours (Cétacés, Monotrèmes).

Au point de vue topographique, la face présente : 1° une paire d'*orbites* ou de *fosses orbitaires*; 2° une paire de *fosses nasales*, dont tous les sinus sont des dépendances ; 3° la *cavité buccale*.

L'orbite n'est fermée et dirigée en avant, que chez les Primates; chez les autres Mammifères, elle affecte une direction latérale et se confond, plus ou moins complètement, avec une fosse située en dedans de l'arcade zygomatique (*fosse zygomatique*). Au fond de l'orbite, se trouve le *trou optique*, pour le passage du nerf optique.

Les fosses nasales sont situées entre les orbites et la bouche. Leur partie médiane est constituée par le vomer et la lame perpendiculaire de l'ethmoïde ; leur plancher est formé par la voûte du palais ; leur plafond, par les nasaux en avant, l'ethmoïde au milieu, le sphénoïde en arrière. Chacune d'elles communique avec l'orbite par un canal (*canal nasal*) et avec la cavité buccale par une ouverture postérieure (*orifice postérieur des fosses nasales*) ; elles ont, chez les Cétacés, une direction plus ou moins verticale.

La cavité buccale présente la *voûte palatine*, surface

parabolique située entre les dents; on y aperçoit la suture cruciale des palatins et des maxillaires supérieurs.

Os hyoïde. — Cet os peut être rattaché à la face; il sert de support à la langue et au larynx.

Suspendu à la base du crâne, il se compose d'un *corps* et de deux paires de branches ou *cornes*, dont les antérieures sont reliées au temporal. Le corps est très développé chez certains Singes hurleurs, où il loge un appareil de résonance, en communication avec le larynx.

Vertèbres céphaliques. — On admet généralement que la tête osseuse, qui loge quatre organes des sens, se compose de quatre vertèbres contenant chacune un de ces organes.

La vertèbre *occipito-hyoïdienne* ou *auditive* loge les principaux organes de l'ouïe; la vertèbre *pariéto-maxillaire* ou *gustative* protège le sens du goût; la vertèbre *fronto-mandibulaire* ou *visuelle* renferme les organes de la vue; enfin, la vertèbre *naso-turbinale* ou *olfactive* contient le sens de l'odorat (Lavocat).

Côtes. — On appelle *vraies côtes*, celles qui rejoignent le sternum, ; *fausses côtes*, celles qui ne sont pas en rapport avec lui.

Les vraies côtes sont composées de deux parties : l'une en rapport avec les vertèbres (*côte vertébrale*); l'autre attachée au sternum (*côte sternale*) et ordinairement cartilagineuse. Le nombre des côtes varie comme celui des vertèbres dorsales. Elles s'articulent, en général, par leur *tête*, avec une facette articulaire appartenant à deux corps de vertèbres, et, par leur *tubérosité*, avec l'apophyse transverse de la vertèbre postérieure.

Sternum. — Il se compose ordinairement d'une série d'osselets dont le nombre correspond à celui des espaces intercostaux.

La partie antérieure ou supérieure du sternum (*manubrium*) est large, quand il est en rapport avec la clavicule; elle est au contraire étroite et allongée, quand la clavicule manque. La partie postérieure ou inférieure du sternum se termine par une pointe (*appendice xiphoïde*) qui reste, le plus souvent, cartilagineuse. Une crête antérieure et médiane s'observe sur le sternum des Mammifères fouisseurs ou volants (Taupe, Chauve-Souris), dont les muscles pectoraux sont très développés.

Arc scapulaire. — Connu vulgairement sous le nom d'épaule, il est constitué, de chaque côté, par l'*omoplate* et la *clavicule*, auxquelles s'ajoute un *os coracoïdien*, chez les Monotrèmes.

L'*omoplate* existe toujours et a une forme triangulaire; sa face externe présente une forte crête (*épine*) dont l'extrémité libre (*acromion*) s'articule avec la clavicule. Elle porte, à l'un de ses angles, la cavité articulaire de l'épaule (*cavité olénoïde*) surmontée, chez l'Homme et les Anthropoïdes, d'une apophyse crochue (*apophyse coracoïde*).

La *clavicule* est un os long qui n'atteint son complet développement et ne s'unit au sternum, que chez les Mammifères dont les membres antérieurs jouissent de mouvements étendus (Primates, Chiroptères, une partie des Insectivores et des Rongeurs). Elle est rudimentaire chez les Carnivores et quelques Rongeurs; enfin elle manque complètement (Ongulés, Cétacés), quand les membres ne possèdent plus que des mouvements de flexion et d'extension.

L'*os coracoïdien* des Monotrèmes est une sorte de clavicule postérieure, qui s'articule avec le sternum et l'omoplate; il est représenté, chez les autres Mammifères, par un tubercule situé à la base de l'apophyse coracoïde.

Arc pelvien. — Il se compose, de chaque côté, de trois os : l'*ilion*, l'*ischion* et le *pubis*, qui, avec le sacrum, constituent le bassin. Ces trois os correspondent respectivement à l'omoplate, au coracoïdien et à la clavicule. Chez les Marsupiaux et les Monotrèmes, on observe, de plus, deux *os* dits *marsupiaux*, implantés sur les pubis.

Les trois os de l'arc pelvien se soudent de bonne heure entre eux et forment l'os iliaque qui est creusé d'une cavité (*cavité cotyloïde*) servant à l'articulation de la hanche avec la cuisse. La face interne de l'os iliaque est

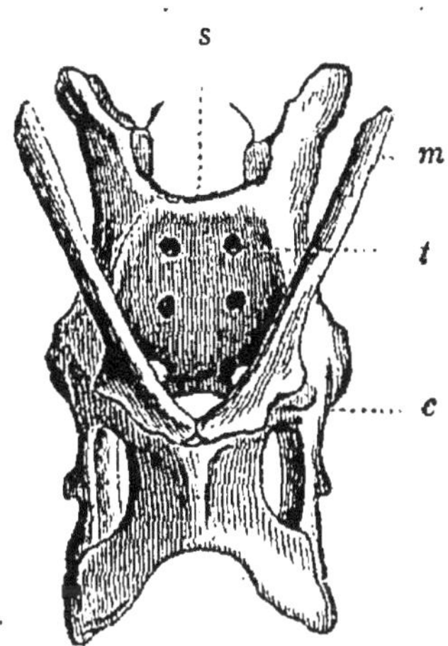

Fig. 54. — Arc pelvien de l'échidné.

c, cavité cotyloïde ; *m*, os marsupiaux ; *s*, sacrum ; *t*, trous sacrés.

coucave (Homme), ou plate (grands Singes), ou enfin convexe (Quadrupèdes).

Les os iliaques se soudent avec les parties latérales du sacrum et entre eux, sur la ligne médiane, par les pubis ; cependant quelquefois le bassin reste ouvert entre les deux pubis (Taupe, Chauve-Souris). Chez les Cétacés, le bassin n'est représenté que par deux os placés au milieu des muscles et séparés l'un de l'autre ainsi que de la colonne vertébrale. Dans l'espèce humaine, le bassin de la Femme est plus large et plus court que celui de l'Homme.

Membre antérieur. — Il se compose de cinq parties : le *bras*, l'*avant-bras*, le *carpe*, le *métacarpe* et les *doigts*. Les trois dernières parties constituent la *main*.

A. Bras. — Il est constitué par un seul os, l'*humérus*, qui peut être court et large (Mammifères aquatiques ou fouisseurs), ou long et grêle (Mammifères grimpeurs ou volants).

L'extrémité supérieure de l'humérus porte une tête arrondie, qui est reçue dans la cavité glénoïde de l'omoplate ; son extrémité inférieure, en forme de poulie (*trochlée*), présente deux tubérosités, l'une interne (*épitrochlée*), l'autre externe (*épicondyle*). L'humérus est tordu, sur son axe, de 180° à peu près, chez l'Homme et les Anthropoïdes, de 90° seulement chez les Quadrupèdes.

B. Avant-bras. — Il est toujours composé de deux os : le *radius* et le *cubitus*.

Le *cubitus* sert surtout à l'articulation du coude ; il présente, à son sommet, une apophyse (*olécrâne*) plus ou moins saillante. Rudimentaire chez les Jumentés et les Ruminants, il paraît même manquer dans quelques espèces de Chiroptères.

Le *radius* sert surtout à l'articulation de l'avant-bras avec la main. Il est soudé au cubitus, chez la plupart des Mammifères ; mais, chez quelques-uns, surtout chez les Primates, il est très mobile et peut effectuer, autour du cubitus, des mouvements de rotation de 180°, soit de dehors en dedans (*mouvements de pronation*), soit de dedans en dehors (*mouvements de supination*). Quand ces mouvements existent, l'avant-bras se termine par une véritable main, c'est-à-dire par un organe essentiellement préhensile, habituellement muni d'un pouce opposable aux autres doigts.

Chez l'Homme, on observe, à l'extrémité inférieure de l'avant-bras, deux saillies latérales formées par deux apophyses correspondantes du radius et du cubitus.

C. Carpe. — Le carpe se compose de deux rangées (*procarpe, mésocarpe*) ayant chacune un nombre variable d'os.

Chez l'Homme, cette partie de la main est désignée quelquefois sous le nom de « poignet ». La première rangée (*procarpe*) se compose de trois os qui sont, en allant du radius au cubitus : le *scaphoïde*, le *semi-lunaire* et le *pyramidal*, auxquels on ajoute souvent le *pisiforme*, qui se développe dans le tendon du muscle cubital antérieur. La seconde rangée (*mésocarpe*) est constituée par le *trapèze*, le *trapézoïde*, le *grand os* et l'*os crochu*, en allant toujours du radius vers le cubitus.

D. Métacarpe. — Habituellement composé de cinq os (1er, 2e, 3e, 4e, 5e *métacarpiens*, en allant du radius vers le cubitus).

Il peut se réduire à quatre os (Porcins) par la disparition du 1er métacarpien, à trois (Rhinocéridés) par la disparition du 1er et du 5e, à deux (*Hyæmoschus*) par la disparition des 1er, 5e et 2e, enfin à un seul os (*canon*), soit par la fusion des 3e et 4e métacarpiens (Ruminants), soit par la disparition des deux extrêmes et l'atrophie des deux moyens (Équidés). Tantôt court (Mammifères préhenseurs ou fouisseurs), tantôt long (Chiroptères et Ongulés). Chez l'Homme, le métacarpe forme, d'un côté la *paume*, de l'autre le *dos* de la main.

E. Doigts. — Le nombre typique des doigts est de cinq, mais il peut se réduire à quatre, par la disparition du pouce (Porcins): à trois, par la disparition des 1er et 5e doigts (Rhinocéridés); à deux par la disparition des 1er, 5e et 2e doigts (Ruminants); à un seul, le médian, par la disparition des autres doigts (Équidés). L'ordre de disparition est donc 1, 5, 2, 4. Chaque doigt est composé de trois phalanges (1re, 2e, 3e, en partant du métacarpe) : le pouce n'en a que deux ou une.

Il faut noter l'allongement considérable des phalanges, chez les Chiroptères, leur augmentation de nombre, dans les doigts du milieu, chez les Cétacés.

Membre postérieur. — Il se compose de cinq parties : la *cuisse*, la *jambe*, le *tarse*, le *métatarse* et les *orteils*, respectivement homologues des segments correspondants du membre antérieur. Les trois dernières parties constituent le *pied*. Contrairement au membre antérieur, qu ne manque jamais, le membre postérieur fait défaut chez les Sirénides et les Cétacés.

A. Cuisse. — L'os de la cuisse ou *fémur* s'articule avec l'os iliaque, par une *tête* plus ou moins sphérique.

Il présente, à sa partie supérieure, deux saillies osseuses (*trochanters*) au-dessous desquelles on en observe quelquefois une troisième (*troisième trochanter*) située extérieurement (Jumentés, quelques Rongeurs). Son extrémité inférieure forme deux saillies latérales (*condyles*) en avant desquelles se trouve une poulie, pour le glissement de la *rotule*.

B. Jambe. — Formée par deux os, le *tibia* et le *péroné*, correspondant respectivement au radius et au cubitus.

Le *tibia*, toujours plus fort que le péroné, forme, avec le fémur, l'articulation du *genou*; il porte le pied, à son extrémité opposée. Le *péroné* est quelquefois rudimentaire (Jumentés, Ruminants, Chiroptères). Chez quelques Marsupiaux, le tibia peut se mouvoir autour du péroné. Chez l'Homme, la partie inférieure de la jambe porte deux saillies latérales (*malléoles*) correspondant à celles de l'avant-bras. On les appelle vulgairement les *chevilles du pied* : l'interne est formée par une éminence du tibia ; l'externe, par l'extrémité inférieure du péroné.

C. Tarse. — Il se compose de deux parties : le *protarse* et le *mésotarse*.

Le protarse est constitué par l'*astragale*, le *calcanéum* (os du talon) et le *scaphoïde*. Le mésotarse est formé par le *cuboïde* et les *trois os cunéiformes*. Il peut y avoir, au tarse, un nombre d'os moins considérable (Édentés, Ruminants), par suite de la soudure de quelques pièces. Chez les Ruminants et les Porcins, l'astragale présente deux poulies et a la forme d'un osselet.

D. Métatarse et Orteils. — Les modifications de ces parties sont analogues à celles du métacarpe et des doigts.

Nombre des os du squelette. — Le squelette humain se compose de 196 os, non compris ceux qui se développent dans l'épaisseur des tendons, au voisinage de certaines articulations (*os sésamoïdes*), non plus que ceux qui se montrent quelquefois aux angles des sutures de la voûte du crâne (*os wormiens*).

Les deux plus gros os sésamoïdes sont : la *rotule*, au devant du genou (dans le tendon du muscle triceps) et le *pisiforme*, qu'on rattache souvent à la première rangée des os du carpe.

Chez les Animaux coureurs, les membres ont moins d'os que chez les autres. Cette disposition est en corrélation avec la rapidité de l'allure, qui exige la solidité et, par conséquent, la réduction des os dont les déplacements (*luxations*) rendraient la locomotion difficile, sinon impossible.

§ II. — *Arthrologie.*

Nous n'entrerons, à ce sujet, dans aucun détail, nous bornant à résumer les caractères généraux des trois principales sortes d'articulations.

A. SYNARTHROSES, — Appelées encore *sutures*. Elles ne présentent point de mouvements (*articulations immobiles*); les os qui les composent sont réunis par une simple lame de tissu fibreux. (Ex. : suture des os du crâne.)

B. AMPHIARTHROSES. — Appelées encore *symphyses*. Elles offrent des mouvements peu étendus de balancement (*articulations semi-mobiles*) ; leurs surfaces articulaires sont cartilagineuses et reliées par une masse fibreuse intermédiaire. (Ex. : symphyse du pubis.)

C. DIARTHROSES — Ce sont des *articulations mobiles*. Leurs mouvements peuvent avoir lieu dans tous les sens (articulation de l'épaule) ou seulement dans deux sens opposés (articulation du coude). Leurs surfaces articulaires sont recouvertes d'un cartilage, à la limite duquel s'insère une membrane mince (*synoviale*) qui va, comme un manchon, d'un os à l'autre. Celle-ci est une séreuse sécrétant un liquide alcalin et filant (*synovie*) qui facilite les glissements. Des *ligaments* périphériques, formés de tissu fibreux, souvent aussi des muscles protègent ou renforcent ces articulations ; la pression atmosphérique maintient leurs surfaces articulaires en contact (WEBER).

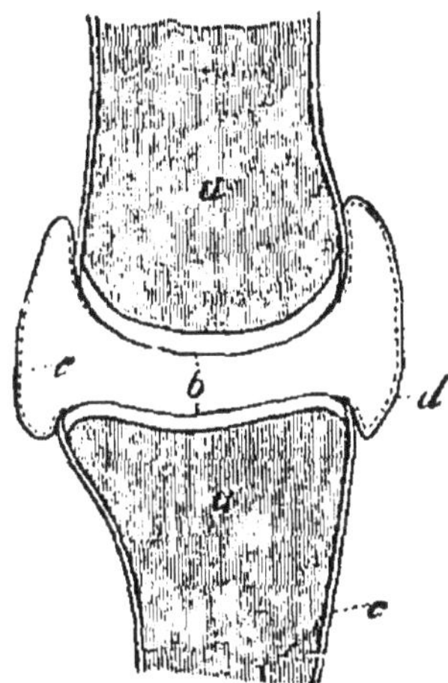

Fig. 55. — SCHÉMA D'UNE ARTICULATION (diarthrose).

a, a, les deux os; b, cartilage articulaire ; c, périoste ; d, membrane synoviale ; e, épithélium de la synoviale.

§ III. — *Myologie.*

Les muscles sont presque toujours pairs et disposés à peu près de la même manière, chez tous les Mammifères ; ceux des membres présentent plus de variations que les autres. Le corps de l'Homme renferme environ 500 muscles ; nous ne signalerons que les plus importants, choisis surtout parmi ceux qui, placés superficiellement, constituent la myologie de l' « écorché ».

Muscles du tronc. — Ce sont, en général, des muscles quadrilatères, lorsqu'ils vont d'une partie du tronc à une autre, triangulaires, lorsqu'ils sont étendus du tronc aux membres.

A. MUSCLES DE LA RÉGION ANTÉRIEURE. — Le *grand pectoral* fait, sur la poitrine, une forte saillie ; attaché d'une part au sternum et à la clavicule, d'autre part à la partie supérieure de l'humérus, il abaisse le bras et le rapproche du tronc. Le *grand oblique* est une vaste nappe, charnue en dehors, aponévrotique en dedans, qui s'étend, de la base du thorax et de l'os iliaque, au pli de l'aine et à une bandelette fibreuse (*ligne blanche*) allant de l'appendice xiphoïde du sternum à la symphyse du pubis ; il fléchit le tronc, en lui imprimant un mouvement de rotation. Le grand oblique est doublé, à sa partie profonde, par le *petit oblique* qui recouvre lui-même le *transverse ;* ces trois muscles constituent les parois de l'abdomen, et sont les principaux agents de la défécation. De chaque côté de la ligne blanche, sous l'aponévrose du grand oblique, le *grand droit* forme une large bande étendue de la région épigastrique au pubis ; il fléchit le tronc en avant.

B. MUSCLES DE LA RÉGION POSTÉRIEURE. — Le *trapèze* recouvre la nuque et la partie supérieure du dos ; il s'étend de la clavicule et de l'épine de l'omoplate à l'occipital et aux apophyses épineuses des vertèbres dorsales, formant, avec celui du côté opposé, une sorte de « fichu dorsal » ; son action principale est de rapprocher les épaules, en les portant en arrière. Le *grand dorsal* s'étend de la partie inférieure du rachis et de la partie postérieure de l'os iliaque à la portion supérieure de l'humérus, rappelant un châle porté à la traîne, qui serait recouvert en haut par la pointe du trapèze ; il abaisse le bras, en le portant en arrière. Au-dessous du grand dorsal, dans la région des reins, se trouve une masse charnue qui constitue, chez les Animaux, le « râble, faux-filet ou aloyau ». Cette masse, très développée chez l'Homme, envoie des prolongements aux côtes (*sacro-lombaire*) et aux vertèbres dorsales *long dorsal*) ; elle contribue, avec des ligaments élastiques (*ligaments jaunes*) qui unissent les lames vertébrales, à maintenir le tronc dans la rectitude.

C. MUSCLES DE LA RÉGION LATÉRALE. — Sur les côtés, entre le grand pectoral en avant, le grand dorsal en arrière et le grand oblique en bas, on aperçoit les dentelures du muscle *grand dentelé*. Il s'insère au bord spinal de l'omoplate et passe sous cet os, pour se rendre aux côtes. Chez les Quadrupèdes, il supporte, comme une sangle, le poids du corps entre les pattes de devant ; chez l'Homme, il forme la paroi interne du creux de l'aisselle, cavité limitée en avant par le grand pectoral et en arrière par le grand dorsal.

D. Muscles du bassin. — La région antérieure du bassin est occupée par le *psoas-iliaque* qui correspond au « filet » des Animaux de boucherie. Étendu de la colonne lombaire et de la fosse iliaque interne au petit trochanter du fémur, il fléchit la cuisse sur le bassin. Le *grand fessier* forme la saillie de la fesse ; c'est le plus volumineux des muscles du corps humain et le seul muscle du bassin, qui soit visible sur l'écorché. Il va du sacrum et de la partie postérieure de l'os iliaque à la région supérieure et postérieure du fémur. Extenseur du bassin.

Muscles du membre supérieur — Ils sont longs au bras et à l'avant-bras, courts à la main. Les plus superficiels sont les plus longs ; les fléchisseurs sont plus longs que les extenseurs.

Le *deltoïde* forme la partie saillante de l'épaule, au-dessus du bras ; il s'insère en haut sur la clavicule et l'épine de l'omoplate, en bas vers le milieu de l'humérus ; il élève le bras, en le portant en dehors, ou en avant ou en arrière. Le *biceps* est situé à la partie antérieure du bras ; constitué par deux chefs qui descendent de l'omoplate et se réunissent, pour aller se fixer au radius, il fléchit l'avant-bras sur le bras ; il a pour congénère le *brachial antérieur*, qui relie l'humérus au cubitus. Le *triceps* est l'antagoniste des deux précédents, l'extenseur de l'avant-bras sur le bras ; situé à la face postérieure du bras, il se compose de trois portions partant, la médiane de l'omoplate, les deux latérales de la face postérieure de l'humérus, pour constituer un tendon terminal qui s'insère à l'olécrane.

L'avant-bras comprend : 1° des *muscles pronateurs* ou rotateurs de dehors en dedans (*rond pronateur, carré pronateur*) ; 2° des *muscles supinateurs* ou rotateurs de dedans en dehors (*long supinateur, court supinateur*) ; 3° des *muscles fléchisseurs*, les uns de la main dans son ensemble ou plutôt du métacarpe (*grand palmaire, cubi-*

tal antérieur), les autres des doigts ; 4° des *muscles extenseurs*, les uns des métacarpiens et par conséquent de la main dans son ensemble (*long abducteur du pouce, premier radial externe, deuxième radial externe, cubital postérieur*), les autres des doigts.

Les fléchisseurs des doigts sont au nombre de trois : deux communs aux quatre doigts, l'un superficiel, l'autre profond ; le troisième propre au pouce. Ils occupent la partie antérieure et interne de la région supérieure de l'avant-bras et dégénèrent en longs tendons, vers la partie moyenne. Les tendons du *fléchisseur superficiel des doigts* s'arrêtent, en se bifurquant, à la deuxième phalange ; ceux du *fléchisseur profond* passent sous les bifurcations du précédent et se rendent jusqu'à la troisième phalange. Le *fléchisseur propre du pouce* va également jusqu'à la phalange terminale de ce doigt.

Les extenseurs des doigts ont la même configuration que les fléchisseurs, mais ils occupent les faces externe et postérieure de l'avant-bras. L'*extenseur commun des doigts* va jusqu'à la troisième phalange. Le *pouce*, l'*index* et le *petit doigt* ont des *extenseurs propres*.

Les *adducteurs* et les *abducteurs*, qui produisent respectivement les mouvements de rapprochement ou d'écartement des doigts, appartiennent tous à la main. Celle-ci n'a pas de muscles sur sa face dorsale ; elle présente, sur sa face palmaire, quatre régions distinctes : 1° la région palmaire moyenne comprenant quatre muscles (*lombricaux*) qui vont des tendons du fléchisseur profond des doigts à la première phalange, qu'ils servent à fléchir ; 2° la région palmaire externe (*éminence thénar*), composée de quatre muscles intrinsèques du pouce ; 3° la région palmaire interne (*éminence hypothénar*), composée de trois muscles intrinsèques du petit doigt; 4° la région interosseuse formée par des muscles (*interosseux*) situés entre les os du métacarpe, les uns du côté dorsal et abducteurs, les autres du côté palmaire et adducteurs.

Muscles du membre inférieur. — Nous ferons, à leur sujet, les mêmes remarques générales que pour les membres supérieurs.

Les *muscles de la cuisse* partent tous du bassin ; ils ont le double usage de faire mouvoir la jambe sur la cuisse et celle-ci sur le bassin.

A. Région antérieure. — Le *couturier*, le plus long

muscle du corps, traverse la cuisse en diagonale et va de l'os iliaque à la région antéro-supérieure du tibia ; il doit son nom à ce qu'il donne aux membres inférieurs de l'Homme la position que réalisent les tailleurs accroupis. Le *triceps fémoral* est composé de trois chefs partant : le médian (*droit antérieur*) du bassin, les deux autres (*vaste interne, vaste externe*) du fémur. Ces trois chefs se réunissent en un gros tendon qui renferme la rotule et va s'insérer à la partie supérieure du tibia.

B. RÉGION INTERNE. — Elle se compose de cinq muscles (*droit interne ; pectiné ; premier, deuxième* et *troisième adducteurs*) qui sont tous adducteurs.

C. RÉGION POSTÉRIEURE. — Constituée par trois muscles (*biceps fémoral, demi-tendineux, demi-membraneux*) qui, partant de l'ischion, se partagent en deux faisceaux : l'un interne (composé du demi-membraneux et du demi-tendineux), va s'insérer au tibia; l'autre externe (formé par le biceps dont le second chef vient du fémur) s'attache à la tête du péroné. Ces deux faisceaux musculaires circonscrivent le creux du jarret (*creux poplité*).

Parmi les *muscles de la jambe*, le plus volumineux (*triceps crural*) occupe la région postérieure et se compose de trois chefs dont deux (*jumeaux* ou *gastrocnémiens*) descendent du fémur, tandis que le troisième (*soléaire*) part des os de la jambe. Ces trois muscles se rendent à un fort tendon (*tendon d'Achille*) qui s'attache au calcanéum.

Contrairement à ce que nous avons vu pour les doigts, plusieurs des muscles extenseurs ou fléchisseurs des orteils font partie des muscles intrinsèques du pied ; enfin contrairement à ce qui existe à la main, le pied possède un muscle (*pédieux*) sur sa face dorsale.

Muscles du cou .— La région antérieure et superficielle est occupée, de chaque côté, par un peaussier (*peaussier du cou*) qui s'étend de la portion inférieure de la face à la partie supérieure du thorax ; c'est le seul représentant, chez l'Homme, du *pannicule charnu* des Mammifères. La région postérieure du cou (*nuque*) est recouverte par la partie supérieure du muscle trapèze.

Au-dessous des peaussiers, se trouvent les deux *sterno-cléido-mastoïdiens,* qui vont des apophyses mastoïdes à la clavicule et au sternum, où ils se rejoignent. Ils produisent la flexion de la tête, s'ils se contractent ensemble ; mais, si un seul se contracte, il tourne la face du côté opposé Au milieu du triangle formé par les deux sterno-mastoïdiens, on voit l'os hyoïde, où aboutissent des muscles qui partent du sommet du thorax (*muscles sous-hyoïdiens*) et d'autres qui, descendant de la base du crâne, ainsi que de la mâchoire inférieure (*muscles sus-hyoïdiens*), servent en partie à l'abaissement de celle-ci.

Au-dessous du trapèze, se trouvent, de chaque côté, des muscles (*splénius* et *complexus*) qui relient la base du crâne aux vertèbres cervicales et maintiennent la tête ou la font mouvoir (extension, rotation). Chez la plupart des Quadrupèdes, un fort *ligament cervical*, allant des apophyses épineuses du dos et du cou au sommet de l'occipital, soutient la tête ; chez le Bœuf et le Cheval, il sert à la fabrication des « nerfs de bœuf ».

Muscles de la tête. — Deux catégories distinctes : 1° les *muscles de la mastication;* 2° les *muscles de l'expression.*

A. MUSCLES DE LA MASTICATION. — Ce sont les muscles moteurs de la mâchoire inférieure.

Le *temporal* naît de la fosse temporale, passe en dedans de l'arcade zygomatique et se fixe sur l'apophyse coronoïde du maxillaire inférieur; élévateur, très développé chez les Carnivores. Le *masséter* va de l'arcade zygomatique à la face externe de la branche maxillaire ; élévateur, très développé chez les Herbivores. Le *ptérygoïdien interne* ou *masséter interne* va du sphénoïde à la face interne de la branche maxillaire ; élévateur et rétropulseur. Le *ptérygoïdien externe* va du sphénoïde au col du maxillaire inférieur; propulseur et diducteur. Le *digastrique* part de l'apophyse mastoïde et, après s'être réfléchi sur l'os hyoïde, va se fixer au menton ; abaisseur.

B. MUSCLES DE L'EXPRESSION. — Ils s'attachent, d'une part aux os, d'autre part à la peau sur laquelle leur contraction produit des plis perpendiculaires à la direction des fibres (CAMPER). Leurs usages ont été bien étudiés par l'électrisation sur un sujet à face dépourvue de sensibilité (DUCHENNE DE BOULOGNE).

a. *Muscles de la région supérieure de la face.* — Le *muscle frontal* est étendu de la peau du sourcil à une aponévrose qui double le cuir chevelu et se prolonge jusqu'à l'occiput, où elle se termine par une nouvelle couche charnue (*muscle occipital*); il élève le sourcil et fait apparaître des plis transversaux sur la peau du front (muscle de l'attention). L'*orbiculaire des paupières* entoure l'orifice palpébral; il se compose de deux parties : l'une contenue dans l'épaisseur des paupières et amenant leur occlusion, l'autre correspondant au pourtour de l'orbite (*muscle orbi-*

taire). La portion de ce dernier muscle, qui est sous-jacente au sourcil, abaisse cet arc et tend la peau du front, en y faisant disparaître les rides (muscle de la réflexion). Le *pyramidal* va de la racine du nez à la peau de l'espace intersourcilier qu'il plisse en se contractant (muscle de la menace). Le *sourcilier* naît en dedans et au-dessus de l'arcade sourcilière, pour venir se perdre dans le milieu du sourcil. Les deux sourciliers rapprochent les sourcils en les abaissant; ils produisent des plis verticaux dans la portion intersourcilière du front (muscles de la douleur).

b. *Muscles de la région moyenne de la face.* — Le *grand zygomatique* est le muscle le plus important de cette région, au point de vue de la physionomie ; il va de l'os malaire à la commissure des lèvres qu'il élève, en élargissant l'ouverture de la bouche (muscle du rire). En dedans du grand zygomatique, se trouvent les *releveurs de l'aile du nez et de la lèvre supérieure* (muscles du pleurer).

c. *Muscles de la région inférieure de la face.* — L'*orbiculaire des lèvres* circonscrit l'orifice buccal ; en outre de ses usages relatifs à la préhension des aliments, il fait « pincer les lèvres » s'il se resserre par ses fibres internes, « faire la moue » si, au contraire, ses fibres externes se contractent seules. Le *buccinateur* forme la partie charnue des joues; il rejette, pendant la mastication, les aliments sous les arcades dentaires; il concourt aussi au jeu des instruments à vent, en chassant de la bouche l'air qui gonfle les joues. Le *triangulaire des lèvres* va du corps du maxillaire inférieur à la commissure des lèvres qu'il tire en bas (muscle du mépris). Le *carré du menton* va de la région mentonnière du maxillaire à la lèvre inférieure qu'il abaisse, en la renversant (muscle du dégoût).

ARTICLE II. — **Locomotion**.

La locomotion a été définie plus haut (Voy. p. 54) ; nous examinerons ici comment elle s'effectue sur terre, dans l'air et dans l'eau.

Locomotion terrestre. — C'est le mode de locomotion le plus répandu.

A. MARCHE. — Acte par lequel le corps progresse, sans jamais quitter le sol.

a. *Bipèdes.* — Nous résumerons ici nos recherches personnelles et distinguerons deux phases : 1° celle de l'*appui bilatéral*, où les deux pieds sont en contact avec le sol ; 2° celle de l'*appui unilatéral*, où l'un des pieds est posé sur le sol et l'autre suspendu. Au milieu du temps de l'appui bilatéral, le tronc est à sa position la plus basse et le pubis est situé au-dessus de l'axe du chemin parcouru. Au contraire, au milieu du temps de l'appui unilatéral, le tronc est à sa situation la plus élevée, en même temps qu'il est à son maximum d'écart de l'axe du chemin, du côté du pied à l'appui. Le tronc subit donc des oscillations, les unes verticales, les autres horizontales ; sous leur influence, le pubis décrit des méandres réguliers, à festons relevés, qu'on peut consi-

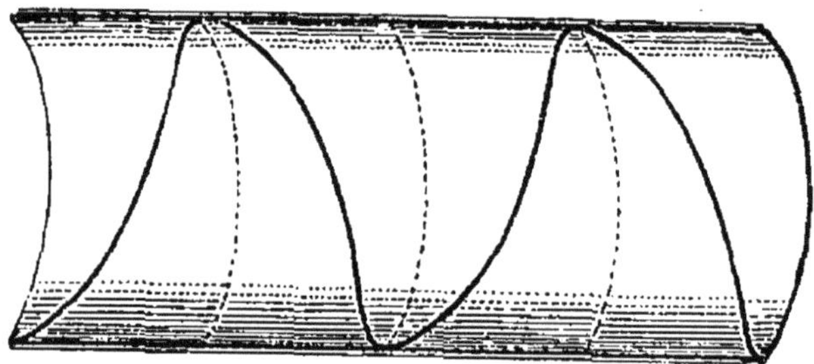

Fig. 56. — Trajectoire du pubis pendant la marche (G. C.).

La courbe est figurée inscrite dans une gouttière.

dérer comme inscrits dans une gouttière à convexité inférieure, au fond de laquelle se trouvent les minima et aux bords de laquelle sont tangents les maxima (Carlet). En même temps que le tronc s'élève et se porte latéralement sur la jambe à l'appui, il s'incline en avant et en dehors. Les bras oscillent en sens inverse des jambes et luttent ainsi contre le mouvement de rotation contraire du bassin, de telle sorte que le tronc, animé d'un mouvement de torsion, fait constamment face au chemin qu'il doit parcourir. Pendant la marche, les diverses articulations des membres se fléchissent et s'étendent tour à tour ; aucun des mouvements du tronc ou des membres ne s'effectue sans l'intervention musculaire.

b. *Quadrupèdes.* — Leur marche comprend deux allures : 1° le *pas* ; 2° l'*amble.*

Dans le *pas*, les mouvements des membres se font par bipèdes diagonaux ; mais les deux pieds de ce bipède ne se lèvent ni ne se posent en même temps, de sorte qu'il y a quatre levers et quatre posers distincts. Dans l'*amble*, les deux membres d'un même côté sont posés et soutiennent le corps, pendant que ceux du côté opposé sont levés et oscillent (Girafe, Chameau, quelques Chevaux).

B. Course. — Acte par lequel le corps progresse en se détachant complètement du sol, à certains moments, par des impulsions alternatives des membres opposés.

a. Bipèdes. — Dans un premier temps, le corps est soutenu par une jambe à l'appui ; dans un deuxième, il est suspendu en l'air ; dans un troisième, il est à l'appui sur l'autre jambe. Quand un membre est posé, le corps est à son minimum d'élévation, mais à son maximum d'inclinaison et d'écart de l'axe du chemin : il est au contraire à son maximum d'élévation, mais à son minimum d'inclinaison et au-dessus de l'axe du chemin, au milieu du temps de la suspension. On peut considérer la courbe décrite par le pubis, pendant la course, comme inscrite dans une gouttière à convexité supérieure, au faîte de laquelle se trouvent les maxima et aux bords de laquelle sont tangents les minima.

b. Quadrupèdes. — La course des Quadrupèdes comprend le *trot* et le *galop*.

Le *trot* s'effectue en trois temps distincts : pendant le premier, le corps est supporté par un bipède diagonal ; pendant le deuxième, il est en l'air ; pendant le troisième, il est soutenu par l'autre bipède diagonal. Le *galop* est la plus rapide de toutes les allures ; il comporte plusieurs sortes qui se distinguent par le nombre des battues, mais n'ont pu être étudiées convenablement que par la méthode graphique (Marey) et la méthode photographique (Muybridge ; Marey).

C. Saut. — Acte par lequel le corps se détache complètement du sol, par les impulsions simultanées des deux membres postérieurs qui s'étendent ensemble.

Le corps, projeté par la détente subite des deux membres inférieurs (Bipèdes) ou postérieurs (Quadrupèdes), peut s'élever verticalement ou d'arrière en avant.

On peut rapprocher du saut : 1° le *cabrer*, acte par lequel les Quadrupèdes élèvent les membres antérieurs en se maintenant debout sur les postérieurs ; 2° la *ruade*, acte par lequel, le corps étant appuyé sur les membres antérieurs, le Quadrupède projette brusquement les postérieurs en arrière.

Locomotion aérienne. — Le *vol* ne s'observe que chez les Chiroptères.

Les membres antérieurs des Chauves-Souris sont transformés en ailes, par l'existence d'un repli cutané qui embrasse les doigts. Ceux-ci sont excessivement allongés, à l'exception du pouce, qui reste court. L'aile des Chauves-Souris est mise en mouvement par les muscles des membres thoraciques ; elle bat l'air avec force, de façon à imprimer au corps une série d'impulsions.

Locomotion aquatique. — La *natation* peut s'observer chez la plupart des Mammifères, mais elle n'est le mode normal de progression que chez ceux qui sont pourvus soit de *pattes palmées*, soit de *nageoires*.

Les pattes palmées sont constituées par les doigts réunis entre eux, au moyen d'une membrane peu développée (Loutre, Castor). Les nageoires, au contraire, sont formées. soit par une membrane qui.dépasse ou masque les doigts (*nageoires paires*), soit par un simple lobe cutané renforcé de tissu élastique (*nageoires impaires*). Chez les Pinnipèdes, les quatre membres sont représentés par des nageoires paires, et il n'y a pas de nageoire impaire. Chez les Sirénides et les Cétacés, les membres postérieurs font défaut et les antérieurs sont transformés en nageoires pectorales ; il y a toujours une nageoire caudale et, chez quelques Cétacés, une nageoire dorsale.

Les mouvements natatoires de l'Homme résultent d'une éducation plus ou moins longue et ressemblent à ceux , de la Grenouille. Les Quadrupèdes nagent au moyen des mouvements ambulatoires ordinaires ; la natation des Cétacés rappelle celle des Poissons.

ARTICLE III. — **Appareil phonateur et phonation.**

L'appareil phonateur a pour organe essentiel le *larynx ;* mais le pharynx, la cavité buccale et même le thorax se rattachent accessoirement à cet appareil.

Larynx. — Sorte de boîte cartilagineuse suspendue à l'os hyoïde et se continuant en bas avec la trachée.

On peut considérer le larynx comme la partie supérieure de la trachée modifiée dans sa forme et sa structure. Il est constitué par des pièces cartilagineuses, les unes impaires (cartilages *cricoïde, thyroïde, épiglotte*), les autres paires (*cartilages aryténoïdes*). Ces diverses pièces s'articulent entre elles et sont rattachées les unes aux autres par des ligaments ; mais elles peuvent se mouvoir, sous l'action de muscles spéciaux. La cavité intérieure du larynx est tapissée par une muqueuse revêtue d'un épithélium vibratile, excepté sur le bord libre des *lèvres vocales*. Celles-ci limitent entre elles la partie la plus étroite du larynx (*glotte*).

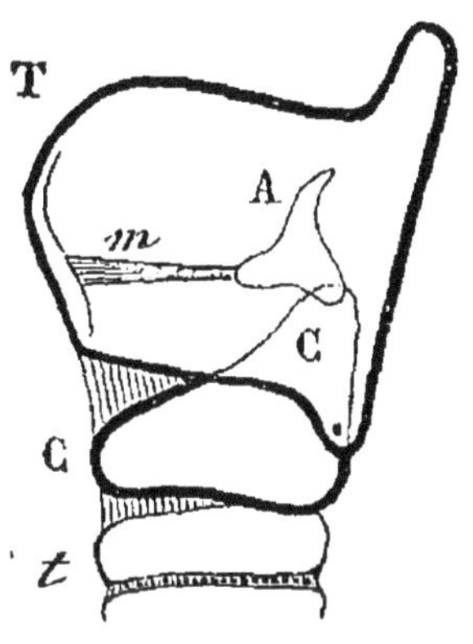

Fig. 57. — Schéma du larynx.

A, cartilage aryténoïde ; C, cartilage cricoïde ; *m*, muscle thyro-aryténoïdien ; T, cartilage thyroïde ; *t*, trachée. Le cartilage thyroïde est supposé transparent et laisse voir les parties qu'il entoure.

A. Cartilage cricoïde. — Il a la forme d'une bague à chaton postérieur. Support commun des diverses pièces du larynx, il repose lui-même sur le premier anneau de la trachée.

B. Cartilage thyroïde. — Il a la forme d'un bouclier faisant, chez l'Homme, une saillie « pomme d'Adam » sous la peau de la région antérieure du cou. Il s'unit à l'os hyoïde, par deux prolongements supérieurs (*grandes cornes*), et au cartilage cricoïde, par deux prolongements inférieurs (*petites cornes*).

C. Épiglotte. — Appendice ovalaire, situé en avant de l'entrée du larynx.

D. Cartilages aryténoïdes. — Ils ont la forme de petites pyramides triangulaires articulées par la base avec le bord supérieur du chaton du cricoïde, mais mobiles dans tous les sens autour de cette articulation. Leur base porte, en avant, une saillie (*apophyse vocale*) donnant insertion : 1° à un muscle très important (*muscle thyro-aryténoïdien*) qui se porte horizontalement jusqu'à l'angle rentrant du cartilage thyroïde ; 2° à un ligament élastique (*corde vocale inférieure*) qui longe, en dedans, le muscle

thyro-aryténoïdien. Les deux muscles thyro-aryténoïdiens, doublés des cordes vocales inférieures et recouverts par la muqueuse, forment les *lèvres vocales*.

E. CAVITÉ DU LARYNX. — Elle présente une région
moyenne constituée par la *glotte*, une supérieure ou *sus-
glottique* et une inférieure ou *sous-glottique*.

La glotte a la forme d'un triangle isocèle, à base postérieure ; l'élasticité des cordes vocales empêche les fron-
cements de sa muqueuse, pendant la contraction des
thyro-aryténoïdiens, condition nécessaire à la non altération du son. La portion sous-glottique se continue avec
la trachée ; la sus-glottique offre deux excavations latérales (*ventricules du larynx*) limitées en haut par un ligament qui soulève la muqueuse (*corde vocale supérieure*).

Phonation. — La *phonation* est la fonction qui donne
lieu à l'émission de la voix et de la parole. Elle résulte :
1° des vibrations des lèvres vocales tendues par la contraction des muscles thyro-aryténoïdiens et ébranlées
par le courant expiratoire ; 2° de la modification des sons
ainsi produits, par les cavités sus-laryngiennes.

Une plaie béante de la trachée empêche la formation
des sons ; mais celle-ci a lieu, si l'on obture la plaie.

Au moyen d'un *laryngoscope* (petit miroir monté sur
un manche) placé au fond de la gorge, on peut voir que :
1° pendant la respiration, quand la glotte ne produit
aucun son, celle-ci a la forme d'un V ouvert en arrière ;
2° lors de la phonation, la glotte prend la forme d'une
fente, par le rapprochement du bord libre des lèvres vocales. Les cordes vocales supérieures n'effectuent aucune
vibration.

L'*intensité* de la voix est réglée par les muscles expira-
teurs, qui poussent plus ou moins fortement l'air expiré.
La *hauteur* de la voix (basse, baryton, ténor, soprano, etc.)
dépend des dimensions du larynx. La voix est d'autant
plus basse que les lèvres vocales sont plus longues : la
voix élevée de l'enfant s'abaisse, à l'époque de la puberté,
quand le larynx se développe (sexe masculin) : elle se maintient relativement élevée, si le larynx continue à rester
petit (sexe féminin). Le *timbre* de la voix est dû à des
dispositions particulières des cavités sus-glottiques qui
renforcent les sons produits au niveau de la glotte.

Entre les limites qui dépendent des dimensions du

larynx, les différents degrés de rétrécissement de la
glotte, déterminés par la contraction des thyro-aryténoïdiens (véritables muscles d'accommodation de la voix),
modifient la hauteur du son ; plus les lèvres vocales sont
tendues, plus la glotte est resserrée et le son aigu.

La glotte ne produit que des sons inarticulés. L'articulation des sons (*parole*) est due presque entièrement au
jeu des cavités pharyngienne, buccale et nasales, qui modifient les sons, de manière à donner les voyelles et les
consonnes dont l'association constitue les mots.

Les *voyelles* sont des sons musicaux ; elles ne diffèrent
les unes des autres que par la valeur des harmoniques
du son fondamental. Les *consonnes* sont des bruits et ne
correspondent pas à un son laryngien déterminé ; c'est
surtout la façon dont l'air s'échappe par la bouche ou
par le nez, qui les distingue les unes des autres.

Les modifications de la voix, chez les divers Animaux,
tiennent à la conformation particulière du larynx et de
l'appareil de renforcement qui le surmonte. Les cordes
vocales supérieures manquent souvent ; les lèvres vocales elles-mêmes font quelquefois défaut (Cétacés). Enfin le larynx présente parfois des cavités accessoires qui
constituent tantôt des réservoirs d'air (Baleine), tantôt
des appareils de renforcement (Singes hurleurs).

Article IV. — **Système nerveux et innervation.**

Nous savons déjà que le système cérébro-spinal se distribue aux organes de relation, qu'il est soumis à l'influence de la volonté, qu'il se compose de centres nerveux
(*encéphale*, dans le crâne ; *moelle épinière*, dans le canal
vertébral) et de nerfs périphériques (*nerfs rachidiens*,
sortant par les trous de conjugaison ; *nerfs crâniens*, sortant par les trous du crâne) dont la structure a été étudiée ailleurs (*Voy.* p. 36 et suiv.). Trois membranes d'enveloppe ou méninges (*dure-mère, arachnoïde, pie-mère*)
et un liquide spécial (*liquide céphalo-rachidien*) protègent
les masses centrales (*Voy.* p. 76). Dans ce qui va suivre,
nous supposerons toujours l'axe cérébro-spinal situé verticalement, comme chez l'Homme.

Moelle épinière. — Elle a la forme d'un gros cordon s'amincissant en pointe à l'extrémité inférieure. Celle-ci se continue par un filament creux (*filum terminale*) qui, situé au milieu du paquet des nerfs lombo-sacrés (*queue de cheval*), va s'attacher à la base du coccyx.

A l'extérieur, la moelle épinière est formée de substance blanche ; elle présente deux *sillons médians* (l'un *antérieur*, l'autre *postérieur*) et, sur les côtés, les *racines* des nerfs rachidiens (au nombre de deux pour chaque nerf, l'une *antérieure*, l'autre *postérieure*). La substance blanche se trouve ainsi subdivisée en trois cordons de chaque côté (*cordon antérieur* entre le sillon médian antérieur et les racines antérieures; *cordon latéral*, entre les deux ordres de racines ; *cordon postérieur*, entre les racines postérieures et le sillon médian postérieur). A l'intérieur, la moelle présente une colonne centrale de substance grise. Celle-ci, sur une coupe en travers, affecte, de chaque côté, la forme d'un croissant à concavité extérieure présentant deux *cornes* (l'une *antérieure*, l'autre *postérieure*) d'où partent respectivement les racines des nerfs rachidiens. Ces deux croissants sont réunis, d'une convexité à l'autre, par une *commissure grise* renfermant le *canal central de la moelle épinière*. En avant de cette commissure grise, se trouve une *commissure blanche* formée par des fibres émanées des cordons antérieurs.

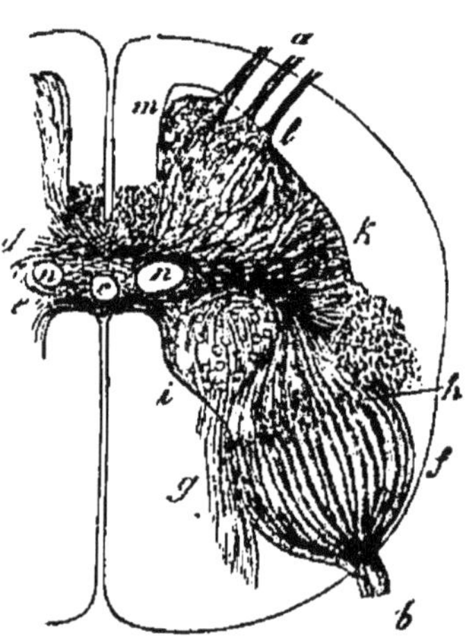

Fig. 58. — SECTION TRANSVERSALE 'DE LA MOELLE ÉPINIÈRE.

a, racine antérieure ; *b*, racine postérieure ; *c*, canal central ; *d*, commissure antérieure ; *e*, commissure postérieure ; *f*, contour de la moelle ; *g*, *i*, cordon postérieur ; *h*, substance gélatineuse ; *k*, *l*. cordon latéral ; *m*, cordon antérieur ; *n*, veines.

La moelle est à la fois un *conducteur* allant de l'encéphale aux nerfs rachidiens et un *centre nerveux* pour les racines rachidiennes. Les cordons antérieurs et les cordons latéraux (*cordons antéro-latéraux*) servent surtout à transmettre les ordres de la volonté ; mais ils

subissent, au niveau du bulbe rachidien (cordons latéraux), et dans la commissure blanche de la moelle (cordons antérieurs), un entre-croisement qui fait que. l'hémisphère cérébral d'un côté commande les mouvements
de l'autre côté du corps. Les cordons postérieurs conduisent principalement les sensations tactiles. La transmission des sensations générales se fait surtout par la
substance grise centrale.

Une section transversale de la moelle épinière produit
la paralysie des membres inférieurs (*paraplégie*) et
leur anesthésie. La section d'une moitié seulement de la
moelle (*hémisection*) amène la paralysie du côté correspondant à la section (*hémiplégie*) ; mais la sensibilité est
conservée de ce côté, tandis qu'au contraire le côté
opposé devient insensible, tout en conservant la motricité. Autrement dit, dans la moelle, la conductibilité
motrice est directe et la conductibilité sensitive est croisée.
On explique ces faits, en supposant que les racines
postérieures s'entre-croisent, après leur entrée dans la
moelle.

Par les cellules de la substance grise, la moelle a la
propriété (*pouvoir réflexe*) de produire des mouvements
réflexes c'est-à-dire des mouvements qui s'effectuent sans
l'intervention du cerveau (mouvements sur les Animaux
décapités, mouvements instinctifs). Certains agents augmentent (strychnine) ou diminuent (bromure de potassium) le pouvoir réflexe de la moelle. Du reste, celle-ci
n'a pas la spécialité des réflexes ; il s'en passe aussi (éter-
nuement, etc.) dans les régions situées au-dessus d'elle
(bulbe rachidien, mésocéphale).

Nerfs rachidiens. — Il y a, chez l'Homme, trente
et une paires de *nerfs rachidiens* ou *spinaux*.

Chaque nerf spinal naît par deux racines : l'une antérieure, l'autre postérieure. Celle-ci présente un *ganglion*
dit *intervertébral* au delà duquel la réunion des deux racines constitue le nerf. A leur sortie du trou de conjugaison, les nerfs spinaux se divisent en deux branches : l'une
postérieure, petite ; l'autre *antérieure*, volumineuse. Les
branches postérieures innervent les régions postérieures
de la tête, de la nuque et du dos ; les branches antérieures tantôt restent isolées (*nerfs intercostaux*), tantôt s'anastomosent et constituent quatre grands plexus (*plexus
cervical, plexus brachial, plexus lombaire, plexus sacré*)

d'où partent des branches terminales pour le tronc et les membres.

Chez tous les Vertébrés, les nerfs rachidiens sont *mixtes*, mais les deux sortes de conducteurs qui les constituent sont isolés dans leurs racines.

1° Si l'on coupe, sur un Animal vivant, une racine rachidienne antérieure : d'une part, on observe la perte du mouvement et le maintien de la sensibilité dans les parties innervées par le nerf correspondant ; d'autre part, l'excitation du bout central (attenant à la moelle) ne produit rien, mais celle du bout périphérique amène des contractions. Donc les racines *antérieures* sont *motrices* ou *centrifuges* (MAGENDIE). 2° Si l'on coupe une racine rachidienne postérieure : d'une part, la sensibilité est abolie, mais la motilité persiste ; d'autre part, l'ex-

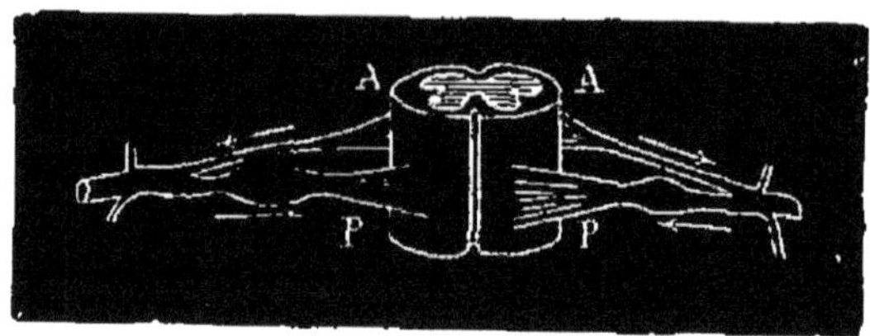

Fig. 59. — RACINES DES NERFS RACHIDIENS (schéma).

A, A, racines antérieures ; P, P, racines postérieures munies chacune de leur ganglion intervertébral.

citation du bout périphérique ne produit rien, mais celle du bout central amène une réaction générale de l'animal avec manifestation de douleur. Donc les racines *postérieures* sont *centripètes* ou *sensitives* (MAGENDIE). 3° Si l'on sectionne, à la fois, les racines antérieures et les racines postérieures d'un certain nombre de nerfs, le mouvement et la sensibibilité disparaissent à la fois, dans les parties innervées par ces nerfs.

Chez les Mammifères seulement, les racines antérieures jouissent d'une *sensibilité* dite *récurrente* qu'elles reçoivent de la périphérie, par les racines postérieures, et non des parties centrales, par la moelle ; car si l'on coupe une racine antérieure, c'est seulement en excitant le bout périphérique qu'on fait crier l'animal et toute sensibilité disparaît, aussitôt que l'on a sectionné la racine postérieure correspondante. Enfin des filets nerveux récurrents associent, à la périphérie, non seulement les nerfs sensibles aux nerfs moteurs, mais encore les nerfs sensibles entre eux (ARLOING et TRIPIER). C'est en raison de cette dernière association, que la sensibilité persiste dans le territoire d'un nerf centripète sectionné et que les nerfs de la peau constituent une véritable surface ininterrompue.

Encéphale. — Il se compose de trois parties : 1° le *bulbe rachidien* ou *moelle allongée*, qui se continue avec la moelle épinière ; 2° le *cervelet*, qui surplombe le bulbe en arrière ; 3° le *cerveau*, qui couronne, comme un dôme, l'axe cérébro-spinal.

A. BULBE RACHIDIEN. — A sa partie inférieure (*collet du bulbe*), il ne diffère pas de la moelle épinière ; mais, à sa partie supérieure, il se développe, à la façon d'un chapiteau. Le canal central s'évase pour former, en arrière, une sorte de lac (*quatrième ventricule* ou *ventricule bulbaire*) reposant sur la substance grise et limitée, sur les côtés, par deux cordons blancs (*corps restiformes*) qui, descendant du cervelet, se rapprochent pour former l'angle inférieur du quatrième ventricule (*calamus scriptorius*). A sa partie antérieure, le bulbe est formé de substance blanche ; il présente un sillon médian (*sillon antérieur*) de chaque côté duquel se trouvent deux saillies longitudinales (*pyramides*) formées par les cordons latéraux de la moelle, qui s'entre-croisent au fond du sillon antérieur. Sur les côtés, une saillie olivaire (*olive*) est séparée des corps restiformes par un sillon (*sillon latéral du bulbe*). La section d'une moitié du bulbe amène, à la fois, la paralysie et l'anesthésie du côté opposé, à cause de l'entrecroisement des fibres motrices et sensitives, au-dessous de la section. A la partie inférieure du plancher du quatrième ventricule (*bec du calamus*), siège le *nœud vital* ou centre des mouvements respiratoires : une simple piqûre de ce point suffit pour arrêter immédiatement la respiration et amener la mort, chez les Animaux à sang chaud (FLOURENS). Un peu plus haut que le nœud vital, la piqûre du plancher produit le diabète, un peu plus haut encore, l'albuminurie (CL. BERNARD). *B*. CERVELET. — Il se compose de deux lobes latéraux réunis par un lobe moyen plus petit (*vermis*). Il est formé de substance grise groupée autour d'un noyau blanc qui offre, sur des coupes verticales, un aspect arborescent (*arbre de vie*). Trois ordres de pédoncules partent de la substance blanche du cervelet : 1° les *pédoncules cérébelleux inférieurs*, qui forment les corps restiformes et unissent le cervelet au bulbe rachidien ; 2° les *pédoncules cérébelleux supérieurs*, qui rattachent le cervelet au cerveau et, après s'être entre-croisés sur la ligne médiane, aboutissent aux couches optiques ; 3° les *pédoncules cérébelleux moyens*, qui réunissent les deux lobes latéraux du cervelet, en formant au-devant du bulbe les fibres transversales de la *protubérance annulaire* ou *pont de Varole*, qu'on n'observe que chez les Mammifères.

On a voulu faire du cervelet le centre de l'instinct génital, de l'amour physique ; mais il paraît être surtout le centre coordinateur des mouvements de locomotion. La protubérance annulaire semble être le siège des sensations brutes, c'est-à-dire des sensations qui ne se transforment pas en idées. Les lésions des pédoncules cérébelleux produisent des mouvements de rotation du corps.

C. CERVEAU. — Il peut se décomposer en deux parties : l'une inférieure (*mésocéphale*), l'autre supérieure (*hémisphères cérébraux*).

a. *Mésocéphale*. — Il forme la partie moyenne de l'encéphale et comprend, comme parties essentielles, les *pédoncules cérébraux*, les *corps opto-striés*, les *tubercules quadrijumeaux* ou *lobes optiques*.

Au-dessus de la protubérance annulaire, les fibres longitudinales du bulbe continuent leur trajet, sous la forme de deux faisceaux divergents (*pédoncules cérébraux*) qui vont pénétrer, dans une masse

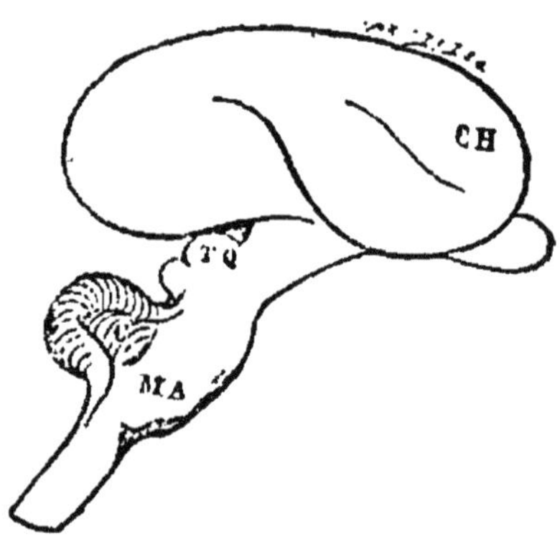

Fig. 60. — PARTIES ESSENTIELLES DE L'ENCÉPHALE (Schéma).

C, cervelet ; CH, hémisphères cérébraux ; MA, moelle allongée ou bulbe rachidien ; TQ, tubercules quadrijumeaux.

(*corps opto-strié*) composée des deux sortes de substance nerveuse et formant, de chaque côté, un gros noyau que recouvre l'hémisphère cérébral correspondant. Le corps opto-strié est composé de deux gros ganglions, l'un postérieur (*couche optique*), l'autre antérieur (*corps strié*), séparés l'un de l'autre par un sillon dans lequel se trouve un ruban blanc (*bandelette demi-circulaire*) recouvert d'un ruban gris (*lame cornée*). Au-dessus des pédoncules cérébelleux supérieurs se montrent quatre mamelons de substance grise, deux supérieurs et deux inférieurs (*tubercules quadrijumeaux*) qui sont les centres des nerfs optiques. Ils sont surmontés d'un organe particulier (*glande pinéale*) dont les usages sont inconnus, mais où Descartes plaçait le siège de l'âme. Au-dessous des tubercules quadrijumeaux existe un canal (*aqueduc de Sylvius*) qui fait communiquer le quatrième ventricule avec un ventricule situé entre les deux couches optiques (*troisième ventricule* ou *ventricule moyen*). Le plancher du ventricule moyen est façonné en une sorte d'entonnoir (*infundibulum*) qui aboutit à un corps particulier (*hypophyse* ou *corps pituitaire*) situé dans la selle turcique ; son plafond est constitué par une voûte (*trigone cérébral* ou *voûte à quatre piliers*) caractéristique de l'encéphale des Mammifères.

b. *Hémisphères cérébraux.* — Au nombre de deux ; séparés, en haut, par une fente longitudinale (*scissure interhémisphérique*) ; réunis, en bas, par une grande commissure blanche (*corps calleux* ou *mésolobe*) spéciale aux Mammifères. Chaque hémisphère est composé de substance grise à la périphérie et de substance blanche au centre. Celle-ci est formée par des expansions du pédoncule cérébral, par des fibres du corps calleux et par des fibres commissurales unissant les unes aux autres les diverses parties de l'écorce grise. Dans le corps opto-strié, le pédoncule cérébral forme une cloison blanche (*capsule interne*) constituée par des fibres qui, à la sortie de ce corps, s'irradient (*couronne rayonnante de Reil*) jusqu'à l'écorce grise. Une autre cloison blanche (*capsule externe*) s'étend entre le corps strié et l'écorce grise.

Chaque hémisphère peut se décomposer en *quatre lobes* (frontal, pariétal, temporal, occipital) séparés par des dépressions plus ou moins profondes (*sillon de Rolando*, entre les lobes frontal et pariétal ; *scissure de Sylvius*, entre les lobes pariétal et temporal ; *scissure perpendiculaire externe* entre les lobes pariétal et occipital). Chacun de ces lobes présente des reliefs ou plis contournés (*circonvolutions cérébrales*) surtout développés chez l'Homme, mais existant aussi chez un certain nombre de Mammifères (Primates, Carnivores, Ongulés, Cétacés) ; chez les autres, le cerveau est lisse ou à peine creusé de quelques sillons superficiels. Outre le type zoologique, qui imprime surtout son cachet à la disposition des circonvolutions, il faut aussi tenir compte du volume du cerveau et même de la taille de l'Animal, qui varient, d'une manière assez directe, avec le développement des circonvolutions.

Le centre de chaque hémisphère est occupé par un grand ventricule (*ventricule latéral*) dont le plancher est formé par le corps opto-strié et le plafond par le corps calleux. Les deux ventricules latéraux sont séparés l'un de l'autre, sur la ligne médiane, par une lame nerveuse (*cloison transparente*) tendue entre le corps calleux et le trigone cérébral ; ils communiquent, par un orifice spécial (*trou de Monro*), avec le ventricule moyen.

Outre le corps calleux et le trigone cérébral, il y a encore trois commissures reliant entre eux les hémisphères cérébraux (*commissure blanche antérieure*, en avant des piliers antérieurs du trigone ; *commissure grise* et *commissure blanche postérieure*, entre les deux couches optiques).

Les hémisphères cérébraux sont le siège de la perception, de l'intelligence, de l'instinct, de la mémoire et de la volonté. On a cherché à y localiser les diverses facultés, mais la seule localisation qui soit bien démontrée est celle du langage, dans la troisième circonvolution frontale gauche (BROCA). Les Animaux auxquels on a enlevé les hémisphères cérébraux, n'effectuent plus que des mouvements automatiques se faisant sous l'influence d'impulsions extérieures. Un Pigeon projeté en l'air volera jusqu'à la rencontre d'un obstacle ; il mangera, si l'on introduit de la nourriture dans son bec ; mais il ne pourra se mouvoir de lui-même, ni prendre sa nourriture. L'hémisphère d'un côté commande les mouvements du côté opposé du corps, à cause de l'entrecroisement des cordons moteurs au niveau du bulbe.

Nerfs crâniens. — Il y a douze paires de nerfs crâniens qui sont, d'avant en arrière : 1° l'*olfactif*, 2° l'*optique*, 3° l'*oculo-moteur commun*, 4° le *pathétique*, 5° le *trijumeau*, 6° l'*oculo-moteur externe*, 7° le *facial*, 8° l'*auditif*, 9° le *glosso-pharyngien*, 10° le *pneumogastrique*, 11° le *spinal*, 12° le *grand hypoglosse*.

Ces nerfs naissent, à l'intérieur de l'encéphale (*origine réelle*), de régions qui ne sont pas encore connues avec assez de précision, pour que nous en parlions ici ; mais leurs points d'émergence (*origine apparente*) sont parfaitement déterminés.

Les nerfs crâniens peuvent être mixtes, moteurs, sensitifs, ces derniers étant de sensibilité spéciale (*nerfs sensoriels*) ou de sensibilité générale.

I. Nerf olfactif. — C'est plutôt un *lobe* ou *bulbe olfactif* qui, plein chez l'Homme, est creux chez les Animaux et communique avec les ventricules latéraux. Ils sort par trois racines (une moyenne, grise ; deux latérales, blanches) de la partie postéro-inférieure du lobe frontal (*espace perforé antérieur*). Les filets qui naissent de la face inférieure du bulbe olfactif sont les véritables *nerfs olfactifs ;* ils traversent la lame criblée de l'ethmoïde et se distribuent dans la membrane pituitaire, à la région supérieure des fosses nasales.

Nerf de l'odorat ; après sa destruction, l'Animal ne perçoit plus les odeurs.

II. Nerf optique. — Naît des tubercules quadrijumeaux et de la partie postérieure de la couche optique (*corps genouillés*), puis forme une *bandelette optique* qui contourne le pédoncule cérébral correspondant et s'entrecroise avec l'autre bandelette, sur la ligne médiane, pour former une commissure appelée *chiasma ;* sort du crâne par le trou optique.

Nerf de la vision ; sa section produit la cécité.

III. Nerf oculo-moteur commun. — Émerge de la face interne du pédoncule cérébral ; sort par la fente sphénoïdale.

Moteur de tous les muscles de l'œil, à l'exception du grand oblique et du droit externe ; sa section amène la chute de la paupière supérieure, la déviation de l'œil en dehors, la dilatation de la pupille (dont il innerve le sphincter) et l'abolition de l'accomodation, par suite de la paralysie du muscle ciliaire.

IV. Nerf pathétique. — Naît en arrière des tubercules quadrijumeaux ; sort par la fente sphénoïdale.

Moteur du muscle grand oblique de l'œil ; sa lésion amène la rotation de l'œil autour de son axe et produit la diplopie (vue double).

V. Nerf trijumeau. — Naît sur le côté de la protubérance annulaire par deux racines : l'une petite motrice (*nerf masticateur*) ; l'autre grosse, sensitive. Celle-ci se renfle en un ganglion (*ganglion de Gasser*) d'où partent trois nerfs : 1° l'*ophthalmique* sortant par la fente sphénoïdale ; 2° le *maxillaire supérieur*, sortant par le trou grand rond du sphénoïde ; 3° le *maxillaire inférieur*, sortant par le trou ovale du même os et s'unissant au nerf masticateur.

Nerf mixte : moteur pour les muscles de la mastica-

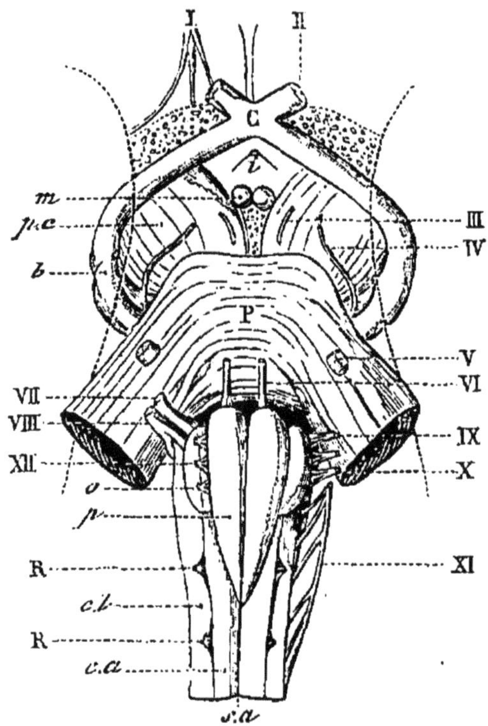

Fig. 61. — ORIGINE APPARENTE DES NERFS CRANIENS.

I-XII, les douze paires de nerfs crâniens, chaque chiffre correspondant au numéro d'ordre de la paire ; *b*, bandelette optique ; C, chiasma ; *c.a*, cordon antérieur de la moelle ; *c.l*, cordon latéral ; *i*, infundibulum ; *m*, tubercules mamillaires ; *o*, olive ; *p*, pyramides ; P, protubérance annulaire ; *p.c*, pédoncules cérébraux ; R, racines antérieures des premiers nerfs rachidiens ; *s.a*, sillon médian antérieur.

tion ; de sensibilité générale pour toute la face ; de sensibilité générale et spéciale (gustation) pour la pointe de la langue, par le nerf lingual branche du maxillaire inférieur). Sa section amène la perte de la mastication et l'anesthésie de la face, du même côté.

VI. NERF OCULO-MOTEUR EXTERNE. — Naît près de la ligne

médiane, dans le sillon qui sépare la protubérance du bulbe rachidien ; sort du crâne par la fente sphénoïdale.

Moteur du muscle droit externe de l'œil ; sa section amène la déviation de l'œil en dedans.

VII. NERF FACIAL. — Naît sur les côtés du bulbe, immédiatement au-dessous de la protubérance ; pénètre dans le conduit auditif interne ; sort par le trou stylo-mastoïdien du temporal.

Moteur des muscles mimiques de la face, y compris le buccinateur ; après sa section, la face est immobile du côté opéré et tirée de l'autre côté.

Entre le facial et l'auditif, émerge un nerf très grêle (*nerf intermédiaire* ou *de Wrisberg*) que les uns rattachent au facial et les autres au glosso-pharyngien.

VIII. NERF AUDITIF. — Naît à côté et en dehors du facial, qui l'accompagne au fond du conduit auditif interne, puis s'en sépare, pour pénétrer dans l'oreille interne.

Nerf de l'audition. Sa section amène une surdité complète et provoque des mouvements de rotation ou une perte d'équilibre, dont l'explication n'est pas encore satisfaisante.

IX. NERF GLOSSO-PHARYNGIEN. — Émerge de la partie supérieure du sillon latéral du bulbe ; sort par le trou déchiré postérieur où il se renfle en un petit ganglion (*ganglion d'Andersch*).

De sensibilité générale pour la base de la langue, l'isthme du gosier, la partie supérieure du pharynx et l'oreille moyenne. De sensibilité spéciale pour la base de la langue. Nerf principal du goût ; sa section diminue la sensibilité gustative et l'abolit à la base de la langue.

X. NERF PNEUMOGASTRIQUE. — Naît dans le sillon latéral du bulbe, au-dessous du glosso-pharyngien ; sort par le trou déchiré postérieur où il présente un ganglion (*ganglion jugulaire*).

Nerf mixte pour l'appareil respiratoire, le cœur, le pharynx, l'œsophage, l'estomac et le foie. Après sa section, le cœur bat plus vite. Si l'on excite le bout périphérique du nerf, le cœur cesse de battre ; si l'on excite, au contraire, le bout central, la respiration s'arrête. La section de l'un des pneumogastriques ne produit pas d'accidents graves ; la section des deux nerfs amène assez rapidement la mort, par suite de la paralysie du pharynx, d'où pénétration des aliments et de la salive dans les voies aériennes.

XI. NERF SPINAL. — Naît par deux ordres de racines : les unes *bulbaires*, au-dessous de l'origine du pneumogastrique, les autres *médullaires*, entre les racines des six premiers nerfs rachidiens ; sort par le trou déchiré postérieur.

Moteur pour divers muscles, surtout pour ceux du larynx (*nerf vocal*) ; préside aux mouvements de la glotte qu'il rétrécit, en tendant les lèvres vocales. Sa section amène l'aphonie, avec dilatation persistante de la glotte.

XII. NERF GRAND-HYPOGLOSSE. — Émerge de la face antérieure du bulbe, dans un sillon qui sépare la pyramide de l'olive ; sort du crâne par le trou condylien antérieur.

Nerf moteur de la langue ; sa section abolit les mouvements volontaires de cet organe.

Grand sympathique. — Sauf quelques exceptions, dont le nerf pneumogastrique constitue la plus importante, le système cérébro-spinal n'innerve pas les viscères ; ce rôle est dévolu au grand sympathique, qui est aussi chargé de l'innervation des vaisseaux.

Le grand sympathique présente un *tronc* constitué par une double chaîne de ganglions symétriques deux à deux et figurant, de chaque côté de la colonne vertébrale, un long chapelet allant de l'intérieur du crâne à la base du coccyx. On compte généralement deux ou trois paires de ganglions cervicaux et un nombre de ganglions thoraciques, abdominaux, sacrés, en rapport avec celui des vertèbres correspondantes. D'une part, ces ganglions sont reliés à l'axe cérébro-spinal, par des rameaux nerveux (*rameaux communiquants*) qui s'accolent aux nerfs crâniens ou rachidiens ; d'autre part, ils émettent des nerfs qui s'anastomosent pour former, sur certains points, des plexus dont les principaux sont : le *plexus cardiaque*, dans le cœur ; le *plexus solaire*, au-dessous du diaphragme ; le *plexus hypogastrique*, dans le bassin.

Les nerfs sympathiques sont : les uns centripètes, les autres centrifuges. Les premiers pénètrent dans la moelle par les racines postérieures, les seconds en sortent par les racines antérieures ; la loi de Magendie est donc générale, pour les nerfs du système sympathique, comme pour ceux du système cérébro-spinal (DASTRE et MORAT).

Les nerfs centrifuges les plus importants sont les *vaso-moteurs* qui tiennent les vaisseaux sous leur dépendance, soit pour les resserrer (*vaso-constricteurs*), soit pour les dilater (*vaso-dilatateurs*). Ces deux sortes de nerfs vasculaires peuvent rendre les circulations des organes en particulier (*circulations locales*) plus ou moins indépendantes de la circulation générale, appeler le sang dans les organes ou au contraire lui fermer l'accès. Il existe même un véritable antagonisme fonctionnel entre le cœur et les vaisseaux, ceux-ci contrariant l'action du cœur par leurs contractions et la favorisant au contraire par leurs dilatations, de telle sorte que le muscle vasculaire est toujours l'antagoniste du muscle cardiaque (DASTRE et MORAT).

Les centres sympathiques ont une position distincte dans la moelle et le bulbe, sur les côtés de l'axe gris; ils constituent une colonne d'où partent aussi certains rameaux du facial, du trijumeau, du pneumogastrique, du spinal et du glosso-pharyngien.

Les vaso-dilatateurs s'arrêtent dans les ganglions du tronc ou de la périphérie du grand sympathique; ils s'y mettent en rapport avec les constricteurs, pour exercer sur eux une action qui suspend leur activité (*action inhibitoire*). Les ganglions sympathiques peuvent ainsi avoir une action, soit excitatrice, soit modératrice ou suspensive; ils sont, de plus, le siège de phénomènes réflexes importants.

En résumé, le système du grand sympathique préside à tous les actes involontaires, mais est plutôt distinct qu'indépendant du système cérébro-spinal, car ces deux systèmes réagissent sans cesse l'un sur l'autre, par voies réflexes.

ARTICLE V. — **Toucher**.

Nous savons déjà que le *tact* ou *toucher* est ce sens multiple qui renseigne sur la forme des corps, leur température et leur poids. On peut donc distinguer : 1° le *toucher géométrique;* 2° le *toucher thermométrique;* 3° le *toucher dynamométrique*.

Appareil du toucher. — Il comprend la peau et une partie des muqueuses. La peau se compose de deux couches : une superficielle (*épiderme*), une profonde (*derme*). Les muqueuses comprennent aussi deux couches correspondant aux précédentes : une superficielle (*épithélium*), une profonde (*chorion*).

A. ÉPIDERME. — Il est constitué par deux couches de

cellules épithéliales : l'une profonde (*couche muqueuse* ou *de Malpighi*); l'autre superficielle (*couche cornée*), résultant d'une transformation de la première.

L'épiderme n'est pas sensible par lui-même ; cependant on a décrit des filets nerveux s'avançant jusque dans l'épaisseur de la couche muqueuse (*boutons* et *corpuscules étoilés de Langerhans*). D'autre part, chez certains Mammifères (Porc, Taupe, Hérisson, Tatou, etc.), on trouve, dans le museau, des corpuscules tactiles qui appartiennent à l'épiderme.

B. DERME. — Il se compose de deux couches. 1º La couche profonde (*couche réticulaire* est formée de fibres conjonctives et de fibres élastiques entre lesquelles se trouve interposée une matière amorphe très tenace ; elle contient des vaisseaux, des muscles lisses, des glandes, des nerfs et des aréoles graisseuses. 2º La couche superficielle (*couche papillaire*), d'apparence amorphe, présente un nombre considérable de petites éminences (*papilles*) renfermant des *corpuscules tactiles*, tantôt sphéroïdaux (*cor-*

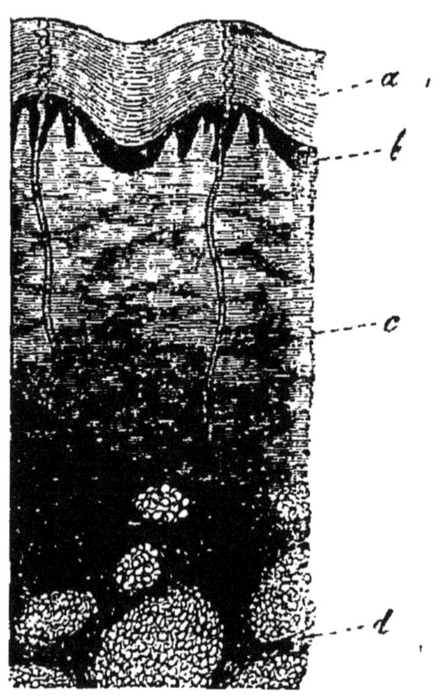

Fig. 62. — COUPE VERTICALE DE LA PEAU DE L'HOMME (gross. 20 diam.).

a, couche cornée de l'épiderme ; *b*, couche muqueuse ; *c*, derme présentant en haut des papilles et en bas des lobules adipeux séparés par des faisceaux connectifs *d*. On voit deux glandes sudoripares dont le conduit excréteur va s'ouvrir à la surface de l'épiderme.

puscules de Krause), tantôt ovoïdes (*corpuscules de Meissner*). Des corpuscules extra-papillaires (*corpuscules de Pacini*), plus volumineux que les précédents, se trouvent dans la profondeur du derme et jusque dans les muscles.

Sensations données par le toucher. — Elles sont

de trois sortes et correspondent aux trois sortes de toucher.

A. Sensations tactiles. — Elles sont fournies par les corpuscules tactiles. Chez les Animaux pourvus de mains

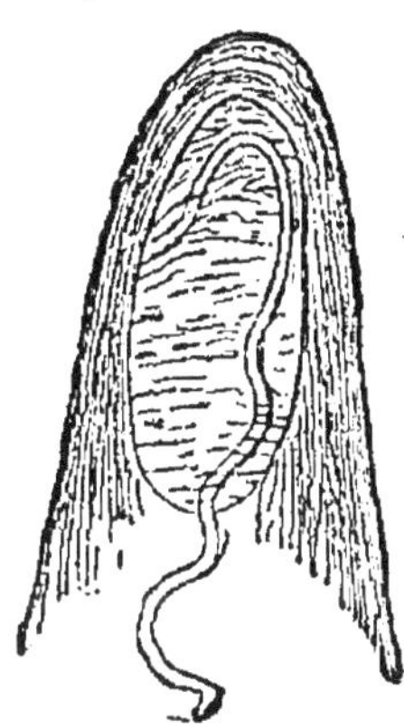

Fig. 63. — Corpuscule de Meissner.

Il est renfermé dans une papille dermique.

(Primates, Lémuriens), c'est-à-dire d'extrémités qui servent principalement à la préhension, la sensibilité tactile est surtout développée à l'extrémité palmaire des doigts, où les corpuscules du tact sont en nombre considérable. Chez l'Homme, la main ne sert pas à la locomotion et atteint toute sa perfection en tant qu'organe du toucher. La longueur, la flexibilité des doigts, l'aptitude qu'a le pouce d'être opposable, font de la main l'instrument de la palpation ou du *toucher actif*. Toute autre partie de l'enveloppe cutanée n'est douée que d'un *toucher passif*; cependant le pied, délié par éducation spéciale, peut, jusqu'à un certain point, remplacer la main. Dans la palpation, le cerveau relie les diverses impressions tactiles en un ensemble d'où résulte la notion géométrique des corps; mais celle-ci est habituellement fournie par l'œil qui, sur ce point, renseigne mieux que le toucher. On peut, avec un compas, mesurer l'intensité des sensations tactiles, en cherchant le minimum d'écart qu'il faut donner aux branches pour que la sensation tactile reste double.

B. Sensations de température. — On les croit fournies par les corpuscules de Langerhans. La peau ne peut apprécier convenablement les différences de température que dans le voisinage de la sienne propre.

C. Sensations de pression. — On les rapporte surtout aux corpuscules de Pacini. Elles sont assez complexes, car, en outre de la pression sur la peau, il y a, le plus souvent, un effort musculaire (*sens musculaire*), pour apprécier le poids de l'objet qu'on soupèse.

Appendices tégumentaires. — Nous examinerons, sous ce chef, les *poils*, les *ongles*, les *griffes*, les *sabots*, les *cornes*, les *glandes sudoripares*, les *glandes sé-*

bacées, les *muscles horripilateurs*. On appelle *Onguiculés*, les Mammifères qui ont des ongles ou des griffes; *Ongulés*, ceux qui ont des sabots.

A. POILS. — Filaments de forme et d'aspect variés, constitués par des cellules épithéliales. Ils s'implantent dans des dépressions de la peau (*follicules pileux*) dont le fond est soulevé en manière de bouton (*papille du poil*). Les cheveux sont des poils longs et fins.

Le poil présente deux parties : l'une intérieure (*racine*), qui surmonte la papille et est contenue dans le follicule ; l'autre extérieure (*tige*), droite ou frisée, suivant que le poil est cylindrique ou prismatique. C'est par la racine que le poil se nourrit et croît ; c'est par la pointe qu'il s'use. Pris dans son ensemble, le poil offre à considérer, de dehors en dedans : 1° la *cuticule*, formée par des cellules imbriquées, losangiques (elle figure des cornets emboîtés, chez les Chiroptères); 2° l'*écorce*, à cellules fusiformes et pigmentaires (elle manque chez le Porte-Musc); 3° la *moelle*, constituée par des cellules polyédriques, à granulations graisseuses (elle fait défaut chez le Porc).

On désigne sous le nom d'*albinos* des individus (Hommes ou Animaux), chez lesquels la matière pigmentaire fait défaut dans les organes qui en contiennent normalement (peau, poils, iris, choroïde). Cette anomalie (*albinisme*) peut être totale ou partielle ; elle diffère du blanchissement des cheveux, par suite des progrès de l'âge. Cette dernière transformation est caractérisée par la présence d'air à l'intérieur du poil ; elle commence toujours par la pointe de cet organe.

On observe généralement, chez les Mammifères, deux sortes de poils : les uns plus ou moins longs et raides (*jarres*), les autres courts et fins (*duvet* ou *bourre*). Le développement relatif de ces deux sortes de poils qu'il est facile d'observer chez le Lapin, varie beaucoup avec la température. Les jarres prédominent sur le duvet dans les pays chauds ; c'est le contraire dans les pays froids. Dans les pays tempérés, le pelage change avec les saisons ; il ne devient riche en duvet que pendant l'hiver, époque à laquelle la dépouille des Animaux à fourrure est surtout recherchée. C'est dans le groupe des jarres qu'il faut ranger les soies du Porc, les crins du Cheval, les épines du Hérisson, les piquants du Porc-Épic, etc. Au contraire, la laine du Mouton et celle du Chameau constituent une variété de duvet à poils longs et ondulés.

La couleur des poils est d'autant plus vive que les Animaux habitent des régions plus chaudes. Les pelages blancs s'observent surtout dans les régions circompolaires. Dans les régions tempérées, la teinte du pelage varie avec les saisons ; elle devient souvent blanche en hiver, à l'exception toutefois des parties noires, qui restent toujours noires. L'Écureuil, qui est roux en été, devient gris en hiver, dans les pays froids ; sa fourrure est alors connue sous le nom de *petit-gris*. L'Hermine, en été, a le pelage roux et l'extrémité de la queue noire ; elle devient entièrement blanche en hiver, à l'exception du bout de la queue, qui reste noir. Les taches de la robe, qui sont presque toujours symétriques, à l'état sauvage, deviennent souvent asymétriques, sous l'influence de la domestication.

Les poils qui tombent, c'est-à-dire qui s'atrophient et se séparent de la papille, sont reproduits, à l'état normal, par cette même papille. On désigne, sous le nom de *mue*, la chute périodique des poils : elle est facile à observer, chez beaucoup de Mammifères, au commencement de l'été ; les poils de renouvellement n'apparaissent qu'en automne. A ce renouvellement du poil correspond son changement de couleur, quand celui-ci a lieu.

Poils tactiles. — Ce sont des poils qui n'existent guère à l'état de développement, chez l'Homme. Chez les Animaux, ils sont tantôt longs (moustaches du Chat), tantôt courts (poils du groin du Porc). La surface inférieure de la membrane alaire des Chauves-Souris est garnie de poils tactiles à peine visibles, grâce auxquels ces Animaux peuvent se guider dans les cavernes obscures, sans se heurter aux obstacles, même après avoir perdu la vue. Ces poils sont, en effet, différemment impressionnés, suivant que le courant d'air, déterminé par les mouvements de l'aile, rencontre un obstacle plus ou moins rapproché.

B. Ongles. — Plaques cornées qui recouvrent la face supérieure de la dernière phalange des doigts ou des orteils (*phalangette* ou *phalange unguéale*). Ils sont constitués par des cellules plates provenant de l'épiderme : on ne les observe guère que chez les Primates.

C. Griffes. — Ce sont des ongles recourbés et terminés en pointe, qui emboîtent un peu l'extrémité de la dernière phalange. Les griffes sont souvent creusées d'une gouttière à leur face inférieure. Chez certains Carnivores (Chat, etc.), elles sont rétractiles et relevées à l'aide d'un ligament élastique qui va de la phalange onguéale à la phalange précédente. Les griffes et les ongles ne sont pas toujours situés à l'extrémité des doigts : ainsi, il existe un *ongle caudal* à l'extrémité de la queue du Lion. Ce sont des organes analogues aux ongles, qui constituent les écailles imbriquées du Pangolin, productions qu'il ne faut pas confondre avec la carapace du Tatou, car celle-ci résulte d'une ossification partielle du derme.

D. Sabots. — Organes cornés qui enveloppent complètement la dernière phalange. Les Ongulés sont tantôt imparidigités (*Périssodactyles*), tantôt paridigités (*Artiodactyles*).

Le sabot du Cheval présente trois parties : la *muraille*, la *sole* et la *fourchette*. La *muraille* est la partie apparente, quand le pied pose sur le sol ; elle se replie en dedans, de façon à former les deux branches d'un V (*barres*). La *sole* est une large plaque occupant la face inférieure du sabot. La *fourchette* est une masse pyramidale engagée entre les barres.

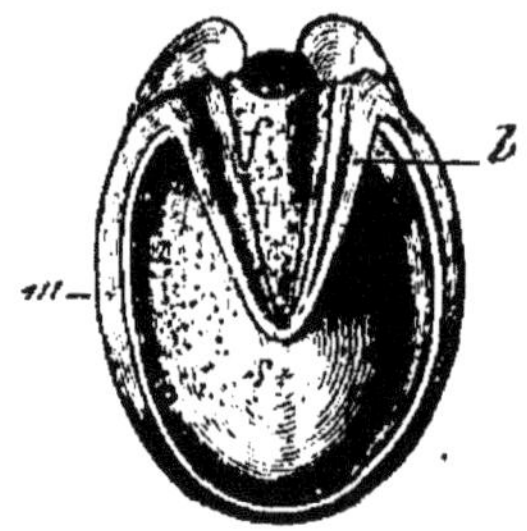

Fig. 64. — Sabot du Cheval.

b, barres; *f*, fourchette; *m*, muraille; *s*, sole.

Chez les Artiodactyles, il y a quatre doigts (Porcins) ou deux seulement (Ruminants) terminés par des sabots qui ne présentent pas de fourchette (*onglons*).

E. Cornes. — Organes pleins ou creux, de forme variable, ostéo-dermiques (*bois* des Ruminants) ou épidermiques (*cornes* des Ruminants; *cornes* des Rhinocéros). Leur étude sera mieux placée plus loin.

F. Glandes sudoripares. — Glandes en tube enroulées plusieurs fois sur elles-mêmes à leur extrémité close (*glomérules*) et sécrétant la *sueur*. Leur portion sécrétante est logée dans le tissu conjonctif sous-cutané ; leur canal excréteur traverse la peau, pour s'ouvrir à sa surface : il est rectiligne, dans sa partie dermique, contourné en vrille, dans sa partie épidermique. Les glandes sudoripares sont spéciales aux Mammifères : on évalue leur nombre à deux millions, chez l'Homme ; elles peuvent être rudimentaires (Chien), ou même manquer complètement (Cétacés, Taupe).

La sueur est un liquide acide qui contient une petite quantité d'urée et des acides gras odorants; son évaporation concourt à abaisser la température du corps.

G. Glandes sébacées. — Glandes acineuses qui sécrètent une matière huileuse (*matière sébacée*). Elles sont généralement annexées aux poils et s'ouvrent dans le follicule ; leur sécrétion recouvre la peau d'un enduit qui l'empêche de se mouiller. Chez l'Homme, il n'y a ni poils, ni glandes sébacées à la paume des mains et à la plante des pieds : la peau de ces régions se laisse imbiber d'eau et se ride, après s'être gonflée. Ce sont des sortes de glandes sébacées qu'on observe au-dessus de la grande fente interdigitale des Ruminants, sous le cou des Chauves-Souris, vers le milieu des flancs des Musaraignes, sur les côtés de la tête de l'Éléphant, etc. Les *larmiers* du Cerf sont aussi des organes glandulaires cutanés, qui sécrètent un liquide onctueux. Le *suint*, qui enduit la toison des Moutons, est une sécrétion sébacée.

H. Muscles horripilateurs. — Ils sont constitués par des faisceaux de fibres musculaires lisses, allant obliquement de la région superficielle du derme à la base des follicules pileux. Leur contraction amène le redressement du poil et produit la « chair de poule ».

Article VI. — Goût.

Appareil de la gustation. — Le sens du *goût* a pour siège principal la face dorsale de la langue (base, pointe et bords).

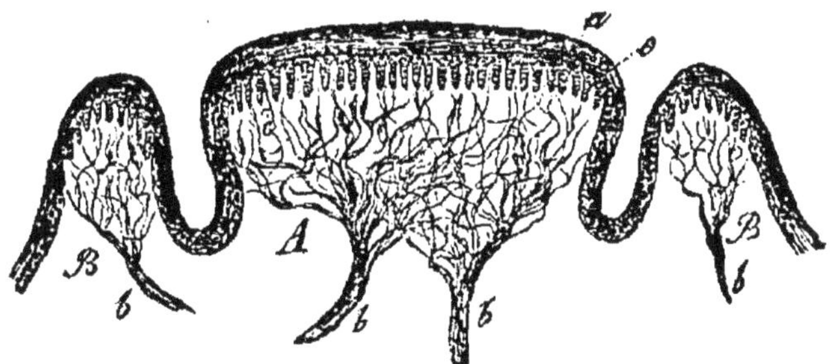

Fig. 65. — Section d'une papille caliciforme de la langue.

A, mamelon central de la papille ; *B*, relief annulaire qui l'entoure ;
a, épithélium ; *b*, nerfs (gross. 10).

La *langue* est un conoïde musculeux soutenu par une charpente ostéo-fibreuse et revêtu d'une muqueuse couverte de papilles. Les unes (*papilles coniques*) ont la forme d'un cône, à sommet plus ou moins déchiqueté ;

elles renferment des corpuscules de Krause, sont *tactiles* et répandues sur toute la surface de la langue. Les autres, *gustatives*, contiennent des corpuscules spéciaux, en forme d'olive (*corpuscules du goût*); elles figurent des mamelons, tantôt pédonculés (*papilles fongiformes*), tantôt sessiles et entourés par un rebord circulaire de la muqueuse (*papilles caliciformes*). Les papilles fongiformes occupent les côtés et la pointe de la langue; les papilles caliciformes constituent, par leur réunion sur la base de cet organe, un V (*V. lingual*) dont la pointe, située en arrière, présente souvent une dépression conique (*trou borgne*). Les corpuscules du goût sont constitués par deux ordres de cellules : les unes périphériques, en côte de melon, les autres centrales, en forme de bâtonnet (*cellules gustatives*). L'extrémité profonde de celles-ci paraît se continuer avec le cylindraxe d'une fibre nerveuse ; son extrémité superficielle fait saillie à travers un orifice (*pore du goût*) de l'épithélium papillaire.

Sensations gustatives. — Les *corps sapides* déposés sur la muqueuse linguale donnent naissance à cinq sortes de saveurs principales : *sucrées, salées, acides, alcalines, amères.*

Les saveurs sucrées et les saveurs amères ne produisent jamais de douleur, quelque concentrées qu'elles soient; il n'en est pas de même des autres.

D'après la plupart des physiologistes, la base de la langue (innervée par le glosso-pharyngien) serait la région gustative pour les saveurs amères, tandis que la pointe (innervée par le lingual), serait plutôt impressionnée par les autres saveurs. Le sulfate de soude

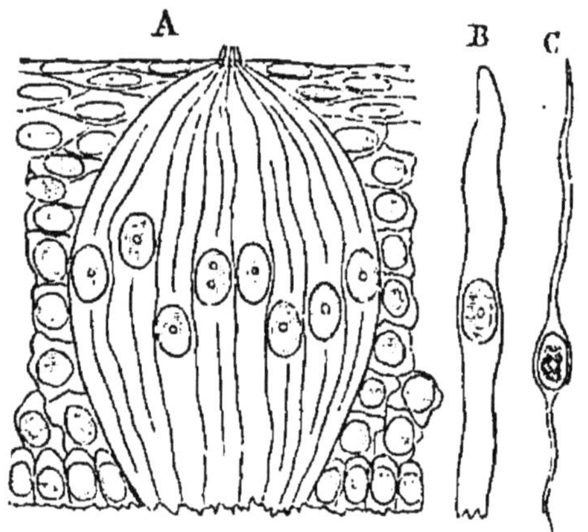

Fig. 66. — Corpuscule du gout.

A, corpuscule au milieu de l'épithélium ; B, cellules en côte de melon ; C, cellules gustatives.

paraît salé, quand on le goûte du bout de la langue, amer quand on l'avale. Le voile du palais présente une sensibilité gustative qu'il paraît tenir du nerf intermédiaire de Wrisberg (VULPIAN).

ARTICLE VII. — **Odorat**.

Appareil de l'olfaction. — Le sens de l'*odorat* a pour siège la muqueuse des fosses nasales (*membrane pituitaire*).

C'est seulement dans la région supérieure de la membrane pituitaire (*région olfactive*, appelée encore *région jaune*, à cause de sa coloration) que pénétrent les rameaux du nerf olfactif et que l'on trouve les *cellules olfactives* leur servant de terminaison. Cette région est dépourvue de cils vibratiles, contrairement au reste de la membrane.

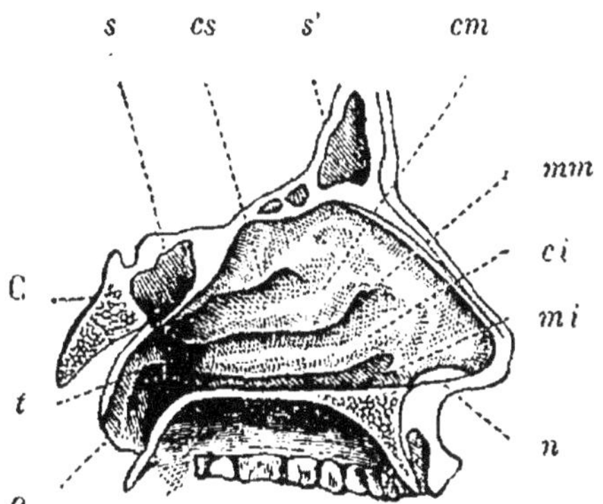

Fig. 67. — COUPE VERTICALE DES FOSSES NASALES.

C, portion de la base du crâne ; *ci*, cornet inférieur ; *cm*, cornet moyen ; *cs*, cornet supérieur ; *mi*, méat inférieur ; *mm*, méat moyen ; *n*, narine ; o, ouverture postérieure des fosses nasales ; *s*, sinus sphénoïdal ; *s'*, sinus frontal ; *t*, orifice de la trompe d'Eustache.

Chez l'Homme, les fosses nasales sont protégées par le *nez*, sorte de pyramide triangulaire dont la charpente ostéo-cartilagineuse est recouverte par la peau et dont la base présente les deux *narines* toujours béantes. Chez les autres Mammifères, le nez se transforme en un *museau* qui peut se terminer par un *mufle* (Bœuf), un *groin* (Porc), un *boutoir* (Sanglier), une *trompe* (Éléphant). Les narines (*naseaux* chez les Animaux) s'ouvrent à l'extrémité de ces divers organes ; elles sont mobiles et présentent, chez quelques Chiroptères, des replis cutanés plus ou moins compliqués (*feuilles nasales*). Exceptionnellement (Cétacés), les narines s'ouvrent au sommet du crâne (*évents*).

Organe de Jacobson. — On rattache à l'appareil olfactif une cavité glandulaire annexée aux fosses nasales et connue sous le nom d'*organe de Jacobson*. Cet organe, rudimentaire chez l'Homme, atteint son maximum de développement chez les Rongeurs ; il consiste en un tube de tissu glandulaire entouré d'une gaine cartilagineuse et situé dans l'angle de réunion de la cloison médiane avec le plancher des fosses nasales. Clos en arrière, il s'ouvre en avant dans le canal incisif, traverse le palais et est ainsi en communication avec la cavité buccale ; il est innervé par des filets du trijumeau et du nerf olfactif. On ignore les usages de l'organe de Jacobson.

Sensations olfactives. — Les *corps odorants* donnent naissance à trois séries d'odeurs : *agréables* (parfums), *désagréables*, *indifférentes*.

Le sens olfactif dépasse en sensibilité les autres sens, car nous ne pourrions ni toucher, ni goûter, ni voir la quantité infinitésimale de musc qui suffit à impressionner notre odorat. Les corps ne peuvent être odorants qu'à la condition d'être volatils : on admet que les odeurs sont une émanation, un effluve de particules matérielles qui se séparent des corps odorants. Pour que ces particules, amenées par l'air dans les fosses nasales, produisent une sensation, il faut que cet air soit mis en mouvement par le courant expiratoire. De là vient l'action de *flairer* les aliments dont l'état de fraîcheur ou de conservation paraît suspect. Le goût se trouve ainsi subordonné à l'odorat, qui est une sorte de « goût à distance ».

L'odorat est moins développé chez l'Homme que chez un grand nombre de Mammifères qui prennent ce sens pour guide dans la recherche de la nourriture, la reconnaissance de l'ennemi et le rapprochement des sexes.

Le nerf olfactif est le seul nerf de l'odorat ; cependant l'influence exercée par le trijumeau, sur la nutrition de la pituitaire, paraît nécessaire à la conservation des propriétés olfactives de cette membrane.

Article VIII. — **Ouïe.**

Appareil de l'audition. — Il est constitué par les *oreilles*. Chacune de celles-ci se décompose en trois cavités qui sont, de dehors en dedans : 1° l'*oreille externe*, dépendance du système cutané, s'ouvrant au dehors par le *méat auditif*; 2° l'*oreille moyenne*, appendice du pharynx, restant en communication avec lui, par la *trompe d'Eustache*; 3° l'*oreille interne*, annexe du cerveau, par le *conduit auditif interne*. Les deux premières cavités ne sont que des organes de transmission des ondes sonores; la troisième, véritable organe de l'ouïe, est logée dans l'épaisseur du *rocher* : c'est sur ses parties membraneuses que viennent se terminer les fibres du *nerf auditif*.

A. OREILLE EXTERNE. — Elle comprend le *pavillon* et le *conduit auditif externe*.

a. *Pavillon*. — Expansion en forme d'entonnoir plus

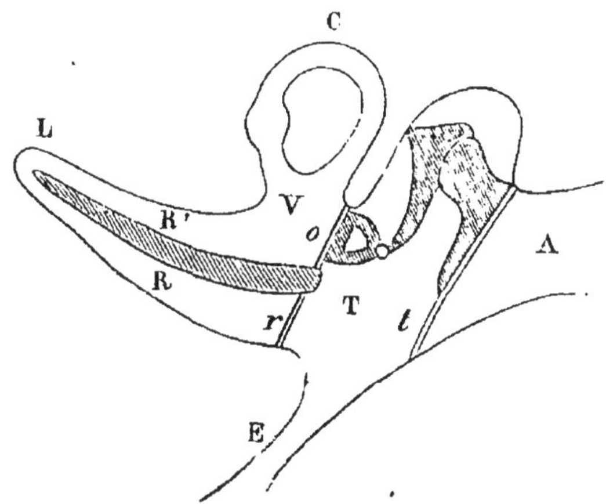

Fig. 68. — SCHÉMA DE L'OREILLE.

A, conduit auditif externe; C, un canal demi-circulaire; E, trompe d'Eustache; L, limaçon (supposé déroulé); o, fenêtre ovale; r, fenêtre ronde; R, rampe tympanique; R', rampe vestibulaire; t, membrane du tympan; T, oreille moyenne, traversée par la chaîne des osselets.

ou moins évasé, qui fait saillie au dehors du méat auditif. Constitué par une (Homme) ou plusieurs (Cheval) pièces cartilagineuses recouvertes de peau, le pavillon est pourvu de muscles rudimentaires (Homme) ou bien développés (Cheval, Lièvre, etc.). Chez l'Homme, il présente des saillies et des dépressions qui ont reçu des noms particuliers. En avant de l'*hélix* ou bourrelet·de l'oreille, une saillie concentrique (*anthélix*) entoure une excavation (*conque*) au fond de laquelle s'ouvre le méat auditif. De chaque côté de la conque, se trouvent deux petites saillies qui se font face (le *tragus* en avant, l'*antitragus* en arrière). Au bas du cartilage, pend une petite masse adipo-cutanée (*lobule de l'oreille*) propre à l'Homme. Le pavillon manque chez un certain nombre de Mammifères fouisseurs (Taupes) ou aquatiques (Cétacés).

b. *Conduit auditif externe.* — Canal ostéo-cartilagineux, étendu du méat auditif à la *membrane du tympan* qui sépare l'oreille externe de l'oreille moyenne. Il est tapissé par la peau enduite d'une matière grasse et jaunâtre (*cérumen*) sécrétée par des glandes spéciales.

B. Oreille moyenne. — Elle est constituée essentiellement par une cavité (*caisse du tympan*) creusée dans le rocher, tapissée d'une muqueuse et communiquant avec les arrière-narines par un conduit ostéo-cartilagineux (*trompe d'Eustache*). La paroi externe de la caisse est formée par la membrane du tympan et la portion de l'os dans laquelle elle est enchâssée ; sa paroi interne est percée de deux ouvertures ; l'une supérieure et ovale (*fenêtre ovale*), l'autre inférieure et circulaire (*fenêtre ronde*), fermées chacune par une cloison membraneuse. Chez l'Homme, la caisse du tympan communique en arrière avec la portion mastoïdienne du temporal creusée de cellules (*cellules mastoïdiennes*). De la membrane du tympan à celle de la fenêtre ovale, la caisse est traversée par une chaîne de quatre osselets (*marteau, enclume, os lenticulaire, étrier*). Le marteau a son manche dans l'épaisseur même de la membrane du tympan : l'étrier est fixé, par sa base, à la membrane de la fenêtre ovale. Deux *muscles*, l'un *du marteau*, l'autre *de l'étrier*, servent respectivement à tendre ou à relâcher la membrane du tympan.

C. Oreille interne. — Appelée encore *labyrinthe*, elle est entièrement close et se compose de deux cavités distinctes : l'une osseuse (*labyrinthe osseux*), l'autre membraneuse (*labyrinthe membraneux*) emboîtée dans la première. Un liquide albumineux (*endolymphe*) remplit le labyrinthe membraneux ; celui-ci est séparé du labyrinthe osseux par un liquide de même nature (*périlymphe*). Il

n'y a pas de communication entre l'endolymphe et la pé
rilymphe.

Le labyrinthe osseux se compose de trois parties : une
antérieure (*limaçon*), une moyenne (*vestibule*), une postérieure (*système des canaux demi-circulaires*), qui communiquent ensemble. Le vestibule est une cavité ovoïde
creusée au centre du rocher; il contient deux vésicules
membraneuses : l'une supérieure (*utricule*), située contre
la fenêtre ovale, l'autre inférieure (*saccule*) communiquant
avec la supérieure par un canal en Y (1). Les canaux
demi-circulaires sont au nombre de trois, l'un horizontal,
les deux autres verticaux; chacun d'eux présente une

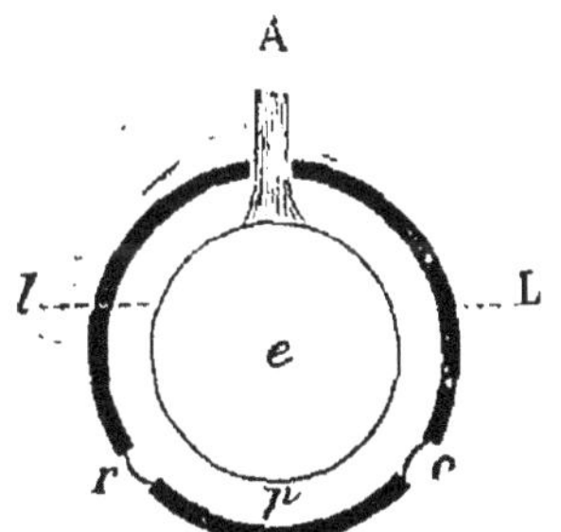

Fig. 69. — Schéma de l'oreille
interne.

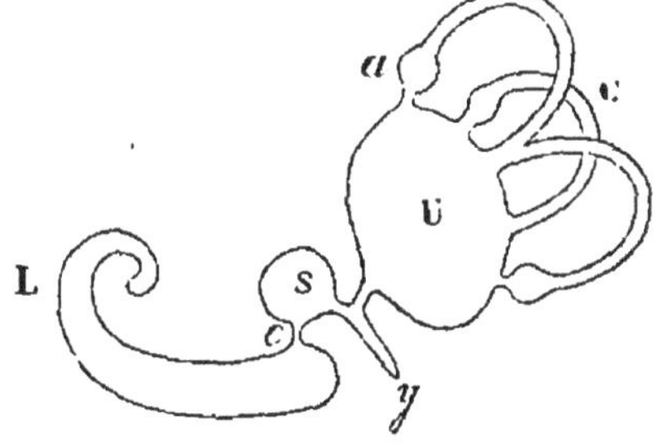

Fig. 70. — Labyrinthe
membraneux.

A, nerf auditif; e, endolymphe ; L, labyrinthe osseux ;
l, labyrinthe membraneux ;
o, fenêtre ovale et sa membrane ; r, fenêtre ronde et
sa membrane.

a, ampoule d'un des canaux demi-
circulaires (C) ; c, canal de Reichert ;
L, limaçon ; S, saccule ; U, utricule ;
y, canal en Y.

petite dilatation (*ampoule*) et débouche dans le vestibule
par ses deux extrémités; ils renferment, à leur intérieur,
trois canaux demi-circulaires membraneux de même
forme qu'eux et s'ouvrant dans l'utricule (2). Le limaçon

(1) L'utricule et le saccule présentent des épaississements en forme
de tache (*tache acoustique*) au-dessous desquels se trouvent des cellules munies d'un long poil terminé par un faisceau de filaments (*cellules à poils*). Des fibres du nerf auditif viennent se terminer dans ces
cellules au-dessous desquelles flottent de petits cristaux de carbonate
de chaux (*otolithes*).

(2) Les ampoules des canaux demi-circulaires membraneux présentent des épaississements en forme de crête (*crête acoustique*) au-dessous desquels se trouvent des cellules à poils en rapport, par leur
base, avec des fibres du nerf auditif.

peut être considéré comme formé par l'enroulement en hélice d'un tube conique fermé à son sommet et contenant lui-même un tube membraneux (*canal cochléaire*); son axe (*columelle*) est percé de petits trous par lesquels passent des fibres du nerf auditif. D'un côté, le canal cochléaire communique avec le saccule, par un étroit canal (*canal de Reichert*); d'un autre côté, les trois canaux demi-circulaires membraneux et l'utricule communiquent avec le saccule, par le canal en Y. Le canal cochléaire ne va pas jusqu'au sommet du limaçon; la cavité de celui-ci se trouve ainsi divisée en deux rampes qui communiquent entre elles au sommet (*hélicotrème*). Ces deux rampes sont remplies de périlymphe et comprennent entre elles le canal cochléaire plein d'endolymphe; l'une des rampes (*rampe vestibulaire*) débouche dans le vestibule; l'autre (*rampe tympanique*) aboutit à la fenêtre ronde. Le canal cochléaire est fixé, à son bord interne, sur une lame osseuse (*lame spirale*); il est séparé de la rampe vestibulaire par une membrane (*membrane de Reissner*) et de la rampe tympanique par une autre membrane (*membrane basilaire*). Celle-ci est constituée par des fibres parallèles, analogues à des cordes tendues, dont la longueur croît de la base au sommet du limaçon. Sur ces cordes est disposé un ensemble (*organe de Corti*) constitué par une longue série d'arcades composées chacune de deux piliers (*piliers de Corti*), au-dessous desquels se trouve un véritable tunnel (*tunnel de Corti*) et de chaque côté desquels sont deux sortes de cellules ciliées (*cellules auditives internes, cellules auditives externes*) en rapport avec les terminaisons des fibres nerveuses qui pénètrent dans le limaçon.

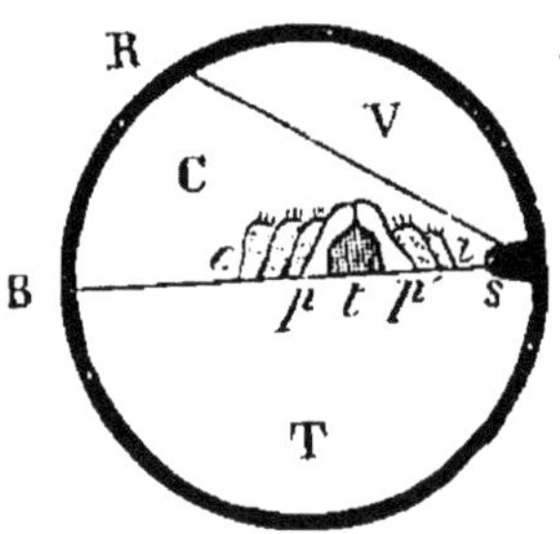

Fig. 71. — Coupe du limaçon (Schéma).

Bs, membrane basilaire; C, canal cochléaire; e, cellules auditives externes; i, cellules auditives internes; p,p', piliers de Corti; Rs, membrane de Reissner; S, lame spirale; T, rampe tympanique; V, rampe vestibulaire.

Théorie de l'audition. — L'oreille est un instrument dans lequel des cellules ciliées reçoivent les vibrations d'une membrane, par l'intermédiaire d'un liquide.

Le pavillon de l'oreille renforce les sons et renseigne
un peu sur leur direction, mais cette dernière notion est
due surtout à la présence de deux oreilles (*audition bin-
auriculaire*). La perte du pavillon n'entraîne qu'un léger
affaiblissement de l'ouïe. Le conduit auditif externe
transmet les ondes sonores à la membrane du tympan.
Celle-ci est fortement tendue dans les sons aigus et au
contraire faiblement tendue dans les sons graves. Elle
est susceptible de vibrer à l'unisson de tous les sons compris dans l'échelle de 33 à 76,000 vibrations par seconde ;
sa perte rend seulement l'oreille dure, sans amener une
surdité complète. Les vibrations de la membrane du
tympan sont transmises à la membrane de la fenêtre
ovale par la chaîne des osselets ; celle-ci se déplace dans
son ensemble. La trompe d'Eustache, habituellement fermée, s'ouvre à chaque mouvement de déglutition ;
elle maintient l'équilibre entre l'air extérieur et celui
de la caisse ; en même temps, elle s'oppose à la dessiccation des membranes de cette cavité et par suite aux
modifications de leurs propriétés acoustiques. L'occlusion de la trompe d'Eustache peut être une cause de
surdité. Quand les vibrations sonores sont arrivées à la
membrane de la fenêtre ovale, par la base de l'étrier,
cette membrane agit sur la périlymphe ; la pression
ainsi déterminée se propage à travers l'oreille interne jusqu'à la membrane de la fenêtre ronde. Celle-ci est aussitôt repoussée du côté de la caisse et, à la manière d'une
soupape de sûreté, empêche une compression trop forte
des parties si délicates de l'oreille interne. On admet
que chacune des fibres de la membrane basilaire est ac-
cordée pour un son différent ; comme il y en a au moins
six mille, ce nombre est plus que suffisant pour que le
clavier basilaire réponde, par une corde spéciale, à chacun des sons de l'échelle musicale (HELMHOLTZ). Quoi
qu'il en soit, ce sont les cellules ciliées qui finalement
sont impressionnées. L'*intensité* du son dépend de l'énergie avec laquelle la fibre est ébranlée ; sa *hauteur*, du
rang occupé par la fibre ; son *timbre*, du nombre des
fibres ébranlées. On suppose que le vestibule et les canaux demi-circulaires, qui ne renferment que des cellules à poils et des otolithes, au milieu de l'endolymphe,
ne servent qu'à recueillir les *bruits ;* le limaçon avec
ses cordes serait, comme nous venons de le dire, ré-
servé pour les sons musicaux. La perte du liquide de
l'oreille interne entraîne une surdité complète.

Article IX. — **Vue.**

Appareil de la vision. — Il est constitué par des organes essentiels (*yeux*) et par des organes accessoires (*sourcils, paupières, glandes* et *voies lacrymales, muscles moteurs de l'œil*).

A. OEIL. — Sphéroïde (*globe oculaire*) constitué par des *membranes* et des *milieux transparents* ou *humeurs*. Logé dans l'orbite, il est séparé du fond de cette cavité par un coussinet graisseux : on lui considère un *équateur* et deux *pôles*, l'un antérieur, l'autre postérieur.

A. Membranes du globe de l'œil. — Elles sont au nombre de trois : l'*externe*, la *moyenne* et l'*interne*.

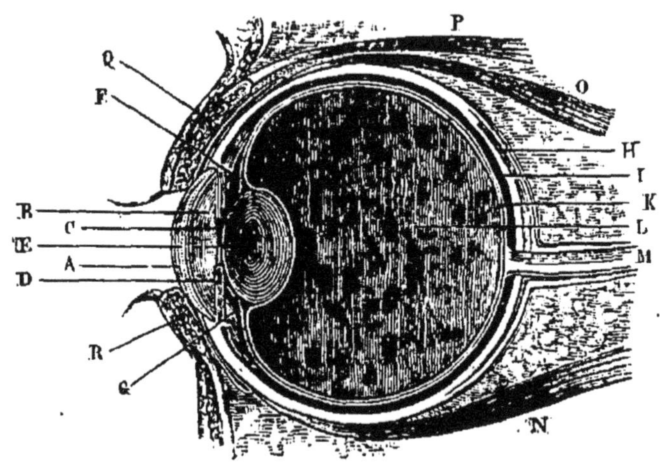

Fig. 72. — Coupe verticale de l'œil.

A, cornée transparente ; B, chambre antérieure ; C, pupille ; D, iris ; E, cristallin ; F, chambre postérieure ; G. procès ciliaires ; H. sclérotique ; I, choroïde ; K, rétine ; L, corps vitré ; M, nerf optique ; N, muscle droit inférieur ; O, muscle droit supérieur ; P, muscle releveur de la paupière supérieure ; Q. R, paupières.

a. *Membrane externe.* — Elle est fibreuse et se compose de deux parties : l'une postérieure (*sclérotique*), opaque,

blanchâtre, laissant passer le nerf optique ; l'autre antérieure (*cornée*), transparente, plus bombée que la sclérotique. A la réunion de ces deux parties se trouve un
canal veineux circulaire (*canal de Schlemm* ou *de Fon-
tana*).

b. *Membrane moyenne.* — Elle est musculaire et se divise, comme la précédente, en deux parties : l'une postérieure (*choroïde*), tapissant la sclérotique ; l'autre antérieure (*iris*) tendue en arrière de la cornée. 1° La
choroïde présente des cellules pigmentaires qui quel-
quefoïs manquent, soit complètement (*albinos*), soit
seulement sur une partie de cette tunique qui prend
alors un aspect brillant et nacré (*tapis* ou *miroir* des
Carnivores et des Ruminants), disposition qui empêche
l'absorption des rayons lumineux et permet de voir plus
ou moins bien, pendant la nuit. A la partie antérieure,
la choroïde s'épaissit pour former une véritable couronne de plis rayonnés (*procès ciliaires*) qui entourent le
cristallin à la façon des griffes du chaton d'une bague.
Entre les procès ciliaires et la sclérotique, existe un
muscle (*muscle ciliaire*) formé de fibres lisses affectant
deux directions différentes : les fibres extérieures sont
longitudinales et vont de la cornée à la choroïde ; les
fibres profondes sont circulaires et constituent un anneau
(*muscle de Müller*) autour du cristallin. 2° L'iris est un
véritable diaphragme adhérent à son pourtour, libre
sur ses deux faces et percé à son centre d'un trou
(*pupille*) qui peut se rétrécir ou s'agrandir, par l'action
de fibres musculaires, les unes circulaires, les autres
radiées. Ce trou est tantôt circulaire (Primates), tantôt
elliptique, avec le grand axe, soit vertical (Carnivores),
soit horizontal (Ruminants). La face postérieure de l'iris
est revêtue du même pigment que la choroïde ; sa
face antérieure est tantôt dépourvue do pigment (yeux
bleus), tantôt parsemée de taches pigmentaires (yeux
gris, noirs). Les deux iris ont tantôt la même couleur,
tantôt des couleurs différentes (yeux vairons).

c. *Membrane interne* ou *rétine.* — C'est la membrane
sensible de l'œil. Elle est formée par l'épanouissement
du nerf optique et se termine à l'équateur de l'œil, en
tant que membrane nerveuse. A leur entrée dans l'œil,
les fibres du nerf optique forment une sorte de cupule
appelée improprement *papille ;* elles se recourbent en dehors, pour se terminer dans deux sortes d'organes : les
bâtonnets et les *cônes*, rangés côte à côte, dans des proportions diverses suivant les régions, mais n'existant pas

dans la papille. Au pôle postérieur de l'œil, un peu en dehors de la papille, on observe, chez les Primates, une *fossette centrale*, au milieu d'une *tache jaune*. A cet endroit, il n'existe que des cônes ; les bâtonnets prédominent, au contraire, sur le reste de la rétine.

B. MILIEUX DU GLOBE DE L'ŒIL. — Au nombre de trois, comme les membranes ; ce sont, d'avant en arrière : l'*humeur aqueuse*, le *cristallin* et le *corps vitré*.

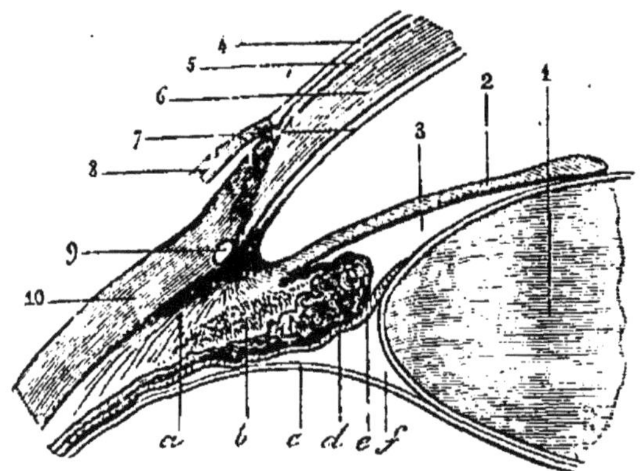

Fig. 73. — MUSCLE CILIAIRE ET SES RAPPORTS.

1, cristallin ; 2, iris ; 3, chambre postérieure ; 4, 5, 6, 7, cornée ; 8, conjonctive ; 9, canal de Schlemm ; 10, sclérotique ; *a*, partie superficielle du muscle ciliaire ; *b*, partie profonde du même (muscle de Müller) ; *c*, membrane hyaloïde ; *d*, un procès ciliaire ; *e*, zone de Zinn ; *f*, canal de Petit.

a. *Humeur aqueuse.* — C'est un liquide incolore, qui remplit les deux chambres de l'œil. On distingue une *chambre antérieure* comprise entre la cornée et l'iris, et une *chambre postérieure* occupant l'espace annulaire situé en dehors de la pupille, entre l'iris et le cristallin.

b. *Cristallin.* — Lentille biconvexe située en arrière de la pupille. Renfermée dans une capsule transparente (*cristalloïde*) ; face postérieure plus bombée que l'antérieure.

c. *Corps vitré.* — Masse transparente placée entre le cristallin et la rétine. On y distingue l'humeur proprement dite (*humeur vitrée*) et une membrane transparente qui la renferme (*membrane hyaloïde*). Celle-ci se dédouble, à sa partie antérieure, en deux feuillets : l'un (*zone de Zinn*) va se fixer sur la face antérieure du cristallin, l'autre passe derrière cette lentille. L'espace compris entre les deux feuillets de la membrane hyaloïde forme un canal circulaire autour du cristallin (*canal godronné* ou *de Petit*).

B. ORGANES ACCESSOIRES DE L'APPAREIL VISUEL. — On peut les différencier en organes de protection (*sourcil, paupières*), organes de sécrétion (*organes lacrymaux*) et organes moteurs (*muscles du globe de l'œil*).

A. SOURCIL. — Arcade musculo-cutanée, située au-dessus de l'orbite, entre le front et la paupière supérieure. Recouvert de poils obliques, le sourcil ombrage l'œil contre une lumière trop vive et détourne des yeux la sueur qui vient du front.

B. PAUPIÈRES. — Ce sont des voiles musculo-membraneux, l'un supérieur, l'autre inférieur, qui se meuvent en avant du globe de l'œil. Leur bord libre présente des poils raides (*cils*). Quand elles sont fermées, les paupières empêchent l'accès de la lumière; elles sont alors en contact par une fente (*fente palpébrale*) qui, quand elles sont ouvertes, devient un contour elliptique présentant deux angles, aux extrémités de son grand axe. L'angle interne de l'œil contient un petit corps glanduleux (*caroncule lacrymale*) et un repli de la conjonctive (*repli semi-lunaire*). Celui-ci, rudimentaire chez l'Homme, constitue, chez quelques Mammifères Ongulés, Édentés), une paupière interne (*membrane clignotante*), qui ne peut cependant recouvrir complètement le devant de l'œil, comme elle le fait chez les Oiseaux. A la paupière interne se rattache une glande en grappe (*glande de Harder*) qui occupe l'angle interne de l'œil et sécrète une substance sébacée. La face postérieure des deux paupières est tapissée par une membrane muqueuse (*conjonctive*) qui se réfléchit au devant du globe de l'œil, après avoir formé deux culs-de-sac, l'un supérieur, l'autre inférieur. Les paupières renferment, dans leur épaisseur, un cartilage (*cartilage tarse*) s'opposant au froncement de ces organes. Des glandes en grappe (*glandes de Meibomius*), renfermées dans l'épaisseur des cartilages tarses, s'ouvrent sur le bord libre des paupières; elles sécrètent une matière grasse qui empêche l'écoulement du fluide lacrymal sur les joues.

C. ORGANES LACRYMAUX. — Ils comprennent la *glande*

lacrymale, qui sécrète les larmes, et les *voies lacrymales*, qui servent à l'écoulement des larmes.

a. ***Glande lacrymale.*** — Glande en grappe située à la partie externe et supérieure du globe de l'œil. Elle s'ouvre, par plusieurs conduits excréteurs, dans le cul-de-sac conjonctival supérieur.

b. ***Voies lacrymales.*** — Elles commencent aux deux *points lacrymaux*, petits orifices situés à la partie interne du bord libre des paupières, au sommet de deux *tubercules lacrymaux*. Deux *conduits lacrymaux* vont des points lacrymaux à un *sac lacrymal* situé à l'angle interne de l'orbite. Ce sac se continue avec le *canal nasal*, qui s'ouvre dans les fosses nasales.

D. MUSCLES DE L'ŒIL. — Chez les Primates, ils sont au nombre de sept : le *releveur de la paupière supérieure*, les quatre *muscles droits* (supérieur, inférieur, externe, interne), le *grand oblique* et le *petit oblique*. Tous ces muscles, à l'exception du petit oblique, partent du pourtour du trou optique. Les quatre droits s'insèrent à la partie antérieure de la sclérotique ; les deux obliques, à sa partie postérieure ; le releveur de la paupière su-

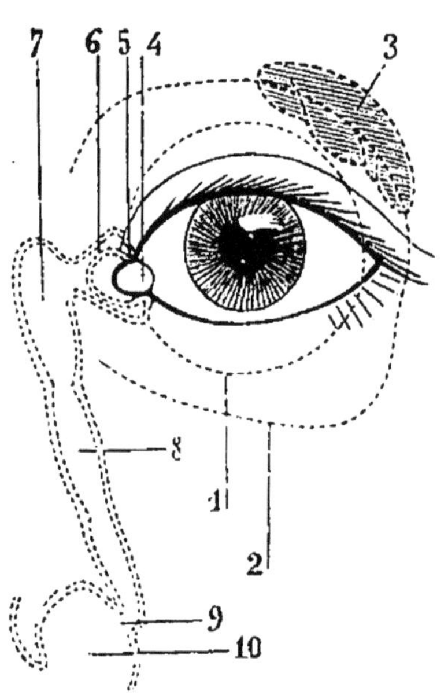

Fig. 74. — ORGANES LACRYMAUX.

1, globe oculaire ; 2, orbite ; 3, glande lacrymale ; 4, caroncule lacrymale ; 5, point lacrymal supérieur ; 6, conduit lacrymal supérieur ; 7, sac lacrymal ; 8, canal nasal ; 9, son orifice inférieur ; 10, méat inférieur des fosses nasales.

périeure au cartilage tarse supérieur. Le grand oblique, arrivé à la partie antéro-supérieure de l'orbite, se réfléchit sur un anneau fibreux, pour se porter en arrière. Le petit oblique part du plancher de l'orbite et contourne en dehors le globe de l'œil, pour aller rejoindre l'insertion du grand oblique qu'il semble continuer. Chez les autres Mammifères, il existe encore un muscle particulier (*mus-*

cle coanoïde) qui, partant du fond de l'orbite, embrasse le globe de l'œil et constitue une espèce d'entonnoir situé entre les quatre muscles droits.

Théorie de la vision. — L'œil est une chambre obscure qui a pour écran la rétine et pour lentille les milieux transparents.

A. Phénomènes physiques. — L'effet total des milieux transparents de l'œil peut se ramener à celui d'une lentille (*lentille oculaire*) convergente, aplanétique et achromatique, donnant des images concaves (de même concavité que la rétine), renversées, nettes et non irisées. Le pigment choroïdien, comme la matière noire de l'intérieur des instruments d'optique, absorbe les rayons lumineux dont la réflexion rendrait la vision confuse. La pupille se rétrécit ou s'élargit, suivant que la lumière est plus ou moins vive, réglant elle-même la quantité de lumière nécessaire et suffisante pour la vision. L'œil peut voir nettement les objets à des distances variables (*accommodation*), à cause du muscle ciliaire qui, relâché dans la vision lointaine, se contracte dans la vision rapprochée et augmente la convexité du cristallin (surtout à sa face antérieure). L'accommodation devient de plus en plus difficile par les progrès de l'âge (*presbytie* ou *presbyopie*) et nécessite l'emploi de lunettes à verres convexes ou convergents, pour la vision des objets rapprochés. L'œil *normal* ou *emmétrope* est presque régulièrement sphérique; il n'a pas besoin de lunettes pour voir nettement de près ou de loin. L'œil *myope* est aplati à l'équateur et renflé aux pôles; l'image qu'il donne des objets éloignés se fait en avant de la rétine et ne peut arriver sur cette membrane que par l'intermédiaire d'une lentille concave ou divergente. L'œil *hypermétrope* est (comme le globe terrestre) aplati aux pôles et renflé à l'équateur; les images qu'il donne sont toujours confuses, car la rétine est trop rapprochée et c'est derrière cet écran qu'elles viendraient se peindre nettement; elles peuvent devenir distinctes, par l'emploi de lunettes convergentes qui ramènent l'image au point, sur la rétine. La vision au moyen des deux yeux (*vision binoculaire*) augmente le champ visuel; elle apprécie les distances avec plus de certitude que la vision au moyen d'un seul œil.

B. Phénomènes physiologiques. — a. *Sensations lumineuses.* — La lumière est l'excitant ordinaire de la rétine, mais des sensations lumineuses peuvent se produire sous l'influence d'excitations mécaniques (figures lumineuses appelées *phosphènes*) résultant d'une pression latérale sur le globe de l'œil. La papille (*punctum cæcum*) est insensible à la lumière (*Expérience de Mariotte* dans laquelle, après avoir placé deux points noirs sur un fond blanc et fixé avec l'œil droit celui du côté gauche, on ne voit plus celui de droite quand on se place à une distance telle que l'image se fasse sur la papille). La tache jaune est le point le plus sensible de la rétine, le véritable centre physiologique de l'œil ; c'est en fixant avec la tache jaune qu'on lit et qu'on écrit. L'impression de la lumière sur la rétine met un certain temps à se propager jusqu'au cerveau et la perception lumineuse a aussi une certaine durée : si deux impressions consécutives sont séparées par un intervalle assez court, pour que la perception de la seconde se produise, avant que la première ait cessé d'être perçue, les deux sensations se confondent en une seule (illusions de l'étoile filante, du phénakisticope, etc.) Nous voyons les objets droits, bien que leurs images soient renversées ; autrement dit, la perception redresse l'impression : phénomène inexpliqué.

b. *Sensations de couleur*. — Les objets paraissent *noirs* lorsqu'ils absorbent la presque totalité de la lumière qui les frappe, *gris* lorsque cette absorption est moindre, *colorés* lorsqu'ils absorbent certains rayons et nous renvoient les autres : un corps paraît rouge lorsqu'il absorbe tous les rayons de la lumière blanche, sauf les rouges. Lorsqu'un corps coloré impressionne vivement la rétine, on éprouve ensuite la sensation de la couleur complémentaire de ce corps. On appelle *couleurs complémentaires* deux couleurs qui, mélangées, produisent le blanc. Les altérations chromatiques de l'œil (*daltonisme*) consistent dans l'inaptitude totale ou partielle à ressentir l'impression des couleurs et à les distinguer les unes des autres. On suppose que ce sont les cônes rétiniens qui sont impressionnés par les couleurs. A l'état normal, la rétine est rouge (*pourpre rétinien*) ; cette coloration a son siège dans les bâtonnets. Le pourpre rétinien est sensible à l'action de la lumière, mais cela ne prouve pas sa participation au mécanisme de la vision, car il fait défaut dans la tache jaune, c'est-à-dire dans la région où se produisent les images nettes.

CHAPITRE VIII

EMBRANCHEMENT DES CHORDÉS

CHORDÉS. — *Animaux à squelette intérieur persistant ou temporaire, munis d'une corde dorsale chez l'embryon* (Voy. p. 16).

Article I. — **Sous-embranchement des Vertébrés.**

VERTÉBRÉS. — *Chordés munis d'un crâne et d'une colonne vertébrale* (Voy. ch. IV).

§ 1. — *Classe des Mammifères.*

MAMMIFÈRES. — *Animaux à mamelles* (Voy. ch. V, VI, VIII).

Vertébrés généralement couverts de poils (*Pilifères*). Respiration exclusivement pulmonaire. Température constante. Deux condyles occipitaux. Amniens. Vivipares, à l'exception des Monotrèmes qui sont ovipares.

On divise les Mammifères en trois sous-classes : 1º les *Placentaires*, vivipares et pourvus d'un placenta; 2º les *Marsupiaux*, vivipares et dépourvus de placenta; 3º les *Monotrèmes*, ovipares et dépourvus de placenta. On pourrait réunir les Placentaires et les Marsupiaux sous la dénomination générale de *Ditrèmes* (δίς, deux ; τρῆμα, trou), par opposition aux *Monotrèmes* (μόνος, un seul), car les premiers présentent toujours un orifice sexuel distinct de l'anus, tandis qu'il n'y a extérieurement, chez les seconds, qu'un seul orifice ano-génital.

Primates (*primates*, les premiers citoyens). — *Mammifères pourvus de mains, à molaires tuberculeuses et orbites complètes.*

Dentition complète ; molaires toujours mousses. Maxillaire inférieur formé de deux moitiés soudées sur la

MAMMIFÈRES. 11.

Placentaires.	Des mains....		Molaires à tubercules mousses......	PRIMATES.
			Molaires à tubercules aigus...........................	LÉMURIENS.
	Des ailes...			CHIROPTÈRES.
	Des pattes....	Des griffes.	Dentition complète.. { Canines fortes........	CARNIVORES.
			Canines faibles.......	INSECTIVORES.
			Dentition incomplète. { Pas de canines......	RONGEURS.
			Pas d'incisives........	ÉDENTÉS.
		Des sabots.	Imparidigités....... { 5 doigts à chaque pied.	PROBOSCIDIENS.
			Moins de 5 doigts.....	JUMENTÉS.
			Paridigités..... ... { 4 doigts à chaque pied.	PORCINS.
			2 doigts.............	RUMINANTS.
	Des nageoires.		Pas de nageoire caudale.............................	PINNIPÈDES.
			Une nageoire caudale........... { Corps poilu..........	SIRÉNIDES.
			Corps glabre.........	CÉTACÉS.
Marsupiaux..				MARSUPIAUX.
Monotrèmes.................				MONOTRÈMES.

ligne médiane. Une paire de mamelles pectorales. Utérus simple. Placenta discoïde. Deux mains; deux pieds, préhensiles ou non (Bimanes et Bipèdes). Cerveau recouvrant le cervelet en arrière. Animaux occupant le premier rang.

A. HOMMES. — *Primates à attitude verticale et à pieds non préhensiles.*

Dentition sans intervalles pour les canines; celles-ci non saillantes. Arcades dentaires paraboliques (en forme d'U chez les races inférieures). Arcades zygomatiques étroites, peu écartées de la tête. Menton saillant. Voûte du crâne sans crêtes fortement accentuées. Trou occipital à situation inférieure. Membre supérieur terminé, dans son prolongement, par une main à cinq doigts flexibles dont un pouce opposable aux autres doigts, servant d'instrument de palpation et de préhension. Membre inférieur plus gros et plus long que le supérieur, terminé par un pied horizontal, à plante large, talon saillant et orteils courts, servant uniquement à la locomotion. Bassin large et mollets épais, en rapport avec l'attitude verticale. Système pileux plus ou moins développé, moins abondant sur la face dorsale que sur la face ventrale. Au point de vue anatomique, il y a moins de différence entre l'Homme et les Singes anthropoïdes, qu'entre ceux-ci et les Singes inférieurs. Au point de vue physiologique, l'Homme, doué de la parole, de l'écriture et de la faculté de l'abstraction, est très supérieur au Singe le plus élevé; il est le premier des Primates, le premier des premiers.

Dolichocéphalie. Brachycéphalie. Mésaticéphalie. — On appelle *dolichocéphales* les têtes longues, *brachycéphales* les têtes larges, *mésaticéphales* les têtes ordinaires.

En supposant le diamètre antéro-postérieur de la tête égal à 100, le diamètre transverse sera inférieur à 78 chez les Dolichocéphales (Nègres, Australiens, etc.), supérieur à 78 et inférieur à 80 chez les Mésaticéphales (Américains, Parisiens, etc.) égal ou supérieur à 80 chez les Brachycéphales (Lapons, Auvergnats, Savoyards, etc.). Ces divers chiffres donnent l'*indice céphalique*, qu'on ne saurait prendre comme un caractère de supériorité ou d'infériorité.

Prognathisme. Orthognathisme. Mésognathisme. — On désigne sous le nom de *prognathisme* la saillie, soit des mâchoires (*prognathisme maxillaire*), soit des incisives (*prognathisme dentaire*), qui simule une sorte de museau. Au contraire, dans l'*orthognathisme*, les maxillaires et les incisives ont une direction presque verticale. La disposition intermédiaire est le *mésognathisme*.

Angles faciaux. — Angles servant à apprécier les principaux rapports entre le crâne et la face. Le plus connu de ces angles (*angle facial de Camper*) est déterminé par deux lignes dont l'une passe par le trou auditif et le bord inférieur des narines, l'autre étant tangente à la face antérieure des incisives et à la protubérance du frontal (*glabelle*). Cet angle est, en moyenne, de 80° chez les Européens, de 75° chez les Mongols, de 70° chez les Nègres.

Volume de la cavité crânienne. — Pour cuber le crâne, on le remplit de grenaille de plomb et l'on verse ensuite celle-ci dans une éprouvette graduée en centimètres cubes. La moyenne de la capacité crânienne est de 1 500 centimètres cubes chez l'Européen et de 1 200 seulement chez l'Australien ; elle est plus grande chez l'Homme que chez la Femme.

Tatouage. — Opération consistant à imprimer sur la peau des figures indélébiles, au moyen de matières colorantes (charbon, poudre, vermillon, etc.) introduites dans des blessures cutanées (piqûres, incisions, brûlures, etc.). Cet usage remonte à une très haute antiquité : il est encore en vigueur chez un certain nombre de peuples de l'Asie, de l'Afrique et de l'Océanie.

Anthropophagie. — On désigne sous ce nom, ou sous celui de *cannibalisme*, l'habitude de manger de la chair humaine. Ce penchant existe encore chez certaines peuplades sauvages de l'Afrique, de l'Amérique et de l'Océanie. L'Homme est devenu cannibale, d'abord par besoin, ensuite par gourmandise ; enfin l'anthropophagie a revêtu, suivant les pays, le caractère guerrier, le caractère religieux, le caractère juridique.

Races humaines. — Les anthropologistes sont divisés sur la question de savoir si les différents types humains dérivent d'une seule « espèce humaine » dont ils seraient des variétés (*monogénisme*) ou si, au contraire, il y a plusieurs espèces dans le « genre humain » (*polygénisme*). Les monogénistes invoquent, en faveur de l'unité de l'espèce humaine, les croisements féconds entre toutes les races humaines ; mais les polygénistes, se basant sur l'existence d'hybrides féconds chez les Animaux, n'admettent pas que la fécondité soit le critérium de l'espèce ; d'ailleurs les métis du Nègre et de l'Européen sont généralement peu féconds, comme l'exprime leur nom de *mulâtre*, rappelant la stérilité du mulet. Nous admet-

trons quatre races principales, caractérisées surtout par
la couleur de la peau et la distribution géographique :
1° la *race blanche*, en Europe ; 2° la *race rouge*, en Amérique ; 3° la *race jaune*, en Asie ; 4° la *race noire*, en Afrique et en Océanie.

a. *Race blanche caucasique*. — Peau blanche (Europe
septentrionale), foncée (Europe méridionale) ou brune
(Abyssinie, Inde). Cheveux fins, droits ou bouclés, à
coupe ovale, variant du blond au noir et permettant de
distinguer des *roux*, des *blonds*, des *châtains*, des *bruns*.
Barbe abondante. Visage ovale, avec le gros bout en haut.
Orthognathes. Nez mince et saillant (*Leptorhiniens*). Lèvres minces. Bassin large. Avant-bras court. Europe,
nord de l'Afrique et sud-ouest de l'Asie.

b. *Race rouge* ou *américaine*. — Peau rougeâtre, cui-
vrée. Cheveux longs, noirs, raides comme des crins, à
coupe circulaire. Barbe rare. Visage elliptique. Méso-
gnathes. Yeux un peu obliques. Pommettes un peu accentuées. Nez saillant, aquilin, de largeur moyenne (*Mésorhiniens*). Lèvres minces. Amérique du Nord (Mexicains,
Peaux-Rouges, Comanches, etc.); Amérique du Sud
(Araucans, Péruviens, Patagons, Botocudos, etc.). Les
Patagons présentent le maximum de taille dans l'espèce
humaine (1ᵐ80 en moyenne). Les Botocudos ont l'étrange
habitude de s'introduire une sorte de bondon (*botoque*)
dans la lèvre inférieure et le lobule de l'oreille.

c. *Race jaune*. — Peau jaunâtre. Cheveux forts, noirs
et droits, à section circulaire, plus développés sur le
sommet de la tête. Barbe rare. Visage en losange. Méso-
gnathes. Pommettes très saillantes et écartées. Nez généralement aplati, de largeur moyenne (*Mésorhiniens*).
Lèvres épaisses. 1° *Mongols*. Peau jaune ; cheveux paraissant collés sur la tête ; yeux obliques, relevés à l'angle
externe ; seins hémisphériques chez la Femme; Chine,
Japon, Turquie, Sibérie. 2° *Malais*. Peau de couleur can-
nelle ; yeux petits, à fente horizontale ; seins piriformes ;
Malaisie. 3° *Polynésiens*. Peau olivâtre, bistrée ; yeux
grands, fendus horizontalement ; seins globuleux ; Poly-
nésie.

d. *Race noire*. — Peau noire. Cheveux noirs, généralement crépus, à coupe plus ou moins elliptique. Visage ovale, avec le gros bout en bas. Prognathes. Nez
large et plat (*Platyrhiniens*). Lèvres épaisses, retroussées.
Menton fuyant. Bassin étroit. Avant-bras long. 1° *Nègres*.
Peau variant du noir d'ébène au noir bleuté, plus claire
à la paume des mains et à la plante des pieds, exception-

nellement rouge (Peuls); cheveux courts, crépus et laineux, exceptionnellement lisses (Peuls) ; barbe rare, tardive ; parties centrales de l'Afrique. 2° *Boschimans.* Peau d'un noir jaunâtre ; taille la plus petite de l'échelle humaine (1ᵐ,40 en moyenne) ; les Femmes présentent un amas graisseux considérable à la région fessière (*stéatopygie*); sud de l'Afrique. 3° *Mélanésiens.* Peau d'un noir de jais ; cheveux crépus et ébouriffés, formant souvent un volume énorme (*tête de vadrouille*); barbe peu fournie ; Mélanésie. 4° *Australiens.* Peau de couleur chocolat ; cheveux longs et lisses ; barbe abondante ; nez gros, assez saillant ; Australie.

Population humaine du globe. — On l'estime à 1450 millions d'individus parmi lesquels 160 millions seulement ont la chevelure laineuse. Les deux races qui tiennent le premier rang sont la blanche et la jaune, représentées chacune par 500 millions d'individus.

Ancienneté de l'Homme. — L'existence de « l'Homme fossile » est aujourd'hui démontrée (Boucher de Perthes).

L'étude des temps préhistoriques (*paléoethnologie*) a surtout été faite dans nos régions ; elle permet de distinguer, dans la marche de l'industrie humaine, trois phases principales caractérisées par des instruments, d'abord de pierre (*âge de la pierre*), puis de bronze (*âge du bronze*), ensuite de fer (*âge du fer*). Toutefois, l'évolution de l'humanité ne s'est pas produite, avec la même rapidité, sur toute la surface du globe : en Amérique et en Océanie, certaines tribus en sont encore à l'âge de la pierre. Quelques anthropologistes admettent que, vers le milieu de l'époque tertiaire, vivait un être précurseur de l'Homme (*Anthropopithecus*) dont on n'a pas trouvé les ossements, mais qui savait faire du feu et auquel on attribue des silex éclatés par la chaleur, puis retaillés à la main (*période éolithique* ou *de la pierre éclatée*).

Au début de l'époque quaternaire, on trouve des os humains mélangés à ceux d'espèces disparues (Mammouth, Ours des cavernes, etc.). L'Homme de cette époque ne devait pas posséder la parole ; son crâne était peu développé, sa mâchoire, à menton fuyant, dépourvue d'apophyses géni, comme celle des Singes. Ses armes étaient des silex taillés à grands éclats, en forme d'amande, qui se maniaient à la main et servaient de râcloirs ou de « coups-de-poing » (*période paléolithique* ou *de la pierre taillée*). Plus tard, les silex sont taillés à petits éclats ; ils ont la forme d'une feuille de laurier, souvent munie d'un pédoncule pouvant s'emmancher dans une tige de bois, de façon à constituer des lances et des flèches. Les Hommes habitaient alors des cavernes, mais ne pratiquaient pas encore l'inhumation ou l'incinération des morts ; ils allaient à la chasse et à la pêche (hameçons en os ; harpons en corne de Renne), ils dessinaient (sur l'os, l'ivoire, la corne) les Animaux avec lesquels ils étaient en contact (Mammouths, Ours, Rennes), plus rarement des silhouettes humaines (toujours velues).

A la fin de l'époque quaternaire et au début de l'époque actuelle, l'Homme polit ses instruments de pierre (haches, couteaux, etc.) et quitte les cavernes (*période néolithique ou de la pierre polie*). Alors s'établissent des villages, tantôt sur les montagnes, tantôt sur pilotis au-dessus des eaux (*cités lacustres*) ; on a déjà domestiqué des Animaux ; la vie pastorale s'est établie peu à peu ; la famille est constituée. On fabrique des meubles ; on façonne et l'on cuit l'argile pour en faire des cuillères, des vases, des lampes, etc. ; on cultive le froment, l'orge, le lin dont on fait des étoffes qu'on associe aux peaux et aux fourrures. Les cavernes sont maintenant affectées à la sépulture des morts ; là où il n'y a pas de cavernes, on creuse des caves sépulcrales ou l'on édifie, avec d'énormes pierres, des grottes funéraires artificielles (*dolmens*). On porte des amulettes de toute forme et même des rondelles enlevées sur des crânes humains, pendant la vie, au moyen d'une opération (*trépanation*) qui paraît avoir revêtu un caractère religieux. Le culte de cette époque s'adresse plus spécialement à des dieux et à des déesses de figure humaine.

A l'âge de la pierre succèdent l'âge du bronze et l'âge du fer, pendant lesquels on fabrique successivement des instruments avec ces métaux ; on sait tisser la laine des Moutons ; l'on se pare avec des bijoux d'or : c'est presque le début des temps historiques (*temps protohistoriques*).

On évalue à plus de 200,000 ans l'ancienneté de l'Homme et à 6 000 ans celle des temps historiques auxquels nous font remonter les monuments égyptiens. Quant à l'origine de l'Homme, la théorie de la descendance regarde aujourd'hui comme probable qu'il ne provient pas directement du Singe, mais que tous deux descendent d'un ancêtre commun et sont par conséquent des cousins fort éloignés (VOGT).

B. SIMIENS (*simius*, singe). — *Primates à attitude oblique ou horizontale et à pieds préhensiles.*

Canines robustes, saillantes, reçues dans un intervalle

spécial (*diastème*). Arcades dentaires elliptiques, les dernières molaires étant plus rapprochées de la ligne médiane que les premières. Arcades zygomatiques larges, plus ou moins écartées de la tête. Menton fuyant. Voûte du crâne présentant souvent des crêtes fortement accentuées. Trou occipital, postérieur ou postéro-inférieur. Quatre membres servant à la fois à la préhension et à la locomotion. Membre antérieur terminé par une main à pouce plus court que chez l'Homme, opposable ou non, quelquefois nul. Membre postérieur moins long que l'an-

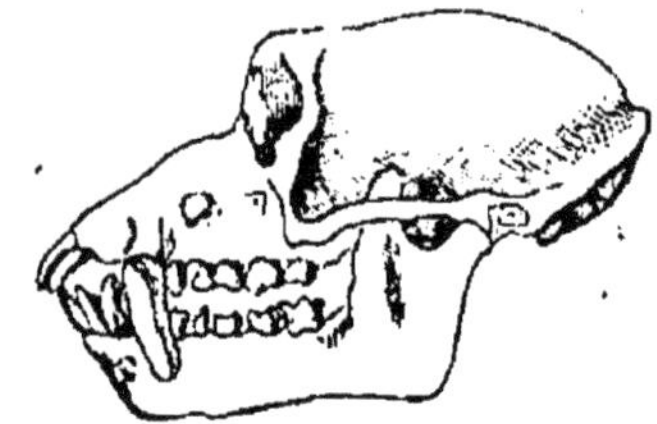

Fig. 75. — Crâne de Macaque.

térieur (Anthropoïdes) ou de même longueur (autres Singes) ; pied ne touchant terre que par le bord externe (Anthropoïdes) ou s'appliquant sur le sol par toute la plante (autres Singes) ; gros orteil toujours opposable et muni d'un ongle plat, qui n'existe pas chez l'Orang. Bassin étroit. Mollets nuls. Cerveau moins développé chez les Anthropoïdes supérieurs que chez le nouveau-né humain. Corps couvert de poils, à l'exception de la paume de la main et de la plante des pieds, quelquefois de la face et des fesses (*callosités fessières*). Système pileux plus abondant sur la face dorsale que sur la face ventrale. Animaux essentiellement grimpeurs et sauteurs ; arboricoles ou terricoles ; principalement granivores ou frugivores, mais se nourrissant souvent aussi d'Insectes ou d'œufs et même de petits Vertébrés ; rusés et imitateurs dans le jeune âge ; gloutons ; lubriques ; malfaisants quelquefois, après la puberté ; traduisant les différentes émotions de l'Homme par le jeu des mêmes muscles de la face ; sujets à contracter un certain nombre de maladies de l'espèce humaine (catarrhes, phtisie, apoplexie, cataracte, etc.).

A. *Catarrhiniens* (κατά, en bas ; ῥίς, nez). — *Simiens à cloison nasale mince et à narines rapprochées. Singes de l'ancien continent.*

32 dents $\left(\dfrac{2.1.2.3}{2.1.2.3}\right)$. Des ongles plats à tous les doigts.

a. *Anthropoïdes* (ἄνθρωπος, homme ; εἶδος ressemblance). — Attitude oblique. Bipèdes imparfaits, prenant un point d'appui auxiliaire sur la face dorsale des doigts. Point de callosités (excepté chez les Gibbons), ni de queue, ni d'abajoues. Le jeune Singe se rapproche plus de l'enfant que le Singe adulte ne se rapproche de l'Homme (Vogt).

1° *Dasypyges* (δασύς, velu ; πυγή, fesse). — Pas de callosités fessières.

Fig. 76. — Chimpanzé

Gorille (*Gorilla*). Noir ; le géant des Anthropoïdes ; taille 1ᵐ,60 ; bras descendant au genou ; Gabon. — Chimpanzé (*Troglodytes*). Noir ; taille 1ᵐ,50 ; bras descendant au-dessous du genou ; Guinée. — Orang (*Satyrus*). Roux ; 1ᵐ,40 ; bras touchant le sol ; îles de la Sonde.

2° *Tylopyges* (τύλος, callosité). — Des callosités fessières.

Gibbons (*Hylobates*). Anthropoïdes nains (1 m. au plus), bras démesurément longs ; Inde et îles de la Sonde.

b. *Cercopithéciens* (κέρκος, queue ; πίθηκος, singe). — Attitude plus ou moins horizontale. Quadrupèdes palmigrades. Une queue de longueur variable, jamais préhensile. Toujours des callosités fessières. Le plus souvent des abajoues.

Semnopithèques (*Semnopithecus*). Estomac complexe ; pouces bien développés ; Inde. — Colobes (*Colobus*). Estomac complexe ; pouces rudimentaires ou nuls ; Afrique. — Guenons (*Cercopithecus*). Pouces gros ; queue longue ; Afrique. — Macaques (*Macacus*). Museau proéminent ; queue longue ou moyenne ; Asie. — Magots (*Inuus*). Queue très courte ; Algérie ; Gibraltar. — Cynocéphales (*Cynocephalus*). Museau de Chien ; queue développée (Babouin, Papion) ou courte (Drill, Mandrill) ; Afrique.

B. *Platyrrhiniens* (πλατύς, large ; ῥίς, nez). — *Simiens à cloison nasale large et à narines écartées. Singes du nouveau continent.*

a. *Cébiens* (κῆβος, sorte de singe). — 36 dents $\left(\dfrac{2.1.3.3}{2.1.3.3}\right)$.

Des ongles plats à tous les doigts. Pas d'abajoues ni de callosités. Toujours une queue. Surtout répandus dans l'Amérique méridionale.

1° *Mycétidés* (μυκητής, mugissant). — Queue longue prenante, tactile, dénudée à l'extrémité de sa face inférieure.

Alouates ou « Hurleurs » (*Mycetes*). Voix retentissante, renforcée par l'hyoïde très développé. — Atèles ou « Singes araignées » (*Ateles*). Membres grêles, allongés, pouces rudimentaires.

2° *Cébidés*. — Queue longue, enroulante, poilue partout.

Sajous ou Sapajous (*Cebus*). Tête arrondie; angle facial de 60°.

3° *Pithécidés.* — Queue de longueur variable, non préhensile, poilue partout.

Sakis (*Pithecia*). — Sagouins (*Callithrix*) — Saïmiris

Fig. 77. — MANDRILL. Fig. 78. — SAJOU.

(*Chrysothrix*). — Nyctipithèques (*Nyctipithecus*); les seuls Singes nocturnes que l'on connaisse.

b. *Arctopithéciens* (ἀρκτός, ours). — 32 dents $\left(\frac{2.1.3.2}{2.1.3.2}\right)$.

Des griffes, excepté au gros orteil, qui porte un ongle plat. Pouce non opposable. Pas d'abajoues ni de callosités. Queue longue et touffue, non préhensile. Amérique méridionale.

Ouistitis ou Marmosets (*Hapale*). Incisives inférieures verticales; oreilles médiocres. — Tamarins (*Midas*). Incisives inférieures proclives; oreilles très grandes.

Lémuriens (*lemures*, spectres; allusion à leur vie nocturne). — *Mammifères pourvus de mains, à molaires garnies de pointes et à orbites incomplètes.*

Dentition complète; incisives inférieures très inclinées en avant; molaires à tubercules aigus. Maxillaire inférieur formé de deux moitiés distinctes. Une paire de mamelles pectorales accompagnée quelquefois de mamelles ventrales ou inguinales. Utérus bicorne. Placenta diffus, en forme de cloche. Face velue, à narines terminales sinueuses. Membres antérieurs plus courts que les posté-

rieurs. Deux mains et deux pieds préhensiles. Pouces
généralement munis d'ongles plats ; autres doigts souvent armés de griffes. Queue non préhensile. Cerveau ne
recouvrant pas le cervelet en arrière. Animaux des tropiques, à pelage laineux ; nocturnes ; grimpeurs ; se nourrissant de fruits, d'Insectes et même de petits Vertébrés.

A. Lémuriens de Madagascar. — Makis (*Lemur*). De petite
taille ; museau allongé. — Indris (*Lichanotus*). Les géants
de l'ordre ; taille de 1 mètre ; museau court. — Aye-Aye
(*Chiromys*). Aspect d'un gros Écureuil à doigts longs et
grêles, n'ayant de canines qu'à la dentition de lait.

B. Lémuriens d'Afrique. —
Pottos (*Perodicticus*). Oreilles
et queue courtes. — Galagos
(*Otolicnus*). Oreilles et queue
longues.

C. Lémuriens des Indes. —
Loris (*Stenops*). Membres
égaux. Queue rudimentaire.

Fig. 79. — Maki (avec son petit).   Fig. 80. — Galéopithèque.

— Tarsiers (*Tarsius*). Bras courts ; jambes et queue longues. — Galéopithèques ou « Singes volants » (*Galeopi-
thecus*). Incisives inférieures pectinées ; sur les côtés du
corps, une expansion cutanée servant de parachute, poilue sur ses deux faces, s'étendant entre les membres et
comprenant aussi la queue. Doigts tous armés de griffes ;
pouces et gros orteils opposables. De la taille d'un Chat ;
chair estimée des indigènes.

Chiroptères (χείρ, main ; πτερόν, aile). — *Mammifères volants, à membres antérieurs aliformes.*

Dentition complète. Utérus bicorne. Placenta discoïde.

Deux mamelles pectorales. Sternum muni d'une crête saillante où s'insèrent les muscles abaisseurs de l'aile. Clavicules très développées. Humérus et radius longs. Cubitus rudimentaire. Carpe court; métacarpiens longs, excepté celui du pouce. Doigts dépourvus d'ongles et formés, en général, de deux phalanges extrêmement allongées; pouces courts, libres, munis d'une grosse griffe falciforme. Orteils courts, libres, munis de griffes. Une membrane (*membrane alaire*) part du cou, enveloppe les bras et les doigts, sauf les pouces, se continue sur les flancs et les membres postérieurs en laissant les pieds libres, puis s'étend vers la queue qu'elle enveloppe le plus souvent. Celle-ci manque quelquefois (Kalong, Vampire). La partie comprise entre les doigts (aile proprement dite) peut être étendue ou plissée par l'écartement ou le rapprochement de ceux-ci; la partie intermédiaire aux deux membres postérieurs est souvent soutenue par un os surnuméraire long et mince (*éperon*) partant du tarse et se dirigeant vers la queue. La face externe de la membrane alaire est imprégnée d'un liquide huileux à odeur pénétrante;

Fig. 81. — SQUELETTE DE CHAUVE-SOURIS.

sa face interne est couverte de poils tactiles d'une exquise sensibilité. Ces poils suppléent à l'imperfection des yeux qui sont petits et impropres à diriger les Chauves-Souris dans l'obscurité. Le sens de l'odorat est presque nul; les appendices cutanés plus ou moins développés qu'on observe sur le nez sont des organes tactiles. L'ouïe semble très fine. Animaux nocturnes, volant presque toute la nuit, passant le jour dans des endroits obscurs, se suspendant par les griffes de derrière, la tête en bas, les ailes repliées. Les Chauves-Souris se meuvent difficilement par terre, en s'appuyant sur les griffes des pouces et se poussant avec les pieds ramenés sous le corps. Elles manquent dans les pays très froids, hivernent dans les pays tempérés et restent actives pendant toute l'année sous les tropiques. Nos espèces indigènes sont toutes insectivores et utiles par la grande destruction qu'elles font d'Insectes nocturnes.

A. Mégachiroptères (μέγας, grand). — *Molaires à couronne lisse, marquée d'un sillon longitudinal. Chauves-Souris frugivores.*

Roussettes (*Pteropus*). Chauves-Souris de grande taille ; la plupart avec l'index terminé par une griffe. Kalong (*P. edulis*) ; de l'Archipel indien ; le géant de l'ordre ; recherché pour sa chair savoureuse ; forêts de la zone tropicale de l'ancien monde.

B. Microchiroptères (μικρός, petit). — *Molaires hérissées par des sillons transversaux. Chauves-Souris insectivores.*

Fig. 82. — Tête de Vampire.

Chauves-Souris de petite taille. Pas de griffe à l'index. Régions tropicales et tempérées des deux hémisphères.

A. *Gymnorhiniens* (γυμνός, nu ; ῥίς, nez). — *Nez lisse.*

Oreillards (*Plecotus*).—Barbastelles (*Synotus*).—Vespertilions (*Vespertilio*). — Noctules (*Vesperugo*).

B. *Phyllorhiniens* (φύλλον, feuille). — *Nez muni d'appendices cutanés.*

Rhinolophes (*Rhinolophus*). — Vampire (*Phyllostoma*). Vampire spectre (*P. spectrum*) ; de l'Amérique du Sud ; suce quelquefois le sang des Mammifères, après avoir fait à la peau une blessure qui n'offre pas de gravité.

Carnivores. — *Placentaires onguiculés, à canines fortes, à molaires tranchantes et à pattes ambulatoires.*

Gueule largement fendue. $\frac{3}{3}$ incisives ; $\frac{1}{1}$ canines, le plus souvent en forme de crocs ; molaires en nombre variable, généralement tranchantes, dont une (*carnassière*) plus forte et plus saillante que les autres, est ordi-

nairement munie d'un talon plus ou moins prononcé.
Derrière la carnassière, se trouvent souvent des *dents
tuberculeuses* à mamelons arron-
dis. Maxillaire inférieur à branches courtes, à condyle transversal et cylindrique s'emboîtant
dans une cavité glénoïde en forme
de gouttière, qui empêche tout
déplacement latéral des mâchoires. Crâne à crêtes pariétales
d'autant plus saillantes, à arcades
zygomatiques d'autant plus fortes
et écartées, que les muscles élévateurs de la mâchoire sont plus
puissants. Clavicules rudimentaires ou nulles. Membres de
longueur moyenne, terminés par
quatre ou cinq doigts habituellement libres et munis de fortes
griffes. La marche s'effectue, soit

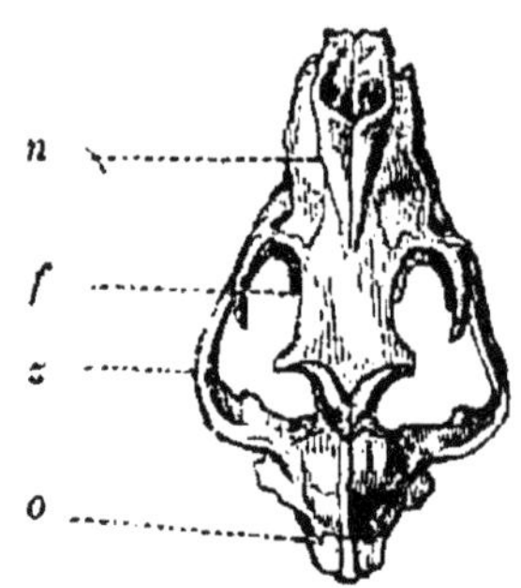

Fig. 83. — Crâne de Lion.

f, frontal ; *n*, nasal ; *o*, occipital ; *z*, arcade zygomatique.

sur la plante tout entière (*plantigrades*), soit en relevant le tarse (*semiplantigrades*), soit en relevant aussi le
métatarse (*semi-digitigrades*), soit enfin en ne posant sur le
sol que l'extrémité des doigts (*digitigrades*). Dans ce dernier cas, les griffes peuvent souvent se replier (*griffes rétractiles*) dans des gaines cutanées, sur la face dorsale des
pattes, au moyen d'un mouvement rotatoire de la dernière phalange, déterminé par un ligament élastique ; elles
sont ainsi garanties de l'usure pendant la marche et
peuvent se dégainer par la contraction de muscles puissants. Organes des sens en général très développés :
odorat et ouïe d'une finesse extrême ; yeux grands, munis d'un tapis, quelquefois aptes à voir pendant la nuit.
Animaux d'une taille moyenne, variant de celle du Lion
à celle de la Belette ; répandant une odeur désagréable
(*odeur de fauve*) due à la sécrétion de glandes cutanées ou
anales ; d'autant plus sanguinaires que la tête est plus
ronde et la dent carnassière plus accentuée ; répandus
sur toute la surface du globe.

A. Canidés. — *Carnivores digitigrades coureurs, ayant
cinq doigts aux pieds de devant et quatre aux pieds de
derrière, à ongles non rétractiles.* $\frac{2}{2}$ *tuberculeuses.*

A. Chiens (Canis). — *Canidés à pupille circulaire, à*

queue en général moyenne, peu touffue, souvent relevée et recourbée à gauche.

a. *Chiens sauvages.* — Ils poussent des hurlements, mais n'aboient pas ; leurs oreilles sont droites et pointues ; ils chassent le plus souvent en bandes. On les trouve en Asie (le Buansu, etc.), en Afrique (le Cabéru, etc.), en Amérique (l'Aguara, etc.), et en Australie (le Dingo). — Quelques-uns (*Chiens marrons* ou *demi-sauvages*) vivent dans le voisinage de l'Homme, pour se nourrir plus commodément ; les plus connus sont ceux de Constantinople.

b. *Chiens domestiques.* — Dans presque tous les pays, le Chien a abandonné sa liberté, pour se mettre sous la domination de l'Homme, qui a su le dresser.

1° *Chiens de chasse.* a. *Lévriers.* — Tête effilée ; museau allongé ; oreilles demi-dressées ; pattes longues, minces ; chassent à vue et tuent le gibier ; peu intelligents, peu attachés à leur maître. β. *Chiens courants.* — Tête longue, grosse ; oreilles pendantes ; pattes robustes ; chassent au nez et tuent le gibier ; intelligents. Les Bassets constituent une variété à jambes très courtes, souvent tordues. γ. *Chiens d'arrêt.* — Anciens « Chiens couchants » ; pattes moyennes ; chassent au nez et arrêtent le gibier, mais ne le tuent pas ; les plus intelligents et les plus fidèles de tous les Chiens ; les uns à poils ras (Braques) ; les autres à poils longs, tantôt soyeux (Épagneuls), tantôt rudes (Griffons).

2° *Chiens de garde.* — Ils n'ont que peu de penchant pour la chasse et sont employés à divers usages. Les uns aiment l'eau et peuvent exercer une véritable surveillance sur le bord des rivières (Chiens de Terre-Neuve) ou se prêter avec intelligence et docilité à toutes sortes d'exercices (Barbets ou Caniches) ; d'autres sont préposés à la garde des troupeaux (Chiens de berger) ; d'autres enfin servent à la défense de l'Homme ou de sa propriété. Ces derniers ont la tête tantôt allongée (Mâtins),

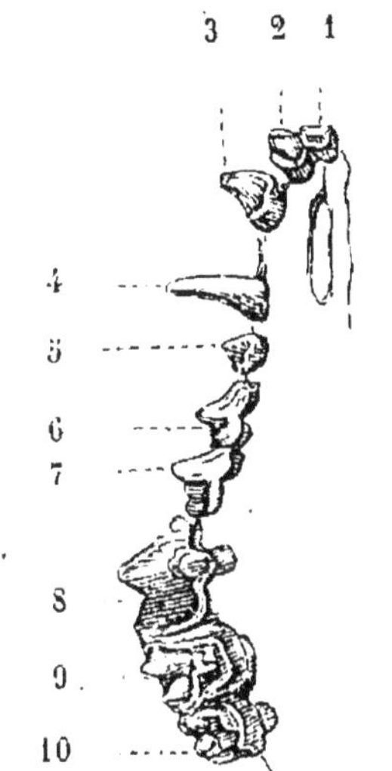

Fig. 84. — Dents de la mâchoire supérieure du Chien.

1, 2, 3, incisives ; 4, canine ; 5, 6, 7, prémolaires ; 8, carnassière ; 9, 10, tuberculeuses.

tantôt raccourcie, presque en forme de boule (Dogues). Le géant des Chiens, le Dogue du Thibet atteint presque la taille d'un petit Ane.

B. *Loups* (*Lupus*). — *Canidés à yeux obliques et à pupille ronde, à queue touffue et pendante.*

Loup commun (*L. vulgaris*); Europe, Asie. — Chacal; Loup qui se rapproche des Renards par sa petite taille, son museau pointu, sa queue longue et bien fournie; Afrique, Inde, Amérique.

C. *Renards* (*Vulpes*). — *Canidés à pupilles ovales ou en fente verticale, à museau pointu, à jambes basses, à queue longue et très touffue.*

Renard commun (*V. vulgaris*); habite la plus grande partie de l'hémisphère septentrional. — Renard bleu ou Isatis (*V. lagopus*); des régions polaires; a, en hiver, une fourrure bleuâtre assez estimée.

B. Hyénidés. — *Carnivores digitigrades, tétradactyles, à ongles non rétractiles.* $\frac{0}{1}$ *tuberculeuses. Langue rude.*

Hyènes (*Hyæna*). Corps robuste et déclive; une paire de glandes anales; se nourrissent principalement de charognes; Afrique.

C. Félidés. — *Carnivores digitigrades à pattes munies de cinq doigts en avant et de quatre en arrière, à ongles ordinairement rétractiles.* $\frac{0}{1}$ *tuberculeuses. Langue rude.*

A. *Guépards* (*Cynailurus*). — *30 dents. Pattes longues, à ongles non rétractiles. Queue longue.*

Intermédiaires entre les Chiens et les Chats; se laissent dresser pour la chasse. Afrique et Asie.

B. *Félins* (*Felis*). — *30 dents. Pattes courtes, à griffes rétractiles. Queue longue.*

a. *Félins de l'ancien monde.* — Lions (*F. leo*). Nez aplati; une crinière sur le cou et sur les épaules du mâle; pelage uniforme, de couleur jaunâtre; le seul Félin qui ne grimpe jamais sur les arbres; Afrique et Asie. — Tigres (*F. tigris*). Nez busqué; pas de crinière: robe jaunâtre, rayée de bandes transversales d'un brun foncé; Asie. — Panthères : à robe parsemée de taches arron-

dies, pleines ou annulaires; d'Afrique (*F. leopardus*) ou
d'Asie (*F. panthera*). — Serval (*F. serval*); d'Afrique;
à robe tachetée; se rapprochant des Lynx par les pattes
plus longues et la queue plus courte que chez les autres
Félins. — Chats (*F. catus*). Pupille en fente verticale;
comprennent des espèces sauvages et un petit nombre
d'espèces domestiques. Les Chats qui ont un pelage de
trois couleurs sont toujours des femelles.

b. *Félins du nouveau monde.* — Couguar ou Puma
(*F. concolor*). Sorte de petit Lion sans crinière, à robe
uniforme; nez busqué. — Jaguar (*F. onça*). Robe tachetée; sur le dos et les flancs, des taches annulaires à centre
noir « taches en œil »; taille d'un Tigre. — Occlot (*F. par-
dalis*). Sorte de Panthère à fourrure très appréciée.

C. *Lynx (Lynx).* — *28 dents. Pattes moyennes. Ongles
rétractiles. Queue courte. Oreilles munies d'un pinceau de
poils.*
Habitent l'ancien monde et l'Amérique du Nord.

D. VIVERRIDÉS. — *Carnivores digitigrades ou subplanti-*

grades, pentadactyles ou tétradactyles. $\dfrac{1}{1}$ *tuberculeuses.*

Langue rude.

Corps bas sur jambes, répandant une forte odeur de
musc due à la sécrétion de glandes anales. Régions
chaudes de l'ancien monde.

A. *Ailuropodes* (αἴλουρος, chat). — *Viverridés digitigrades, à ongles rétractiles.*
Civettes (*Viverra*). Une poche profonde, située entre
l'anus et les organes génitaux, contient une substance

Fig. 85. — CIVETTE.

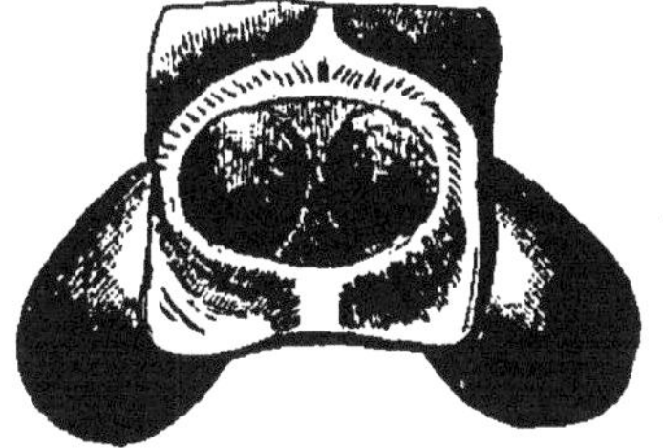

Fig. 86. — POCHE ODORIFÈRE
DE LA CIVETTE.

(*zibeth* ou *viverréum*) à odeur de musc. Cette substance,
onctueuse et jaunâtre quand elle est fraîche, brunit et

devient épaisse en vieillissant; on l'employait autrefois en médecine comme antispamodique, mais elle ne sert plus maintenant qu'à la parfumerie; on la remplace de plus en plus par le musc. La poche odorifère existe dans les deux sexes; extérieurement, elle s'ouvre par une fente longitudinale située entre l'anus et l'ouverture sexuelle; intérieurement, elle communique avec deux cavités de la grosseur d'une amande dont les parois renferment des glandes en cæcum qui sécrètent la matière odorante. Les deux espèces les plus connues sont la Civette d'Afrique (*V. civetta*) de la taille d'un Renard, à robe tachetée et la Civette d'Asie (*V. zibetta*) plus petite, à robe rayée. Ces deux espèces ont, sur le dos, une sorte de crinière; elles s'élèvent en captivité et l'on peut les dresser à présenter la poche aux barreaux de leur cage. On vide cet organe toutes les semaines, avec une petite cuiller, et l'on renferme le zibeth pétri avec de l'huile dans de petites boîtes en fer-blanc. — Genettes (*Genetta*). Poche réduite à un simple enfoncement. Genette commune (*G. vulgaris*); seul représentant, en Europe, du groupe des Viverridés; Midi de la France, Espagne, Algérie.

B. *Cynopodes* (κύων, chien). — *Viverridés subdigitigrades, à griffes non rétractiles.*

Ichneumons (*Herpestes*). Etaient vénérés des Egyptiens, comme destructeurs de Reptiles; Afrique.

E. Mustélidés. — *Carnivores digitigrades, subdigitigrades ou plantigrades, à griffes généralement non rétractiles.*

$\dfrac{1}{1}$ *tuberculeuses.*

Animaux à fourrures riches et fines, à glandes anales puantes.

A. *Lutrides.* — *Mustélidés aquatiques, à pattes très courtes et à pieds palmés.*

Loutre d'Europe (*Lutra vulgaris*). — Loutre marine (*Enhydris marina*).

B. *Martides.* — *Mustélidés à corps allongé, vermiforme; à pieds ordinairement digitigrades, souvent munis de griffes rétractiles.*

Visons (*Lutreola*). Pelage uniformément brun; Nord et régions polaires. — Putois (*Putorius*). 34 dents; comprenant : le Putois commun (*P. fœtidus*), à ventre plus foncé que le dos, dont une variété albinos, apprivoisée sous le nom de Furet (*P. furio*) est employée pour chasser le Lapin ; la Belette (*P. vulgaris*), à dos plus foncé que le ventre ; l'Hermine (*P. erminea*) des pays du Nord, dont le pelage d'hiver est d'un blanc éclatant. — Martes (*Mustela*). 38 dents ; représentées dans nos pays par la Marte ordinaire (*M. martes*), à gorge orangée et la Fouine (*M. foina*) à gorge blanche ; en Sibérie par la Zibeline (*M. zibelina*) à gorge jaunâtre. — Gloutons (*Gluto*). Le plus lourd des Mustélidés ; taille d'un Chien ; port et mœurs des Ours ; régions circompolaires des deux hémisphères.

C. *Mélides.* — *Mustélidés à corps trapu et lourd ; à pieds courts, plantigrades.*

Blaireaux (*Meles*). Omnivores ; creusent des terriers à plusieurs issues. — Moufettes (*Mephitis*) ; d'Amérique ; se défendent en lançant, à quelques mètres de distance, un liquide infect sécrété par les glandes anales.

F. Ursidés. —*Carnivores plantigrades, pentadactyles, à griffes non rétractiles.* $\frac{2}{2}$ *tuberculeuses.*

Animaux omnivores, grimpeurs, représentés dans les deux hémisphères.

A. *Ours* (*Ursus*). — 42 *dents. Queue courte.*

Ours blanc (*U. maritimus*) ; des mers polaires ; la seule espèce exclusivement carnivore. — Ours gris (*U. ferox*) ; d'Amérique. — Ours noir (*U. americanus*) ; d'Amérique. — Ours brun (*U. arctos*) ; des grandes forêts de l'Europe et de l'Asie. — Ours malais (*U. malayanus*) ; à collier blanc. — Ours jongleur (*U. labiatus*) ; des Indes ; à nez prolongé en une sorte de trompe.

B. *Subursidés.* — 40 *dents au plus. Queue longue.*

Ratons (*Procyons*). Amérique. — Coatis (*Nasua*). Amérique. — Kinkajous (*Cercoleptes*). Amérique. — Pandas (*Ailurus*). Asie.

Insectivores. — *Placentaires onguiculés, à canines ordinaires, à molaires hérissées de pointes.*

Trois sortes de dents, variant de nombre, de position et de forme ; canines médiocres ; molaires à pointes coniques ; pas de carnassière. Mamelles ventrales. Placenta discoïde. Tête petite, ordinairement prolongée en pointe par une sorte de trompe. Boîte crânienne souvent dé-

pourvue d'arcades zygomatiques. Clavicules bien constituées. Pattes plantigrades, habituellement pentadactyles. Odorat très développé. OEil médiocre, quelquefois
rudimentaire ou nul. Animaux de petite taille, très féconds, utiles à l'Homme en détruisant beaucoup d'Insectes et de Vers; passent l'hiver en léthargie dans nos
contrées; manquent dans l'Australie et l'Amérique du
Sud.

A. Érinacéidés. — *Insectivores à molaires quadrangu-
laires, munies de pointes disposées en* W.

Habitent l'hémisphère boréal.

Hérissons (*Erinaceus*). Couverts de piquants sur le dos
et les flancs; se roulent en boule; détruisent les Insectes, les Souris et même les Vipères, dont ils ne redoutent
pas les morsures; peuvent avaler des Cantharides, sans
en être incommodés; Europe. — *Musaraignes* (*Sorex*).
Ont l'aspect de Souris, mais se distinguent de celles-ci
par leur petit groin, leurs dents aiguës et serrées, leur
queue courte, presque nue; ont, sur les flancs, deux
glandes à sécrétion musquée. La Musaraigne de Toscane
(*S. etruscus*), qu'on trouve aussi dans le midi de la
France, est le plus petit des Mammifères. Les deux espèces les plus connues sont la Musette (*S. vulgaris*) à
dents blanches et la Musaraigne d'eau (*S. fodiens*) à
dents rougeâtres, à pattes bordées de poils raides qui
aident à la natation. — *Macroscélides* (*Macroscelides*).
Appelés encore « Souris-Éléphants », à cause de leur petite taille et de leur longue trompe; pattes postérieures
très longues; animaux sauteurs; Afrique centrale. —
Cladobates (*Cladobates*). Arboricoles; ressemblent à des
Écureuils à museau pointu; Indes. — *Desmans* (*Myogale*).

Fig. 87. — Desman.

Animaux aquatiques, à pieds palmés, à trompe longue, à
queue comprimée, munie sous sa racine de glandes mus-

quées dont la sécrétion, employée autrefois en médecine, ne sert plus qu'à la parfumerie. Deux espèces :
l'une de la grosseur d'un Hérisson, des fleuves de Russie (*M. moscovita*); l'autre de la taille d'une Taupe, des
ruisseaux des Pyrénées (*M. pyrenaica*). — Taupes (*Talpa*).
Animaux souterrains, à yeux rudimentaires ou nuls, à
pattes antérieures fouisseuses, munies d'ongles forts et
tranchants; creusent des galeries dans le sol pour aller à
la recherche des larves d'Insectes. La Taupe commune
(*T. europœa*) est plus utile par les larves qu'elle détruit
que nuisible par la terre qu'elle rejette sous forme de
taupinière, à la surface du sol, en creusant ses galeries.
Celles-ci sont reliées à une habitation centrale.

B. CENTÉTIDÉS (κεντεῖν, piquer). — *Insectivores à molaires*
triangulaires, munies de pointes disposées en V.

Habitent le sud de l'Afrique et Madagascar.
Tenrecs (*Centetes*). Ressemblent aux Hérissons, mais
ne se roulent pas en boule; Madagascar. — Potamogales
(*Potamogale*). Vivent comme des Loutres, dans les fleuves
de l'Afrique australe; les géants de l'ordre. — Chryso-
chlores ou « Taupes dorées » (*Chrysochloris*). Membres
antérieurs tridactyles; pelage irisé; sans queue; le Cap.

Rongeurs. — *Placentaires onguiculés, dépourvus de*
canines.

Ouverture buccale étroite, souvent agrandie par une
fente de la lèvre supérieure.

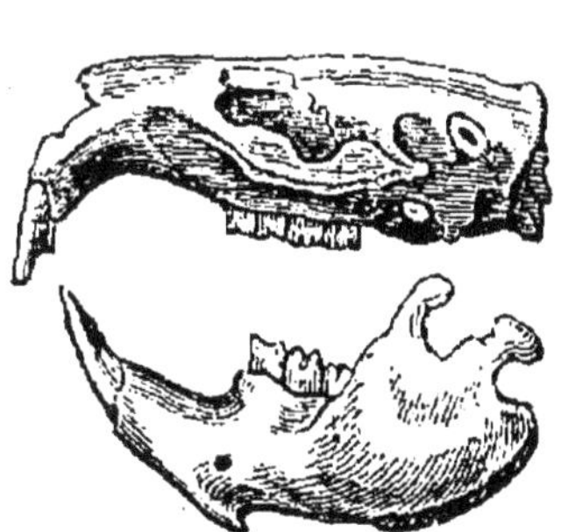

Quatre grandes incisives cour-
bées en arc, recouvertes en
avant d'une couche d'émail
colorée quelquefois en jaune
ou en rouge, privées d'émail
en arrière et s'usant dans
cette région, à croissance continue. Les canines font toujours défaut; le vide qu'elles
laissent est appelé *barre*. Mo-
laires variant de $\frac{2}{2}$ à $\frac{6}{6}$, avec

Fig. 88. — CRANE DE RONGEUR.

(Rats) ou sans (Cabiais) ra-
cines, rarement simple ou tuberculeuses, le plus souvent plissées ou même décomposées en lamelles transver-

sales, de façon à fonctionner comme de véritables râpes.
Cavités glénoïdes et condyles de la mâchoire inférieure
dirigés longitudinalement, permettant à celle-ci des mouvements dans le même sens (action de ronger). Utérus
ordinairement double. Placenta discoïde. Les clavicules
font défaut chez les espèces dont les membres antérieurs ne servent qu'à la course. Membres plantigrades,
habituellement pentadactyles, à doigts presque toujours
libres et onguiculés, quelquefois subongulés (Cochon
d'Inde). Animaux généralement petits et d'allures vives,
adaptés à tous les genres de vie, luttant, par une énorme
fécondité, contre la destruction due aux carnassiers de
toutes les classes de Vertébrés. Répandus sur toute la
terre ; rares à Madagascar et en Australie.

A. SCIURIDÉS. — *Rongeurs à $\frac{5}{4}$ ou $\frac{4}{4}$ molaires; fortement
claviculés; habitant surtout l'hémisphère boréal.*

A. *Macrocerques* (μαχρός, grand ; χέρχος, queue). —
Queue longue et touffue.
Écureuils (*Sciurus*). Oreilles munies d'un pinceau de
poils. — Polatouches ou « Écureuils volants » (*Sciurop-
terus*). Parachute cutané entre les membres; nocturnes;
nord des deux continents.
B. *Microcerques* (μιχρός, petit). — *Queue courte*,
poilue.
Spermophiles (*Spermophilus*). Grandes abajoues; hibernants ; creusent des terriers; font des provisions considérables de graines; nord des deux continents. — Marmottes (*Arctomys*). Sans abajoues; hivernent dans des
terriers ; chair appréciée des montagnards; fourrure estimée; sommets des hautes montagnes.
C. *Platycerques* (πλατύς, plat). — *Queue écailleuse, déprimée en forme de palette.*
Castor (*Castor fiber*). Grand Rongeur aquatique (1 mètre
de long, y compris la queue). $\frac{4}{4}$ molaires. Pattes pentadactyles; les postérieures palmées. Bords des eaux, en
Europe (Allemagne, Russie), en Sibérie et au Canada.
Les Castors du Canada sont actuellement les seuls qui
se livrent aux travaux de construction qui ont con-
tribué à rendre ces Animaux célèbres. Pendant l'été, ils
vivent solitaires dans des terriers; mais, à l'approche de
l'hiver, ils construisent, avec de la terre et des branches,

des huttes qui ont près de 2 mètres de hauteur. Celles-ci ont deux étages ; l'un, supérieur, à sec, est destiné

Fig. 89. — CASTOR.

à l'habitation ; l'autre, inférieur, sous l'eau, sert de magasin pour les écorces qui constituent la provision alimentaire. Les Castors sont recherchés pour leur fourrure et une substance odorante (*castoréum*) que sécrètent deux poches glandulaires spéciales. Ces poches surtout développées chez le mâle, débouchent dans le fourreau préputial ; elles ont environ 10 centimètres de long et présentent, à leur intérieur, un grand nombre de replis membraneux. On trouve, dans le commerce, deux espèces de castoréums : l'un d'*Amérique* ou du *Canada*, seul employé en France ; l'autre de *Russie* ou de *Sibérie*. Ces deux sortes de castoréums se vendent renfermées dans leurs poches naturelles, qui ont l'apparence de testicules. Le castoréum du Canada a une odeur de térébenthine et celui de Russie une odeur de cuir russe, ce qui tient, paraît-il, à ce que les Castors du Canada se nourrissent d'écorces de Pin, tandis

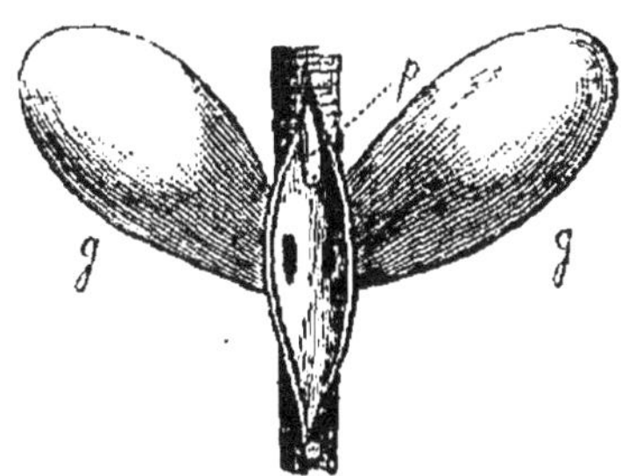

Fig. 90. — POCHES A CASTORÉUM.

g, glandes ou poches du castoréum ; *p*, pénis. Le fourreau préputial est ouvert, pour montrer les orifices des poches.

que ceux de Russie mangent des écorces de Bouleau. A l'état frais, le castoréum est onctueux et presque fluide ; plus tard, il forme une masse résineuse et compacte. Le castoréum était employé autrefois comme stimulant et antispasmodique ; mais son prix élevé et son insuffisance l'ont fait abandonner presque complètement.

B. MURIDÉS. — *Rongeurs à $\frac{4}{4}$ ou plus souvent $\frac{3}{3}$ molaires habituellement tuberculeuses ; fortement claviculés ; ayant plusieurs tribus cosmopolites.*

A. *Macrocerques*. — *Queue longue, arrondie.*

Loirs (*Myoxus*). $\frac{4}{4}$ molaires; ressemblent aux Écureuils et sont arboricoles comme eux; se rapprochent des Marmottes par leur sommeil hibernal, des Rats par leur crâne allongé; chair comestible; Europe méridionale et tempérée. Le Loir commun (*M. glis*), de la taille d'un Rat, a la queue très touffue. Le Lérot (*M. nitela*), un peu plus petit, n'a la queue touffue qu'à l'extrémité. Le Muscardin (*M. muscardinus*), de la taille d'une Souris, a la queue couverte de poils courts. — Murins (*Mus*). Museau pointu; oreilles saillantes; queue écailleuse; comprennent les *Rats*, à plis de la voûte du palais ininterrompus et les *Souris* à plis palatins séparés au milieu. Rat noir (*M. rattus*); Rat gris ou Surmulot (*M. decumanus*); importés d'Orient. Souris domestique (*M. musculus*). Souris des bois ou Mulot (*M. sylvaticus*). Souris striée d'Algérie (*M. barbarus*). — Campagnols (*Arvicola*). Museau tronqué; oreilles courtes; queue velue; ne vivent jamais dans les maisons. Campagnol des champs (*A. arvalis*); de la taille d'une Souris. Campagnol des neiges (*A. nivalis*). Rat d'eau (*A. amphibius*); de la taille et de la couleur du

Fig. 91. — Hamster.

Fig. 92. — Gerboise.

Rat noir. — Lemmings (*Myodes*). Queue plus courte que les précédents; célèbres par leurs migrations; nord de l'Europe. — Gerboises (*Dipus*). Pattes antérieures courtes; pattes postérieures très longues; Animaux sauteurs appelés vulgairement « Rats à deux pieds »; steppes de l'Ancien et du Nouveau Monde.

B. *Microcerques*. — *Queue courte, arrondie.*

Hamsters (*Cricetus*). Se rapprochent des Rats par le nombre et la forme des dents, mais s'en éloignent par leur queue courte et leurs abajoues énormes; creusent des terriers où ils amassent des graines; très nuisibles; Europe, entre les Vosges et l'Oural. — Rats-Taupes (*Spalax*). Ressemblent aux Taupes par leur forme, leur vie souterraine; ont une tête de Rongeur avec des yeux très petits ou même cachés sous la peau; Europe septentrionale.

C. *Platycerques.* — *Queue écailleuse, comprimée, en forme de rame.*

Ondatra (*Fiber zibethicus*). Pattes postérieures brièvement palmées; doigts bordés de soies raides servant à la natation; une glande de la grosseur d'une noix, située près de l'anus, sécrète une substance à odeur de zibeth; construit, à la façon du Castor, des cabanes sur le bord des lacs ou des rivières du Canada.

C. HYSTRICIDÉS. — *Rongeurs à $\frac{4}{4}$ molaires habituellement festonnées; habitant l'Ancien et le Nouveau Monde.*

A. *Spinifères.* — *Dos couvert de piquants. Clavicules rudimentaires.*

a. *Spinifères de l'Ancien Monde.* — Terrestres, non grimpeurs. — Porcs-Épics (*Hystrix*). Queue courte, armée de piquants comme le dos; région méditerranéenne. — Athérures (*Atherura*). Queue longue, terminée par un pinceau de lanières cornées; Afrique.

b. *Spinifères du Nouveau Monde.* — Grimpeurs à queue préhensile (Amérique du Sud) ou non (Amérique du Nord). — Ursons (*Erethizon*). Amérique du Nord. — Cercolabes (*Cercolabes*). Arboricoles; Amérique du Sud. — Coypous (*Myopotamus*). Aquatiques; Amérique du Sud.

B. *Lanigères.* — *Fourrure fine, laineuse. Clavicules bien constituées. Amérique du Sud.*

Chinchillas (*Eriomys*). Grandes oreilles; queue longue; fourrure très appréciée; chair comestible; forme et taille de l'Écureuil; hauts sommets des Cordillères. — Viscaches (*Lagostomus*). Aspect d'un lapin à oreilles courtes; queue moyenne; pampas.

D. SUBONGULÉS. — *Rongeurs à $\frac{4}{4}$ molaires; sans clavicules; à doigts munis de griffes engaînantes; habitant l'Amérique du Sud.*

Pelage rude. Queue rudimentaire.

A. *Rutidontes* (ῥυτίς, plissure ; ὀδούς, dent). — *Molaires plissées.*

Agoutis (*Dasyprocta*) ou « Lièvres dorés ». Pieds antérieurs tétradactyles ; pieds postérieurs tridactyles. — Pacas (*Cœlogenys*). Pentadactyles ; gibier le plus estimé du Brésil.

B. *Chorisodontes* (χωρίς, séparément). — *Molaires décomposées en lamelles transversales réunies par du cément, ressemblant à des molaires d'Éléphant très réduites.*

Apéréa (*Cavia Aperea*). Souche du Cobaye (*C. Cobaya*); appelé improprement « Cochon d'Inde ». — Cabiais (*Hydrochœrus*). Taille d'un Cochon d'un an ; vivent dans les endroits marécageux.

E. Léporidés. — *Rongeurs à 2 petites incisives derrière les deux grandes d'en haut ; $\frac{5}{5}$ ou $\frac{6}{5}$ molaires. Clavicules imparfaites. Répandus partout, sauf en Australie.*

Appelés encore *Duplicidentés*, à cause de leurs deux rangs d'incisives à la mâchoire supérieure. Molaires dépourvues de racines.

Lagomys (*Lagomys*). Oreilles courtes; queue nulle ; taille et poil du Cochon d'Inde; mœurs de la Marmotte ; Asie. — Lièvres (*Lepus*). Oreilles plus longues que la tête; queue courte ; naissent velus et les yeux ouverts; vivent solitaires. Lièvre commun (*L. timidus*) : vieux mâle (*bouquin*), femelle (*hase*), jeune (*levraut*). Lièvre changeant (*L. alpinus*); des Alpes et des pays polaires ; devenant blanc l'hiver, mais conservant la pointe des oreilles noire. — Lapins (*Cuniculus*). Oreilles longues, mais plus courtes que la tête ; queue courte ; naissent

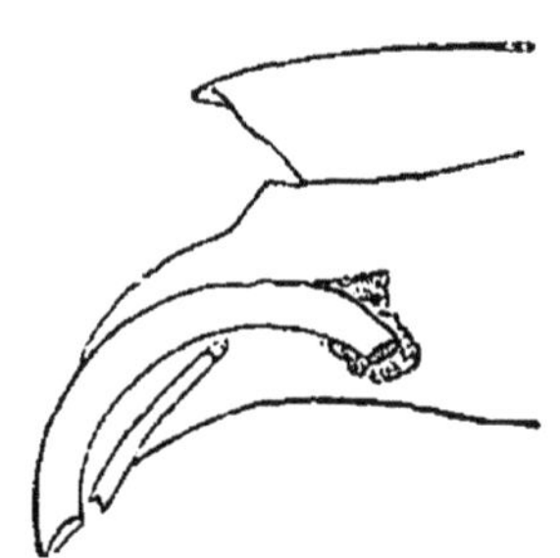

Fig. 93. — Incisives supérieures du Lapin.

sans poils et les yeux fermés; vivent en troupe dans des terriers. Le Lapin de garenne est la souche des Lapins domestiques ou de clapier : femelle (*lapine*), jeune (*lapereau*). Le croisement du Lièvre et du Lapin donne des hybrides féconds (*Léporides*).

Édentés. — *Quadrupèdes placentaires, dépourvus d'incisives et de canines.*

Dentition incomplète ou nulle; dents sans racines ni
émail. Pas d'incisives (excepté chez le Tatou à six bandes)
ni de canines (excepté chez l'Unau). Molaires quelquefois
très nombreuses (une centaine chez le Tatou géant, le

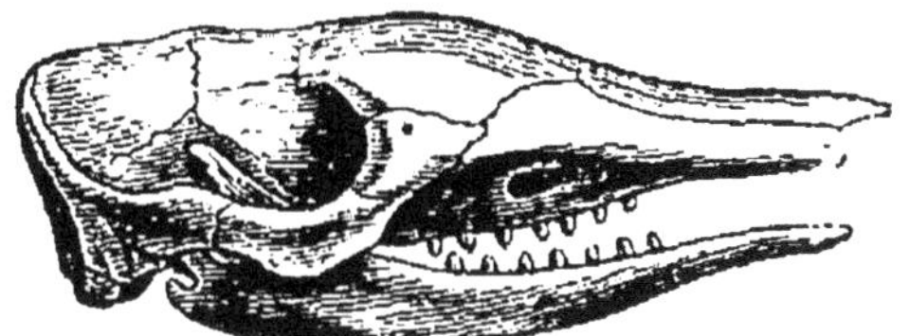

Fig. 94. — CRANE DE TATOU.

plus endenté des Mammifères terrestres). Claviculés
Membres subongulés, à griffes falciformes. Nocturnes.

A. BRADYPODIDÉS (βραδύς, lent; ποῦς, pied). — *Édentés à
tête globuleuse. Queue courte ou nulle.*

Estomac multiple. Placenta discoïde. Mamelles pectorales. Os jugaux munis d'une apophyse descendante caractéristique. Pelage long et grossier. Animaux arboricoles, ressemblant à des Singes; à mouvements lents;
appuyant sur le sol le bord externe du pied. Phytophages.
Amérique du Sud.
Paresseux (*Bradypus*). Aï (*B. tridactylus*); tridactyles.
Unau (*B. didactylus*); membres antérieurs didactyles; les
postérieurs tridactyles.

B. DASYPODIDÉS (δασύς, vigoureux). — *Édentés à tête allongée. Langue courte, rude. Queue longue.*

Placenta discoïde. Mamelles pectorales. Un revêtement

Fig. 95. — TATOU.   Fig. 96. — PANGOLIN.

composé de petites plaques dermiques ossifiées, flexible
pendant la vie, formant le plus souvent trois cuirasses

continues pour la tète, les épaules, le bassin. Animaux fouisseurs, plantigrades, omnivores, surtout insectivores. Amérique du Sud.

Tatous (*Dasypus*). Corps non tronqué en arrière. — Chlamydophores (*Chlamydophorus*). Corps tronqué en arrière.

C. VERMILINGUÈS (*vermis*, ver ; *lingua*, langue). — *Édentés à tête allongée. Langue très longue, vermiforme. Queue longue.*

Placenta diffus. Mamelles pectorales, avec ou sans ventrales. Vivent de Fourmis qu'ils prennent en introduisant dans les fourmilières leur langue gluante.

Oryctéropes (*Orycteropus*). Des molaires; corps poilu; le Cap; le Sénégal. — Fourmiliers (*Myrmecophaga*.) Pas de dents; corps poilu; Amérique du Sud. — Pangolins (*Manis*). Pas de dents; corps couvert d'écailles imbriquées; Afrique et Indes.

Proboscidiens. (προβοσχίς, trompe). — *Mammifères ongulés, à trompe préhensile.*

Deux incisives supérieures (*défenses*) énormes, sans racines, non recouvertes d'émail, fournissant l'ivoire. Pas d'incisives inférieures. Pas de canines. Molaires volumineuses, composées de lames d'ivoire entourées d'émail et soudées par du cément; au nombre de deux à chaque mâchoire; se renouvelant d'arrière en avant. Une longue trompe nasale terminée par un appendice ayant la forme d'un doigt et en remplissant les usages; arme puissante; organe de préhension pour les aliments (herbe et feuilles) ou la boisson, mais ne servant pas à teter. Deux mamelles pectorales. Utérus bicorne. Placenta zonaire. Pas de clavicules. Membres énormes, terminés par cinq doigts empâtés dans la peau jusqu'au petit sabot arrondi qui en coiffe l'extrémité. Cerveau plus volumineux que chez aucun autre Animal, à circonvolutions nombreuses et compliquées. OEil petit. Pavillon de l'oreille grand et pendant. Herbivores ; les plus gros des Mammifères terrestres ; vivent en troupes ; intelligents ; déjà domestiqués du temps des Romains.

Éléphants (*Elephas*). Éléphant d'Afrique (*E. africanus*) ; molaires présentant des losanges d'émail; front plat ; oreilles énormes, couvrant le cou et les épaules. Élé-

phant des Indes (*E. indicus*); moins grand que le précédent; molaires à bandes d'émail de forme elliptique ;
front concave; oreilles relativement petites.

Jumentés ou **Périssodactyles** (περισσός, impair ;
δάκτυλος, doigt). — *Quadrupèdes ongulés, à doigts en
nombre impair et inférieur à cinq.*

Incisives en nombre variable; canines faibles ou nulles;
molaires offrant des replis d'émail, séparées des dents

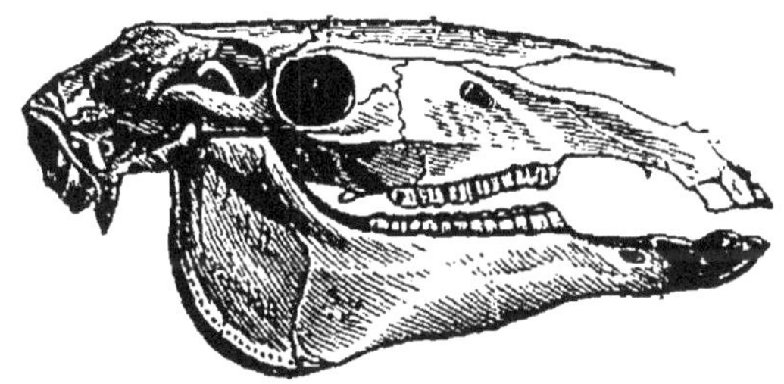

Fig. 97. — Crâne de Cheval.

antérieures par un intervalle (*barre*) plus ou moins
considérable. Estomac simple. Généralement deux mamelles inguinales et un utérus bicorne. Placenta diffus
(excepté chez les Hyracidés, où il est zonaire). Au moins

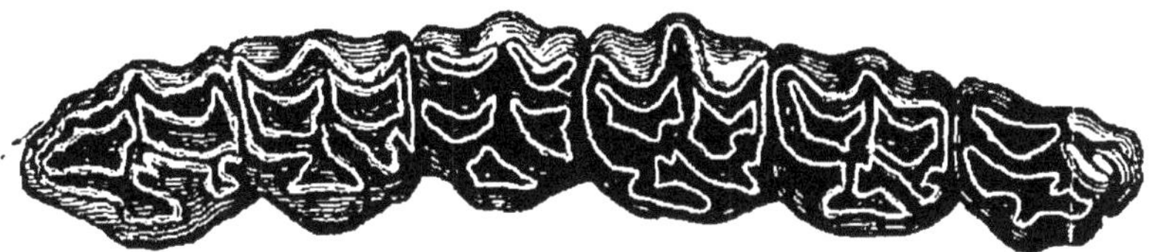

Fig. 98. — Molaires supérieures du Cheval.

22 vertèbres dorso-lombaires. Pas de clavicules. Fémur
muni d'un troisième trochanter sur son bord externe.
Astragale n'offrant pas de poulie à sa face inférieure. Un
nombre impair de doigts, au moins aux pieds postérieurs.
Troisième doigt toujours prédominant. Herbivores et
granivores; de grande taille (excepté les Damans).

A. Hyracidés (ὕραξ, souris). — *Pieds antérieurs tétradactyles. Pieds postérieurs tridactyles.*

Une paire d'incisives en haut et deux paires en bas ; pas de canines ; 7 ou 8 paires de molaires à chaque mâchoire. 3 paires de mamelles : une axillaire, une abdominale, une inguinale. Ne dépassent pas la taille d'un Lapin.

Damans (*Hyrax*) : du Cap (*H. capensis*) ; d'Abyssinie (*H. abessinicus*) ; de Syrie (*H. syriacus*). Animaux grimpeurs, vivant dans les fentes des rochers ; leurs excréments étaient autrefois employés, en médecine, sous le nom d'*hyracéum*.

B. Tapiridés. — *Pieds antérieurs tétradactyles. Pieds postérieurs tridactyles. Nez allongé en une petite trompe mobile.*

$\frac{3}{3}$ incisives ; $\frac{1}{1}$ canines. Taille d'un petit Ane, avec le port général d'un Cochon.

Fig. 99. — Tête de Tapir.

Tapirs (*Tapirus*). Tapir du Brésil (*T. americanus*) ; le plus gros quadrupède de l'Amérique du Sud. Tapir de l'Inde (*T. indicus*).

C. Rhinocéridés (ῥίν, nez ; χέρας, corne). — *Pieds tridactyles. Une ou deux cornes sur les os du nez.*

Incisives persistantes ou caduques ; pas de canines ; $\frac{7}{7}$ molaires. Corne nasale simple ou double, de nature épidermique. Peau presque nue.

Rhinocéros (*Rhinoceros*). Rhinocéros des Indes (*R. indicus*) ; unicorne ; à peau divisée en boucliers. Rhinocéros d'Afrique (*R. bicornis*) ; bicorne ; à peau unie.

D. Équidés. — *Pieds monodactyles.*

$\frac{3}{3}$ incisives ; $\frac{1}{1}$ canines, petites, souvent caduques chez les femelles ; $\frac{7}{7}$ molaires, la première rudimentaire. Une crinière sur le cou. Un seul os (*canon*) à chaque métacarpe et à chaque métatarse ; un seul doigt à chaque membre.

A. *Chevaux* (*Equus*). — *Robe sans trace de bande ni de raies. Crinière longue et flottante. Queue garnie de crins jusqu'à la base. Une saillie cornée* (châtaigne) *à la face interne des quatre membres.*

a. *Chevaux sauvages.* — Ils vivent en grandes troupes dans les pays de plaines et de steppes. On les trouve en Asie (le Tarpan, etc.), en Afrique (le Kumrah), en Amérique (le Mustang, etc.), en Australie et en Europe. Ceux d'Europe appartiennent à la Russie, aux Iles-Britanniques, à la Norvége et même à la France (Chevaux de la Camargue ; Chevaux des dunes de la Gascogne).

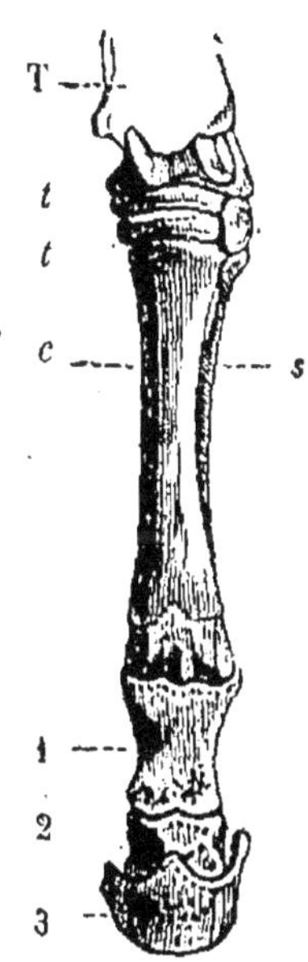

Fig. 100. — Pied postérieur de Cheval.

c, canon ; *s,* stylet ; T, tibia ; *t, t,* tarse ; 1ʳᵉ, 2ᵉ et 3ᵉ phalanges.

b. *Chevaux domestiques.* — Mâle (*étalon* ou *entier*) ; femelle (*jument* ou *cavale*) ; jeune mâle (*poulain*) ; jeune femelle (*pouliche*) ; Cheval châtré (*hongre*). Pelage tantôt simple ou uniforme : *blanc, noir, bai* (rougeâtre avec les extrémités et les crins noirs), *alezan* (rougeâtre de poils et de crins) ; tantôt composé de couleurs multiples : *gris, rouan* (à poils rouges, noirs et blancs), etc. On reconnaît l'âge du Cheval à l'usure de ses dents incisives (*pinces,* au milieu ; *coins,* aux extrémités ; *mitoyennes,* entre les deux).

Au point de vue des services qu'ils rendent, on a divisé les Chevaux en *Chevaux de trait, Chevaux de selle* et *Chevaux à deux fins.* L'usage de la viande de Cheval (*hippophagie*) n'entraîne aucun inconvénient pour la santé et tend à se répandre de plus en plus ; cette chair est un aliment habituel dans beaucoup de contrées du nord de l'Europe. Diverses peuplades d'Orient emploient le petit-lait de Jument, aigri et fermenté (*koumiss*), comme boisson rafraîchissante.

B. *Anes* (*Asinus*). — *Pelage présentant une bande dorsale foncée sur le dos et souvent une autre bande verticale moins foncée sur les épaules. Crinière courte et droite. Queue garnie de crins, à l'extrémité seulement. Deux châtaignes, une à chaque pied de devant. Oreilles plus longues que celles des Chevaux.*

Hémione (*A. Hemionus*); Asie. — Onagre (*A. Onager*); Asie. — Ane d'Afrique (*A. africanus*). — Ane domestique (*A. vulgaris*); mâle (*baudet*); femelle (*ânesse*); jeune (*ânon*). Donne le Mulet par son accouplement avec la Jument. Le produit du Cheval et de l'Anesse est le Bardot, qui est plus petit que le Mulet. Le Bardot hennit comme le Cheval; le Mulet a une sorte de braiement faible rappelant celui de l'Ane.

C. *Zèbres* (*Hippotigris*). — *Pelage rayé.*

Tous d'Afrique. — Couagga (*H. quagga*); robe peu rayée; queue garnie de crins jusqu'à la base. — Dauw (*H. Burchellii*); robe très rayée; queue garnie de crins presque jusqu'à la base; pas de raies sur les jambes. — Zèbre commun (*H. zebra*); entièrement rayé; jambes annelées jusqu'aux sabots; queue garnie de crins à l'extrémité seulement.

Porcins. — *Quadrupèdes ongulés, tétradactyles.*

Dentition complète. Estomac simple ou complexe, impropre à la rumination. Placenta diffus. Pas de clavi-

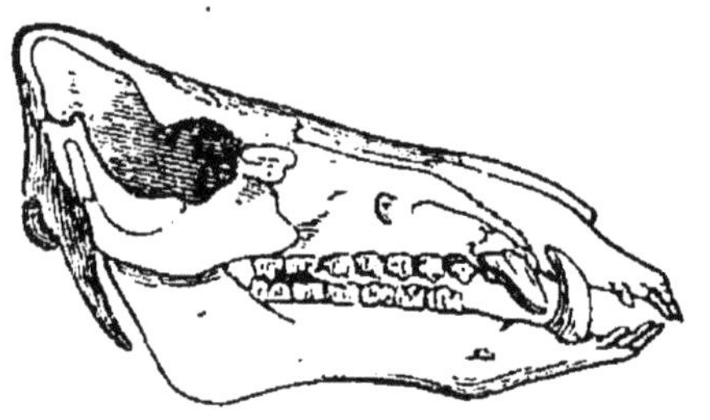

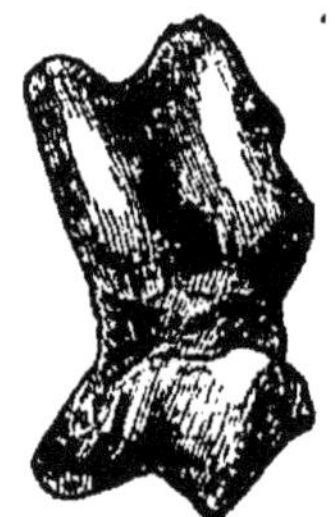

Fig. 101. — CRANE DE SANGLIER.   Fig. 102. — ASTRAGALE DE PORC.

cules. Astragale en forme d'osselet, à double poulie. Métacarpe et métatarse à 4 os séparés. Pied fourchu (*Bisulques*), à 4 doigts terminés chacun par un sabot.

A. HIPPOPOTAMIDÉS (ἵππος, cheval; ποταμός, fleuve). — *Peau presque nue. Mamelles inguinales. Pieds touchant le sol par quatre doigts.*

Hippopotames (*Hippopotamus*). Herbivores et aquatiques; Afrique. Hippopotame de Libérie (*H. liberiensis*);

de la taille d'un Tapir; Guinée. Hippopotame commun
(*H. amphibius*) ; corps énorme; cuir épais; dents fournissant de l'ivoire ; chair assez succulente.

B. Suidés (*sus*, porc). — *Peau plus ou moins couverte de
soies. Mamelles abdominales. Pieds touchant le sol par
deux doigts seulement.*

Canines supérieures recourbées en haut (excepté chez
les Pécaris), formant une seule défense avec les canines
inférieures. Jeunes, le plus souvent à robe rayée. Omnivores; recherchent l'eau.

A. *Suidés d'Europe et d'Asie.* — Sanglier commun (*Sus
scrofa*) : vieux mâle (*solitaire*); femelle (*laie*) ; jeunes
(*marcassins*, puis *ragots*). Très nuisi-
bles à l'agriculture ; chair médiocre,
excepté chez les marcassins où elle
est très bonne ; tête (*hure*) surtout
estimée. — Cochons domestiques ou
Porcs (*Sus domesticus*) : mâle (*ver-
rat*), châtré (*cochon*); femelle (*truie*),
châtrée (*coche*); jeunes (*gorets* ou
cochons de lait) ; descendent des
Sangliers ; varient beaucoup pour
la taille, la couleur, etc. On les consomme en totalité ; ils fournissent
deux sortes de graisse : le *lard*
(sous-cutané) et la *panne* (autour
des intestins et des reins) qui, fon-
due et purifiée, constitue l'*axonge*
ou le *saindoux* du commerce ; les
soies servent à faire des brosses et
des pinceaux. Considérés comme
immondes par les Égyptiens et les
Juifs, ils étaient au contraire appréciés par les Grecs et les Gaulois ; leur
chair renferme souvent des parasites (Ténia, Trichine) transmissibles
à l'Homme. On distingue des races
brachycéphales (surtout d'Asie) et
des races dolichocéphales (surtout d'Europe).

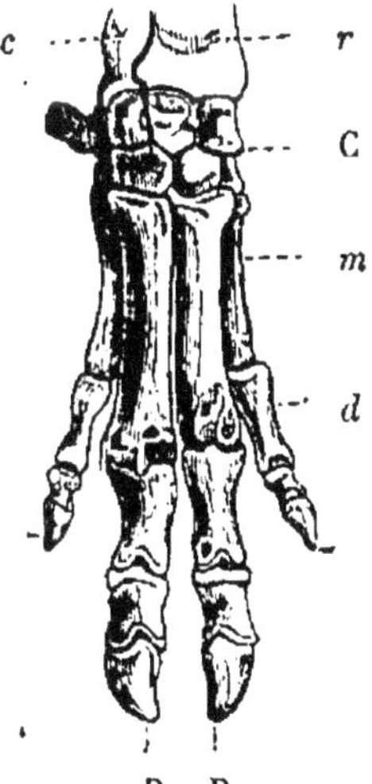

Fig. 103. — Pied anté-
rieur du Porc.

C, carpe ; *c*, cubitus ;
D, D, doigts du mi-
lieu ; *d*, doigt interne ;
r, radius.

B. *Suidés d'Afrique.* — Ils présentent des boursouflures
osseuses sur les côtés de la face, entre l'œil et le groin.
— Potamochères (*Potamochærus*). — Phacochères (*Phaco-
chærus*).

C. *Suidés d'Océanie.* — Babiroussas (*Babirussa*). Canines supérieures poussant verticalement en haut, perçant la peau et se recourbant vers le front ; taille d'un petit Ane ; îles Célèbes.

D. *Suidés d'Amérique.* — Pécaris (*Dicotyles*). Canines supérieures ne se recourbant pas ; estomac à trois compartiments ; pieds postérieurs tridactyles par la perte du doigt extérieur ; se rapprochent des Ruminants.

Ruminants. — *Quadrupèdes ongulés, didactyles.*

Mâchoire supérieure dépourvue d'incisives (excepté chez les Camélidés) et portant à leur place un revêtement calleux ; mâchoire inférieure munie de 4 paires d'incisives (3 chez les Camélidés) ; canines souvent absentes, surtout développées chez les espèces sans cornes ; $\frac{6}{6}$ molaires $\left(\frac{5}{4}\right.$ chez les Camélidés$\left.\right)$, à replis d'émail en forme de croissants ou de demi-lunes (*Sélénodontes*) dont la concavité est extérieure sur les molaires supérieures, intérieure sur les molaires inférieures. Estomac composé de 4 poches (3 chez les Tragulidés). Placenta tantôt diffus (Camélidés, Tragulidés), tantôt cotylédonaire, à cotylédons rares (Moschidés, Cervidés) ou au contraire très nombreux (Girafidés, Cavicornes). Mamelles inguinales. Petits naissant

Fig. 104. — Crane de Bœuf.

peu nombreux (deux au plus), le plus souvent capables de suivre leur mère, quelques heures après la naissance. Pas de clavicules. Membres à pied fourchu (*Bisulques*) ; à deux doigts terminés par des sabots symétriques, foulant le sol, soit par la face inférieure (*Ruminants phalangigrades* ou Camélidés), soit seulement par l'extrémité (*Ruminants onguligrades*). En outre des deux doigts, il existe une paire d'ergots, excepté chez les Girafidés et les Camélidés. Fémur dépourvu de troisième trochanter. Métacarpe et métatarse à os fusionnés en un seul (*canon*), excepté chez les Tragulidés. Astragale en osselet. Cerveau généralement pourvu de circonvolutions assez nombreuses. Animaux habituellement de grande taille, presque tous grégaires, tous comestibles. Animaux de boucherie ou Bêtes de somme. On en tire non seulement de la chair, mais encore du lait, de la graisse (*suif*) et des matières cornées ; leur peau fournit soit de la laine, soit du cuir, après avoir été rendue imputrescible par l'opération du tannage. Tous *ruminent*, c'est-à-dire ramènent à la bouche les aliments déjà déglutis, pour les y soumettre à une nouvelle mastication.

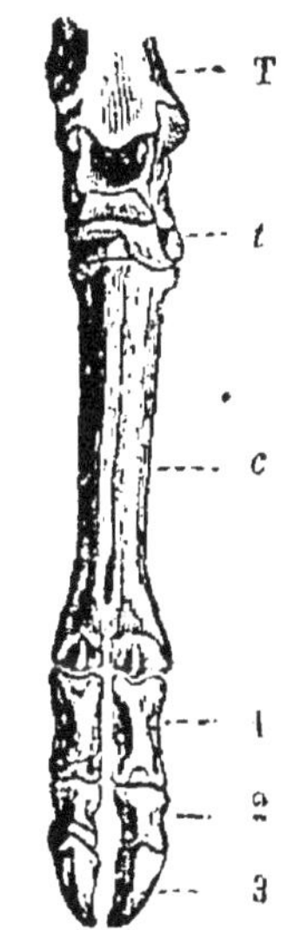

Fig. 105. — Pied de Cerf.

c, canon ; *t*, tarse ; T, tibia ; 1re, 2e et 3e phalanges.

Estomac des Ruminants. — L'estomac du Bœuf ou du Mouton se compose de quatre poches successives : la *panse*, le *bonnet*, le *feuillet*, la *caillette*. La panse, la plus volumineuse de ces poches, occupe le flanc gauche ; elle communique intérieurement avec le bonnet, situé du côté droit. Ces deux réservoirs sont eux-mêmes en communication avec l'œsophage (au-dessous duquel ils sont comme suspendus), par le moyen d'une fente en forme de boutonnière qui transforme en chenal (*gouttière œsophagienne*) la partie inférieure de l'œsophage. Quand cette boutonnière est fermée, l'œsophage se continue avec le feuillet, puis, par celui-ci, avec la caillette, poche acide où s'accomplit la digestion stomacale.

Rumination. — Les aliments grossièrement divisés tombent dans la panse et le bonnet, après avoir écarté les deux lèvres de la gouttière œsophagienne ; ceux qui sont très divisés et les liquides se rendent à la fois dans les quatre poches stomacales (Flourens). Un mélange des substances solides et des liquides renfermés dans la panse et le bonnet se produit par les contractions de ces réservoirs ; les parties déclives (en particulier le voisinage de la gouttière œsophagienne) sont occupées par les portions les plus fluides de ce mélange (Colin). Au moment de la réjection, la glotte se ferme et le diaphragme se contracte ; sous l'influence du vide ainsi produit dans le

thorax, une certaine quantité des matières fluidifiées, qui
avoisinent la gouttière, sont précipitées dans l'œsophage
(CHAUVEAU et TOUSSAINT). La panse et le bonnet, dont les
contractions sont lentes, ne prennent aucune part à la
réjection qui est un phénomène brusque. Le bol régur-
gité est ensuite amené, par les contractions de l'œsophage,

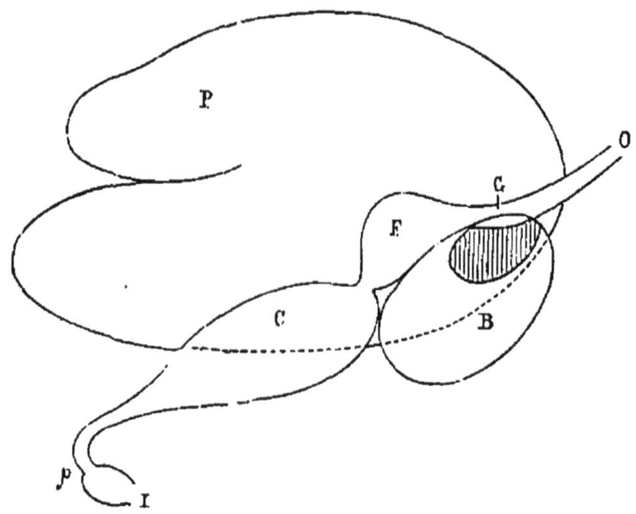

Fig. 106. — ESTOMAC DE MOUTON. (Schéma.)

B, bonnet ; C, caillette ; F, feuillet ; G, gouttière œsophagienne, avec
ses deux lèvres ouvertes ; I, intestin ; O, œsophage ; P, panse ; p, pylore. Les hachures indiquent l'orifice de communication de la panse
et du bonnet.

dans la cavité buccale où il est soumis à une nouvelle
mastication et réduit en bouillie ; dégluti sous cette
nouvelle forme, il arrive ensuite, presque en totalité;
dans le feuillet d'où il passe dans la caillette, pour subir
l'action du suc gastrique.

Nous avons essayé, au moyen d'un schéma, de reproduire le mécanisme de la réjection dans la rumination.
Notre appareil se compose d'une cloche de verre tubulée
parfaitement close et fermée à sa base par une membrane
de caoutchouc. Celle-ci est traversée, à son centre,
par un tube de verre qui supporte en bas une ampoule
de caoutchouc extérieure à la cloche et remplie d'eau
colorée. Le tube s'ouvre en haut dans une autre ampoule

vide et renfermée dans la cloche, où elle s'unit lâchement à un autre tube qui traverse la douille de cette dernière et peut être fermé au moyen d'un bouchon.

La cloche représente la cage thoracique, au moment où la glotte est fermée ; la membrane de caoutchouc est le diaphragme ; l'ampoule pleine, la panse ; l'ampoule vide, la partie inférieure de l'œsophage. Le bouchon du tube supérieur simule la fermeture de l'origine de l'œsophage, par le contact de ses parois. L'appareil étant fermé, si l'on exerce une traction sur le centre de la membrane, on voit aussitôt le liquide coloré s'élever dans le tube inférieur ; ce qui réalise le mécanisme de la réjection.

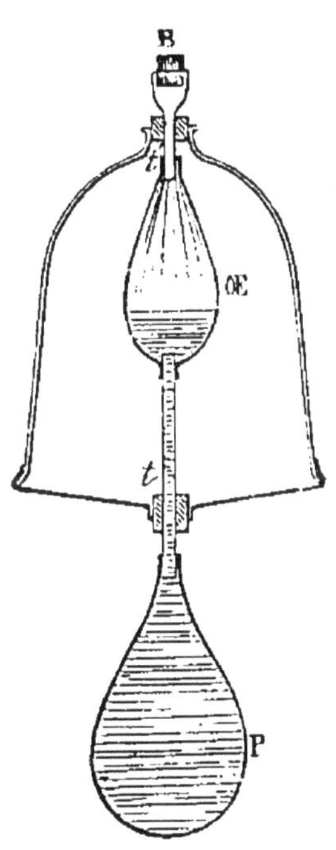

Fig. 107. — Schéma de la rumination.

B, bouchon ; Œ, œsophage ; P, panse ; t, t', tubes de verre.

A. Camélidés. — *Ruminants sans cornes, phalangigrades, à placenta diffus.*

A l'âge adulte : $\frac{1}{3}$ incisives, $\frac{1}{1}$ canines bien développées et rendant les morsures dangereuses, $\frac{5}{4}$ molaires. Lèvre supérieure fendue. Seuls Mammifères à globules rouges de forme elliptique. Cou long ; pied peu fendu.

Chameaux (*Camelus*). « Navires du désert ». Une (Dromadaire, *C. dromedarius;* d'Afrique) ou deux (Chameau, *C. Bactrianus;* d'Asie) loupes graisseuses (*bosses*) sur le dos. Panse très développée, divisée en un grand nombre de poches remplies d'eau ; feuillet rudimentaire. Bêtes de somme portant ordinairement 200 kilos ; pouvant rester plus d'une semaine sans boire ni manger. — Lamas (*Auchenia*). Pas de bosses sur le dos ; représentent les Chameaux dans le Nouveau monde (Amérique méridionale) ; s'apprivoisent facilement et s'emploient comme Bêtes de somme ; appréciés pour leur chair, leur lait et leur laine. Le Guanaco (*A. huanaco*) et la Vigogne

(*A. vicugna*) se rencontrent encore à l'état sauvage. Le

Fig. 108. — Lama.

Lama (*A. Lama*) et l'Alpaca (*A. Paco*) sont entièrement domestiqués.

B. Tragulidés. — *Ruminants sans cornes, onguligrades, à placenta diffus.*

Des canines saillantes à la mâchoire supérieure, chez les mâles. Pas de feuillet. Métacarpe et métatarse à os distincts.
Tragules (*Tragulus*). Les plus petits des Ruminants : l'un deux (*T. pygmœus*), de la taille d'un Lièvre ; Indes. — Biches — Cochons (*Hyœmoschus*). De la taille d'un Cabri ; Gabon.

C. Moschidés. — *Ruminants sans cornes, onguligrades, à placenta cotylédonaire et à poche moschifère.*

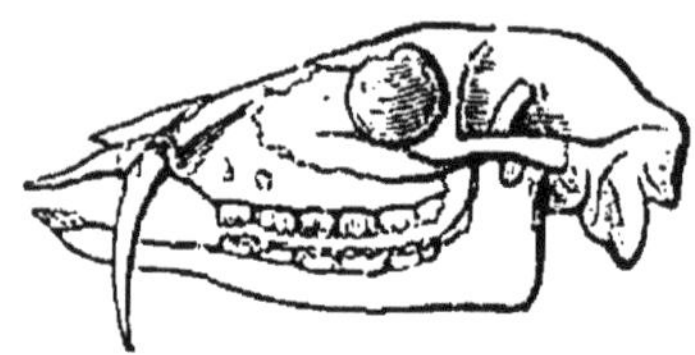

Fig. 109. — Porte-musc.   Fig. 110. — Crane de Porte-musc.

Le Porte-musc (*Moschus moschiferus*) a la taille et le pelage d'une biche de Chevreuil ; on le trouve dans

13.

toutes les montagnes de l'Asie centrale, où il grimpe
comme un Chamois. Le mâle a deux canines saillantes à
la mâchoire supérieure ; il porte, sous le ventre, une poche
de la grosseur du poing, qui peut contenir jusqu'à

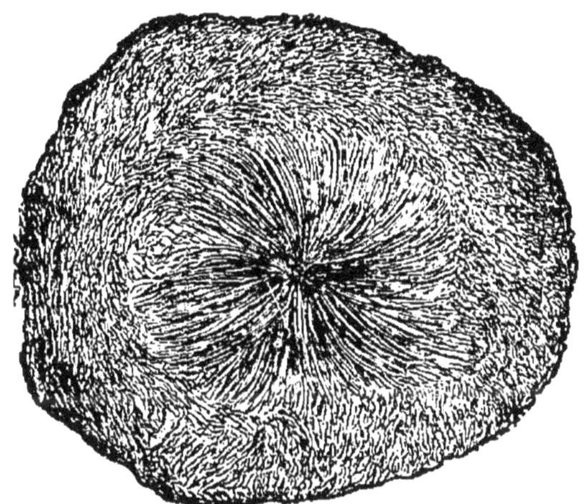

Fig. 111. — POCHE DE MUSC.

60 grammes de musc. La partie supérieure de cette
poche est aplatie, glabre et appliquée contre les muscles de l'abdomen ; sa partie inférieure est bombée,
poilue et percée à son centre d'un trou qui s'ouvre sur
la ligne médiane, en avant du fourreau de la verge. A
l'état frais, le musc
est onctueux et roux ;
à l'état sec, il est so-
lide et brun. On le
trouve dans le com-
merce « en vessie »,
c'est-à-dire dans la
poche moschifère, ou
« hors vessie », c'est-
à-dire débarrassé de
sa poche. Les poils
des vessies conver-
gent vers le trou mé-
dian, disposition qui

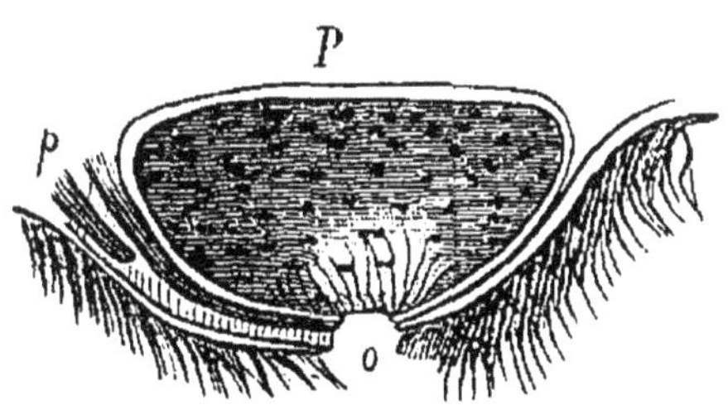

Fig. 112. — COUPE DE LA POCHE MOSCHIFÈRE.

, pénis ; P, poche qui sécrète le musc ; o,
orifice de la poche.

permet souvent de distinguer les poches naturelles
des poches artificielles. L'odeur du musc est très persistante ; elle disparaît par le mélange de cette sub-

stance avec une émulsion d'amandes amères. Le musc de
Chine vient de Nankin ; il est plus estimé que celui de
Sibérie : on l'emploie comme antispasmodique, mais il
sert surtout en parfumerie.

D. CERVIDÉS. — *Ruminants onguligrades„ à cornes frontales caduques et pleines, à placenta cotylédonaire.*

Le crâne des Cervidés porte deux apophyses frontales
se terminant par un plateau (*meule*) sur lequel des végé-
tations se développent et forment les bois ou cornes
osseuses de ces animaux. Les bois sont d'abord couverts
d'une peau velue qui se dessèche, quand ils ont fini de

Fig. 113. — BOIS DE CERF.   Fig. 114. — TÊTE D'ÉLAN.

croître ; alors ils se détachent pour faire place à de nouveaux bois qui poussent de la même manière. A la base
du bois, la meule est généralement entourée d'un cercle
de perles osseuses (*pierrures*); la tige (*merrain*) porte
des branches plus ou moins nombreuses (*andouillers*) qui,
à l'extrémité, sont souvent réunies par une partie élargie (*empaumure*). Le bois est primitivement simple
(*dague*); il tombe chaque année, à la fin de l'hiver, en se
compliquant de plus en plus, dans ses renouvellements
périodiques. Ces renouvellements sont en rapport avec
la reproduction : d'une part, c'est lorsque le nouveau
bois est formé que commence, en été, la période du rut ;
d'autre part, un Cerf châtré n'émet plus de nouveaux
bois ou garde ceux qu'il a. La ramure varie beaucoup de
forme et de dimensions ; sauf chez le Renne, elle n'existe
pas chez les femelles (*biches*); les mâles ont aussi presque

toujours des canines supérieures. Oreilles grandes. Yeux saillants, portant presque toujours, en dessous, des fossettes lacrymales (*larmiers*) qui sécrètent une matière huileuse. Souvent une houppe de poils raides (*brosse*) existe en arrière des pieds postérieurs, entre les sabots.

A. *Cervidés à bois arrondis.* — Cerfs (*Cervus*). Canines supérieures proéminentes chez les vieux mâles. Cerf commun (*C. elaphus*) : jeune, sans bois (*faon*); d'un an, à bois rudimentaires (*hère*); de deux ans, à bois simples (*daguet*); à partir de six ans (*dix-cors*); Europe et Asie. — Chevreuils (*Capreolus*). Pas de canines.

B. *Cervidés à bois palmés.* — Daims (*Dama*). Un ou deux andouillers pointus, à la base du bois; Europe. — Rennes (*Tarandus*). Bois recourbé en arc, à concavité antérieure; moins développé chez la femelle, la seule biche portant des bois; régions polaires des deux hémisphères. — Élans (*Alces*). Bois en forme de pelle à dentelures nombreuses; les géants des Cervidés; nord de l'Europe et de l'Asie; Canada.

E. Girafidés. — *Ruminants onguligrades, à cornes occipitales, persistantes, pleines et revêtues d'une peau velue, à placenta cotylédonaire.*

En outre des deux cornes occipitales communes aux deux sexes, le mâle porte une bosse frontale impaire. Cou très long. Pas de larmiers. Train de devant plus haut que celui de derrière.

Girafe (*Camelopardalis Giraffa*). Le plus haut des Mammifères terrestres (6 m.); se nourrit d'herbe et de feuillage ; intérieur de l'Afrique.

Fig. 115. — Tête de Girafe.

F. Cavicornes (*cavus*, creux ; *cornu*, corne). — *Ruminants onguligrades, à cornes frontales, persistantes et creuses, à placenta cotylédonaire.*

Les cornes se développent autour d'une apophyse de l'os frontal, tantôt creuse (Bovidés), tantôt pleine (autres Cavicornes), recouverte par une dépendance de la peau, sorte de pulpe vasculaire qui sécrète l'étui corné.

Celui-ci est permanent; il croît, pendant toute la vie, par l'apposition de nouvelles couches à l'intérieur. Les cornes existent toujours chez les mâles; elles sont plus développées que chez les femelles, qui en manquent souvent.

A. *Antilopiens*. — *Cornes verticales ou peu divergentes, droites ou courbes. 2 ou 4 mamelles.*

Groupe de formes très variées, ne se laissant classer exactement ni avec les Bœufs, ni avec les Chèvres, ni avec les Moutons ; ne renfermant pas d'espèces domestiquées. Quelquefois des larmiers.

Antilope à fourches (*Antilocapra americana*); le seul Cavicorne d'Amérique ; le seul dont les étuis cornés se renouvellent et portent un andouiller. — Chamois ou Izard (*Capella rupicapra*) ; le seul Cavicorne de l'Europe occidentale. — Gazelle (*Gazella dorcas*); Afrique. — Tétracère (*Tetraceros quadricornis*) ; mâle pourvu de deux paires de cornes, l'une au-dessus des yeux, l'autre entre les oreilles ; pas de cornes chez la femelle; Asie. — Gnou (*Catoblepas*). Tête de Buffle, crinière et queue de Cheval, pieds de Cerf; Afrique méridionale.

Fig. 116. — Tête de Gazelle.

B. *Capréens*. — *Cornes arquées en arrière. Menton barbu. 2 mamelles.*

Cornes et barbiche plus développées chez les mâles (*boucs*), manquant chez un petit nombre de femelles. Quelquefois deux appendices cutanés au-dessous du cou. Chanfrein (intervalle entre les yeux et les naseaux) plat. Pas de larmiers ni de glandes interdigitales. Pelage ne présentant pas les caractères de la véritable laine. Chair peu estimée, ayant toujours un peu l'odeur de bouc. Les espèces sauvages habitent les hautes montagnes.

Fig. 117. — Tête de Bouquetin.

Chèvres (*Capra*). Bouquetin (*C. ibex*) ; cornes énormes, prismatiques. Égagre ou Chèvre sauvage (*C. ægagrus*) ; cornes grandes, comprimées ; Asie ; Europe. Chèvres domestiques (*C. hircus*) ; les unes à oreilles droites (Europe) ; les autres, à oreilles plus ou moins tombantes (Angora ; Thibet ; Cachemire), servent à la fabrication de belles étoffes asiatiques. La Chèvre est la Vache du pauvre ; son lait sert à la fabrication des fromages de Saint-Marcellin, dans l'Isère ; sa peau sert à faire des gants et des chaussures. Animal nuisible à la culture forestière, par la destruction qu'il fait des plants et des jeunes pousses.

C. *Oviens.* — *Cornes contournées latéralement en spirale. Menton imberbe. 2 mamelles.*

Chanfrein busqué. Des fossettes lacrymales. Des espèces de glandes sébacées (*glandes interdigitales*) au-dessus de la fourche, sécrétant une humeur à odeur forte. Pelage laineux. Chair estimée. — Mâle (*bélier*) ; mâle châtré (*mouton*) ; femelle (*brebis*). Les espèces sauvages habitent les hautes montagnes.

. Fig. 118. — Tête d'Argali.

Fig. 119. — Tête de Buffle.

Argali (*Ovis Argali*) ; [Asie. Mouflon (*O. musimon*) ; Europe. Moutons domestiques (*O. aries*) : les uns à queue large (Asie) ; les autres à queue longue (Europe) ; producteurs de laine et de viande. Celle-ci ne contient pas de parasites transmissibles à l'Homme. Le fromage de Roquefort est fabriqué avec du lait de Brebis.

D. *Boviens.* — *Cornes dirigées en dehors. 4 mamelles.*

Cornes à coupe ronde. Chanfrein plat. Museau tronqué, à narines écartées (*mufle*). Un repli cutané (*fanon*) sous le cou. Pas de larmiers ni de glandes interdigitales. Animaux lourds, habitant surtout les plaines et les contrées marécageuses.

a. *Mufle étroit et velu.* — Bœuf musqué (*Ovibos mos-*

chatus) ; cornes recourbées en avant ; chanfrein convexe ; le plus petit des Bovidés ; ressemblant à un Mouton ; chair musquée ; Nord de l'Amérique.

b. *Mufle large et glabre.* — 1° *Front court et bombé.* — Buffles (*Bubalus*). Cornes courtes ou longues, à pointe postérieure ; pelage grossier ; régions chaudes de l'ancien continent.— Bisons (*Bison*). Cornes petites, à pointe antérieure ; toison épaisse à la partie antérieure du corps ; garrot élevé ; Amérique du Nord. — Yack (*Poephagus*). Cornes en croissant au-dessus de la tête ; toison à longs poils tombants ; garrot élevé ; Thibet.

Fig. 120. — Tête de Bœuf musqué.

2° *Front grand et plat.*— Bœuf (*Bos*). Cornes en croissant ; pelage grossier ; mâle (*taureau*), châtré (*bœuf*) ; jeune (*veau*) ; femelle (*vache*), jeune (*génisse*) : les uns à bosse graisseuse sur le garrot (Zébus de l'Inde) ; les autres sans bosse (Bœufs ordinaires) se subdivisant en « Bœufs de haut cru », à cuir fort, donnant peu de suif, et « Bœufs de nature », s'engraissant facilement ; surtout producteurs de viande et de lait ; leur emploi, comme moteurs, n'a guère d'application en dehors des travaux d'agriculture.

Pinnipèdes (*pinna*, nageoire ; *pes*, pied). — *Placentaires à pattes transformées en nageoires, dépourvus de nageoire caudale.*

Système dentaire rappelant celui des Carnivores, mais en différant par le nombre moindre des incisives et l'absence de dent carnassière. 2 ou 4 mamelles ventrales. Utérus bicorne. Placenta zonaire. Pas de clavicules. Membres pentadactyles, transformés en nageoires par une membrane interdigitale, les antérieurs obliques, les postérieurs dirigés en arrière. Cerveau pourvu de nombreuses circonvolutions. Narines et orifices auditifs fermés par des cartilages élastiques, s'ouvrant par l'action de muscles antagonistes. Corps fusiforme, couvert de poils courts, terminé par une queue courte, conique, située entre les membres postérieurs. Vivent dans toutes les mers, surtout dans les mers polaires ; se nourrissent de

Poissons, Mollusques et Crustacés ; agiles dans l'eau ; lents et maladroits sur la terre ferme, où ils viennent se reposer, se reproduire et allaiter leurs petits. Très recherchés des Esquimaux, pour leur chair, leur graisse et leur peau.

A. Phocidés. — *Pinnipèdes à canines courtes, non saillantes.*

Otaries (*Otaria*). Oreilles munies d'un pavillon. — Phoques ou « Chiens de mer » (*Phoca*). Pas d'oreilles externes.

Fig. 121. — Phoque.

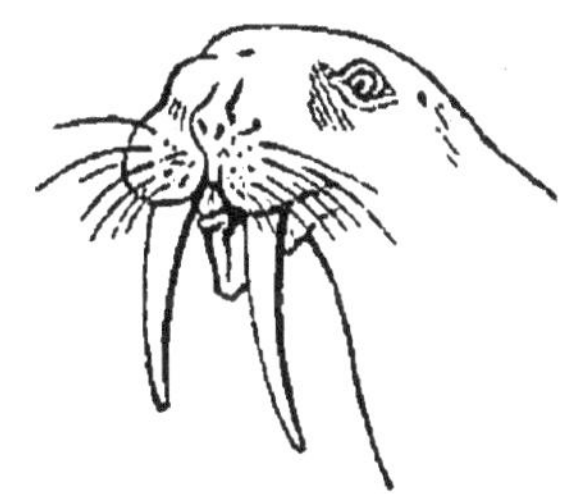

Fig. 122. — Tête de Morse.

B. Trichéchidés (θρίξ, poil ; ἔχειν, avoir). — *Pinnipèdes à canines supérieures en forme de défenses.*

Morse ou Vache marine (*Trichechus rosmarus*); défenses redoutables, estimées au prix de l'ivoire; mers polaires.

Sirénides (*siren*, sirène). — *Placentaires à nageoire caudale, couverts de soies peu nombreuses.*

Dentition surtout composée de molaires tuberculeuses. Pas de canines. Utérus bicorne. Placenta diffus. 2 mamelles pectorales. Tête distincte du tronc, dépourvue d'oreilles externes, avec les narines au bout du museau. Gros Animaux pisciformes, couverts de poils clairsemés, pourvus de membres antérieurs ou nageoires pectorales mobiles à l'épaule et au coude, dépourvus de nageoires abdominales et dorsale, à corps terminé par une nageoire caudale formée d'un feutrage de fibres cornées. Herbivores, marins ou fluviatiles, ne sortant de l'eau que très rarement.

Dugongs (*Halicore*). Deux incisives supérieures en forme de défenses ; pas d'ongles ; nageoire caudale horizontale, en croissant ; Océan Indien et ses dépendances. — Lamantins (*Manatus*). Pas d'incisives ; des ongles ; nageoire caudale verticale et ovale ; chair savoureuse ; Sénégal ; fleuve des Amazones.

Cétacés (κῆτος, baleine). — *Placentaires à corps glabre et à nageoire caudale.*

Dentition composée tantôt de dents coniques, simples et d'une seule sorte, aux deux mâchoires ou à l'une d'elles seulement (Denticètes), tantôt de lames cornées en forme de faux (*fanons*) descendant de la mâchoire supérieure (Mysticètes). Isthme du gosier, étroit. Estomac complexe. Utérus bicorne. Placenta diffus. 2 mamelles

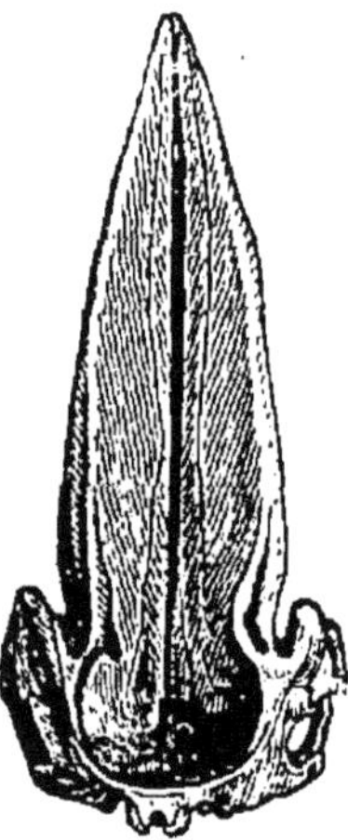

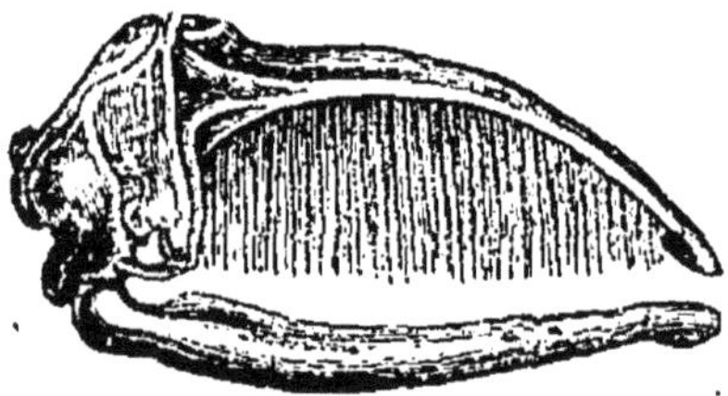

Fig. 124. — CRANE ET FANONS DE BALEINE.

Fig. 123. — CRANE DE CACHALOT (face supérieure). On voit la cavité qui, sur le vivant, est remplie de spermaceti.

Fig. 125. — DAUPHIN.

abdominales, de chaque côté de la vulve. Tête énorme, se confondant avec le tronc, portant latéralement deux petits yeux en arrière, dépourvue d'oreilles externes. Narines s'ouvrant au sommet du front par un ou deux orifices (*évents*) qui livrent passage à l'air expiré (*souffle*). Celui-ci produit, à quelque distance de la tête, au contact de l'atmosphère froide, un panache simple ou double d'épais brouillard que l'on a pris, pendant longtemps, pour de l'eau rejetée par les voies nasales. Fosses nasales verticales, fermées en bas par le larynx saillant à leur intérieur, ce qui permet à la respiration et à la déglutition de s'accomplir simultanément, le sommet de la tête étant à fleur d'eau. Gros Animaux pisciformes, à peau glabre chez les adultes, épaisse, pénétrée de graisse, non susceptible d'être tannée. 2 nageoires pectorales, mobiles seulement à l'épaule et dépourvues d'ongles; pas de nageoires abdominales ; toujours une caudale horizontale ; quelquefois une dorsale. Presque tous marins ; quelques-uns fluviatiles ; tous carnivores, se nourrissant de petits Animaux (Poissons, Mollusques, Crustacés) qu'ils engloutissent en quantités considérables; ne quittant jamais l'eau; s'échouant quelquefois et mourant rapidement, s'ils ne peuvent se remettre à flot. Les grandes espèces sont chassées pour leur graisse, leurs dents ou leurs fanons.

A. Denticètes (*dens*, dent; *cete*, cétacés). — *Cétacés munis de dents et dépourvus de fanons.*

A. *Monophysétéridés* (μονός, seul ; φυσητήρ, évent). — *Un seul évent, en forme de croissant, constitué par la réunion des deux narines.*
· a. *Des dents aux deux mâchoires.* — 1° *Une nageoire dorsale.* — Plataniste (*Platanista gangetica*); Gange et ses affluents. — Inia (*Inia amazonica*); rivière des Amazones. — Dauphin (*Delphinus delphis*); Océan et Méditerranée. — Marsouin ou « Cochon de mer » (*Phocæna communis*). — Épaulard (*Orca gladiator*) ; le plus redoutable des Cétacés.
2° *Pas de nageoire dorsale.* — Bélouga ou Delphinaptère (*Beluga leucas*). Corps d'un blanc jaunâtre ; chair appréciée des Esquimaux.
b. *Pas de dents à la mâchoire inférieure; deux dents permanentes à la mâchoire supérieure.*
Narval ou « Licorne de mer » (*Monodon monoceros*). Les deux dents de la mâchoire supérieure sont des canines et restent petites chez les femelles ; chez les mâles, l'une d'elles (le plus souvent celle de gauche) prend un développement considérable. Pas de nageoire dorsale.
c. *Pas de dents à la mâchoire supérieure ; deux dents permanentes à la mâchoire inférieure.*
Butskof (*Hyperoodon rostratus*). Une nageoire dorsale. Chassé pour son huile qu'on mélange avec le spermaceti.

B. *Diphysétéridés*. — *Deux évents séparés, dont un seul (le gauche) fonctionne.*

Cachalot (*Catodon macrocephalus*). Tête énorme, tronquée verticalement, renflée par une grande quantité de graisse liquide (*spermaceti* ou *cétine*) qui s'amasse dans la narine droite développée en deux sacs énormes, la narine gauche restant normale (BEAUREGARD et POUCHET). Mâchoire supérieure inerme chez l'adulte, l'inférieure garnie de dents. Une nageoire dorsale longue et basse. Chassé pour la cétine, l'huile de son lard et l'ambre gris. Celui-ci, employé en Orient pour des fumigations odorantes, se forme probablement dans l'intestin ou la vessie urinaire ; on le trouve aussi en boules flottant à la surface de la mer. Océan ; Méditerranée.

B. MYSTICÈTES (*mystax*, moustache, fanon). — *Cétacés dépourvus de dents et munis de fanons. Deux évents.*

Il existe des dents chez l'embryon, mais elles disparaissent avant la naissance. Les fanons descendent de la mâchoire supérieure et de la voûte palatine ; ils fournissent la baleine du commerce ; plus longs au milieu de la mâchoire qu'à ses deux extrémités ; recouverts par la lèvre inférieure, quand la bouche est fermée. Œsophage étroit, laissant cependant facilement passer des Poissons de la taille d'un Hareng. Deux évents séparés.

Rorquals (*Balænoptera*). Une nageoire dorsale ; des plis longitudinaux sur la face ventrale ; fanons petits. — Baleines (*Balæna*). Pas de nageoire dorsale ; ventre lisse ; fanons longs. Baleine franche (*B. mysticetus*) ; atteint quelquefois 30 mètres de long ; pèse autant que 200 Bœufs et n'a pas les yeux plus gros qu'un de ces Animaux ; peut avoir jusqu'à 700 fanons ; un seul petit à la fois (*Baleineau*), de la grosseur d'un Bœuf et velu ; mers septentrionales, à partir du 65e degré de latitude. Baleine australe (*B. australis*) ; moins volumineuse ; mers du Sud.

Marsupiaux (μαρσύπιον, bourse). — *Mammifères vivipares implacentaires.*

Système dentaire très variable ; dents simples, une seule se renouvelant de chaque côté, à chaque mâchoire. Maxillaire inférieur présentant un condyle transversal et une apophyse angulaire dirigée en dedans. Deux os suspubiens ou *marsupiaux*. Pénis terminé par un gland bifide. 2 utérus. 2 vagins. Mamelles pourvues de longs mamelons, situées au fond d'une poche ventrale (*poche marsupiale*) où les petits sont introduits après leur naissance et restent suspendus aux tétines de la mère, pendant un temps plus ou moins long, pour achever leur développement. Embryons sans placenta, naissant aveugles, nus, très imparfaits, gros comme un grain de café chez un Animal de la taille d'un Chat. Claviculés. Onguiculés ; généralement pentadactyles. Cerveau très petit, à corps calleux rudimentaire. Couverts de poils doux et serrés. D'Australie ou des régions voisines, excepté les Didelphydés, qui habitent l'Amérique.

A. Zoophages (ζῶον, animal ; φαγεῖν, manger). — *Marsupiaux carnivores ou insectivores. Plus de deux paires d'incisives à la mâchoire inférieure. Canines fortes.*

A. *Didelphydés* (δίς, deux ; δελφύς, matrice). — *Cinq paires d'incisives supérieures. Queue préhensile, plus ou moins nue. Gros orteil opposable.*

Fig. 126. — Kangourou.   Fig. 127. — Sarigue.

Sarigues (*Didelphys*). Doigts libres ; poche bien développée chez les uns ; rudimentaire chez les autres, qui, alors, portent leurs petits sur le dos, ceux-ci enroulant leur queue autour de celle de la mère. —Chironectes (*Chironectes*). Pattes postérieures palmées ; seuls Marsupiaux à vie aquatique.

B. *Péramélidés* (pera, besace ; meles, blaireau). — *Cinq paires d'incisives supérieures. Queue préhensile, plus ou moins nue. Pas de pouces ni de gros orteils.*

Correspondent à nos Insectivores.

Bandicouts (*Perameles*). Poche s'ouvrant en arrière. — Chéropes (*Chœropus*).

C. *Dasyuridés* (δασύς, poilu; οὐρά, queue). — *Quatre paires d'incisives supérieures. Queue non préhensile, touffue.*

Correspondent à nos.Carnivores.

Myrmécobies (*Myrmecobia*). 54 dents; les mieux endentés des Marsupiaux. — Phascogales (*Phascogale*). Rappellent nos Écureuils. — Dasyures (*Dasyurus*). Rappellent nos Fouines.

B. Botanophages (βοτάνη, plante). — *Masurpiaux végétariens. Une ou deux paires d'incisives à la mâchoire inférieure. Canines faibles ou nulles.*

A. *Carpophages* (καρπός, fruit). — *Trois paires d'incisives supérieures. Membres égaux. Gros orteil opposable.*

Animaux grimpeurs, frugivores, nocturnes, correspondant aux Lémuriens.

Phalangers (*Phalangista*). Queue préhensile, plus ou moins touffue; quelques-uns pourvus d'une membrane aliforme. — Koalas (*Phascolarctos*). Queue rudimentaire.

B. *Poephages* (ποία, herbe). — *Trois paires d'incisives supérieures. Membres postérieurs beaucoup plus longs que les antérieurs. Pas de gros orteils.*

Pattes antérieures courtes, pentadactyles. Pattes postérieures très allongées dans leurs divers segments. Queue robuste, longue, servant, avec les pieds de derrière, à la station et au saut. Herbivores; à estomac très allongé; broutant à la manière du bétail et constituant le gibier d'Australie.

Kangourous (*Macropus*). De grande taille. — Potorous (*Hypsiprymnus*). De petite taille.

C. *Rhizophages* (ῥίζα, racine). — *Une paire d'incisives supérieures. Membres égaux, pentadactyles.*

Phascolomes ou Wombats (*Phascolomys*). Pas de canines. Sortes de Rongeurs Implacentaires; creusent des terriers; vivent de racines; chair délicate.

Monotrèmes (μόνος, seul; τρῆμα, orifice). — *Mammifères ovipares.*

Bouche en forme de bec; mâchoires dépourvues de

véritables dents. Un cloaque. Une vessie urinaire reliée
au cloaque par un canal génito-urinaire dans lequel s'ouvrent les uretères et les conduits génitaux. Mâles pourvus de deux testicules renfermés dans l'abdomen; présentant, sur les pattes postérieures, un ergot creusé d'un
canal en communication avec une glande non venimeuse.
Cet ergot du mâle joue probablement un rôle pendant
la copulation, car il peut pénétrer dans une fossette qui
lui correspond, sur les pattes de la femelle. Ovaires
inégaux : le droit atrophié, presque toujours stérile. Pas
d'utérus proprement dit, ni de vagin. Mamelles abdominales, constituées par des glandes en tube; pas de
mamelons. Ovipares. Pondent un œuf (Échidné) ou
deux œufs (Ornithorynque) ayant un développement égal

Fig. 128. — Échidné.   Fig. 129. — Ornithorynque.

à celui d'un poussin de trente heures, subissant l'incubation dans une poche abdominale rudimentaire
(Caldwell). Deux os coracoïdiens à la ceinture thoracique. Deux os marsupiaux à la ceinture pelvienne.
Corps calleux rudimentaire. Pas d'oreille externe. Une
membrane nictitante. Organisation rappelant à la fois
celle des Marsupiaux et celle des Oiseaux.

Ornithorynques (*Ornithorhynchus*). Un bec large, avec
une paire de dents cornées à chaque mâchoire; pieds
palmés; se nourrissent de Vers et d'Animaux aquatiques;
bords des cours d'eau en Australie. — Échidnés (*Echidna*).
Bec mince, sans dents; langue protractile; corps revêtu
en dessus de piquants; ongles fouisseurs; se nourrissent surtout de Fourmis; vie terrestre; Australie et Nouvelle-Guinée.

§ II. — *Classe des Oiseaux.*

OISEAUX. — *Animaux couverts de plumes.*

Vertébrés bipèdes, à membres antérieurs transformés en ailes. Respiration pulmonaire. Température constante. Un seul condyle occipital. Amniens. Ovipares.

Deux sous-classes (*Carinates, Ratites*) basées sur la présence ou l'absence d'une carène médiane (*brechet*), à la face antérieure du sternum. 9 ordres.

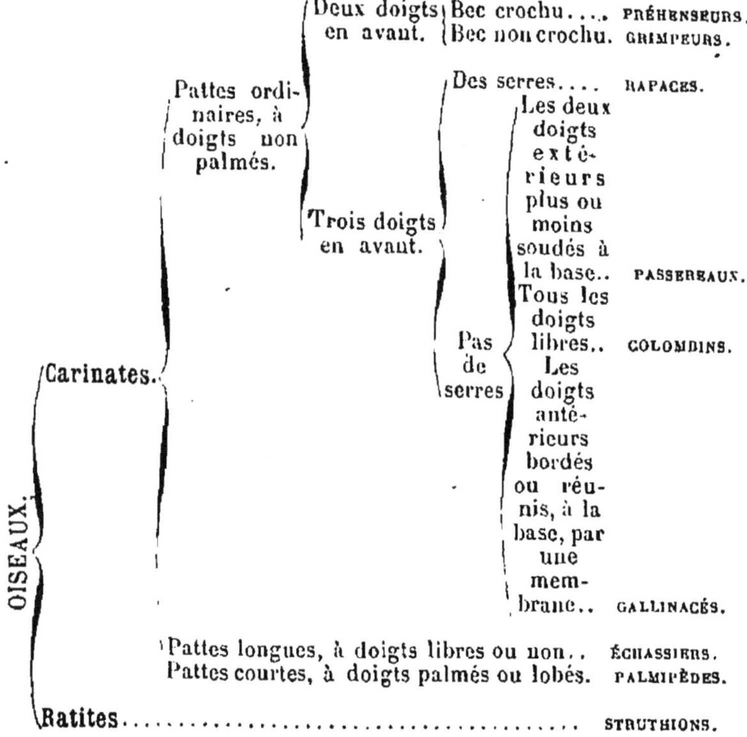

Appareil digestif. — Un étui corné (*bec*), dont la forme varie suivant le régime de l'Oiseau, recouvre les mâchoires ; celles-ci sont toujours dépourvues de dents. Langue variable, généralement mince, coriace, pourvue à sa base de longues papilles cornées dirigées en arrière, quelquefois chargée de graisse (Flamants), d'autres fois charnue et jouant un rôle dans l'articulation des sons (Perroquets). Chez le Pic, la langue est longue et protactile ; elle est au contraire rudimentaire chez le Pélican. Ce dernier porte, entre les branches de la mâchoire inférieure, une grande poche membraneuse dans laquelle il accumule des Poissons, pour les avaler ensuite à loisir ou les dégorger devant ses petits. Jamais de voile du palais ni d'épiglotte. L'œsophage présente souvent un renflement (*jabot*) où les graines s'accumulent et qui, chez les Pigeons, contient, après l'incubation, une matière crémeuse servant à l'alimentation des jeunes. L'estomac (*ventricule succenturié*) se trouve au-dessous du jabot ; il renferme des glandules pepsiques dans ses parois. A la suite de l'estomac, le *gésier* forme une poche musculaire, mince chez les Oiseaux carnivores, épaisse chez les granivores et exerçant une véritable trituration facilitée par la présence des corps durs que ces Animaux ingèrent avec les aliments. L'ouverture du ventricule succenturié dans le gésier est très voisine de l'orifice intestinal, de sorte que des graines peuvent échapper à la trituration et servir ensuite à la dissémination des végétaux. L'intestin, généralement court, comprend un intestin grêle et un gros intestin. Ce dernier reçoit, à son origine, deux appendices tubiformes (*cæcums*) qui peuvent se réduire à un seul (Hérons) ou manquer complètement (Perroquets) ; il se termine dans un cloaque dont le sépare un sphincter (*anus interne*), disposition par-suite de laquelle les excréments ne traversent le cloaque qu'au moment de la défécation. Une poche glandulaire (*bourse de Fabricius*) s'ouvre dans la paroi postérieure du cloaque.

Glandes salivaires réduites aux sous-maxillaires (pouvant manquer chez les Granivores) et aux sublinguales (manquant chez l'Autruche), nulles chez beaucoup d'Oiseaux aquatiques. Foie ordinairement volumineux, présentant deux canaux cholédoques dont l'un porte la vésicule biliaire ; celle-ci manque quelquefois (Pigeons, Autruche, etc.). Pancréas situé dans une anse du duodénum.

Appareil circulatoire. — Cœur à quatre cavités comme celui des Mammifères, mais avec une valvule tricuspide formée d'une seule lame musculaire. Crosse de l'aorte recourbée à droite. Une veine porte rénale, rudimentaire. A la face inférieure de l'abdomen, un réseau vasculaire sous-cutané, en rapport avec l'incubation.

Appareil respiratoire. — Surtout remarquable par

la présence de neuf réservoirs membraneux (*sacs aériens*), quatre intra-thoraciques et cinq extra-thoraciques, communiquant tous avec les poumons. Pas de véritable diaphragme. Trachée longue, à anneaux nombreux et complets. Bronches courtes, à anneaux incomplets. Poumons petits; à face supérieure convexe, imperforée, adhérente à la voûte du thorax; à face inférieure plane, présentant cinq orifices de communication avec les sacs aériens. Sacs intra-thoraciques constitués par deux paires de réceptacles (*sacs thoraciques antérieurs* et *sacs thoraciques postérieurs*) n'offrant pas d'autre orifice que celui par lequel chacun d'eux s'ouvre dans le poumon correspondant. Sacs extra-thoraciques : un impair (*sac interclaviculaire*) communiquant avec les deux poumons; deux pairs (*sacs cervicaux* et *sacs abdominaux*) s'ouvrant chacun dans le poumon correspondant. Les sacs extra-thoraciques offrent des prolongements qui débouchent dans des *cavités pneumatiques* dont beaucoup d'os sont creusés; ainsi l'interclaviculaire communique avec l'humérus, le cervical avec les vertèbres cervicales et les dorsales, l'abdominal avec les os du bassin et le fémur. Les os les plus pneumatiques, par conséquent les plus légers, appartiennent aux Oiseaux bons voiliers; quelquefois même, l'air se répand sous la peau (Pélican). La pneumaticité est rudimentaire ou nulle chez les Oiseaux qui ne volent que peu ou point (Autruche, Pingouin).

Les mouvements respiratoires se font uniquement par le jeu des côtes. Les poumons, adhérents à la cage thoracique, ne changent pas sensiblement de volume; mais il n'en est pas de même des sacs aériens. A chaque inspiration, les sacs intra-thoraciques se dilatent, appelant dans leur cavité de l'air et une partie du gaz renfermé dans les sacs extra-thoraciques qui se rétractent. A chaque expiration, les réservoirs intra-thoraciques sont comprimés; leur contenu s'échappe en grande partie par la trachée, tandis que le reste reflue dans les sacs extra-thoraciques qui se dilatent. Il y a donc toujours antagonisme entre les sacs intra-thoraciques et les sacs extra-thoraciques, les uns se remplissant quand les autres se vident; les poumons sont ainsi constamment insufflés.

Appareil urinaire. — Reins habituellement divisés en trois lobes. Uretères débouchant à la partie postérieure du cloaque, en dedans des pores génitaux. Pas de vessie. L'urine s'accumule dans le cloaque, où elle constitue une pâte blanchâtre qui renferme une grande quantité d'urate d'ammoniaque et forme la base du guano ; elle est expulsée au moment de la défécation.

Appareil reproducteur. — *A*. APPAREIL MALE. — Deux testicules, situés en avant des reins et portant un épididyme, sur le côté interne. Canaux déférents s'ouvrant sur la paroi postérieure du cloaque et présentant souvent, à leur partie inférieure, une ampoule ou vésicule séminale. Pas d'organe copulateur. Quelques Oiseaux seulement ont, à la partie antérieure du cloaque, un petit mamelon pénien (Autruche, Cigogne, Canard, etc.) ; leurs femelles présentent un clitoris correspondant.

B. APPAREIL FEMELLE. — Chez l'embryon, deux ovaires et deux oviductes dont il ne reste, chez l'adulte (à l'exception de quelques Rapaces), que l'ovaire et l'oviducte du côté gauche. Ovaire contenant des œufs à divers degrés de développement ; les plus volumineux sont suspendus chacun dans une capsule membraneuse (*calice*) dont les vaisseaux s'atrophient à la maturité de l'œuf, de façon à former une bande équatoriale (*stigma*) le long de laquelle le sac se déchire. Oviducte composé de trois parties : 1° *la trompe ;* 2° *le conduit albuminipare ;* 3° *la chambre coquillère*.

Quand l'œuf a quitté l'ovaire, il tombe dans le pavillon de la trompe, traverse celle-ci, puis passe dans le conduit albuminipare, où il se recouvre d'une *membrane* dite *chalazifère* doublée d'une épaisse couche d'albumine, au milieu de laquelle on distingue les *chalazes*. Celles-ci, faciles à voir quand on mange un œuf mollet, sont deux prolongements de la membrane chalazifère formés d'albumine condensée et enroulés en tire-bouchon. Les chalazes s'insèrent de chaque côté, au-dessus du centre du jaune et peuvent tourner avec lui, de telle sorte que la cicatricule se trouve toujours au point le plus élevé du jaune, lorsque l'œuf repose sur un point quelconque du petit axe. Avant d'arriver à la chambre coquillère, l'œuf s'est recouvert d'une membrane très mince (*membrane coquillère*) composée de deux feuillets qui, après la ponte, s'écartent l'un de l'autre, au niveau de la grosse extrémité, par suite de la pénétration de l'air à travers les pores de la coquille. Il se forme ainsi un espace (*chambre à air*) d'autant plus développé que l'œuf est moins frais. La chambre coquillère, appelée quelquefois improprement *utérus*, sécrète un liquide blanchâtre d'où provient la coquille. Celle-ci est constituée par une substance organique dans laquelle se déposent des sels calcaires. Lorsqu'une Poule ne trouve pas assez de matières calcaires dans ses aliments, elle pond des œufs à coquille molle (*œufs hardés*). L'œuf peut être blanc (Poule, Pigeon) ou offrir des colorations variées, avec ou sans taches ; ses dimensions sont en rapport avec celles de l'Oiseau. La copulation se fait par application des anus l'un contre l'autre. En général, la ponte n'a lieu qu'une fois par an ; elle est plus fréquente chez les espèces domestiques, mais cesse aussitôt que la femelle commence à couver. Le nombre des œufs est plus considérable chez les petites espèces que chez les grandes. La chaleur de l'incubation (environ 40°) est fournie ordinairement par la femelle, plus rarement par le mâle et la femelle (Pigeon, Cigogne), quelquefois simplement par le soleil (Autruche, dans les régions tropicales) ; elle peut être remplacée par une source artificielle (*couveuses artificielles*). La durée de l'incubation est en rapport avec la taille de l'Oiseau (42 jours chez le Cygne, 21 chez la Poule, 12 seulement chez le Colibri). Le jeune brise lui-même sa coquille, au moyen d'un tubercule (qui tombe après la naissance) situé sur la mandibule supérieure ; du reste, au terme de son développement, la coquille est moins dure qu'au début, car une partie de son calcaire a déjà servi à constituer les os de l'embryon. A la naissance, les jeunes sont tantôt couverts de duvet, capables de marcher et de chercher leur nourriture (Rapaces, Gallinacés, Échassiers, Palmipèdes, Struthions), ce qui les a fait désigner sous le nom de *Ptilopédiens* (πτίλον, duvet ; παῖς, jeune), tantôt, au contraire, nus, faibles et incapables de pourvoir seuls à leur alimentation, d'où le nom de *Gymnopédiens* (γυμνος, nu) qui leur a été donné (Préhenseurs, Grimpeurs, Passereaux, Colombins). Les Ptilopédiens construisent généralement des nids grossiers, au lieu que les Gymnopédiens les édifient avec plus ou moins d'art. Habituellement, la femelle travaille seule au nid ; le mâle n'y contribue pas ou se borne à apporter des matériaux de construction. C'est à une impulsion innée (*instinct*) que les Oiseaux obéissent pour construire leurs nids ; mais il faut aussi reconnaître chez eux une intelligence dépassant souvent celle de beaucoup de Mammifères. A l'exception des Gallinacés, presque tous les Oiseaux sont monogames ; ils présentent (les mâles surtout), à l'époque de la reproduction (généralement au printemps), une « parure de noce » due à un travail pigmentaire ; en même temps, la voix devient plus pure et plus douce.

Appareil locomoteur. — *A.* Squelette. — Rachis

sans région lombaire distincte; la vertèbre située immédiatement après celles qui portent des côtes s'articule avec les os iliaques et contribue à la formation du sacrum; région cervicale (de 9 à 24 vertèbres) très mobile, en forme d'*S*; régions dorsale et sacrée remarquables par leur fixité et la soudure plus ou moins complète de leurs vertèbres; région coccygienne, courte, peu mobile, terminée par une pièce en forme de soc de charrue (*pygostyle*).

Os du crâne se soudant de bonne heure, formant une boîte qui s'articule avec la colonne vertébrale par un seul condyle situé en avant du trou occipital. Os de la face présentant quelquefois une certaine mobilité. Mandibule supérieure constituée essentiellement par les intermaxillaires; mandibule inférieure, en forme de V, terminée, à chacune de ses branches, par une cavité qui s'articule avec un os (*os carré*) correspondant à la partie zygomatique du temporal des Mammifères (ALBRECHT). Os hyoïde à branches souvent très longues (Picidés) à l'extrémité desquelles s'insère une paire de muscles; ceux-ci partent de la face interne de la mâchoire inférieure et peuvent projeter la langue au dehors.

Sternum large, pourvu, chez les Carinates, d'une carène médiane (*brechet*) qui fait défaut chez les Struthions ou Ratites. Il présente, le plus souvent, des ouvertures paires tantôt fermées par des membranes (*fontanelles*), tantôt couvertes en échancrures. Côtes munies, dans leur portion moyenne, d'une apophyse (*apophyse récurrente*) qui s'appuie sur la face externe de la côte suivante; les deux premiè-

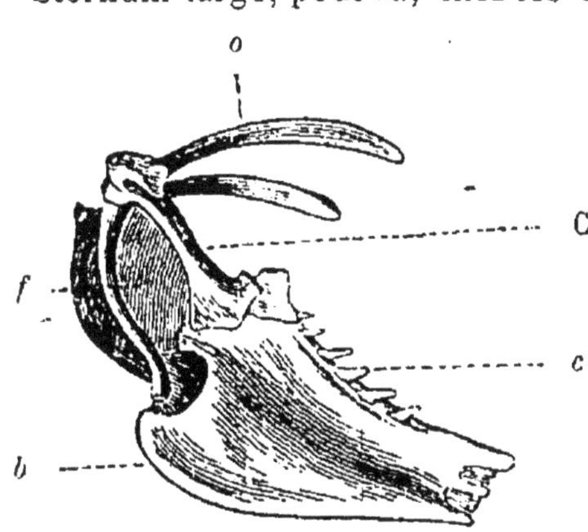

Fig. 130. — ARC SCAPULAIRE ET STERNUM D'UN CARINATE.

b, brechet; C, coracoïdien; *c*, côtes sternales; *f*, fourchette (clavicules); *o*, omoplate.

res, en général, flottantes; les autres, articulées avec des os (*côtes sternales*) qui, eux-mêmes, s'articulent avec le sternum.

Arc scapulaire composé d'une omoplate en forme de sabre, d'un coracoïde et d'une clavicule; ces deux derniers os sont fixés au sternum. Clavicules soudées, à l'extrémité inférieure, en un seul os (*fourchette*) en forme d'U ou de V, exceptionnellement d'Y (Hoazins); quelquefois rudimentaires ou nulles (Ratites). Arc pelvien formé d'un ilion, d'un ischion et d'un pubis; ne constituant que rarement une ceinture complète (Autruche).

Humérus plus long ou plus court que l'avant-bras; celui-ci toujours formé d'un radius et d'un cubitus. Carpe constitué par deux os (*radial* et *cubital*). Métacarpe primitivement composé de trois os, n'en présentant ensuite que deux qui, soudés à leurs extrémités, sont séparés dans leur milieu par un intervalle allongé. Trois doigts seulement à l'aile; le premier (pouce) et le troisième à une seule phalange, le deuxième à deux phalanges. Fémur plus court que la jambe; celle-ci (le pilon de la volaille) formée par le tibia; péroné rudimentaire. Tarse à partie supérieure soudée avec le tibia, à partie inférieure soudée avec le métatarse; n'existant pas, à proprement parler. Métatarse formé par une pièce unique (*canon*) appelée improprement *tarse*. Jamais plus de quatre doigts aux pattes: l'interne (pouce) à deux phalanges (manque souvent); le deuxième à trois (manque, ainsi que le précédent, chez l'Autruche), le troisième à quatre, le quatrième à cinq. Pouce dirigé en arrière, exceptionnellement en avant (Martinet'; les autres doigts sont antérieurs; le doigt externe est postérieur chez les Préhenseurs et les Grimpeurs.

B. MUSCLES. — Le *grand pectoral*, le plus volumineux muscle du corps, le principal abaisseur de l'aile, se porte du bréchet à la face inférieure de l'humérus. Le *petit pectoral*, situé sous le précédent, est le principal élévateur de l'aile; il va du bréchet à la face supérieure de l'humérus, en passant par un trou (*trou ovale*) formé à la rencontre de la clavicule, du coracoïde et de l'omoplate. Cette disposition des muscles les plus volumineux à la partie inférieure du corps abaisse le centre de gravité de l'Oiseau au-dessous des articulations des épaules, condition du maintien de l'équilibre pendant le vol. Un des muscles du membre inférieur (*droit antérieur*) part du bassin, passe sur l'articulation du genou et s'unit avec le fléchisseur des orteils; chaque flexion du genou est ainsi accompagnée de celle des orteils et l'Oiseau peut se maintenir perché, pendant son sommeil.

C. PLUMES. — Ce sont des annexes épidermiques se

développant, comme les poils, dans des follicules au fond desquels se trouve la papille qui les produit. Une plume complète se compose : 1° d'une *hampe* formée par un tube creux (*tuyau*) et une tige pleine (*rachis*) creusée d'un sillon longitudinal à sa face interne ; 2° d'une *lame* constituée, de chaque côté du rachis, par une série de *barbes* qui, elles-mêmes, portent des *barbules* d'où se détachent, dans les plumes à barbes adhérentes, des crochets servant à l'union de ces diverses parties. Le tuyau contient, dans son intérieur, une substance spongieuse (*âme de la plume*) constituée par les restes desséchés de la papille ; il présente deux petits orifices dont l'un (*ombilic inférieur*) se trouve à l'extrémité adhérente, tandis que l'autre (*ombilic supérieur*) est situé à la face interne de l'autre extrémité. Ce dernier orifice sert à renouveler l'air du tuyau ; il présente généralement, dans son voisinage, une houppe de barbes (*hyporachis*). Quand l'axe principal est rudimentaire, la plume se compose seulement d'une houppe de filaments fins constituant le *duvet*. Les plumes tombent périodiquement, une ou deux fois par an (*mue*). Au printemps, la mue est le plus souvent partielle et embellit le plumage ; en automne, elle est générale et fournit le « manteau d'hiver ».

Les grosses plumes (*pennes*) se distinguent en plumes de la queue (*rectrices*), le plus souvent au nombre de douze, et en plumes de l'aile (*rémiges*) appartenant au pouce (*bâtardes*), à la main (*primaires*), à l'avant-bras (*secondaires*) et à l'humérus (*scapulaires*). Les plumes qui recouvrent la base des pennes (*couvertures* ou *tectrices*) sont quelquefois très développées, surtout celles qui recouvrent les rectrices (éventail du Paon ; panache du Coq). Chez quelques Oiseaux (Kamichi, Jacana), un certain nombre de rémiges du pouce sont remplacées par un éperon corné.

VOL. — L'aile a sa face inférieure concave et imperméable à l'air, tandis que sa face supérieure est, au contraire, convexe et perméable ; elle rencontre donc plus de résistance pour s'abaisser que pour se relever et soutient ainsi l'Oiseau, d'autant mieux qu'elle est plus étendue au moment de la descente qu'à celui de la remonte. La face inférieure de l'aile regarde en arrière pendant la descente (*aile active*) et en avant pendant la remonte (*aile passive*), d'où résulte le double effet de propulsion et de glissement à la manière d'un cerf-volant ; le bout de l'aile produit surtout le premier effet et sa base le second (LIAIS ; MAREY). Quand la surface de l'aile est grande

(*Oiseaux voiliers*), l'Oiseau n'a besoin que de battements peu étendus pour se soutenir sur l'air : aussi, à une aile large correspondent des pectoraux et un sternum courts ; mais si les ailes ont peu de surface (*Oiseaux rameurs*), l'amplitude des battements est considérable ; aussi, dans ce cas, trouve-t-on des pectoraux et un sternum longs (MAREY). La queue de l'Oiseau lui sert à la fois de balancier, pour se maintenir en équilibre, et de gouvernail, pour conserver ou changer sa direction. Pendant que le vol s'effectue, la pointe de l'aile décrit une sorte d'ellipse dont le grand diamètre est dirigé suivant la ligne de projection de l'Oiseau (MAREY). La puissance du vol varie beaucoup. Les Pigeons voyageurs d'Amérique parcourent environ 30 mètres par seconde ou 100 kilomètres à l'heure. Le Condor peut s'élever à une hauteur de 9,000 mètres. L'Autruche, l'Aptéryx, le Manchot ont des ailes rudimentaires, absolument impropres au vol.

MIGRATIONS: — La rapidité du vol des Oiseaux leur permettant de changer de climat, à l'approche de l'hiver, on n'observe pas, chez eux, de cas d'hibernation. Beaucoup d'Oiseaux des régions froides entreprennent périodiquement des voyages plus ou moins longs vers les pays chauds. Un instinct particulier (*instinct d'orientation*) semble pousser les Oiseaux migrateurs à revenir chaque année à l'endroit où ils ont déjà niché et à reprendre possession du même nid. Tous les ans, les Hirondelles nous quittent en automne, pour nous revenir au printemps suivant.

Appareil phonateur. — Le larynx des Oiseaux n'a pas de cordes vocales et ne produit aucun son : la section du cou d'un Canard n'empêche pas celui-ci de crier. L'organe du chant (*syrinx* ou *larynx inférieur*) peut se trouver : 1° à l'extrémité inférieure de la trachée ; 2° à l'extrémité supérieure des bronches ; 3° à la jonction de la trachée et des bronches, chacun de ces organes contribuant à sa formation. Le syrinx trachéo-bronchique se trouve chez tous les Oiseaux chanteurs : il se compose d'une espèce de tambour trachéen divisé à l'intérieur par une crête médiane surmontée d'une membrane semi-lunaire. Ce tambour communique avec deux glottes bronchiques pourvues chacune de deux lèvres vocales. Des muscles s'étendent, le plus souvent, entre les divers anneaux dont se composent ces parties et les meuvent de manière à tendre plus ou moins les membranes qu'elles contiennent. Le syrinx manque quelquefois (Autruche ; quelques Vautours).

Système nerveux. — Moelle épinière pourvue, à la région lombo-sacrée, d'une excavation naviculaire caractéristique (*sinus rhomboïdal*) remplie par une substance gélatineuse. Ce sinus ne présente aucune communication avec le canal central de la moelle (MATHIAS DUVAL). Hémisphères cérébraux sans circonvolutions ni corps calleux. Tubercules quadrijumeaux réduits à deux (*tubercules bijumeaux*). Cervelet avec un grand lobe médian et une paire de petits lobes latéraux ; présentant des replis transversaux et un arbre de vie. Pas de pont de Varole.

Organes des sens. — Peau sans glandes sébacées ni glandes sudoripares. Une glande particulière(*glande uro-*

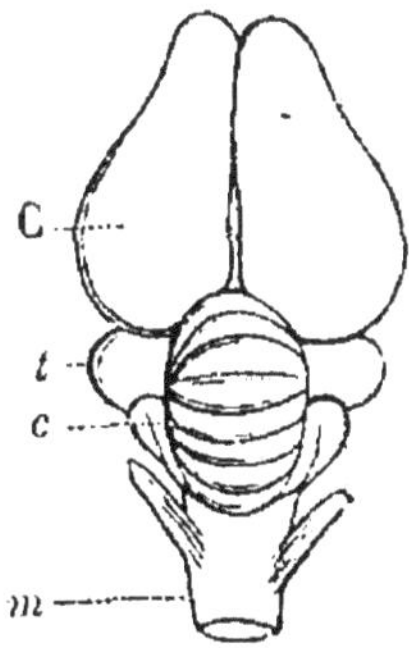

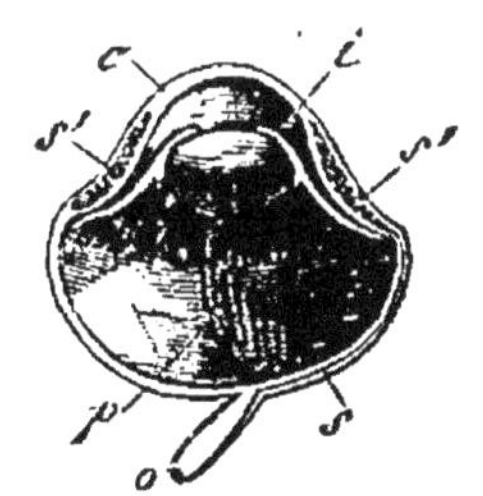

Fig. 131. — ENCÉPHALE DE L'AUTRUCHE.
(face supérieure).

C, cerveau ; c, cervelet ; m, moelle épinière ; t, tubercules bijumeaux.

Fig. 132. — ŒIL D'UN OISEAU.

c, cornée ; i, iris ; o, nerf optique ; p, peigne ; s, sclérotique ; s' s', cercle osseux.

pygienne), située sous le croupion, sécrète une humeur huileuse surtout abondante chez les Palmipèdes ; celle-ci sert à l'Oiseau pour enduire ses plumes et les préserver de l'action de l'eau. Comme organe du toucher, la peau ne renferme que des éléments assez grossiers ; des corpuscules tactiles ont été constatés dans le bec des Perroquets, des Canards, etc. Sens du goût peu développé ; langue généralement sèche. Organe olfactif assez obtus ; les Oiseaux sont plutôt prévenus de la présence d'une proie par la vue que par l'odorat. Une glande spéciale, surtout développée chez les Oiseaux aquatiques, déverse son produit dans les fosses nasales (*glande nasale*). Pas d'oreille externe ; un rudiment de pavillon chez quelques Rapaces nocturnes. Oreille moyenne en communication avec des cellules creusées dans les os du crâne; traversée, de la membrane du tympan à la fenêtre ovale, par un osselet unique (*columelle*) correspondant à l'étrier des Mammifères; trompe d'Eustache réunie, en bas, à celle du côté opposé. Oreille interne différant de celle des Mammifères par son limaçon à peine contourné et terminé par un renflement (*lagena*), dans sa partie membraneuse. Œil muni, à l'angle interne, d'une troisième paupière (*membrane clignotante* ou *niclitante*). Celle-ci glisse, au-devant du globe oculaire, par le moyen de deux muscles spéciaux, et revient sur elle-même par son élasticité; elle empêche l'écoulement des larmes au dehors (BERT). Glande lacrymale petite; glande de Harder bien développée. Sclérotique renfermant, dans son épaisseur, un anneau de plaques osseuses disposées en forme de toque. Pupille toujours circulaire. Un organe spécial (*peigne*), présentant à sa surface des plis en nombre variable, se trouve situé en arrière du cristallin, excepté chez l'Aptéryx; ses usages sont peu connus.

Utilité des Oiseaux. — La chair des Oiseaux de basse-cour constitue une excellente nourriture; ces espèces nous fournissent encore des œufs en abondance (Gallinacés) ou du duvet (Palmipèdes). Les plumes de beaucoup d'Oiseaux et quelquefois le plumage tout entier deviennent des objets de parure. La plupart des Échassiers purgent la terre de Reptiles venimeux; les Rapaces nous délivrent de petits Mammifères nuisibles à l'agriculture et de cadavres en putréfaction dans les champs; un grand nombre de Grimpeurs et de Passereaux détruisent des Insectes nuisibles. Tout le monde connaît les services rendus par les Pigeons messagers. On a pu apprendre à l'Agami et au Kamichi à garder les troupeaux de volaille. Les dégâts occasionnés par les Oiseaux granivores ou frugivores, sont largement compensés par l'utilité de ces espèces comme aliment. On peut donc dire, en thèse générale, que les Oiseaux sont beaucoup plus utiles que nuisibles.

Préhenseurs. — *Bec fort, épais, à mandibule supérieure crochue, à narines percées dans une membrane spéciale (cire). Deux doigts antérieurs et deux doigts postérieurs. Oiseaux parleurs.*

Méritent le nom de « Singes ailés », car ils ont la plupart des qualités et des défauts des Singes; s'apprivoisent facilement; grimpent en s'aidaut de leur bec; se nourrissent surtout de fruits et de graines. Pattes préhensiles. Langue épaisse, charnue, jouant un rôle dans l'articulation des mots que beaucoup peuvent apprendre à prononcer. Os palatins à apophyse postérieure caractéristique. Clavicules faibles ou disjointes. Sternum sans échancrures. Se trouvent dans toutes les parties du monde, excepté en Europe; habitent les forêts tropicales; nichent dans les creux des arbres ou les trous des rochers.

A. MICROCERQUES. — *Perroquets à queue courte.*

Perroquets vrais *(Psittacus)*. Queue carrée. Le plus connu est le *Jaco* ou Perroquet gris à queue rouge (*Psittacus erythacus*), de la côte occidentale d'Afrique. — Loris (*Lorius*). Perroquets rouges d'Asie; langue terminée par un pinceau de fibres cornées. — Cacatoès (*Cacatua*). Tête ornée d'une huppe; Australie. — Strigops ou « Perroquets de nuit » (*Strigops*). Face de Hibou, munie de disques oculaires; bréchet rudimentaire; Nouvelle-Zélande.

Fig. 133. — TÊTE DE PERROQUET.   Fig. 134. — TÊTE DE PIC.

B. MACROCERQUES. — *Perroquets à queue longue.*

Aras (*Ara*). Joues nues; les plus gros des Perroquets; Amérique — Perruches (*Conurus*). Joues emplumées; couleur verte prédominante; Amérique. — Paléornis (*Palæornis*). « Perruches à queue en flèche »; Inde, Afrique. — Mélopsittes (*Melopsittacus*). Bec recouvert, à sa base, d'une membrane boursouflée. Les charmantes Perruches ondulées (*M. undulatus*) dites « inséparables » constituent l'une des plus petites espèces de Perroquets; Australie.

Grimpeurs. — *Bec variable, non crochu, non cérigère. Deux doigts antérieurs et deux doigts postérieurs. Oiseaux grimpeurs.*

Bec tantôt droit, tantôt courbe. Langue généralement mince et protractile. Ailes courtes. Pattes grimpeuses, à deux doigts postérieurs, soutenant en bas l'Oiseau, quand il grimpe verticalement. Queue longue, servant quelquefois de point d'appui, pour grimper. Se nourrissent surtout d'Insectes qu'ils se procurent en explorant l'écorce des arbres; habitent les forêts; nichent dans les creux d'arbres.

Fig. 135. — Patte de Grimpeur (Pic).

A. Picidés. — *Bec droit, conique. Langue très protractile.*

Pics (*Picus*). Langue épineuse. — Torcols (*Yunx*). Langue lisse.

B. Cuculidés. — *Bec recourbé, ordinaire.*

Coucous (*Cuculus*). La femelle pond ses œufs à terre et les porte, avec son bec, dans le nid d'un autre Oiseau, qui les couve avec les siens. — Anis (*Crotophaga*). Plusieurs femelles se réunissent pour couver leurs œufs dans un seul et même nid, sorte de phalanstère suspendu, ayant souvent plus d'un mètre de circonférence; Amérique.

C. Rhamphastidés — *Bec recourbé, énorme, spongieux intérieurement.*

Toucans (*Rhamphastos*). Amérique.

Rapaces. — *Bec crochu, cérigère. Trois doigts antérieurs et un postérieur, armés de serres. Oiseaux de proie ou prédateurs.*

Les plus carnivores des Oiseaux; saisissent leur proie avec les serres et l'emportent souvent au loin; se nourrissent généralement d'Animaux vivants, quelquefois de cadavres (Vulturidés) ; vomissent, sous forme de pelottes, les substances non digestibles (poils, plumes). Femelles plus grandes que les mâles (d'un tiers chez les Faucons, dont le mâle, à cause de cela, est appelé Tiercelet). Nid (*aire*) variable, de construction solide. Répandus sur presque toute la surface du globe.

A. RAPACES DIURNES. — *Yeux petits, latéraux. Tête et cou bien proportionnés. Doigt externe dirigé en avant. Plumage raide.*

A. *Falconidés.* — *Pattes médiocres. Tête et cou emplumés.*

a. *Bec courbé dès la base.* — 1º Oiseaux à mandibule supérieure portant une ou deux dentelures ; à ailes pointues (la première rémige presque aussi longue que la seconde qui est la plus longue de toutes) ; appelés anciennement « Oiseaux nobles » parce qu'ils servaient à la chasse. — Faucons (*Falco*). — Gerfauts (*Hierofalco*).

Fig. 136. — TÊTE ET SERRES DE L'AIGLE.

2º Oiseaux à mandibule supérieure dépourvue de dents latérales ; à ailes tronquées (la première rémige très courte, la troisième ou la quatrième étant la plus longue) appelés autrefois « Oiseaux ignobles » par opposition aux précédents. — Aigles (*Aquila*). — Pygargues (*Haliœtus*). « Aigles pêcheurs ». L'Orfraie ou « grand Aigle de mer » (*H. Nisus*) habite le voisinage des mers du Nord. — Balbusards (*Pandion*). — Autours (*Astur*). — Éperviers (*Accipiter*). — Milans (*Milvus*). — Buses (*Buteo*).

b. *Bec droit à la base.* — Gypaète (*Gypaetus*). « Vautour des Agneaux » ; grande envergure.

B. *Vulturidés.* — *Pattes médiocres. Tête et cou nus.*

Vautours (*Vultur*). Hautes montagnes de l'Europe. — Condor (*Sarcoramphus*). Amérique méridionale.

C. *Serpentaridés.* — *Pattes très longues. Tête et cou emplumés.*

Serpentaire, appelé encore Secrétaire ou Messager

(*Gypogeranus*). Destructeur de Serpents ; Afrique ; domestiqué au Cap.

B. Rapaces nocturnes. — *Yeux gros, dirigés en avant, entourés d'une collerette de plumes* (disque facial). *Tête grosse, cou court. Doigt externe versatile, pouvant se diriger en avant ou en arrière.*

A. *Ululidés.* (groupe des Chouettes). — *Tête arrondie, sans aigrettes.*
Chouettes-épervières (*Surnia*). Volent aussi pendant le jour. — Chevêches (*Athene*). — Chats-Huants (*Syrnium*). — Chouettes (*Ulula*). — Effraies (*Strix*).
B. *Otidés* (groupe des Hiboux). — *Tête aplatie, munie de deux aigrettes.*
Ducs (*Bubo*). — Hiboux (*Otus*).

Passereaux. — *Bec variable, toujours dépourvu de cire. Doigt externe et doigt médian plus ou moins soudés. Oiseaux chanteurs ou criards.*

Renferment une multitude d'Oiseaux percheurs ou sauteurs de formes très différentes, de régimes très variés, mais dont les pattes sont généralement impropres à saisir une proie, à grimper, à gratter la terre, à nager ou à marcher à gué dans l'eau. Oiseaux des arbres.

A. Dentirostres (*dens*, dent ; *rostrum*, bec). — *Mandibule supérieure échancrée, dentée de chaque côté, près de la pointe. Insectivores ou baccivores.*
Poursuivent généralement les Insectes, en sautillant de branche en branche.

Pies-grièches (*Lanius*). — Gobe-Mouches (*Muscicapa*). — Loriots (*Oriolus*). — Grives (*Turdus*). — Merles (*Merula*). — Cincles (*Cinclus*). Le « Merle d'eau » (*C. aquaticus*) sait voler entre deux eaux, pour se procurer les petits Animaux aquatiques dont il se nourrit. — *Groupe des Becs-fins.* Bec droit, semblable à un poinçon. Les plus connus sont : le Rouge-gorge (*Rubicula*) ; les Fauvettes (*Curruca*) ; le Rossignol (*Luscinia*) ; le Roitelet (*Regulus*), le plus petit des Oiseaux d'Europe ; les Hochequeues (*Motacilla*) ; les Bergeronnettes (*Budytes*) ; les Farlouses (*Anthus*), dont une espèce est très appréciée sous le nom de « Bec-figue ».

B. CONIROSTRES (*conus*, cône). — *Bec fort, plus ou moins conique, sans échancrure. Granivores; plus rarement in-sectivores.*

Nourrissent souvent leurs petits de chenilles ou d'Insectes mous.

Alouettes (*Alauda*). — Mésanges (*Parus*). — Bruants (*Emberiza*). L'Ortolan (*E. hortulana*) est réputé pour la délicatesse de sa chair. — Tisserins (*Ploceus*). Les Républicains (*P. abyssinicus*) du Cap, s'associent pour construire, autour d'un tronc d'arbre, une sorte de parasol au-dessous duquel ils établissent leurs nids. — Pinsons (*Fringilla*). — Chardonnerets (*Carduelis*). — Serins (*Serinus*). — Moineaux (*Passer*). — Bouvreuils (*Pyrrhula*). — Gros-becs (*Coccothraustes*). — Becs-croisés (*Loxia*). « Perroquets d'Europe ». — Étourneaux (*Sturnus*). — Corbeaux (*Corvus*). Les plus grands Passereaux d'Europe. — Pies (*Pica*). — Geais (*Garrulus*). — Oiseaux de Paradis (*Paradisea*).

Fig. 137. — TÊTE D'UN CONIROSTRE (Gros-bec).

Fig. 138. — TÊTE D'UN DENTIROSTRE (Pie-grièche).

C. FISSIROSTRES (*fissus*, fendu.) — *Bec court, large, sans échancrures, fendu très profondément. Insectivores.*

Engouffrent les Insectes en volant le bec grand ouvert.

Hirondelles (*Hirundo*). — Salanganes (*Collocalia*). La Salangane de Java (*C. Linchi*) est renommée pour son nid comestible constitué uniquement par une salive épaisse qui se dessèche rapidement. D'autres Salanganes,

celles des Philippines, de la Nouvelle-Calédonie, etc.,
construisent des nids qui renferment une certaine quantité de matières végétales et sont moins estimés. Les nids de Salanganes servent, en Chine, à préparer la fameuse « soupe aux nids d'Hirondelle ». — Martinets (*Cypselus*). Pouce dirigé en avant, comme les autres doigts ; ceux-ci à trois phalanges chacun. — Engoulevents ou « Crapauds volants » (*Caprimulgus*). Fissirostres nocturnes.

Fig. 139. — Tête d'un Ténuirostre   Fig. 140. — Tête d'un Fissirostre
(Grimpereau).   (Engoulevent).

D. Ténuirostres (*tenuis*, grêle). — *Bec grêle, allongé, droit ou arqué, sans échancrures. Insectivores.*

Cherchent généralement de petits Insectes dans les trous des arbres.

Sittelles (*Sitta*). — Grimpereaux (*Certhia*). — Échelettes (*Tichodroma*). — *Groupe des Colibris* (à bec arqué) *et des Oiseaux-Mouches* (à bec droit). Plumage à éclat métallique ; langue bifide ; le plus gros a la taille d'un Martinet ; le plus petit, celle d'une Abeille et est le plus petit des Oiseaux ; Amérique. — *Groupe des Soui-Mangas* (bec recourbé) ; représentants des précédents dans l'ancien monde ; Afrique, Asie. — Huppes (*Upupa*).

Fig. 141.— Patte d'un
Syndactyle.

E. Syndactiles (σύν, ensemble ; δάκτυλος, doigt) ou Lévirostres (*levis*, léger). — *Bec long, mais faible. Doigt externe et doigt médian presque égaux, unis entre eux jusqu'à l'avant-dernière phalange. Insectivores ou baccivores.*

Poursuivent en général leur proie au vol, ou pêchent le long des cours d'eau.

Guêpiers (*Merops*). — Martins-Pêcheurs (*Alcedo*). — Calaos (*Buceros*). Bec surmonté d'un casque ; Afrique, Asie.

Colombins. — *Bec faible, droit, renflé à la base. Pattes faibles. Doigts libres. Ailes longues. Oiseaux gyrateurs.*

Diffèrent à peine de plumage dans les deux sexes. Boivent d'un trait, en tenant le bec plongé dans l'eau. Granivores. Chez les autres Oiseaux, les parents introduisent leur bec chargé de nourriture dans celui de leurs petits ; chez les Pigeons, les jeunes se nourrissent en plongeant leur bec dans le gosier des parents où, pendant les premiers jours, arrive, avec efforts, une bouillie lactescente formée par les parois du jabot, remplacée ensuite par une bouillie de graines ramollies dans cet organe. Vivent dans les diverses contrées du globe ; nichent sur les arbres. Voyageurs ; roucouleurs.

A. Colombidés. — *Tête non surmontée d'une huppe de plumes en éventail.*

Colombes (*Columba*). Queue courte, arrondie ou carrée. Ramier (*C. palumbus*) ; le plus gros Pigeon d'Europe ; arboricole. Biset (*C. livia*) ; « Pigeon de roche » ; niche dans les creux des rochers ; souche de nos Pigeons domestiques (1). Tourterelle (*C. turtur*) ; le plus petit Pigeon d'Europe ; arboricole (2). — Ectopistes (*Ectopistes*). Queue allongée, pointue. Pigeon voyageur (*E. migratorius*) ; vole avec une extrême rapidité ; spécial à l'Amérique du Nord.

B. Gouridés. — *Tête surmontée d'un éventail de plumes.*

(1) Les Pigeons domestiques (environ 200 races) sont les uns *fuyards*, allant vivre aux champs et fuyant quelquefois le colombier, les autres *de volière*, vivant dans le pigeonnier, coûtant plus d'entretien, mais plus productifs. Les Pigeons de volière les plus connus sont : les *Pigeons boulants* ou *grosse gorge*, avalant de l'air et gonflant leur jabot, comme pour se rengorger ; les *Pigeons messagers*, petits, dépourvus de tubercules sur les narines, très attachés à leur colombier, employés au transport des dépêches et pouvant parcourir 100 kilom. à l'heure ; les *Pigeons cravatés*, à plumes de la gorge frisées en jabot ; les *Pigeons nonains* ou *capucins*, à plumes de la nuque redressées en capuchon ; les *Pigeons culbutants*, à vol entrecoupé de culbutes dans les airs ; les *Pigeons pattus*, à doigts couverts de plumes.

(2) La *Tourterelle à collier*, qu'on élève dans les volières, est originaire d'Afrique.

Gouras (*Goura*). Les plus grands des Colombins; de la taille d'un Coq; Nouvelle-Guinée.

Gallinacés. — *Bec fort. Pattes fortes. Doigts antérieurs bordés ou réunis à la base par une courte membrane. Ailes courtes. Oiseaux gratteurs.*

Plumage des mâles ordinairement plus éclatant que celui des femelles; mâles à tête souvent ornée de crêtes ou de lobes charnus, à métatarse armé d'un *ergot*. Boivent à plusieurs reprises, en relevant la tête à chaque gorgée. Granivores. Se trouvent dans toutes les régions du globe; nichent à terre, le plus souvent. Sédentaires. Estimés pour leur chair, soit comme Oiseaux de basse-cour, soit comme gibier. Pondent de grandes quantités d'œufs. Oiseaux des terres.

A. PASSÉRIPÈDES. — *Doigts seulement bordés.*

Hoazins (*Opisthocomus*). Guyane. — Ménures (*Menura*). « Lyre »; taille d'une Poule; les deux rectrices extérieures de la queue du mâle figurent une sorte de lyre; Australie. — Talégalles (*Talegalla*). Taille d'un Dindon; édifient des tas de feuilles dans lesquels ils déposent leurs œufs que fait éclore la chaleur développée par-la décomposition de ces substances végétales; Australie. — Tinamous (*Tinamus*). Brésil. — Turnix (*Hemipodius*). Pays chauds de l'ancien continent.

B. GRALLIPÈDES (*grallæ,* échassiers). — *Doigts réunis à la base par une membrane.*

A. *Perdicidés.* — *Une bande sourcilière nue. Queue peu développée.*
a. *Tarses écailleux.* — Perdrix (*Perdix*). Tarses éperonnés ou tuberculés. — Cailles (*Coturnix*). Tarses lisses.
b. *Tarses emplumés.* — Tétras (*Tetrao*). Doigts écailleux. — Lagopèdes (*Lagopus*). Doigts emplumés; « Perdrix de neige »; fauves en été, blancs en hiver.
B. *Phasianidés.* — *Point de bande sourcilière nue. Queue ordinairement très développée.*
a. *Queue en toit.* — Coqs; Poules; Poussins (*Gallus*). Une crête sur la tête; un ou deux lobes charnus sous le bec. Nombreuses races domestiques provenant, toutes ou

en partie, du coq Bankiva des Indes (1). — Faisans (*Phasianus*). Pas de crêtes ni de lobes charnus ; originaires de l'Asie centrale.

b. *Queue convexe.* — Paons (*Pavo*). Tête ornée d'une aigrette ; couvertures de la queue du mâle très longues, pouvant se relever en roue avec les rectrices ; originaires de l'Inde. — Dindons (*Meleagris*). Une caroncule érectile sur le front ; poitrine munie d'une touffe de plumes sans barbules, analogues à des crins ; queue du mâle pouvant se relever en roue ; originaires de l'Amérique du Nord. — Pintades (*Numida*). Tête nue ; deux caroncules charnues sous le bec ; d'origine africaine. — Hoccos (*Crax*). Sortes de Gallinacées aberrants ; tête munie d'une huppe de plumes redressées ; taille du Dindon ; domestiqués ; Amérique.

Échassiers. — *Jambes, cou et bec longs. Doigts rarement libres. Ailes longues. Queue courte. Oiseaux de rivage.*

Jambes nues jusqu'au-dessus de l'articulation tibio-tarsienne. Marchent à gué dans les eaux peu profondes et y cherchent leur nourriture. La plupart carnivores, crépusculaires, étendant les pattes en arrière pendant le vol. Les uns font leur nid à terre et sont polygames ; les autres nichent sur les arbres et sont monogames. Tous migrateurs.

A. MACRODACTYLES (μαχρός, long). — *Doigts longs ou très longs, tantôt libres, tantôt pourvus de membranes, soit à la base, soit sur les bords.*

A. *Plectroptères* (πλῆχτρον, éperon ; πτερόν, aile). — *Ailes armées d'éperons.*
Kamichis (*Palmedea*). Gros Oiseaux de l'Amérique du Sud ; les uns avec une corne sur la tête (*P. cornuta*) ; les

(1) Trois groupes de races domestiques : 1° des grandes (*Race cochinchinoise* à plumage informe, à œufs couleur café au lait) ; 2° des moyennes (*Race commune* ; *Race de Padoue*, à huppe touffue, sans crête ; *Race de Houdan*, huppée, à crête en forme de coquille de Moule ouverte, pentadactyle ; *Race de la Flèche*, sans huppe, à crête formée de deux petites cornes ; *Race de Crèvecœur*, huppée à crête formée de deux cornes larges à la base) ; 3° des petites (*Race de Bantam*, à crête frisée, à ailes traînantes).

autres sans corne « Chaunas » (*P. chavaria*), domestiqués, gardeurs de volailles. — Jacanas (*Parra*). Ongles
excessivement longs ; Amérique tropicale.

B. *Psiloptères* (ψιλό;, sans armes). — *Ailes sans éperons.*

a. *Rallides.* — Bec nu. — Râle d'eau (*Rallus aquaticus*) ;
bec plus long que la tête. Râle de genêt ou « Roi des
Cailles » (*Crex pratensis*) ; bec plus court que la tête ;
chair très délicate.

Fig. 142. — Jacana.   Fig. 143. — Tête de Poule d'eau·

b. *Gallinulides.* — Bec surmonté d'une plaque frontale.
— Poules d'eau (*Gallinula*). Doigts garnis d'une bordure
étroite. — Foulques ou « Morelles » (*Fulica*). Doigts bordés d'une membrane festonnée.

B. Hérodactyles (ερωδιό;, héron). — *Doigts courts ou
moyens, rarement libres, le plus souvent pourvus de membranes, tantôt à la base, tantôt sur les bords.*

Outardes (*Otis*). La grande Outarde (*O. tarda*) « Autruche d'Europe » est le plus gros Oiseau d'Europe. —
Pluviers (*Charadrius*). — Vanneaux (*Vanellus*). — Perdrix
de mer (*Glareola*). — Huîtriers (*Hœmatopus*). — Agamis
(*Psophia*). « Oiseaux-trompettes » ; produisent des sons,
d'abord perçants, puis sourds et roulants ; savent garder
les troupeaux ; Guyane. — Baléariques (*Balearica*). La
« Grue couronnée » (*B. pavonina*) a l'occiput orné d'une
aigrette de plumes filiformes ; le mâle exécute, quand il
est excité, une sorte de danse singulière ; Afrique. —
Grues (*Grus*). Célèbres par leurs migrations en troupes
formant un triangle dont le sommet est occupé par un
chef de la bande ; voix éclatante. — Caurale (*Eurypyga*).
« Oiseau du soleil » ; Guyane. — Hérons (*Ardea*). Bec

robuste, droit, fendu jusqu'aux yeux. — Savacous (*Cancroma*). Bec ayant l'air formé de deux cuillers ; Guyane.— Cigognes (*Ciconia*). Oiseaux silencieux ; bec très long. — Marabous (*Leptopilos*). « Cigognes à sac » ; un sac charnu sous le cou ; plumes élégantes (*marabouts*); Afrique, Indes. — Spatules (*Platalea*). Doivent leur nom à la forme de leur bec. — Ibis (*Ibis*). Bec arqué ; doigts longs. L'Ibis sacré (*I. religiosa*), de la taille d'une Poule, était adoré des Égyptiens. — Courlis (*Numenius*). Bec arqué ; doigts courts ; Europe, Asie. — Bécasses (*Scolopax*). — Bécassines (*Gallinago*). — Chevaliers (*Totanus*). — Lobipèdes (*Lobipes*). — Échasses (*Himantopus*).

C. PALAMODACTYLES (παλάμη, paume de la main). — *Pieds palmés.*

Avocettes (*Recurvirostra*). Bec recourbé en haut. — Flamants (*Phœnicopterus*). Bec coudé en bas ; ailes roses.

Palmipèdes. — *Bec variable. Pattes courtes, à doigts palmés ou lobés. Oiseaux nageurs.*

Pattes plus courtes que le cou, situées à la partie postérieure du corps. Jambes emplumées. Tarses comprimés. Ailes de forme et de longueur variables. Queue ordinairement courte. Recherchés pour leur duvet plus que pour leur chair, qui est généralement huileuse et de mauvais goût, souvent immangeable chez les espèces piscivores. Répandus à la surface du globe, sur tous les points couverts d'eau. Presque tous vivent de Poissons et de petits Animaux aquatiques.

A. LAMELLIROSTRES. — *Bec revêtu d'une peau molle, garni, sur les bords, de petites lames transversales ou de dentelures. Ailes ordinaires.*

Cygnes (*Cygnus*). Cou très long ; domestiqués depuis des siècles. — Oies (*Anser*). Cou moyen. Oie grise (*A. cinereus*); souche de nos races domestiques (1). — Canards

---

(1) Deux races principales : l'une petite (*Oies communes*); l'autre grande (*Oies de Toulouse*). Celles-ci, soumises à l'engraissement (surtout avec le maïs) ne tardent pas à prendre un foie hypertrophié dont on se sert pour la fabrication des *pâtés de foie gras* (Alsace, Languedoc); leur chair salée et conservée constitue un excellent mets.

(*Anas*). Cou court. Canard sauvage (*A. boschas*) ; souche de la plupart de nos variétés domestiques (1). Sarcelle (*A. querquedula*) ; la plus petite espèce de Canard. — Eider (*Somateria*). Fournit le duvet le plus fin (*édredon*) ; taille d'une petite Oie ; régions boréales. — Harles (*Mergus*). Bec dentelé de pointes dirigées en arrière.

Fig. 144. — CANARD.

Fig. 145. — TÊTE DE PÉTREL.

B. LONGIPENNES. — *Bec corné, de forme variable. Ailes longues. Pouce libre ou nul.*

A. *Procellaridés.* — *Narines tubuleuses.*
Pétrels (*Procellaria*). « Oiseaux des tempêtes » ; narines supérieures. — Albatros (*Diomedea*). Narines latérales ; les plus gros Oiseaux de haute mer.
B. *Laridés.* — *Narines ordinaires.*
Groupe des Mouettes. Oiseaux côtiers comprenant de grandes espèces ou Goélands (*Larus*) et de petites espèces ou Mauves (*Gavia*). — Hirondelles de mer (*Sterna*). — Coupeurs d'eau ou Becs en ciseaux (*Rhynchops*). Mers des Antilles.

C. TOTIPALMES. — *Bec variable. Ailes longues. Pouce réuni aux autres doigts dans une palmature commune.*

Pélicans (*Pelecanus*). Une poche dilatable sous le bec.

(1) Le *Canard commun* ne diffère guère de l'espèce sauvage. Le *Canard de Barbarie, Canard musqué, Canard muet* nous vient de l'Amérique méridionale ; plus grand que le précédent ; tête des mâles ornée d'excroissances rouges ; en le croisant avec la Cane commune, on obtient le « Mulard » métis infécond, s'engraissant facilement, dont le foie sert à fabriquer les terrines de Nérac et de Toulouse.

15.

Fig. 146. — Pélican.

— Cormorans (*Phalacrocorax*). Domestiqués en Chine où ils pêchent au profit de l'Homme. — Frégates (*Tachypetes*). — Fous (*Sula*).

D. BRACHYPTÈRES. — *Bec comprimé. Ailes très courtes. Station verticale.*

A. Colymbidés. — Ailes couvertes de plumes bien développées.

Grèbes (*Podiceps*). Doigts lobés ; recherchés pour leur peau servant de parure. — Plongeons (*Colymbus*). — Pingouins (*Alca*). Propres à la faune arctique ; volent et nagent en se servant de leurs ailes.

B. Apténidés. — Ailes en forme de rames, couvertes de plumes lisses semblables à des écailles.

Fig. 147. — Grèbe.

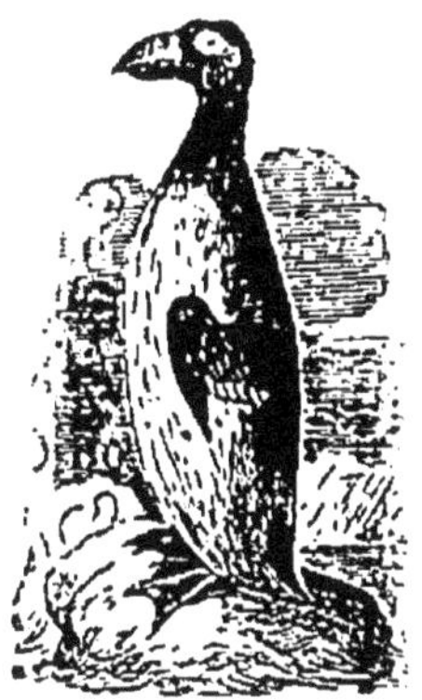

Fig. 148. — Pingouin.

Les plus dégradés des Oiseaux ; propres aux mers antarctiques ; ne volent pas ; nagent avec leurs ailes.

Sphénisques (*Spheniscus*). Du Cap. — Manchots (*Aptenodytes*). Patagonie.

Struthions (στρουθίων, Autruche). — *Sternum dépourvu de bréchet. Oiseaux coureurs.*

Renferment les plus grands des Oiseaux. Ailes rudimentaires, impropres au vol. Pas de rémiges ni de rectrices. Végétariens ; steppes des régions tropicales.

A. GRALLIFORMES. — *Narines basales. Pas de pouce.*

Autruches (*Struthio*). Pieds à deux doigts ; les plus grands des Oiseaux (hauteur 3 mètres ; poids 80 kilos) ; pondent des œufs équivalant à deux douzaines d'œufs de Poule ; coureurs très rapides, chassés pour les plumes de la queue et des ailes ; chair appréciée ; Afrique ; domes-

Fig. 149. — CASOAR.

Fig. 150. — APTÉRYX.

tiqués au Cap — Nandous (*Rhea*). « Autruches d'Amérique » ; moitié plus petites que les Autruches d'Afrique ; tridactyles ; Amérique du Sud. — Émous (*Dromœus*). Tridactyles ; port des Autruches ; chair estimée ; Australie. — Casoars (*Casuarius*). Tridactyles ; tête surmontée d'un casque osseux ; plumes ressemblant à des crins ; chair grossière ; Archipel indien.

B. GALLINIFORMES. — *Narines terminales. Un pouce.*

Aptéryx (*Apteryx*). Trois doigts antérieurs ; taille d'une Poule ; Nouvelle-Zélande, Tasmanie.

§ III. — *Classe des Reptiles.*

REPTILES (*reptare*, ramper). — *Vertébrés à respiration toujours pulmonaire et à température variable.*

Peau écailleuse ou couverte de plaques osseuses. Un seul condyle occipital. Amniens. Ovipares ou ovovivipares. Jamais de métamorphoses.

Deux sous-classes basées sur la direction de la fente cloacale, qui est tantôt longitudinale (*Chélonochampsiens* ou *Dolichotrèmes*), tantôt transversale (*Saurophidiens* ou *Plagiotrèmes*). 4 ordres.

REPTILES
- **Chélonochampsiens.**
  - Une carapace.... CHÉLONIENS.
  - Pas de carapace. CROCODILIENS.
- **Saurophidiens**......
  - Des paupières... SAURIENS.
  - Pas de paupières. OPHIDIENS.

Appareil digestif. — Les Chéloniens ont un bec corné, comme les Oiseaux ; tous les autres Reptiles possèdent des dents. Celles-ci ne sont implantées dans de véritables alvéoles que chez les Crocodiliens, où de plus elles ne s'observent que sur les bords des mâchoires, tandis qu'il y a, en outre, des dents au palais, chez beaucoup de Saurophidiens. La première paire de dents inférieures des Crocodiles traverse la mâchoire supérieure. Les dents des Sauriens, tantôt pleines, tantôt creuses, sont fixées soit sur le bord externe (Pleurodontes) soit sur le bord libre (Acrodontes) des mâchoires. La bouche des Ophidiens se distingue par la mobilité de plusieurs de ses pièces, en particulier des deux branches de la mâchoire inférieure qui sont réunies en avant par un ligament élastique, au lieu d'être soudées, comme chez les autres Reptiles. Cette gueule dilatable peut avaler une proie souvent énorme. Les Serpents non venimeux ont toutes les dents pleines et lisses ; les espèces venimeuses ont, au contraire, sur les maxillaires supérieurs, des *crochets*, c'est-à-dire des dents tantôt tubuleuses, tantôt simplement creusées d'un sillon antérieur ; les autres dents sont pleines et lisses. Chez certains Serpents mangeurs d'œufs (*Rachiodon*), les dents sont rudimentaires, mais les apophyses épineuses inférieures des vertèbres traversent l'œsophage et les œufs, avalés entiers, sont écrasés dans ce canal, sans que leur contenu soit perdu. Langue épaisse chez les Chéloniens, adhérente au plancher buccal chez les Crocodiliens, très variable chez les Sauriens, généralement longue, fourchue, protractile chez les Ophidiens et pouvant sortir, même lorsque la gueule est fermée, par une échancrure du museau, mais ne constituant jamais une arme offensive. Œsophage généralement large. Estomac plus ou moins vaste rappelant, chez les Crocodiliens, le gésier des Oiseaux. Intestin terminé par un cloaque dont l'ouverture extérieure est tantôt longitudinale (Chélonochampsiens), tantôt transversale (Saurophidiens).

· Glandes salivaires peu développées, réduites aux sublinguales (Chéloniens) ou aux labiales (Ophidiens). Les glandes venimeuses de ces derniers sont peut-être des parotides modifiées. Toujours un foie et un pancréas.

Appareil circulatoire. — Le cœur a deux oreillettes ; chacune d'elles est séparée, par une valvule, d'un ventricule tantôt simple (Chéloniens, Saurophidiens), tantôt double (Crocodiliens). Les gros troncs qui s'échappent du ventricule sont munis de valvules, à leur origine.

Chez les Crocodiliens, les deux ventricules sont séparés par une cloison imperméable. Le ventricule droit donne naissance à l'artère pulmonaire et à la crosse aortique droite (1) ; le ventricule gauche fournit la crosse aortique gauche. Ces deux crosses présentent, à leur origine, un trou de communication (*pertuis de Panizza*) ; elles se rencontrent à nouveau plus loin, pour former l'aorte, après que la crosse gauche a déjà fourni les troncs artériels de la tête et des membres antérieurs. Ces régions reçoivent donc du sang artériel mélangé d'une très petite quantité de sang veineux qui s'est introduite par le trou de Panizza ; le reste du corps est alimenté par un mélange de ce sang avec celui qui provient de la crosse droite. Chez les autres Reptiles, le ventricule présente une cloison incomplète en haut, qui le divise

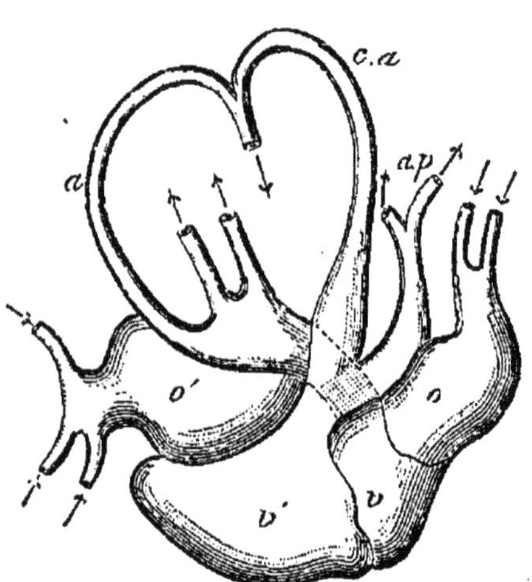

Fig. 151. — Cœur de Crocodile.

a, crosse gauche de l'aorte ; *ap*, artère pulmonaire ; *ca*, crosse droite de l'aorte ; *o*, *o'* oreillettes gauche et droite ; *v*, *v'*, ventricules gauche et droit.

(1) Elle correspond au canal artériel du fœtus des Mammifères.

en deux loges communiquant chacune avec l'oreillette correspondante et entre elles par l'orifice au-dessus de la cloison (*goulot interventriculaire*). La loge gauche ne donne naissance à aucune artère ; la droite présente trois orifices artériels, l'un inférieur et pulmonaire, les deux autres supérieurs et aortiques. Au moment de la diastole du ventricule, les valvules auriculo-ventriculaires sont abaissées et ferment le goulot interventriculaire ; la loge gauche se remplit alors exclusivement de sang rouge et la droite de sang noir. Quand arrive la systole, les mêmes valvules se relèvent et la communication se trouve rétablie entre les deux loges du ventricule ; mais alors, les valvules de l'artère pulmonaire cèdent aussitôt, à cause de la faible pression du sang à l'intérieur de ce vaisseau. Une ondée de sang noir va donc remplir l'artère pulmonaire ; puis le contenu de la loge gauche arrive dans la loge droite et passe dans les deux crosses de l'aorte qui reçoivent ainsi du sang presque exclusivement artériel (Sabatier).

Il existe une veine porte rénale par laquelle passe une grande partie du sang qui revient des membres postérieurs et de la queue. Des cœurs lymphatiques, s'observent dans la région postérieure du corps.

Appareil respiratoire. — Toujours pulmonaire. Trachée à anneaux cartilagineux, complets ou incomplets. Bronches courtes, ramifiées ou non. Poumons constitués par deux sacs à paroi alvéolée dont la cavité est tantôt unique (Saurophidiens), tantôt divisée en un certain nombre de compartiments (Chélonochampsiens). Chez les Ophidiens, le poumon droit est extraordinairement allongé, alvéolé seulement à sa partie antérieure ; le gauche est rudimentaire et peut même disparaître complètement.

La respiration se fait par des mouvements d'inspiration et d'expiration, même chez les Tortues (Bert).

Appareil urinaire. — Reins souvent lobés. Uretères débouchant isolément dans le cloaque, sur la paroi antérieure duquel se trouve une vessie urinaire, seulement chez les Chéloniens et les Sauriens.

Appareil reproducteur. — *A*. Appareil mâle. — 2 testicules munis chacun d'un épididyme et d'un canal déférent qui s'ouvre dans le cloaque. Chez les Saurophidiens, une paire d'organes creux, situés de chaque côté de l'orifice transversal du cloaque, sert à la copulation. Chez les Chélonochampsiens, l'organe copulateur est impair, plein et attaché à la paroi antérieure du cloaque.

B. **Appareil femelle.** — 2 ovaires. 2 oviductes, rapprochés à leur partie terminale, débouchant dans le cloaque. Un clitoris double (Saurophidiens) ou simple (Chélonochampsiens). Fécondation intérieure. Les œufs sont pourvus d'une coque tantôt molle (Sauriens), tantôt dure (Crocodiliens) ; chez les espèces vivipares (quelques Lézards, l'Orvet, la Vipère, qui doit même son nom à cette particularité), ils éclosent dans la partie terminale de l'oviducte ; habituellement abandonnés après la ponte ; quelquefois couvés (Python, Boa).

Squelette. — Chez les Reptiles pourvus de membres, le rachis peut présenter cinq régions distinctes dont la moins variable est la cervicale (8 vertèbres chez les Chéloniens, 9 chez les Crocodiliens); mais, chez les Ophidiens, il n'offre plus que deux régions, l'une caudale, l'autre précaudale, celle-ci pouvant être composée d'un nombre considérable de vertèbres (environ 400 chez le Python). Chez les Chéloniens, les apophyses épineuses des vertèbres de la région dorsale, en s'unissant à des portions ossifiées du derme, constituent les pièces médianes (*pièces neurales*) de la partie dorsale (*dossière*) de la carapace. Chez les Crocodiliens et les Saurophidiens, on observe des apophyses épineuses inférieures, dans les régions antérieures du rachis, souvent aussi des os en V attachés au corps des vertèbres caudales. Chez quelques Sauriens, une cloison mince, non ossifiée, située au milieu de certaines vertèbres caudales, rend la queue très cassante à ce niveau. Les vertèbres ont généralement le corps concave en avant et con-

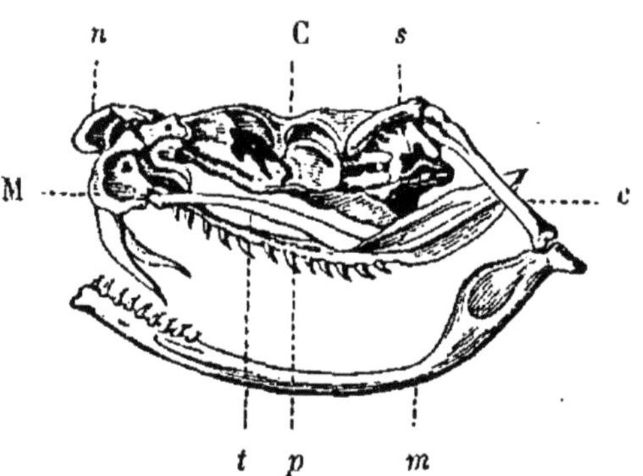

Fig. 152. — **Tête osseuse du Crotale.**

C, crâne ; *c.* os carré ; M, maxillaire supérieur ; *m.* maxillaire inférieur ; *n*, nasal ; *p*, ptérygoïdien, se continuant en avant avec le palatin ; *s*, sqamosal ; *t*, os transverse. (A l'état frais, le ptérygoïdien s'articule dans l'angle que forme l'os carré avec la mâchoire inférieure. Quand la gueule s'ouvre, cet angle est poussé en avant, d'où résulte le mouvement de bascule des crochets qui prennent alors une direction verticale.)

vexe en arrière (*vertèbres procœliques*) ; mais on peut observer des vertèbres à corps convexe en avant et concave en arrière (*vertèbres opisthocœliques*), des vertèbres à corps biconcave (*vertèbres amphicœliques*) et des vertèbres à corps biconvexe. Ces quatre sortes de vertèbres se rencontrent dans le cou des Tortues.

Crâne osseux dans toutes ses parties ; un seul condyle occipital ; pariétal généralement impair, percé au sommet d'un trou médian, chez les Sauriens. Un os particulier (*os transverse*) relie le ptérygoïdien au maxillaire supérieur ; il n'existe pas chez les Chéloniens. Mâchoire inférieure à branches soudées (excepté chez les Serpents), s'articulant avec l'os carré qui, à son tour, s'articule avec un os (*squamosal*) détaché de la région temporale. L'os carré est fixe chez les Chélonochampsiens ; il est plus ou moins mobile chez les Saurophidiens.

Sternum nul chez les Reptiles apodes et les Chéloniens. La partie ventrale de la carapace (*plastron*) est entièrement formée par des os dermiques. On a décrit sous le nom de *sternum ventral*, dans la paroi inférieure de l'abdomen des Crocodiliens, de simples ossifications de parties tendineuses. Côtes formant, chez les Chéloniens,

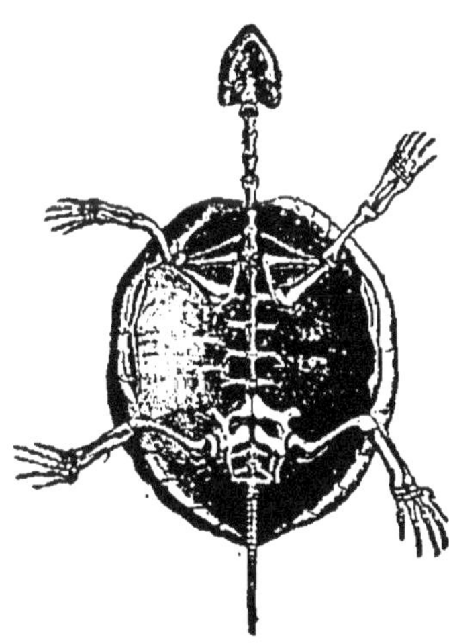

Fig. 153. — SQUELETTE DE TORTUE.

les parties latérales de la carapace, en s'unissant à des plaques dermiques ossifiées (*plaques costales*) et à d'autres pièces qui forment les bords de la carapace (*pièces marginales*). Chez les Saurophidiens, les côtes peuvent exister sur toutes les vertèbres, à l'exception de la première et des dernières. Chez le Dragon, les côtes moyennes sont très longues ; au lieu de ceindre le tronc, elles se portent directement en dehors, pour soutenir un repli de la peau, en forme de parachute. Chez les Crocodiliens, les vertèbres cervicales sont pourvues de côtes qui, excepté les deux premières, portent à leur extrémité une saillie antéro-postérieure limitant les mouvements latéraux du cou ; chez eux et les Sauriens, les côtes thoraciques s'articulent avec des côtes sternales, comme chez les Oiseaux.

Arc scapulaire présentant un os coracoïde bien développé; logé, chez les Tortues, dans l'intérieur du thorax ; rudimentaire chez les Sauriens apodes ; nul chez les Ophidiens. Arc pelvien composé d'un ilion, d'un ischion et d'un pubis qui porte généralement une apophyse plus ou moins développée (*apophyse latérale*) ; rudimentaire chez les Sauriens apodes; faisant défaut chez la plupart des Ophidiens.

Membres nuls chez les Ophidiens et quelques Sauriens ; au nombre de deux paires ou d'une paire seulement (quelques Scincoïdiens) chez les autres Reptiles. Membre antérieur constitué par un humérus, un radius et un cubitus distincts, un nombre variable d'os du carpe, du métacarpe et des phalanges. Membre postérieur se rapprochant, par sa structure, de celui de l'Oiseau.

Téguments. — Épiderme en général très développé, formant, sur la carapace des Tortues, des plaques cornées dont la substance est connue sous le nom d' « écaille ». Derme renfermant des pigments dans son épaisseur. Les changements de couleur du Caméléon dépendent du mélange de deux pigments: l'un superficiel et fixe ; l'autre profond, mobile et constitué par des corpuscules colorés (MILNE EDWARDS). Les mouvements de ces corpuscules sont commandés par deux ordres de nerfs dont les uns les font cheminer de la profondeur à la surface, tandis que les autres produisent l'effet inverse (BERT). Quelquefois le derme peut s'ossifier par places; les ossifications ainsi produites forment la carapace des Tortues, par leur union avec certaines parties du squelette. Chez les Crocodiles, il existe des plaques dermiques sur la nuque, le dos et la queue. Les écailles imbriquées des Scinques sont des prolongements dermiques ossifiés; mais, chez la plupart des Sauriens, les papilles du derme sont simplement recouvertes d'un revêtement épidermique. Les Serpents,

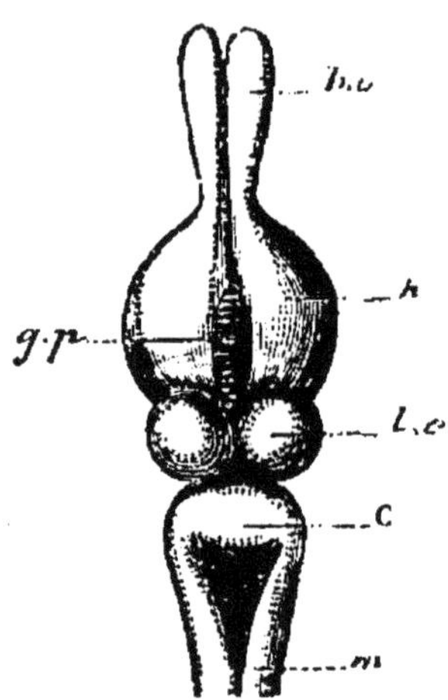

Fig. 154. — ENCÉPHALE DE LÉZARD (face supérieure).

bo, bulbes olfactifs ; C, cervelet ; *gp*, glande pinéale ; *h*, hémisphères cérébraux ; *lo*, lobes optiques (tubercules bijumeaux); *m*, moelle.

plusieurs fois par an, se dépouillent de leur épiderme comme d'un fourreau qu'ils retournent de la tête à la queue. Les membres des Reptiles sont généralement terminés par des ongles. La peau des Crocodiles et celle de quelques Serpents sont utilisées pour la maroquinerie.

Appareil phonateur. — Il n'existe guère que chez les Caméléons et les Geckos. Ces derniers sont ainsi nommés, à cause du bruit qu'ils font entendre pendant la nuit. Le sifflement des Serpents est dû à l'expulsion brusque de l'air du poumon par l'orifice rétréci du larynx. Le bruit produit par le Serpent à sonnettes résulte des mouvements de sa queue dont l'extrémité est garnie de pièces épidermiques en forme de grelots.

Système nerveux. — Moelle épinière souvent très longue, chez les Ophidiens. Hémisphères cérébraux bien développés. Deux tubercules bijumeaux. Cervelet avec un grand lobe médian et deux petits lobes latéraux.

Organes des sens. — Toucher peu développé. Sens du goût rudimentaire. La langue des Saurophidiens est surtout un organe tactile; celle du Caméléon constitue un véritable instrument de préhension : elle peut atteindre la longueur du corps et être dardée avec une grande rapidité sur les Insectes dont cet Animal fait sa proie. Organe olfactif offrant son plus grand développement chez les Chéloniens et les Crocodiliens. Ces derniers et les Ophidiens aquatiques ont les orifices externes des narines garnis de valvules s'opposant à l'entrée de l'eau. Organe de l'ouïe dépourvu d'oreille externe. Membrane du tympan à fleur de tête, chez les Chéloniens et la plupart des Sauriens. Pas de caisse, ni de membrane du tympan, ni de trompe d'Eustache, chez les Ophidiens. Columelle en rapport avec la fenêtre ovale et les muscles de la région temporale. Limaçon non spiralé. L'œil présente, le plus souvent, un cercle osseux autour de la sclérotique et un peigne analogue à celui des Oiseaux, mais moins développé. La plupart des Reptiles possèdent deux paupières, dont l'inférieure peut recouvrir l'œil; les Caméléons n'ont qu'une paupière circulaire et contractile; les Ophidiens, les Geckos et les Amphisbènes n'ont pas de paupières, ou plutôt les deux paupières sont soudées ensemble et forment une membrane transparente qui recouvre l'œil à la façon d'un verre de montre. Une membrane nictitante chez les Chélonochampsiens. Une glande lacrymale chez les Chéloniens.

Chéloniens (χελώνη, tortue). — *Corps protégé par une carapace.*

Les Chéloniens ou Tortues ont quatre pattes et un
bec corné. Tympan apparent à l'extérieur. Cloaque à
fente longitudinale. Pénis simple. Généralement herbivores. Les seuls Reptiles véritablement comestibles.

A. CHÉRSITES (χέρσινος, terrestre). — *Carapace très
bombée. Pattes terminées en moignons arrondis pentadactyles. Terrestres.*

Vivent dans les bois ; creusent des terriers.
Tortues (*Testudo*).
Tortue grecque (*T. græca*) ; du midi de l'Europe. Tortue éléphantine (*T. elephantina*) ; énorme ; des îles du
canal de Mozambique.

B. ÉLODITES (ἕλος, marais). — *Carapace peu bombée.
Pattes plus ou moins palmées. Paludines.*

Vivent dans les marais de toutes les parties du monde.
Se nourrissent de plantes et de petits Animaux.
Cistudes (*Cistudo*). *C. europæa* habite le midi de la
France. — Chélides (*Chelys*). Amérique du Sud.

C. POTAMITES (πόταμος, fleuve). — *Carapace très déprimée. Pattes à doigts mobiles, transformées en nageoires.
Fluviales.*

Tortues carnassières, à narines au bout d'une longue
trompe. Grands fleuves des pays chauds.
Trionyx (*Trionyx*).

D. THALASSITES (θάλασσα, mer). — *Carapace déprimée.
Pattes à doigts immobiles, transformées en nageoires.
Marines.*

Atteignent souvent une taille colossale. Herbivores et
carnivores. S'accouplent dans l'eau ; viennent pondre à
terre et enfouissent leurs œufs dans le sol. Les jeunes
se rendent à la mer, aussitôt après l'éclosion.
Sphargis (*Sphargis*). Carapace recouverte d'une peau
épaisse ; Atlantique. — Chélonées (*Chelonia*). Carapace
recouverte de plaques cornées. Le Caret (*C. imbricata*),
de l'Atlantique et de l'océan Indien, fournit l'écaille du

commerce. La Tortue franche (*C. esculenta*), de l'Atlantique, est renommée pour sa chair délicate et ses œufs. La Caouane (*C. caouana*), qu'on trouve sur nos côtes, a la chair musquée, non comestible.

Crocodiliens. — *Reptiles pourvus de dents et à fente cloacale longitudinale.*

Quatre pattes plus ou moins distinctement palmées. Pénis simple. Carnivores. Aquatiques ; habitent les grands fleuves des pays chauds ; abandonnent leurs œufs dans le sable ou dans des trous sur les rives.

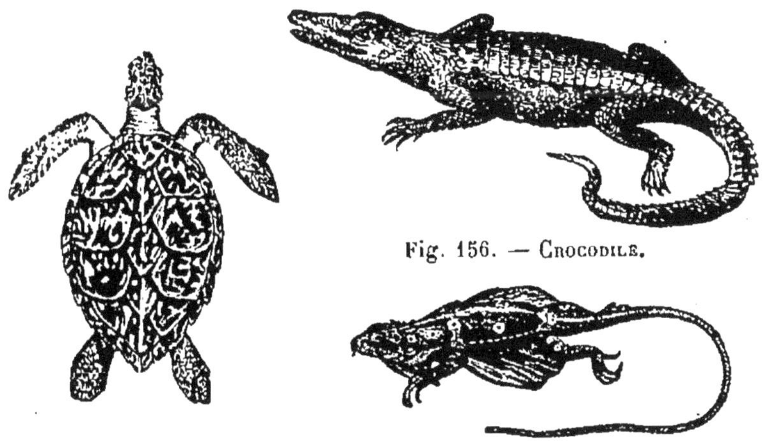

Fig. 156. — Crocodile.

Fig. 155. — Caret.

Fig. 157. — Dragon.

Caïmans (*Alligator*). Des plaques osseuses sur le dos et sous le ventre ; museau large, non traversé par les dents ; redoutables ; Amérique. — Crocodiles (*Crocodilus*). Sans plaques osseuses sous le ventre ; museau large, traversé par la paire de dents antérieures de la mâchoire inférieure ; redoutables ; adorés anciennement par les Égyptiens ; Afrique (Nil) ; Asie ; Amérique du Sud. — Gavials (*Ramphostoma*). Museau long et étroit ; inoffensifs pour l'Homme ; bassin du Gange.

Sauriens (σαύρα, lézard). — *Reptiles à bouche non dilatable et à fente cloacale en travers.*

En général, quatre membres pentadactyles ; quelquefois deux ; rarement point. Branches de la mâchoire inférieure soudées en avant ; mâchoire supérieure à os fixes. Une vessie urinaire. Pénis double, en arrière de la fente cloacale. Ordinairement des paupières. Un tympan apparent à l'extérieur. Carnivores. Jamais venimeux.

A. CRASSILINGUES. — *Langue épaisse, non protractile, à peine échancrée à la pointe.*

Toujours 4 membres. Habitent les contrées chaudes ; ceux d'Amérique, pleurodontes ; les autres, acrodontes, sauf les Geckos.

Sphénodons (*Hatteria*). Prémaxillaires munis d'une grosse dent incisive ; un sternum abdominal ; pas d'organes copulateurs ni de cavité tympanique ; Nouvelle-Zélande. — Phrynosomes (*Phrynosoma*). Corps élargi, garni de piquants ; Amérique. — Fouette-queue (*Uromastix*). Queue épineuse ; Égypte. — Iguanes (*Iguana*). Dos à crête dentée ; gorge à fanon ; chair délicate ; Amérique. — Dragons (*Draco*). De chaque côté, un repli cutané formant parachute ; Iles de la Sonde. — Geckos (*Platydactylus*). Ressemblent à des Salamandres ; doigts élargis et munis d'organes d'adhésion qui leur permettent de grimper le long des murailles ; autrefois employés en médecine. Le Tarente (*P. muralis*) habite le midi de la France.

Fig. 158. — GECKO.   Fig. 159. — CAMÉLÉON.

B. VERMILINGUES. — *Langue vermiforme, protractile et préhensile.*

Caméléons (*Chamæleon*). Doigts soudés en deux paquets opposables, l'un de trois, l'autre de deux doigts ; queue

préhensile ; langue très longue, renflée à son extrémité,
rentrée dans la bouche à l'état de repos, mais pouvant
être dardée avec une grande rapidité sur un Insecte,
à une distance même dépassant la longueur du corps.
Connus surtout par la facilité avec laquelle ils changent
de couleur (*Voy.* p. 269). Afrique ; sud de l'Espagne.

C. Fissilingues. — *Langue mince, fourchue, protractile.*

Sauvegardes (*Monitor*). Afrique. *M. niloticus* mange les
œufs de Crocodile. — Téjus (*Tejus*). Amérique ; comestibles. — Lézards (*Lacerta*). *L. vivipara* est ovovivipare.

D. Brévilingues. — *Langue courte, épaisse, souvent
échancrée, peu ou pas protractile.*

Scinques (*Scincus*). 4 membres ; des plaques dermiques ossifiées ; employé autrefois dans la thériaque de

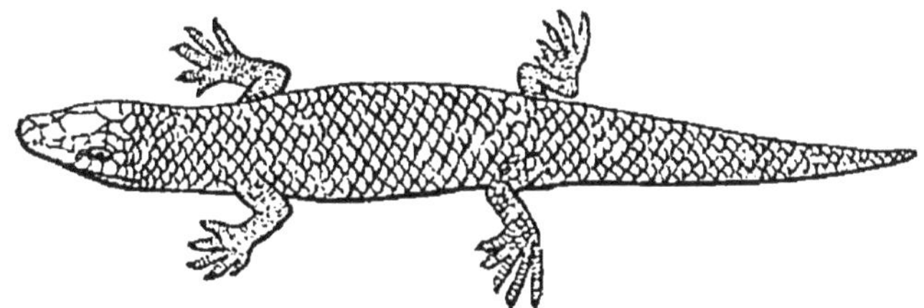

Fig. 160. — Scinque.

Venise ; Égypte. — Scélotes (*Scelotes*). 2 membres postérieurs seulement; le Cap. — Orvets (*Anguis*). Pas de
membres. Le « Serpent de verre » (*A. fragilis*), ainsi
appelé à cause de la facilité avec laquelle il se brise, est
commun en France; ovovivipare. — Amphisbènes (*Amphisbœna*). Peau, non écailleuse ; sans membres; Amérique. — Chirotes (*Chirotes*). Peau non écailleuse ; deux
membres antérieurs. Amérique.

Ophidiens (ὄφις, serpent). — *Reptiles apodes, à bouche dilatable et à fente cloacale en travers.*

Corps cylindrique, toujours dépourvu de membres.
Branches de la mâchoire inférieure réunies en avant par
un ligament élastique ; mâchoire supérieure présentant

des os mobiles. Langue bifide, protractile. Pas de vessie urinaire. Pénis double, en arrière de la fente cloacale. Pas de paupière ni de tympan.

Si les Couleuvres sont inoffensives et même utiles par la destruction qu'elles font de petits Mammifères nuisibles à l'agriculture, on peut dire néanmoins, d'une manière générale, que la répulsion inspirée par les Serpents est trop souvent justifiée par les dangers terribles auxquels expose le venin de beaucoup d'entre eux. La morsure des Crotales et des Trigonocéphales est presque toujours mortelle; mais on a beaucoup exagéré la gravité de celle de la Vipère, car la mortalité qui en résulte n'est que d'un trentième et encore ce ne sont guère que les enfants qui succombent. Les venins ont entre eux les plus grandes ressemblances, sont légèrement acides et offrent, comme principes actifs, des substances albuminoïdes. Ils n'ont pas d'action sur la muqueuse digestive lorsqu'elle est saine; mais il n'en est pas de même, si celle-ci offre des érosions. Comme ils agissent à doses pondérables et ne se multiplient pas dans le sang, à la manière des virus, la morsure est d'autant plus dangereuse que la quantité de venin introduite dans la plaie est elle-même plus considérable. La dessiccation des venins ne leur fait pas perdre leurs propriétés, ce qui explique qu'on puisse se servir de ceux-ci pour empoisonner des armes. Le venin a plus d'action sur les Animaux à sang chaud, surtout les Oiseaux, que sur les Animaux à sang froid (le venin de la Vipère n'en est pas un pour les Invertébrés) ; enfin il n'agit pas sur l'espèce qui le fournit. On estime à 15 centigrammes la quantité de venin d'une Vipère commune, de forte taille. Les Animaux morts à la suite d'une morsure venimeuse, paraissent pouvoir être mangés avec impunité. Les principaux symptômes auxquels donnent lieu les morsures venimeuses sont : la tuméfaction inflammatoire, l'abaissement de température du corps, des nausées, des vomissements, de la diarrhée, des sueurs froides, etc. Si le malade résiste, la fièvre se montre, la chaleur revient et les symptômes locaux disparaissent peu à peu. Aussitôt après la morsure, il faut pratiquer la succion et la cautérisation à l'ammoniaque, au beurre d'antimoine ou mieux encore à l'acide phénique. On a proposé aussi la solution de permanganate de potasse en injection sous-cutanée ou intra-veineuse. Le jus de citron, appliqué sur la plaie et pris en boisson, jouit, en Dauphiné, d'une certaine réputation comme antidote.

A. Solénoglyphes (σωλήν, tuyau; γλυφή, sillon). — *Serpents venimeux à maxillaires supérieurs très courts munis chacun d'un seul crochet long et tubuleux.*

Le canal du crochet est en communication, par sa base, avec le conduit excréteur d'une glande venimeuse contenue dans une capsule fibreuse sur laquelle viennent s'insérer des faisceaux musculaires. Quand l'Animal est au repos, les crochets sont reployés vers le palais, mais des muscles spéciaux les font pivoter en avant, lorsqu'il veut s'en servir ; d'ailleurs ce mouvement se produit par le seul fait de l'abaissement de la mâchoire inférieure. Derrière les crochets, se trouvent de petits crochets de remplacement. Des dents simples s'observent au palais et à la mâchoire inférieure. Tête triangulaire. Pupille verticale. Queue courte. Généralement ovovivipares. Lâchent leur proie, après l'avoir mordue, attendant l'effet du venin avant de la dévorer.

A. *Crotalidés* (κρόταλον, grelot). — *Une fossette* (fossette lacrymale) *entre l'œil et la narine.*

Crotales ou Serpents à sonnettes (*Crotalus*). Queue

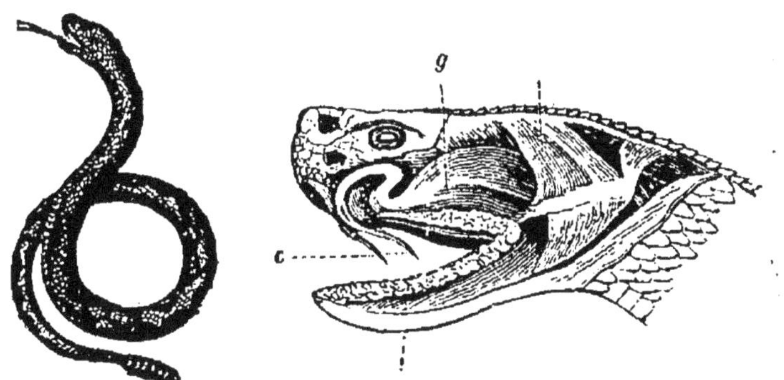

Fig. 161. — Crotale.

Fig. 162. — Tête de Crotale.
c, crochets ; g, glande venimeuse ;
l, glandes labiales.

terminée par des grelots épidermiques ; les plus dangereux des Ophidiens. Les uns, de l'Amérique du Nord (*C. durissus*) ; les autres, de l'Amérique du Sud (*C. horridus*). — Trigonocéphales (*Trigonocephalus*). Amérique. — Lachésis (*Lachesis*). Brésil. Le Sururucu (*L. mutus*), le plus grand des Serpents venimeux, atteint quelquefois trois mètres de long. — Bothrops (*Bothrops*). *B. lanceolatus* est tristement célèbre, à la Martinique, sous le nom de « Fer de lance ». Le Grage (*B. atrox*) de la Guyane et le Jararaca (*B. Jararaca*) du Brésil sont également redoutables.

B. **Vipéridés** (*vivus*, vivant ; *parere*, engendrer). — *Pas de fossettes lacrymales.*

Échidnées (*Echidne*). Narines situées presque entre les yeux. La « Daboie » (*E. elegans*) est le plus redoutable des Serpents de l'Inde. Le « Serpent cracheur » (*E. arietans*), du sud de l'Afrique, tue aussi très rapidement. — Cérastes (*Cerastes*). Une corne au-dessus de chaque sourcil. La « Vipère cornue » (*C. ægyptiacus*) se tient dans les sables de l'Afrique septentrionale. — Acanthophides (*Acanthophis*). Queue terminée par un aiguillon recourbé ; Australie. — Vipère ordinaire (*Vipera aspis*). Tête garnie de petites écailles au milieu desquelles existe une petite plaque hexagonale. Museau carré, le plus souvent retroussé. Deux rangées de squames entre l'œil et les sus-labiales. Surtout abondante dans le midi et le centre de la France (1). — Petite Vipère ou Péliade, appelée encore « lance d'Achille » (*Pelias berus*). Tête portant, sur le vertex, trois plaques dont une antérieure et deux postérieures. Museau arrondi, plat en dessus. Une seule rangée de squames entre l'œil et les sus-labiales. Très rare dans le Midi de la France ; assez rare dans le centre ; commune dans le Nord.

B. **Protéroglyphes** (πρότερον, en avant). — *Serpents venimeux à maxillaires supérieurs courts, munis chacun d'un petit nombre de dents dont l'antérieure, quelquefois unique, est un crochet creusé d'un sillon en avant.*

Le sillon reçoit, vers sa base, le canal excréteur d'une glande venimeuse soumise à l'action des muscles environnants. Il existe des dents lisses sur les palatins, les ptérygoïdiens et les maxillaires inférieurs. Habitent les pays chauds, à l'exception de l'Europe.

A. *Hydrophidés* ou *Platycerques*. — *Serpents de mer, à queue comprimée.*

Ovovivipares. Habitent principalement l'archipel de la Sonde.

---

(1) La Vipère ammodyte (*V. ammodytes*), dont l'extrémité du museau est prolongée en une corne molle, a été signalée à tort comme se trouvant dans le Dauphiné ; elle n'existe pas en France.

Platures *(Platurus)*. Écailles lisses. — Hydrophides *(Hydrophis)*. Écailles tuberculeuses.

B. *Élapidés* ou *Conocerques* — *Serpents terrestres, à queue arrondie.*

Ressemblent à des Couleuvres aux couleurs éclatantes.

Najas *(Naja)*. Région cervicale extensible latéralement,

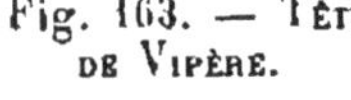

Fig. 163. — Tête
de Vipère.

Fig. 164. — Naja.

Fig. 165. — Tête
de Couleuvre.

par suite de l'écartement des premières côtes. Tête élargie en arrière, couverte de grandes plaques. Serpent à lunettes (*N. tripudians*) ; la « Cobra », de l'Inde ; portant sur le cou un dessin en forme de binocle. Aspic ou Serpent de Cléopâtre (*N. haje*) ; d'Égypte. — Serpent corail (*Elaps corallinus*). Corps long et grêle, à anneaux alternativement blancs et rouges. Amérique du Sud.

C. Colubriformes (*coluber*, couleuvre). — *Des dents aux deux mâchoires ; pas de crochets venimeux en avant.*

A. *Opisthoglyphes* (ὄπισθεν, en arrière). — *Dernière dent de la mâchoire supérieure, creusée d'un sillon antérieur en rapport avec une glande venimeuse.*

Serpents suspects. Une seule espèce européenne : la Couleuvre de Montpellier (*Cœlopeltis insignitus*) ; pouvant atteindre une grande taille ; inoffensive pour l'Homme, mais non pour les petits Mammifères ; littoral méditerranéen.

B. *Aglyphodontes.* — *Pas de dents sillonnées.*
Serpents non venimeux.

a. *Bouche dilatable. Pas de vestiges de membres.* —
On trouve en France : Couleuvre verte et jaune (*Zamenis viridiflavus*); Couleuvre d'Esculape (*Elaphis Æsculapii*); Couleuvre à collier (*Tropidonotus natrix*); Couleuvre vipérine (*T. viperinus*); Couleuvre lisse (*Coronella lævis*).

b. *Bouche dilatable. Des rudiments de membres postérieurs, sous forme d'éperons cornés, près de l'anus.* — Pythons (*Python*). Des dents sur les intermaxillaires ; Inde ; Afrique. — Boas (*Boa*). Sans dents sur les intermaxillaires; Brésil. Les Pythons et les Boas sont de très grande taille (quelquefois 13 mètres de long) et redoutables par leur force.

c. *Bouche peu dilatable. Deux éperons cornés près de l'anus.* — Rouleaux (*Tortrix*). Amérique.

d. *Bouche non dilatable.* — Uropeltides (*Uropeltis*). Des Indes.

D. OPOTÉRODONTES (ὁπότερος, l'un ou l'autre). — *Dents lisses, n'existant que sur l'une des mâchoires.*

Serpents non venimeux, vermiformes, à bouche étroite, non extensible ; se nourrissent de Vers et d'Insectes.

A. *Épanodontes* (ἐπάνω, en haut). — *Des dents seulement sur la mâchoire supérieure.*
Une seule espèce européenne : *Typhlops vermicularis*. Grèce.

B. *Catodontes* (κάτω, en bas). — *Des dents seulement sur la mâchoire inférieure.*
Sténostomes (*Stenostoma*). Afrique, Amérique.

§ IV. — *Classe des Batraciens.*

BATRACIENS (βάτραχος, grenouille). — *Vertébrés à métamorphoses, dépourvus de nageoires à rayons.*

Respiration toujours branchiale dans le jeune âge, pulmonaire et branchiale, ou pulmonaire seulement, à l'âge adulte. Peau généralement nue. Deux condyles occipitaux. Anamniens. Ovipares ou ovovivipares. Température variable. Animaux d'eau douce.
3 ordres.

$$\text{BATRACIENS} \begin{cases} \text{Des membres.} \begin{cases} \text{Pas de queue.} \quad \text{ANOURES.} \\ \text{Une queue.. .} \quad \text{URODÈLES.} \end{cases} \\ \text{Pas de membres}\ldots\ldots\ldots \quad \text{GYMNOPHIONES.} \end{cases}$$

Appareil digestif. — Cavité buccale généralement large, munie de dents sur les os des mâchoires et du palais; rarement inerme (Crapauds; Pipas). Langue fixée, chez les Anoures, à l'arc de la mâchoire inférieure, libre en arrière, pouvant être projetée en avant et servir d'organe préhensile ; adhérente à sa face inférieure et libre sur les bords, chez les Urodèles ; nulle chez les Anoures aglosses. OEsophage court, souvent garni, à l'intérieur, de cils vibratiles. Estomac simple, en forme de cornue. Intestin terminé par un cloaque. Pas de glandes salivaires. Foie et pancréas constants.

Appareil respiratoire.— Au moment de l'éclosion (Urodèles) ou très peu de temps après (Anoures), la larve possède 3 ou 4 paires de branchies externes couvertes de cils vibratiles et implantées sur des arcs branchiaux dépendant de l'hyoïde. Ces branchies persistent chez l'adulte, en perdant leurs cils vibratiles (Urodèles pérennibranches). ou disparaissent complètement (Anoures ; Urodèles caducibranches). Quelquefois (Anoures), elles deviennent internes, en se recouvrant d'un repli de la peau qui délimite une cavité (*chambre branchiale*) dans laquelle l'eau pénètre par la bouche et sort par un orifice postérieur (*spiraculum*) simple ou double (1). Plus ou moins tard, apparaissent toujours deux poumons n'offrant à l'intérieur que quelques replis cloisonnaires et faisant suite à un système trachéo-bronchique rudimentaire.

Pendant la respiration pulmonaire, la bouche est toujours fermée. L'inspiration se fait par déglutition. L'air entre par les narines dans la cavité buccale, par suite de l'abaissement de son plancher, la glotte étant fermée ; il est ensuite poussé dans les poumons par ce même plancher qui se soulève, en même temps que la glotte s'ouvre et que les narines se rétrécissent par le jeu de sphincters spéciaux. L'expiration se produit par l'élasticité pulmonaire.

(1) Le spiraculum est double et symétrique chez les Aglosses ; mais, chez les autres Anoures, il y a tantôt un spiraculum médian formé par la fusion des deux pertuis primitifs (Alytes, Sonneurs, etc.), tantôt un spiraculum situé à gauche, l'autre ayant disparu (Discodactyles, Crapauds, Grenouilles, etc.).

La peau reçoit, le plus souvent, une branche du vaisseau afférent respiratoire (branchial ou pulmonaire) et le sang qui a irrigué cette membrane retourne directement au cœur. La respiration cutanée joue donc un rôle considérable ; elle permet aux Grenouilles de vivre encore longtemps après l'ablation des poumons.

Appareil circulatoire. — Rappelle, dans le jeune âge, celui des Poissons ; dans l'âge adulte, celui des Reptiles.

1° L'embryon présente un vaisseau ventral contractile bientôt muni de deux dilatations, une oreillette et un ventricule. Celui-ci est suivi d'un tube (*bulbe artériel*) qui fournit les artères des branchies et du reste du corps. Une branche anastomotique très fine réunit, à la base des branchies, l'artère et la veine qui s'y distribuent.

2° Quand les poumons apparaissent, la dernière paire d'artères branchiales leur envoie une branche (*artères pulmonaires*) et l'oreillette se divise en deux loges, par une cloison verticale ; alors le sang qui revient du poumon arrive dans la loge gauche de l'oreillette.

3° Si la circulation doit devenir uniquement pulmonaire, les branches anastomotiques de la base des branchies se développent peu à peu en véritables canaux de traverse que le sang parcourt, au lieu de se rendre aux branchies ; alors les vaisseaux branchiaux s'atrophient et les branches pulmonaires s'accroissent, comme si elles bénéficiaient du sang dont les branchies sont privées.

Malgré que les deux oreillettes versent, l'une du sang rouge, l'autre du sang noir dans le ventricule, il n'y a pas néanmoins mélange complet des deux espèces de sang dans cette cavité. En effet le ventricule présente des aréoles où les sangs de couleurs différentes se maintiennent pendant la diastole. Quand arrive la systole, le sang noir s'écoule d'abord et remplit le système pulmonaire, tandis que le sang rouge alimente, presque seul, le système de la grande circulation (Sabatier).

Une veine porte rénale. Des cœurs lymphatiques, le plus souvent au nombre de quatre : un sous chaque omoplate et un de chaque côté du coccyx.

Appareil urinaire. — Reins habituellement indivis. Uretères s'ouvrant dans le cloaque, par une paire de pores dorsaux en avant desquels débouche la vessie.

Appareil reproducteur. — *A*. Appareil male. — Deux testicules simples ou lobés. Canaux efférents du testicule arrivant dans l'uretère, après avoir traversé le rein (Grenouille), ou formant un canal déférent qui se rend

directement au cloaque (Crapaud accoucheur). Mâle des
Anoures pourvu de rugosités aux pouces (Grenouilles) ou
d'une glande aux bras (Pélobates). Les Crapauds mâles
présentent toujours, en avant des testicules, un rudiment d'ovaire contenant des ovules. Ceux-ci ne sont pas
fécondables et n'arrivent jamais à maturité.

B. Appareil femelle. — Deux ovaires creux d'où les
œufs tombent, par déhiscence, dans la cavité abdominale.
Oviductes longs et intestiniformes, se dilatant souvent
à leur partie terminale et débouchant sur la paroi dorsale du cloaque. Généralement ovipares ; rarement ovovivipares (Salamandres). Fécondation tantôt extérieure
(Anoures), le mâle se cramponnant sur le dos de la femelle et fécondant les œufs au passage ; tantôt intérieure
(Urodèles), après application des fentes cloacales l'une
contre l'autre. OEufs déposés le plus souvent dans l'eau ;
entourés d'une substance albumineuse sécrétée par l'oviducte et se gonflant au contact de l'eau ; tantôt fixés isolément sur les plantes aquatiques (Tritons), tantôt pondus en masses irrégulières (Grenouilles) ou en longs
cordons (Crapauds) ; généralement abandonnés après la
ponte ; quelquefois l'objet de soins bizarres (Pipa ; Crapaud accoucheur). Le développement se fait, en général,
au moyen de métamorphoses longues et compliquées.

Métamorphoses. — Larves (*têtards* chez les Anoures)
apodes, branchifères, munies d'une queue comprimée ;
acquérant successivement quatre membres, d'abord les
deux antérieurs (Uro-
dèles) ou d'abord les
deux postérieurs (A-
noures), la queue
persistant (Urodèles)
ou disparaissant (A-
noures), en même
temps que les pou-

Fig. 166. — Têtard de Grenouille
(avec les pattes postérieures).

mons se développent. Quelquefois les larves subissent
dans l'œuf toutes les phases de leur évolution (Hylodes) ;
d'autres fois les métamorphoses s'accomplissent en totalité ou en partie dans la terminaison de l'oviducte (Salamandres).

Squelette. — Colonne vertébrale terminée, chez les
Anoures, par un os grêle, allongé (*coccyx* ou *urostyle*).
Corps vertébraux renfermant, le plus souvent, des res-
tes de la notocorde ; pouvant être procœliques (Anoures
lévogyrinidés), opisthocœliques (Anoures médiogyrinidés,
Aglosses, quelques Salamandrines), amphicœliques ou

biconcaves (quelques Salamandrines , Dérotrèmes ,
Pérennibranches, Gymnophiones); séparés par des cartilages intervertébraux. Crâne en partie cartilagineux,
présentant toujours deux condyles occipitaux, un os
spécial (*parasphénoïde*) qui recouvre la base du crâne
et n'existe pas chez les Vertébrés amniens, enfin, derrière la région ethmoïdale, chez les Anoures et les
Gymnophiones, un anneau osseux caractéristique (*os
en ceinture*). La mâchoire inférieure est suspendue au
crâne par un cartilage qui présente généralement trois
ossifications : une extérieure (*os carré*), une supérieure
(*squamosal*), une intérieure (*ptérygoïde*). Côtes rarement

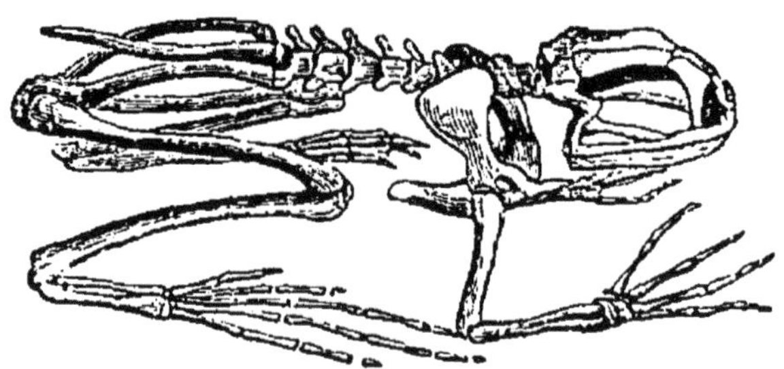

Fig. 167. — Squelette de Grenouille.

bien développées (Gymnophiones), le plus souvent rudimentaires (Urodèles) ou nulles (Anoures), ne rejoignant
jamais le sternum. Arcs scapulaire et pelvien bien développés, nuls chez les Gymnophiones. Membre antérieur
constitué par un humérus, un radius et un cubitus confondus, un nombre variable d'os du carpe, du métacarpe
et des phalanges. Membre postérieur (manquant chez les
Sirènes) composé d'un fémur, d'un tibia et d'un péroné
(soudés chez les Anoures), enfin d'un nombre variable
d'os du tarse (deux chez les Anoures) du métatarse et des
phalanges.

Tégument. — Peau généralement nue, lisse, visqueuse ; épiderme mince, se renouvelant périodiquement ; derme relativement épais. Celui-ci renferme : 1° des
glandes sécrétant soit du mucus, soit des liquides causti-
ques (glandes à venin, appelées improprement *parotides*,
sur les côtés de la tête des Crapauds et Salamandres) ;
2° des cellules pigmentaires amenant quelquefois des
changements de couleur plus ou moins accentués (Rainettes). Rarement des plaques osseuses dermiques (*Ce-*

ratophys) ou de petites écailles (Gymnophiones) rappelant la forme cycloïde de celles des Poissons.

Appareil phonateur. — Sons (*coassements*) produits par un larynx qui ne présente de véritables cordes vocales, que chez les Anoures ; souvent renforcés, chez les mâles par une (Rainettes, Crapauds) ou deux (Grenouilles) vessies vocales communiquant avec la bouche et pouvant se gonfler d'air.

Système nerveux. — Intermédiaire entre celui des Reptiles et celui des Poissons. Hémisphères cérébraux et cervelet peu développés. Le pneumogastrique envoie, sur les côtés du corps, chez les larves, un rameau (*nerf latéral*) à des organes tactiles (*organes latéraux*) qui n'existent, à l'âge adulte, que chez les Pérennibranches.

Organes des sens. — Toucher assez délicat. Goût et odorat obtus. Pas d'oreille externe ; chez les Anoures seulement, une caisse et une membrane du tympan ; oreille interne réduite au vestibule et aux trois canaux demi-circulaires. Toujours deux yeux, quelquefois très petits et cachés sous la peau (Gymnophiones, Protées) ; sclérotique cartilagineuse ; un peigne rudimentaire ; pas d'appareil lacrymal ; quelquefois pas de paupières (Pérennibranches).

Venin des Batraciens. — Le venin produit par les parotides du Crapaud et de la Salamandre est un suc laiteux dont l'inoculation amène rapidement la mort d'un Oiseau ou même d'un Chien, mais il n'a jamais occasionné celle d'un Homme. Les Grenouilles ont un venin cutané légèrement irritant qui, mis sur la conjonctive, peut déterminer l'inflammation de cette membrane. Certaines tribus de l'Inde et de l'Amérique empoisonnent leurs flèches avec le venin de quelques espèces de Rainettes.

Anoures. — (ἀν privatif ; οὐρά, queue). — 4 *membres. Pas de queue.*

Corps ramassé, déprimé. Peau nue, tantôt lisse (Grenouilles), tantôt verruqueuse (Crapauds). Membres bien développés, surtout les postérieurs. Adultes plus spécialement terrestres, toujours dépourvus de queue ; carnivores.

A. Phanéroglosses (φανερός, apparent ; γλῶσσα, langue). — *Une langue.*

A. *Discodactyles. — Doigts élargis en disque à l'extrémité.*

Rainettes (*Hyla*). *H. arborea;* d'Europe ; grimpe sur les arbres. — Notodelphe (*Notodelphys ovifera*) ; du Mexique ; femelle munie d'une poche incubatrice à la partie postérieure du dos. — Hylode de la Martinique (*Hylodes martinicensis*) ; à développement direct, sans métamorphoses. — Phyllobates de Choco (*Phyllobates chocoensis*); exsude, sous l'action du feu, un liquide qui sert aux Indiens à empoisonner leurs flèches.

B. *Oxydactyles* (ὀξύς, pointu). — *Doigts pointus.*

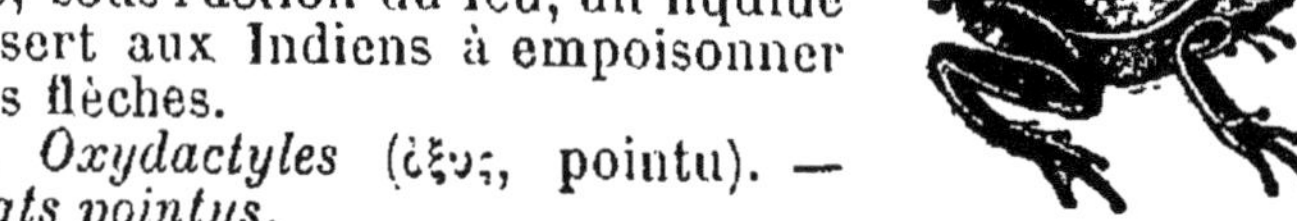

Fig. 168. — RAINETTE.

a. *Lévogyrinidés.* — Tétards à spiraculum situé du côté gauche.

1° *Pas de dents. Pupille transversale. Peau verruqueuse.* — Crapauds (*Bufo*). Parotides grosses. Crapauds : gris (*B. vulgaris*) ; vert (*B. viridis*) ; jaune (*B. calamita*).

2° *Des dents. Pupille verticale. Peau verruqueuse.* — Pélobates (*Pelobates*). Bras avec une glande spéciale ; pattes postérieures palmées, munies d'un ergot tranchant ; aspect de Crapaud. — Pélodytes (*Pelodytes*). Doigts libres ; aspect de Rainette.

3° *Des dents. Pupille circulaire ou transversale. Peau lisse.* — Grenouilles (*Rana*) : verte (*R. esculenta*) ; rousse (*R. temporaria*) ; jaune (*R. agilis*). La « Grenouille Taureau » (*R. mugiens*), de l'Amérique du Nord, a une taille énorme et produit un bruit assourdissant.

b. *Médiogyrinidés.* — Tétards à spiraculum médian.

1° *Langue libre postérieurement.* — Discoglosses (*Discoglossus*). Pupille ronde ; aspect de Grenouille ; Algérie.

2° *Langue complètement soudée.* — Sonneurs (*Bombinator*). Pupille triangulaire ; aspect de Crapaud. Sonneur à ventre couleur de feu ou « Crapaud pluvial » (*B. igneus*). — Alytes (*Alytes*). Pupille verticale ; aspect de Crapaud. La femelle du « Crapaud accoucheur » (*A. obstetricans*) pond à terre un cordon d'œufs ; le mâle enroule ce cordon autour de ses cuisses, s'enterre, puis se plonge dans l'eau, au moment de l'éclosion.

B. AGLOSSES. — *Pas de langue.*

Pipas (*Pipa*). Le mâle du *P. americana*, de la Guyane, après l'accouplement, place, sur le dos de sa femelle, les œufs qu'elle vient de pondre ; ceux-ci éclosent dans des boursouflures de la peau, où la larve subit ses méta-

morphoses. — Dactylèthres (*Dactylethra*. Larves munies
de deux barbillons ; le Cap.

Urodèles (οὐρά, queue ; δῆλος, visible). — *Une queue.
Une ou deux paires de membres.*

Corps allongé. Peau nue. Pattes courtes, les antérieures quelquefois seules (Sirènes). Vie des adultes plutôt aquatique. Des dents.

A. Caducibranches. — *Branchies caduques.*

A. *Salamandrines* — *Pas d'orifices branchiaux à l'âge
adulte.*
Salamandres (*Salamandra*). Terrestres ; queue arrondie. La Salamandre terrestre (*S. maculosa*) donne naissance à des petits munis de pieds et de branchies. Chez la
Salamandre noire (*S. atra*), des Alpes, les jeunes nais-

Fig. 169. — Salamandre.

Fig. 170. — Axolotl.

sent avec la forme définitive, après s'être nourris, dans
l'oviducte, des œufs qui ne se sont pas développés. —
Lézards d'eau (*Triton*). Aquatiques ; queue comprimée.
— Amblystomes (*Amblystoma*). Larves connues sous le
nom d'*Axolotls*, se reproduisant ; Mexique.
B. *Dérotrèmes* (δέρη, cou ; τρῆμα, trou). — *En général,
une paire d'orifices branchiaux sur les côtés du cou.*
Salamandre du Japon (*Sieboldia maxima*). Plus d'un
mètre de long. — Ménopomes (*Menopoma*). Amérique.

B. Pérennibranches. — *Branchies persistantes.*

Protées (*Proteus*). 4 pattes ; lacs souterrains de la Car-
niole. — Sirènes (*Siren*). Pas de pattes postérieures ;
eaux stagnantes de la Caroline du Sud.

Gymnophiones. — *Pas de membres ni de queue.*

Serpentiformes. Peau écailleuse. Métamorphoses s'accomplissant avant la naissance. Vivent sous terre, de larves et d'Insectes.

Cécilies (*Cæcilia*). Amérique du' Sud. — Siphonops (*Siphonops*). Brésil.

§ V. — *Classe des Poissons.*

POISSONS. — *Vertébrés à nageoires munies de rayons, généralement couverts d'écailles.*

Respiration uniquement branchiale ou à la fois branchiale et pulmonaire. Peau rarement nue. Anamniens. Ovipares ou ovovivipares. Température variable.

5 ordres :

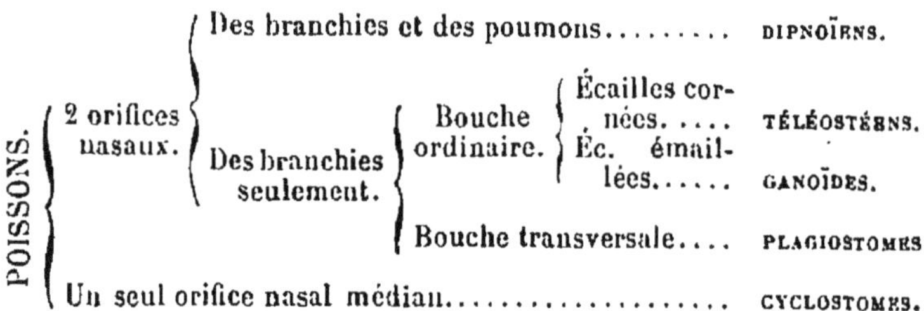

Appareil digestif. — Bouche munie de mâchoires et disposée pour la mastication, excepté chez les Cyclostomes où elle est dépourvue de ces organes et disposée pour la succion. Mâchoires tantôt cartilagineuses et reliées au crâne par un cartilage (*suspensorium*). tantôt osseuses, la supérieure à branches libres en arrière, l'inférieure rattachée au crâne par une chaîne de quatre pièces dont la plus extérieure est l'os carré. Dents formées d'ivoire, rarement émaillées et implantées dans des alvéoles (Ganoïdes), le plus souvent soudées aux os (Téléostéens) ou simplement fixées sur la muqueuse (Plagiostomes), quelquefois remplacées par des pointes cornées (Cyclostomes) parfois nulles (Malarmat, Esturgeon). OEsophage court. Estomac offrant habituellement un grand cul-de-sac. Intestin muni d'une *valvule spirale*, excepté chez les Téléostéens; terminé par un cloaque (Dipnoïens, Plagiostomes) ou s'ouvrant directement au dehors, en avant du pore sexuel (autres Poissons). Pas de glandes salivaires, excepté chez les Cyclostomes. Foie de forme variable ; habituellement une vésicule biliaire. Pancréas très réduit. Souvent, à l'origine de l'intestin, des organes en cæcum (*appendices pyloriques*) sécrétant un suc alcalin.

Appareil circulatoire. — Cœur tout entier veineux, situé dans la région jugulaire, composé d'une oreillette (incomplètement double chez les Dipnoïens) et d'un ventricule séparés par un orifice garni de valvules. En arrière de l'oreillette, un réservoir (*sinus de Cuvier*) reçoit le sang veineux du corps. En avant du ventricule, un renflement conique (*bulbe artériel*) tantôt élastique et muni de deux valvules (Téléostéens, Cyclostomes), tantôt musculaire et à plusieurs rangs de valvules (Dipnoïens, Ganoïdes, Plagiostomes), fournit l'artère branchiale. Celle-ci porte le sang aux branchies d'où il est repris par des artères épibranchiales (improprement veines branchiales). Ces dernières conduisent le sang à l'artère dorsale ou aorte, qui le distribue aux diverses parties du corps. Une veine porte hépatique et une veine porte rénale.

Appareil respiratoire. — La respiration est toujours essentiellement branchiale; cependant, quelques Poissons possèdent, en outre des branchies, de véritables poumons formés par la vessie natatoire (Dipnoïens).

A. Branchies. — Les branchies sont généralement constituées par des lamelles triangulaires; mais celles-ci peuvent aussi se diviser en filaments (Lophobranches, Dipnoïens), de manière à former des houppes, comme chez les Batraciens. Elles fonctionnent soit dans l'eau douce, soit dans l'eau salée, soit alternativement dans l'eau douce et dans l'eau salée (Poissons migrateurs). La mort des Poissons d'eau douce dans l'eau salée et réciproquement tient à un arrêt de la circulation dans les branchies; qui, en vertu de l'action osmotique, sont desséchées par l'eau de mer, chez les Poissons d'eau douce et gonflées par l'eau douce, chez les Poissons de mer (Bert). Beaucoup de Poissons, auxquels la respiration aquatique ne fournit pas assez d'oxygène, viennent souvent à la surface de l'eau respirer l'air en nature ; quelques-uns même (Loche des étangs) avalent de l'air qu'ils rendent par l'anus, après avoir accompli une véritable respiration intestinale. C'est à cause du manque d'oxygène qu'un Poisson qui a les ouïes fermées vit moins longtemps qu'un Poisson de même espèce auquel on maintient les ouïes ouvertes (W. Edwards). La longue survie de certains Poissons dans l'air est due surtout à la faible consommation d'oxygène qu'effectuent leurs tissus (BERT).

a. *Téléostéens*. — De chaque côté de la tête, quatre arcs parallèles, tournant leur concavité en avant et en dedans, portent les branchies (*arcs branchiaux*). Ces arcs correspondent aux cornes postérieures de l'hyoïde divisées en plusieurs pièces ; ils partent du basihyal et de l'urohyal (*voy*. p. 75) pour aller s'attacher au crâne par de petits os (*pharyngiens supérieurs*). En avant des arcs branchiaux, les cornes antérieures de l'hyoïde forment deux branches suspendues au crâne et munies, à leur bord inférieur, d'un certain nombre de rayons recourbés (*rayons branchiostèges*). En arrière des arcs branchiaux, se trouve une paire d'os inférieurs (*pharyngiens inférieurs*) souvent garnis de dents. Le bord concave des arcs branchiaux porte des crochets ou des tubercules qui

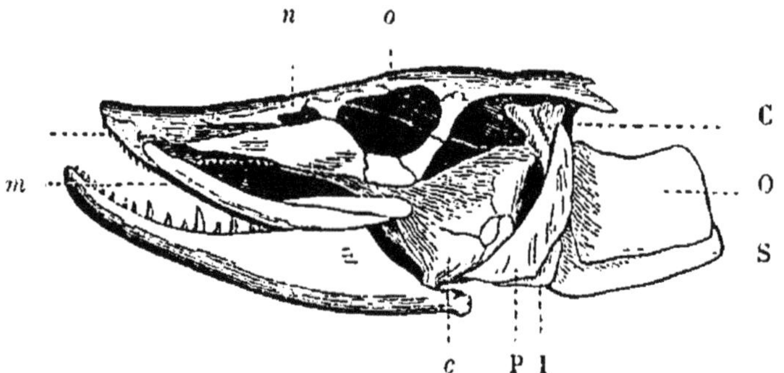

Fig. 171. — TÊTE OSSEUSE DU BROCHET.

C, crâne ; *c*, os carré ; *i*, intermaxillaire ; I, interopercule ; *m*, maxillaire supérieur ; *n*, fosses nasales ; *o*, orbite ; O, opercule ; P, préopercule ; S, sous-opercule.

s'opposent au passage des aliments dans les intervalles au nombre de cinq (*fentes branchiales*) que ces arcs forment, soit entre eux, soit avec les cornes antérieures de l'hyoïde et les pharyngiens inférieurs. Leur bord convexe est creusé d'une gorge au fond de laquelle rampent les artères branchiales qui amènent le sang aux branchies et les artères épibranchiales qui emmènent ce liquide dans l'aorte. Les lamelles triangulaires des branchies sont disposées de chaque côté de l'arc et réunies quelquefois, à leur base, par une membrane intermédiaire (*diaphragme branchial*). Une cloison mobile (*battant operculaire*), séparée du corps par deux fentes (*ouïes*), protège les branchies (*cavité branchiale*); elle est constituée par les rayons branchiostèges et quatre os spéciaux (*opercule, sous-opercule, préopercule, interopercule*). Le battant operculaire porte souvent, à sa face interne, une *pseudobranchie* qui ne reçoit que du sang artériel.

Pendant la respiration, l'eau traverse la cavité branchiale : dans un premier temps, la cavité buccale se dilate, la bouche s'ouvre et l'eau entre ; dans un second temps, la cavité buccale se resserre, la bouche se ferme et l'eau s'échappe par les ouïes.

b. *Ganoïdes.* — L'appareil branchial diffère peu de celui des Téléostéens ; l'opercule porte d'ordinaire, à sa face interne, une *branchie accessoire* qui reçoit du sang veineux et est quelquefois accompagnée d'une pseudobranchie.

La respiration se fait comme chez les Téléostéens ; mais, le plus souvent, des orifices (*évents*), situés en arrière des yeux, laissent pénétrer l'eau dans la cavité branchiale. Les Polyptères ont, dans le jeune âge, des branchies externes semblables à celles des Batraciens.

c. *Plagiostomes.* — En général, cinq paires de poches à parois tapissées de lamelles branchiales (*branchies fixes*) s'ouvrent isolément, d'un côté en dehors; de l'autre côté, dans la cavité buccale. Cet appareil peut se déduire de celui des Téléostéens ou de celui des Ganoïdes, en prolongeant le diaphragme branchial jusqu'à la paroi operculaire, de façon à diviser la cavité branchiale en cinq chambres distinctes. Soient B_1, B_2, B_3, B_4 les arcs branchiaux; C_1, C_2, C_3, C_4, C_5 les chambres branchiales ; O l'opercule ; β la branchie operculaire ; *b* chacune des séries de feuillets branchiaux ; P le pharyngien inférieur ; on a la formule suivante, dans laquelle les zéros (o) indiquent l'absence de branchies :

$$\frac{O \qquad B_1 \qquad B_2 \qquad B_3 \qquad B_4 \qquad P}{o \quad \beta \quad b \quad b \quad b \quad b \quad b \quad b \quad b \quad b \quad o \quad o}$$
$$\underbrace{C_1 \quad C_2 \quad C_3 \quad C_4 \quad C_5}$$

On voit que la paroi antérieure de la première chambre branchiale des Plagiostomes porte une branchie qui correspond à la branchie operculaire de la plupart des Téléostéens et des Ganoïdes (branchie qui existe aussi chez les Holocéphales, seuls Plagiostomes operculés), tandis

que la dernière chambre est dépourvue de branchie sur
sa face postérieure constituée par l'os, pharyngien inférieur. Pendant la respiration, l'eau entre par la bouche,
traverse les poches branchiales et sort par les orifices
branchiaux. Ordinairement, il existe, en arrière des yeux,
deux évents qui peuvent servir à l'entrée de l'eau.

d. *Cyclostomes*. — Six (Myxine) ou sept (Lamproie)
paires de poches branchiales s'ouvrent au dehors, de
chaque côté, par autant de trous latéraux (Lamproie) ou
par une paire d'orifices ventraux (Myxine). Elles communiquent avec le pharynx, soit directement (Myxine), soit
par le moyen d'un canal sous-œsophagien correspondant à l'ancien pharynx de la larve (Lamproie).

Les Cyclostomes se fixent par leur ventouse buccale ;
l'eau entre dans l'appareil respiratoire, soit par le canal
nasal (Myxine), soit par les trous latéraux (Lamproie) ;
elle sort par ces derniers orifices.

B. POUMONS. — Ils n'existent que chez les Dipnoïens,
mais ceux-ci possèdent aussi des branchies bien développées et même une branchie operculaire. Les poumons
forment une (Monopneumones) ou deux (Dipneumones)
poches s'ouvrant par un canal médian dans le pharynx ;
ils sont constitués par une vessie natatoire alvéolée à
l'intérieur et recevant du sang veineux.

C. VESSIE AÉRIENNE. — La vessie aérienne ou natatoire
est une poche gazeuse, de forme variable, simple ou double, située au-dessous de la colonne vertébrale. Homologue du poumon des Vertébrés aériens, elle ne remplit
le rôle de cet organe que chez les Dipnoïens. Chez tous
les autres Poissons, à l'exception de quelques Ganoïdes
osseux, la vessie ne reçoit que du sang artériel ; néanmoins
elle constitue un organe accessoire de respiration, car
lorsqu'on laisse des Poissons s'asphyxier, ils consomment
l'oxygène contenu dans ce réservoir. Chez l'embryon, elle
présente un canal de communication avec l'œsophage ;
ce conduit persiste chez un grand nombre de Poissons
(*Physostomes*) (*canal aérien*) mais disparaît chez les autres
(*Physoclistes*). Les gaz de la vessie natatoire ne proviennent pas du dehors ; ils se dégagent du sang contenu dans
des réseaux vasculaires importants de la paroi (*corps rouges*). Le Poisson n'a aucune action sur sa vessie ; celle-ci
augmente ou diminue de volume suivant la pression. Si
le Poisson monte, le gonflement de sa vessie menace de
l'entraîner à la surface ; s'il descend, l'effet contraire tend
à le faire tomber au fond ; dans les deux cas, il doit lutter
par sa puissance musculaire. La vessie est donc, en réa-

lité, plutôt défavorable que favorable à la natation, à moins que celle-ci ne se fasse dans un plan d'équilibre, c'est-à-dire à une profondeur telle que le corps du Poisson ait la même densité que l'eau (A. Moreau). La vessie natatoire manque chez un grand nombre de Poissons (Plagiostomes, Cyclostomes, etc.) qui, alors, sont toujours plus lourds que l'eau et ne peuvent rester immobiles sans descendre : la plupart de ces Poissons reposent sur le fond de la mer (Raies, Soles, etc.) ou sont des Poissons de rapine (Requins, etc.) effectuant des mouvements brusques de montée ou de descente.

Appareil urinaire. — Reins constitués par les corps de Wolff, au-dessus de la vessie natatoire. Uretères s'ouvrant habituellement, chez les Poissons dépourvus de cloaque, dans une vessie urinaire dont l'orifice est situé derrière le pore sexuel ou confondu avec lui.

Appareil reproducteur. — Tous les Poissons sont dioïques, à l'exception de quelques Serrans qui sont toujours monoïques et d'autres espèces qui peuvent l'être accidentellement (Esturgeon, Perche, Maquereau, Morue, Merlan, Lotte, Sole, Hareng, Carpe, Brochet). Les deux sexes présentent assez souvent des différences plus ou moins considérables ; enfin on observe quelquefois des individus stériles différant un peu des sexués. Chez les Cyclostomes, les glandes génitales (testicules et ovaires), impaires et dépourvues de conduits vecteurs, laissent tomber leurs produits dans la cavité abdominale d'où ils sont évacués par un pore situé derrière l'anus. Chez les autres Poissons, les organes sexuels sont généralement pairs et, sauf quelques rares exceptions (Anguilles, femelles des Salmones), munis de canaux vecteurs. Ceux-ci se réunissent en un canal commun qui, chez les espèces dépourvues de cloaque, se jette dans le canal urinaire (Ganoïdes) ou s'ouvre directement au dehors, entre l'anus et le méat urinaire. On n'observe d'organes copulateurs que chez les mâles des Plagiostomes : ce sont de longs appendices cartilagineux traversés par une gouttière et annexés aux nageoires ventrales. L'oviparité est la règle ; cependant quelques Téléostéens (Blennie vivipare, etc.), la plupart des Squales et les Torpilles sont vivipares. Les œufs sont quelquefois enveloppés d'une coque qui revêt une forme bizarre (Plagiostomes).

La reproduction n'a lieu qu'une fois par an, habituellement au printemps : on observe alors souvent de remarquables changements de coloration chez les mâles (*parure de noce*) et quelquefois de véritables migrations.

Certains Poissons de mer (Aloses, Saumons, Lamproies) remontent le cours des fleuves pour y pondre leurs œufs; quelques Poissons d'eau douce (Anguilles) émigrent au contraire vers la mer, à l'époque du frai. En général, la femelle dépose ses œufs au fond de l'eau et le mâle les arrose de son sperme (*laitance*). Presque toujours les œufs sont abandonnés à eux-mêmes; cependant certains Poissons en prennent soin. Ainsi, le Chabot mâle veille sur les œufs pondus au fond de l'eau; les mâles des Épinoches et des Épinochettes construisent des nids pour

Fig. 172. — Nid d'Épinoche.

la ponte, gardent les œufs, protègent les petits. Le mâle d'un poisson du Nil, le Chromis père de famille, prend dans sa bouche les œufs que vient de pondre la femelle et y conserve les jeunes, jusqu'à ce qu'ils aient acquis une certaine force. Chez les Lophobranches, les mâles possèdent ordinairement, à la face inférieure du corps, une poche d'incubation pour les œufs. Chez le Gourami, le mâle et la femelle se partagent le soin d'édifier un nid où celle-ci pond ses œufs. Les Lamproies et les Congres subissent des métamorphoses; leurs larves étaient désignées autrefois sous les noms d'Ammocètes et de Leptocéphales.

Squelette. — Tantôt osseux (Téléostéens, Ostéoganoïdes), tantôt cartilagineux (Chondroganoïdes, Plagiostomes, Cyclostomes) ou ostéo-cartilagineux (Dipnoïens). Vertèbres biconcaves, à centre occupé par les restes de la notocorde, celle-ci persistant quelquefois (Cyclostomes, Dipnoïens) sans qu'il y ait segmentation. Pas de cartilages intervertébraux. Colonne vertébrale composée d'un nombre variable de vertèbres, se terminant dans la nageoire caudale, soit en ligne droite (*Poissons diphycerques* : Dipnoïens, Polyptères), cas dans lequel la nageoire caudale est pointue, soit en se redressant à l'extrémité. Dans ce dernier cas, la nageoire caudale peut être longue et terminée par deux lobes très inégaux (*Poissons hétérocerques :* Ganoïdes, Plagiostomes), ou au contraire courte avec les deux lobes à peu près égaux (*Poissons homocerques :* Téléostéens). La forme hétérocerque, qui est celle des Poissons de la période primaire, est aussi celle qu'affecte la nageoire caudale, à l'origine de son développement. Crâne tantôt cartilagineux et sans divisions, tantôt ossifié et composé d'un grand nombre d'os dont les homologies avec ceux des Vertébrés supérieurs sont difficiles à saisir. Un long parasphénoïde, à la partie médiane de la base du crâne. Excepté chez les Chimères et chez les Raies, le crâne ne s'articule pas avec la colonne vertébrale ; sa portion basilaire creusée d'une excavation conique, comme un corps vertébral, se réunit à la première vertèbre, comme les autres vertèbres se réunissent entre elles. Côtes très développées (Téléostéens), rudimentaires (Plagiostomes) ou nulles (Chimères, Cyclostomes), insérées sur le corps des vertèbres ou à la base des apophyses transverses. Celles-ci se dirigent en dehors dans la région abdominale, en bas dans la région caudale où elles se réunissent pour former un canal vasculaire. Les organes costiformes, désignés vulgairement sous le nom d'*arêtes*, sont des faisceaux intermusculaires ossifiés. Pas de sternum. Arc scapulaire suspendu au crâne ou à la colonne vertébrale, constitué par une seule pièce (Plagiostomes) ou par plusieurs pièces dont la plus forte est la clavicule. Arc pelvien peu développé. Membres représentés par des nageoires paires, sans division en bras, avant-bras et main, munies d'un nombre de rayons variable, mais supérieur à cinq (*Vertébrés polydactyles*). Membres antérieurs (*nageoires pectorales*) situés de côté et en avant, manquant quelquefois, composés, chez les Plagiostomes, de trois pièces (*proptérygien, mésoptérygien, métaptérygien*) intermédiaires entre l'épaule et les rayons. Le métaptérygien est seul constant chez les autres Poissons et correspond à l'humérus. Membres postérieurs (*nageoires ventrales*) moins développés que les antérieurs, manquant quelquefois (*Poissons apodes*) ; situés à la partie postérieure de l'abdomen chez les Dipnoïens, les Ganoïdes et les Plagiostomes, mais présentant, chez les Téléostéens, une position variable, car elles peuvent être sous la gorge (*Poissons jugulaires* ou *subbrachiens*), sous les pectorales (*Poissons thoraciques*) ou en arrière de celles-ci (*Poissons abdominaux*). Il existe des nageoires médianes ou verticales sur le dos (*nageoire dorsale*), en arrière de l'anus (*nageoire anale*) ou à l'extrémité de la queue (*nageoire caudale*). Les nageoires dorsale et anale peuvent être multiples ; elles sont rattachées à la colonne vertébrale, soit par une membrane partant des apophyses épineuses, soit en

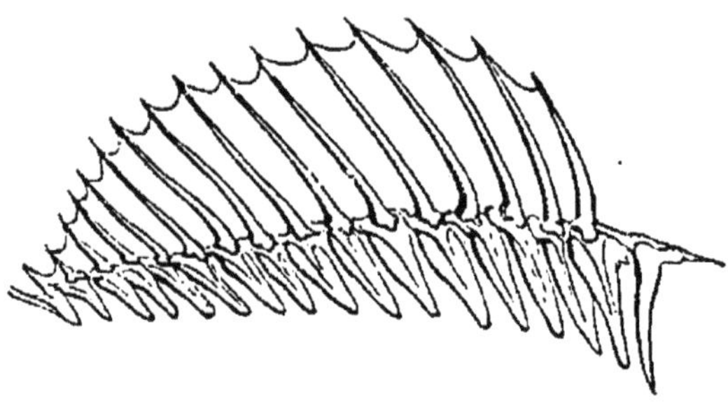

Fig. 173. — Nageoire a rayons épineux.

outre par des os spéciaux situés dans cette membrane (*os interépineux*).

Les nageoires des Poissons renferment toujours des rayons, contrairement à celles des Batraciens, qui n'en renferment jamais. Tantôt ce sont des stylets spiniformes (*rayons épineux*), tantôt des pièces articulées et ramifiées à l'extrémité (*rayons mous*). Quelquefois les rayons manquent dans une petite

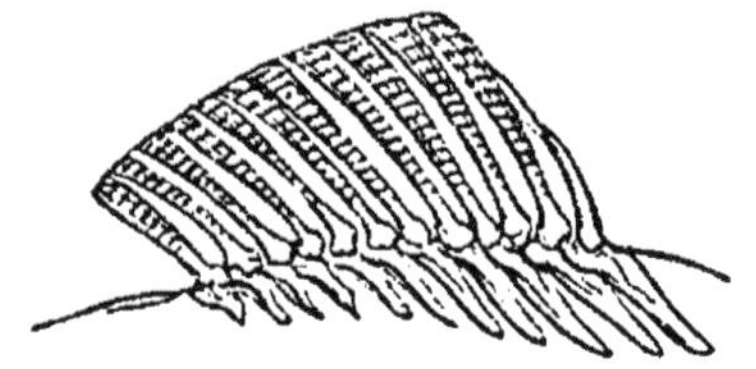

Fig. 174. — Nageoire a rayons mous.

nageoire dorsale (*nageoire adipeuse*) située à la partie postérieure du corps.

NATATION. — La progression des Poissons en avant est due essentiellement aux mouvements transversaux de la région postérieure du corps, qui est flexible latéralement et terminée par la nageoire caudale. Celle-ci est verticale, mais s'incurve dans l'eau et agit à la façon d'une hélice qui, située à l'arrière d'un bateau, pousse celui-ci en avant. Les nageoires latérales servent surtout au maintien de l'équilibre ; les pectorales produisent principalement le recul. Le corps de la plupart des Poissons affecte la forme en fuseau qui est la plus favorable à l'exercice de la natation. Le rôle de la vessie aérienne, dans la natation, a été étudié plus haut.

Poissons volants. — Quelques Poissons (Dactyloptères, Exocets) à nageoires pectorales énormes, peuvent, en

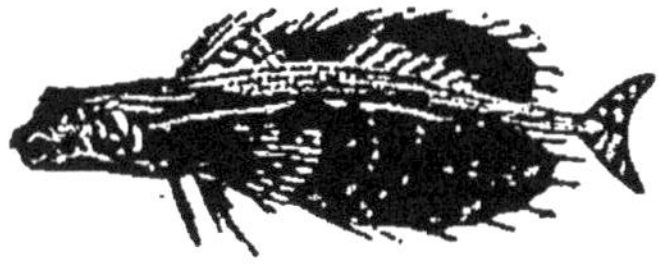

Fig. 175. — Dactyloptère.

développant celles-ci, monter sur le vent, à la manière d'un cerf-volant, après s'être donné une vitesse initiale plus ou moins considérable en agitant fortement leur queue dans l'eau. Contrairement aux Oiseaux, qui se meuvent avec les ailes et se dirigent avec la queue, les Poissons volants se meuvent avec la queue et se dirigent avec les ailes (Jullien).

Téguments. — L'épiderme des Poissons est toujours dépourvu de couche cornée ; il contient de nombreuses cellules muqueuses qui constituent, en grande partie, l'enduit glaireux dont le corps est recouvert. Le derme est compact ; il présente le plus souvent des ossifications constituant des écailles variées, des rayons de nageoires et quelquefois une cuirasse qui recouvre tout le corps. Rarement la peau est complètement nue (Lamproie, Congre) ; généralement elle est adhérente aux tissus sous-jacents ; souvent aussi elle présente des chromoblastes donnant lieu, chez quelques Poissons (Turbots, etc.), à des changements de coloration plus ou moins accentués.

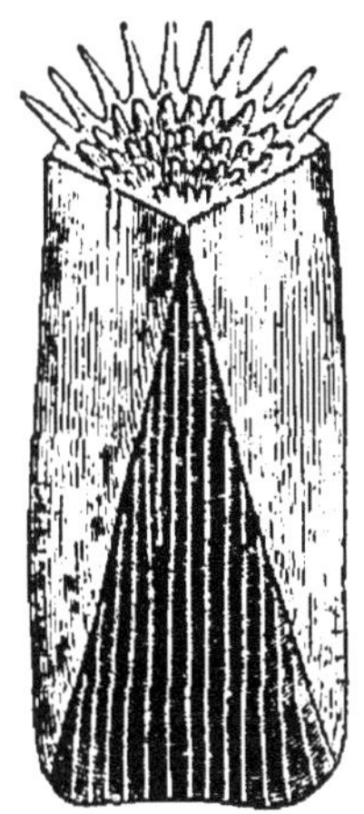

Fig. 176. — Écaille cténoïde de Sole.

Écailles. — Les écailles proviennent du derme ; elles diffèrent donc des poils et des plumes, qui sont des productions épidermiques. Quoique n'étant jamais en rapport avec des fibres musculaires, les écailles subissent cependant des déplacements passifs, sous l'influence des mouvements du corps. On considère trois principales sortes d'écailles : *cornées, ganoïdes, placoïdes*. Les écailles des deux premières sortes sont persistantes ; les autres sont caduques et se renouvellent.

1° *Écailles cornées.* — Ainsi nommées à cause de leur consistance, malgré que leur substance se rapproche de celle de l'os, par sa composition chimique. Elles sont minces, flexibles et se présentent sous deux aspects : tantôt leur surface libre est munie exté-

rieurement de petites pointes (*spinules*) et le bord postérieur paraît denté (*écailles cténoïdes*); tantôt cette surface
est lisse et le bord postérieur entier (*écailles cycloïdes*).
Elles s'observent chez les Téléostéens et les Dipnoïens.

2° *Écailles ganoïdes*. — Constituées essentiellement par
un tissu osseux recouvert d'émail. Leur présence caractérise l'ordre des Ganoïdes.

3° *Écailles placoïdes*. — Analogues aux écailles ganoïdes par le caractère osseux de leur tissu, elles forment des épines ou des tubercules. On les trouve chez
les Plagiostomes.

Appareil phonateur. — Quelques Poissons (Grondins, Harengs, etc.) émettent de véritables sons qui paraissent se produire dans la vessie
aérienne. Celle-ci présente alors un
diaphragme contractile percé à son
centre d'un trou que l'air inclus traverse plus ou moins rapidement.

Système nerveux. — La moelle
épinière occupe généralement toute
l'étendue du canal vertébral; elle
offre souvent un *ganglion caudal*
d'où naissent les nerfs de la nageoire
terminale.

L'encéphale a été l'objet d'un
grand nombre d'études ; mais la
question des homologies entre cet
organe et celui des autres Vertébrés
n'est pas encore complètement tran-
chée. En examinant l'encéphale de
la Carpe, par la face supérieure, on
voit d'avant en arrière : les bulbes
olfactifs ; les hémisphères cérébraux ;
les lobes optiques plus développés
que les hémisphères cérébraux et
séparés de ceux-ci par la glande
pinéale ; le cervelet. Au-dessous de
ce dernier, sur les côtés du bulbe,
deux renflements (*lobes pneumogastriques*) sont les noyaux d'origine des
nerfs trijumeaux et pneumogastriques. La face inférieure de l'encéphale présente le corps pituitaire,

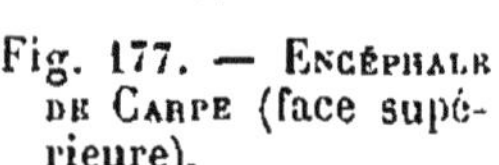

Fig. 177. — Encéphale
de Carpe (face supé-
rieure).

b, o, bulbes olfactifs ; c,
cervelet ; *h*, hémis-
phères cérébraux ; *l*,
o, lobes optiques (tu-
bercules bijumeaux,;
l, *p*, lobes pneumo-
gastriques ; m. moelle
épinière ; *p*, corps pi-
néal.

dout la tige est entourée par deux renflements volumineux (*lobes inférieurs*). L'encéphale des Ganoïdes
forme la transition entre celui des Téléostéens et celui

des Plagiostomes. Chez ceux-ci, le cerveau constitue souvent une masse impaire creuse (Squales) ou compacte (Raies). Les nerfs optiques s'entre-croisent, sans s'anastomoser, chez les Téléostéens ; ils forment au contraire un chiasma, par échange partiel de leurs fibres, chez les Dipnoïens, les Ganoïdes et les Plagiostomes.

Organes des sens. — Les lèvres, les appendices cutanés, mous ou rigides, désignés sous le nom de *barbillons*, enfin les nageoires, constituent les principaux organes du toucher ; les éléments tactiles (*corpuscules cyathiformes*) ont la forme de corps ovoïdes. De chaque côté du corps, des *organes latéraux* innervés par un rameau du pneumogastrique (*nerf latéral*) communiquent avec l'extérieur par une série d'orifices percés dans les écailles du milieu des flancs et constituant la *ligne latérale :* on les suppose destinés à apprécier les qualités de l'eau ambiante. Langue rudimentaire, paraissant peu propre à la gustation. Appareil olfactif pair, s'ouvrant au dehors par une ou deux paires d'orifices, rarement par un seul orifice médian (Cyclostomes) ; terminé en cul-de-sac, excepté chez les Dipnoïens et la Myxine, qui présentent une communication entre les cavités buccale et nasale. Organe de l'ouïe dépourvu d'oreille externe, d'oreille moyenne, de limaçon, de fenêtre ronde, mais possédant un (Myxine) ou deux (Lamproie) ou trois (les autres Poissons) canaux demi-circulaires et un vestibule qui communique directement avec l'extérieur, chez les Plagiostomes. Chez quelques Poissons, le vestibule membraneux est relié à la vessie natatoire, soit par un prolongement tubulaire, soit par une chaîne d'osselets. Les vibrations sonores qui viennent frapper la surface du corps doivent ainsi être transmises à l'oreille interne avec beaucoup d'intensité ; d'ailleurs, l'absence des oreilles moyenne et externe est compensée par la transmission plus parfaite du son dans les liquides que dans les gaz. Globe oculaire plus ou moins aplati en avant ; cristallin presque sphérique, atténuant le défaut de courbure de la cornée. Un organe particulier (*ligament falciforme*), rappelant le peigne des autres Vertébrés ovipares, va du fond de l'œil au cristallin ; il s'élargit souvent en forme de cloche (*campanule de Haller*) à son extrémité postérieure. Pas d'appareil lacrymal ni de glande de Harder. Le plus souvent, les paupières font défaut ou sont constituées par un repli circulaire immobile. Chez les Plagiostomes, l'œil est pédonculé.

Poissons vénéneux. — Les Poissons, pour la plupart, sont comestibles et de digestion facile, mais leur chair est moins nourrissante que celle des autres Vertébrés. Cependant il existe, plus particulièrement dans les mers chaudes, des Poissons qui, par l'ingestion de leur chair, peuvent déterminer des accidents plus ou moins graves, quelquefois même mortels. Le Thon, le Germon et le Maquereau, dont la chair est excellente à l'état frais, deviennent rapidement toxiques, lorsque celle-ci commence à s'altérer. Le Barbeau est nuisible au moment du frai et doit à ses œufs ses propriétés délétères. D'une façon générale, les œufs des Poissons doivent être considérés comme indigestes.

Parmi les Poissons dangereux dans tous les temps et dans tous les états, on peut citer : la fausse Carangue (*Caranx fallax*) ; certains Tassards (*Cybium*); le Gobie vénéneux (*Gobius venenatus*) ; la Baudroie épineuse (*Lophius setiger*); certains Scares ; la Sardine des Tropiques (*Clupea tropica*); la Melette des mers du Sud (*Meletta venenosa*) ; les Diodons, Tétrodons, Gncions, Balistes, Ostracions, etc. Le principe toxique contenu dans la chair de ces Animaux a pour siège les organes génitaux, en particulier les ovaires.

L'ingestion des Poissons vénéneux détermine des vomissements, une dilatation de la pupille, des crampes suivies d'une paralysie partielle des membres, quelquefois la mort. L'infusion concentrée de café, employée après les vomitifs, passe pour un bon antidote. Quoi qu'il en soit, avec la tendance qu'il y a, de nos jours, à répandre les procédés frigorifiques, pour la conservation des Poissons exotiques, il est à désirer, au point de vue de l'hygiène publique, que des commissions scientifiques soient instituées aux lieux de débarquement des Poissons conservés, pour examiner ceux-ci, avant leur dissémination dans les centres commerciaux.

Dipnoïens (δίς, deux; πνοή, respiration). — *Des branchies et des poumons.*

Bouche armée de dents. Intestin pourvu d'une valvule spirale. Un cloaque. Bulbe artériel à valvules multiples ou muni de deux replis spiroïdes. Branchies recouvertes par un opercule; des branchies externes attachées à la ceinture scapulaire, chez le Protoptère. Vessie natatoire adaptée à la respiration aérienne, formant une poche pulmonaire simple ou double communiquant avec le pharynx. Squelette ostéo-cartilagineux. Corde dorsale persistante. Corps couvert d'écailles cycloïdes. Nageoires verticales continues. Diphycerques. Forment le passage des Poissons aux Batraciens.

A. Dipneumones. — *Deux poumons. Membres fili-formes.*

Protoptères (*Protopterus*). Des branchies externes ; cours d'eau de l'Afrique tropicale. — Lepidosirènes

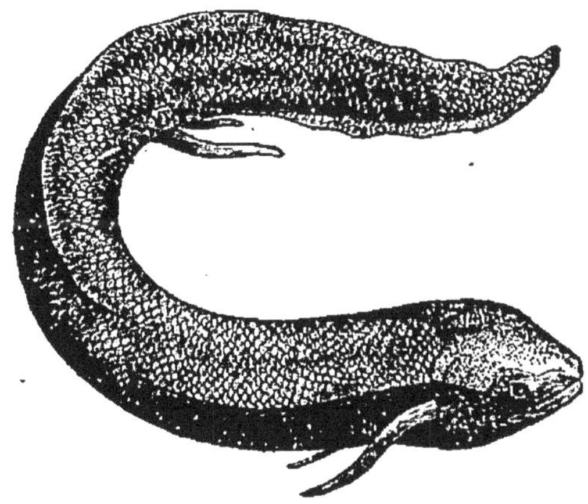

Fig. 178. — Lepidosiren.

(*Lepidosiren*). Pas de branchies externes ; fleuves du Brésil.

B. Monopneumones. — *Un seul poumon. Membres en forme de rames.*

Cératodes (*Ceratodus*). Rivières de l'Australie.

Téléostéens (τέλειος, parfait ; ὀστέον, os). — *Poissons osseux et homocerques. Physoclistes ou physostomes.*

Intestin dépourvu de valvule spirale. Bulbe artériel non contractile, muni de deux valvules. Branchies libres, protégées par un opercule toujours dépourvu de branchie accessoire. Corps le plus souvent couvert d'écailles cornées, rarement nu. Homocerques. Poissons osseux proprement dits.

A. ACANTHOPTÉRYGIENS (ἄκανθα, épine ; πτέρυξ, nageoire).
— *Peau nue ou écailleuse. Rayons antérieurs de la na-*
geoire dorsale toujours épineux. Physoclistes. Vessie na-
latoire souvent nulle. Surtout marins (1).

A. *Acanthoptérygiens jugulaires. — Nageoires ven-*
trales situées en avant des pectorales.

Vives (*Trachinus*) *. Yeux placés très haut; nageoires
dorsales à épines acérées, pouvant produire des piqûres
dangereuses; de chaque côté de la tête, une épine operculaire en rapport avec une glande venimeuse dont la
sécrétion suit deux canalicules creusés à la surface de
l'épine ; redoutées des pêcheurs et des baigneurs. —
Blennies ou Baveuses (*Blennius*)*. Enduites de mucosité.
— Baudroies (*Lophius*)*. Pectorales pédiculées ; appelées vulgairement « Raies pêcheuses », à cause d'une
certaine ressemblance avec la Raie et de la manière dont
elles font jouer les rayons isolés de leur nageoire dorsale,
pour attirer les petits Poissons.

B. *Acanthoptérygiens thoraciques. — Nageoires ven-*
trales situées sous les pectorales.

Gobies ou Gougeons de mer (*Gobius*)*. Nageoires
ventrales soudées à la base et formant l'entonnoir. —

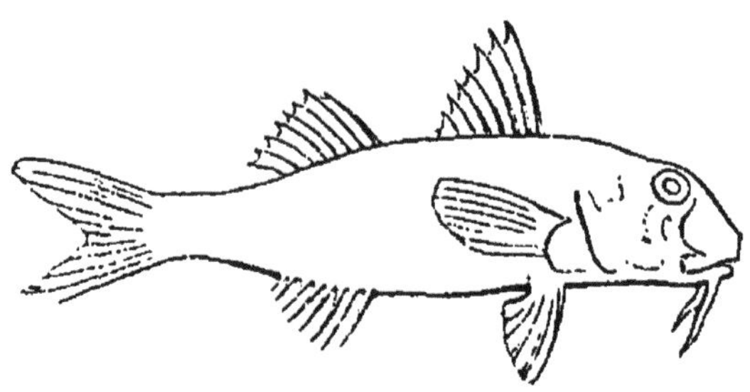

Fig. 179. — ROUGET.

Rougets (*Mullus*) *. Deux barbillons sous le menton. —
Sargues (*Sargus*) *. Molaires arrondies, broyant la coquille des Mollusques. — Archers (*Toxotes*) *. Une espèce des Indes (*T. jaculator*) capture des Insectes en
leur lançant des gouttes d'eau. — Grondins (*Trigla*) *.
Tête cuirassée; font entendre, quand on les prend, un

(1) L'astérisque * indique les Poissons de mer.

grondement qui leur a valu leur nom. — Malarmats (*Peristedion*)*. Museau fourchu; dépourvus de dents. — Dactyloptères (*Dactylopterus*) *. Poissons volants de la Méditerranée; à grandes nageoires pectorales. — Rascasses (*Scorpæna*)*. Aspect hideux « Crapauds de mer »; servent à la confection de la bouillabaisse. — Perches (*Perca*). Corps zébré de noir « Perdrix de rivière ». — Bars ou Loups (*Labrax*) *. —

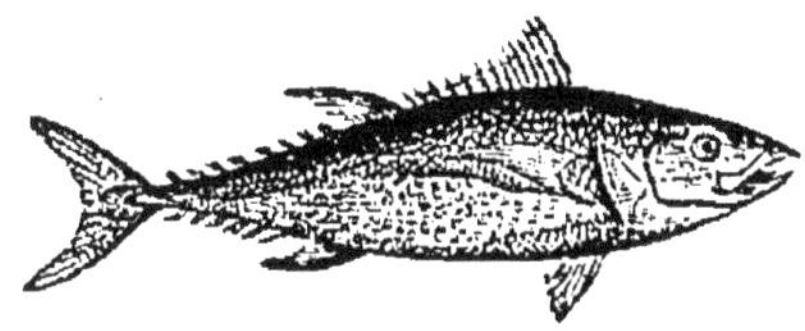

Fig. 180. — THON.

Serrans (*Serranus*) * ; « Perches de mer »; hermaphrodites. — *Groupe des Scombres.* Rayons postérieurs de la deuxième nageoire dorsale et de l'anale détachés sous la forme de *fausses nageoires* ou *pinnules ;* caudale très grande. Les Maquereaux (*Scomber*)*. Corps vert; zébré de noir; Manche et Méditerranée. Les Thons (*Thynnus*)*.

Fig. 181. — ESPADON.

Peuvent atteindre jusqu'à 5 mètres de long; objet d'une pêche productive; chair nourrissante, servant à préparer des conserves à l'huile; Méditerranée. — Espadons (*Xiphias*) *. Mâchoire supérieure prolongée en forme d'épée. — Rémoras (*Echeneis*)*. Sur la tête, une sorte de disque ovalaire à lames transversales représentant une nageoire dorsale modifiée et fonctionnant comme organe adhésif. — Jarretières (*Lepidopus*) *. Ainsi nommées à cause de leur corps très allongé et aplati sur les côtés; peau nue; nageoires ventrales réduites à deux écailles mobiles. — Vieilles de mer (*Labrus*) *. A doubles lèvres. — Chromis (*Chromis*). Le mâle incube ses petits dans sa cavité buccale; Nil.

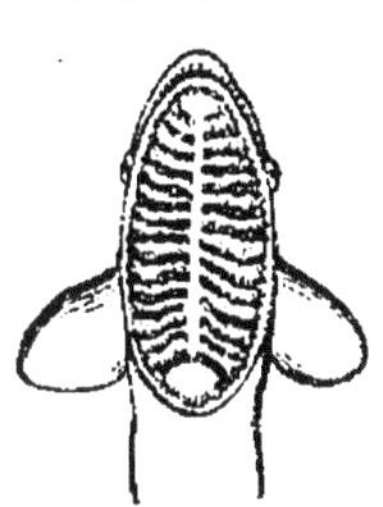

Fig. 182. — DISQUE CÉPHALIQUE DE RÉMORA.

C. *Acanthoptérygiens abdominaux. — Nageoires ventrales en arrière des pectorales.*

Épinoches (*Gasterosteus*). Très petits Poissons des rivières et ruisseaux; épines dorsales isolées; construisent des nids. — Bécasses de mer (*Centriscus*)*. Museau tubuliforme; Méditerranée. — Muges (*Mugil*) *. Corps presque

cylindrique ; chair estimée. — Anabas (*Anabas*). Os pharyngiens supérieurs creusés d'anfractuosités (*Pharyngiens*

Fig. 183. — Bécasse de mer.

labyrinthiformes) qui retiennent de l'eau et permettent à
ces Poissons de longs séjours sur terre ; eaux douces
de l'Inde.

B. MALACOPTÉRYGIENS (μαλακός, mou). — *Peau nue ou
écailleuse. Rayons mous, excepté quelquefois le premier
des nageoires dorsales ou pectorales. Physoclistes ou Physostomes. Vessie natatoire quelquefois nulle. De mer ou
d'eau douce.*

A. Malacoptérygiens abdominaux. — *Nageoires ventrales situées en arrière des pectorales. Généralement physostomes.*
Groupe des Cyprinidés. Mâchoires inermes. Les Carpes
(*Cyprinus*). Eaux douces ; mer Noire. Les Barbeaux (*Bar-
bus*). Les Tanches (*Tinca*). Les Goujons (*Gobio*). Les Vairons (*Phoxinus*). Les Bouvières (*Rhodeus*). Les plus
petits de tous nos Poissons. Les Brêmes (*Abramis*).
Les Ables (*Alburnus*), « Poissons blancs » ; présentent, à
la face interne des écailles, une matière argentée (*essence
d'Orient*) servant à la fabrication des fausses perles. —
Loches ou Dormilles (*Cobitis*). Bouche suceuse, à mâchoires inermes et à plusieurs barbillons. — Silures (*Silu-
rus*). Peau nue ; mâchoires pourvues de barbillons dont le
jeu sert à attirer la proie ; les plus gros Poissons des eaux
douces de l'Europe. — Malaptérures ou Silures électriques (*Malapterurus*). Possèdent, sous la peau des flancs,
un appareil qui peut donner de fortes commotions électriques ; Nil. — Saccobranche (*Saccobranchus*). Sacs aériens annexés à la cavité branchiale ; Gange. — *Amblyopsis*

spelæus ; Poisson aveugle de la caverne du Mammouth ;
dans le Kentucky. — Harengs (*Clupea*) *. Donnent lieu à
une pêche des plus importantes ; peuvent se conserver
après avoir été salés (*Harengs blancs*) ou séchés à la fu-

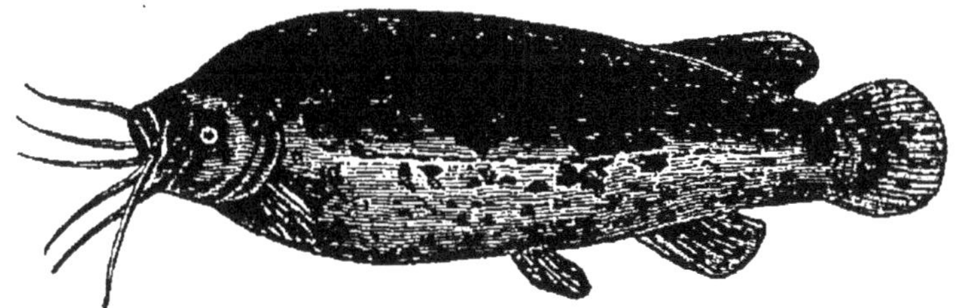

Fig. 184. — MALAPTÉRURE ÉLECTRIQUE.

mée (*Harengs saurs*). — Aloses (*Alosa*). Des eaux salées
et douces ; l'espèce la plus connue est la Sardine (*A. Sar-
dina*) * ; Océan ; Méditerranée. — Anchois (*Engraulis*) *.
— Brochets (*Esox*).
— Exocets (*Exoce-
tus*) *. Nageoires
pectorales très lon-
gues ; Poissons vo-
lants de l'océan In-
dien ; rares sur nos
côtes. — *Groupe des Salmonidés* (1). Une première nageoire dorsale, à rayons mous, suivie d'une seconde
dépourvue de rayons et formée d'un repli cutané contenant de la graisse (*nageoire adipeuse*). Les Saumons

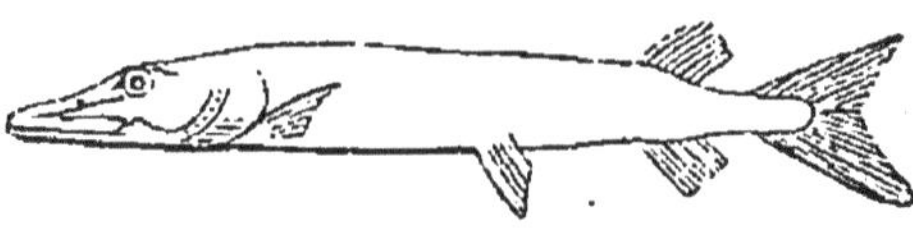

Fig. 185. — BROCHET.

(1) Le Saumon et la Truite sont à peu près les seuls Poissons sur
lesquels on ait essayé la *pisciculture.* On désigne, sous ce nom, l'art
d'élever et de multiplier les Poissons. Par la pisciculture, on cherche
à lutter contre les nombreuses causes de destruction des œufs et des
embryons. L'on prépare, dans les cours d'eau, des emplacements propres à servir de « frayères », ou bien l'on a recours à la fécondation
artificielle. Celle-ci se pratique en faisant sortir les œufs mûrs par
la pression du ventre des femelles, puis en arrosant ces œufs avec la
laitance des mâles. L'éclosion se fait dans des appareils spéciaux où
l'eau se renouvelle sans cesse, mais la difficulté est d'élever les jeunes
(*alevins*), car les matières dont ils se nourrissent (œufs de Batraciens,
petits Crustacés, etc.) ne peuvent guère être employées, et celles qu'on
leur substitue (sang desséché, etc.) ne leur conviennent pas absolument. Quoi qu'il en soit, quand les alevins sont assez forts, on les
sème dans les rivières, mais ils ne prospèrent qu'à la condition d'avoir
une nourriture suffisante, dans des eaux relativement pures et tran-
quilles.

(*Salmo*). Saumon commun (*S. salar*); chair rougeâtre très
appréciée ; tour à tour fluviatile et marin, jamais méditerranéen. Omble chevalier (*S. umbla*); sédentaire dans
les lacs de l'Europe centrale. Les Truites (*Trutta*). Chair
jaunâtre, exquise. Une espèce alternativement marine et
fluviatile ; les autres espèces des lacs, des eaux claires,
froides et courantes.
Les Corégones (*Core-
gonus*). Chair blanche
très délicate. Lavaret
(*C. lavaretus*); du lac
du Bourget. Féra (*C.
fera*) ; du lac de Ge-
nève. Les Argentines
(*Argentina*) *. Recou-
vertes d'un pigment

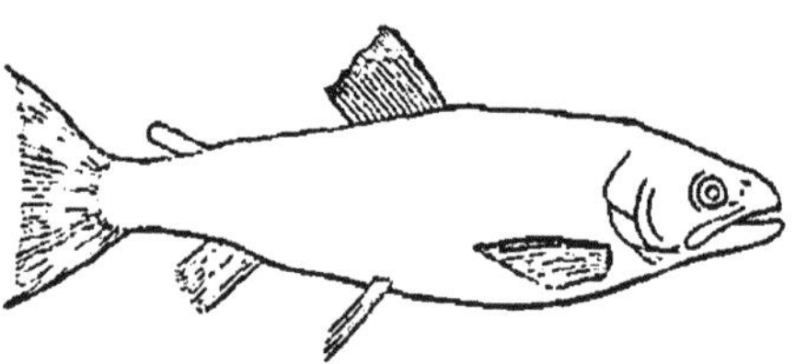

Fig. 186. — SAUMON.

argenté servant à la fabrication des fausses perles ; Méditerranée. Les Éperlans (*Osmerus*)*. D'une blancheur de perle ;
chair à parfum de violette ; Océan ; embouchure des fleuves
qui s'y jettent. — *Poissons des grandes profondeurs*. Pêchés
par des fonds de 1 000 à 5 000 mètres (*Malacosteus, Chau-
liodus, Stomias, Neostoma, Eurypharynx*, etc.); Poissons
étranges ; couleurs sombres ; dépourvus d'écailles, mais
couverts d'un mucus lumineux ou portant des plaques
phosphorescentes (prises à tort pour des yeux accessoires) qui leur servent tant à se guider qu'à attirer la
proie dans des régions où la lumière solaire n'arrive pas
(elle ne dépasse pas 500 mètres). Ils se rattachent aux
formes du littoral, qui, en pénétrant de plus en plus profondément dans les abîmes, auraient subi des adaptations
particulières dans un milieu caractérisé par l'obscurité
complète, l'absence de nourriture végétale et la tranquil-
lité absolue des eaux.

B. *Malacoptérygiens subbrachiens*. — *Nageoires ventrales en avant ou au-dessous des pectorales*. *Physoclistes*.

Les *Pleuronectidés* ou « Poissons plats » ont le corps
asymétrique chez l'adulte avec les deux yeux du même
côté (généralement foncé); ils nagent sur l'autre côté (généralement pâle) ; les jeunes naissent symétriques ; tous
sont marins et dépourvus de vessie natatoire. 1° Les uns
ont les yeux à droite. — Limandes (*Limanda*) *. — Plies
(*Platessa*)*. — Soles (*Solea*) *. 2° Les autres ont les yeux à
gauche.— Pleuronectes (*Pleuronectes*)*.— Rhombes (*Rhom-
bus*) *; comprenant le Turbot (*R. maximus*) à peau tuber-
culeuse, la Barbue (*R. lævis*) à écailles lisses.

Les *Gadidés* ont le corps symétrique et les ventrales libres. — Gades (*Gadus*) *. Dorsale triple ; un barbillon à la mâchoire inférieure. Les deux espèces les plus connues sont : la Morue (*G. morhua*) et l'Églefin ou « Morue noire » (*G. œglefinus*), celui-ci ayant sur les côtés, au-dessous de la première dorsale, une tache noire que ne possède pas la Morue. On pêche la Morue (1) dans les eaux de Terre-Neuve et dans la mer du Nord;

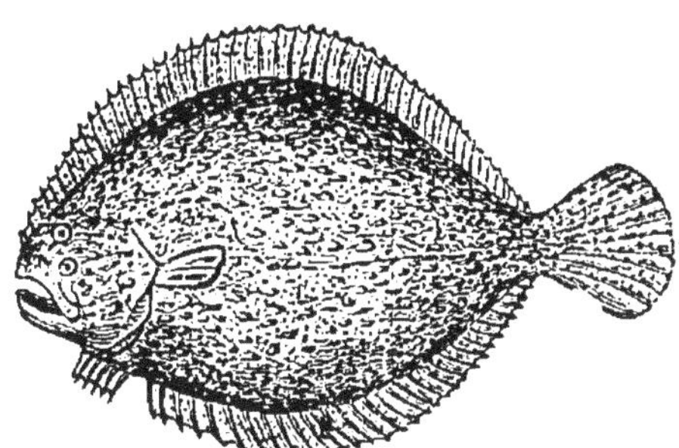

Fig. 187. — Turbot.

on appelle « Cabillaud » la Morue fraîche ; elle est rare sur les côtes de Bretagne et ne se trouve pas dans la Méditerranée. On la conserve, soit en la salant

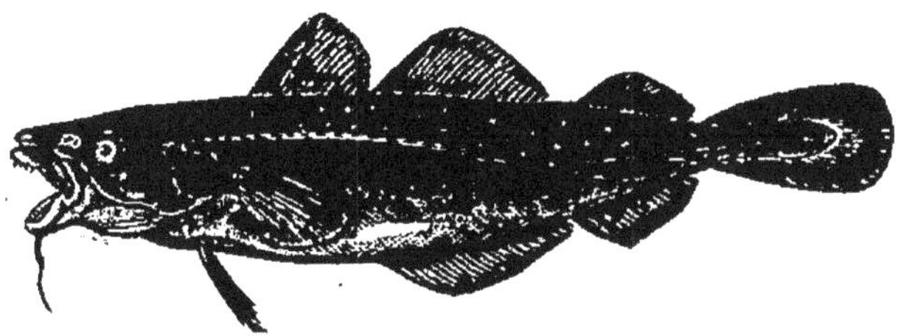

Fig. 188. — Morue.

(*Morue verte*), soit en la faisant sécher au soleil (*Morue sèche*). Sa chair est un aliment populaire, son foie sert à préparer une huile (*huile de foie de morue*) dite *blanche*, *blonde*, *brune* ou *noire*, suivant sa coloration ; employée contre le rachitisme et la phtisie. — Merlans (*Merlangus*) *. Dorsale triple ; pas de barbillon ; Manche. — Merluche (*Merlucius*) *. Dorsale double ; pas de barbillon ;

(1) On a signalé quelques cas d'intoxication à la suite de l'ingestion de Morues présentant une coloration rougeâtre (*Morues rouges*). Ces cas très rares doivent être attribués à un commencement d'altération décelé par la présence d'une ptomaïne ou alcaloïde de la putréfaction. Le rouge de la Morue, constitué par une végétation cryptogamique encore mal déterminée, ne provoque pas d'accidents.

Méditerranée. — Lotte (*Lota*). Dorsale double ; un barbillon ; lacs et rivières ; chair estimée.

Les *Cycloptéridés* ont le corps symétrique et les ventrales réunies en une sorte de ventouse au moyen de la-

Fig. 189. — Lépadogastère.

quelle ils peuvent se fixer aux corps solides. — Cycloptères (*Cyclopterus*)*. Ventouse simple. — Lépadogastères (*Lepadogaster*)*. Ventouse double.

C. *Malacoptérygiens apodes*. — *Pas de nageoires ventrales*.

Équilles (*Ammodytes*)*. Manche. — Donzelles (*Ophidium*)*. Méditerranée.—Anguilles (*Anguilla*). De petites écailles ovalaires dans l'épaisseur de la peau ; eaux douces de toute l'Europe, excepté le bassin du Danube. — Congres ou « Anguilles de mer » (*Conger*)*. Peau nue. —Murènes (*Muræna*)*. Pas de nageoires paires ; Méditerranée. — Gymnotes ou « Anguilles électriques » (*Gymnotus*). Un appareil électrique placé le long du dos et de la queue ; eaux douces de l'Amérique du Sud.

Fig. 190. — Anguille.

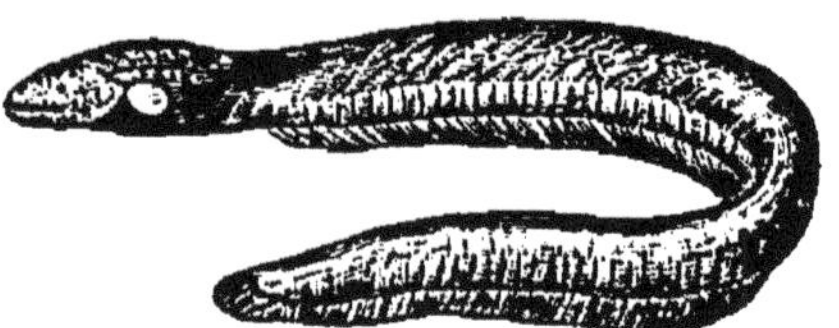

Fig. 191. — Gymnote.

C. Plectognathes (πλεκτός, soudé ; γνάθος, mâchoire). — *Peau nue ou cuirassée. Mâchoire supérieure immobile. Physoclistes.*

Maxillaire uni fixement à l'intermaxillaire qui forme seul la mâchoire supérieure. Squelette imparfaitement ossifié ; nageoires ventrales souvent nulles.

A. *Gymnodontes* (γυμνός, nu ; ὀδούς, dent). — *Mâchoires garnies d'une sorte de bec formé par les dents réunies.*

Môles ou « Poissons Lunes » (*Orthagoriscus*) *. Corps comprimé, discoïde, à éclat argenté ; Méditerranée et Océan. — Diodons (*Diodon*)*, à mâchoires d'une seule pièce, et Tétrodons (*Tetrodon*)*, à mâchoires divisées au

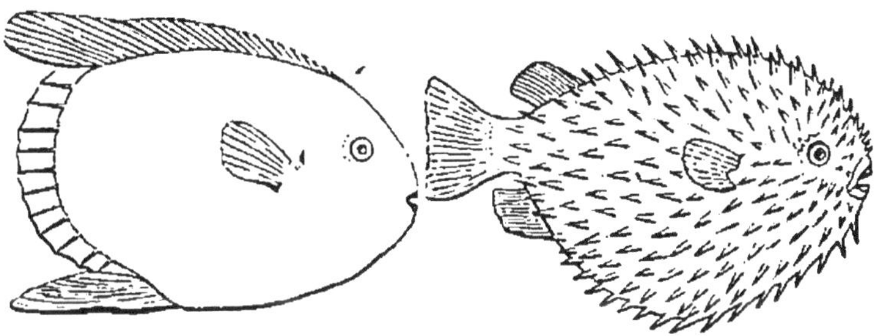

Fig. 192. — Môle.   Fig. 193. — Diodon.

milieu, présentant l'apparence de quatre dents ; Poissons des mers tropicales, à corps globuleux, hérissé d'épines, pouvant se gonfler comme un ballon par l'introduction de l'air dans un sac pharyngien « Hérissons de mer ».

B. *Sclérodermes* (σκληρός, dur ; δέρμα, peau). — *Dents séparées.*

Coffres (*Ostracion*)*. Une carapace ; une dorsale. — Balistes (*Balistes*) *. Pas de carapace ; deux dorsales.

D. Lophobranches (λόφος, houppe).

Fig. 194. — Coffre.   Fig. 195. — Hippocampe.

— *Peau cuirassée. Branchies en forme de houppe. Physoclistes.*

Bouche en canule. Pas de nageoires ventrales. Les mâles portent les œufs attachés sous le ventre ou renfermés dans une poche ventrale où ils éclosent.

Aiguilles de mer (*Syngnathus*) *. — Hippocampes ou « Chevaux marins » (*Hippocampus*) *. — Pégases (*Pegasus*) *.

Ganoïdes (γάνος, éclat). — *Poissons osseux ou cartilagineux; hétérocerques; physostomes; à peau nue ou couverte soit d'écailles émaillées, soit d'écussons osseux.*

Intestin pourvu d'une valvule spirale. Bulbe artériel contractile, muni de valvules multiples. Branchies libres, à battant operculaire portant souvent une branchie accessoire. Les nageoires impaires sont souvent protégées par des pièces osseuses en forme de chevrons (*fulcres*).

A. OSTÉOGANOÏDES. — *Squelette osseux.*

A. *Rhombifères.* — *Écailles rhomboïdales.*
Lépidostées (*Lepidosteus*). Museau pointu, à longues mâchoires dentées. Fleuves de l'Amérique du Nord. — Polyptères (*Polypterus*). Dorsale multiple; torrents de l'Afrique.
B. *Cyclifères.* — *Écailles arrondies.*
Amies (*Amia*). Fleuves de la Caroline.

B. CHONDROGANOÏDES. — *Squelette cartilagineux.*

Spatulaires (*Spatularia*). Peau nue; fleuves d'Asie et de l'Amérique du Nord. — Esturgeons (*Acipenser*). Bouche inerme; peau recouverte d'écussons osseux disposés en rangées régulières. L'Esturgeon commun (*A.*

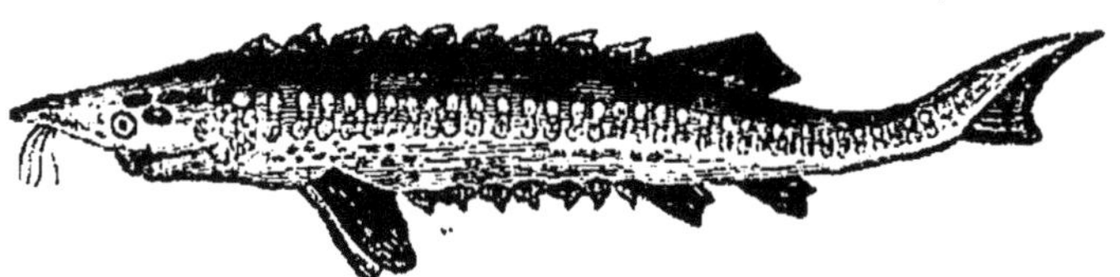

Fig. 196. — ESTURGEON.

Sturio) est le seul qui se trouve en France; le Sterlet, le petit Esturgeon et le grand Esturgeon ne sont que des jeunes ou des variétés de l'espèce commune. Il quitte la mer au moment du frai, pour remonter dans les fleuves (Pô, Rhin, Loire, Seine, Rhône). La chair est assez grossière ; les œufs constituent la base d'un mets (*caviar*) très apprécié en Russie ; la colonne vertébrale desséchée (*vesiga*) bouillie dans l'eau, est utilisée pour la confection de certains potages ; la vessie natatoire sert à fabriquer l'*ichtyocolle* ou *colle de Poisson*. Celle-ci se trouve dans le commerce, sous quatre formes principales : en *lyre*, en *cœur*, en *livre*, en *lanières ;* elle sert à clarifier une foule de liquides et est aussi employée à la fabrication du taffetas d'Angleterre.

Plagiostomes (πλάγιο:, transversal ; στόμα, bouche). — *Poisssons cartilagineux, hétérocerques, dépourvus de vessie natatoire, à peau rugueuse, chagrinée, souvent munie d'écussons épineux, rarement nue.*

Bouche ordinairement transversale, située à la face ventrale, en arrière du museau, munie de dents qui se renouvellent à mesure qu'elles tombent. Intestin pourvu d'une valvule spirale. Bulbe artériel musculaire, à valvules multiples. En général cinq paires de sacs branchiaux et autant de fentes branchiales à l'extérieur. Crâne sans divisions. Narines situées à la face ventrale de la tête, rarement à la face dorsale (Ange de mer), en avant de la bouche. Nageoires paires horizontales. Mâles pourvus d'organes copulateurs. Presque tous marins ; quelques-uns seulement habitent les grands fleuves de l'Amérique et de l'Inde.

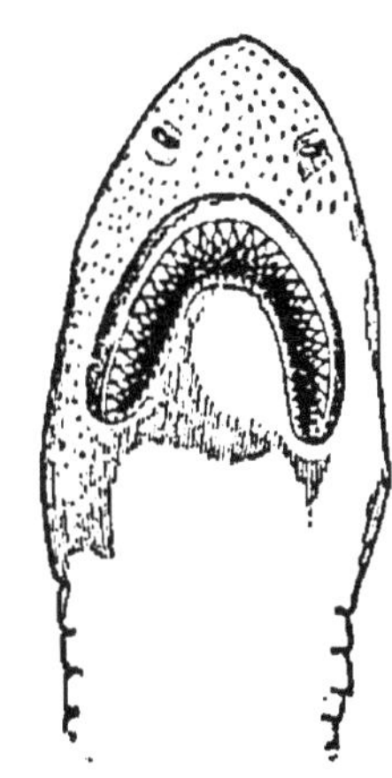

Fig. 197. — Tête de Requin (face inférieure).

A. Holocéphales (ὅλος, entier ; κεφαλή, tête). — *Branchies libres, s'ouvrant de chaque côté, par une seule fente. Pas d'évents.*

Chimères ou « Chats de mer » (*Chimæra*)*. Méditerranée et Atlantique. — Callorhynques (*Callorynchus*) *. Océan Pacifique.

B. **Sélaciens** (σέλαχος, poisson cartilagineux). — *Branchies adhérentes s'ouvrant au dehors par cinq fentes branchiales (rarement six ou sept). Généralement des évents.*

A. *Pleurotrèmes* (πλευρά, côté; τρῆμα, trou). — *Fentes branchiales placées latéralement.*
Corps fusiforme. Bouche armée de dents aiguës ou den-

Fig. 198. — Requin.

telées. Vivipares, à l'exception des Roussettes. Les deux moitiés de la ceinture scapulaire ne se rejoignent pas sur le dos. Chair dure et grossière. Peau couverte de petits tubercules squamiformes, employée sous le nom de « chagrin » ou de « galuchat », pour le polissage du bois et de l'ivoire. Beaucoup atteignent de grandes dimensions et sont la terreur des eaux qu'ils habitent.

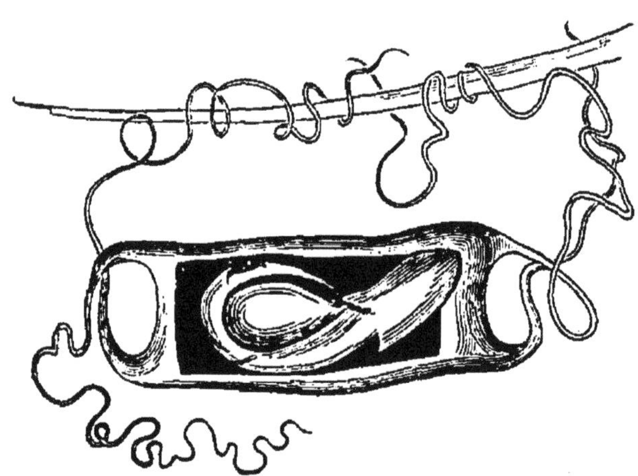

Fig. 199. — Œuf de Roussette (La coque est ouverte, pour montrer l'embryon).

a. *Une nageoire anale.* — Roussettes (*Scyllium*)*. Œufs « violons de mer » quadrilatères, présentant, aux angles, des appendices en vrilles. — Lamies (*Lamna*)*. — Pèlerins (*Selache*)*. — Émissoles (*Mustelus*)*. — Marteaux (*Zygæna*)*. — Requins (*Carcharias*)*. — Grisets (*Hexanchus*)*. Six fentes branchiales. — Perlons (*Heptanchus*)*. Sept fentes branchiales.

b. *Pas de nageoire anale*. — Aiguillats (*Acanthias*)*. Un aiguillon à chaque dorsale. — Anges de mer (*Squatina*)*. Sans aiguillons ; seuls Squales à chair appréciée.

B. *Hypotrèmes* (ὑπό, sous ; τρῆμα, trou). — *Fentes branchiales placées en dessous.*

Corps déprimé, nu ou partiellement couvert d'écussons épineux. Dents plates, en pavé. Ovipares (Raies) ou vivipares. Les deux moitiés de la ceinture scapulaire se réunissent sur le dos. Pas de nageoire anale.

a. *Nageoire dorsale double*. — Scies (*Pristis*)*. Museau prolongé en lame armée latéralement de dents pointues. — Torpilles (*Torpedo*)*. Poissons électriques donnant des commotions ; peau nue ; corps discoïde, muni d'une queue charnue ; Méditerranée. La tête est entourée par les nageoires pectorales ; elle présente, de chaque côté, un organe réniforme (*organe électrique*) qui embrasse les branchies par sa concavité et se compose d'une série de prismes disposés verticalement les uns contre les autres. Chacun de ceux-ci est constitué par une matière de consistance gélatineuse et divisé transversalement par des lamelles dans lesquelles se terminent des rameaux émanant des nerfs trijumeaux et pneumogastriques. L'électricité dégagée par ces organes se développe sur place ; si l'on détruit les nerfs qui y aboutissent, l'Animal cesse de produire des commotions (MATTEUCCI). La décharge de la Torpille possède à la fois les propriétés des décharges statiques, des courants voltaïques et des courants induits. Elle est, comme l'acte musculaire, soumise à la volonté et présente avec lui de frappantes analogies (MAREY). Les commotions de la Torpille sont moins violentes que celles du Gymnote, mais plus fortes que celles du Malaptérure. — Raies (*Raja*)*. Corps rhomboïdal ; queue grêle et armée d'épines ; œufs rectangulaires portant une corne à chaque angle ; les espèces dont la chair est surtout estimée sont : la Raie bou-

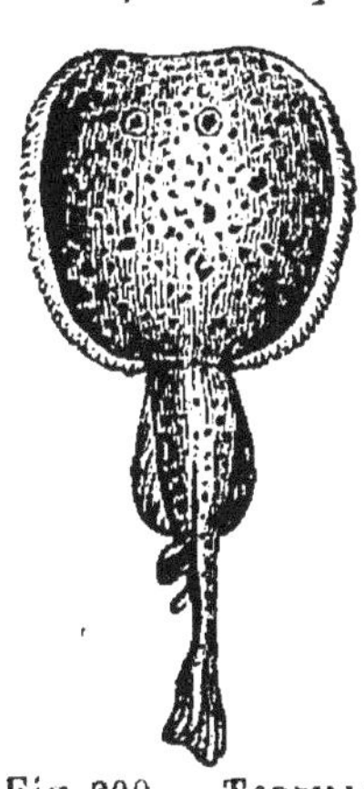

Fig. 200. — TORPILLE.

clée (*R. clavata*), la Raie circulaire (*R. circularis*), la Raie cendrée (*R. batis*), la Raie blanche (*R. alba*).

b. *Dorsale unique ou nulle.* — Céphaloptères ou « Raies cornues » (*Cephaloptera*)*. Tête munie de prolongements latéraux en forme de corne. — Mourines ou « Aigles de mer » (*Myliobatis*)*. Une dorsale ; un aiguillon caudal, à dentelures latérales. — Pastenague (*Trygon*)*. Sans dorsale ; un aiguillon caudal.

Cyclostomes (κύκλος, cercle ; στόμα bouche). — *Poissons cartilagineux sans mâchoires, à bouche circulaire et orifice nasal impair, dépourvus de vessie natatoire.*

Bouche en forme de ventouse, hérissée de pointes cornées et effectuant la succion par le moyen des mouvements de la langue. Pharynx en rapport avec six ou sept paires de sacs branchiaux communiquant avec l'extérieur par autant d'orifices latéraux ou par une paire d'orifices ventraux. Intestin pourvu d'une valvule spirale. Bulbe artériel élastique, muni de deux valvules. Cavité nasale unique, présentant un prolongement postérieur (*sinus de Duméril*)

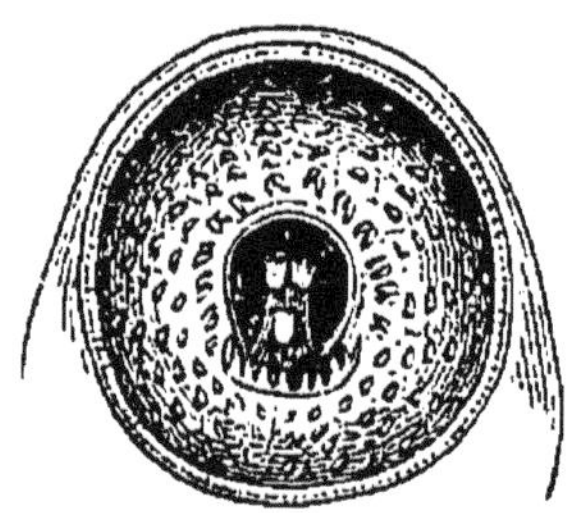

Fig. 201. — BOUCHE DE LAMPROIE.

qui, chez les Myxinides, communique avec la cavité buccale. Corps vermiforme, à peau nue, dépourvu de nageoires paires.

A. PÉTROMYZONTIDES (πέτρος, pierre ; μυζαεῖν, sucer). — *Nageoire dorsale double. Canal nasal en cul-de-sac.*

Fig. 202. — LAMPROIE MARINE.

Lamproies (*Petromyzon*). Sept paires d'ouvertures branchiales externes ; larves (*Ammocætes*) différant des adultes par leur bouche inerme et leurs yeux recouverts par la peau. Les deux espèces les plus communes sont la

Lamproie marine (*P. marinus*)* et la Lamproie fluviatile
(*P. fluviatilis*).

B. MYXINIDES (μύξα, mucosité). — *Pas de nageoire dorsale. Canal nasal ouvert dans le pharynx.*

Parasites sur d'autres Poissons.
Bdellostomes (*Bdellostoma*) *. 6 orifices branchiaux
d'un côté et 7 de l'autre; mers du Sud. — Myxines
(*Myxine*) *. Une paire d'orifices branchiaux sous le ventre;
mers du Nord.

ARTICLE II. — **Sous-embranchement
des Acrâniens.**

ACRANIENS ou LEPTOCARDIENS (λεπτός , grêle :
καρδία, cœur). — *Chordés dépourvus de crâne et de colonne vertébrale, à corde dorsale prolongée jusqu'à l'extrémité antérieure du corps.*

Ce groupe est représenté par le genre *Amphioxus* dont
une espèce, le Lancelet (*A. lanceolatus*), vit dans le sable,
au bord de la mer. Corps comprimé, long de 5 centimètres, dépourvu de membres, muni d'une nageoire caudale en fer de lance et privée de rayons.

Appareil digestif. — Bouche antéro-inférieure;
dépourvue de mâchoires et de dents, en fente longitudinale, maintenue béante par un arc en fer à cheval, semi-cartilagineux, portant une série de tigelles qui soutiennent des tentacules (*cirres buccaux*). Un sac pharyngien
ou branchial, à fentes nombreuses, muni intérieurement
de cils vibratiles et homologue de la branchie des Tuniciers, précède le tube gastro-intestinal. Celui-ci présente,
à sa partie antéro-inférieure, un cæcum qui paraît représenter le foie; il se termine par un anus situé un peu
à gauche du quart postérieur du corps. Pas de pancréas.

Appareil respiratoire. — Constitué par le sac
pharyngien ou branchial, sorte de cage à claire-voie
soutenue par une charpente cartilagineuse et entourée
d'une cavité péribranchiale homologue de la chambre
branchiale des Poissons. Cette cavité débouche au dehors
par un orifice médian (*pore abdominal*) situé assez en
avant de l'anus. L'eau destinée à la respiration entre par

la bouche, traverse les fentes du treillage branchial et est expulsée par le pore abdominal. Sur la face ventrale du sac branchial se trouve une gouttière ciliée (*gouttière hypobranchiale*) semblable à celle qu'on observe chez les Ascidies et les larves des Cyclostomes.

Appareil circulatoire. — Pas de cœur. Un vaisseau médian ventral, situé au-dessous du sac branchial (*artère branchiale*), envoie à chaque arc branchial une branche pulsatile (*cœurs branchiaux*) d'où le sang passe au-dessus du sac branchial dans un tronc (*aorte*) qui longe la face inférieure de la corde dorsale. Sang incolore, charriant cependant des globules qui renferment un peu d'hémoglobine. Il existe un système de vaisseaux et de cavités lymphatiques débouchant dans le système sanguin. Pas de rate.

Appareil urinaire. — On considère comme un vestige d'organes urinaires, des replis formés par l'épithélium de la cavité péribranchiale, un peu en avant du cæcum hépatique. Les produits de l'excrétion s'échapperaient donc, avec l'eau, par le pore abdominal.

Appareil reproducteur. — Sexes séparés. Testicules ou ovaires situés dans la partie inférieure de la cavité péribranchiale. Les produits sexuels s'échappent par le pore abdominal.

Appareil locomoteur. — Le squelette est représenté seulement par la notocorde et la charpente cartilagineuse du sac branchial. La corde dorsale s'étend d'un bout à l'autre du corps, au lieu de s'arrêter, comme chez les Vertébrés, à une certaine distance de l'extrémité an-

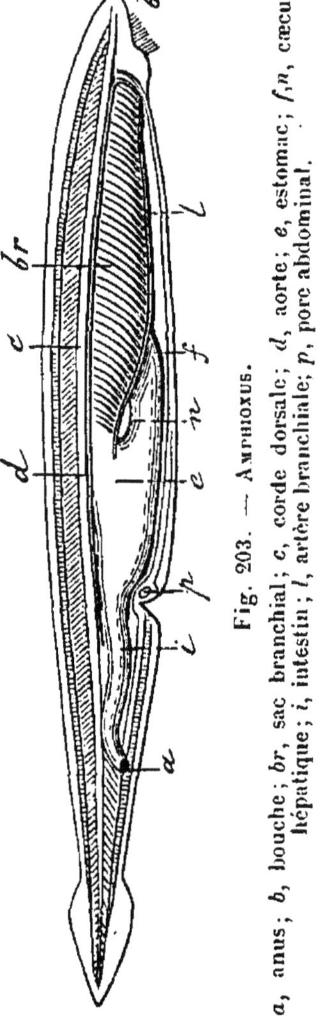

Fig. 203. — Amphioxus. — a, anus; b, bouche; br, sac branchial; c, corde dorsale; d, aorte; e, estomac; f, n, cæcum hépatique; i, intestin; l, artère branchiale; p, pore abdominal.

térieure ; elle est entourée d'une gaine formant, au-dessus d'elle, un tube (*canal neural*) qui se rétrécit dans la région céphalique, au lieu de former une cavité crânienne, comme chez les Vertébrés. Les muscles du tronc forment une série de myomères constitués par des lames fibrillaires striées. Les nageoires sont réduites à un repli de la peau constituant, autour de l'extrémité postérieure, une caudale sans rayons. Celle-ci rappelle la forme embryonnaire qu'affecte d'abord la caudale des Poissons.

Système nerveux. — La moelle épinière est logée dans le canal neural ; elle ne se termine par aucun renflement. Il n'y a donc pas de cerveau différencié, malgré qu'il y ait, dans la région céphalique, quelques nerfs comparables à des nerfs crâniens. Les nerfs rachidiens sont alternes, d'un côté à l'autre, au lieu d'être symétriques et opposés, comme chez les Vertébrés. Pas de système nerveux sympathique distinct.

Organes des sens. — La peau est nue, transparente, composée d'un épiderme délicat et d'un derme fibreux. Une petite fossette ciliée, placée un peu à gauche sur la partie céphalique, représente l'organe de l'olfaction. Pas d'organe auditif. Pas d'yeux : une simple tache oculaire, à l'extrémité antérieure du centre nerveux.

Développement. — La segmentation de l'œuf est totale et égale. La larve est d'abord munie de fentes branchiales qui s'ouvrent directement au dehors, comme chez les Plagiostomes ; mais bientôt deux prolongements des parois du corps recouvrent les fentes branchiales et s'unissent, sauf au pore abdominal, pour former la cavité péribranchiale. Celle-ci ne doit donc pas être confondue avec la cavité viscérale.

Article III. — **Sous-embranchement des Tuniciers.**

TUNICIERS. — *Chordés à corde dorsale persistante ou temporaire n'occupant jamais que la région caudale.*

Les Tuniciers doivent leur nom à l'existence d'une enveloppe spéciale (*tunique*) composée essentiellement de cellulose et sécrétée par l'épiderme. Le derme, constitué par du tissu conjonctif et des fibres musculaires lisses, est situé au-dessous de la tunique et forme, avec

elle, la paroi du corps. Celui-ci a généralement la forme
d'un sac présentant deux orifices : l'un pour l'entrée
de l'eau et des aliments ;
l'autre pour la sortie
de l'eau, des produits
sexuels et des résidus
de la digestion. Chez
les Tuniciers, de même
que chez l'Amphioxus
et les Vertébrés, les
principaux organes oc-
cupent la même situa-
tion relative, à savoir
de haut en bas : le sys-
tème nerveux central,
la corde dorsale, le tube
digestif, le cœur. Les
uns (*Pérennichordés*)
conservent, pendant

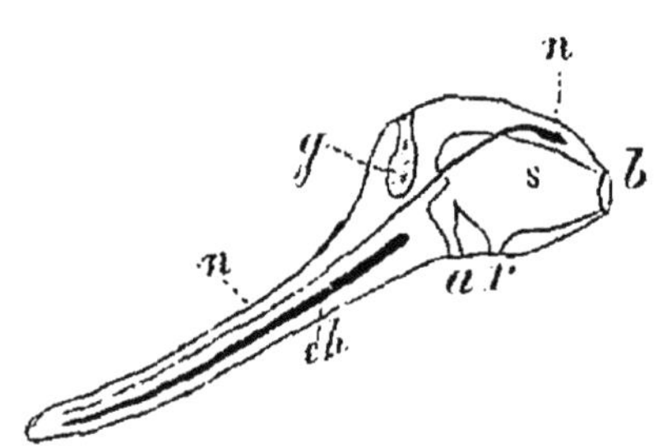

Fig. 204. — Schéma d'un Appendiculaire.

a, anus; *b*, bouche ; *ch*, corde dorsale ;
g, organes génitaux; *n,n*, centres
nerveux ; *r*, l'un des deux orifices de
sortie du sac branchial *s*.

toute la vie, une queue et une corde dorsale ; les autres
(*Caducichordés*) manquent, à l'âge adulte, de queue et de
corde dorsale. 3 classes.

TUNICIERS.
{ **Pérennichordés**................... APPENDICULARIÉS

{ **Caducichordés.** { Corps sacciforme. ASCIDIENS.
{ Corps cylindrique. SALPIENS.

Appareil digestif. — L'orifice buccal, inerme,
conduit dans un sac pharyngien ou branchial (*branchie*)
homologue de celui de l'Amphioxus. Entre la bouche et
l'orifice œsophagien, existe un sillon ventral pourvu de
cils vibratiles (*endostyle*) et correspondant à la gouttière
hypobranchiale de l'Amphioxus. L'œsophage est cilié,
ainsi que le reste du tube digestif sauf l'estomac. Celui-
ci est assez volumineux et muni de glandules digestives.
L'intestin se recourbe sur lui-même; sa portion terminale
(*rectum*) présente seule des fibres musculaires qui amènent l'expulsion des matières fécales. Le rectum débouche
soit sur la face dorsale, dans un cloaque (Caducichordés)
soit directement au dehors, sur la face ventrale (Pérennichordés).

Appareil respiratoire. — Chez les Ascidiens, la
branchie a la forme d'un sac treillissé suspendu, comme
chez l'Amphioxus, dans une cavité (*cavité péribranchiale*)
en communication avec le cloaque. Le sang circule dans

18.

les mailles de ce treillis ; celles-ci sont couvertes de cils
vibratiles déterminant l'entrée de l'eau par la bouche,
son passage à travers les fentes branchiales, enfin sa
sortie par l'ouverture du cloaque. Chacun des orifices
d'entrée et de sortie de l'eau est muni d'un tube (*siphon*)

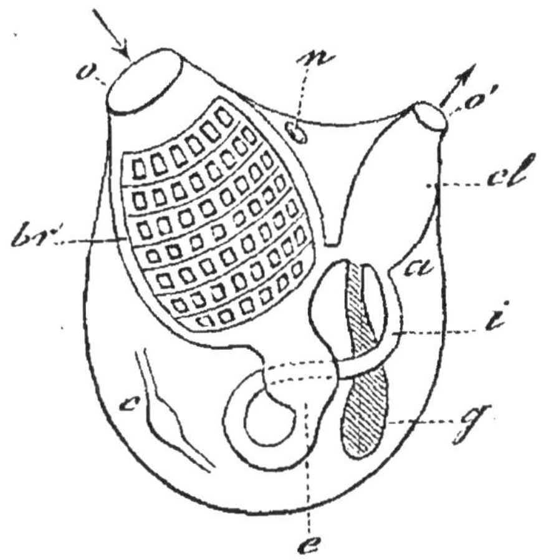

Fig. 205. — Schéma d'une Ascidie.

a, anus ; *br*, sac branchial ; *c*, cœur ; *cl*,
cloaque ; *e*, estomac ; *g*, organes génitaux ; *i*, intestin ; *n*, ganglion nerveux ;
o et *o'*, orifices d'entrée et de sortie de
l'eau.

constitué par le der-
me. Le siphon buccal
débouche dans la ca-
vité branchiale ; le
siphon cloacal s'ouvre
dans le cloaque. Chez
les Salpiens, la bran-
chie est tantôt une
cloison transversale
trouée, tantôt un ru-
ban dorsal dirigé obli-
quement de la bouche
à l'œsophage. Chez les
Pérennichordés, la
cavité péribranchiale
n'existe pas ; le sac
branchial présente en
bas deux ouvertures
ciliées par lesquelles
sort l'eau qui a servi
à la respiration.

**Appareil circu-
latoire.** — L'organe
central de la circu-
lation est un cœur simple, de forme allongée, situé
sur la face ventrale de la cavité viscérale ; il est formé
de fibres striées mais non anastomosées. Deux sinus
principaux, situés dans le derme, l'un au-dessus, l'autre
au-dessous de la branchie, sur la ligne médiane, sont
en communication avec le cœur. Celui-ci bat tantôt
dans un sens, tantôt dans le sens contraire, de telle
sorte que la circulation est oscillatoire. Chez les Pérennichordés, le cœur est transversal ; il fait quelquefois
défaut (*Kowalevskya*).

Appareil urinaire. — Il est représenté soit par un
ensemble de cellules, soit par une accumulation de concrétions situées dans la cavité viscérale.

Appareil reproducteur. — Les Tuniciers sont hermaphrodites ; ils peuvent se reproduire aussi par gemmiparité. Les ovaires et les testicules, généralement pairs,
sont situés dans la cavité viscérale ; leurs canaux excré-

teurs débouchent dans le cloaque. Chez les Appendiculariés, les organes génitaux forment une masse impaire, dépourvue de canal excréteur. La fécondation de l'œuf a généralement lieu dans le cloaque. L'embryon est expulsé, tantôt entouré des enveloppes de l'œuf (*oviparité*), tantôt à l'état libre (*viviparité*); chez les Salpes, il reste longtemps attaché au corps de la mère par une sorte de placenta.

Corde dorsale. — Il est démontré aujourd'hui qu'il faut assimiler à la corde dorsale des Vertébrés un cordon axial qui, chez les Pérennichordés et les larves des Caducichordés, occupe le milieu de la queue. Ce cordon ne se prolonge jamais dans le tronc (d'où le nom d'*Urochordés* qu'on a proposé pour les Tuniciers); il existe pendant toute la vie chez les Pérennichordés et disparaît, à l'âge adulte, avec l'appendice caudal, chez les Caducichordés.

Système nerveux. — Chez les Pérennichordés, les centres nerveux sont représentés par un ganglion volumineux situé au-dessus de l'entrée du tube digestif et par une véritable moelle tubulaire passant à droite de l'estomac. Celle-ci pénétre dans la queue, dont elle occupe presque toute la longueur, et émet des paires de nerfs animant autant de segments musculaires ou myomères (Ray-Lankester). Chez les Caducichordés, le système nerveux de l'adulte se réduit à un simple ganglion nerveux situé dans l'intervalle des deux ouvertures extérieures (*région interosculaire*) et émettant des rameaux très minces qui ne tardent pas à se confondre avec les tissus.

Organes des sens. — Chez les Pérennichordés, une fossette olfactive et un otocyste sont en rapport immédiat avec le ganglion nerveux. Chez les Caducichordés, la larve présente un organe auditif et un œil impair qui disparaissent chez l'adulte; cependant, chez les Pyrosomes, l'œil est permanent.

Développement. — Le développement de l'embryon des Ascidies présente une grande ressemblance avec celui de l'Amphioxus (Kowalevsky). La larve a la forme d'un têtard ; munie d'une queue, d'une notocorde, d'un tube médullaire et d'un renflement cérébroïde antérieur en rapport avec un organe auditif et un œil impair, elle rappelle l'état permanent des Appendiculariés. Après avoir nagé pendant un certain temps, la larve se fixe, au moyen de papilles d'adhérence situées à la partie antérieure du corps. Elle subit alors une métamorphose régressive qui la sépare des Appendiculariés ; la queue, désormais sans usage, s'atrophie ; la notocorde dispa-

raît tout entière, ainsi que la moelle tubulaire ; le système nerveux se trouve réduit à la petite masse ganglionnaire répondant au renflement cérébroïde ; en même
temps, les organes des sens disparaissent et la larve se
métamorphose en une jeune Ascidie. Chez quelques Ascidiens (Pyrosomes, quelques Molgules), c'est une larve
anoure qui sort de l'œuf ; mais cela tient simplement à
un développement plus rapide.

GÉNÉRATION ALTERNANTE. — Les Salpes se présentent

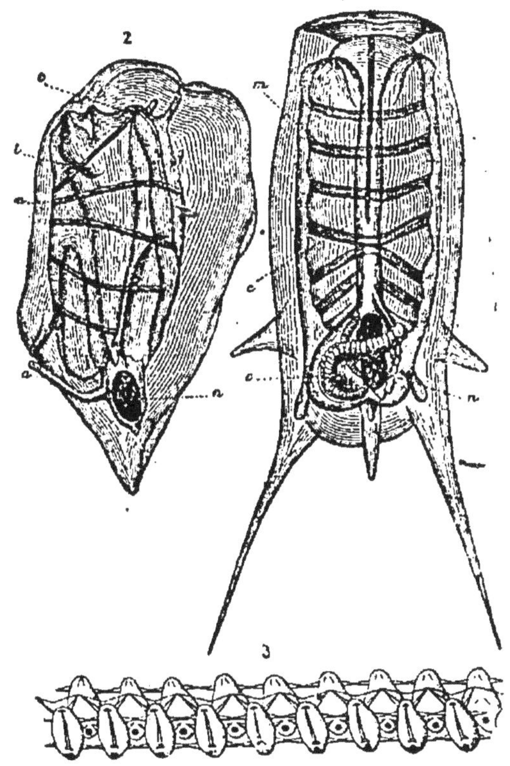

Fig. 206. — SALPES.

1, forme solitaire ; 2, forme sociale ; 3, chaîne de la même espèce ;
a, appendice d'union ; *c*, chaîne de jeunes individus ; *e*, endostyle ; *m*, cercles musculaires ; *n*, nucléus ; *o*, bouche.

sous deux aspects différents : 1º celui d'individus isolés
de grande taille (Salpes libres) ; 2º celui de longues

chaînes (Salpes agrégées) dont chaque chaînon est formé par un individu de petite taille. Les Salpes libres sont agames et gemmipares ; elles forment, à leur intérieur, une chaîne d'individus qui restent toujours unis. Les Salpes agrégées sont hermaphrodites et non gemmipares; chacune d'elles produit un œuf d'où sort une Salpe libre, agame et gemmipare. Les deux formes alternent ainsi régulièrement (CHAMISSO). Chez les Barillets, le développement est encore plus compliqué, car deux générations agames de formes différentes s'intercalent entre deux générations sexuées.

§ I. — *Classe des Appendiculariés.*

APPENDICULARIÉS (*appendicula*, petit appendice). —. *Tuniciers libres, munis d'un appendice caudal persistant.*

Petits Animaux pélagiques, nageurs, à tunique transparente , conservant, pendant toute la vie, une corde dorsale et une moelle tubulaire.
Oikopleura. — *Fritillaria.*

§ II. — *Classe des Ascidiens.*

ASCIDIENS (ασκιδιòν, petite outre). — *Tuniciers à corps sacciforme, muni de deux orifices en général rapprochés l'un de l'autre.*

Animaux libres ou fixés, pourvus d'un large sac branchial et d'une tunique coriace ou gélatineuse.

Ascidiadés. — *Ascidiens fixés, à tunique opaque.*
A. ASCIDIES SIMPLES. — *Ascidies solitaires ou formant des colonies ramifiées, non réunies dans une enveloppe commune.*

Phallusia. — *Ciona.* — *Cynthia.* On mange, dans le Midi, *C. microcosmus*, malgré son goût amer et son aspect repoussant. — *Chevreulius.* Test bivalve. — *Bollenia.* Corps longuement pédonculé. — *Clavellina.* Colonies à stolons rampants. — *Pterophora.* Colonies à individus situés verticalement, de chaque côté d'un stolon rampant.

B. Ascidies composées ou Synascidies. — *Ascidies en petits groupes, le plus souvent de forme étoilée.*

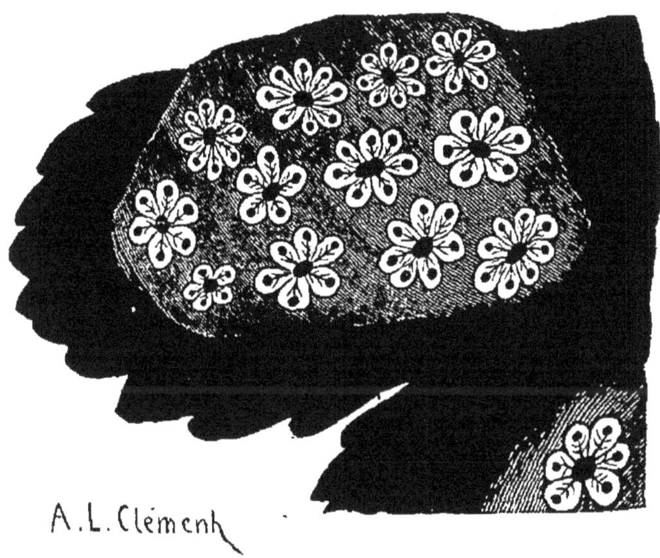

Fig. 207. — Synascidies (*Botryllus*).

Les divers individus sont enveloppés dans une tunique commune et ont, en général, un cloaque commun.
Botryllus. — *Didemnum*.

Pyrosomidés. — *Ascidiens phosphorescents formant des colonies flottantes.*

Colonies ayant la forme d'un tube ouvert à l'une de ses extrémités et fermé à l'autre. La phosphorescence a pour siège deux groupes de cellules situées dans le voisinage de la bouche de chaque individu.
Pyrosomes (*Pyrosoma*). Océan et Méditerranée.

§ III. — *Classe des Salpiens.*

SALPIENS (σαλπή, salpe). — *Tuniciers à corps cylindrique ou en forme de tonneau, avec deux ouvertures terminales et opposées.*

Animaux nageurs, à corps d'une transparence de cristal,
présentant à la partie postérieure une masse arrondie et
colorée (*nucleus*) formée par les viscères. La natation
se fait par la contraction du corps qui, en rejetant
l'eau intérieure, détermine un mouvement de recul.

Salpes ou Biphores (*Salpa*). Cylindriques. — Barillets
(*Doliolum*). En forme de tonnelets.

CHAPITRE IX

EMBRANCHEMENT DES MOLLUSQUES

MOLLUSQUES (*molluscus*, mou). — *Animaux toujours dépourvus de corde dorsale, à corps ni annelé, ni
rayonné, ni spongieux.*

Symétrie bilatérale. Corps mou, inarticulé, le plus
souvent recouvert d'une coquille calcaire. Système nerveux central composé de trois paires de ganglions principaux. Animaux aquatiques, à l'exception de quelques
Gastéropodes. 6 classes.

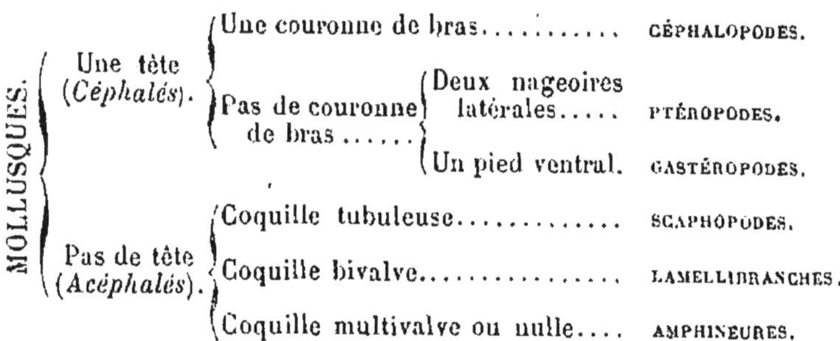

Appareil digestif. — Habituellement recourbé en
anse, l'anus se trouvant ainsi plus ou moins rapproché
de la bouche. Excepté chez les Lamellibranches et quelques Aplacophores, il existe, en arrière de l'orifice buccal, un renflement musculeux (*bulbe pharyngien* ou
masse buccale) armé d'organes masticateurs (*odontophore*)
et où débouchent ordinairement les canaux excréteurs
de deux glandes à mucus (improprement *glandes sali-*

vaires). OEsophage court. Estomac plus ou moins développé, généralement en rapport avec une glande volumineuse (*glande digestive ;* improprement *foie*) sécrétant un liquide qui renferme les éléments du suc gastrique, du suc pancréatique et du suc intestinal des Vertébrés.

A. CÉPHALOPODES. — Tube digestif recourbé en bas. Bouche située au centre d'une couronne de tentacules, munie de deux mandibules rappelant un bec de Perroquet. Langue armée d'épines chitineuses (*dents linguales*) formant une véritable râpe. OEsophage pourvu quelquefois d'un jabot (Poulpe). Estomac en forme de gésier, présentant un cul-de-sac pylorique où vient se déverser le produit de la glande digestive. Intestin plus ou moins rectiligne, s'ouvrant dans la cavité du manteau, près de la base de l'entonnoir.

B. PTÉROPODES. — Tube digestif rappelant celui des Céphalopodes. Bouche parfois munie de tentacules ; anus à droite, près de l'ouverture de la cavité du manteau.

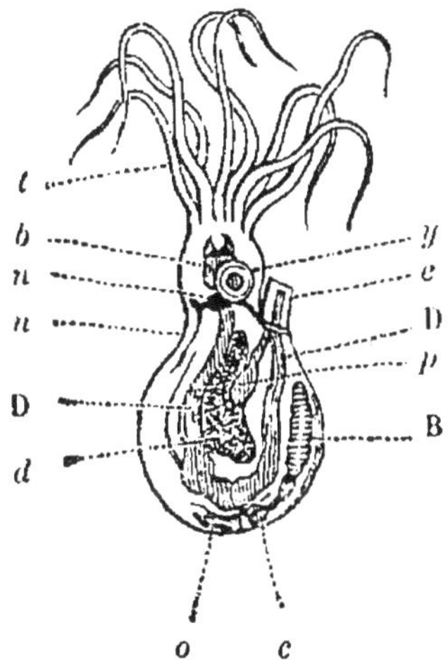

Fig. 208. — ORGANISATION D'UN CÉPHALOPODE (schéma).

b, bouche ; B, branchies ; D, D, tube digestif ; *c*, cœur ; *d*, glande digestive ; *e*, entonnoir ; *n, n*, système nerveux ; *o*, ovaire ; *p*, poche à encre ; *t*, tentacules ; *y*, yeux.

C. GASTÉROPODES. — Tube digestif recourbé en haut. Bouche des espèces carnivores généralement munie d'une trompe protractile. Masse buccale à plafond ordinairement armé d'une pièce cornée (*mâchoire*), à plancher habituellement inerme et muni d'une éminence musculo-cartilagineuse (*langue*). Celle-ci est recouverte d'une lame chitineuse (*radula*) garnie de dents (*médianes, intermédiaires, latérales*)*;* elle est animée de mouvements longitudinaux et écrase les aliments contre la mâchoire. OEsophage présentant parfois un ou plusieurs jabots. Estomac simple ou multiple, offrant, chez les Éolidiens, des prolongements en culs-de-sac qui occupent l'intérieur d'appendices respiratoires situés sur le dos. Intestin entouré par une glande digestive impaire ; celle-ci est remplacée, chez les Éolidiens, par des cellules tapissant les cæcums stomacaux. Le rectum traverse quelquefois le ventricule du cœur (Aspidobranches). Anus latéral, situé ordinairement à droite, dans le voisinage de la nuque.

D. SCAPHOPODES. — Orifice buccal entouré d'appendices labiaux foliacés. Rectum à mouvements alternatifs de contraction et de dilatation attirant et expulsant l'eau (LACAZE-DUTHIERS). Glande digestive paire.

E. LAMELLIBRANCHES. — Pas de masse buccale, ni de mâchoires, ni de langue. Bouche béante, entourée de deux paires de tentacules labiaux ; ceux-ci sont couverts de cils vibratiles qui dirigent les substances alimentaires

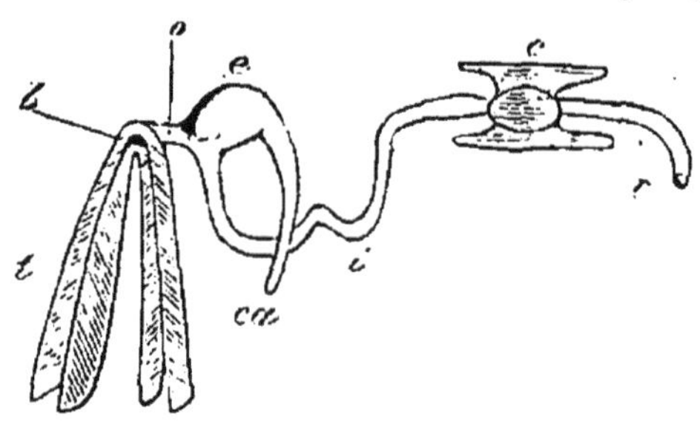

Fig. 209. — TUBE DIGESTIF D'UN LAMELLIBRANCHE.

b, bouche ; *c*, cœur ; *ca*, cæcum de l'estomac *e*: *i*, intestin ; *o*, œsophage ; *r*, rectum ; *t*, tentacules labiaux.

vers l'orifice buccal. Œsophage court. Estomac assez volumineux, présentant souvent, en arrière, un cæcum qui renferme une tige hyaline (*tige cristalline*). Intestin replié sur lui-même, traversant le cœur, excepté chez les Holocardiés. L'anus s'ouvre dans la cavité du manteau, sur le passage du courant d'eau expiratoire.

F. AMPHINEURES. — Tube digestif rectiligne. Bouche antérieure, avec (Placophores) ou sans (quelques Aplacophores) odontophore ; anus postérieur. Un cloaque chez les Aplacophores. Glande digestive paire (Placophores) ; impaire ou nulle (Aplacophores).

Appareil circulatoire. — Cœur artériel, généralement entouré d'un péricarde. Circulation en partie lacunaire ; un réseau capillaire bien développé, chez les Céphalopodes. Sang incolore ou légèrement coloré, le plus souvent bleuâtre ; il renferme, dans son plasma, une substance albuminoïde (*hémocyanine*) analogue à l'hémoglobine, mais contenant du cuivre au lieu de fer et formant, avec l'oxygène, une combinaison de couleur bleue (FRÉDÉRICQ). Il n'existe pas d'ouvertures faisant communiquer l'appareil circulatoire avec l'extérieur (CARRIERE; TH. BARROIS).

A. CÉPHALOPODES. — Le cœur est situé au fond de l'ab-

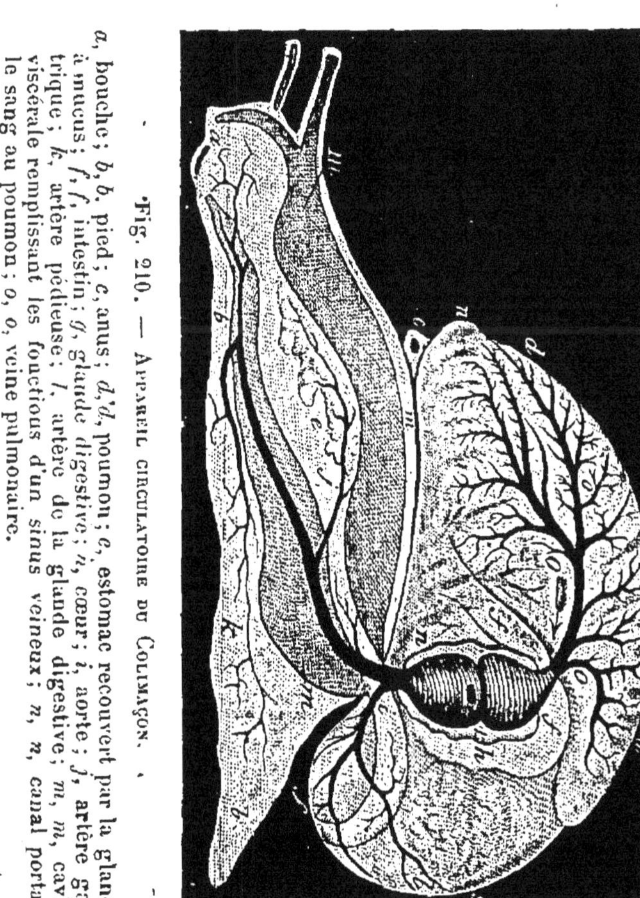

Fig. 210. — APPAREIL CIRCULATOIRE DU COLIMAÇON. — *a*, bouche; *b, b*, pied; *c*, anus; *d',d*, poumon; *e*, estomac recouvert par la glande à mucus; *f, f*, intestin; *g*, glande digestive; *n*, cœur; *i*, aorte; *j*, artère gastrique; *k*, artère pédieuse; *l*, artère de la glande digestive; *m, m*, cavité viscérale remplissant les fonctions d'un sinus veineux; *n, n*, canal portant le sang au poumon; *o, o*, veine pulmonaire.

domen; il se compose : 1° de deux (Dibranches) ou de quatre (Tétrabranches) oreillettes qui ne sont autre chose que les extrémités renflées et pulsatiles des veines branchiales efférentes; 2° d'un ventricule d'où partent trois troncs artériels (artère céphalique, artère viscérale, artère génitale). La veine cave se divise en deux

(Dibranches) ou quatre (Tétrabranches) branches (veines branchiales afférentes) qui, chez les Dibranches seulement, présentent des renflements pulsatiles (*cœurs branchiaux*) envoyant le sang aux branchies d'où il revient aux oreillettes par les veines branchiales efférentes. Celles-ci traversent les organes rénaux, avant d'arriver au cœur.

B. PTÉROPODES. — Cœur composé d'une oreillette et d'un ventricule. Le système artériel débouche dans des lacunes.

C. GASTÉROPODES. — Cœur dorsal, composé d'une oreillette, quelquefois double (Aspidobranches), et d'un ventricule d'où naît l'aorte. Chez les Opisthobranches, le cœur est situé en avant de l'appareil respiratoire et l'oreillette en arrière du ventricule ; le contraire s'observe chez les autres Gastéropodes.

D. SCAPHOPODES. — Pas de cœur. Circulation essentiellement lacunaire.

E. LAMELLIBRANCHES. — Cœur situé sous la charnière, un peu en avant du muscle adducteur postérieur ; composé ordinairement d'un ventricule et de deux oreillettes latérales, exceptionnellement de deux oreillettes et de deux ventricules (Arche de Noé), traversé par le rectum, excepté chez les Holocardiés. L'organe urinaire (*organe de Bojanus*) se trouve sur le chemin du sang qui va aux branchies.

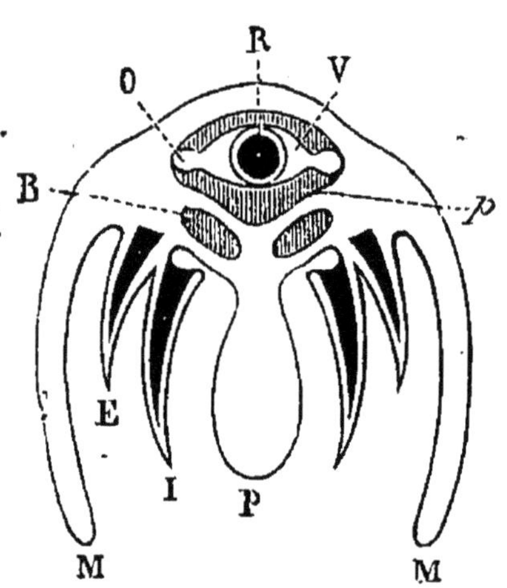

Fig. 211. — SECTION TRANSVERSALE DU CORPS D'UN LAMELLIBRANCHE.

B, organe de Bojanus ; E, I, branchies externe et interne ; M, M, manteau ; O, oreillette ; P, pied ; *p*, péricarde ; R, rectum ; V, ventricule.

F. AMPHINEURES. — Le cœur possède un ventricule médian et deux oreillettes latérales (Placophores) ou a la forme d'un vaisseau dorsal présentant quelquefois deux renflements (Aplacophores).

Appareil respiratoire. — Constitué le plus souvent par des branchies, quelquefois par un poumon, rarement par ces deux sortes d'organes réunis (*Ampullaria*,

Siphonaria). Excepté chez les Céphalopodes, les branchies sont couvertes de cils vibratiles qui amènent le renouvellement de l'eau. Le poumon est une cavité remplie d'air et tapissée de vaisseaux sanguins ; il communique avec l'extérieur par une étroite ouverture (*pneumostome*).

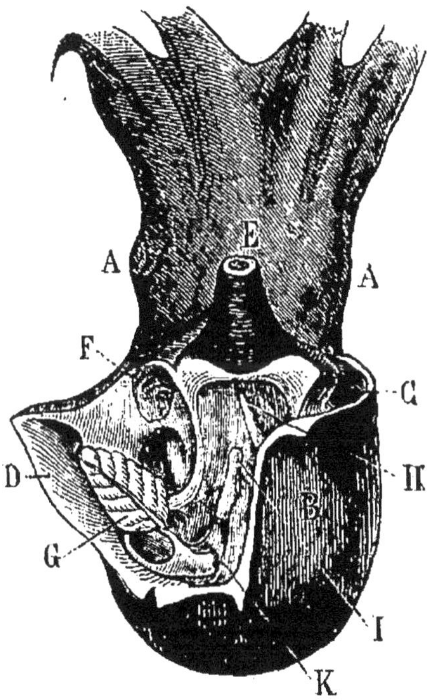

A. CÉPHALOPODES. — Deux (Dibranches) ou quatre (Tétrabranches) branchies en forme de pyramides lamelleuses, disposées symétriquement dans la cavité du manteau (*cavité palléale*). Sous l'influence des mouvements d'expansion de cette cavité, l'eau y pénètre par une fente (*fente palléale*) qui sépare le corps du repli du manteau. Quand la cavité se resserre, un système de valvules charnues ou cartilagineuses (*appareil de résistance*) ferme la fente palléale et le liquide s'échappe par l'entonnoir qui la surmonte.

B. PTÉROPODES. — Les Thécosomes offrent une ou deux branchies. Celles-ci sont renfermées dans une cavité palléale située à la face inférieure du corps et présentant un orifice antérieur muni de cils vibratiles. Les Gymnosomes respirent par des branchies foliacées externes ou simplement par la peau.

Fig. 212. — APPAREIL RESPIRATOIRE DU POULPE.

A, tête ; B, manteau ; C, fente palléale ; D, K, cavité palléale ouverte ; E, entonnoir ; F, appareil de résistance ; G, branchie ; H, anus ; I, orifice de l'oviducte.

C. GASTÉROPODES. — La respiration est branchiale ; cependant les Pulmonés respirent par un poumon, exceptionnellement par un poumon et une branchie ; enfin quelques Gastéropodes inférieurs n'ont que la respiraiton cutanée. Chez les Prosobranches, les branchies ou la branchie occupent, le plus souvent, une cavité palléale située au-dessus de la nuque. Cette cavité s'ouvre, à l'extérieur, par une fente ou par un orifice rond muni quelquefois d'un tube respiratoire (*siphon*). Quelques-uns

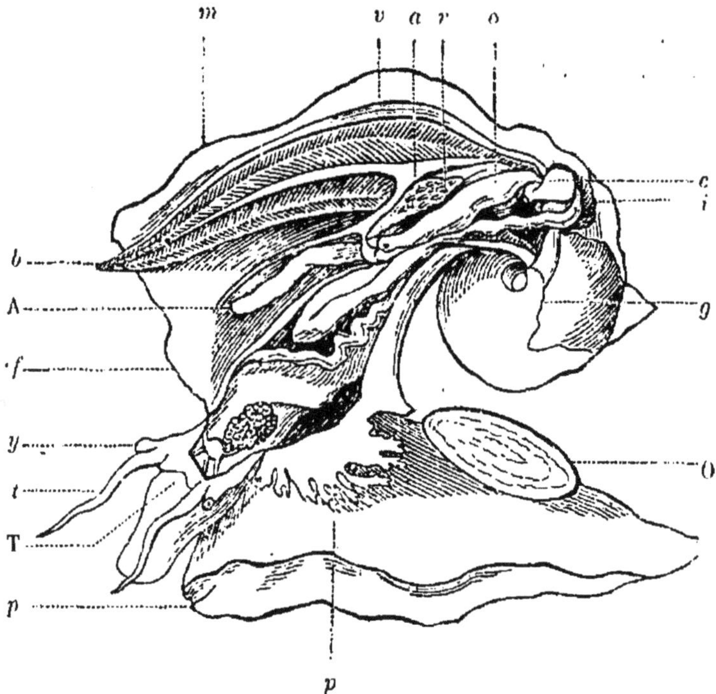

Fig. 213. — Appareil respiratoire d'un Gastéropode Prosobranche (*Turbo*). Le manteau *m* a été fendu longitudinalement et rejeté sur la droite, pour ouvrir la cavité respiratoire. Celle-ci, dans la position naturelle, est située au-dessus de la nuque et reçoit l'eau par la fente *f*.

A, anus; *a*, artère branchiale; *b*, branchie; *c*, cœur; *g*, glande digestive; *i*, intestin; O, opercule; *o*, oviducte; *p*, *p*, pied; *r*, rein; *t*, tentacule; T, trompe; *v*, veine branchiale; *y*, yeux.

(Cyclobranches) ont les branchies disposées en cercle autour du pied, sous un rebord du manteau. Chez les Hétéropodes, la partie postérieure du dos porte en général un appareil pectiné ou plumeux. Chez les Opisthobranches, les branchies sont situées en arrière de la région cervicale; elles peuvent être à nu ou recouvertes par le manteau.

D. Scaphopodes. — Pas de branchies. Respiration cutanée et rectale.

E. Lamellibranches. — La respiration s'effectue par deux paires de branchies lamelleuses situées dans les angles que forme l'abdomen ou pied avec les facés internes du manteau. Chaque branchie est constituée par une série de canalicules couverts de cils vibratiles et maintenus en rapport par des traverses ; elle se com-

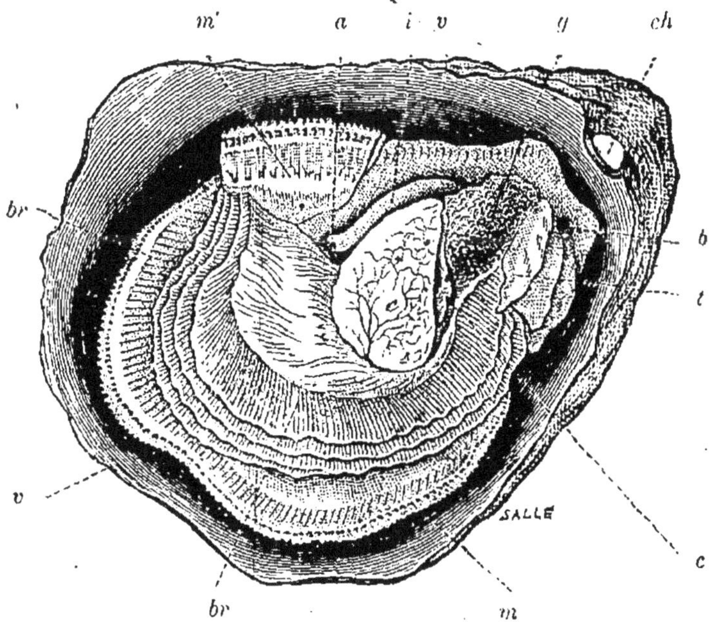

Fig. 214. — Anatomie de l'Huître.

a, anus; *b*, bouche; *br*, branchies; *c*, cœur; *ch*, charnière; *e*, muscle adducteur des valves; *g*, glande digestive; *i*, intestin; *m*, lobe gauche du manteau; *m'*, portion du lobe droit rabattue; *t*, tentacules labiaux; *v, v*, valve gauche de la coquille.

pose de deux feuillets, l'un direct et adhérent, l'autre réfléchi et libre. Entre ces deux feuillets, qui figurent une lame pliée par le miliéu, se trouve une cavité (*cavité intrabranchiale*) communiquant avec l'extérieur au moyen du treillis branchial. Chez les Asiphonidés, tantôt (Huîtres) les deux lobes du manteau ne sont adhérents que dans le voisinage de la charnière et laissent entre eux une large ouverture pour le passage de l'eau ;

tantôt (Moules) ils se soudent de manière à délimiter deux ouvertures dont la supérieure, plus petite, sert à la sortie de l'eau. Chez les Siphonidés, les lobes palléaux laissent entre eux trois ouvertures : l'une, antérieure, livre quelquefois passage au pied ; les deux autres postérieures, munies chacune d'un tube (*siphon*), servent, l'inférieure à l'entrée de l'eau, la supérieure à la sortie de ce liquide et des résidus digestifs.

F. Amphineures. — Chez les Placophores, les branchies constituent, de chaque côté, une rangée de lamelles foliacées, sous la gouttière du manteau. Chez les Aplacophores, les branchies, quand elles existent, sont situées dans le cloaque.

Appareil urinaire. — On a constaté, dans la plupart des classes, l'existence d'un organe rénal.

A. Céphalopodes. — Les organes urinaires sont deux (Dibranches) ou quatre (Tétrabranches) masses spongieuses appendues aux branches de la veine cave (veines afférentes des branchies) et renfermées dans deux (Dibranches) ou quatre (Tétrabranches) sacs dont chacun débouche dans la cavité palléale.

B. Ptéropodes. — Le rein est un sac impair et contractile qui débouche, soit dans la cavité palléale, soit directement au dehors.

C. Gastéropodes. — Le rein est constitué par une glande impaire (paire chez les Patelles et les Haliotides), stuiée dans le voisinage du cœur ; il s'ouvre tantôt dans la cavité branchiale, tantôt directement au dehors, près de l'anus.

D. Scaphopodes. — L'organe rénal est pair, entoure le rectum et débouche dans la cavité palléale par deux orifices spéciaux, de chaque côté de l'anus.

E. Lamellibranches. — Le rein (*organe de Bojanus*) est une masse paire de glandes parfois soudées sur la ligne médiane ; situé au-dessous du péricarde, il débouche latéralement, à la base du pied, le plus souvent par un orifice spécial, quelquefois par un orifice commun avec les organes génitaux.

F. Amphineures. — Chez les Placophores, les reins sont pairs et débouchent, de chaque côté, dans la gouttière du manteau. Chez les Aplacophores, deux tubes glandulaires, rappelant les tubes segmentaires des Vers, s'ouvrent soit isolément, soit conjointement, dans le cloaque.

Appareil reproducteur. — La reproduction est toujours sexuée, les sexes pouvant être séparés ou, au contraire, réunis sur le même individu. Excepté chez les Céphalopodes et quelques Gastéropodes, le développement s'effectue avec métamorphoses ; la larve présente habituellement un repli cutané préoral (*voile* ou *velum*) bordé de cils vibratiles et servant à la natation (*larve véligère*).

A. CÉPHALOPODES. — Dioïques. Glandes génitales im-

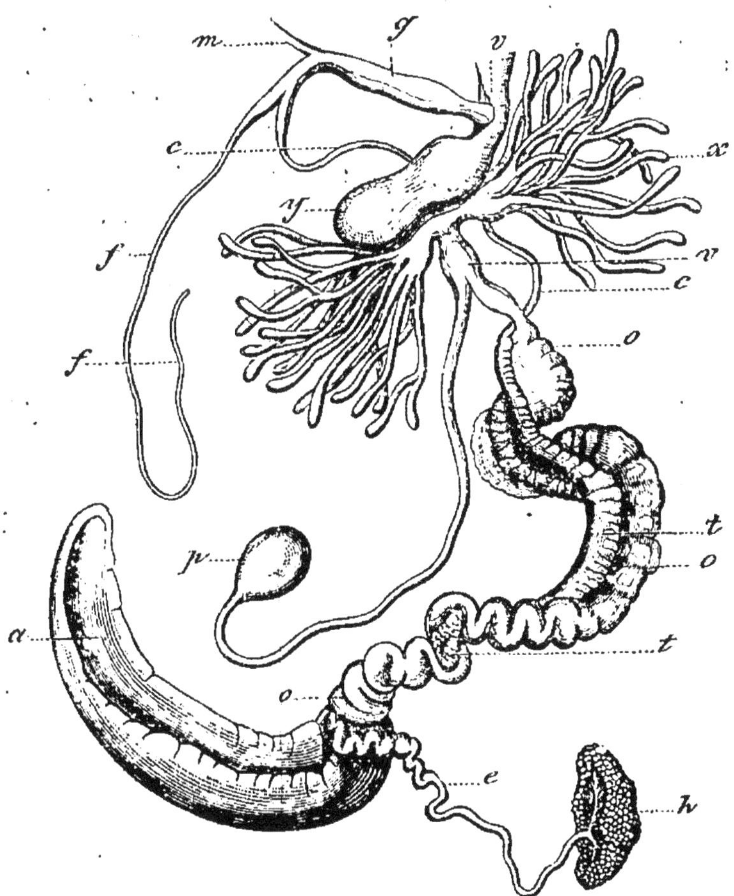

Fig. 215. — Appareil reproducteur du Colimaçon.

a, glande de l'albumine ; c, c, canal déférent ; e, canal efférent ; f, f, flagellum ; g, gaine du pénis ; h, glande hermaphrodite ; m, muscle rétracteur du pénis ; o, oviducte ; p, poche copulatrice ; t, t, gouttière déférente ; v, v, vagin ; x, vésicules multifides ; y, sac du dard.

paires, logées chacune dans un sac qui reçoit les produits sexuels. Testicule formé de cæcums ramifiés. Canal déférent sinueux, muni de glandes accessoires et d'un réservoir de spermatophores (*bourse de Needham*), terminé par un canal éjaculateur qui s'ouvre du côté gauche, à la base de l'entonnoir. Un des bras, modifié plus ou moins profondément, sert d'organe copulateur (*hectocotyle* ou *bras copulateur*) ; quelquefois (*Tremoctopus, Argonauta*) ce bras se détache et s'introduit par l'entonnoir dans la cavité palléale de la femelle. Ovaire lobé. Oviducte pair (Octopodes) ou impair (Décapodes, Nautile), s'ouvrant ordinairement à la base de l'entonnoir et muni d'une glande de l'albumine. Souvent (Décapodes, Nautile), une paire de glandes spéciales (*glandes nidamentaires*), qui sécrètent une substance visqueuse servant à agglutiner les œufs, s'ouvrent, par un court conduit, près de l'orifice génital. Œufs à segmentation partielle. L'embryon porte une vésicule vitelline qui persiste jusqu'au moment où le petit quitte l'œuf.

B. PTÉROPODES. — Monoïques. Glande hermaphrodite située près du cœur. Œufs pondus en longs cordons. Larves véligères, munies d'une coquille operculée.

C. GASTÉROPODES. — Monoïques ou dioïques. Quelques-uns vivipares. Appareil génital asymétrique. La plupart déposent leurs œufs après l'accouplement, soit isolément, soit en masses irrégulières ou en cordons.

a. *Gastéropodes dioïques* (Hétéropodes, Prosobranches). Mâles pourvus d'un pénis (Hétéropodes, Cténobranches) ou au contraire dépourvus de cet organe (Aspidobranches, Cyclobranches). Testicule caché entre les lobes de la glande digestive ; canal déférent aboutissant à la verge, près du tentacule droit. Ovaire affectant les mêmes rapports que le testicule, muni, chez les espèces vivipares, d'une dilatation (*utérus*) à l'intérieur de laquelle les œufs subissent leur développement.

b. *Gastéropodes monoïques* (Pulmonés, Opisthobranches). Union étroite ou fusion des deux glandes sexuelles (*glande hermaphrodite*) ; orifices génitaux tantôt confondus, tantôt distincts (1). Il y a accouplement. Le plus

(1) Chez le Colimaçon, la glande hermaphrodite présente un canal efférent qui vient s'ouvrir dans l'oviducte, ou il se continue avec une gouttière (*gouttière déférente*) transformée en canal incomplet par deux replis marginaux. Cette gouttière conduit le sperme ; elle se continue avec le canal déférent et celui-ci va déboucher au fond de la gaine du pénis. Les ovules parcourent l'oviducte, auquel fait suite un vagin. Les deux appareils mâle et femelle s'ouvrent à l'extérieur, par un

souvent, chacun des conjoints fonctionne à la fois comme mâle et comme femelle (Colimaçon). Cependant l'un des conjoints peut agir seulement comme mâle et l'autre comme femelle (Ancyle); ou bien un, seul et même individu est mâle pour un deuxième et femelle pour un troisième (Limnée); enfin exceptionnellement, un individu peut se féconder lui-même.

D. SCAPHOPODES. — Dioïques. Glandes sexuelles impaires. Larves véligères, munies d'une petite coquille bivalve.

E. LAMELLIBRANCHES. — Dioïques, excepté : *Pandora, Cyclas, Clavagella, Pecten, Ostrea*. Rarement vivipares. Glandes génitales situées au milieu des viscères, avec leurs orifices à la base du pied, dans le voisinage de ceux de l'organe de Bojanus ou confondus avec eux. Pas d'accouplement ; fécondation par transport des spermatozoïdes. OEufs rougeâtres ; sperme lactescent. L'ovaire et le testicule se prolongent quelquefois dans le pied ou dans les lobes du manteau ; chez les Monoïques, ces glandes peuvent être distinctes (*Pecten*) ou réunies en une glande hermaphrodite (*Ostrea*). Les œufs se développent, le plus souvent, dans le manteau ou dans les branchies de la mère ; larves véligères, généralement munies de glandes du byssus et d'une coquille d'abord impaire dont la partie médiane non calcifiée devient le ligament élastique.

F. AMPHINEURES. — Les Placophores sont dioïques. Les testicules et les ovaires forment une glande simple dont les canaux vecteurs viennent s'ouvrir, de chaque côté, dans la gouttière branchiale. La larve est munie d'abord d'une couronne ciliée et de deux taches oculaires qui disparaissent pendant que se développe la coquille multivalve ; elle a l'aspect de la larve de Lovén des Vers. Chez les Aplacophores, les sexes sont tantôt séparés (*Chœtoderma*), tantôt réunis. Les glandes sexuelles versent indirectement leurs produits au dehors, par le moyen des tubes segmentaires.

orifice génital commun. Ce double appareil a des annexes appartenant soit à la partie mâle, soit à la partie femelle. Les premières sont : 1° un long prolongement de la gaine du pénis (*flagellum*), dans lequel se forme un spermatophore (*capreolus*) ; 2° des glandes accessoires (*prostate*) ; 3° un muscle rétracteur du pénis. Les secondes sont : 1° la *glande de l'albumine ;* 2° la *poche copulatrice*, qui reçoit le spermatophore ; 3° une paire de glandes multiples (*vésicules multifides*), qui s'ouvrent dans le vagin ; 4° le *sac du dard*, dont la cavité en cul-de-sac renferme un petit stylet calcaire (*dard*). Ce dernier est un organe excitateur qui n'existe guère que chez les Colimaçons et quelques Doris.

Appareil locomoteur. — Épiderme présentant souvent des cils vibratiles et, chez les Amphineures, des poils chitineux ou des spicules calcaires. Derme uni à la couche musculaire sous-jacente (*enveloppe musculo-cutanée ;* renfermant quelquefois (Céphalopodes) des corpuscules pigmentaires (*chromatophores*). Ceux-ci sont entourés de prolongements fibrillaires de nature conjonctive (R. BLANCHARD; P. GIROD); leurs mouvements d'expansion dépendent exclusivement de la contraction des muscles de la peau, et produisent des changements de couleur. Des glandes cutanées très simples sécrètent tantôt une matière visqueuse, comme par exemple celle qui laisse une traînée brillante après le passage des Limaces, tantôt un mucus riche en calcaire, qui produit, en se desséchant, le couvercle (*épiphragme*) qu'on observe en hiver, à l'entrée de la coquille des Colimaçons. Une glande spéciale aux Lamellibranches (*glande byssogène*), située à la face inférieure du pied, sécrète, chez la plupart d'entre eux, une matière analogue à la soie. Cette matière se solidifie au contact de l'eau et produit ainsi un paquet de filaments adhésifs (*byssus*) servant à l'Animal, soit pour se fixer, soit pour construire une espèce de nid. Chez quelques Prosobranches (*Murex, Purpura*), il existe, dans la chambre branchiale, une glande particulière dont la sécrétion prend, sous l'influence de la lumière solaire, une belle couleur rouge ou violette (*pourpre*). Chez quelques Opisthobranches, la peau renferme des cellules urticantes (*nématocystes*) analogues à celles qu'on observe chez les Cœlentérés. Parmi les dépendances du tégument, les plus importantes sont le *pied*, les *ventouses*, le *manteau* et la *coquille*.

A. PIED. — Organe plus ou moins saillant, situé à la face inférieure du corps. On lui considère généralement trois parties impaires (*propodium, mésopodium, métapodium*) et une partie paire (*épipodium*).

a. *Céphalopodes.* — La couronne de bras paraît correspondre à la partie antérieure du pied et l'entonnoir aux lobes soudés de l'épipodium.

b. *Ptéropodes.* — Le pied présente un lobe impair atrophié et deux gros lobes latéraux qui, formés par l'épipodium, constituent deux nageoires aliformes.

c. *Gastéropodes.* — Le pied peut être déprimé ou comprimé. Dans le premier cas, il est ambulatoire (Platypodes) et souvent muni, à sa partie postérieure, d'un couvercle cornéo-calcaire (*opercule*), servant à fermer l'ouverture de la coquille, lorsque l'animal s'y est retiré.

Dans le second cas, le pied est natatoire, avec un méta-pódium caudiforme (Hétéropodes).

d. *Scaphopodes*. — Pied trilobé.

c. *Lamellibranches*. — Pied très variable de forme, servant au Mollusque, soit à se mouvoir, soit à s'enterrer dans la vase ou le sable; le plus souvent muni d'un byssus; quelquefois rudimentaire ou nul (*Ostrea, Anomia*).

f. *Amphineures*. — Pied ventral aplati chez les Placophores, remplacé par un sillon longitudinal chez les Aplacophores.

B. Ventouses. — Elles s'observent chez les Céphalopodes dibranches, les Ptéropodes et les Hétéropodes.

a. *Céphalopodes.* — Les ventouses occu-

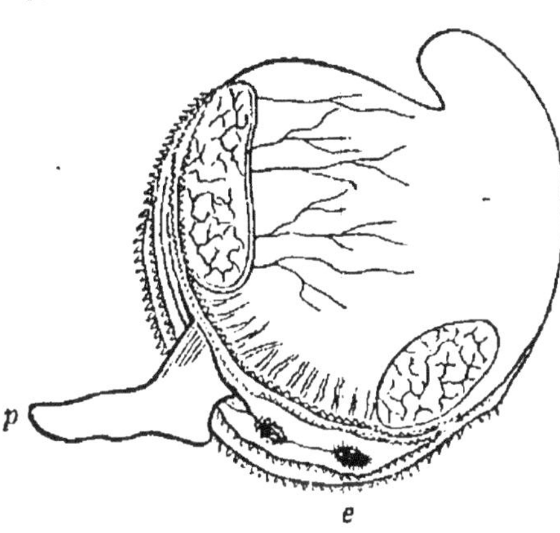

Fig. 216. — Un Lamellibranche (Came) dé-pouillé de sa coquille.

On voit la section des deux muscles adduc-teurs de la coquille, le pied *p*, les deux orifices respiratoires servant, l'un *i* à l'entrée de l'eau, l'autre *e* à la sortie de ce liquide et des excréments.

pent la face interne des bras; celles des Octopodes sont généralement sessiles et ont la forme d'une cupule musculeuse présentant au milieu un rétrécissement annulaire; celles des Décapodes sont pédonculées, caliciformes, à paroi doublée d'un anneau corné et à fond muni d'un piston musculaire saillant. La fixation de la ventouse s'effectue très rapidement; elle comprend trois temps : 1° l'application du bord; 2° l'abaissement du fond; 3° le soulèvement du fond. Chez quelques Décapodes (*Onychoteu-this*, etc.), les bras tentaculaires sont munis de crochets qui proviennent des anneaux cornés de ventouses trans-formées.

b. *Ptéropodes et Hétéropodes*. — Les ventouses qu'on observe sur les bras de quelques Ptéropodes (*Pneumo-dermon*) et sur le pied des Hétéropodes sont de simples cupules musculeuses.

C. Manteau. — Portion du tégument qui se détache plus ou moins du reste du corps, en formant un repli dont le bord libre est épaissi. L'espace compris entre le manteau et le corps est désigné sous le nom de *cavité palléale*.

a. *Céphalopodes*. — Manteau en forme de sac portant, chez les Décapodes, des appendices latéraux (*nageoires*).

b. *Ptéropodes*. — Manteau sacciforme (Thécosomes) ou nul (Gymnosomes).

c. *Gastéropodes*. — Manteau de forme variée, formant le plus souvent, sur la nuque, une cavité palléale.

d. *Scaphopodes*. — Manteau en forme de sac, ouvert aux deux extrémités.

e. *Lamellibranches*. — Le manteau est bilobé et recouvre l'Animal, comme la couverture d'un livre; il présente des cils vibratiles sur sa face interne. Généralement, les deux lobes du manteau sont soudés de façon à former deux fentes (Asiphonidés) ou deux siphons (Siphonidés) servant à la respiration.

f. *Amphineures*. — Chez les Placop ores, manteau cutiforme, à bords libres, formant de chaque côté, avec le corps, une gouttière palléale. Pas de manteau distinct, chez les Aplacophores.

D. COQUILLE. — Production solide du manteau. Constituée essentiellement par du calcaire uni à du pigment et à une matière organique azotée (*conchyolioline*) voisine de la chitine. Habituellement tapissée, à l'intérieur, d'une couche de nacre, elle est recouverte extérieurement d'une cuticule (*drap marin*) laissant souvent à nu la substance fondamentale (*test*). Le test est sécrété par les bords du manteau et constitué par des prismes perpendiculaires aux faces de la coquille. La nacre est sécrétée par la surface même du manteau; elle a un éclat spécial dû à des stries très fines et ondulées qui, en décomposant la lumière, produisent

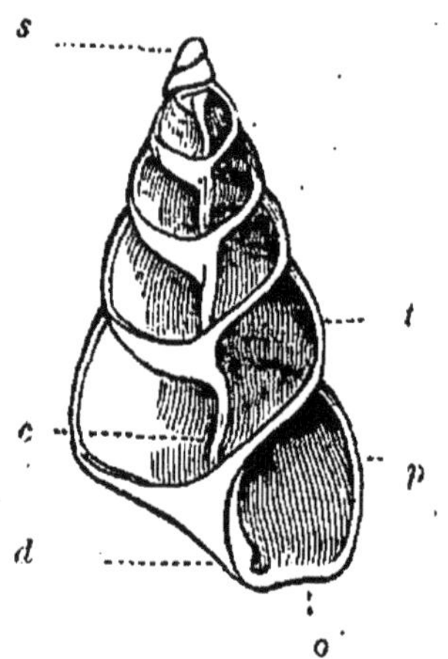

Fig. 217. — COUPE D'UNE COQUILLE TURBINÉE.

On voit la columelle *c* allant du sommet *s* de la coquille à son ouverture *o*; le péristome. *p* présente une dent *d* au bas de la columelle; *t*, avant-dernier tour de spire.

les phénomènes optiques de l'irisation. Les perles sont des corps de même nature que la nacre; elles se développent, chez certains Lamellibranches, autour d'un noyau

constitué soit par des corps étrangers, soit par la substance même de l'épiderme. Tantôt la coquille contient
l'Animal (*coquille externe*), qui alors est dit *testacé ;* tantôt elle est cachée dans le manteau (*coquille interne*), ou
fait complètement défaut : dans ces deux derniers cas,
on dit que le Mollusque est *nu.*

  a. *Céphalopodes.* — L'Argonaute et le Nautile ont seuls
une coquille externe ; les autres sont nus, avec ou sans
coquille interne.

  b. *Ptéropodes.* — La coquille n'existe que chez les Thécosomes ; elle est univalve, symétrique, translucide, composée d'une plaque dorsale et d'une plaque ventrale.

  c. *Gastéropodes.* — Tous, même ceux qui sont nus à
l'âge adulte, ont une coquille à l'état larvaire. Celle-ci,
toujours univalve, est le plus souvent externe et enroulée en hélice (*coquille turbinée*) autour d'un axe (*columelle*) quelquefois muni à sa base d'un orifice extérieur
(*ombilic*). L'*ouverture* de la coquille est le plus souvent
à droite, rarement à gauche (*coquille sénestre* ou *per-
verse*); son bord (*péristome*) est très variable, il peut
être entier, échancré ou même prolongé en un canal
plus ou moins long (*siphon*). Le *sommet* de la coquille
est généralement en pointe ; cependant, chez quelques
espèces, il peut être tronqué (*coquille tronquée*). On désigne sous le nom de *suture* la jonction des tours de
spire ; elle n'existe pas chez quelques coquilles à tours
de spire écartés (*coquilles scalariformes*). Quelquefois,
les tours de la coquille sont à peu près dans le même
plan (*coquille discoïde*). Quand la coquille est interne,
elle est petite, incolore et plus ou moins aplatie.

  d. *Scaphopodes.* — Coquille bivalve chez la larve,
conique et ouverte aux deux extrémités chez l'adulte.

  e. *Lamellibranches.* — Tous ont une coquille à deux
valves, l'une droite, l'autre gauche, articulées par une
charnière et reliées par un *ligament élastique* qui produit l'ouverture de la coquille. Celle-ci se ferme par le
moyen d'un (*Monomvaires*) ou de deux (*Dimvaires*)
muscles adducteurs qui laissent, à la surface interne de
la coquille, des traces de leurs insertions (*impressions
musculaires*). Cette surface présente encore, à la place
qu'occupaient les bords du manteau, une empreinte
(*impression palléale*) tantôt entière (*coquille intégropalléale*), tantôt munie d'une échancrure (*sinus palléal*)
produite par les siphons respiratoires (*coquille sinupalléale*). Quant à la surface externe, elle est souvent
marquée de côtes qui rayonnent du sommet vers la cir-

conférence, ou de lignes concentriques correspondant aux diverses zones d'accroissement. La charnière est

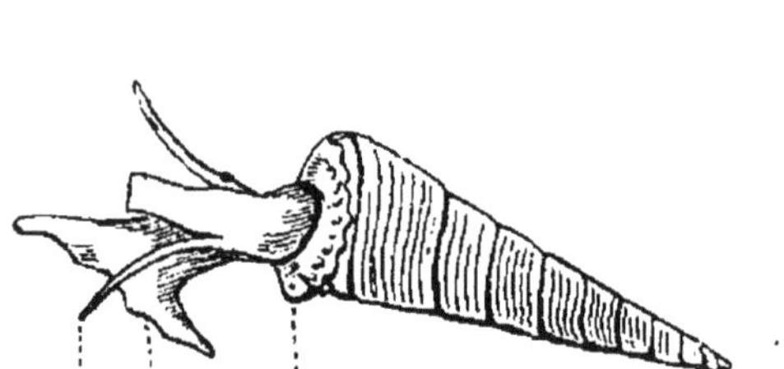

Fig. 219. — TURRITELLE.

Coquille sans siphon ; *m*, manteau ; *p*, pied ; *t*, tentacules.

Fig. 218. — VALVÉE.

Coquille discoïde.

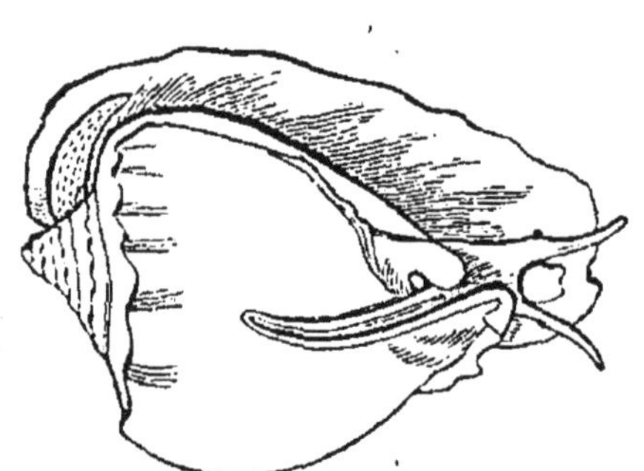

Fig. 220. — CASQUE.

Coquille munie d'un siphon. Le pied porte un opercule en arrière.

Fig. 221. — VERMET.

Coquille scalariforme.

située au sommet (*crochet*) des valves ; elle est pourvue de dents qui s'engrènent, les unes centrales (*dents cardinales*), les autres latérales (*dents latérales*). Générale-

ment, en avant des crochets, une dépression (*lunule*);
derrière eux, une autre dépression (*écusson*). Les deux
valves peuvent être égales (*coquille équivalve*) ou inégales (*coquille inéquivalve*); leurs bords antérieur ou
buccal et postérieur ou anal peuvent être égaux (*coquille*

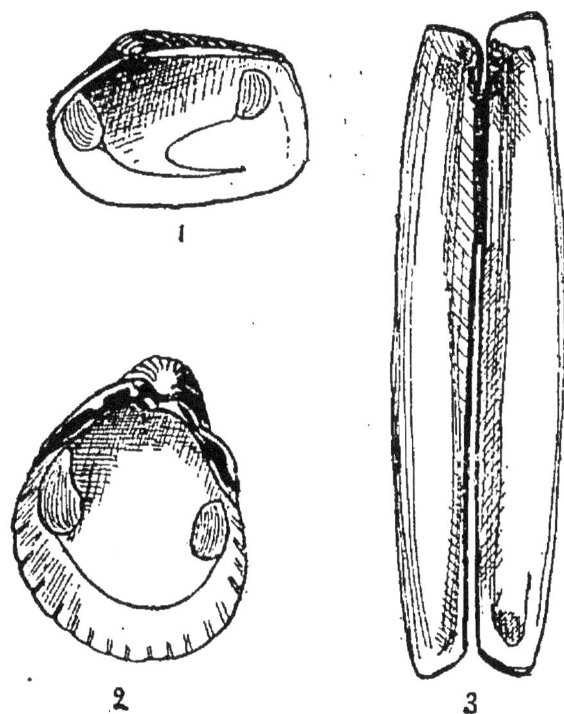

Fig. 222. — COQUILLES DE LAMELLIBRANCHES.

1, intérieur de la valve droite d'une coquille de *Venus*, dimyaire
inéquilatérale, sinupalléale; 2, intérieur de la valve droite d'une
coquille de *Cardium*, dimyaire, équilatérale, intégropalléale;
3, intérieur d'une coquille de *Solen*, dimyaire, équivalve, inéquilatérale, bâillante, montrant des dents à la charnière et une impression palléale rudimentaire.

équilatérale) ou inégaux (*coquille inéquilatérale*); enfin,
quand la coquille est fermée, tantôt les valves s'appliquent exactement l'une contre l'autre (*coquilles closes*),
tantôt elles s'écartent sur certains points (*coquilles bâil-
lantes*) laissant passer le pied ou les siphons. La plupart

des Dimyaires ont une coquille équivalve s'enfonçant plus ou moins verticalement dans le sable ou la vase (*Orthoconques*); au contraire, les Monomyaires ont presque toujours une coquille inéquivalve reposant sur le sol par une de ses faces (*Pleuroconques*).

f. *Amphineures.* — La coquille des Placophores est composée de huit plaques calcaires disposées transversalement les unes derrière les autres, de manière que le bord postérieur de chacune d'elles recouvre le bord antérieur de la suivante. Cette coquille est rarement recouverte par le manteau (*Cryptochiton*); elle est en partie perforée pour le passage d'organes tactiles, et présente même, chez quelques espèces, de véritables yeux. Pas de coquille chez les Aplacophores.

Système nerveux. — Les nerfs partent de trois paires de ganglions principaux et d'un nombre variable de ganglions accessoires. Les trois paires de ganglions principaux sont : 1° les *ganglions cérébroïdes* ou *sus-œsophagiens*, qui donnent naissance aux nerfs optique, auditif, olfactif, labial; 2° les *ganglions pédieux* ou *sous-œsophagiens*, qui innervent le pied ou les bras; 3° les *ganglions viscéraux* ou *branchiaux*, qui fournissent des branches au manteau, aux branchies et aux viscères. Ces trois ganglions sont réunis entre eux par des commissures et des connectifs. Lorsqu'il existe une masse buccale, il y a deux *ganglions buccaux* qui se rattachent aux cérébroïdes (*système stomato-gastrique*).

A. CÉPHALOPODES. — Les trois groupes de ganglions principaux forment un agrégat qui entoure l'œsophage et est plus ou moins complètement logé dans un anneau cartilagineux (*cartilage céphalique*). La portion sus-œso-

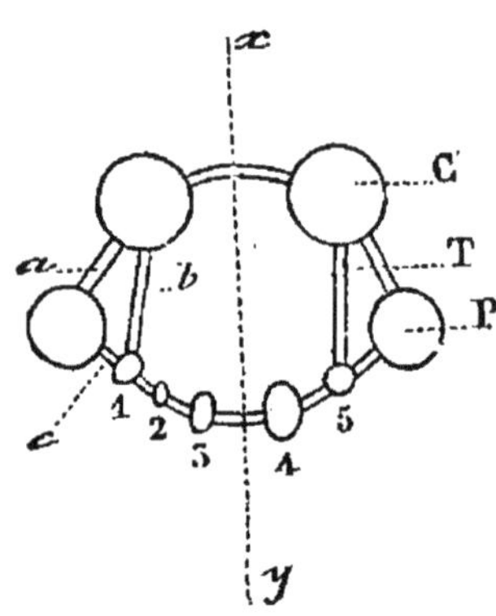

Fig. 223. — CENTRES NERVEUX D'UN GASTÉROPODE (Limnée).

Les deux ganglions pédieux P ont été séparés sur la ligne médiane et rejetés sur les côtés ; C, ganglions cérébroïdes ; T, triangle latéral limité par les trois connectifs a, b, c; 1, 5, ganglions pleuraux ou commissuraux ; 2, 3, 4, autres ganglions du centre viscéral ; x, y, ligne de symétrie.

phagienne comprend des lobes labiaux antérieurs et un lobe central en rapport avec les lobes optiques. La portion sous-œsophagienne est composée elle-même de trois parties (*ganglion brachial; ganglion pédieux; ganglion viscéral*, auquel se rattache le *ganglion étoilé du manteau*). Le stomato-gastrique présente un *ganglion stomacal*, en outre des ganglions buccaux.

B. PTÉROPODES. — Le système nerveux se rapproche de celui des Gastéropodes Opisthobranches.

C. GASTÉROPODES. — Le système nerveux est moins fusionné que celui des Céphalopodes. Les trois groupes fondamentaux de ganglions sont réunis entre eux par des filets nerveux formant, de chaque côté, un *triangle latéral;* le centre viscéral est asymétrique et formé ordinairement de cinq ganglions (LACAZE-DUTHIERS).

D. SCAPHOPODES. — Système nerveux ne différant guère de celui des Lamellibranches.

E. LAMELLIBRANCHES. — Système nerveux symétrique. Ganglions cérébraux ordinairement très petits et reliés par une commissure; ganglions pédieux situés dans la partie antérieure de l'abdomen, réunis entre eux par une commissure et avec les ganglions cérébroïdes par des connectifs; ganglions ventraux très développés, situés sur la face ventrale du muscle adducteur postérieur des

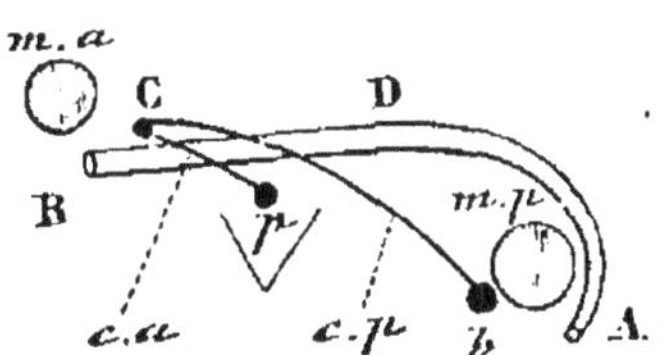

Fig. 224. — SYSTÈME NERVEUX D'UN LA-MELLIBRANCHE (vu de profil).

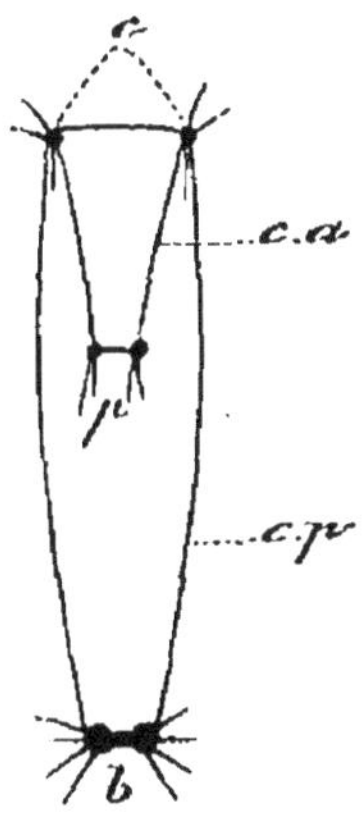

Fig. 225. — SYSTÈME NER-VEUX D'UN LAMELLIBRANCHE (vu de face).

A, anus; B, bouche; *b*, ganglions branchiaux; *c*, ganglions cérébroïdes; *c, a*, collier antérieur; *c, p*, collier postérieur; *d*, tube digestif; *m, a*, muscle adducteur antérieur; *m, p*, muscle adducteur postérieur; *p*, ganglions pédieux.

valves, réunis entre eux et reliés aux cérébroïdes. Les commissures et les connectifs qui réunissent les ganglions cérébroïdes aux pédieux et aux viscéraux forment, autour du tube digestif, deux colliers nerveux : le *petit collier* ou *collier antérieur* et le *grand collier* ou *collier postérieur*.

F. AMPHINEURES. — Collier œsophagien complexe, d'où partent deux troncs ganglionnaires latéraux et deux troncs ganglionnaires pédieux. Cerveau distinct (Aplacophores) ou indistinct (Placophores).

Organes des sens. — Le sens du tact paraît siéger dans les tentacules et les lèvres. Sens du goût encore peu étudié ; chez les Hétéropodes, il existe, de chaque côté de la cavité buccale, des boutons gustatifs recevant chacun une fibre nerveuse. Sens olfactif représenté par des organes ciliés, soit en arrière des yeux (Céphalopodes), soit à la base des branchies (Gastéropodes branchifères), soit dans le voisinage de l'orifice respiratoire (Gastéropodes pulmonés), soit entre l'anus et l'extrémité postérieure du pied (Lamellibranches). Organes auditifs constitués par des vésicules (*otocystes*) remplies d'un liquide au milieu duquel des corpuscules calcaires (*otolithes*) sont mis en mouvement par des cils vibratiles ou des prolongements flagelliformes (*soies auditives*) de la paroi. Une paire d'otocystes existe généralement dans le voisinage des ganglions pédieux. Une paire d'yeux très développés, sur les côtés de la tête, chez les Céphalopodes ; chez quelques-uns (Oïgopsidés), la cornée manque et l'eau de mer vient baigner le cristallin. Ce dernier organe paraît même faire défaut chez le Nautile. Yeux rudimentaires ou nuls, chez les Ptéropodes ; situés généralement à la base ou à la pointe des tentacules, chez les Gastéropodes ; faisant complètement défaut chez les Scaphopodes et les Amphineures (excepté chez quelques Placophores qui en présentent sur la coquille) ; existant sur le centre nerveux céphalique des Lamellibranches à l'état larvaire, mais disparaissant à l'âge adulte. On observe cependant, sur le bord du manteau de quelques Lamellibranches, des taches de pigment (*Arca, Pectunculus*) ou même de petits boutons colorés soit en vert, soit en rouge (*Pecten, Spondylus*) et pourvus d'un cristallin ainsi que d'une rétine en rapport avec les nerfs du manteau.

§ I. — *Classe des Céphalopodes.*

CÉPHALOPODES (κεφαλή, tête ; πούς, pied). — *Mollusques pourvus d'une tête distincte présentant une couronne de bras autour de la bouche.*

Les plus élevés des Mollusques. Se rapprochent des Vertébrés par l'existence d'un cartilage céphalique et la concentration de leur système nerveux. Bras servant aussi bien à ramper qu'à saisir une proie. A l'entrée de la cavité palléale, un entonnoir membraneux, pour la sortie de l'eau et des excréments. Animaux marins, nocturnes, carnassiers, se nourrissant principalement de Poissons, de Mollusques et de Crustacés.

Dibranches ou **Acétabulifères** (*acetabulum*, gobelet). — *Deux branchies.*

Bras munis de ventouses. Entonnoir entier. Dans le voisinage de la glande digestive, une poche (*poche du noir*), composée d'une glande et d'un réservoir, s'ouvre, près de l'anus, par un orifice entouré d'un sphincter; elle renferme une liqueur noirâtre que l'Animal projette pour obscurcir l'eau, et se dérober en cas d'attaque. L'encre de la Seiche était autrefois employée pour la préparation de la couleur connue sous le nom de « sépia ».

A. OCTOPODES. — *Huit bras.*

Corps ovoïde, généralement dépourvu de nageoires latérales. Yeux fixes. Oviducte double. Ventouses dépourvues de cercle corné, sessiles ou pédonculées.

Fig. 226. — POULPE.

A. Monocotylides (μόνος, seul; κοτύλη, creux). — *Ventouses sur un seul rang.*

Cirrhoteuthes (*Cirrhoteuthis*). — Corps muni de deux nageoires; bras pourvus de cirres. — Elédones (*Eledone*). Sans nageoires ni cirres. Deux espèces méditerranéennes, mangées par les pêcheurs : *E. moschata*, à forte odeur de musc; *E. Aldrovandi*, de taille plus grande, sans odeur musquée.

B. *Polycotylides* (πολύς, nombreux). — *Ventouses sur deux (exceptionnellement trois) rangs.*

Poulpes ou Pieuvres (*Octopus*). Ventouses sessiles; Animaux comestibles. — Parasires (*Parasira*). Ventouses pédonculées; femelles sans coquille. — Argonautes (*Argonauta*). Ventouses pédonculées; mâles petits et nus; femelles grandes, munies d'une coquille mince, symétrique, uniloculaire, sécrétée par la surface des deux bras dorsaux dilatés, servant de support aux œufs, ne tenant pas au corps par des muscles. — *Tritoxeopus.* Ventouses sur trois rangs; Australie.

B. DÉCAPODES. — *Huit bras sessiles et une paire de longs bras tentaculaires à extrémité renflée* (massue).

Corps oblong, muni d'une paire de nageoires latérales. Yeux mobiles. Oviducte simple. Ventouses pédonculées, pourvues d'un cercle corné, simple ou denticulé.

A. *Chondrophores* (χόνδρος, cartilage; φορός, porteur). — *Une coquille interne, fibreuse* (gladius *ou* calamus). *Cornée ouverte ou entière.*

a. *Oïgopsidés* (οιγεῖν, ouvrir; ὄψεις, yeux). — Yeux à cornée ouverte, laissant passer l'eau de mer.

Chiroteuthes (*Chiroteuthis*). Bras tentaculaires démesurément longs. — Onychoteuthes (*Onychoteuthis*). Bras tentaculaires armés de crochets. — Architeuthes (*Architeuthis*). De taille colossale.

b. *Myopsidés* (μυεῖν, fermer). — Yeux à cornée entière.

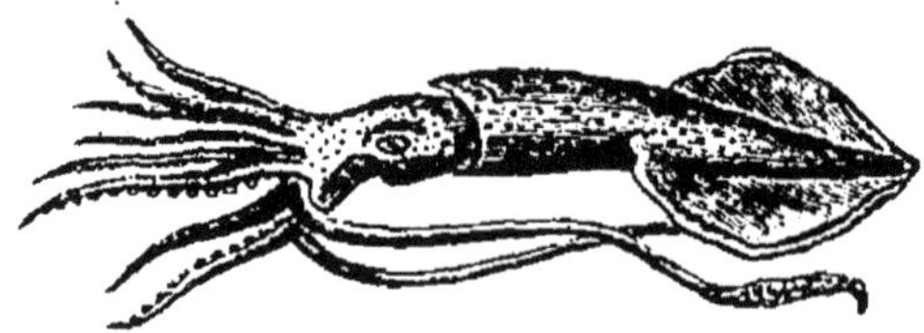

Fig. 227. — CALMAR.

Sépioles (*Sepiola*). Corps court, à nageoires étroites, arrondies; comestibles. — Calmars ou Encornets (*Loligo*).

Corps allongé, à nageoires terminales triangulaires, formant un losange par leur réunion; gladius en forme de plume d'oie; œufs disposés en ramifications autour d'un

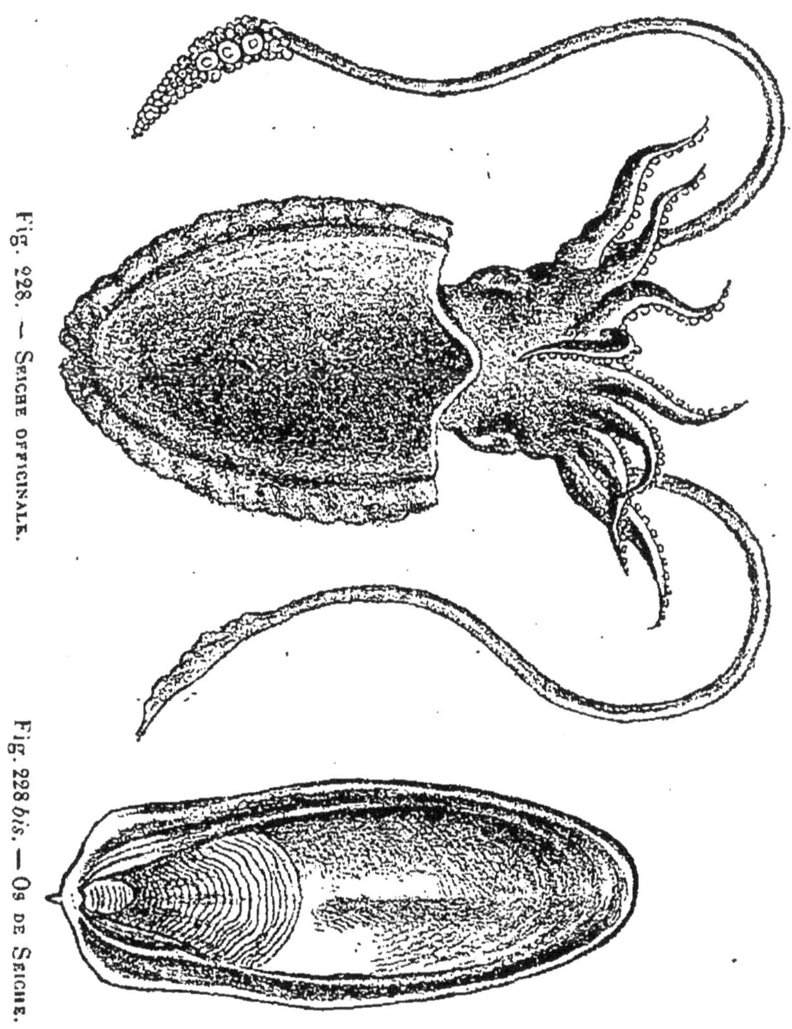

Fig. 228. — Seiche officinale.

Fig. 228 bis. — Os de Seiche.

point central; appelés « Seiches rouges » par les pêcheurs d'Arcachon et « Chipirones » par les Basques; mets délicat.

B. *Sépiophores* (σήπιον, os de Seiche). — *Une coquille*

interne (sépion) calcaire, présentant des vacuoles. Cornée entière.

Seiches (*Sepia*). Nageoires latérales aussi longues que le corps; bras à quatre rangs de ventouses; œufs fixés sur les plantes marines, « raisins de mer »; sépion convexe en avant, terminé en arrière par une pointe saillante (*mucro*). L'espèce commune (*S. officinalis*) est

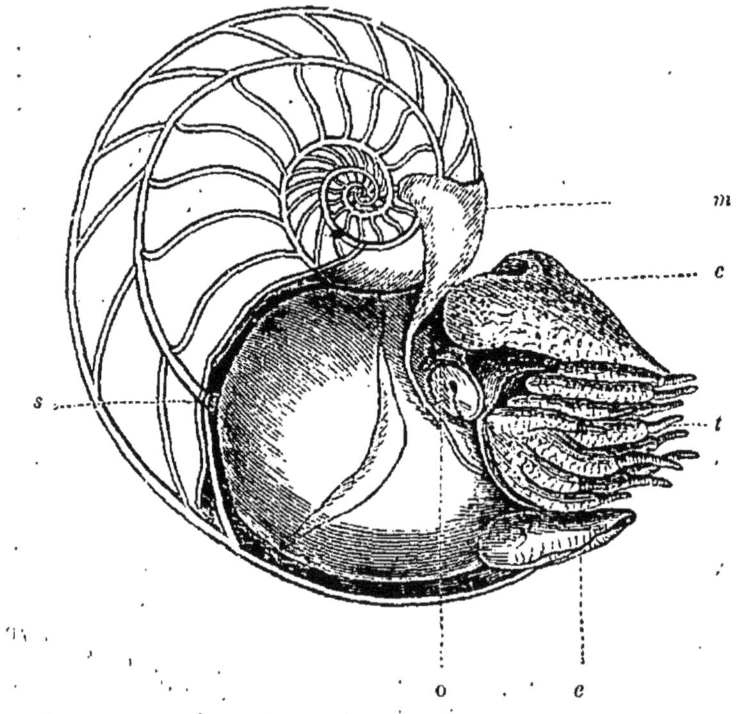

Fig. 229. — NAUTILE.

c, capuchon; e, entonnoir; m, manteau; o, œil; s, siphon; t, tentacules.

comestible; son sépion (*os de Seiche*), employé autrefois en pharmacie, entre dans la composition de plusieurs poudres dentifrices et de la poudre de sandaraque; on le place souvent dans la cage des Oiseaux, pour leur aiguiser le bec et surtout pour leur fournir le calcaire nécessaire à la fabrication de la coquille de leurs œufs.

C. *Phragmophores* (φράγμα, cloison). — *Une coquille cloisonnée et enroulée. Cornée entière.*

Spirules (*Spirula*). Coquille placée verticalement à la partie postérieure du corps, munie d'un siphon qui traverse les cloisons ; appelées vulgairement « cornets de postillon » ; des Tropiques ; amenées sur nos plages de l'Océan par le Gulf-Stream.

Tétrabranches ou **Tentaculifères**. — *Quatre branchies.*

Bras remplacés par des tentacules nombreux, dépourvus de ventouses et rétractiles. Entonnoir fendu en dessous. Pas de poche à encre. Une coquille extérieure, enroulée en spirale, cloisonnée intérieurement, composée de plusieurs chambres (*coquille polythalame*), dont la dernière seule est occupée par l'Animal. Celui-ci a sa face ventrale tournée du côté convexe de la coquille ; son manteau adhère à l'ancien test par un pédoncule tubulaire (*siphon*) qui traverse les cloisons.

Nautiles (*Nautilus*). Seul genre actuellement vivant ; Océan Pacifique.

§ II. — *Classe des Ptéropodes.*

PTÉROPODES. — *Mollusques pourvus d'une paire de nageoires aliformes.*

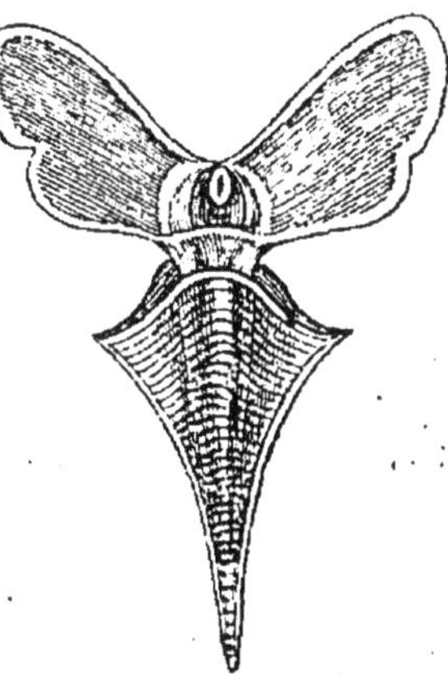

Fig. 230. — CLÉODORE.

Petits Mollusques pélagiques, à tête souvent peu distincte, portant une ou deux paires de bras, pourvus de deux nageoires aliformes au moyen desquelles ils volent, pour ainsi dire, dans l'eau.

Gymnosomes (γυμνός, nu ; σῶμα, corps). — *Corps nu.*

Pneumodermes (*Pneumodermon*). Deux bras protractiles munis de ventouses. — Clios (*Clio*). Pas de bras protractiles.

Thécosomes (θήκη, étui). — *Une coquille extérieure.*

Cymbulies (*Cymbulia*). Coquille gélatineuse, en forme

de pantoufle. — Cavolinies (*Cavolinia*). Coquille globuleuse; nageoires trilobées. — Cléodores (*Cleodora*). Coquille triangulaire; nageoires bilobées.

§ III. — *Classe des Gastéropodes.*

GASTÉROPODES (γαστήρ, ventre; πού;, pied). — *Mollusques pourvus d'une tête et d'un pied ventral.*

Tête munie de tentacules. Pied déprimé (Platypodes) ou comprimé (Hétéropodes), rarement nul (*Phyllirhoe*), portant le plus souvent, chez les Prosobranches, à sa partie postérieure, une pièce cornée ou calcaire (*opercule*), qui sert à fermer l'ouverture de la coquille. Celle-ci est tantôt spirale, tantôt conique, tantôt scutiforme; généralement externe et bien développée, elle est quelquefois interne et petite, rarement nulle. Carnivores ou herbivores.

GASTÉROPODES	Pied déprimé, ambulatoire (*Platypodes*).	Monoïques.	Respiration aérienne . PULMONÉS.
			Respiration aquatique. OPISTHOBRANCHES.
		Dioïques......................	PROSOBRANCHES.
	Pied comprimé natatoire. Dioïques;...........		HÉTÉROPODES.

Pulmonés. — *Platypodes monoïques, à respiration aérienne.*

Le plus souvent terrestres ou d'eau douce; rarement marins ou des eaux saumâtres. Coquille de forme variable, à bord toujours entier, sans nacre à l'intérieur. Un seul genre operculé (*Amphibola*); un seul genre muni d'une branchie, en outre du poumon (*Siphonaria*); tous deux des eaux saumâtres.

A. STYLOMMATOPHORES (στύλος, colonne; ὄμματα, yeux).— *Yeux à l'extrémité de deux tentacules rétractiles.*

Pulmonés terrestres, excepté les Oncidies. Quatre tentacules rétractiles, deux antérieurs ou inférieurs, courts, servant d'organes tactiles, deux postérieurs ou supérieurs, plus longs, portant les yeux. En général végétariens.

A. *Symphysotrèmes* (συμφυεῖν, réunir; τρῆμα, trou). — *Orifices génitaux confondus ou contigus.*

Fig. 231. — TESTACELLE.

La coquille est située en arrière; l'orifice respiratoire est au-dessous.

a. *Agnathes.* — Pas de mâchoire.

Testacelles (*Testacella*). Une petite coquille auriforme; se nourrissent de substances animales.

b. *Gnathophores.* — Une mâchoire.

Limaces (*Limax*). Coquille rudimentaire (*limacelle*), placée sous un épaississement du manteau (*bouclier*). — Arions (*Arion*). Sans coquille distincte. La Limace rouge

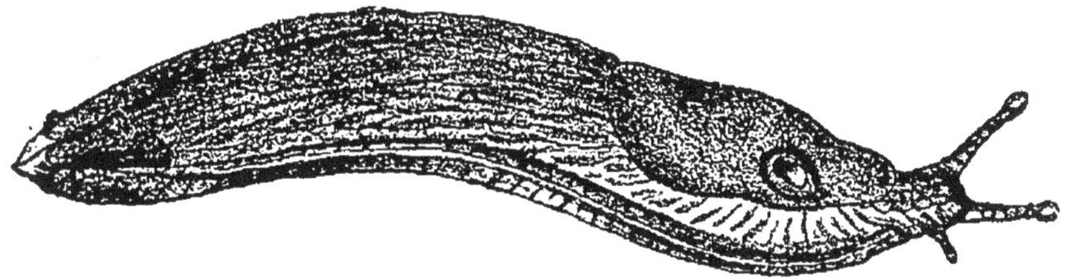

Fig. 232. — LIMACE ROUGE.

On voit l'orifice respiratoire sur le côté droit du bouclier.

(*Arion empiricorum*) était employée autrefois contre les affections de poitrine. — Colimaçons ou « Escargots » (*Helix*). Coquille spiralée, pouvant contenir l'animal entier. L'Hélice vigneronne ou « Escargot de Bourgogne » (*H. pomatia*), la plus grosse Hélice de France, se mange en hiver, quand elle a fermé l'ouverture de sa coquille avec un épiphragme. Elle manque dans le Midi, où elle est remplacée, comme aliment, par l'Hélice chagrinée ou « Limaçon » (*H. aspersa*). La chair des Escargots sert à faire un bouillon estimé et diverses préparations pectorales; leur mucilage renferme une huile odorante (*hélicine*). Certaines plantes rendent les Escargots indigestes (Buis) et même vénéneux (Belladone). — Bulimes (*Bulimus*). Sortes d'Hélices à coquille allongée, dont une espèce (*B. truncatus*) est à coquille tronquée. — Maillots (*Pupa*). Coquille cylindrique. — Clausilies (*Clausilia*).

Coquille sénestre, fusiforme, dont l'ouverture est fermée par une plaque calcaire mobile (*clausilium*).

B. Chorisotrèmes (χωριζεῖν, séparer). — *Orifices génitaux éloignés.*

Vaginules (*Vaginula*). Limaces des pays chauds; sans coquille; terrestres. — Oncidies (*Oncidium*). Sans coquille; au bord de la mer ou dans les estuaires.

B. BASOMMATOPHORES (βάσις, base). — *Yeux à la base de deux tentacules non rétractiles.*

Pulmonés aquatiques à deux tentacules; toujours testacés; venant fréquemment respirer l'air à la surface de l'eau.

A. *Hygrophyles* (ὑγρός, humide; φιλεῖν, aimer). — *Tentacules libres.*

Auricules (*Auricula*). Des lieux humides. — Limnées

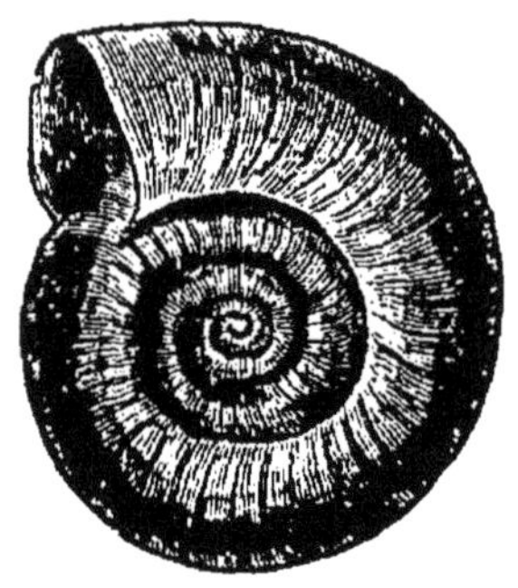

Fig. 233. — Limnée.　　　　Fig. 234. — Planorbe.

(*Limnæa*). Coquille mince, spirale; des eaux douces. *L. truncatulus*, héberge la larve de la Douve hépatique. — Planorbes (*Planorbis*). Coquille mince, discoïde; des eaux douces. — Physes (*Physa*). Coquille sénestre; des eaux douces.

· B. *Thalassophiles* (1) (θάλασσα, mer). — *Tentacules soudés avec les téguments.*

Siphonaires (*Siphonaria*)*. Dipneustes. — Amphiboles (*Amphibola*)*. Un opercule.

Opisthobranches (ὄπισθεν, par derrière; βράγχια,

____
(1) Le nom latin des espèces marines est marqué d'un astérisque.

branchies). — *Platypodes monoïques, à respiration aquatique.*

Gastéropodes marins, à respiration branchiale ou cutanée. Branchies situées sur le dos ou sur les côtés, à la partie postérieure du corps. Appelés « Limaces de mer »

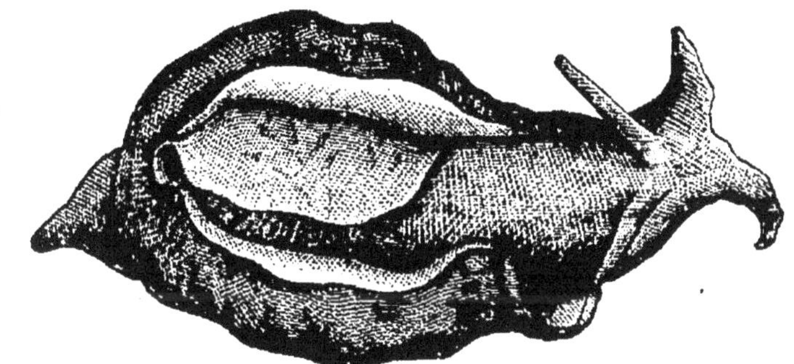

Fig. 235. — Aplysie.

On voit les branchies sur le côté droit du dos, sous un repli du manteau qui laisse apercevoir la coquille située dans son épaisseur et recouverte en outre par deux lobes réfléchis du pied.

à cause de leur forme; leur coquille, lorsqu'elle existe, est petite et cachée plus ou moins complètement. Pas d'opercule, excepté chez *Actæon*.

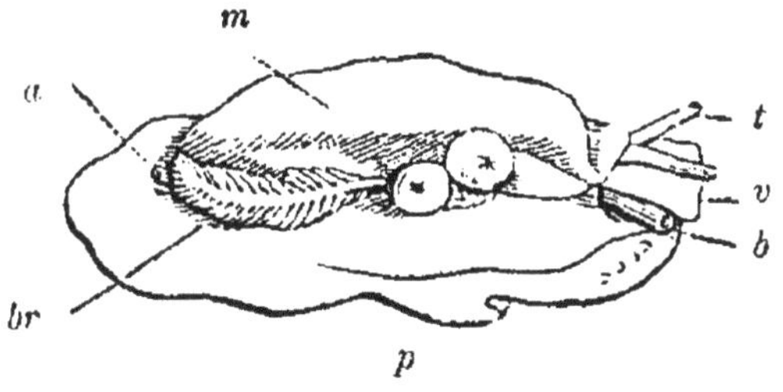

Fig. 236. — Pleurobranche.

a, anus; *b*, bouche et trompe; *m*, manteau relevé pour montrer la branchie *br* et les deux orifices génitaux; *p*, pied; *t*, tentacules; *v*, voile.

A. Tectibranches (*tectus*, couvert). — *Branchies latérales, recouvertes par la coquille ou le manteau.*

Actéons (*Actæon*)*. Coquille spiralée. — Bulles (*Bulla*)*. Coquille ventrue. — Aplysies ou « Lièvres de mer » (*Aplysia*)*. Coquille interne; quatre tentacules dont deux labiaux et deux cervicaux, ceux-ci longs, en forme d'oreilles. — Ombrelles (*Umbrella*) *. Coquille externe, orbiculaire. — Pleurobranches (*Pleurobranchus*) *. Coquille interne.

B. Nudibranches (*nudus*, nu). — *Branchies dorsales ou nulles, toujours à nu. Pas de coquille.*

Fig. 237. — Éolide.

Éolides (*Æolis*)*. Branchies dorsales papilleuses. — Doris (*Doris*)*. Branchies plumeuses, autour de l'anus. — Phillirhoés (*Phyllirhoë*)*. Sans pied; nagent au moyen d'une queue en forme de nageoire; phosphorescents. — Élysies (*Elysia*)*. Sans branchies.

Prosobranches (πρόσω, en avant). — *Platypodes dioïques.*

Gastéropodes à coquille le plus souvent operculée. Respiration branchiale, rarement branchiale et pulmonaire ou seulement pulmonaire. Branchies généralement situées sur la nuque, dans une cavité formée par le manteau. Coquille bien développée.

A. Cténobranches (χτείς, peigne). *Branchie gauche rudimentaire ou nulle. Branchie droite volumineuse, pectinée. Un pénis. Le plus souvent, une coquille spirale et un opercule. Presque tous marins.*

Tritons (*Tritonium*)*. — La coquille ·de *T. variegatum*, de la Méditerranée, est la Conque ou Trompette marine des Tritons de la Fable. — Tonnes (*Dolium*)*. Coquille mince et ventrue. — Casques (*Cassis*) *. La coquille est épaisse et sert à faire des camées. — Strombes (*Strombus*)*. Bord externe de la coquille étalé en forme d'aile. — Porcelaines (*Cypræa*)*. Ouverture de la coquille, longue, très étroite, à bords plissés. — Valvées (*Valvata*). Hermaphrodites (?) ; branchie exsertile, formant, sur le

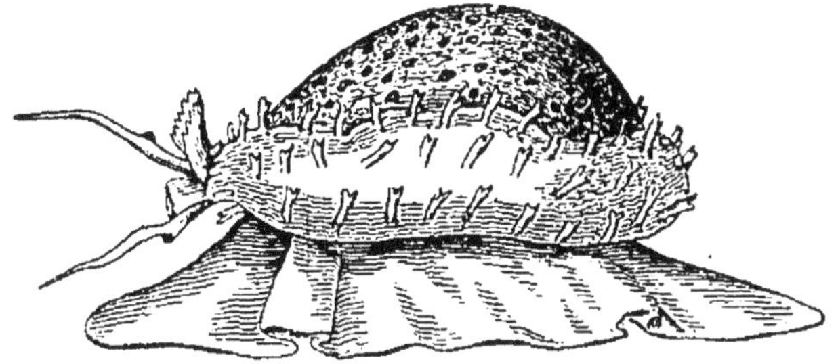

Fig. 238. — PORCELAINE.

Les lobes du manteau, ornés d'appendices charnus, se recourbent sur la coquille et la recouvrent en partie.

cou, une sorte de plume saillante ; eaux douces. — Ampullaires (*Ampullaria*). Chambre branchiale et pulmonaire ; fleuves des pays chauds. — Vermets (*Vermetus*)*. Coquille devenant scalariforme chez l'adulte. — Turritelles. (*Turritella*)*. Coquille conique très allongée. — Paludines

Fig. 239. — CYCLOSTOME.

o, opercule.

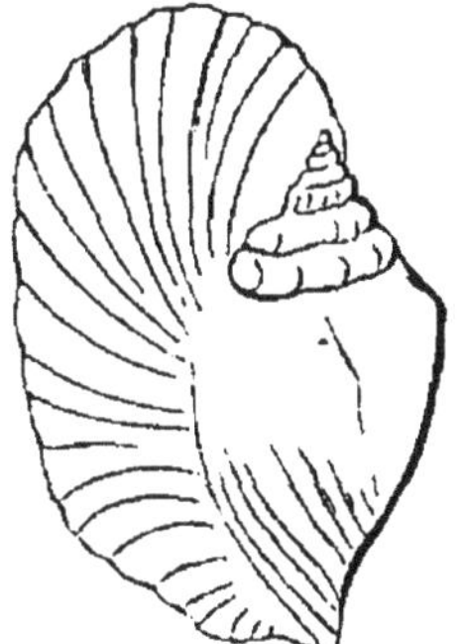

Fig. 240. — STROMBE.

(*Paludina*). Eaux douces. — Cyclostomes (*Cyclostoma*). Terrestres ; respirent l'air en nature. — Littorines (*Littorina*)*. Comestibles. « Vignot » (*L. littorea*), du littoral de l'Océan. — Cônes (*Conus*)*. — Buccins (*Buccinum*)*. — Fuseaux (*Fusus*)*. — Pourpres (*Purpura*)*. Une glande spéciale de la cavité palléale sécrète une liqueur qui servait anciennement à la fabrication de la pourpre. — Rochers (*Murex*)*. Coquille variqueuse à canal droit et

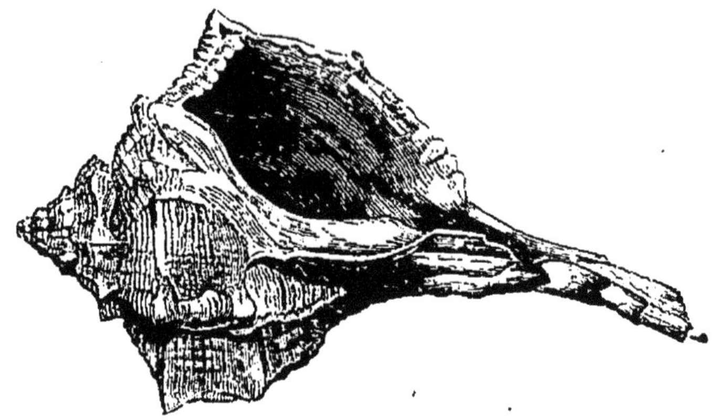

Fig. 241. — ROCHER (*Murex*).

saillant ; comestibles ; servaient aussi autrefois à la fabrication de la pourpre. La « Droite Épine » (*M. branda-ris*)* et surtout le « Bigorneau » ou « Cormaillot » (*M. eri-naceus*)* sont de grands ravageurs des parcs à Huîtres. — Mitres (*Mitra*)*. — Harpes (*Harpa*)*. — Olives (*Oliva*)*. — Volutes (*Voluta*)*. — Scalaires (*Scalaria*)*. — Cadrans (*Solarium*)*. — Janthines (*Janthina*)*. Sécrètent un radeau vésiculeux qui prolonge le pied et sert de flotteur à l'Animal, en même temps que de réceptacle pour les œufs ; pélagiques.

B. Aspidobranches (ἀσπίς, bouclier). — *Branchies réunies seulement à la base, symétriques ou asymétriques. En général, pas de pénis. Cœur avec deux oreillettes et un ventricule traversé par le rectum, excepté chez les Hélicines. Presque tous marins.*

Hélicines (*Helicina*). Terrestres. — Néritines (*Neritina*). L'espèce la plus connue (*N. fluviatilis*) existe en abondance dans le sable qu'on retire de la Seine et de la Marne. — Toupies (*Trochus*)*. — Sabots (*Turbo*)*. — Ormiers ou « Oreilles de mer » (*Haliotis*)*. Coquille auriforme, nacrée intérieurement, avec une rangée de trous par lesquels peuvent sortir des appendices filiformes du

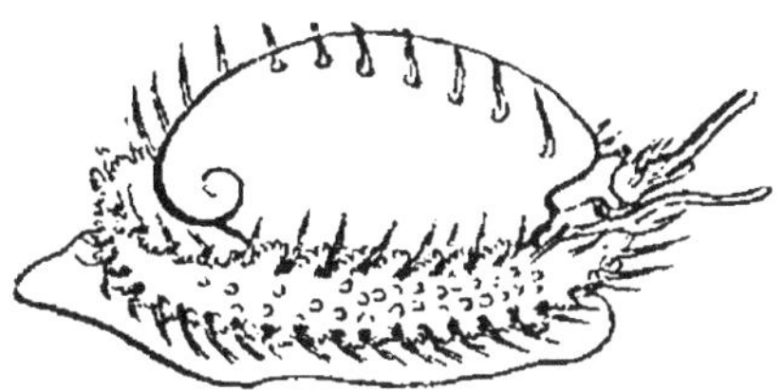

Fig. 242. — TOUPIE.   Fig. 243. — ORMIER.

manteau. — Fissurelles *(Fissurella)*. Coquille conique, perforée au sommet.

C. CYCLOBRANCHES (κύκλος, cercle). — *Branchies feuilletées, formant un cercle sous le bord du manteau. Coquille clypéiforme. Pas d'opercule. Cœur non traversé par le rectum.*

Patelles *(Patella)*. Comestibles; connues sous le nom de « Bernicles » sur les côtes de la Charente-Inférieure, sous celui d' « Arapèdes » sur les côtes de Provence. — Lépètes *(Lepeta)*. Sans branchies.

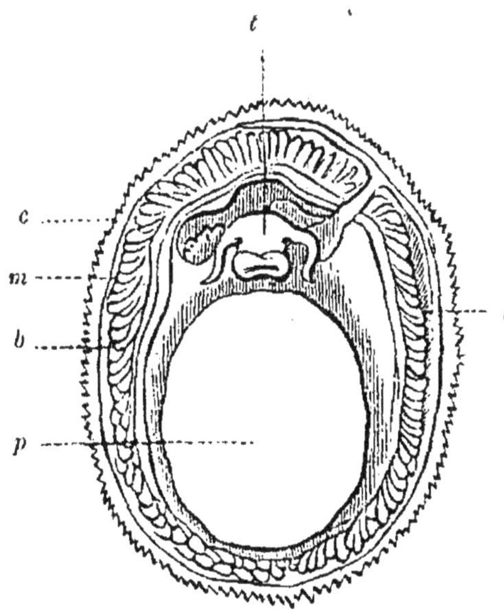

Fig. 244. — PATELLE (vue par dessous).

b, *b*, branchies ; *c*, bord de la coquille; *m*, manteau; *p*, pied ; *t*, tête.

Hétéropodes (1) (ἕτερος, différent ; πούς, pied). — *Gastéropodes dioïques, à pied comprimé.*

(1) Appelés encore *Nucléobranches.*

Animaux pélagiques transparents, nageant à la surface de la mer dans une position renversée, le pied en haut, au lieu de ramper sur le fond de la mer, comme les autres Gastéropodes. Nus ou testacés.

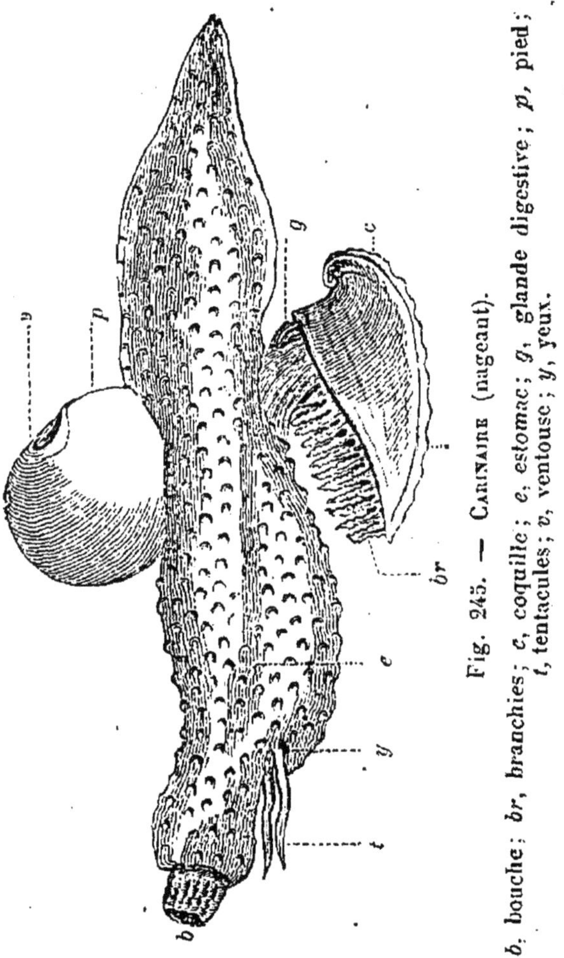

Fig. 245. — Carinaire (nageant).

b, bouche; br, branchies; c, coquille; e, estomac; g, glande digestive; p, pied; t, tentacules; v, ventouse; y, yeux.

Firoles (*Firola*)*. Nus. — Carinaires (*Carinaria*)*. Une coquille délicate. — Atlantes (*Atlanta*)*. Une coquille et un opercule.

§ IV. — *Classe des Scaphopodes.*

SCAPHOPODES (1) (σκάφος, carène; ποῦς, pied). — *Mollusques sans tête distincte, à pied trilobé, à coquille conique ouverte aux deux extrémités.*

Mollusques marins, vivant enfoncés à moitié dans la vase; des filaments tentaculaires protractiles leur servent d'organes de préhension.

Un seul genre : Dentales ou « Dents de mer » (*Dentalium*).

§ V. — *Classe des Lamellibranches.*

LAMELLIBRANCHES (2). — *Mollusques bivalves, à branchies lamelleuses.*

Pas de tête ni d'armature buccale. Corps comprimé, renfermé dans une coquille à deux valves reliées par un ligament élastique.

Siphonidés. — *Lamellibranches à siphons respiratoires plus ou moins développés et à lobes du manteau plus ou moins réunis.*

A. SINUPALLÉAUX. — *Siphonidés à siphons longs et à coquille offrant un sinus palléal.*

A. Enfermés. — *Bords du manteau ne laissant qu'une petite ouverture en face de laquelle se trouvent le pied et la bouche.*

Pholades (*Pholas*)*. Percent les rochers; manteau et siphons phosphorescents. — Tarets (*Teredo*)*. Creusent, dans les bois submergés, des galeries qu'ils revêtent d'une couche calcaire sécrétée par le manteau. Le « Ver de vaisseau » (*T. navalis*) détruit les pilotis. — Arrosoirs (*Aspergillum*)*. Valves soudées à un tube calcaire sécrété par le manteau et offrant une extrémité criblée de trous comme une pomme d'arrosoir. — Couteaux (*Solen*)*. Coquille ouverte aux deux extrémités; chair très esti-

(1) Appelés encore *Solénoconques.*
(2) Appelés encore *Bivalves, Acéphales, Conchifères, Pélécypodes.*

mée. — Myes (*Mya*)*. Comestibles. — Panopées (*Panopæa*)*.

B. *Ouverts.* — *Bords du manteau ouverts en avant et livrant passage au pied.*

Tellines (*Tellina*)*. Coquille comprimée ; siphons divergents. — Mactres (*Mactra*)*. Coquille trigone ; siphons

Fig. 246. — PHOLADES.

Fig. 247. — TARET.

Fig. 248. — TELLINE.

e et i, siphons expirateur et
inspirateur ; p, pied.

Fig. 249. — BUCARDE.

Cœur de Vénus.

réunis. — Vénus (*Venus*)*. Coquille suborbiculaire, épaisse, à bords finement crénelés; quelques espèces sont man-gées, dans le midi de la France, sous les noms d' « Arseilles » (*V. virginea*)*, de « Clovisses » (*V. decussata*)*, de « Praires » (*V. verrucosa*)*, etc.

B. INTÉGROPALLÉAUX. — *Siphonidés à siphons courts et à impression palléale simple.*

Cyprines (*Cyprina*)*. — Isocardes (*Isocardia*)*. — Cyclades (*Cyclas*). Des eaux douces. *C. rivicola* est commun dans la Seine et la Marne. — Corbeilles (*Corbis*)*. — Lucines (*Lucina*)*. — Bucardes (*Cardium*)*. *C. edule*, commun dans les étangs saumâtres, est mangé sur nos côtes. — Bénitiers (*Tridacna*)*. — Cames (*Chama*)*.

Asiphonidés. — *Lamellibranches sans siphons et à bords du manteau libres ou soudés sur un point.*

A. ÉQUIVALVES. — *Asiphonidés à valves égales.*

A. *Isomyaires.* — *Deux impressions musculaires égales, sur chaque valve.*

Anodontes (*Anodonta*). Coquille généralement mince, dépourvue de dents à la charnière ; des eaux douces. *A. cygnea* est mangé à Paris, sous le nom de « Moule d'étang ». — Mulettes ou « Moules des peintres » (*Unio*). Coquille plus épaisse que celle des Anodontes, à charnière dentée ; des eaux douces. *U. sinuatus* sert à la fabrication des boutons de nacre. *U. margaritiferus* produit les « perles de rivière » employées autrefois sous le nom de « perles d'apothicaires » pour servir à la confection d'un électuaire coûteux. — Arches (*Arca*)*. Coquille à parois épaisses, allongée, avec une charnière rectiligne offrant une longue rangée de dents. — Pétoncles (*Pectunculus*)*. Diffèrent des précédents par leur coquille lenticulaire, à charnière courbe.

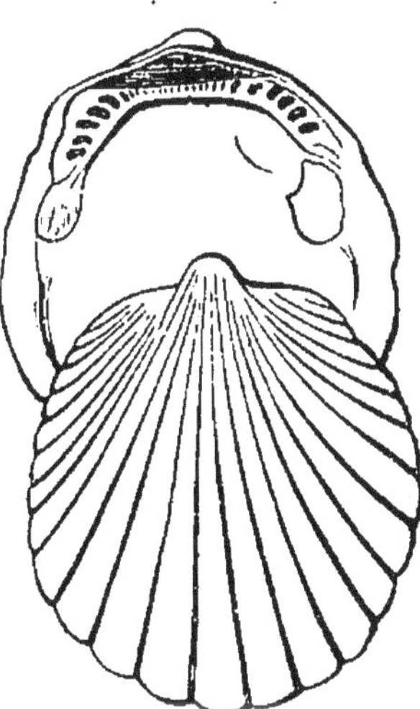

Fig. 250, — PÉTONCLE.

B. *Anisomyaires.* — *Deux impressions musculaires inégales sur chaque valve.*

Dreissènes (*Dreissena*). Des eaux douces. — Lithodomes (*Lithodomus*)*. Perfore les rochers. L'espèce commune ou « datte de mer » (*L. lithophagus*)* est comestible. — Moules (*Mytilus*)*. Coquille cunéiforme; pied linguiforme. L'espèce comestible (1) (*M. edulis*)* « l'Huître du pauvre » est mangée soit crue, soit cuite et assaisonnée; d'une manière comme de l'autre, elle peut produire des accidents plus ou moins graves : malaise, gonflement de la face, rubéfaction de la peau avec vives démangeaisons (*urticaire*). Quelquefois même, la mort est survenue à la suite d'ingestion de Moules dans lesquelles une leucomaïne spéciale s'était probablement formée aux dépens de l'eau corrompue; tous les cas de mort ont été en effet produits par des Moules pêchées, non en pleine mer, mais dans des ports remplis d'eau stagnante ou se renouvelant peu. La glande digestive de la Moule renferme seule la matière toxique. — Jambonneaux (*Pinna*)*. Byssus long et soyeux, servant à fabriquer des tissus, dans certains pays.

B. INÉQUIVALVES. — *Asiphonidés à valves inégales.*

A. *Pirocardiés* (πειρεῖν, traverser; καρδία, cœur). — *Cœur traversé par le rectum. En général monomyaires.*

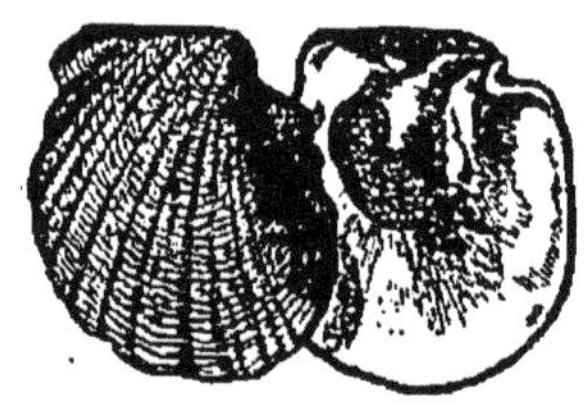

Fig. 251. — PINTADINE.

Pintadines ou « Huîtres perlières » (*Meleagrina margaritifera*)*. Coquille subéquivalve, fournissant la nacre et les perles fines; mer des Indes. Les perles sont généralement libres et régulières; quelquefois elles adhèrent à la coquille et ont une forme irrégulière (*perles baroques*).

(1) L'élevage des Moules (*mytiliculture*) se fait dans des parcs (*bouchots*), dont les plus importants, en France, sont ceux de la baie d'Aiguillon, près de la Rochelle. On enfonce des pieux dans le sol vaseux, ou l'on construit des appareils flottants, sur lesquels les Moules se fixent par leur byssus et déposent leurs œufs. La croissance des Moules s'effectue en deux ans; la semence, déposée en mars sur les pieux, a, en avril, le volume d'une graine de lin (*naissain*), puis, en juillet, celle d'une graine d'haricot (*renouvelain*). Pour aller récolter les Moules, les pêcheurs (*boucholeurs*) se servent d'une petite pirogue à fond plat (*acon*), dans laquelle ils se tiennent sur un genou, tandis qu'ils la font glisser sur la vase, avec l'autre jambe qui reste en dehors et sert de rame.

— Marteaux (*Malleus*)*. Coquille en forme de marteau.
— Peignes (*Pecten*)*. Coquille auriculée, à valve droite convexe et à valve gauche aplatie; yeux verts, sur les bords du manteau. *P. jacobæus; P. maximus; P. varius* sont mangés cuits, sous les noms de « Coquille de Saint-Jacques », « Palourde », etc. — Spondyles, « Huîtres épineuses » (*Spondylus*)*. Mers chaudes.

B. *Holocardiés* (ὅλος, entier). — *Cœur non traversé par le rectum. Monomyaires.*

Huîtres (*Ostrea*)*. Coquille feuilletée; valve gauche convexe et fixée; valve droite plane et libre; pied rudimentaire ou nul; hermaphrodites, mais

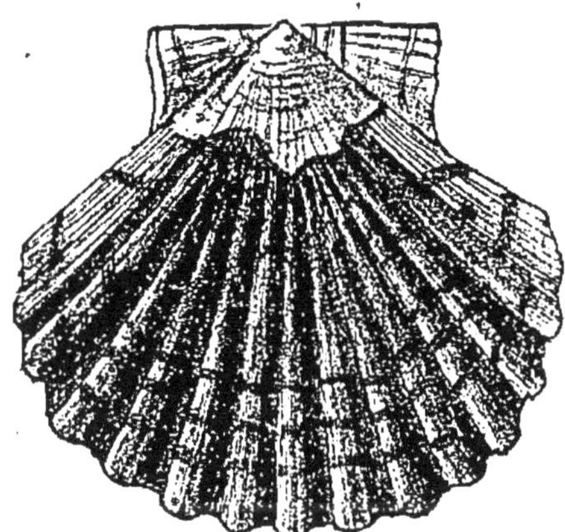

Fig. 252. — PEIGNE.

Valve gauche de la Coquille de Saint-Jacques.

ne fonctionnant que comme mâles ou comme femelles; vivent en bancs, dans le voisinage des côtes. L'Huître commune (*O. edulis*), l'Huître « Pied de cheval » (*O. hippopus*), l'Huître portugaise (*O. angulata*) sont les espèces que l'on mange plus spécialement en France; elles se reproduisent d'avril à septembre (*mois sans* R). Un préjugé, utile au point de vue de la propagation des Huîtres, recommande de s'abstenir de ces Mollusques pendant les mois de mai, juin, juillet et août (1). L'Huître est une nourriture de digestion

(1) La culture des Huîtres (*ostréiculture*) comprend deux branches principales : l'une (*production*) prend l'Huître à sa sortie de l'œuf et cultive l'embryon : c'est la spécialité d'Arcachon; l'autre (*élevage*) élève et engraisse l'Huître déjà développée : c'est la spécialité de Marennes. Les autres établissements de France les plus importants, pour l'industrie ostréicole, sont ceux de Bretagne, surtout dans le golfe du Morbihan. La vente des Huîtres a dû être réglementée en France, pour assurer le repeuplement des côtes; elle est interdite du 15 juin au 1er septembre et ne peut avoir pour objet des Mollusques d'une dimension inférieure à 5 centimètres. Quand les embryons s'échappent de la coquille maternelle, les producteurs essayent de les recueillir sur des objets (*collecteurs*) qui sont, de préférence, des tuiles creuses enduites de chaux hydraulique. Quand ces jeunes Huîtres (*naissain*) ont atteint une certaine taille, on les transporte dans des bassins

facile, précieuse pour les convalescents; sa digestibilité est encore augmentée sous l'influence des acides faibles (jus de citron, vin blanc légèrement acidulé); l'Huître cuite et l'Huître marinée sont réputées indigestes. Les Huîtres françaises les plus estimées sont celles de Marennes; leurs branchies ont une coloration verdâtre. Celle-ci est due à la présence d'une Diatomée (*Navicula ostrearia*) dont le pigment bleuâtre (*marennine*), vu à travers le tissu jaune-brun de l'Huître, produit la coloration verte (Puységur). Certains industriels communiquent quelquefois aux Huîtres une viridité artificielle, au moyen de sels de cuivre. L'Huître belge ou « Huître d'Ostende » se distingue surtout par la régularité de sa coquille; elle est, comme l'Huître de Marennes, une variété de l'espèce commune. — Anomies (*Anomia*)*. Une valve perforée livre passage au byssus; comestibles. — Placunes (*Placuna*)*. Coquille plate et mince dont les valves sont quelquefois employées par les Chinois pour vitrer leurs fenêtres.

§ VI. — *Classe des Amphineures.*

AMPHINEURES (ἀμφί, de chaque côté; νεῦρον, nerf). — *Mollusques sans tête distincte, à coquille multivalve ou nulle, à 2 paires de troncs nerveux longitudinaux. Marins.*

Placophores (πλάξ, plaque; φορός, porteur). — *Mollusques à coquille multivalve.*

Corps déprimé; recouvert d'une coquille à huit plaques transversales, imbriquées, n'apparaissant pas tout de suite chez la larve. Pied large autour duquel les branchies forment un cercle interrompu en avant. Une radula. Pas d'yeux, excepté quelquefois sur la coquille. Pas d'otocystes. Dioïques.

(*parcs*), où elles s'engraissent et acquièrent, au bout de trois à cinq ans, leur taille habituelle.

Un certain nombre de maladies sévissent sur les Huîtres de nos parcs. La coquille peut être percée d'un grand nombre de trous par une éponge perforante qui donne à l'Huître l'aspect du pain d'épices (*maladie du pain d'épices*). La présence de la vase peut déterminer : 1° le *typhus des Huîtres*, caractérisé par le jaunissement de la coquille à l'extérieur et son bleuissement à l'intérieur; 2° le *chambrage*, c'est-à-dire la fabrication, par l'Huître, d'une couche calcaire qui isole une cavité renfermant un liquide nauséabond dont le Mollusque a ainsi essayé de se débarrasser.

Oscabrions ou « Cloportes de mer » (*Chiton*)*. S'enroulent sur eux-mêmes; larves ayant l'aspect de la larve de Lovén des Vers.

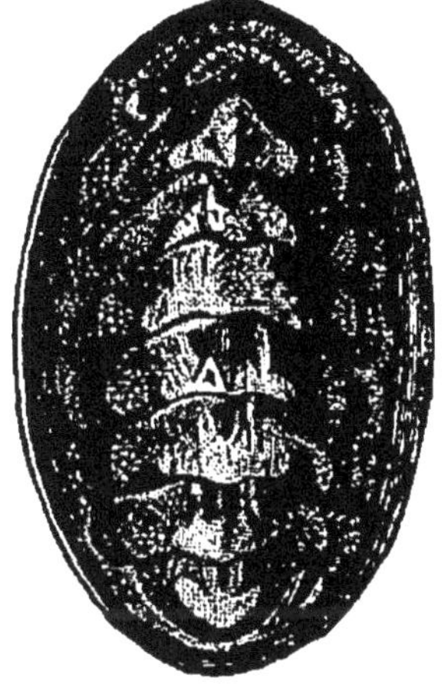

Fig. 253. — OSCABRION.

Aplacophores (1). — *Mollusques nus, sans tête distincte, à pied remplacé par un sillon médian ventral.*

Corps plus ou moins cylindrique, nu, parcouru, dans la région ventrale, par un sillon médian. Une radula rudimentaire ou nulle. Pas d'yeux ni d'otocystes.

A. CHÉTODERMÉS (χαίτη , chevelure; δέρμα, peau). — *Corps vermiforme. Sillon pédieux peu accentué. Dioïques.*

Chétodermes (*Chætoderma*)*.

B. NÉOMÉNIÉS (νέος, nouveau; μήνη, croissant). — *Corps allongé ou comprimé. Sillon pédieux très distinct. Monoïques.*

Néoménies (*Neomenia*)*. Corps en forme de croissant; des branchies anales. — Pronéoménies (*Proneomenia*)*. Pas de branchies anales.

CHAPITRE X

EMBRANCHEMENT DES ARTHROPODES

ARTHROPODES (ἄρθρον, articulation; ποῦς, pied). — *Animaux annelés, pourvus de membres articulés* (2).

(1) Appelés encore *Solénogastres*.
(2) Ces membres disparaissent quelquefois chez l'adulte (Sacculine, Linguatule), mais ils existent toujours à une certaine période du développement.

Symétrie bilatérale. Corps généralement segmenté en anneaux de structure différente (*anneaux* ou *somites hétéronomes*) dont quelques-uns portent des membres *articulés*, c'est-à-dire formés de segments mobiles les uns sur les autres Un cerveau ; une chaîne ganglionnaire ventrale. Jamais de cils vibratiles.

Trois sous-embranchements (*Trachéates, Protrachéates, Branchiates*) caractérisés, les deux premiers par la respiration trachéenne, le troisième par la respiration branchiale. Les *Trachéates* ont : 1° des trachées tubuleuses et ramifiées (*trachées proprement dites*) ou vésiculeuses et feuilletées (*poumons*) s'ouvrant au dehors par des orifices (*stigmates*) disposés régulièrement sur deux rangs ; 2° des organes excréteurs constitués par des tubes filiformes (*tubes de Malpighi*) débouchant dans l'intestin ; 3° une musculature composée uniquement de muscles striés. Les *Protrachéates* ont : 1° des trachées tubuleuses et non ramifiées s'ouvrant au dehors par des stigmates répandus sur presque toute la surface du corps ; 2° des organes excréteurs constitués par des tubes segmentaires analogues à ceux des Annélides et débouchant à la surface des téguments ; 3° une musculature composée en grande partie de muscles lisses. Les *Branchiates* ont : 1° des branchies ; 2° des organes excréteurs constitués par des glandes spéciales s'ouvrant directement en dehors ; 3° une musculature composée uniquement de muscles striés. 6 classes.

ARTHROPODES.	**Trachéates.**	Une paire d'antennes.	6 pattes......... INSECTES.
			Un grand nombre de pattes...... MYRIAPODES.
		Pas d'antennes ; 8 pattes....... ARACHNIDES.	
	Protrachéates. Une paire d'antennes........ ONYCHOPHORES.		
	Branchiates.	Pas d'antennes............... POECILOPODES.	
		Deux paires d'antennes........ CRUSTACÉS.	

Appareil digestif. — Bouche située à la face inférieure de la tête, entourée de pièces (*gnathites*) pour la mastication ou la succion. OEsophage, estomac et intestin variables. Anus terminal. Glandes annexes plus ou moins compliquées.

Appareil circulatoire. — Cœur artériel et dorsal, tantôt sacciforme, tantôt tubulaire (*vaisseau dorsal*),

percé d'ouvertures paires aspirant le sang dans un sinus
veineux péricardique et le lançant dans un système artériel. Celui-ci, plus ou moins incomplet, est en communication avec la cavité générale du corps. Sang
généralement incolore.

Appareil respiratoire. — Constitué tantôt par des
trachées tubuleuses et ramifiées, ou vésiculeuses et
feuilletées (*poumons*) (Trachéates) ; tantôt par des *trachées*
tubuleuses et non ramifiées (Protrachéates) ; tantôt par
des *branchies* (Branchiates). Nul dans quelques groupes,
soit à respiration aérienne, soit à respiration aquatique.

Appareil urinaire. — Représenté tantôt par des
culs-de-sac filiformes (*canaux de Malpighi*) annexés
à l'intestin (Trachéates), tantôt par des *tubes segmen-*
taires s'ouvrant à la surface du corps (Protrachéates), ou
par des glandes spéciales débouchant directement au
dehors (Branchiates). Le liquide produit renferme soit
de l'acide urique ou des urates (Insectes, Myriapodes),
soit de la guanine (Arachnides, Crustacés).

Appareil reproducteur. — Sexes séparés, excepté
chez les Tardigrades et quelques Cirripèdes. Glandes
génitales ordinairement paires. Spermatozoïdes souvent
réunis en masses plus ou moins volumineuses (*sperma-*
tophores). Femelles ovipares ou ovovivipares ; quelques-
unes entourent leurs œufs d'une enveloppe protectrice
commune, soit dans l'intérieur du corps (Blattes), soit au dehors (Mantes, Araignées). Parthénogenèse (*voy.* p. 52) chez
quelques formes. En général des métamorphoses, le plus
souvent progressives. A part quelques exceptions (Acariens, Cyclopides), le développement débute par la formation d'une bandelette ventrale d'où dérive la chaîne
nerveuse ganglionnaire.

Appareil locomoteur. — Constitué par un squelette tégumentaire et des muscles intérieurs. Le tégument
est formé de deux couches, l'une superficielle et homogène (*cuticule* ou *couche chitineuse*), l'autre profonde et
épithéliale (*hypoderme* ou *couche chitinogène*). La cuticule
est un produit de sécrétion constitué par une substance
spéciale (*chitine* $= C^{36}H^{60}Az^{4}O^{4}$) habituellement imprégnée
de diverses matières colorantes. Elle peut être mince et
molle (Aranéides) ; mais, le plus souvent, elle est épaisse
et de consistance cornée (Insectes) ou plus dure encore,
si des sels calcaires s'associent à la chitine (Crustacés,
Myriapodes). Les saillies intérieures (*apodèmes*) ou extérieures (épines, poils, écailles) du tégument sont des
productions chitineuses. L'hypoderme est composé de

cellules dont la sécrétion produit la cuticule. Le tégument se réfléchit aux divers orifices du corps; il tapisse l'intérieur d'un certain nombre d'organes dérivés, comme lui, de l'ectoderme (origine et terminaison du tube digestif, trachées, conduits sexuels). La dureté relative du tégument en fait une sorte de squelette extérieur qui serait un obstacle à la croissance des Arthropodes, si sa chute (*mue*) n'avait lieu à certaines époques, soit pendant le jeune âge seulement, soit durant toute la vie. Au moment de la mue, l'ancienne cuticule se fend suivant des lignes constantes pour la même espèce; il se forme ainsi un étui qui conserve, après la sortie de l'Animal, la forme de son corps et celle des parties chitineuses de l'intérieur. On observe souvent, sous le tégument et entre les viscères, des amas de cellules graisseuses désignés sous le nom de *corps adipeux*. Celui-ci est ordinairement coloré; il constitue des réserves nutritives surtout abondantes chez les larves d'Insectes.

Les anneaux du corps sont composés chacun de deux *arceaux*, l'un *sternal* ou *ventral*, l'autre *tergal* ou *dorsal*. L'arceau tergal est constitué par deux pièces seulement (*tergites*) habituellement réunies sur la ligne médiane (*tergum*); l'arceau sternal, plus étendu, comprend trois paires de pièces : deux inférieures (*sternites*) souvent réunies (*sternum*), deux latérales (*épimères*) et deux intermédiaires (*épister-nites*). Les épimères et les épisternites forment, par leur réunion, les flancs (*pleuræ*). Les anneaux sont réunis les uns aux autres par des parties membraneuses auxquelles ils doivent une certaine mobilité; ils protègent les organes intérieurs et fournissent des insertions aux muscles. Ceux-ci ne forment jamais d'enveloppe musculo-cutanée avec le tégument.

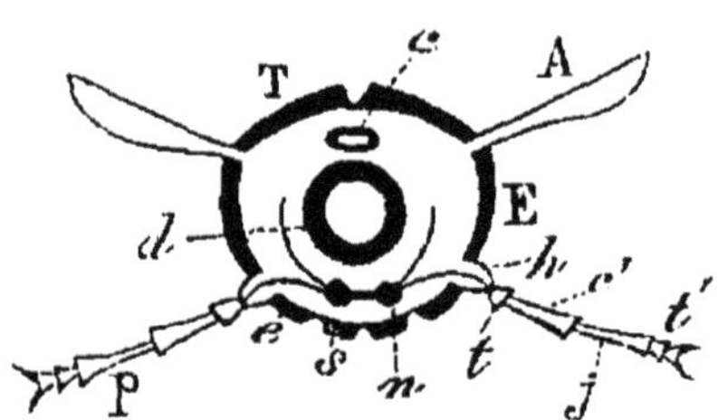

Fig. 234. — Un anneau ailé d'insecte.

A, aile; *c*, cœur, *c'*, cuisse; *d*, tube digestif; *e*, épisternite; E, épimère; *h*, hanche; *j*, jambe; *n*, ganglion nerveux de la chaîne ventrale; P, patte; *s*, sternite; T, tergite; *t*, trochanter; *t'*, tarse.

On distingue, dans le corps, trois parties principales (*tête, thorax, abdomen*), nettement séparées les unes des autres chez les Insectes. La tête porte, en bas, des gnathites; en haut, des yeux et des appendices préoraux (*antennes*) plus ou moins mobiles. Les antennes manquent toujours chez les Arachnides et les Pœcilopodes. Le thorax porte, sur sa face ventrale, des pattes articulées s'insérant entre les épisternites et les épimères; chez le plus grand nombre des Insectes, sa face dorsale présente, sur un ou deux anneaux, des ailes s'insérant entre les tergites et les épimères. L'abdomen est apode chez les Insectes et les Arachnides; il est, au contraire, pourvu de pattes chez les Myriapodes et la plupart des Crustacés.

Dans la locomotion terrestre, deux pattes d'une même paire ne se meuvent jamais simultanément, non plus que toutes les pattes d'un même côté. Le vol n'a lieu que chez les Insectes. La natation peut s'observer dans toutes les classes à l'exception de celle des Myriapodes; elle s'effectue soit à l'aide de pattes ciliées ou de pattes élargies en rames, soit au moyen des antennes (Cladocères) ou de battants spéciaux amenant tantôt la progression (Xiphosures) tantôt le recul (Macroures).

Appareil phonateur. — Les Insectes sont à peu près les seuls Arthropodes qui produisent des sons; nous étudierons plus loin leurs organes de stridulation.

Système nerveux. — Système nerveux central constitué par une paire de ganglions sus-œsophagiens (*cerveau*) (1) et une chaîne ventrale (*chaîne ganglionnaire*) de ganglions disposés par paires, dont la première (*ganglion sous-œsophagien*) est reliée au cerveau par deux connectifs péri-œsophagiens (*collier œsophagien*). Les ganglions ventraux sont tantôt distincts, tantôt plus ou moins fusionnés. Les nerfs ont toujours leur origine réelle dans les ganglions, mais ils présentent souvent leur origine apparente sur les cordons de la chaîne. Le cerveau est le siège de la volonté et de la coordination des mouvements; il préside aux sensations spéciales. Les ganglions sous-œsophagiens constituent le centre sensitif et moteur pour les pièces buccales. Chaque ganglion de la chaîne est un centre moteur et sensitif, pour l'anneau auquel il appartient; mais la sensibilité est inconsciente et les mouvements sont réflexes, lorsque le ganglion est séparé de ceux qui le précèdent. Chacune des portions de la chaîne agit directement sur le côté du corps qui

---

(1) Chez les Insectes sociaux (Abeilles, Fourmis, etc.), on observe deux hémisphères (*corps pédonculés*) situés sur le cerveau et rappelant, par leur structure, les circonvolutions cérébrales des Vertébrés.

lui correspond. Les racines des nerfs irradiant de la chaîne ventrale sont à la fois motrices et sensitives (E. Yung). Le plus souvent, il existe un système nerveux viscéral.

Organes des sens. — Le toucher s'exerce par des poils tactiles; les palpes paraissent ne jouer aucun rôle utile (F. Plateau). Les antennes sont le siège de l'odorat chez les Insectes et les Myriapodes. Le sens du goût réside probablement dans la cavité buccale. Organes auditifs représentés par des otocystes habituellement en rapport avec les antennes; surtout connus chez les Crustacés et les Insectes; inconnus chez les Arachnides et les Myriapodes. Les yeux peuvent être réduits à des taches de pigment situées sur le cerveau (*yeux pigmentaires*); le plus souvent, ce sont des organes munis d'un système convergent, et alors tantôt simples (*yeux simples* ou *ocelles* ou *stemmates*), tantôt formés par une agrégation d'yeux réunis sous une cornée finement réticulée (*yeux composés* ou *réticulés* ou *à facettes*).

Article I. — **Sous-embranchement des Trachéates**

TRACHÉATES. — *Arthropodes à respiration aérienne, à deux rangées de stigmates et à organes excréteurs représentés par des tubes s'ouvrant dans l'intestin* (tubes de Malpighi).

§ 1. — *Classe des Insectes.*

INSECTES (*in*, à travers; *sectus*, coupé). — *Trachéates munis d'une paire d'antennes et de trois paires de pattes* (Hexapodes).

Corps nettement divisé en trois régions : *tête, thorax, abdomen*. Tête portant des yeux, une paire d'antennes et trois paires de gnathites. Thorax composé de trois segments (*protothorax, mésothorax, métathorax*) munis chacun d'une paire de pattes. Le deuxième segment (*Diptères*) ou le deuxième et le troisième (*Tétraptères*) portent chacun une paire d'ailes; celles-ci font quelquefois défaut (*Aptères*). Abdomen composé d'un nombre variable d'anneaux; dépourvu de pattes chez les adultes, excepté chez quelques Thysanoures ; portant souvent, sur les derniers anneaux, des appendices en rapport avec la reproduction (*armure génitale*).

En général, l'Insecte ne vit qu'un an ; cependant certaines espèces se reproduisent si rapidement qu'elles

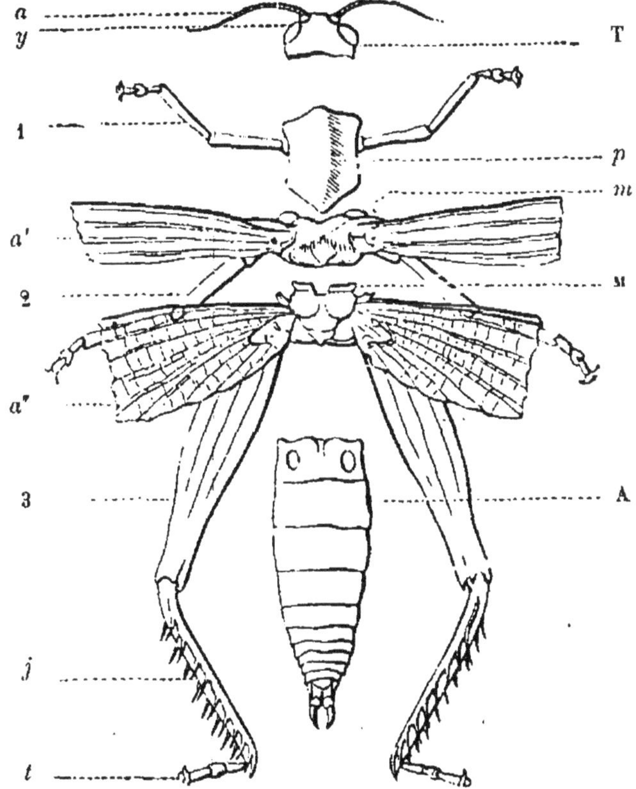

Fig. 255. — PRINCIPALES DIVISIONS DU CORPS D'UN INSECTE (Criquet).

a, antennes ; *a'*, première paire d'ailes ; *a"*, seconde paire d'ailes ; A, abdomen ; *j*, jambe ; *m*, mésothorax ; M, métathorax ; *p*, prothorax ; *t*, tarse ; T, tête ; *y*, yeux ; 1re, 2e et 3e paires de pattes.

ont plusieurs générations dans l'espace d'une année, tandis que d'autres exigent plusieurs années pour leur développement (dix-sept ans pour *Cicada septemdecim* de l'Amérique du Nord).

Le tableau suivant résume la division de la classe des

nsectes en huit ordres, d'après l'armature buccale (FA-
BRICIUS), les ailes (LINNÉ) et les métamorphoses (SWAM-
MERDAM). Les Insectes aptères ne forment pas d'ordre
spécial ; ils se rattachent aux ordres des Insectes ailés
présentant la même organisation qu'eux.

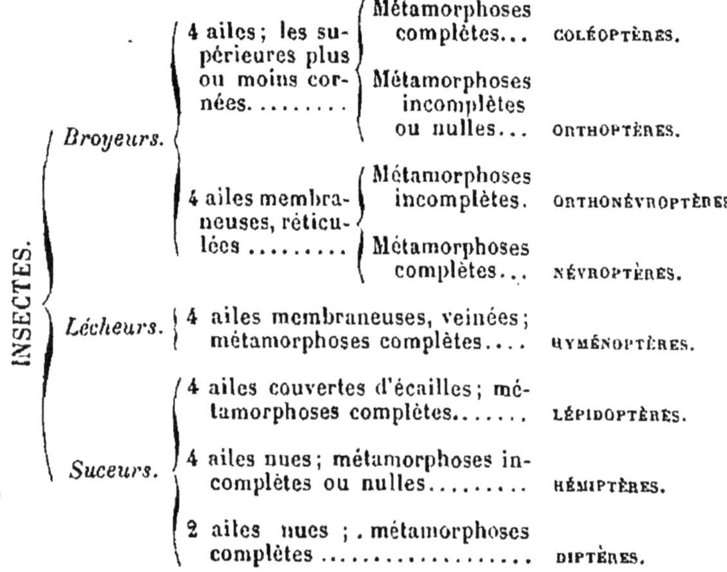

Appareil digestif. — *A.* ARMATURE BUCCALE. — Bouche
composée de trois paires de gnathites : 1° *mandibules ;*
2° *mâchoires de la première paire* ou *maxilles*, avec des
palpes maxillaires ; 3° *mâchoires de la deuxième paire*
avec des *palpes* appelés *labiaux*, parce que ces mâchoires
se réunissent entre elles pour former la *lèvre inférieure.*
Il faut ajouter aux trois paires de gnathites, une lèvre
supérieure (*labre*) qui n'est pas de nature appendiculaire et des saillies plus ou moins accentuées (*épipharynx, hypopharynx*) sur le plafond ou le plancher de la
cavité buccale. Ces divers organes diffèrent énormément
de forme, suivant le genre de vie (Broyeurs, Lécheurs,
Suceurs) ; mais ils sont toujours homologues, dans les
divers ordres (SAVIGNY).

a. *Insectes broyeurs* (Coléoptères, Orthoptères, Orthonévroptères, Névroptères). — Le labre est une pièce
transversale, insérée sur le bord supérieur du cadre
buccal. Les mandibules sont dentées intérieurement et

mobiles latéralement. Les maxilles présentent un article basilaire (*gond*) surmonté d'une *tige* terminée par deux lobes dont l'un externe ressemble tantôt à un palpe (*palpe maxillaire interne*), tantôt à un casque (*galea*) et dont l'autre, interne (*mando*), garni de dents ou de soies, sert à la mastication. La tige porte, sur le côté, un filament pluriarticulé (*palpe maxillaire externe* ou simplement *palpe maxillaire*). La lèvre inférieure, formée

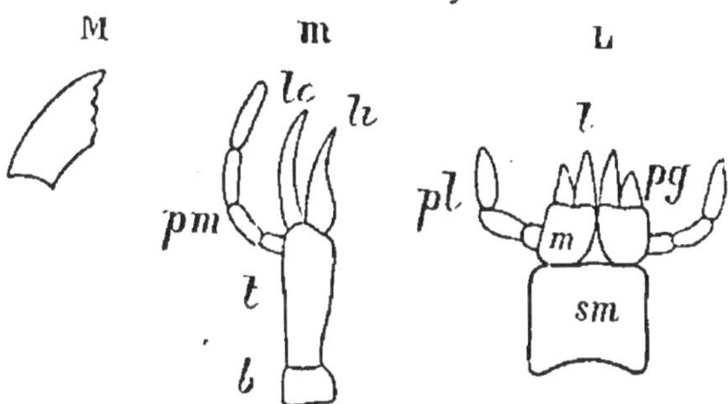

Fig. 256. — LES TROIS GNATHITES DE LA BOUCHE D'UN INSECTE BROYEUR (Termite).

M, mandibule.
m, mâchoire; *b*, article basilaire ou gond; *t*, tige avec son lobe interne (*li*) ou mando, son lobe externe (*le*) ou galéa et son palpe maxillaire (*pm*).
L, lèvre inférieure; *l*, languette; *m*, menton; *pg*, paraglosses; *pl*, palpes labiaux; *sm*, sous-menton.

par la soudure des deux mâchoires de la deuxième paire, comprend généralement un *sous-menton* correspondant aux gonds et un *menton* répondant aux tiges. Celui-ci porte latéralement deux *palpes labiaux* rappelant les palpes maxillaires; il est terminé par une *languette* simple ou bifurquée représentant les mandos et accompagnée souvent de deux *paraglosses* homologues des galéas.

b. *Insectes lécheurs* (Hyménoptères). — Le labre et les mandibules ont la même conformation que chez les Insectes broyeurs; celles-ci servent à saisir la proie, à creuser des terriers ou à effectuer des travaux d'architecture. Les mâchoires sont aplaties, palpigères et tantôt arrondies, tantôt allongées (Mellifères) à leur partie terminale. La lèvre inférieure présente une paire de longs palpes labiaux, une paire de paraglosses lancéolés et une languette souvent très allongée. Cette dernière, ordinairement velue, est animée de mouvements de va-et-vient; elle sert à laper ou à puiser le nectar dans les fleurs.

c. *Insectes suceurs* (Lépidoptères, Diptères, Hémiptères). — 1° Les Lépidoptères sont broyeurs à l'état de

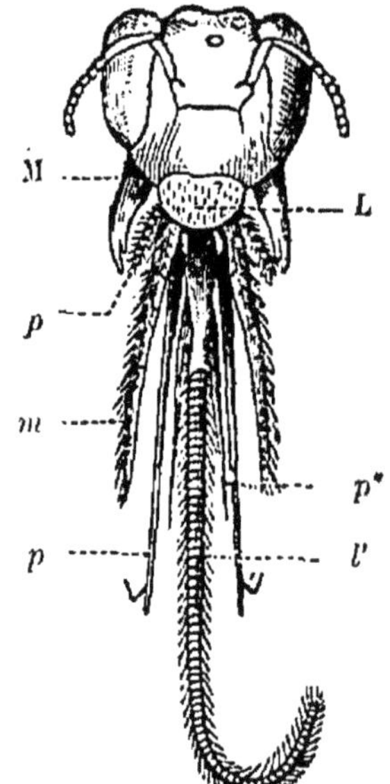

Fig. 257. — Bouche d'un Hyménoptère (Anthophore).

L, labre; *l*, languette; M, mandibules; *m*, mâchoires; *p*, palpes maxillaires; *p'*, palpes labiaux; *p"*, paraglosses.

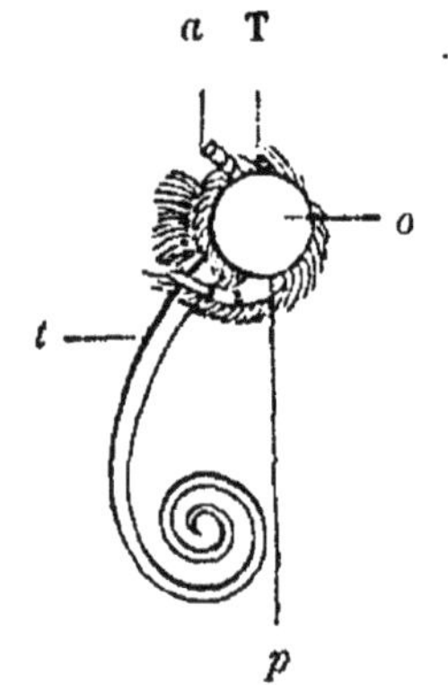

Fig. 258. — Bouche d'un Papillon.

a, base de l'antenne; *o*, œil; *p*, palpes labiaux; T, tête; *t*, trompe.

larve (Chenilles) et suceurs à l'âge adulte (Papillons). La bouche des Papillons présente une trompe flexible (*spiritrompe*) enroulée en spirale, pendant le repos. La spiritrompe est constituée par les deux mâchoires qui se sont allongées et creusées en gouttière, de façon à former un canal complet par leur rapprochement; deux rudiments de palpes maxillaires sont situés à sa base. Au-dessus de la spiritrompe, se trouvent un labre et deux mandibules rudimentaires; au-dessous de la spiritrompe, la lèvre inférieure, très courte à sa partie médiane, est munie, sur les côtés, de deux longs palpes labiaux triarticulés.

2° L'armature buccale des Diptères sert à la succion et souvent aussi à la ponction : c'est une trompe renfermant un nombre variable de soies cornées. La trompe est constituée par la lèvre inférieure qui replie ses bords en dessus, de façon à former une gaine ; les stylets séti-formes, au nombre de six à l'état le plus compliqué, proviennent du labre ou de l'épipharynx, de l'hypopharynx, des deux mandibules et des deux mâchoires. Celles-ci sont pourvues de palpes articulés semblant annexés à la base de la trompe. Le plus souvent, le nombre des stylets est moins considérable ; quelquefois même (Muscidés) il ne reste que les deux pièces impaires, propres ou non à perforer.

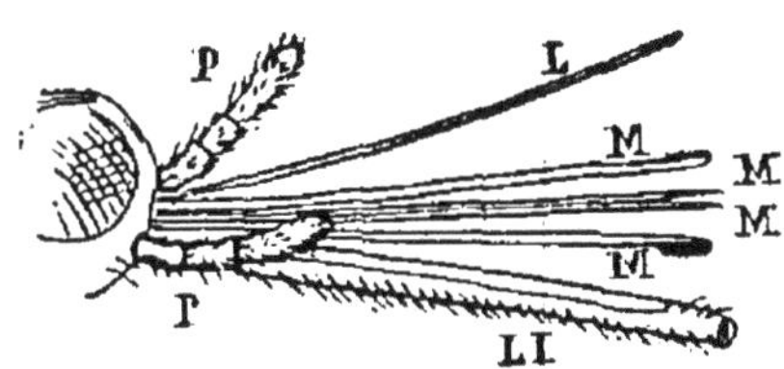

Fig. 259. — Bouche d'un Diptère (Cousin femelle).

L, labre ; LI, lèvre inférieure (trompe) contenant l'hypopharynx non dégainé ; M, M, M, M, mandibules et mâchoires dégainées ; P, P, palpes maxillaires.

3° Les pièces buccales des Hémiptères servent à la succion et à la ponction. Un rostre articulé formé par la lèvre inférieure, recouverte à sa base par le labre, renferme quatre soies rigides représentant les mandibules et les mâchoires. Ce suçoir ne porte jamais de palpes ; il est presque toujours replié, au repos, entre les bases des pattes.

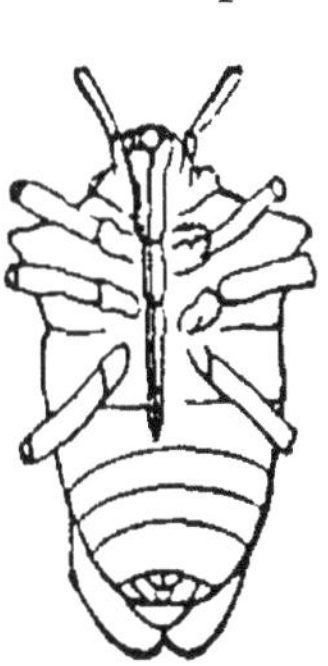

Fig. 260. — Bouche d'un Hémiptère (Pentatome).

L'Insecte est vu en dessous ; les pattes et les antennes ont été coupées près de leur base.

B. Canal digestif. — Le pharynx n'existe que chez les Insectes broyeurs. L'œsophage se prolonge habituellement jusqu'à l'origine de l'abdomen ; il se renfle souvent en un *jabot* auquel succède un *gésier.* Celui-ci, rudimentaire ou nul chez les suceurs, est muni intérieurement de pièces cornées formant plusieurs lignes longitudinales. L'estomac (*ventricule chylifique*) ne manque jamais ; il présente un grand nombre de glandes gastriques affectant souvent la forme de villosités extérieures. L'intestin, séparé de l'estomac par un étranglement valvulaire, est terminé par un renflement (*rectum*) qui aboutit à l'anus. Cet orifice est situé dans le dernier anneau ; il fait défaut chez certaines larves d'Hyménoptères, à estomac terminé en cul-de-sac.

Les glandes salivaires sont quelquefois détournées de leur rôle pour devenir des glandes à venin, des glandes

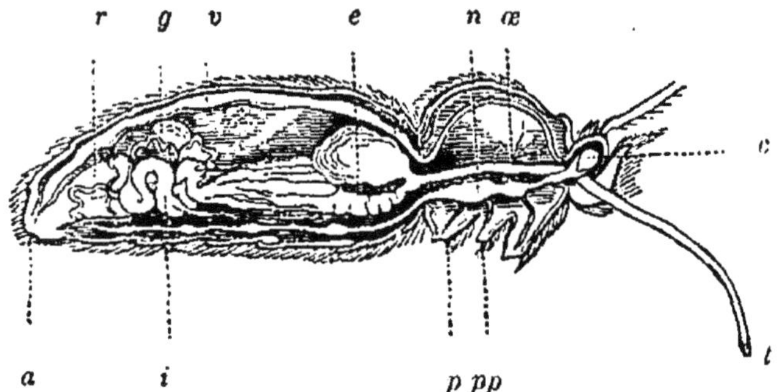

Fig. 261. — SECTION LONGITUDINALE DU CORPS D'UN PAPILLON
(Sphinx du Troène).

a, anus ; *c*, cerveau ; *e*, estomac ; *g*, organes génitaux ; *i*, intestin ; entre *e* et *i*, on voit les tubes de Malpighi ramper sur le tube digestif ; *n*, chaîne nerveuse ganglionnaire ; *œ*, œsophage présentant un jabot volumineux au-dessus de sa partie terminale ; *p, p, p*, pattes ; *r*, rectum ; *t*, trompe ; *v*, vaisseau dorsal.

séricigènes, etc. Exceptionnellement, l'on rencontre des Insectes adultes privés de tube digestif (Phylloxéras sexués, Papillons des Vers à soie).

Appareil circulatoire. — L'organe central de la circulation est un simple vaisseau contractile (*vaisseau dorsal* ou *cœur*) fixé à la paroi supérieure de l'abdomen par des muscles triangulaires (*muscles aliformes*). Il est divisé en un certain nombre de chambres séparées les unes des autres par des replis membraneux offrant chacun une paire d'orifices latéraux. Le sang pénètre par ces orifices, pendant la diastole ; la systole se fait graduellement d'arrière en avant, les replis membraneux fonctionnant comme valvules, pour empêcher la sortie du sang et son retour en arrière. Un prolongement de la chambre antérieure (*aorte*) conduit le sang dans le système lacunaire qui distribue ensuite ce fluide dans les différentes parties du corps.

Appareil respiratoire. — Tous les Insectes respirent par des trachées. Celles-ci sont en forme de tubes ramifiés et munis intérieurement d'un fil hélicoïdal. Le système trachéen s'ouvre au dehors par une ou plusieurs·paires de stigmates situés sur les anneaux de l'abdomen et entre les anneaux ou sur les anneaux mêmes du thorax ; la tête n'en présente jamais. Le système trachéen est dit *holopneustique* quand le thorax et tous les anneaux de l'abdomen ont des stigmates (Névroptères). Quelques larves aquatiques ont un système trachéen fermé ; leurs trachées viennent se ramifier, soit dans des appendices foliacés (*trachées branchiales*) à l'extérieur de l'abdomen (Éphémères), soit à la surface du rectum (larves de Libellules).

Les trachées peuvent présenter des renflements (*vésicules*) où disparaît plus ou moins complètement le fil hélicoïdal ; elles se ramifient à l'intérieur des organes et s'y terminent par des extrémités closes. Chaque trachée est une sorte d'invagination du tégument ; elle se compose de deux tuniques principales : l'une externe, de nature conjonctive, l'autre interne, chitineuse et se détachant, dans le phénomène de la mue, en même temps que la cuticule dont elle provient. Le fil hélicoïdal de la trachée paraît résulter d'un épaississement partiel de la membrane interne. Les stigmates sont généralement entourés d'un cadre corné (*péritrème*) ; ils s'ouvrent et se ferment à la volonté de l'Animal.

Fig. 262. — Larve d'Éphémère (Trachées branchiales).

L'air s'introduit dans le système trachéen par suite de la dilatation du corps et surtout de l'abdomen ; il est expulsé par le resserrement de ces mêmes cavités. L'air dissous dans l'eau pénètre en nature dans les trachées branchiales des larves aquatiques, de sorte que, même dans ce cas, la respiration est encore aérienne. Chez les larves des Libellules, où les trachées branchiales se ramifient à la surface du rectum, cet organe présente des mouvements de diastole et de systole présidant à l'entrée et à la sortie de l'eau, de façon à effectuer une véritable respiration rectale.

Appareil urinaire. — Représenté par deux ou plusieurs tubes de Malpighi débouchant dans l'intestin, à son point de jonction avec l'estomac. Urine en grande partie solide, formée de concrétions renfermant de l'acide urique.

Appareil reproducteur. — Sexes toujours séparés ; glandes sexuelles paires ; orifice sexuel impair (pair chez les Éphémérides), situé généralement dans l'avant-dernier segment de l'abdomen.

Quelquefois (Abeilles, Fourmis, Termites), il existe des individus stériles (*neutres*) dont les organes sexuels restent toujours rudimentaires. Habituellement les mâles sont plus petits que les femelles ; mais ils ont des couleurs plus vives, des antennes et des mandibules plus développées. Quand un seul sexe est muni d'ailes (Lampyre), c'est toujours le sexe mâle ; souvent aussi les mâles ont seuls la propriété d'émettre des sons (Cigale). Les organes sexuels, rudimentaires chez la larve, n'atteignent leur développement complet que chez l'Insecte parfait. L'accouplement a lieu pendant le repos, rarement pendant le vol (Abeille) ; il ne s'effectue qu'une fois et le mâle meurt, peu de temps après la copulation. L'oviparité est la règle ; cependant on observe quelquefois la viviparité (Staphylins, Strepsiptères, certaines générations d'Aphides, *Tachina*, quelques Œstrides). Un certain nombre d'Insectes présentent des cas de parthénogenèse, soit régulière, soit accidentelle ; les générations parthénogénésiques peuvent renfermer des mâles seulement (Abeilles), des femelles seulement (Cynips), ou indifféremment des mâles et des femelles (Kermès). La parthénogenèse larvaire (*pédogenèse*) a été observée chez quelques Diptères (*Miastor*) dont les larves mettent au jour de jeunes larves semblables à elles-mêmes (N. WAGNER).

L'appareil mâle se compose de deux *testicules* simples ou multilobés, suivis de deux *canaux déférents* dont les extrémités, souvent renflées en *vésicules séminales*, se réunissent pour former un *canal éjaculateur* terminé lui-même par un *pénis* tubuleux. Au point de jonction des conduits déférents et du canal éjaculateur, on observe souvent une ou deux paires de *glandes annexes* fournissant l'enveloppe des spermatophores. Un certain nombre de pièces cornées (*armure copulatrice*) entourent le pénis qu'elles protègent et retiennent dans l'intérieur du corps de la femelle, pendant l'accouplement.

L'appareil femelle présente deux *ovaires* formés d'un nombre variable de tubes ovigènes. Ceux-ci sont moniliformes et débouchent dans deux *oviductes* qui se réunissent pour former un *vagin*. Ce dernier est généralement en rapport avec une *poche copulatrice* qui reçoit le pénis et avec un *réceptacle séminal* dans lequel s'accumule le sperme, après l'accouplement. On observe sou-

vent des *glandes sébifiques*, annexées au vagin ; elles sécrètent des matières visqueuses réunissant les œufs entre
eux ou les faisant adhérer sur les corps à la surface desquels ils sont déposés. Les derniers anneaux de l'abdomen forment fréquemment une *armure génitale* qui est
tantôt un pondoir simple (*oviscapte*) ou perforant (*tarière*), tantôt un organe de défense ou d'attaque (*aiguillon*). Les œufs ont une coque assez résistante, souvent
munie d'un système micropylaire compliqué.

MÉTAMORPHOSES. — L'embryon sort de l'œuf sans aucun
vestige d'ailes, mais il ne reste dans cet état que chez
quelques formes aptères ne présentant point de métamorphoses (*Amétaboliens*); tous les autres Insectes subissent des métamorphoses (*Métaboliens*) tantôt graduelles ou
incomplètes (*Hémimétaboliens*),
tantôt brusques ou complètes
(*Holométaboliens*).

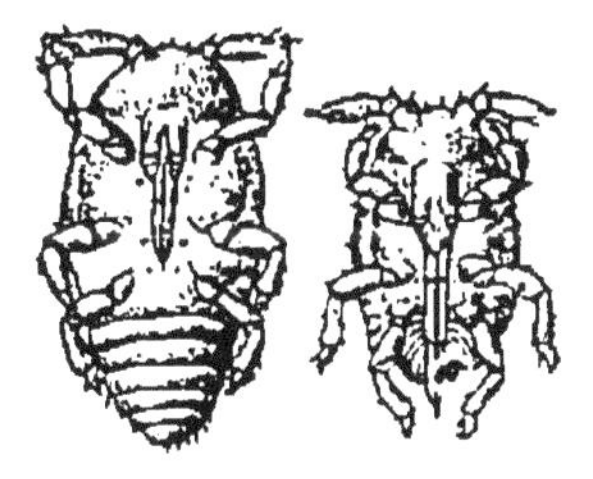

Fig. 263. — LARVES D'UN HÉ
MIPTÈRE (Phylloxera).

Les Hémimétaboliens ou Insectes à métamorphoses incomplètes (Orthoptères, Orthonévroptères, Hémiptères) naissent
avec les principaux caractères
des adultes ; ils subissent un
certain nombre de mues séparant des phases pendant lesquelles l'Animal se meut
librement, se nourrit, enfin éprouve de légères modifications amenant peu à peu la formation des ailes et des
appendices sexuels.

Les Holométaboliens ou Insectes à métamorphoses
complètes (Coléoptères, Névroptères, Hyménoptères,
Lépidoptères, Diptères) naissent sous la forme d'une
larve (appelée *Chenille* chez les Lépidoptères) qui n'a aucune ressemblance avec l'adulte (1) et présente quelquefois (Méloïdes, Ptéromalides) plusieurs aspects successifs (*hypermétamorphoses*). Cette larve passe ensuite par
le stade de *pupe* ou *nymphe* (*Chrysalide* chez les Lépidoptères), forme généralement immobile, ne prenant
pas de nourriture et pourvue seulement de rudiments

____

(1) Les larves des Holométaboliens peuvent se présenter sous trois
formes principales : 1° *larves hexapodes*, avec trois paires de pattes
thoraciques et sans pattes abdominales (la plupart des Coléoptères,
les Névroptères); 2° *Chenilles*, avec trois paires de pattes thoraciques
et un nombre variable de pattes abdominales (Lépidoptères, quelques
Hyménoptères); 3° *larves apodes*, sans appendices locomoteurs (Hyménoptères, Diptères, quelques Coléoptères).

d'ailes (1). La nymphe peut être nue ou, au contraire, renfermée dans une enveloppe fabriquée par la larve. Cette enveloppe est tantôt une *coque* formée le plus souvent de terre ou de divers débris organiques agglutinés, tantôt un *cocon* de matière soyeuse pouvant, le plus souvent, s'étirer en fil. La soie est produite par une paire

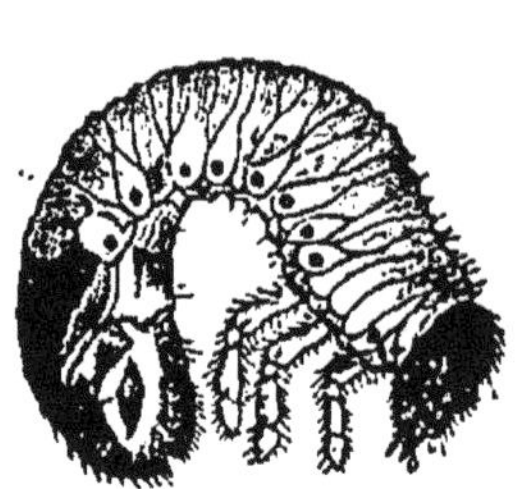

Fig. 264. — Larve hexapode d'un Coléoptère (Hanneton).

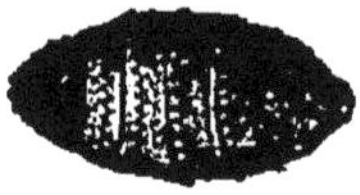

Fig. 265. — Larve apode d'un Diptère (Œstre).

Fig. 266. — Ver a soie (Chenille du *Bombyx Mori*).

de glandes (*glandes séricigènes*) provenant de glandes salivaires plus ou moins modifiées. A l'exception des Chrysalides des Papillons diurnes, les Nymphes nues sont souterraines ou abritées à l'intérieur de divers corps ; les Nymphes entourées d'un cocon protecteur sont, au contraire, exposées à l'air libre. En général, la Nymphe se trouve dans les endroits où se trouvait la larve ; cepen-

(1) Les nymphes des Holométaboliens peuvent affecter trois formes principales : 1° *Nymphes libres*, avec membres saillants et enveloppés d'une pellicule transparente (Coléoptères, Hyménoptères, etc.); 2° *Nymphes emmaillotées* ou *Chrysalides*, à membres appliqués sur le corps, mais reconnaissables à travers l'enveloppe générale constituée par une peau chitineuse durcie (Lépidoptères); 3° *Nymphes resserrées*, à membres invisibles à travers la mince enveloppe constituée, autour d'elles, par la dernière peau larvaire, celle-ci pouvant conserver sa forme en se desséchant ou prendre celle d'un tonnelet (Mouches).

dant certaines larves, qui ont vécu à l'air ou dans l'intérieur d'organes aériens, peuvent subir leur transformation dans le sol. Pour sortir de leur enveloppe de Nymphe, les Insectes emploient des moyens variés. Le plus souvent, sous leurs efforts, l'enveloppe se rompt longitudinalement sur le dos ; alors le thorax, puis la tête, les pattes et enfin les ailes se dégagent successivement. Les Papillons enfermés dans des cocons rejettent un liquide particulier qui ramollit la soie et leur permet d'écarter les fils, pour s'ouvrir un passage. Les Mouches enflent la région frontale de leur tête, par suite de la contraction des muscles du thorax, qui amène un afflux de sang et fait ainsi éclater la partie antérieure de la Pupe. Lorsque l'Insecte éclôt, ses ailes sont recroquevillées, mais elles s'étendent bientôt à la suite de l'introduction du sang dans les nervures et entre les deux membranes de l'aile. Le sang est ainsi l'agent de l'extension des ailes ; il les maintient à l'état de rigidité, jusqu'à ce qu'elles se soient affermies et desséchées. Cette introduction du sang dans les ailes se fait par suite de l'ingestion, dans le tube

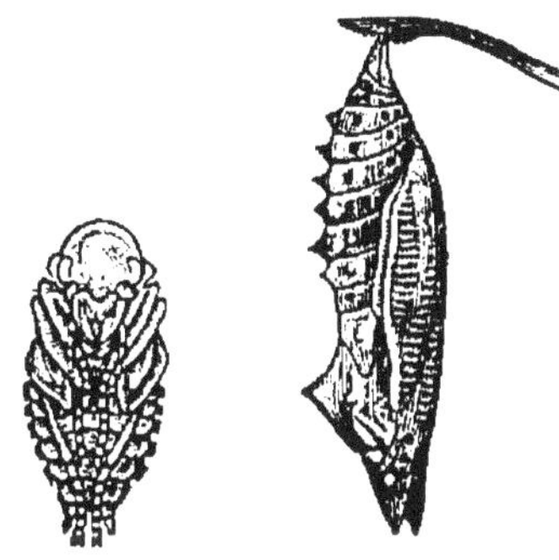

Fig. 267. — NYMPHE LIBRE D'UN COLÉOPTÈRE (Calosome).

Fig. 268. — CHRYSALIDE NUE (Vanesse).

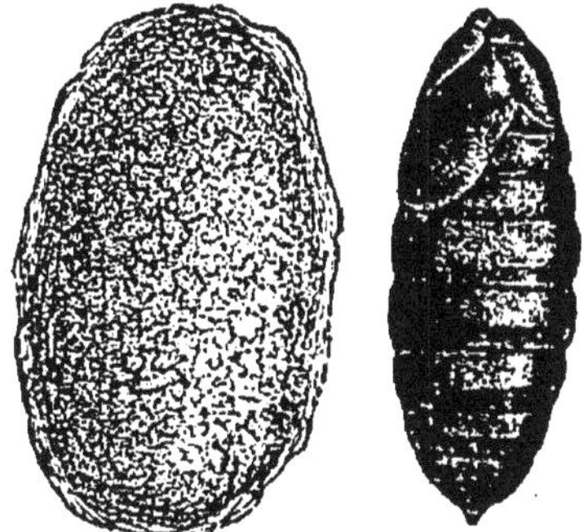

Fig. 269. — COCON ET CHRYSALIDE DU VER A SOIE.

digestif, d'une grande quantité d'air qui amène une augmentation de la pression du liquide (JOUSSET DE BELLESME). Alors se trouve constitué l'Insecte adulte (*Insecte parfait, Insecte ailé, Insecte sexué, imago*). D'une manière générale, la vie larvaire est plus longue que la vie de l'Insecte parfait. C'est surtout pendant la période larvaire que l'Insecte s'accroît (le Ver à soie, long de 1 millimètre à sa naissance, mesure 9 millimètres, au bout de

30 jours); la Nymphe ne prend pas de nourriture; l'adulte s'alimente (quelques adultes ne prennent pas d'aliments), sans s'accroître sensiblement. Les organes de la larve ne se convertissent pas tous directement en organes correspondants de l'imago ; une partie des tissus larvaires se fondent en un magma graisseux (*histolyse*) dans lequel se constituent (*histogenèse*) les nouveaux éléments des organes de l'adulte (WEISMANN; KUNCKEL).

Appareil locomoteur. — Il est constitué par les muscles et le tégument dont la structure a été étudiée plus haut.

A. TÊTE. — On la considère comme formée par la soudure de trois segments correspondant aux trois paires de gnathites dont nous avons déjà donné la description. Elle porte, en outre, une paire d'antennes insérées sur le front et formées d'articles peu mobiles, enfin des yeux qui ne paraissent pas avoir de rapports morphologiques avec les appendices.

B. THORAX. — Composé de trois segments : le *prothorax*, le *mésothorax* et le *métathorax*. Le prothorax est tantôt libre et bien développé (Coléoptères, Orthoptères, Orthonévroptères, Névroptères, Hémiptères), tantôt plus ou moins réduit et soudé au mésothorax (Hyménoptères, Lépidoptères, Diptères). La première paire de pattes s'articule sur le prothorax, la deuxième sur le mésothorax, la troisième et dernière sur le métathorax. Le prothorax ne porte jamais d'ailes. Ces appendices dorsaux s'insèrent sur le mésothorax et le métathorax chez les Tétraptères, sur le mésothorax seulement chez les Diptères. Dans ce dernier cas, deux organes (*balanciers*) formés d'une petite tige terminée par un bouton, s'insèrent sur le métathorax et représentent les ailes.

A. *Pattes.* — Chaque patte est constituée par cinq pièces creuses, articulées : 1° la *hanche*, enclavée dans la partie correspondante du thorax; 2° le *trochanter*, toujours très petit; 3° la *cuisse*, souvent très épaisse; 4° la *jambe*, longue et grêle; 5° le *tarse*, offrant de un à cinq articles. Le dernier article du tarse se termine habituellement par un ou deux crochets (*ongles*) et présente parfois des pelotes (*pulvilli*) (1) permettant l'adhérence aux corps lisses. Les six pattes thoraciques des

____

(1) Ces pelotes sont ordinairement hérissées d'un nombre considérable de poils très fins sécrétant une substance huileuse très fluide, qui produit, par action capillaire, l'adhérence avec les corps étrangers (ROMBOUTS).

larves hexapodes ne diffèrent pas sensiblement de celles
des adultes, chez les Hémimétaboliens. Quand la courte
patte écailleuse d'une Chenille va être remplacée par la
longue patte articulée du Papillon, ce n'est pas le membre
primordial qui s'agrandit et se transforme, c'est, dans
la portion basilaire de ce membre, un bourgeon rudi-

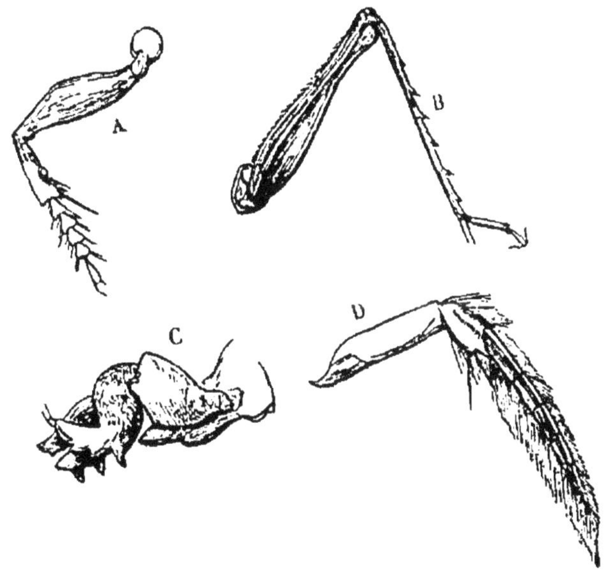

Fig. 270. — Pattes d'Insectes.

A, patte coureuse de Carabe; B, patte sauteuse de Criquet; C, patte
fouisseuse de Taupe-grillon ; D, patte natatoire de Dytique.

mentaire préexistant qui produit le nouvel appendice
(KUNCKEL D'HERCULAIS). Suivant qu'on laissera ce bourgeon intact ou qu'on le détruira chez la larve, le membre
articulé poussera ou, au contraire, n'apparaîtra pas
chez l'Insecte parfait.

Les pattes servent à effectuer la locomotion terrestre
et la locomotion aquatique.

a. *Locomotion terrestre.* — Elle comprend la marche,
la course et le saut.

Dans la *marche* ordinaire, l'Insecte repose sur un
triangle de sustentation formé par les deux pattes
extrêmes d'un même côté et la patte moyenne de l'autre
côté, pendant qu'il porte en avant les trois autres

pattes : autrement dit, la marche typique des Insectes
peut être représentée par trois bipèdes placés l'un derrière l'autre, le premier et le dernier allant au pas
ensemble, mais d'un pas contraire avec
celui du milieu (CARLET). La *course* n'est
qu'une marche accélérée. Le *saut* est
l'allure principale chez certains Insectes
(Orthoptères sauteurs, Puce, etc.) dont
les pattes postérieures sont très longues,
comparativement aux antérieures. Chez
d'autres (Podures), le saut est déterminé
par l'extension brusque d'une sorte de
levier caudal qui, dans l'état de repos,
est replié sous l'abdomen. Enfin, un grand
nombre d'Insectes peuvent *grimper*, soit
à l'aide de crochets ou de pinces, soit au
moyen d'organes adhésifs.

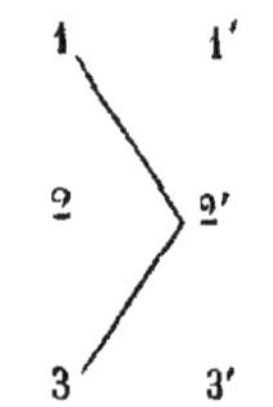

Fig. 271. — Sché-
ma de la marche
d'un insecte.

Les pattes 1, 2', 3
  sont posées ; les
  pattes 1', 2, 3'
  sont levées.

b. *Natation*. — Chez les Insectes qui
vivent dans l'eau, les pattes postérieures
présentent, en général, un élargissement plus ou moins
considérable et agissent simultanément pour accomplir
la natation. Chez les Insectes qui vivent à la surface de
l'eau (Hydromètres, etc.), la progression a lieu surtout
par le mouvement des pattes intermédiaires qui remplissent l'usage de rames.

B. *Ailes*. — Elles sont constituées par des espèces de
sacs cutanés, aplatis en lames minces et composés de
deux membranes parcourues par des nervures chitineuses. La charpente générale de l'aile est formée par
six nervures principales (trois antérieures, une médiane,
deux postérieures) partant de la base de l'aile et ayant
la forme de canaux qui livrent passage au sang, aux
nerfs et aux trachées. Des nervures plus petites (*nervules*)
limitent, avec les précédentes, des mailles (*cellules*) dont
la disposition est utilisée dans les classifications. Les
ailes s'insèrent sur la face dorsale du thorax au moyen de
pièces courtes (*osselets*); elles sont mises en mouvement
par un certain nombre de muscles. L'aile a une consistance qui diminue graduellement de la base au sommet
et d'avant en arrière ; sa base a généralement la forme
d'un dièdre à concavité inférieure, dont la nervure médiane forme l'arête (AMANS).

Vol. — A l'inverse de l'Oiseau, qui est une machine à
squelette intérieur et à muscles extérieurs, l'Insecte
représente une sorte de nacelle à l'intérieur de laquelle
sont abrités les moteurs. Contrairement à l'Oiseau, l'In-

secte n'a pas de queue servant de gouvernail, pour changer la direction du vol; celle-ci est obtenue, soit (Tétraptères) par les mouvements de l'abdomen et des pattes, soit (Diptères) par l'action des balanciers (1) (JOUSSET DE BELLESME). La face supérieure de l'aile de l'Insecte regarde en avant pendant la descente, et en arrière pendant la montée. La pointe de l'aile décrit, pendant le vol, une courbe en forme de 8, dont le grand diamètre est dirigé suivant la ligne de projection de l'Animal (MAREY; PETTIGREW). Chez beaucoup d'Insectes tétraptères (Hyménoptères, une partie des Lépidoptères et des Hémiptères), les ailes antérieures entraînent les postérieures dans leur mouvement, au moyen de mécanismes spéciaux variant dans les divers ordres.

C. ABDOMEN. — Il se compose d'un nombre d'anneaux variant de onze (Libellules) à huit ou moins encore, par atrophie, fusion ou invagination d'un certain nombre d'entre eux. L'articulation avec le thorax se fait toujours largement; s'il existe un pédicule (Hyménoptères), celui-ci est formé par le rétrécissement du deuxième anneau de l'abdomen. Le dernier segment (*pygidium*) affecte des formes très diverses; il contient toujours l'anus et parfois des glandes anales sécrétant des liqueurs fétides. L'abdomen des Insectes adultes ne présente d'organes locomoteurs que chez les Thysanoures; les autres appendices sont, outre l'armure génitale, des filaments articulés (Blattes, Grillons) ou des pinces (Forficules) qu'on observe quelquefois sur les derniers anneaux du corps. Chez les larves des Lépidoptères (*Chenilles*) et de quelques Hyménoptères (*fausses Chenilles*), l'abdomen présente des appendices charnus et inarticulés (*fausses pattes*), munis le plus souvent, à leur partie inférieure, d'une couronne de crochets chitineux.

Appareil phonateur. — Un certain nombre d'Insectes émettent des sons (*stridulation*); ils appartiennent à tous les ordres, excepté peut-être à celui des Névroptères. La stridulation est généralement un appel pour le rapprochement des sexes; elle a lieu, soit chez le mâle et la femelle (Coléoptères, Hyménoptères, Lépidoptères, Hémiptères Hétéroptères), soit chez le mâle seulement

---

(1) Une Mouche, à laquelle on a coupé les balanciers, suit toujours une trajectoire descendante et ne peut plus s'élever ni même voler horizontalement. Si l'on n'a sectionné qu'un balancier, la descente s'opère toujours, mais le vol devient tourbillonnant, la concavité de la courbe décrite étant tournée du côté où le balancier a été coupé.

(Orthoptères, Hémiptères Homoptères); tantôt ce sont des bruits de percussion ou des bruits de frottement, tantôt c'est un bourdonnement ou même un chant produit par des membranes vibrantes. L'appareil stridulant des Lépidoptères (Tête de mort, Écaille pudique, etc.) n'est pas encore assez connu pour que nous nous y arrêtions.

A. Bruits de percussion. — Les Vrillettes (*Anobium*) s'appellent en frappant rapidement, avec leur tête, un certain nombre de coups contre le bois que ces Insectes perforent. Le « tic-tac » ainsi produit est désigné vulgairement sous le nom d' « horloge de la mort ».

B. Bruits de frottement. — Les Longicornes stridulent en frottant le prothorax contre des stries du mésothorax. Chez les Criocères, le son est produit par l'extrémité de l'abdomen, dont la partie supérieure ridée passe, comme une lime, contre les élytres. Chez les Géotrupes, ce sont les hanches postérieures striées qui frottent contre le bord du troisième anneau de l'abdomen. Chez les Acrididés, la face interne des cuisses postérieures est dentée et, en passant contre une nervure saillante de l'élytre, met celui-ci en vibration. Chez les Locustidés, un son criard est produit par le grincement des élytres à leur base ; l'élytre gauche, placé au-dessus du droit, porte une sorte de lime dont les raies transversales frottent contre le cadre d'une partie membraneuse (*miroir*) de l'élytre droit. Chez les Gryllidés, c'est l'élytre droit qui est situé au-dessus du gauche et qui porte la lime ; celle-ci frotte alors contre une nervure située près du bord interne de l'élytre gauche.

C. Bourdonnement. — Le véritable bourdonnement ne se rencontre que chez les Hyménoptères et quelques Diptères. Un Bourdon qui vole rend un son grave ; quand il est posé, il peut émettre un son aigu à l'octave du premier. Le son grave est dû aux mouvements des ailes, et le son aigu aux vibrations du thorax (Jousset de Bellesme).

D. Chant de la Cigale. — Il est produit par un appareil assez compliqué dont nous exposerons la disposition et le mécanisme, en résumant nos recherches personnelles sur ce sujet. L'*appareil musical* de la Cigale est situé à la base de l'abdomen du mâle et entouré de deux paires d'organes protecteurs : les uns (*opercules*) en forme de volets ventraux, les autres (*cavernes*) constituant deux cavités latérales. Sur la paroi interne de chaque caverne se trouve une membrane convexe (*tim-*

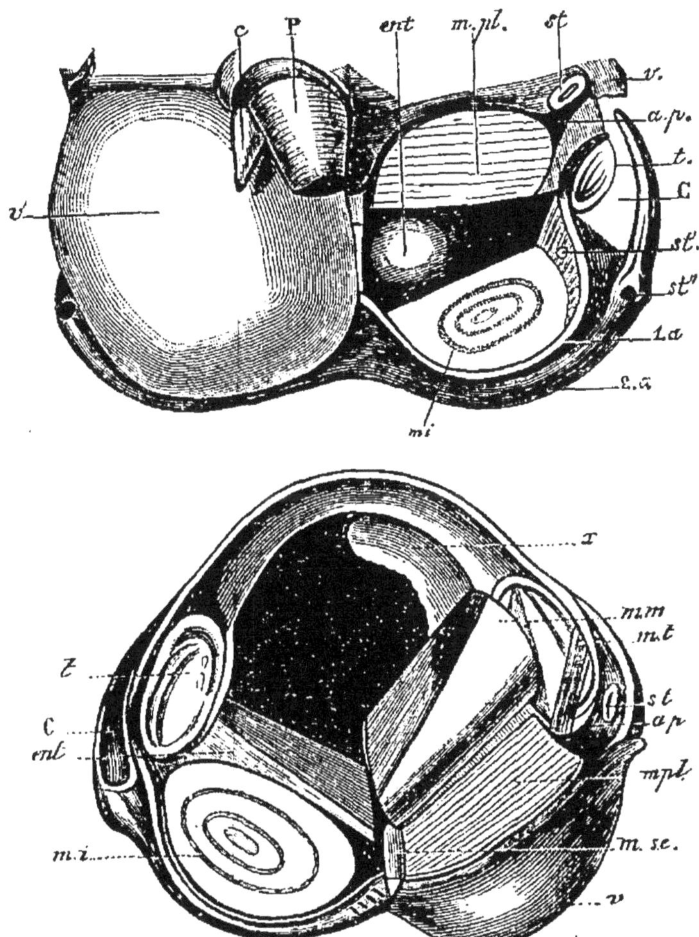

Fig. 272 et 273. — Appareil musical de la Cigale.

1*a*, 2*a*, 1er et 2e anneaux de l'abdomen ; *ap*, apophyse de la membrane plissée ; C, caverne ; *c*, prolongement trochantérien de la 3e patte P ; *ent*, eutogastre ; *mi*, miroir ; *mm*, muscle de la timbale ; *m. pl*, membrane plissée ; *m,s.e*, muscle sterno-entogastrique ; *mt*, muscle tenseur de la membrane plissée ; *st*, stigmate du métathorax ; *st'*, *st"* les deux premiers stigmates de l'abdomen ; *t*, timbale ; *v*, opercule ; *x*, membrane semi-annulaire des muscles de la timbale.

La fig. 272 montre la partie ventrale de l'appareil. L'opercule gauche a été enlevé pour faire voir les parties qu'il recouvre.

La fig. 273 montre l'intérieur de l'appareil musical. Le muscle de la timbale, la membrane plissée et l'opercule du côté droit ont été enlevés.

bale) produisant le son. Les deux timbales forment les peaux d'un véritable tambour, dont la caisse est une énorme cavité thoraco-abdominale. Celle-ci communique avec l'extérieur par une paire de gros stigmates latéraux ; ses parois sont rigides, sauf à la partie ventrale, où elles présentent, sous les volets, deux paires de membranes délicates séparées par une bande chitineuse (*entogastre*). L'une de ces membranes est tendue, transparente, irisée (*miroir*) ; l'autre est molle, plissée, opaque (*membrane plissée*), mais peut être plus ou moins tendue par un muscle spécial : toutes deux vibrent par influence et renforcent le son. Chaque timbale est mise en mouvement par un gros muscle (*muscle de la timbale*) qui va du bord interne de l'entogastre à la face interne de la timbale, où il s'insère par un fort tendon. L'appareil musical de la Cigale est, en somme, un tambour à deux peaux sèches et convexes appelées *timbales* dont l'Insecte joue par la contraction brusque et simultanée de deux gros muscles allant du centre de l'instrument à chacune des timbales ; celles-ci reviennent sur elles-mêmes par élasticité, à chaque relâchement des muscles des timbales.

Système nerveux. — Le plus souvent très développé. Le cerveau envoie des nerfs aux yeux, aux antennes et à la lèvre supérieure ; le ganglion sous-œsophagien donne naissance aux nerfs des trois paires de gnathites ; les ganglions thoraciques sont au nombre de trois chez les larves et un certain nombre d'adultes (Termès, etc.) ; les ganglions abdominaux, ordinairement plus ou moins réunis entre eux ou même avec les ganglions thoraciques, forment quelquefois (Mouches, etc.) une seule masse nerveuse.

En outre de ce système, il existe un *système nerveux viscéral* qui, chez les Insectes les plus élevés, se montre composé de deux parties distinctes : l'une (*système stomato-gastrique*) correspondant au nerf pneumo gastrique des Vertébrés, l'autre au *grand sympathique*. Le système stomato-gastrique offre, à sa partie antérieure, un ganglion (*ganglion frontal*) relié au cerveau par une paire de nerfs recourbés en forme de crosse. Ce ganglion émet, en avant, une branche pharyngienne et, en arrière, un *nerf* dit *récurrent*. Celui-ci passe sous le cerveau, derrière lequel il se renfle en un petit *ganglion œsophagien*, puis se termine dans un *ganglion gastrique*, sur le ventricule chylifique. Il faut encore rattacher à ce système une paire de *ganglions angéiens* reliés au cerveau et à une paire de *ganglions tra-chéens ;* les premiers sont situés sur le vaisseau dorsal et les se-conds sur les troncs trachéens qui pénètrent dans la tête. Le grand sympathique est impair et tire son origine du ganglion sous-œsophagien ; il est situé directement au-dessus de la chaîne ventrale et présente un renflement ganglionnaire à cha-que anneau. Ce nerf fournit les principaux filets qui vont inner-ver les orifices respiratoires, l'extrémité du tube digestif et les organes de la génération.

Organes des sens. — Le tact s'exerce surtout au moyen des antennes et des gnathites. Le

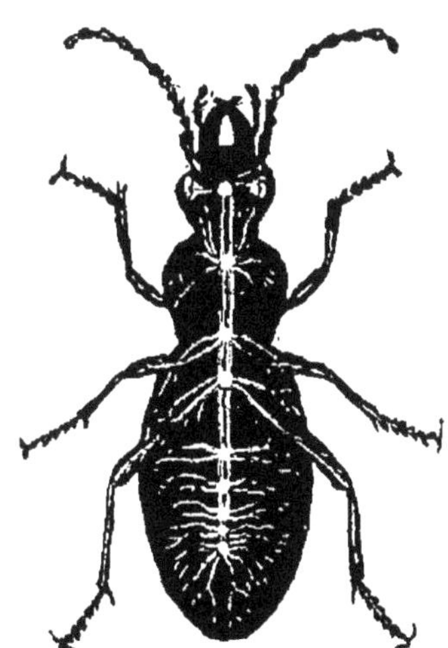

Fig. 274. — Système nerveux d'un Carabe (cerveau et chaîne gan-glionnaire).

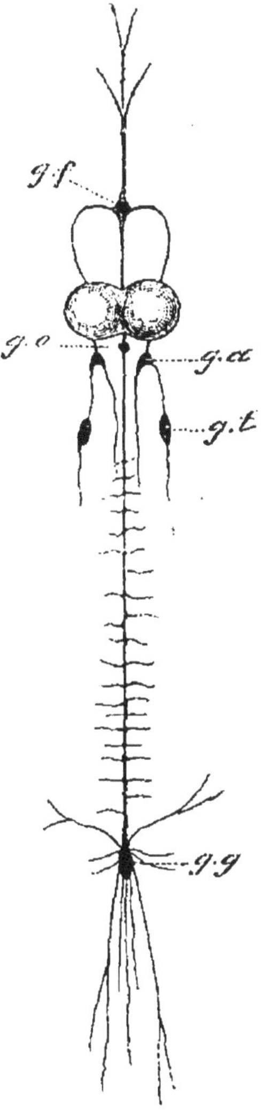

Fig. 275. — Système stomato-gastrique d'un Dytique.

g.a, ganglions angéiens ; *g.f*, ganglion frontal ; *g.g*, gan-glion gastrique ; *g.o*, ganglion œsophagien ; *g.t*, ganglions trachéens.

goût paraît résider dans la bouche. L'odorat a son siège dans les antennes. Chez beaucoup d'Insectes, on regarde comme appartenant au sens de l'ouïe, des terminaisons nerveuses renfermant une espèce de bâtonnet chitineux en rapport avec la peau ou avec des organes en forme de tambour (Orthoptères). Presque toujours, on observe deux yeux à facettes, sur les côtés de la tête, et, le plus souvent, deux ou trois stemmates sur le sommet. Quelques Insectes des grottes ou cavernes sont aveugles (1). Le réseau des yeux à facettes est ordinairement hexagonal; chaque facette constitue une petite cornée biconvexe formée par la cuticule. Derrière chaque cornée se trouve un bâtonnet transparent (*bâtonnet optique*), composé d'une partie périphérique (*corps cristallinien*) et d'une partie centrale (*rétinule*) formées l'une et l'autre aux dépens de l'hypoderme. Les rétinules sont séparées les unes des autres par une couche de pigment.

Mœurs. — Elles sont très variables et seront étudiées dans chaque ordre en particulier. On trouve des Insectes sur toute la surface du globe et le nombre de leurs espèces peut être évalué à 500,000. Plus on s'approche de l'Equateur, plus les Insectes sont nombreux, gros et présentent de brillantes couleurs.

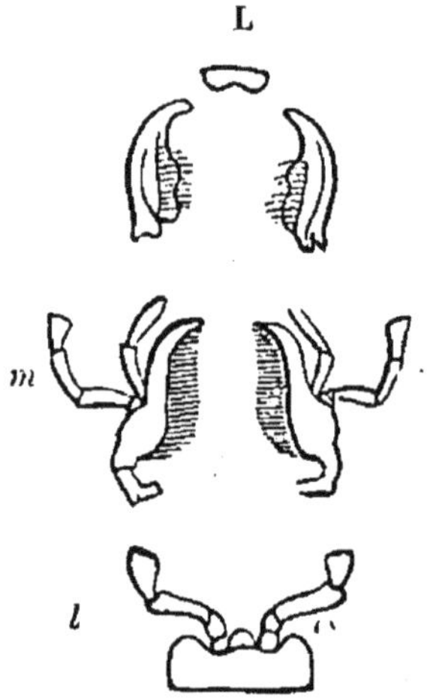

Coléoptères (κολεός, étui; πτερόν, aile). — *Insectes broyeurs munis d'élytres. Métamorphoses complètes.*

Insectes broyeurs, à lèvre inférieure généralement peu développée. Antennes de formes très

Fig. 276. — ARMATURE BUCCALE D'UN CARABE.

L, labre; *l*, lèvre inférieure; M, mandibule; *m*, mâchoires.

variées. Deux yeux à facettes; rarement des ocelles; pas d'yeux chez quelques

(1) Les larves qui vivent à la lumière et cherchent leur nourriture ont des stemmates et très rarement (Cousins) des yeux réticulés; celles qui vivent à l'abri de la lumière sont généralement aveugles (larves des Hyménoptères et de la plupart des Diptères; larves apodes des Coléoptères).

22.

espèces des cavernes. Prothorax (*corselet*) libre, très développé. Mésothorax et métathorax cachés sous les élytres,
sauf une partie triangulaire du mésothorax (*écusson*)
habituellement visible sur le dos. Tarses de trois à cinq
articles. Ailes antérieures ou supérieures (*élytres*) cornées, horizontales, en contact par leur bord interne,
quelquefois soudées en un bouclier médian. Ailes postérieures ou inférieures membraneuses, repliées transversalement au-dessous des élytres, quelquefois nulles.
Abdomen sessile, mou sous les élytres, portant les stigmates sur les côtés de sa face dorsale, présentant souvent son dernier segment (*pygidium*) à découvert.
Métamorphoses complètes. Larves à tête cornée et à corps
mou ; broyeuses ; hexapodes ou apodes, avec ou sans
ocelles. Nymphes immobiles, à membres repliés, ressemblant à des momies.

A. PENTAMÈRES (πέντε, cinq ; μέρος, partie). *Cinq articles
à tous les tarses.*

Les *Carabidés* ont le lobe externe des mâchoires pal-
piforme et composé de deux ou trois articles. Carnassiers

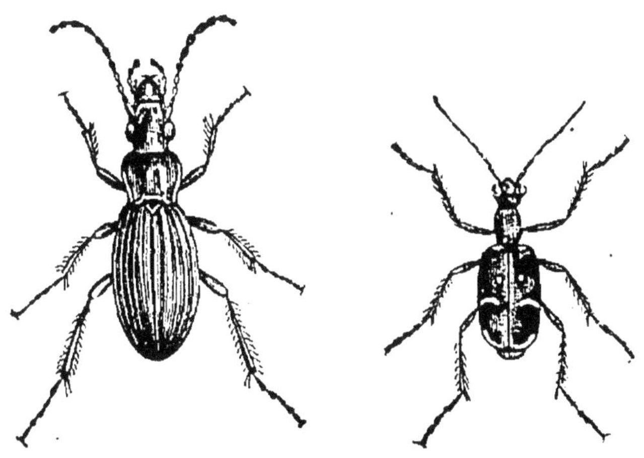

Fig. 277. — CARABE.   Fig. 278. — CICINDÈLE.

terrestres, à mandibules tranchantes, à antennes filiformes, à pattes propres à la course ; utiles par la destruction qu'ils font de beaucoup de petits Animaux nuisibles ;
larves carnassières, à pattes assez longues. — Cicindèles
(*Cicindela*). Lobe interne des mâchoires terminé par un
crochet mobile ; volent bien ; les larves creusent des gale_

ries souterraines dans lesquelles elles se fixent par deux crochets dorsaux, pour guetter leur proie. Carabes (*Carabus*). Coureurs, à élytres ovales souvent soudés; dépourvus d'ailes membraneuses. La « Jardinière » (*C. auratus*) est très commune dans les champs et les jardins. — Mormolyces (*Mormolyce*). Élytres élargis en forme de feuilles; antennes très longues. Grands Coléoptères aplatis, vivant à Java, dans les forêts, sous les troncs d'arbres renversés. — Calosomes (*Calosoma*). Beaux Insectes ailés, à élytres quadrilatères ; grands destructeurs de Chenilles. *C. sycophanta* est l'un des plus beaux Coléoptères d'Europe. — Brachines (*Brachinus*). Corps rétréci en avant; vivent sous les pierres ; se défendent en lançant par l'anus une vapeur explosive, d'où les noms de « Bombardiers » et de « Canonniers » sous lesquels on les désigne. — Sca-

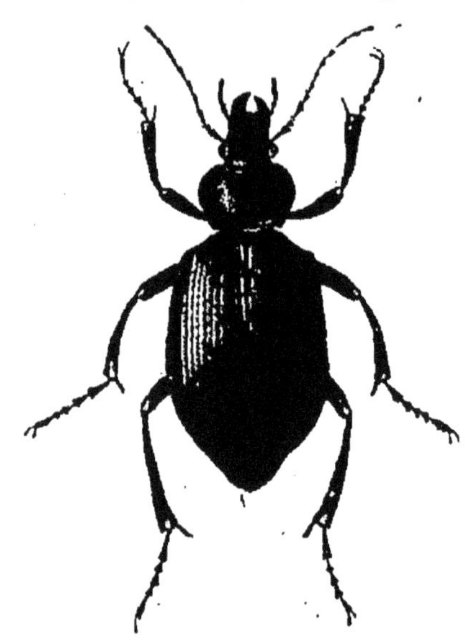

Fig. 270. — CALOSOME.

rites (*Scarites*). Tête énorme, carrée, à mandibules larges et fortes ; jambes antérieures palmées ; grands carnassiers nocturnes des plages de la Méditerranée. — Anophtalmes (*Anophthalmus*). Coléoptères aveugles, cavernicoles.

Les *Dytiscidés* sont des carnassiers aquatiques vivant dans les eaux stagnantes ou peu courantes ; ils soulèvent les élytres à la surface de l'eau et emprisonnent ainsi, sous leur voûte, l'air nécessaire à la respiration. Leurs larves sont aussi aquatiques et carnassières ; elles respirent en relevant, au-dessus de l'eau, l'extrémité abdominale près de laquelle se trouve la dernière paire de stigmates. — Dytiques (*Dytiscus*). Antennes longues et filiformes ; mâles à tarses antérieurs munis de ventouses servant à retenir la femelle; détruisent le frai des Poissons. — Gyrins (*Gyrinus*). Antennes courtes et épaisses ; décrivent avec rapidité des cercles à la surface de l'eau, d'où leur nom de « Tourniquets ».

Les *Hydrophilidés* ou *Palpicornes* ont les palpes maxillaires longs dépassant souvent les antennes, qui sont terminées en massue. — Hydrophiles (*Hydrophilus*). Phytophages aquatiques ; corps ovalaire muni, sous le thorax, d'une sorte de lance dirigée en arrière ; pondent leurs œufs dans un cocon soyeux en forme de cornue ; larves « Vers assassins » aquatiques et carnassières. — Sphéridies (*Sphaeridium*). Terrestres ; corps hémisphérique ; dans les excréments.

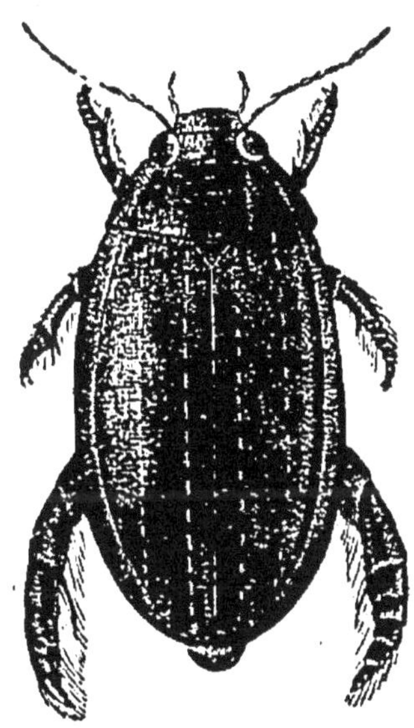

Fig. 280. — Dytique.

Les *Staphylinidés* ou *Brachélytres* ont les élytres beaucoup plus courts que l'abdomen ; ils sont généralement carnassiers et relèvent l'abdomen, à la façon des Scorpions, lorsqu'on cherche à les saisir. — Staphylins (*Staphylinus*). Tête armée de mandibules en faucilles ; corps pubescent ; présentent, au dernier segment de l'abdomen, deux petites vessies blanchâtres qui exhalent une odeur forte rappelant celle de certains acides.

Les *Clavicornes* ont des élytres recouvrant l'abdomen et des antennes presque toujours plus grosses vers l'extrémité. — Nécrophores ou « Fossoyeurs » (*Necrophorus*). Corps allongé. Antennes de dix articles ; vivent de matières corrompues ; enterrent les cadavres de petits Vertébrés dans lesquels ils pondent et qui servent ensuite de nourriture aux larves. — Boucliers (*Silpha*). Corps large, arrondi ; antennes de onze articles ; dévorent les cadavres, mais ne les enterrent pas. Quelques espèces rendent des services en faisant la chasse aux Chenilles ou aux Colimaçons ; par contre, d'autres espèces causent des dommages, en mangeant les feuilles des Betteraves à sucre. — Escarbots (*Hister*). Corps déprimé, très dur, presque carré ; vivent dans les charognes et les excréments ; contribuent, comme les précédents, à purifier l'atmosphère. — Dermestes (*Dermestes*). Corps allongé ; se nourrissent de matières animales desséchées (peau, poils, plumes, etc.). Le Dermeste du lard (*D. lardarius*) abonde dans les charcuteries mal tenues. — Attagènes (*Attagenus*). La larve de *A. pellio* ravage les pelleteries. Anthrènes (*Anthrenus*). La larve de *A. musæorum* ravage les collections d'Histoire naturelle.

Les *Pectinicornes* présentent des antennes coudées et terminées par des lamelles pectinées fixes ; les mandibules sont souvent très développées chez les mâles. — Lucanes (*Lucanus*). Le « Cerf-Volant » (*L. Cervus*), le plus grand Coléoptère de nos pays, est remarquable par les énormes mandibules des mâles ; sa larve creuse le tronc et la souche des vieux Chênes. — Dorques (*Dorcus*). La

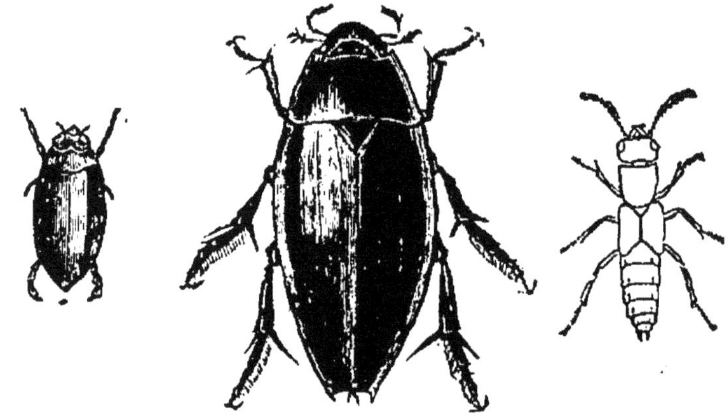

Fig. 281. — Gyrin.   Fig. 282. — Hydrophile.   Fig. 283. — Staphylin.

« petite Biche » (*D. parallelipipedus*) a de fortes mandibules.

Les *Lamellicornes* ou *Scarabéidés* ont des antennes coudées dont les derniers articles sont lamelleux et mobiles en éventail ; les mandibules sont relativement peu développées. Leurs larves sont aveugles et vivent toujours cachées ; elles subissent leur transformation en Nymphe dans une coque arrondie ou ovalaire qu'elles fabriquent en agglutinant avec leur salive des grains de terre ou des détritus de bois.

Les uns (*Coprophages*) se rendent utiles en détruisant les excréments et les dispersant dans la terre qu'ils fertilisent. — Pilulaires ou « Rouleurs de boules » (*Ateuchus*). Tarses antérieurs nuls ; déposent leurs œufs dans des

boules de fiente que la femelle pousse derrière elle,
puis enterre. Le Scarabée sacré (*A. sacer*) était vénéré
des Égyptiens, en raison de ses services; il n'est pas rare
en Provence, sur les bords de la mer. — Bousiers (*Copris*). Tête armée d'une corne, plus grande chez les mâles;
écusson nul; sillonnent les matières stercorales au-dessous desquelles ils pondent leurs œufs. — Géotrupes
(*Geotrupes*). Écusson triangulaire; noirs en dessus; d'une

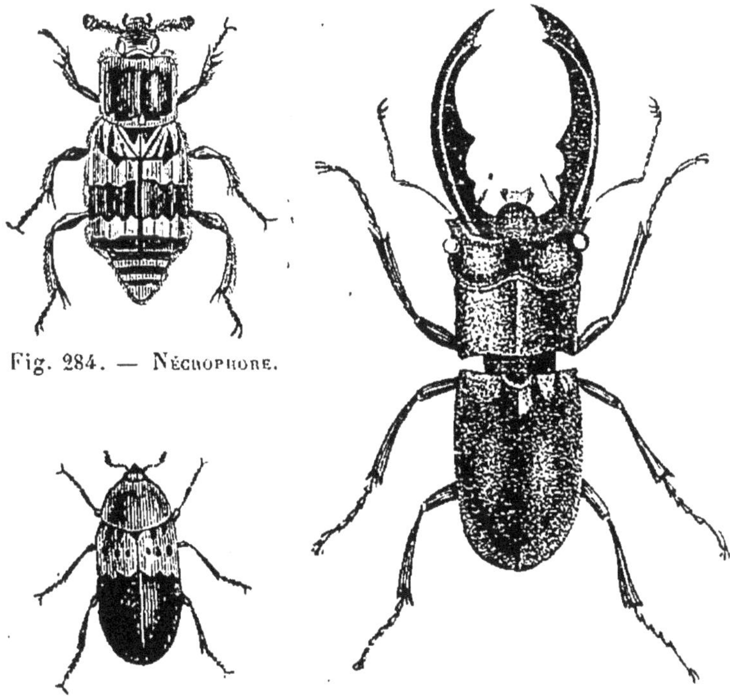

Fig. 284. — Nécrophore.

Fig. 285. — Dermeste.

Fig. 286. — Lucane.

belle couleur métallique (bleu, vert, violet) en dessous;
mœurs des Bousiers.

Les autres (*Phytophages*) sont nuisibles par les ravages
qu'ils exercent sur les Végétaux. — Dynastes (*Dynastes*).
Tête et prothorax pourvus, chez les mâles, de prolongements en forme de cornes. Le Scarabée Hercule (*D. Hercules*) de l'Amérique méridionale est le géant de l'ordre.
— Oryctes (*Oryctes*). Tête des mâles munie d'une corne

arquée. Le Scarabée nasicorne ou « Rhinocéros » (*O. nasicornis*) est commun dans le voisinage des tanneries; sa larve vit dans les dépôts de tan. — Hannetons (*Melolontha*). Mandibules fortes ; antennes à 7 (mâles) ou 6 (femelles) feuillets. Constituent pour l'agriculteur un véritable fléau contre lequel il doit surtout lutter par la destruction des adultes (*hannetonage*) ; les femelles s'enterrent pour pondre. Le Hanneton commun (*M. vulgaris*) a l'abdomen terminé par une pointe ; ses larves (*vers blancs*) vivent de racines et mettent trois ans à effectuer

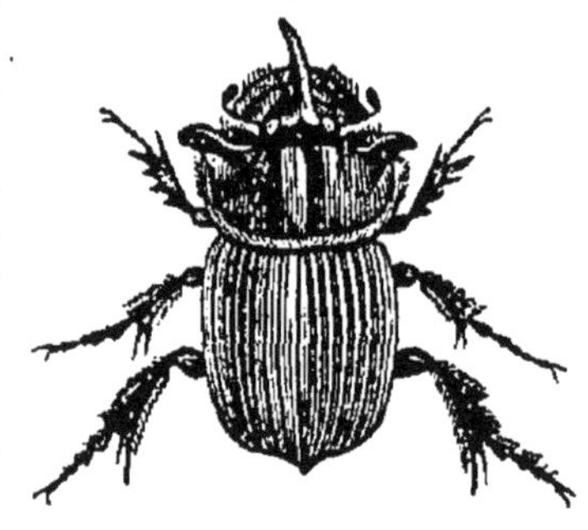

Fig. 287. — Bousier.

leur développement, de telle sorte qu'il y a, tous les trois ans, une « année de Hannetons ». Le Hanneton foulon (*M. fullo*) est plus gros que le précédent; ses élytres sont marbrés de blanc; il n'a pas de pointe abdominale. — Rhizotrogues (*Rhizotrogus*). Mandibules fortes ; massue des antennes à trois feuillets. Le « petit Hanneton de la Saint-Jean » (*R. solstitialis*) n'a pas de pointe abdominale; ses larves causent des dégâts dans les cultures. — Cétoines (*Cetonia*). Mandibules faibles ; recherchent les fleurs et s'attaquent quelquefois aux fruits. La Cétoine dorée ou « Scarabée des roses » (*C. aurata*) est commune partout.—Goliath (*Goliathus*). Sortes de Cétoines géantes dont les mâles ont

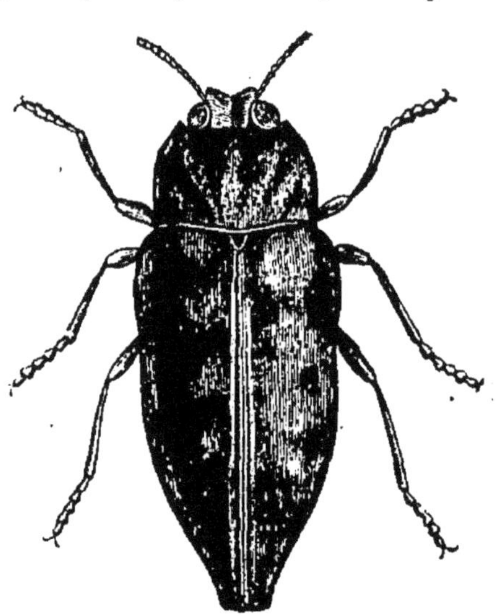

Fig. 288. — Buprestе.

la tête armée d'une corne fourchue et les pattes antérieures très allongées; appartiennent aux contrées les plus chaudes de l'Afrique.

Les *Buprestidés* ont le corps très allongé, terminé en pointe et offrant de riches couleurs d'un brillant métallique. Larves vermiformes, vivant dans le bois. — Buprestes ou « Richards » (*Buprestis*). Les larves vivent dans les Pins et les Sapins.

Les *Élatéridés* ont le bord postérieur du prothorax prolongé en une épine pointue. Lorsqu'ils sont renversés sur le dos, ils se cambrent sur la tête et l'extrémité de l'abdomen, puis sautent brusquement et recommencent cette manœuvre, jusqu'à ce qu'ils retombent sur leurs pattes. Les larves vivent de bois et de racines. — Taupins (*Elater*), appelés aussi « Forgerons, Toque-Maillet, Marteaux », à cause du bruit qu'ils produisent en sautant. — Pyrophores ou Cucujos (*Pyrophorus*). « Mouches de feu »; Insectes phosphorescents d'Amérique, émettant une lumière verdâtre qui provient de trois taches dont deux situées sur les côtés du prothorax et une sur le milieu de la face ventrale du premier anneau de l'abdomen. Les organes lumineux sont des sortes de glandes dont les cellules subissent la dégénérescence graisseuse, à mesure qu'elles fonctionnent (R. Dubois).

Les *Malacodermés* ont des téguments de consistance molle ou flexible. — Lampyres (*Lampyris*). Antennes filiformes ; sous les derniers anneaux de l'abdomen, des organes phosphorescents émettent une lumière bleuâtre ; femelle aptère et lumineuse, ainsi que la larve (*Ver luisant*); mâle ailé, doué d'un faible éclat. — Lucioles (*Luciola*).

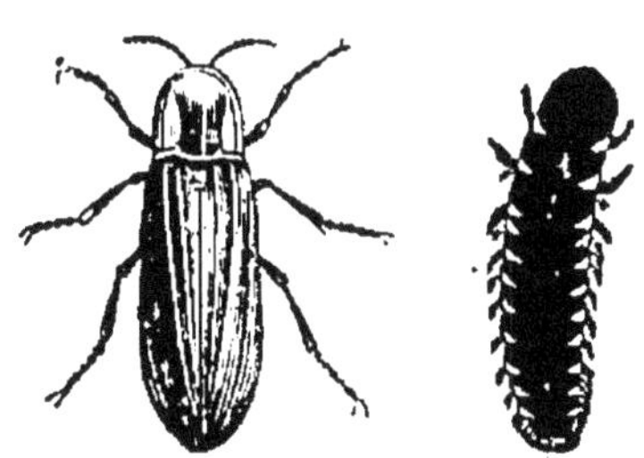

Fig. 289. — Lampyre (mâle).   Fig. 290. — Lampyre (femelle).

Les deux sexes sont ailés et phosphorescents ; Italie, midi de la France. — Driles (*Drilus*). Aspect de Lampyres; mâles petits, ailés, à antennes pectinées ; femelles grosses, aptères, poilues, non lumineuses. Les larves vivent surtout de Colimaçons qu'elles dévorent peu à peu, en se glissant entre l'Animal et sa coquille. — Trichodes (*Trichodes*). Antennes en massue; corps velu ; tarse à quatre articles. La larve du Clairon des Abeilles (*T. apiarus*) vit dans les ruches et y fait des ravages.

Les *Ptinidés* sont de petits Coléoptères reconnaissables à leur tête rétractile à l'intérieur du prothorax. — Ruine-bois (*Lymexylon*). Causent de grands dégâts dans le bois de Chêne des chantiers de la marine. — Vrillettes (*Anobium*). « Horloges de la mort », à cause du bruit qu'elles font en perçant les boiseries et les vieux meubles.

*B.*HÉTÉROMÈRES (ἔτεϱος, différent; μέϱος, partie). — *Cinq articles aux tarses antérieurs et aux intermédiaires; quatre articles aux tarses postérieurs.*

Les *Ténébrionidés* renferment des Insectes presque toujours de couleur noire, nocturnes ou crépusculaires. — Blaps (*Blaps*). Sans ailes, à élytres pointus; habitent les lieux sombres et humides. — Ténébrions (*Tenebrio*). La larve du *T. molitor* vit dans la farine (*Ver de farine*); elle est souvent employée pour la nourriture des Rossignols élevés en captivité.

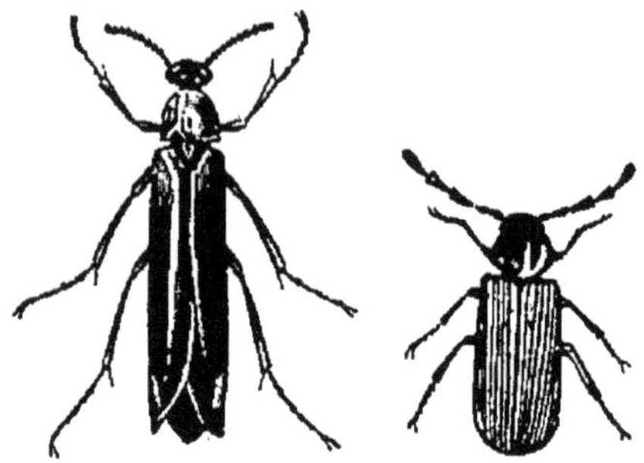

Fig. 291. — Ruine-bois (grossi).

Fig. 292. — Vrillette (grossie).

Les *Méloïdés* sont des Insectes à tête cordiforme, rétrécie en une sorte de cou; à tarses terminés par des crochets bifides et quelquefois pectinés; à métamorphoses compliquées (*hypermétamorphoses*). Les larves sont parasites dans les nids des Abeilles solitaires. Une première larve hexapode et oculifère, après avoir dévoré l'œuf de l'hôte, se transforme en une deuxième larve aveugle et à pattes atrophiées, qui consomme le miel de la cellule, puis devient une pupe immobile (*pseudonymphe*) d'où sort une troisième larve. Celle-ci, assez semblable à la deuxième, se transforme en une nymphe véritable pourvue de membres et donnant naissance à l'Insecte parfait (FABRE). On trouve les Méloïdés dans toutes les parties du monde, excepté en Australie. Certains sont vésicants; les plus importants forment les genres *Cantharis, Mylabris, Cerocoma, Meloe.* — Cantha-

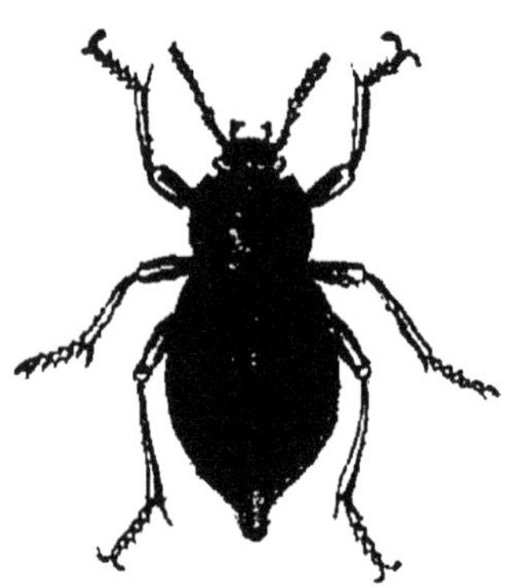

Fig. 293. — Blaps.

rides (*Cantharis*). Antennes filiformes, à onze articles ; tarses allongés, à crochets non pectinés ; élytres à couleurs métalliques. La seule espèce de France est la Cantharide officinale (*C. vesicatoria*) appelée vulgairement « Mouche d'Espagne », d'un beau vert doré, longue de 2 centimètres et large de 5 millimètres. La femelle, plus grande que le mâle, pond dans la terre des œufs nombreux d'où sortent des larves hexapodes. Celles-ci vivent

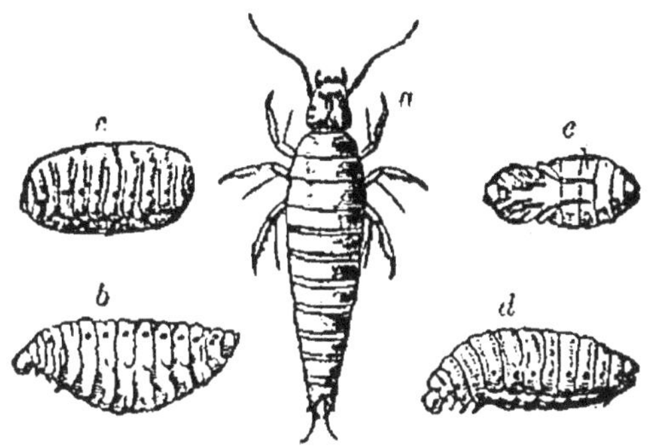

Fig. 294. — HYPERMÉTAMORPHOSES D'UN MÉLOÏDÉ.

a, 1re larve ; *b*, 2e larve ; *c*, pseudonymphe ; *d*, 3e larve ; *e*, nymphe.

aux dépens du miel pâteux de divers Hyménoptères du genre *Colletes* (BEAUREGARD). Les Cantharides habitent surtout l'Europe méridionale, mais on les rencontre jusqu'en Suède ; au mois de juin, elles s'abattent, en sociétés nombreuses, sur les Frênes, les Lilas et les Troènes, dont elles dévorent les feuilles. On les récolte le matin, quand elles sont encore engourdies, en secouant les arbres sur lesquels elles se tiennent. On les reçoit sur des draps où on les ramasse avec des gants, pour éviter leur contact ; on les tue ensuite, en les exposant à des vapeurs de vinaigre bouillant, puis on les fait sécher et on les conserve en vases clos, dans des endroits secs, car l'humidité détruit leur principe actif. Celui-ci (*can-*

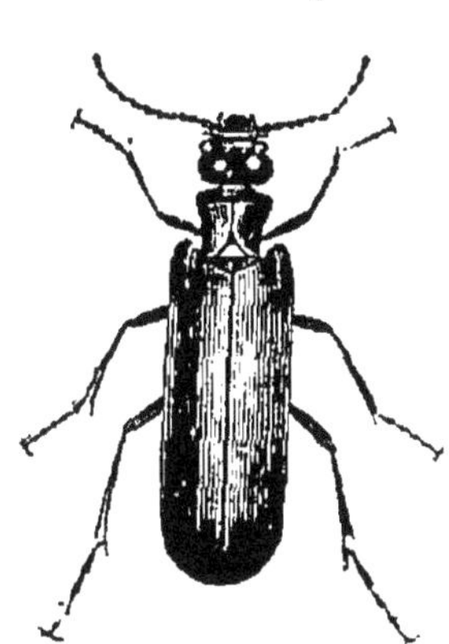

Fig. 295. — CANTHARIDE.

tharidine) a son lieu d'élection dans les organes génitaux ; il est soluble dans l'alcool, l'essence de térébenthine, les huiles, etc., mais insoluble dans le sulfure de carbone. La poudre de Cantharides, appliquée sur la peau, produit une vésication énergique ; son absorption amène une vive irritation des voies génito-urinaires. On falsifie les Can-

tharides, soit en les mélangeant avec d'autres Insectes
(Cétoines dorées, etc.), soit en leur enlevant la canthari-
dine par immersion dans l'alcool ou l'essence de téré-

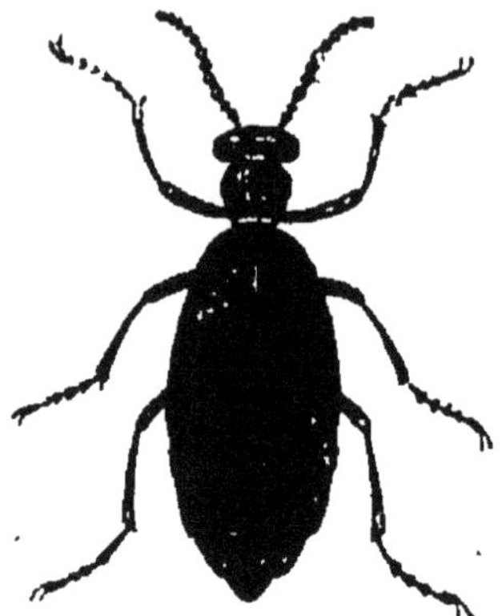

Fig. 296. — MÉLOE.

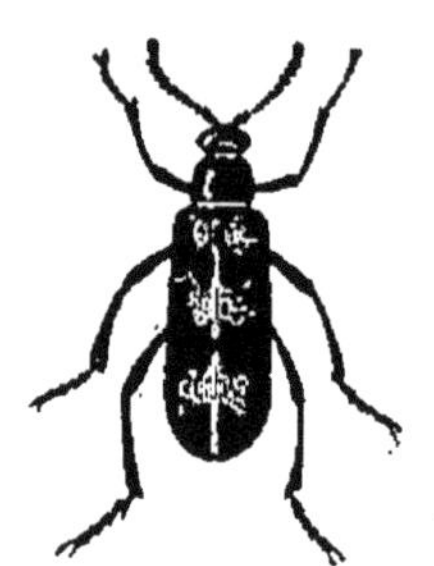

Fig. 297. — MYLABRE.

benthine (1). — Mylabres (*Mylabris*). Antennes en massue ;
corps convexe ; Cantharides des anciens (2) ; surtout
méridionaux. — Méloés (*Meloe*). Antennes moniliformes ;
aptères ; élytres croisés à la base, plus courts que l'abdomen, surtout chez les femelles ; ne sont plus guère employés.

C. TÉTRAMÈRES (τέτραμερής, composé de quatre parties).
— *Tarses de cinq articles, dont les trois premiers dilatés
et le quatrième rudimentaire.*

Appelés encore *Cryptopentamères* ou *Pseudotétramères*,
à cause de la petitesse de l'avant-dernier article du tarse ;
phytophages. Larves à pattes très courtes ou nulles.

Les *Rhynchophores*, nommés encore *Curculionidés*, *Cha-
rançons* ou *Porte-Bec*, sont des Insectes dont la tête est
prolongée en un rostre ou bec terminé par les pièces
buccales. Ce rostre, surtout développé chez les femelles,

(1) En Amérique, on emploie comme vésicants des Insectes voisins
de notre Cantharide, en particulier la Cantharide pointillée (*Lytta
adspersa*), qui passe pour ne pas produire d'inflammation des voies
génito-urinaires.

(2) La loi *Cornelia* punissait de mort les empoisonneurs par les
Mylabres.

sert à porter les œufs dans la profondeur des tissus où ils doivent se développer. Les larves vivent sur les Végétaux et causent des dommages importants ; les adultes se trouvent, en général, sur les plantes qui ont nourri leurs larves.

1° Les uns (*Recticornes*) ont les antennes droites. — Bruches (*Bruchus*). Les larves se développent dans les graines des Légumineuses (Pois, Fèves, Lentilles, Vesces). — Rhynchites (*Rhynchites*). Enroulent les feuilles en cornets, ou incisent les bourgeons, ou percent les fruits.

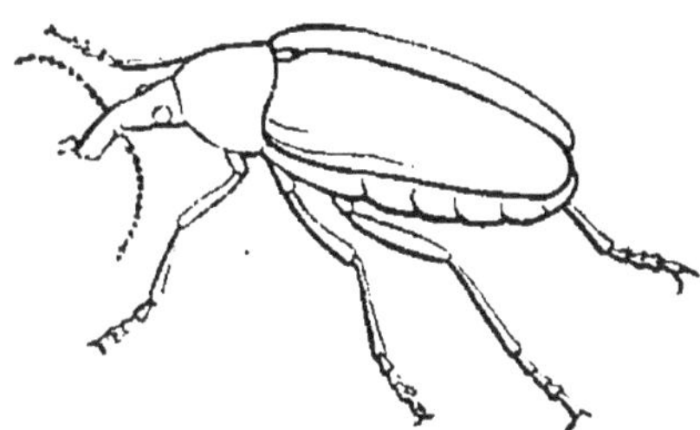

Fig. 298. — RHYNCHITE.

2° Les autres (*Fracticornes*) ont les antennes coudées, avec le premier article très allongé (*scape*) et logé en partie dans un sillon latéral (*scrobe*) du rostre. — Hylobies (*Hylobius*). Les larves rongent le bois des Arbres résineux. — Larins (*Larinus*). Vivent sur les Composées. En Orient, on récolte, sous le nom de *Tréhala*, une coque grisâtre, du volume d'une olive, construite par la larve de *L. nidificans*. Cette coque, dans laquelle l'Insecte se transforme en Nymphe, possède une saveur sucrée due à un sucre spécial (*tréhalose*) ; on l'emploie en décoction contre la bronchite et même comme aliment, sous forme de potage. — Balanins (*Balaninus*). Ressemblent à un petit gland ; rostre quelquefois aussi long que le corps ; vivent, à l'état de larve, dans les noix, les noisettes,

Fig. 299. — BALANIN.

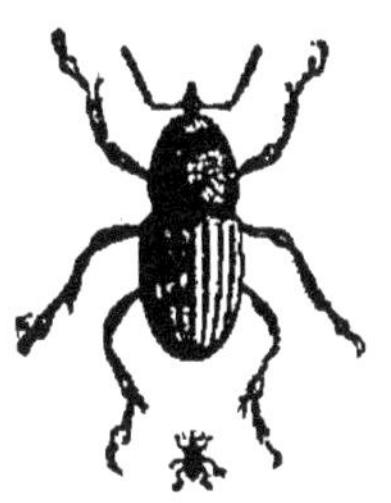

Fig. 300. — CHARANÇON (grandeur naturelle et grossi).

les glands, etc. — Calandres (*Calandra*). Le Charançon du Blé (*C. granaria*) et celui du Riz (*C. Oryzæ*), font un tort considérable aux graines, dans lesquelles vivent les larves. La Calandre des Palmiers (*C. Palmarum*) a une larve (*Ver palmiste*) considérée comme un mets délicat dans les Antilles.

Les *Xylophages* sont de petits Coléoptères à mandibules

saillantes, à antennes droites, à jambes crénelées. — Scolytes (*Scolytus*). S'attaquent aux Angiospermes (Ormes, Chênes, Arbres fruitiers); les femelles creusent des galeries dans le bois, au-dessous de l'écorce, et y pondent leurs œufs; les larves branchent des galeries sur celles de la mère. — Tomiques ou Bostriches (*Tomicus* ou *Bostrichus*). S'attaquent plus spécialement aux Gymnospermes (Pins, Sapins, Mélèzes).

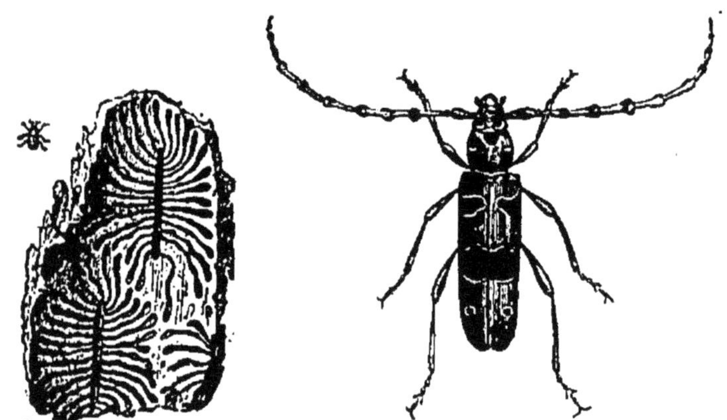

Fig. 301. — SCOLYTE ET SES GALERIES.

Fig. 302. — ROSALIE DES ALPES.

Les *Longicornes* ou *Capricornes* renferment des Insectes dont les antennes sont d'une longueur souvent considérable, surtout chez les mâles. L'abdomen des femelles est terminé par un oviscapte tubulaire au moyen duquel elles déposent leurs œufs dans les fissures des écorces. — Macrodontes (*Macrodontia*). Coléoptères géants, à mandibules énormes, plus longues que la tête ; Amérique du Sud. *M. cervicornis* vit sur le Fromager ; sa larve est recherchée par les indigènes, comme un mets délicat. — Priones (*Prionus*). Prothorax triépineux de chaque côté. Le Prione tanneur (*P. coriarius*) se trouve dans les bois de Chênes. — Ergates (*Ergates*). Prothorax bordé de plusieurs petites épines. L'Ergate charpentier (*E. faber*), l'un des plus grands Insectes de nos pays, vit dans les bois de Pins du Midi. — Rosalies (*Rosalia*). Antennes à houppes soyeuses. *R. alpina*, d'un bleu cendré, avec des taches noires veloutées, est le plus joli Coléoptère de France. — Aromies (*Aromia*). Couleur métallique. Le

« Capricorne musqué » (*A. moschata*) exhale une odeur agréable ; sur les Saules. — Cérambyx (*Cerambyx*). Grands Insectes à couleurs sombres, à antennes noduleuses à la base. Le « grand Capricorne » (*C. heros*), vit sur les Chênes ; sa larve est très nuisible. — Lamies (*Lamia*). Tête verticale ; une épine de chaque côté du prothorax. Le « Tisserand » (*L. textor*), d'un noir chagriné, est commun dans les bois. — Acrocines (*Acrocinus*). Coléoptères géants, remarquables par la longueur excessive des pattes antérieures. L'Arlequin de Cayenne (*A. longimanus*) doit son nom aux couleurs bariolées de ses élytres. — Menuisiers (*Ædilis*). Les antennes du mâle atteignent jusqu'à 5 fois la longueur du corps ; vivent sur les Pins.

Les *Chrysomélidés* renferment de petits Insectes voisins des Longicornes, mais à antennes plus courtes, à pattes généralement cachées sous le corps, à couleurs le

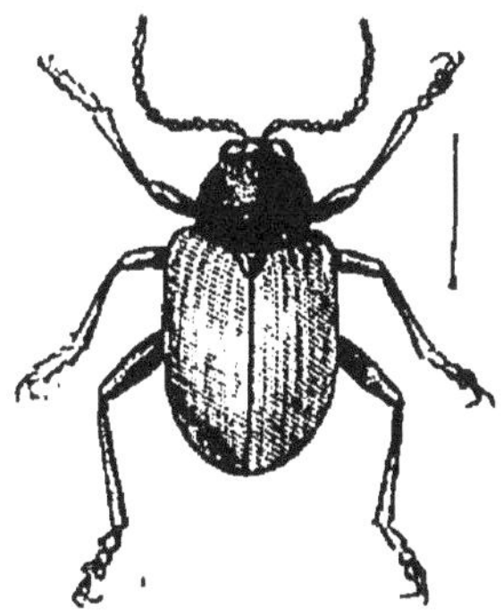

Fig. 303. — EUMOLPE DE LA VIGNE.

Fig. 304. — CRIOCÈRE. •

Fig. 305. — COCCINELLE.
a, adulte ; *b*, larve.

plus souvent brillantes ; leurs larves, à l'inverse de celles des Longicornes, s'attaquent aux parties molles des Végétaux et non au bois. — Criocères (*Crioceris*). Les larves se recouvrent de leurs excréments. *C. merdigera;* sur sur le Lis. — Bromes (*Bromius*). L'Eumolpe de la Vigne (*B. Vitis*) est aussi appelé « Écrivain » à cause des sortes de caractères qu'il dessine sur les feuilles, en les rongeant. — Chrysomèles (*Chrysomela*). Couleurs flamboyantes. — Leptinotarses (*Leptinotarsa*). Un sillon à la face externe des jambes postérieures ; ils ne présentent pas, en avant du mésosternum, la pointe caractéristique du genre voisin *Doryphora* (δορυφόρος, armé d'une lance). Le Leptinotarse du Colorado (*Leptinotarsa decemlineata*) (1) ravage les feuilles des Pommes de terre, en Amérique. — Altises ou « Puces de terre » (*Altica*). Insectes sauteurs qui nuisent beaucoup aux Crucifères industrielles et potagères. — Cassides (*Cassida*). Ressemblent à de petites Tortues ; nuisent aux Betteraves.

D. Trimères (τριμερής, composé de trois parties). — *Tarses de quatre articles, dont l'avant-dernier rudimentaire.*

Appelés encore *Cryptotétramères* ou *Pseudotrimères*, à cause de l'état rudimentaire du pénultième article du tarse.

Les *Endomychidés* sont des Insectes fungicoles, dont le corps est oblong et le thorax muni de trois sillons.

Les *Coccinellidés* ou « Bêtes à bon Dieu » sont des Insectes hémisphériques dont le thorax est dépourvu de sillons ; les larves et la plupart des adultes rendent des services à l'horticulture, en détruisant des quantités de Pucerons (2).

Orthoptères (ὀρθός, droit ; πτερόν, aile). — *Insectes broyeurs munis de pseudélytres. Métamorphoses incomplètes ou nulles.*

Insectes broyeurs, à gnathites très développées ; mandibules fortes ; lobe externe des mâchoires en forme de casque (*galea*) ; languette bilobée. Un jabot. Un gésier. Estomac présentant souvent, à son origine, des diverticules en cæcum et, à sa terminaison, un nombre considérable de canaux de Malpighi. Antennes généralement longues. Deux yeux à facettes et souvent des ocelles. Prothorax libre. Tarses de 3 à 5 articles. Ailes droites ; les

----

(1) Les documents officiels l'ont, à tort, fait connaître en France sous le nom scientifique de *Doryphora* et, plus faussement encore, sous le nom vulgaire de *Colorado* (sa patrie).

(2) On désigne sous le nom de Rhipiptères (ῥιπίς, éventail, πτερόν aile), ou sous celui de Strepsiptères (στρέψις, enroulement), de petits Insectes que l'on peut considérer comme des Coléoptères aberrants. Mâles à ailes antérieures très petites, élytroïdes, enroulées à la pointe ; à ailes postérieures grandes, membraneuses, se repliant en éventail. Femelles aptères et apodes ; larves hexapodes ; les unes et les autres parasites des Hyménoptères aiguillonnés.

Stylops, Xenos.

antérieures ou supérieures (*pseudélytres*) parcheminées;
les postérieures ou inférieures membraneuses et plissées
en éventail (repliées en travers chez les Labidoures),
quelquefois nulles (Myrmécophiles). Abdomen terminé
par des appendices de formes diverses (*cerques :* appendices articulés, constants, situés sur la partie dorsale du
dernier anneau; *styles :* appendices inarticulés, propres
aux mâles, insérés sur la partie ventrale du dernier an-

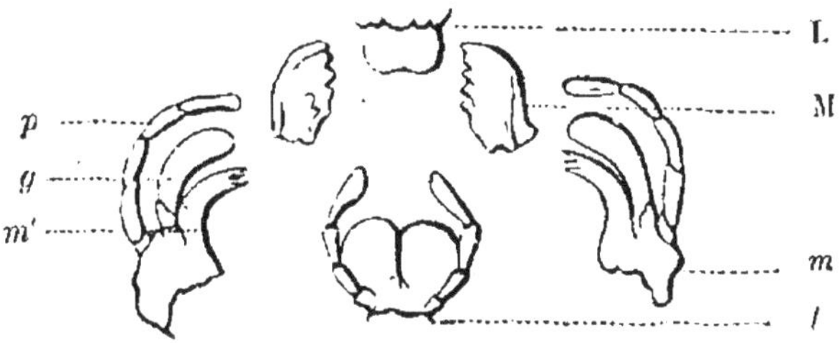

Fig. 300. — ARMATURE BUCCALE D'UN CRIQUET.

g. galéa ; L, labre; *l*, lèvre inférieure ; M, mandibule ; *m*, mâchoire; *m'*,
mando; *p*, palpe maxillaire.

neau); présentant souvent, chez les femelles, un oviscapte
qui sert à la ponte. Métamorphoses incomplètes, nulles
chez les Thysanoures. Dès l'éclosion, la larve présente la
forme d'une Nymphe mobile ne se distinguant extérieurement de l'adulte que par la taille, l'absence d'ailes et un nombre moindre d'articles antennaires; après chaque mue, l'Insecte dévore la dépouille qu'il vient de quitter. Toujours
terrestres, à tous les âges, excepté quelques Thysanoures ; ne présentent pas d'espèces phosphorescentes; se
trouvent dans toutes les parties du globe; surtout abondants dans les pays chauds.

A. ULOGNATHES (οὖλον, gencive, galéa; γνάθος, mâchoire).
— *Orthoptères métaboliens, dépourvus de pince anale.*

A. *Sauteurs.* — *Pattes postérieures à cuisses longues et
épaisses, propres au saut. Des organes de stridulation chez
les mâles.*

a. *Gryllidés* ou *Grillons.* — Corps massif; antennes longues, sétacées; élytres courts, horizontaux; tarses ordinairement de 3 ou 4 articles; un organe auditif dans les

jambes antérieures; femelles pourvues d'un long oviscapte. Omnivores; habitent des terriers.

Grillons (*Gryllus*). Les uns, des prairies (*G. campestris*); les autres des maisons (*G. domesticus*). — Courtilières (*Gryllotalpa*). « Taupes-Grillons ou Écrevisses de terre »;

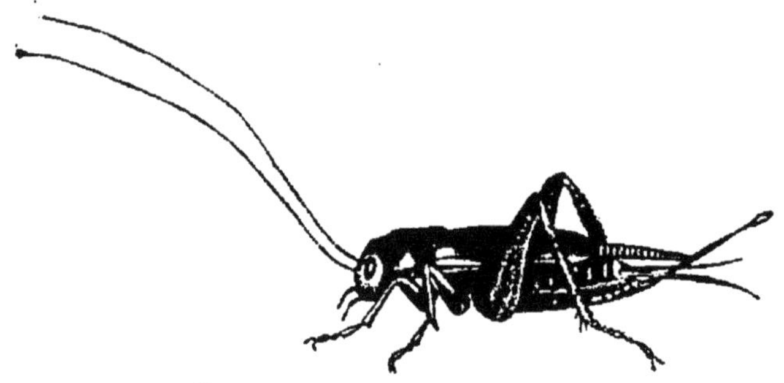

Fig. 307. — GRILLON DOMESTIQUE.

jambes antérieures fouisseuses; creusent des galeries; très nuisibles dans les jardins potagers. — Myrmécophiles (*Myrmecophila*). Aptères; dans les fourmilières.

b. *Locustidés* ou *Sauterelles*. — Corps long, comprimé; antennes longues et fines ; élytres inclinés; tarses à 4 ar-

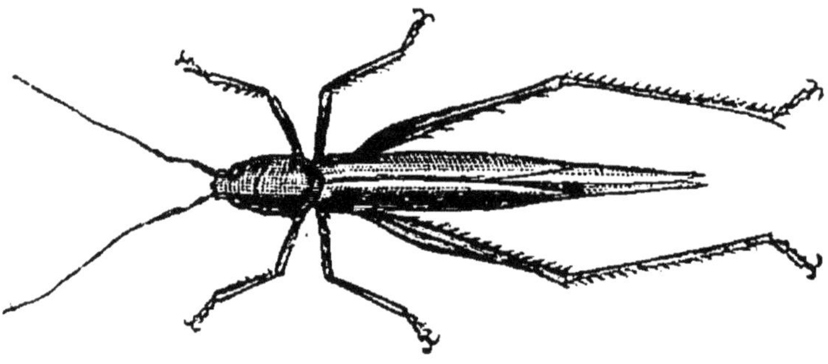

Fig. 308. — SAUTERELLE.

icles; un organe auditif dans les jambes antérieures; oviscapte en forme de sabre ou de coutelas. Plus ou moins sédentres; peuia nuisibles ; végétariens; vivent à l'air.

Locustes (*Locusta*). *L. viridissima*, appelée improprement « Cigale verte ». — Dectiques (*Decticus*). *D. verru-*

23.

civorus passe pour guérir les verrues, par sa morsure.

c. *Acrididés* ou *Criquets*. — Corps long; antennes courtes; élytres inclinés; tarses à 3 articles; organes auditifs à la base de l'abdomen; oviscapte nul, remplacé par 4 valves courtes. Végétariens très nuisibles, vivant à l'air libre.

C'est aux Criquets, surtout à *Pachytylus migratorius*, pour l'Europe, à *Acridium peregrinum*, pour l'Égypte, l'Algérie, la Perse, etc., qu'il faut rapporter ces invasions

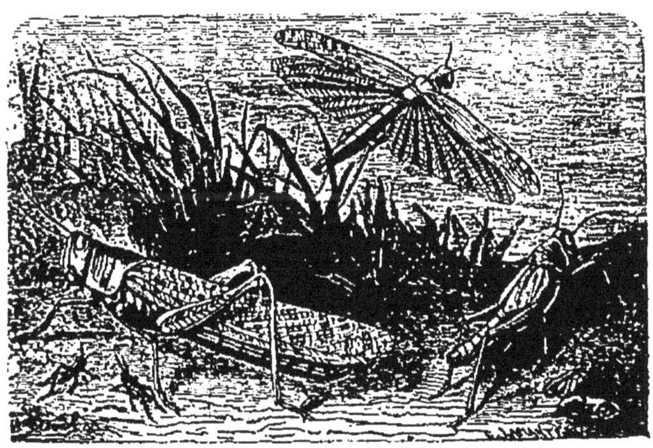

Fig. 309. — CRIQUET VOYAGEUR (Larves, Nymphes et adultes).

par volées innombrables dites « de Sauterelles », détruisant tout sur leur passage, dans les contrées chaudes et tempérées des deux hémisphères. Ces Insectes présentent, dans le thorax et l'abdomen, beaucoup de vésicules trachéennes aidant à leurs migrations. Quelques peuplades d'Afrique et d'Orient utilisent les Criquets comme aliments (*Acridophages*); ces Insectes étaient rangés par Moïse au nombre des Animaux dont la chair était permise aux Hébreux.

B. *Coureurs.* — *Pattes ambulatoires, propres à la course ou à la marche. Pas d'organes stridulants. Pentamères.*

a. *Phasmidés.* Pattes toutes propres à la marche. Élytres courts. Phytophages. Les plus longs Insectes qui existent, ayant quelquefois plusieurs décimètres de longueur. Présentent des cas curieux de mimétisme.

Phyllies (*Phyllium*). Ailés; ressemblent à des feuilles; Indes. — Bacilles (*Bacillus*). Aptères; ressemblent à des baguettes. **B.** *Rossii* habite l'Italie ; **B.** *gallicus,* le midi de la France.

b. *Mantidés.*—Pattes antérieures ravisseuses. Carnassiers.

Mantes (*Mantis*). Pondent leurs œufs dans un amas gommeux (*oothèque*) contre les pierres ou sur les buissons. *M. religiosa* est connue, dans le Midi, sous le nom de « Prega-Diou ».

c. *Blattidés.* — Pattes toutes propres à la course. Pseudélytres croisés, manquant quelquefois, ainsi que les ailes.

Blattes (*Blatta*). Corps très aplati, permettant le passage par des fentes étroites. La ponte des œufs a lieu dans une capsule cylindrique (*oothèque,* vulgairement œuf de Cafard) formée à l'intérieur du corps et restant suspendue, plusieurs jours, à l'entrée de la vulve, avant d'être déposée. La Blatte des cuisines (*B. orientalis*), vulgairement « Cafard », est d'un brun noirâtre ; le mâle est ailé et la femelle aptère ; elle attaque les comestibles et répand une odeur fétide

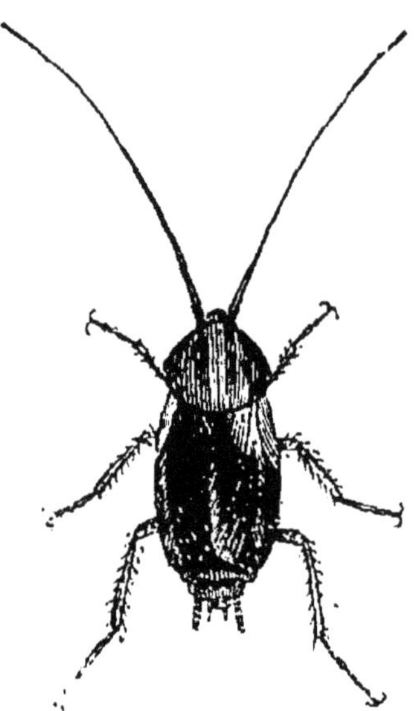

Fig. 310. — CAFARD.

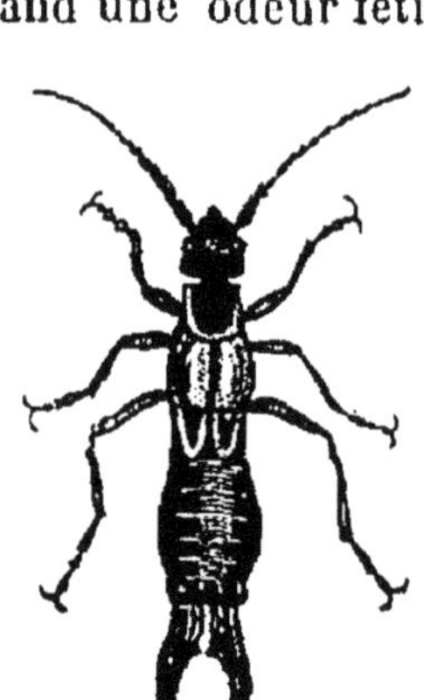

Fig. 311. — FORFICULE.

La Blatte américaine (*B. americana*), vulgairement « Kakerlac », a le corps ferrugineux ; elle ne se trouve guère en France que dans les raffineries de sucre et les magasins de denrées coloniales.

B. LABIDOURES (λαβίς, pince ; οὐρά, queue). — *Orthoptères métaboliens, à abdomen terminé par une pince.*

Forficules ou Perce-oreilles (*Forficula*). Abdomen terminé par deux organes en forme de pinces (*forcipules*); élytres courts, à suture droite ; ailes plissées en éventail et repliées deux fois en travers sous les élytres ; tarses à 3 articles. Insectes coureurs, frugivores ; la femelle protège ses petits. Leur nom vient de la ressemblance de leur pince anale avec l'instrument qui servait autrefois aux bijoutiers à percer le lobule auriculaire, avant d'y introduire des boucles d'oreilles.

C. Thysanoures (θύσανος, frange ; οὐρά, queue). — *Orthoptères amétaboliens, aptères, à abdomen terminé par des appendices sétiformes, à organes sexuels débouchant dans le rectum.*

A. *Lépismidés* (λεπίς, écaille). — *Corps couvert d'écailles brillantes, dépourvu de pattes abdominales. Coureurs.*

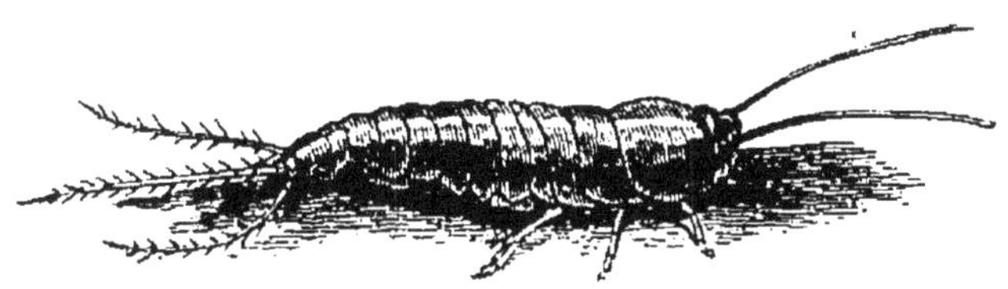

Fig. 312. — Lépisme du sucre.

Lépismes (*Lepisma*). Yeux simples. *L. saccharina*, vulgairement « petit Poisson d'argent », attaque les substances sucrées et le linge dans nos armoires. — Machiles (*Machilis*). Yeux composés ; habitent les lieux pierreux ; peuvent sauter, avec les filaments terminaux de leur abdomen.

Fig. 313. — Podurelle.

B. *Poduridés* (πούς, pied ; οὐρά, queue). — *Corps velu ou écailleux, dépourvu de pattes abdominales, terminé par une fourche repliée en dessous. Sauteurs.*

Podures (*Podura*). Lieux humides. — Desories (*Desoria*). *D. glacialis* « Puce des Glaciers », vit sur les Glaciers des Alpes.

C. *Campodéidés* (χάμπη, chenille). — *Corps non écailleux, pourvu de pattes sur les premiers segments de l'abdomen. Marcheurs.*

Campodes (*Campodea*). Considérés comme très rapprochés de la forme souche des Insectes (1).

Orthonévroptères (ὀρθός, droit; νεῦρον, nervure; πτερόν, aile). — *Insectes broyeurs, quelquefois suceurs, à 4 ailes membraneuses droites et réticulées. Métamorphoses incomplètes* (2).

Insectes broyeurs, à organes buccaux quelquefois rudimentaires, à lèvre inférieure présentant deux moitiés distinctes. Prothorax libre. Tarses de 2 à 5 articles. Ailes membraneuses, nues, généralement égales (les postérieures parfois rudimentaires ou nulles), parcourues par un réseau de nervures à mailles fines. Abdomen composé ordinairement de 10 anneaux. Métamorphoses incomplètes; larves et Nymphes agiles, ne différant que peu de l'Insecte parfait.

A CORRODANTS. — *Orthonévroptères à ailes nues et à larves terrestres.*

Les *Termitidés* ont des ailes égales et des tarses de 4 articles. Ils se rapprochent des Orthoptères par la configuration de la bouche, la forme aplatie du corps et la voracité. Seuls, parmi les Orthonévroptères, ils

____

(1) On désigne sous le nom de MALLOPHAGES (μαλλός, toison; φαγεῖν, manger) de petits Insectes amétaboliens que l'on peut considérer comme des Orthoptères aberrants. Ils ressemblent extérieurement aux Poux; mais ils en diffèrent par leur bouche broyeuse et leur tête plus large que le prothorax. Les uns (*Pilivores*), vivant dans le pelage des Mammifères, ont des tarses à une seule griffe (*Trichodectes, Gyropus*); les autres (*Pennivores*), vivant dans le plumage des Oiseaux ont des tarses à 2 griffes (*Goniodes, Ornithobius, Menopon,* etc.)

(2) Nous ne croyons pas devoir laisser ces Insectes avec les Névroptères (sous le nom de *Pseudonévroptères*), comme le font les auteurs français, ni avec les Orthoptères (sous le nom d'*Orthoptères Pseudonévroptères*), comme le font les auteurs allemands. Le groupe auquel nous donnons le nom d'ORTHONÉVROPTÈRES a son autonomie et mérite de constituer un ordre à part. Ce nom rappelle d'ailleurs que les Orthonévroptères tiennent : 1° des Orthoptères, par leurs métamorphoses incomplètes; 2° des Névroptères, par leurs ailes membraneuses et réticulées.

forment des sociétés innombrables, à la manière des Fourmis. — Termites ou « Fourmis blanches » (*Termes, Eutermes*, etc.) Les Termites vivent en sociétés nombreuses (*termitières*) dans lesquelles se trouve au moins un couple fécond (*roi* et *reine*) et un grand nombre de neutres. Ceux-ci, composés de mâles et de femelles à organes sexuels atrophiés, affectent le plus souvent deux formes différentes : les uns à tête petite et arrondie (*ouvriers*), s'occupent des travaux domestiques ; les autres à tête grosse et carrée, armée de fortes mandibules (*soldats*), défendent le nid. Les neutres sont aptères ; les rois, les reines vierges ont des ailes qui leur servent à quitter

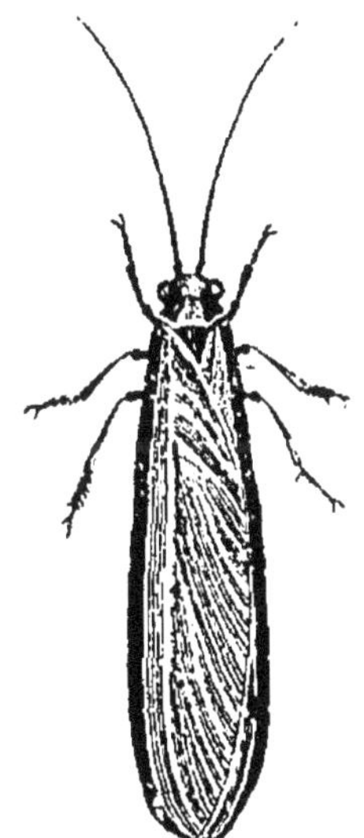

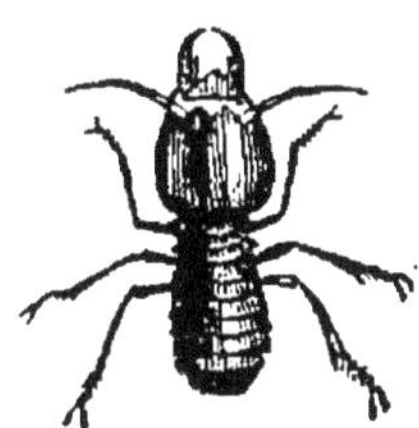

Fig. 314. — TERMITE (mâle et soldat).

le nid et qui tombent ensuite. La reine fécondée pond un grand nombre d'œufs ; elle a un abdomen énorme sous lequel le roi est habituellement caché. Les nids sont creusés dans le bois ou fabriqués avec de la terre et les excréments des Termites. Le Termite lucifuge (*T. lucifugus*), du sud-ouest de la France, ronge les bois de charpente en respectant l'extérieur, de telle sorte qu'on est souvent dans l'ignorance des dégâts qu'il occasionne (1). Les Termites exotiques, encore plus dangereux que les précédents, sont, paraît-il, recherchés par les Hindous et les Hottentots, qui en sont très friands.

Les *Psocidés* sont de très petits Insectes à tarses bi ou triarticulés. — Psoques (*Psocus*). Ailés ; vivent dans le

(1) Un grand nombre de maisons de la Rochelle ont eu leurs poutres entièrement détruites par les Termites ; certains quartiers de Bordeaux souffrent déjà des déprédations de ces Insectes.

bois sec. — Troctes *(Troctes)*. Aptères. Le « Pou de poussière » (*T. pulsatorius*) ressemble à un Pou ; il vit dans les collections d'Insectes et les vieux papiers.

B. AMPHIBIOTIQUES (ἀμφί de part et d'autre ; βίος, vie). — *Orthonévroptères à ailes nues et à larves aquatiques.*

Les *Libellulidés* ou « Demoiselles » sont de grands Insectes carnassiers, à pièces buccales bien développées, à ailes d'égale longueur ; yeux très grands ; abdomen du mâle terminé par une pince et muni, à sa base, d'un organe copulateur situé très en avant de l'orifice génital. Dans l'accouplement, le mâle saisit, avec sa pince anale, le prothorax de la femelle et celle-ci, en courbant l'abdomen, amène sa vulve au contact de l'organe copulateur préalablement chargé de sperme. La ponte a lieu à la surface de l'eau, parfois dans l'eau ou sur des plantes. Larves aquatiques et carnivores, munies d'un appareil préhensile

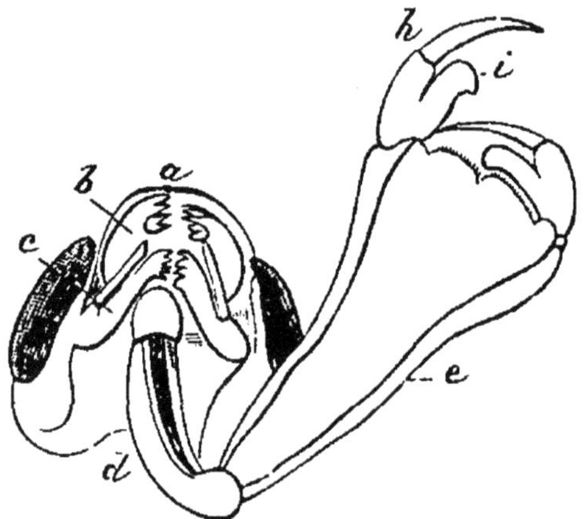

Fig. 315. — MASQUE GROSSI D'UNE LARVE D'ÆSCHNE.

a, labre ; b, mandibules ; c, mâchoires ; d, menton ; e, languette ; h, palpes labiaux ; i, paraglosses.

spécial (*masque*) formé par la lèvre inférieure dont 2 articles (menton et languette) prennent un développement considérable et présentent, à leur terminaison, deux lobes en forme de volets ou de crochets, correspondant aux paraglosses et aux palpes labiaux. Cet appareil, replié sur la face antérieure de la tête, à l'état de repos, se projette, à la façon d'un coude qui s'ouvre, sur les Insectes qui passent à portée de la larve; ceux-ci sont saisis, comme par des tenailles, entre les volets ou les crochets terminaux.

1° *Isoptères.* — Ailes d'égale largeur, relevées pendant le repos. Larves munies de trois branchies trachéennes, à l'extrémité de l'abdomen. — Agrions (*Agrion*). Ailes pé-

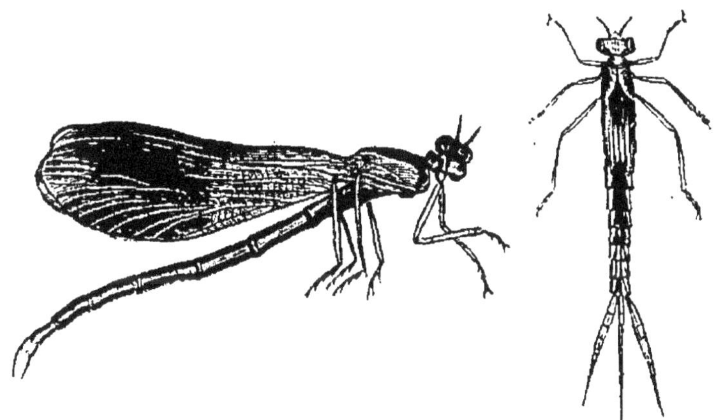

Fig. 316. — CALOPTÉRYX ET SA NYMPHE.

donculées; pattes courtes. — Caloptéryx (*Calopteryx*). Ailes étalées à partir de la base; pattes longues.

2° *Anisoptères.* — Ailes d'inégale largeur, horizontales pendant le repos. Larves sans branchies. — Æschnes (*Æschna*). Palpes labiaux triarticulés; larves à masque plat. — Libellules (*Libellula*). Palpes biarticulés; larves à masque en bouclier.

Fig. 317. — ÉPHÉMÈRE.

Les *Ephéméridés* renferment les Ephémères (*Ephemera, Chloeon*, etc.), à antennes courtes, à bouche dépourvue d'organes masticateurs, à ailes antérieures grandes, à ailes postérieures petites ou nulles, à abdomen terminé par deux ou trois filaments longs et articulés. Les larves habitent au fond des eaux claires et sont munies extérieurement de trachées branchiales ; elles vivent trois ans, pendant lesquels elles subissent un grand nombre de mues ; les Nymphes sont aussi aquatiques. Les Insectes ailés ne prennent pas de nourriture; ils ont une existence très courte (d'où le nom d'Éphémères) et subissent encore une dernière mue, avant d'arriver à l'état parfait, caractère unique parmi les Insectes.

Les *Perlidés* ont des antennes longues, des ailes antérieures un peu plus longues et plus étroites que les postérieures. Larves et Nymphes aquatiques, à trachées branchiales, vivant sous les pierres. — Perles (*Perla*). *P. bicaudata* sur les quais de Paris, au printemps.

C. Thysanoptères (θύσανος, frange ; πτερόν, aile). — *Orthonévroptères à ailes ciliées. Larves terrestres.*

Petits Insectes a mandibules sétacées, suceurs, à tarses biarticulés terminés par des pelotes. Se nourrissent de sucs végétaux. — Thrips (*Thrips*). *T. Cerealium* vit sur les épis du Seigle et du Froment.

Névroptères (νεῦρον, nervure ; πτερόν, ailes). — *Insectes broyeurs, quelquefois suceurs, à 4 ailes membraneuses et réticulées. Métamorphoses complètes.*

Insectes broyeurs ou suceurs, n'ayant pas, comme les précédents, les deux moitiés de la lèvre inférieure distinctes. Prothorax libre. Tarses à 5 articles. 4 ailes membraneuses, réticulées, tantôt nues, tantôt poilues ou écailleuses. Abdomen de 8-9 anneaux. Métamorphoses complètes ; larves vermiformes ; Nymphes immobiles.

A. Planipennes (*planus*, plan ; *penna*, aile) ou Gymnoptères (γυμνός, nu ; πτερόν, aile). — *Ailes nues, parfois poilues sur les nervures, ne se repliant pas. Mandibules fortes. Larves habituellement terrestres.*

Fourmilions (*Myrmeleon*). Antennes courtes, épaissies au sommet; ressemblent à certaines Libellules et répandent une odeur de rose. La larve a de fortes pinces for-

mées par la soudure des mandibules et des mâchoires ;
elle creuse dans le sable un petit entonnoir au fond

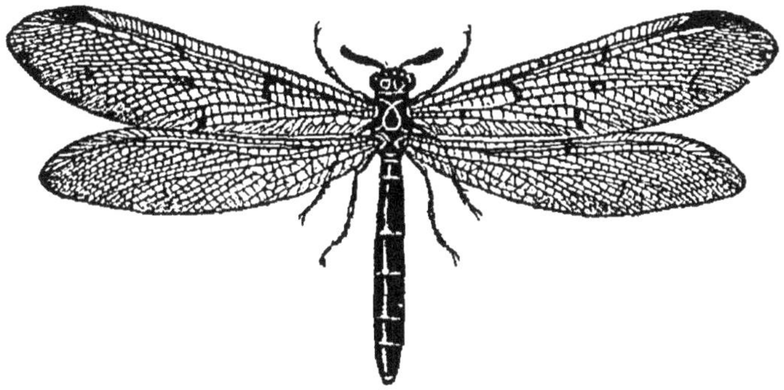

Fig. 318. — FOURMILION.

duquel elle guette sa proie (Fourmis, etc.), lui jetant
même du sable pour précipiter sa chute. — Hémérobes
(*Hemerobius*). « Demoiselles terres-
tres » ; antennes filiformes ; répandent une odeur d'excréments ; ailes
tachetées. Les larves dévorent les
Pucerons. — Mantispes (*Mantispa*).
Pattes antérieures ravisseuses. Les
larves s'introduisent dans les sacs
ovifères ou cocons des Araignées et
y subissent une sorte d'hypermé-
tamorphose, avant d'arriver à l'état
ailé. — Panorpes (*Panorpa*). « Mou-

Fig. 319. — LARVE DE
FOURMILION.

ches-Scorpions » ; l'abdomen du mâle est terminé par une
pince d'accouplement.

B. PLICIPENNES (*plicitus*, plié) ou TRICHOPTÈRES (θρίξ, poil).
— *Ailes couvertes d'écailles ou de poils, les postérieures
se repliant en long. Mandibules atrophiées. Mâchoires et
lèvre inférieure formant une trompe. Larves aquatiques.*

Appelés encore PHRYGANIDES (φρύγανον, fagot). Les larves
se construisent, dans l'eau, de petits fourreaux à la manière des Teignes, avec diverses matières (grains de
sable, coquilles, fragments de plantes) réunies ensemble
par des fils soyeux, d'où le nom de « Teignes aquatiques » ;

en général, elle traînent après elles leur fourreau (Phryganes), mais quelques-unes construisent des abris fixes

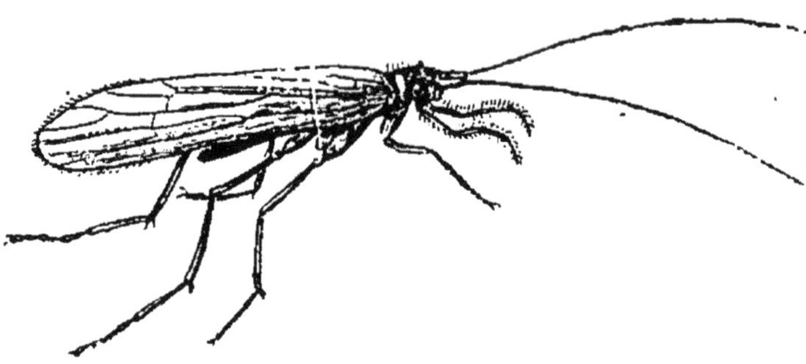

Fig. 320. — PHRYGANE.

(Hydropsychés). Les Nymphes habitent les fourreaux
construits par les larves ; elles les abandonnent pour se
transformer, hors de l'eau, en Insectes
parfaits. Ceux-ci ressemblent à certains
Papillons du groupe des Phalènes dont
ils se distinguent par des palpes maxillaires très développés; ils ne prennent
aucune nourriture.

Phryganes (*Phrygana*). — Hydropsychés (*Hydropsyche*).

Hyménoptères (ὑμήν, membrane ;
πτερόν, aile). — *Insectes lécheurs, à 4 ailes
membraneuses offrant peu de nervures.
Métamorphoses complètes.*

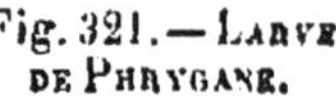

Fig. 321. — LARVE
DE PHRYGANE.

Insectes mandibulés dont les mâchoires et la lèvre inférieure, plus au moins modifiées, constituent une espèce
de trompe rétractile servant à lécher. Antennes de formes
variées. Généralement 2 grands yeux à facettes et 3 ocelles.
Prothorax soudé. Mésothorax présentant, à la base des
ailes supérieures, de petites écailles mobiles (*épaulettes*).
Tarses à 5 articles. 4 ailes membraneuses, transparentes,
divisées en grandes cellules ; quelquefois nulles. Ailes inférieures plus petites que les supérieures, présentant, à
leur bord antérieur, un certain nombre de crochets très
fins qui se fixent au bord postérieur des ailes supérieures,
pendant le vol. Abdomen le plus souvent pédiculé, rare-

ment sessile (Porte-scie), terminé soit par un aiguillon venimeux (Porte-aiguillon), soit par une tarière à stylets simples (Porte-tarière) ou dentés en scie (Porte-scie). Métamorphoses complètes. Larves apodes, excepté chez les Porte-scie ; généralement dépourvues d'anus et vivant dans le lieu où la ponte s'est effectuée. Beaucoup, s'entourent d'une coque soyeuse, pour se transformer en Nymphes ; quelques-uns présentent des cas d'hypermétamorphoses, avec larves cyclopiformes (Ptéromalides). Quelquefois des cas de parthénogenèse (Abeilles, Guêpes, Fourmis), les œufs fécondés produisant des femelles et les non fécondés des mâles; parfois (Gallicoles) une génération de femelles parthénogénésiques et une de sexués ; enfin (*Halictus*) plusieurs générations successives de femelles, suivies d'une génération de sexués. Chez les Hyménoptères sociaux, en outre des mâles et des femelles, il existe des neutres (femelles à ovaires atrophiés) se présentant parfois sous plusieurs formes (*ouvrières, soldats*).

A. PORTE-AIGUILLON. — *Abdomen pédiculé, muni, chez les femelles et les neutres, d'un aiguillon venimeux. Trochanters simples. Antennes de* 12 *articles chez les femelles, de* 13 *chez les mâles. Larves apodes, dépourvues d'anus.*

Les Porte-aiguillon sont, pour la plupart, pourvus d'un appareil vulnérant et venimeux servant plutôt à la défense qu'à l'attaque. Cet appareil se compose : 1° des *organes venimeux*, sécrétant ou emmagasinant le venin ; 2° de l'*aiguillon*, servant à inoculer le venin ; 3° de *muscles*, faisant mouvoir l'aiguillon et ses diverses parties. Les organes venimeux sont constitués par deux glandes distinctes. L'une d'elles (*glande acide*), à sécrétion acide (acide formique), est connue depuis longtemps ; elle a la forme d'un tube sécréteur fourchu aboutissant à une vésicule qui débouche elle-même à la base de l'aiguillon; l'autre, que nous nommerons *glande alcaline*, est un simple cul-de-sac venant s'ouvrir aussi à la base de l'aiguillon (1). Celui-ci est constitué par un corps conoïde

(1) Nous avons établi, par nos recherches, les points suivants: 1° Le venin qui résulte du mélange des deux liquides sécrétés par les glandes acide et alcaline est toujours acide. 2° Il ne produit les accidents ordinaires du venin qu'à la condition de contenir ses deux liquides constituants. 3° Chez quelques Hyménoptères, dont le venin agit simplement comme anesthésique (*Sphégides*), la glande alcaline est rudimentaire ou nulle.

(*gorgeret*) renfermant une paire de pièces grêles très accérées (*stylets*). Les stylets sont des aiguilles creuses qui glissent dans le gorgeret, par le moyen d'une sorte de coulisse en queue d'aronde rendant tout déraillement impossible (CARLET); ils sont tantôt lisses (Sphégides), tantôt barbelés extérieurement près de la pointe (Apidés, Vespidés) de dents qui, chez l'Abeille, sont au nombre de dix, dirigées en avant et en dehors. Chez les Vespidés, les stylets sont de simples perforateurs et la vésicule du venin, entourée de fibres musculaires, se contracte pour lancer son contenu dans la plaie. Au contraire, chez les Apidés, la vésicule du venin est nue, non contractile; mais il existe, sur chaque stylet, un véritable piston qui chasse le liquide devant lui, à mesure que le stylet descend dans le gorgeret (CARLET); l'appareil vulnérant est alors à la fois un trocart qui perce et une seringue qui injecte. La piqûre des Frelons et des Guêpes est non seulement plus douloureuse, mais encore plus dangereuse que celle des Abeilles; les accidents consécutifs sont d'autant plus sérieux que les piqûres ont été plus nombreuses. Les cas mortels sont très rares; ils résultent, pour

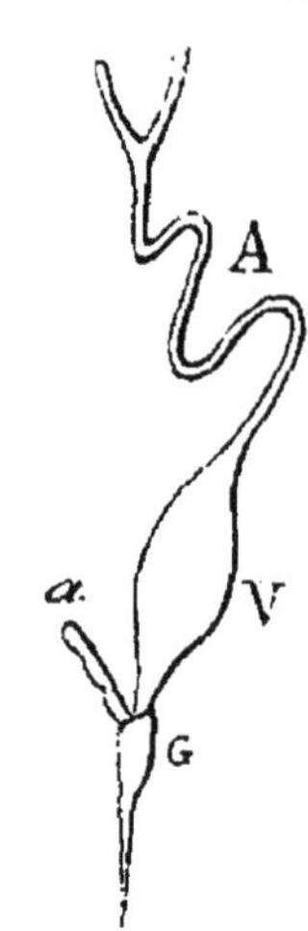

Fig. 322. — ORGANES VENIMEUX DE L'ABEILLE.

A, glande acide; a, glande alcaline; G, gorgeret; V, vésicule.

la plupart, de piqûres faites dans l'arrière-bouche, la tuméfaction des tissus amenant rapidement l'asphyxie. Des lotions d'eau froide, avec addition de quelques gouttes d'ammoniaque, constituent le remède le plus simple et le plus efficace contre les piqûres des Hyménoptères.

A. *Formicidés* ou *Fourmis*. — *Porte-aiguillon à individus sexués munis d'ailes et à neutres aptères. Antennes coudées.*

Les Fourmis sont des Hyménoptères sociaux formant des colonies (*fourmilières*) composées de mâles ailés, d'une ou de plusieurs femelles ailées, enfin d'un grand nombres d'ouvrières aptères se présentant parfois sous deux formes différentes dont l'une à tête volumineuse (*soldats*). La fécondation se fait, soit dans la fourmilière même, soit dans les airs; après cet acte, les mâles périssent et les femelles perdent les ailes ou se les arrachent,

puis servent, soit à perpétuer la fourmilière, soit à en
fonder une nouvelle.

Les Fourmis construisent des nids dont la forme varie
suivant les espèces : les uns sont souterrains, composés
soit de terre pure, soit de terre et d'autres matériaux
formant un dôme à la surface du sol ; les autres sont
établis dans les rochers, les murailles, le bois, ou fabriqués avec des matières végétales transformées. Larves
toujours nourries par les ouvrières. Nymphes nues ou

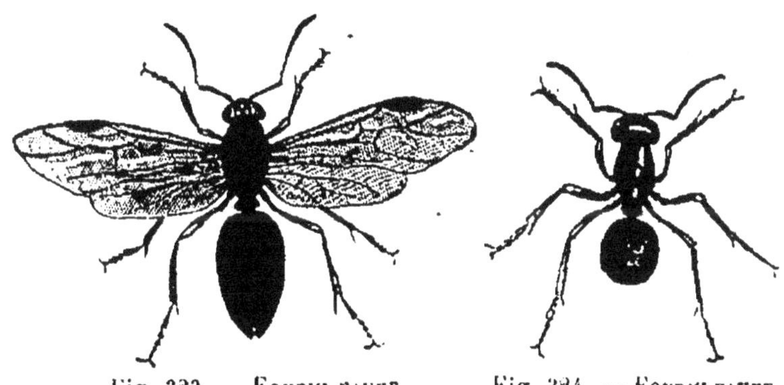

Fig. 323. — Fourmi fauve
(femelle).

Fig. 324. — Fourmi fauve
(neutre).

entourées d'un cocon ovalaire appelé à tort « œuf de
Fourmi » que l'on recueille pour nourrir les jeunes Faisans. Larves et Nymphes non enfermées dans des loges,
transportées souvent par les ouvrières, sur divers points
du nid, suivant les circonstances atmosphériques.

Les Fourmis se nourrissent de matières liquides ou
semi-liquides, animales ou végétales, qu'elles lèchent avec
leur langue ; leurs mandibules, impropres à la mastication, servent d'armes ou d'instruments de travail, mais
peuvent aussi déchirer des corps solides renfermant des
liquides utilisés ensuite pour l'alimentation. Elles ont
une prédilection pour les matières sucrées, en particulier pour les déjections des Pucerons et des Coccidés ;
elles poursuivent ces Insectes, les transportent même
quelquefois dans leur nid, où ils constituent un véritable bétail. Les Fourmis du Nord de l'Europe ne font pas
de provisions et hivernent, sans prendre de nourriture ;
certaines espèces du Centre et du Sud récoltent des
graines (*Fourmis moissonneuses*) qu'elles transportent dans
leurs magasins, tantôt les maintenant à l'abri de l'humi-

dité, pour empêcher la germination, tantôt au contraire les soumettant à l'action de l'humidité, pour les ramollir, au moment où elles veulent s'en nourrir.

Les Fourmis de nids différents se livrent souvent des guerres acharnées, soit sous la forme de duels, soit sous celle de guerres nationales. Ces combats ont tantôt pour mobile la conquête ou la défense d'un territoire, tantôt le pillage ou l'enlèvement des Nymphes d'espèces industrieuses pouvant servir d'auxiliaires. Parmi les *Fourmis esclavagistes*, les unes prennent part, avec leurs esclaves, aux travaux domestiques, les autres (*Fourmis amazones*) ont des instincts exclusivement guerriers et se font nourrir par leurs esclaves. Les Fourmis blessées dans les combats sont soignées par leurs amies et souvent des honneurs funèbres leur sont rendus après la mort; elles sont, au contraire, tuées par leurs ennemies. Les prisonniers de guerre sont traînés au camp des vainqueurs et mis à mort, après de cruels supplices. Un grand nombre d'observations et d'expériences (P. HUBER; FOREL; LUBBOCK) ont mis hors de doute l'intelligence des Fourmis, leur mémoire, leur persévérance, leur langage mimique par attouchement des antennes (*langage antennal*). On connaît leur dévouement à la chose publique et leur courage pour défendre la propriété; mais elles sont, par contre, sujettes à la colère, à la haine, à la gourmandise et détruisent souvent nos propres provisions ou leur communiquent une odeur désagréable. En ceci, elles sont nuisibles, comme aussi par leur culture des Pucerons et des Coccidés; mais elles peuvent avoir une certaine utilité, à l'état de larves ou de Nymphes, pour l'élevage du gibier à plumes, et, à l'âge adulte, par la destruction qu'elles font des parties molles des cadavres.

Un certain nombre de Fourmis sont privées d'aiguillon ou plutôt n'ont qu'un rudiment de cet organe (*Camponotus* (1), *Formica* (2), *Lasius* (3), *Polyergus* (4), *Myrmecocystus* (5), etc.). Les Ponérines ou *Fourmis à aiguillon*

---

(1) La plus grande Fourmi de France (*C. herculeanus*) fait son nid dans les troncs d'Arbre.

(2) La Fourmi fauve (*F. rufa*) construit de grands nids en forme de tertre, dans les forêts de Sapins.

(3) La Fourmi brune des jardins (*L. niger*) nidifie un peu partout; elle construit des chemins couverts pour se rendre auprès de ses Pucerons et les abrite même dans des pavillons.

(4) La Fourmi amazone (*P. rufescens*) est esclavagiste; elle établit ses fourmilières dans les prairies ou les broussailles.

(5) La Fourmi à miel (*M. melliger*) du Mexique, présente une

(*Ponera* (1), etc.) ont un seul article au pédoncule abdominal; leurs Nymphes sont dans un cocon. Les Myrmicines ou *Fourmis à nœuds* sont aiguillonnées et ont un pédoncule de deux articles nodiformes; leurs Nymphes

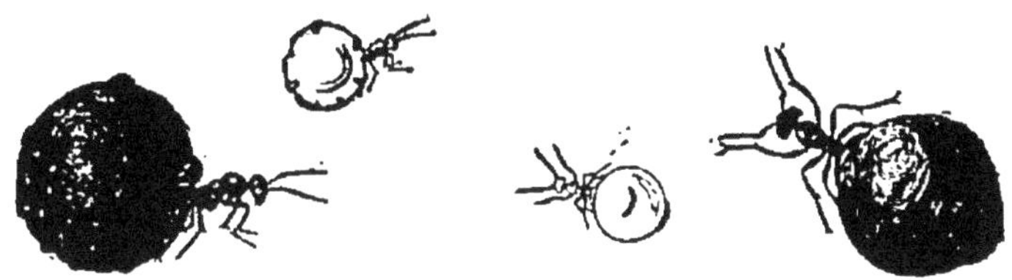

Fig. 325. — FOURMIS A MIEL.

sont nues (*Myrmica* (2), *Aphænogaster* (3), etc.). Les Dorylines ou *Fourmis aveugles*, dont les mâles seuls ont des yeux à facettes, sont américaines.

B. *Apidés* ou *Mellifères.* — *Porte-aiguillon à individus tous ailés et à tarses postérieurs élargis. Corps velu. Antennes coudées.*

Hyménoptères sociaux ou solitaires et quelquefois parasites. Les ailes antérieures ne se replient jamais ; la nourriture des larves est toujours mielleuse.

a. *Apidés sociaux.* — Comprennent trois sortes d'individus : mâles, femelles et ouvrières ou femelles stériles. Jambes et tarses des ouvrières élargis, surtout aux pattes de derrière. Jambes postérieures creusées, sur la face externe, d'une fossette (*corbeille*) dans laquelle l'Insecte loge une boulette de pollen retenue par des poils raides implantés sur les bords (*râteau*). Premier article des tarses postérieurs (*pièce carrée*) très développé, muni, à sa face interne, de rangées transversales de poils courts (*brosse*) servant à rassembler le pollen ; formant, avec le bord inférieur de la jambe, une pince qui détache les lamelles de cire formées sous l'abdomen.

forme d'ouvrières dont le jabot, rempli de miel, donne à l'abdomen la forme et le volume d'un grain de Groseille. Ces Fourmis-outres constituent des réserves alimentaires destinées à nourrir les habitants du nid, pendant l'hiver.

(1) *P. contracta* habite toute l'Europe ; ses ouvrières sont presque aveugles.

(2) La Fourmi rouge (*M. rubra*) est répandue partout.

(3) Un certain nombre de Fourmis moissonneuses (*A. structor barbara*, etc.) sont méditerranéennes.

1º Les *Abeilles* appartiennent, les unes (*Apis*) à l'ancien continent, les autres (*Melipona, Trigona*) à l'Amérique et à l'Océanie ; ni les unes, ni les autres ne présentent d'épines terminales aux jambes postérieures. Les Abeilles d'Amérique ne possèdent qu'un aiguillon rudimentaire ; elles construisent de grands réservoirs de miel complètement différents des gâteaux à cellules hexagonales des autres Abeilles.

L'Abeille commune (*A. mellifica*) (1) nous fournit la cire, dont elle construit son nid, et le miel qu'elle amasse, pour nourrir ses larves. A l'état sauvage, elle établit son nid dans les creux des. Arbres ou des rochers ; à l'état domestique, elle se loge dans des ruches de disposition variable. Une colonie (*essaim*) se compose de mâles (*faux-Bourdons*), d'ouvrières et d'une seule femelle sexuée (*reine* ou *mère*) (2). Les ouvrières sont des femelles à organes génitaux atrophiés et à abdomen muni d'un aiguillon ; ce sont elles qui fabriquent le miel et la cire ; leurs pattes postérieures sont pourvues d'une corbeille, d'un râteau et d'une brosse. Aucun de ces organes collecteurs n'existe chez les mâles ni chez la reine. Les mâles sont plus gros et plus bruns que les ouvrières ; ils se reconnaissent à leur grosse tête, à leur languette très courte, à l'absence d'aiguillon. La reine est aussi plus grosse que les ouvrières ; elle a l'abdomen plus long et une

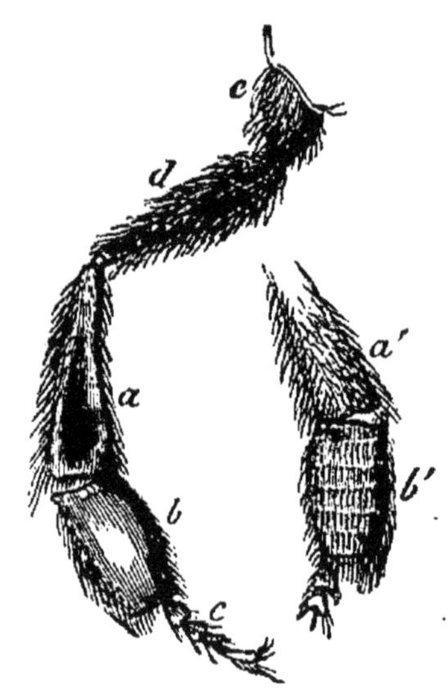

Fig. 326. — PATTE POSTÉRIEURE D'ABEILLE OUVRIÈRE.

a, jambe (face externe montrant la *corbeille*) ; *a'*, jambe (face interne) ; *b*, pièce carrée (face externe) ; *b'*, pièce carrée (face interne montrant la *brosse*) ; *c*, portion suivante du tarse ; *d*, cuisse ; *e*, trochanter surmonté de la hanche.

(1) L'Abeille ligurienne (*A. ligustica*), qui habite l'Italie et la Grèce, constitue une espèce très voisine de l'Abeille commune.

(2) Il y a environ 300 mâles et 30,000 ouvrières dans un essaim ; 10,000 de celles-ci pèsent un kilo. La reine vit quatre ou cinq ans ; les ouvrières vivent environ un an, les mâles deux ou trois mois seulement.

couleur plus fauve que les précédents ; elle est pourvue d'un aiguillon plus fort et plus recourbé que celui
des ouvrières. Les ouvrières fabriquent des *rayons* de
cire ou *gâteaux* qui descendent du plafond de leur demeure. Ceux-ci sont formés de deux couches de cellules hexagonales (*alvéoles*) se touchant par le fond (économie d'espace et de
matière) qui est tou-
jours situé un peu
plus bas que l'orifice
d'entrée (non écoule-
ment du contenu). On
distingue trois sortes
d'alvéoles : les plus
petits reçoivent du
miel et du pollen ou
des œufs et des larves
(*couvain*) d'ouvrières;
les moyens sont des-
tinés au miel et au
couvain des mâles ;
les plus gros, en très
petit nombre , for-
ment, au bord des
rayons, des cellules
irrégulières (*cellules
royales*) servant à l'é-
levage des femelles.
Les cellules qui ne
renferment pas de
couvain sont recou-
vertes d'un couvercle

Fig. 327. — Abeille ouvrière.

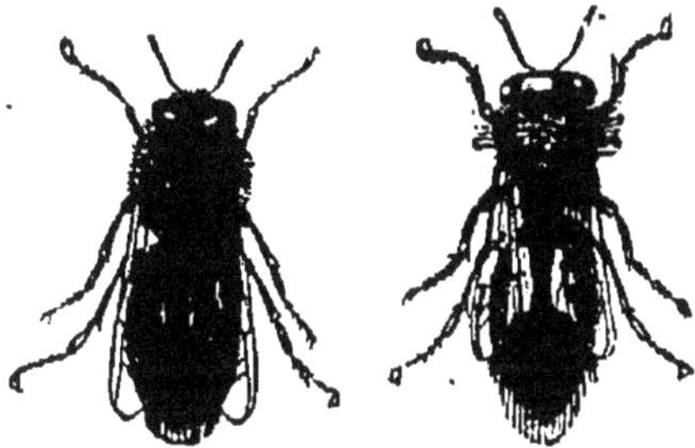

Fig. 328. — Abeille mâle.   Fig. 329. — Abeille femelle.

plat que les ouvrières fabriquent avec de la cire. En hiver,
la ruche ne contient que la reine et un petit nombre d'ouvrières qui se nourrissent du miel qui s'y trouve. Dès le
retour du printemps, la ponte commence et, pendant deux
mois environ, la reine, fécondée de l'année précédente,
pond des œufs dans les diverses cellules. Or elle peut, à
volonté, déverser ou non, sur les œufs qui passent devant
le réceptacle séminal, une partie du sperme qui y est
emmagasiné. Les œufs non arrosés de sperme donnent
toujours naissance à des mâles, mais ceux qui ont
subi le contact du sperme produisent, au contraire, des
ouvrières ou des femelles, suivant la grandeur de la
cellule et surtout la nature des aliments. A ce moment,
une grande agitation règne dans la ruche et la tempé-

rature s'y élève jusqu'à 30°. Les œufs pondus éclosent au bout de trois jours. Les larves sont nourries par les ouvrières, d'abord au moyen d'une bouillie de miel et de pollen qu'elles élaborent préalablement dans leur jabot, ensuite avec un mélange de miel et de pollen en nature, pour les mâles et les ouvrières; mais la nourriture déposée dans les cellules roya-les (*pâtée royale*) est plus sucrée et plus abondante(1).Six jours après l'éclosion, les larves sont enfermées dans les cellules,par les ouvrières, au moyen d'un couvercle bom-bé; elles filent alors une coque soyeuse et se transforment en Nymphes. Après avoir rongé le couvercle de cire, les ouvrières sor-tent de leur coque après 21 jours. L'évo-lution des mâles de-mande 24 jours; celle des femelles, 16 jours seulement. Avant qu'une nouvelle reine apparaisse, la vieille reine abandonne la ruche avec une partie des ouvrières et des mâles; ce *premier es-saim* va généralement se suspendre en grappe à une branche d'arbre

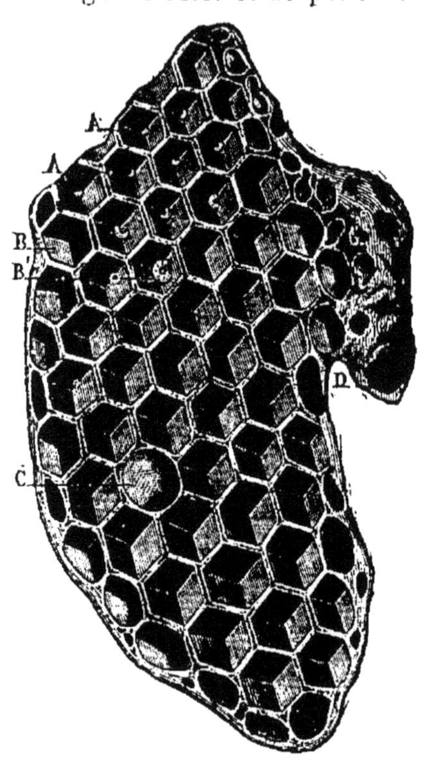

Fig. 330. — RAYON DE CIRE.

A, B, alvéoles d'ouvrières dont quelques-uns renferment des larves à divers de-grés de développement; C, cellule de mâle; D, cellule royale.

où on le recueille dans une ruche renversée et enduite de miel. Après le départ de l'essaim, la première reine qui naît met à mort les autres larves royales et règne

(1) Quand une ruche perd accidentellement sa reine, les ouvrières agrandissent aussitôt une cellule d'ouvrière et apportent de la pâtée royale à la larve qui y est continue; celle-ci devient bientôt une reine (*reine* ou *mère de sauveté*).

seule dans la ruche ; mais, si les ouvrières sont très nombreuses, elles s'opposent aux desseins de la reine qui alors s'éloigne à son tour, avec une partie des ouvrières et des mâles (*deuxième essaim*). Il y a très rarement un *troisième essaim*. Quoi qu'il en soit, la jeune reine doit être fécondée ; par un beau jour d'été, elle s'élève dans les airs, suivie des mâles dont un seul s'accouple avec elle. Après ce rapprochement, qui ne se renouvellera plus jusqu'à la fin de sa vie, elle rentre à la ruche, ayant encore dans son vagin le pénis du mâle, signe auquel les ouvrières reconnaissent que la fécondation est opérée. Aussitôt celles-ci commencent à pourchasser les mâles devenus inutiles ; quand les provisions deviennent moins abondantes, elles transpercent ceux-ci de leur aiguillon et sacrifient le couvain des mâles. Deux jours après son retour, la reine commence à pondre, parcourant les cellules vides, dans lesquelles elle dépose des œufs dont le nombre peut aller jusqu'à 3 000 par jour (DZIERZON).

Les Abeilles recueillent, sur les Végétaux, trois substances distinctes : la *propolis*, le *pollen* et le *nectar*.

La *propolis* est une substance résineuse, brunâtre, qui se trouve sur les bourgeons de divers Arbres (Peupliers, Saules, Marronniers, Sapins, etc.) ; elle sert aux Abeilles à fixer leurs gâteaux au plafond de la ruche et à obturer les fentes de celle-ci.

Le *pollen* est la matière fécondante des plantes ; c'est généralement une poussière jaunâtre, toujours renfermée dans un renflement (*anthère*) des étamines.

Le *nectar* est une substance sucrée qui se produit à la surface de certains Végétaux, ou qui est sécrétée par les nectaires des fleurs ; elle subit, dans le jabot, une élaboration spéciale et est ensuite dégorgée sous forme de miel.

Le *miel* (1) sert à la nourriture des Abeilles et, mélangé

(1) L'élevage des Abeilles (*apiculture*) se fait dans des réceptacles (*ruches*) construits d'ordinaire en paille ou en bois, sur deux types distincts : les *ruches à rayons fixes*, les plus répandues en France, et les *ruches à rayons mobiles*. Le système mobiliste l'emporte sur le système fixiste, en ce qu'il rend plus facile la récolte du miel et l'observation des Abeilles. On réunit généralement plusieurs ruches dans un emplacement (*rucher*) abrité, autant que possible, contre les intempéries et, le plus souvent, exposé au sud-est. La récolte du miel destiné à la consommation se fait vers la fin de l'été. Les rayons les plus récents contiennent du miel pur ; exposés à une douce chaleur, ils donnent le *miel vierge* ou *blanc surfin*. En soumettant

avec du pollen, à celle des larves : c'est une réunion de plusieurs matières sucrées (glycose, mellose, saccharose) renfermant en outre, avec une certaine quantité d'eau, de la mannite, un acide et des principes aromatiques; quand il est pur, il est soluble en totalité dans l'eau. On emploie le miel dans l'alimentation et en médecine ; à dose faible, il est émollient; à haute dose, il devient laxatif et peut même avoir des propriétés délétères, s'il est récolté sur des plantes vénéneuses (Aconit, etc.). Chez certaines personnes, très sensibles à l'action des poisons végétaux, le miel occasionne, après son ingestion, des coliques plus ou moins fortes. La fermentation de la dissolution aqueuse de miel donne l'*hydromel*, boisson autrefois très appréciée et employée encore par quelques peuples du Nord.

La *cire* (1) est une substance grasse complexe qui forme les rayons. Sécrétée par des glandes (*glandes cirières*) situées dans les arceaux ventraux de l'abdomen des ouvrières, elle se dépose par plaques formant des amas

ensuite ces gâteaux, ainsi que ceux qui contiennent du miel mélangé de pollen, à une température un peu plus élevée, on obtient le *miel blanc fin*. A l'aide d'une presse, on retire du résidu le *miel jaune* ou *ordinaire* renfermant une certaine quantité de cire : enfin une dernière pression donne le *miel brun*, le moins pur de tous. Les miels de France les plus estimés sont ceux *de Narbonne*, *du Gâtinais* et *de Normandie*; compacts, blancs, grenus, à odeur aromatique très accentuée, ils sont surtout récoltés sur les Labiées, le Trèfle, le Sainfoin, etc. : on les réserve pour la table. Le miel *de Bretagne*, celui *du Morvan* et quelques autres sont brunâtres et de qualité médiocre; récoltés principalement sur le Sarrazin, les Bruyères, les Genêts, etc., ils sont employés à la fabrication du pain d'épice, qui garde leur odeur caractéristique.

(1) Pour préparer la cire, on fait fondre, dans l'eau bouillante, les marcs résultant de la pression qui a fourni le miel ; par refroidissement, la substance cireuse surnage et, après une seconde fusion, elle est versée dans des moules : on obtient ainsi la *cire jaune* qu'on blanchit ensuite au chlore, si l'on veut obtenir la *cire blanche* ou *vierge*.

La sécrétion de la cire par les Abeilles a servi de base aux expériences par lesquelles on a fait voir que les Animaux peuvent former de la graisse aux dépens de matières organiques d'un autre ordre et que, par conséquent, ils ne tirent pas la totalité de leur graisse de celle qui est contenue dans leurs aliments. Si l'on nourrit des Abeilles avec du sucre, elles continuent à produire de la cire (HUBER). Pour démontrer que celle-ci ne provient pas uniquement de la graisse emmagasinée dans le corps, on détermine le poids de cette graisse, avant le régime du sucre, et le poids tant de la cire sécrétée que de la graisse restant dans le corps après l'expérience; or la seconde quantit est supérieure à la première c. q. f. d. (DUMAS et MILNE EDWARDS).

(*aires cirières*) d'où elle est détachée par la pince tibio-
tarsienne des jambes postérieures puis, portée entre les
mandibules et pétrie avec la salive. Elle est insoluble
dans l'eau, très soluble dans les huiles, les graisses, les
essences et le sulfure de carbone. On l'emploie pour la
confection des cérats et de beaucoup d'emplâtres ou
d'onguents.

Un certain nombre de maladies (1) sévissent sur les
Abeilles. Celles-ci ont aussi des ennemis qui s'attaquent
soit à elles (2), soit à leurs provisions (3).

Fig. 331. — Bourdon.

2° Les Bourdons (*Bombus*) ont le corps plus lourd que
les Abeilles et les jambes postérieures munies de deux

(1) Les deux maladies les plus communes sont la *dysenterie* et la
loque ou *Pourriture du couvain*.
(2) Les Frelons, les Guêpes, le Philanthe apivore et quelques autres
Hyménoptères attaquent directement les Abeilles ; un certain nombre
d'Oiseaux, surtout les Guêpiers et les Mésanges, leur font la chasse ;
enfin elles ne sont pas à l'abri des attaques de quelques Reptiles
(Lézards, Couleuvres) ou Batraciens (Crapauds, Salamandres) et même
des Musaraignes, parmi les Mammifères.
(3) Les Blaireaux et les Ours sont friands de miel ; ils renversent
quelquefois les ruches et en mangent l'intérieur. Les Chenilles de deux
Microlépidoptères, la grande Teigne et la petite Teigne, dévorent la
cire et amènent la chute des rayons. Le Sphinx Tête de mort entre
souvent dans les ruches, pour se gorger de miel. Un Coléoptère, le
Clairon des Abeilles, ne constitue pas un ennemi aussi dangereux
qu'on l'a supposé ; sa larve « Ver rouge » ne vit que de miel altéré et
de divers débris des rayons.

épines terminales. Ils produisent un miel peu abondant mais ne fabriquent pas de rayons ; leurs sociétés, composées d'une cinquantaine d'individus, sont annuelles ; quelques femelles fécondées passent seules l'hiver dans un abri naturel d'où elles sortent, au printemps, pour pondre leurs œufs et commencer un nid que les ouvrières accroissent ensuite. — Bourdon terrestre ou souterrain (*B. terrestris*) ; noir, avec des bandes blanches. Bourdon des pierres (*B. lapidarius*) ; noir, avec l'extrémité de l'abdomen rouge. Bourdon des mousses. (*B. muscorum*) ; d'un beau jaune.

b. *Apidés solitaires nidifiants.* — Ils vivent par groupes ne comprenant pas de neutres. La femelle seule construit un nid où elle dépose ses œufs, avec une provision de miel et de pollen suffisante pour l'existence de la larve. Le pollen est récolté au moyen de poils collecteurs diversement répartis.

1° *Podiléginés.* — Appareil collecteur sur les tarses. — Anthophores (*Anthophora*). — Abeilles charpentières (*Xylocopa*). Creusent, dans le bois vermoulu, des galeries qu'elles divisent en cellules par des cloisons obliques.

2° *Mériléginés.* — Appareil collecteur sur les cuisses et les jambes. — Abeilles à culottes (*Dasypoda*). — Abeilles des sables (*Andrena*). — Collètes (*Colletes*).

3° *Gastroléginés.* — Appareil collecteur sur l'abdomen. — Abeilles maçonnes (*Chalicodoma, Osmia*). Contruisent contre les murs ou dans les trous de ceux-ci, des nids de terre gâchée. — Abeilles à duvet (*Anthidium*). Font leur nid dans les murs et le matelassent de duvets végétaux. — Abeilles tapissières. Tapissent leur nid, soit avec des feuilles (*Megachile*), soit avec des pétales (*Anthocopa*).

c. *Apidés solitaires parasites.* — Pas de neutres. Femelles dépourvues de poils collecteurs, incapables de ramasser du pollen et de produire du miel, déposant leurs œufs dans les nids des Apidés sociaux ou solitaires avec lesquels ils offrent le plus de ressemblance (*mimétisme*). Les larves vivent aux dépens des provisions amassées dans le nid où elles se trouvent déposées.

Psithyres ou « Bourdons parasites » (*Psithyrus*). — Nomades (*Nomada*). — Mélectes (*Melecta*).

C. *Vespidés* ou *Guêpes.* — *Porte-aiguillon à ailes antérieures pliées en long pendant le repos. Corps lisse. Antennes coudées.*

La partie inférieure de l'aile antérieure se replie sous la partie supérieure, pendant le repos ; alors les ailes ne recouvrent pas la face supérieure de l'abdomen. Sociaux ou solitaires, quelquefois parasites.

a. *Vespidés sociaux.* — Les Guêpes sociales (mâles, femelles, ouvrières) ont une languette courte et des ongles simples. Nourriture des larves extraite de substances sucrées (végétales ou animales), mielleuse en quelque sorte, mais ayant subi une simple trituration et non une élaboration spéciale dans le jabot. Nids (*guêpiers*) formés de substances végétales agglutinées de salive; de formes très variées; à rayons composés d'un seul rang de cellules hexagonales; tantôt à nu (*Polistes*), tantôt recouverts d'enveloppes papyracées (Guêpes proprement dites). Les sociétés sont annuelles; les femelles fécondées hivernent seules, dans des trous, et, au printemps suivant, fondent une nouvelle colonie.

Fig. 332. — Guêpe.

Guêpe commune (*Vespa vulgaris*); nidifie sous terre. Guêpe des bois (*V. sylvestris*); suspend son guêpier aux branches d'Arbres ou aux toits des habitations. Frelon (*V. crabro*); fait son nid dans de vieux troncs d'Arbres, avec une sorte de carton jaunâtre. — Polistes (*Polistes*). Petites Guêpes qui construisent des guêpiers sans enveloppe, attachés, par un pédicule, à un mur ou à une branche.

b. *Vespidés solitaires.* — Les Guêpes solitaires ont une languette longue et les ongles dentés en-dessous. La femelle nidifie, soit dans le bois, soit dans la terre, ou construit des coques terreuses; elle approvisionne son nid avec des Insectes, des Chenilles ou des Araignées. — Odynères (*Odynerus*). — Eumènes (*Eumenes*).

Quelques Vespidés solitaires sont caractérisés par leur parasitisme et une simplification dans la nervation de l'aile antérieure. — Masarines (*Masaris*).

D. *Sphégidés* ou *Fouisseurs.* — *Porte-aiguillon à ailes étalées, à tarses ordinaires et antennes droites.*

Hyménoptères solitaires, à aiguillon lisse. Les femelles creusent des galeries dans le sable, la terre ou le bois; elles approvisionnent leur nid avec des Insectes, des Chenilles ou des Araignées qu'elles percent de leur aiguillon et engourdissent seulement, ménageant ainsi des provisions vivantes à leur progéniture. — Sphex (*Sphex*). Abdomen brièvement pédiculé. — Ammophiles (*Ammophila*). Abdomen à pédicule biarticulé. — Pélopées (*Pelopœus*). Premier anneau de l'abdomen formant un pédicule aussi long que le reste de l'abdomen. — Philanthes (*Philanthus*). Le « Loup des Abeilles » (*P. apivorus*), s'attaque aux Abeilles. — Cercéris (*Cerceris*). *C. bupresticida* approvisionne son nid avec des Buprestes. — Pompiles (*Pom-*

Fig. 333. — POMPILE.

Fig. 334. — CHRYSIS.

pilus). Le Pompile des chemins (*P. viaticus*) creuse dans le sable.

E. *Chrysididés* ou *Guêpes dorées*. — *Porte-aiguillon à ailes étalées, tarses postérieurs ordinaires et antennes coudées.*

Appelés « Guêpes dorées » à cause de leur brillant éclat et « Hyménoptères cuirassés » à cause de la dureté de leur tégument. Pondent leurs œufs dans les nids d'autres Hyménoptères (surtout des Fouisseurs) et luttent contre eux

Fig. 335. — SCOLIE.

avec avantage, grâce à leur tégument cuirassé. Les larves dévorent celles des propriétaires du nid dans lequel elles ont été déposées. — Chrysides (*Chrysis*). Mandibules à pointe simple. *C. ignita*, d'un vert bleuâtre, avec l'abdomen d'un rouge doré des plus brillants est commun partout. — Cleptes (*Cleptes*). Mandibules à trois pointes.

F. *Hétérogynes*. — *Porte-aiguillon à femelles aptères*.

Hyménoptères solitaires, ne comprenant que des mâles à antennes longues et des femelles à antennes courtes, privées d'ailes ou munies d'ailes écourtées. Pondent dans les nids des Abeilles ou d'autres Insectes, sans plus s'inquiéter de leur progéniture. — Scolies (*Scolia*). Les deux sexes ailés. — Mutilles (*Mutilla*). Femelles aptères.

B. PORTE-TARIÈRE. — *Abdomen pédiculé, muni d'une tarière, chez les femelles. Trochanters de deux articles. Larves apodes, dépourvues d'anus.*

A. *Ichneumonidés* ou *Entomophages*. — *Porte-tarière dont les femelles déposent leurs œufs dans le corps d'autres Insectes.*

Appelés encore « Mouches vibrantes », à cause des mouvements vibratiles de leurs antennes, et « Mouches tripiles », à cause des trois soies de la tarrière qui sont saillantes chez beaucoup d'entre eux. Les larves vivent aux dépens de l'hôte dont elles dévorent la substance, particulièrement les parties graisseuses. Insectes utiles.

1° *Ailes très veinées.* — Ichneumons (*Ichneumon*).—Fœnes (*Fœnus*). — Pimples (*Pimpla*). — Bracons (*Bracon*).

2° *Ailes très peu veinées.* —Chalcides (*Chalcis*). — Ptéromales (*Ptéromalus*). — Platygastres (*Platygaster*).

Fig. 336. — FŒNE.

B. *Cynipsidés* ou *Gallicoles* — *Porte-tarière dont les femelles déposent leurs œufs dans les Végétaux.*

A la suite de la piqûre se forme une excroissance (*galle*)

dans laquelle les larves trouvent leur nourriture. Les galles sont toutes plus ou moins astringentes ; on leur préfère généralement le tannin qu'on dose plus exactement. Les *galles d'Alep* ou *noix de galle* proprement dites, produites par la piqûre du *Cynips gallæ tinctoriæ* sur les bourgeons d'un Chêne de l'Asie Mineure (*Quercus infectoria*) ont la grosseur d'une noisette et sont couvertes d'aspérités. Quand la larve est encore contenue

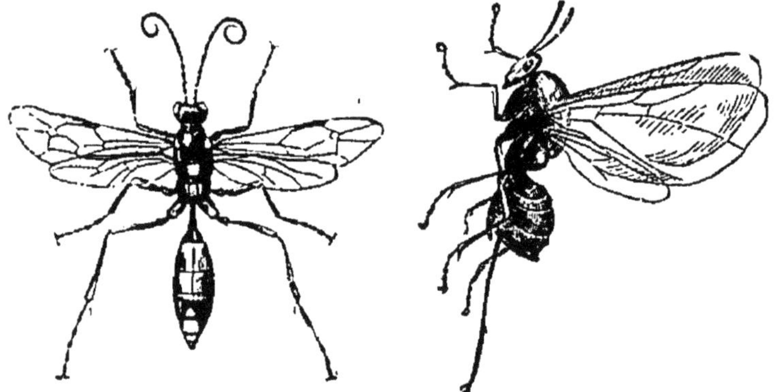

Fig. 337. — ICHNEUMON.   Fig. 338. — CYNIPS

dans leur intérieur, elles sont lourdes et **verdâtres** (*galles vertes*), mais quand l'Insecte s'en est échappé, elles deviennent légères et blanchâtres (*galles blanches*). Les *galles de Hongrie* ou *de Piémont* proviennent du développement anormal de la cupule du gland du Chêne commun, sous l'influence de la piqûre du *Cynips calicis*. Les galles du Rosier (*bédéguars*) sont des excroissances chevelues qui se développent à la suite de la piqûre du *Rhodites Rosæ*.

C. PORTE-SCIE. — *Abdomen sessile, muni, chez les femelles, d'une tarière à stylets dentés en scie. Trochanters biarticulés. Antennes non coudées. Larves munies de pattes* (fausses Chenilles), *phytophages.*

On réunit quelquefois les Porte-tarière et les Porte-scie sous la dénomination générale de *Térébrants*.

A. *Urocéridés* (οὐρά, queue : κέρας, corne). — *Porte-scie à antennes filiformes.*

Appelés encore « Guêpes des plantes ». Tarière généralement longue. Larves hexapodes.

Sirex (*Sirex*). Larves dans les Pins et les Sapins. —

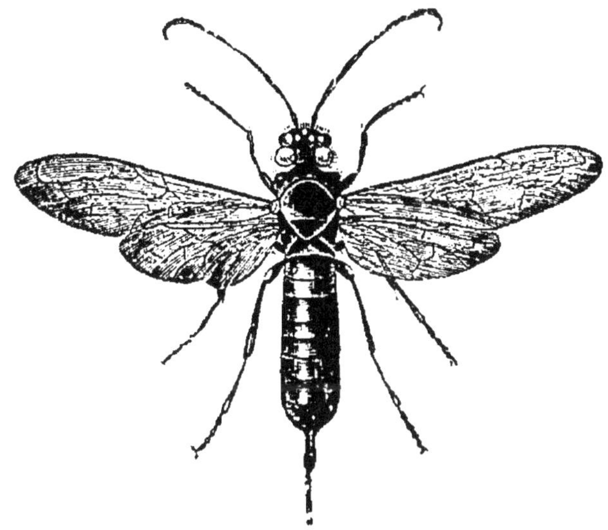

Fig. 339. — SIREX.

Cèphes (*Cephus*). Le « Pygmée » (*C. pygmœus*) perce la tige des céréales ; sa larve fait flétrir l'épi.

B. *Tenthrédonidés* (τενθρηδών, sorte de guèpe). — *Porte-scie à antennes épaissies au sommet.*

Tarière généralement courte. Larves hexapodes ou à 9-11 paires de pattes.

Lophyres (*Lophyrus*). — Tenthrèdes (*Tenthredo*). — Hylotomes (*Hylotoma*). *H. rosœ* dépose ses œufs dans l'écorce du Rosier ; ses larves vivent des feuilles du Rosier.

Lépidoptères (λεπίς, écaille ; πτερόν, aile). — *Insectes suceurs, à ailes couvertes d'écailles. Métamorphoses complètes.*

Suceurs dont les mâchoires constituent une trompe enroulée en spirale pendant le repos (*spiritrompe*). Tube digestif muni d'un jabot vésiculeux et pédiculé. 6 tubes de Malpighi. Antennes de formes très variées, jamais coudées. 2 gros yeux à facettes et parfois 2 ocelles. Anneaux

du thorax soudés. Tarses pentamères. 4 ailes membraneuses, revêtues de poils élargis en écailles colorées
ou brillantes. Ailes inférieures plus petites que les supérieures, présentant souvent, à leur bord antérieur, chez
les Hétérocères, un crin raide engagé dans un anneau
situé sous l'aile supérieure (*frein* ou *rétinacle*). Abdomen
de 6 à 8 anneaux, ne présentant jamais de tarière ni
d'aiguillon. Métamorphoses complètes. Larves (*Chenilles*)
maxillées, à 3 paires de pattes thoraciques et 2 à 5 paires
de pattes abdominales dont une au dernier segment;
munies de deux glandes à soie (*sérictères*), qui s'atrophient pendant la phase suivante. Nymphes (*Chrysalides*)
nues ou enfermées dans un cocon. Insectes parfaits rejetant par l'anus, après leur naissance, un liquide rougeâtre. Quelques cas de parthénogenèse, soit régulière
(*Psyche*), soit accidentelle (*Bombyx mori*).

A. RHOPALOCÈRES (1) (ῥόπαλον, massue; κέρας, antenne).
— *Ailes dépourvues de frein, relevées et accolées pendant*
le repos. Antennes terminées en massue ou en bouton.

Volent en plein jour (*Papillons diurnes*). Pas d'ocelles.
Chenilles à 8 paires de pattes, nues, poilues ou épineuses.

Fig. 340. — PAPILLON MACHAON.

Chrysalides nues, souvent anguleuses, fixées par l'extrémité caudale ou par une ceinture de soie.

(1) Appelés encore *Achalinoptères* (ailes sans frein).

Papillons proprement dits (*Papilio*). Ailes postérieures ayant le plus souvent un prolongement caudiforme

Fig. 341. — Chenille du Papillon Machaon.

« Porte-queue ». Grand Porte-queue (*P. machaon*). — Piérides (*Pieris*). Blancs ou jaunes, avec des taches noires.

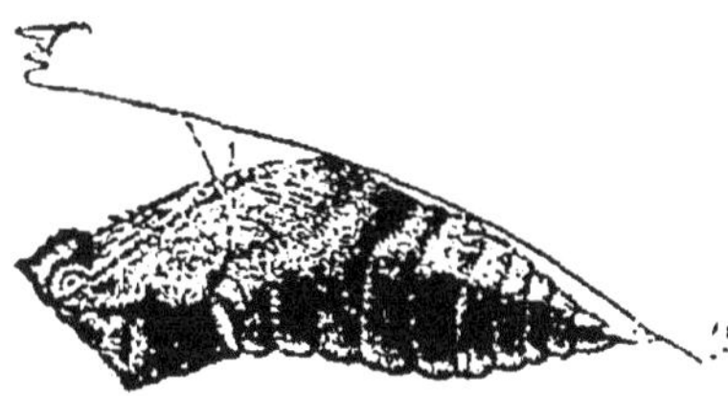

Fig. 342. — Chrysalide du Machaon.

Papillon du Chou (*P. Brassicæ*). — Vanesses (*Vanessa*). Pattes antérieures atrophiées. Paon de jour (*V. Io*). — Satyres (*Satyrus*). Ailes de couleur foncée. Sylvandre (*S. Hermione*). — Argus (*Polyommatus*). Petits ; mâles bruns ; femelles bleues ou rouges. Verge d'or (*P. virgaureus*). — Hespéries (*Hesperia*). Antennes souvent terminées par un petit crochet. Sylvain (*H. sylvanus*).

B. **Sphingidés.** — *Ailes horizontales au repos, pourvues d'un frein. Antennes fusiformes ou prismatiques, ordinairement terminées par un petit crochet.*

Volent rapidement, généralement au crépuscule (*Papillons crépusculaires*). Ailes antérieures longues et étroites. Généralement pas d'ocelles. Chenilles à 8 paires de pieds, munies d'une corne sur l'avant-dernier anneau, redressant souvent la moitié antérieure du corps, dans la position où l'on représente le Sphinx de la Fable, d'où le nom général du groupe. Chrysalides ovoïdes, souterraines, nues ou enfermées soit dans des coques de grains de terre, soit dans des débris de feuilles sèches agglutinés par de la salive et réunis par quelques fils de soie.

Sphinx (*Sphinx*). Trompe longue ; abdomen sans bouquet de poils. Sphinx du Liseron ou « Cornebœuf »

(*S. Convolvuli*). Le mâle répand une forte odeur de musc.
— Macroglosses (*Macroglossa*). Trompe longue; abdomen

Fig. 343. — Sphinx.

terminé par une touffe de poils. Le Moro-sphinx ou
« Sphinx-moineau »(*M. stellatarum*) butine, en plein jour,
sur les fleurs devant les-
quelles il reste en vol
stationnaire. — Achéron-
ties (*Acherontia*).Trompe
courte. La« Tête de mort»
(*A. atropos*) offre, sur le
thorax, un dessin rappe-
lant une tête de mort;
sa Chenille, qui vit sur
les Pommes de terre,
est la plus forte que
nous ayons en Europe.
— Sésies (*Sesia*). Ailes
transparentes, rappelant
celles des Abeilles.

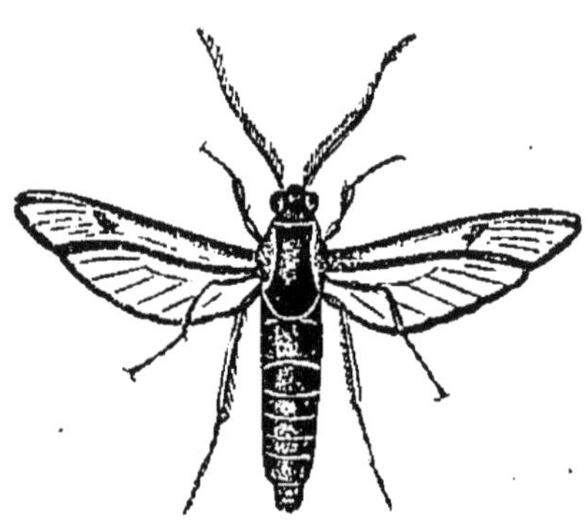

Fig. 344. — Sésie.

C. Bombycidés (βόμβυξ, ver à soie). — *Ailes disposées
en toit, pendant le repos, ordinairement dépourvues de
frein. Antennes sétiformes, pectinées chez les mâles. Généralement pas d'ocelles.*

Volent lourdement pendant la nuit (*Papillons nocturnes*). Ailes larges. Chenilles poilues, à 8 paires de pattes. Chrysalides dans des cocons, sur les arbres.

Cossus (*Cossus*). Pas de trompe ; Chenilles dans la moelle des Arbres. Cossus des Saules (*C. ligniperda*). — Psychés (*Psyche*). Femelle aptère, vermiforme ; Chenille dans des fourreaux de débris végétaux. — Saturnies (*Saturnia*). Chaque aile présente, vers le milieu, une tache vitrée entourée de diverses colorations ; renferment les plus grands des Papillons (1) : le géant de l'ordre (*S. atlas*), de la Chine ; le grand Paon de nuit (*S. Piri*), d'Europe ; le petit Paon de nuit (*S. Carpini*). — Bombyx (*Bombyx*). Ailes antérieures avec une tache foncée entre deux lignes transversales onduleuses ; ailes postérieures sans frein ; pas de trompe ; antennes pectinées dans les deux sexes. Bombyx du Mûrier (*Bombyx* ou *Sericaria mori*) (2) ; ori-

(1) On a cherché, avec plus ou moins de succès, à tirer parti, au point de vue de l'industrie de la soie, d'un certain nombre d'espèces d'Orient : *S. Yama-maï; S. Pernyi; S. Cynthia; S. Arrindia.*

. (2) L'élevage des Vers à soie (*sériciculture*) se fait en France dans des établissements spéciaux (*magnaneries : de magnan*, nom vulgaire du Ver à soie); il est lié à la culture du Mûrier. Pour faire éclore les œufs (*graine;* une once ou 30 gr. de graine renferme 30,000 œufs), on a recours à l'incubation artificielle, au moment où les feuilles du Mûrier sont bien développées. La Chenille qui sort de l'œuf mesure 2 millimètres ; elle subit quatre mues et l'éducation totale dure environ 33 jours. On appelle *âges*, les périodes comprises entre deux mues ; *sommeil*, l'état d'immobilité qui accompagne les mues ; *frèze*, la période de voracité qui les précède. Après la dernière mue, vers la fin du cinquième âge, le Ver à soie dresse la tête et cherche à grimper (*montée*) sur les corps étrangers (*bruyères*) placés à sa portée ; il commence à filer son cocon dont la construction exige 3 ou 4 jours. Chaque cocon est entouré d'une couche extérieure floconneuse (*bourre*) qui recouvre un seul fil formé de deux brins tordus ensemble et ayant quelquefois une longueur d'un kilomètre. Ce fil, qui serait trop fin à lui tout seul, est dévidé ordinairement avec plusieurs autres, sur des tours, pour former la *soie grège*. Quand le Ver, en train de filer son cocon, se raccourcit, ce qui indique qu'il donnera un mauvais cocon (*Ver tapissier*), on le fait macérer dans du vinaigre, après quoi l'on extrait les glandes séricigènes dont l'on étire la sécrétion en la faisant sécher à l'air : on fabrique ainsi les *fils* ou *crins de Florence* qui servent aux pêcheurs à attacher les hameçons à leurs lignes. La phase de Nymphe dure de 15 à 20 jours. Le Papillon sort du cocon en ramollissant la soie par l'émission d'un liquide, puis en écartant les brins pour se frayer un passage. Les cocons percés, par suite de la sortie du Papillon, ne pourraient être dévidés qu'avec beaucoup de peine ; ils sont cardés et servent à faire la *filoselle*. Les cocons qui doivent donner la soie grège sont soumis, avant d'être dévidés, à la chaleur modérée d'un four ou de la vapeur d'eau, qui étouffe les Chrysalides. L'enve-

ginaire du sud de l'Asie, élevé en Chine et dans le sud de l'Europe, pour la production de la soie. Sa Chenille, appelée improprement « Ver à soie », est glabre et porte, sur l'avant-dernier anneau, une corne recourbée en arrière; elle possède une paire de glandes séricigènes occupant une grande partie de la longueur du corps, sur les côtés du tube digestif. Chacune de ces glandes est tubiforme et pourvue d'un canal excréteur qui se réunit bientôt à son congénère, pour former un canal unique (*filière*) percé dans la lèvre inférieure. C'est par l'orifice de ce canal que sort la matière visqueuse sécrétée par

Fig. 345. — BOMBYX DU MURIER.

les glandes et servant à la construction du cocon. Les cocons qui doivent donner les Papillons mâles, sont généralement plus petits que les autres et étranglés au milieu. Les Papillons sortent du cocon, une douzaine de jours après son achèvement; ils rejettent alors un liquide roussâtre et l'accouplement a lieu. La ponte commence presque aussitôt après. Exceptionnellement, les œufs des femelles vierges peuvent être féconds; mais ceux qui ont été fécondés passent bientôt de la couleur jonquille à la couleur ardoisée (1). — Processionnaires (*Cnethocampa*).

loppe immédiate de celles-ci a la forme d'une membrane parcheminée et ne peut être dévidée.

(1) Les Vers à soie sont sujets à plusieurs maladies dont les trois plus connues sont : la *muscardine*, la *pébrine* et la *flacherie*.

La *muscardine* est produite par un Champignon (*Botrytis Bassiana*) dont le mycélium infeste les organes internes, tue les Vers et se fait jour à travers les stigmates, en formant une efflorescence blanchâtre

Ailes postérieures avec un frein; Chenilles vivant en société sur les Chênes et les Pins, allant en procession chercher leur nourriture, très velues et couvertes de tubercules sécrétant une poussière âcre qui se mêle aux poils et détermine, sur la peau, une sorte d'urtication. — Harpyes (*Harpyia*). Les Chenilles ont les pattes anales transformées en prolongements fourchus qu'elles agitent d'un air menaçant et qui ont fait donner aux Papillons le nom de « Queues fourchues ». — Liparis (*Liparis*). Abdomen de la femelle terminé par une sorte de bourre qui sert à envelopper les œufs, au fur et à mesure de la ponte; Chenilles urticantes, très nuisibles aux Arbres.

D. Noctuidés (*nox*, nuit). — *Ailes en toit, pendant le repos, munies d'un frein. Antennes séliformes, parfois pectinées chez les mâles. En général des ocelles.*

Papillons nocturnes à vol rapide, à trompe moyenne, cornée, munis généralement d'ocelles. Corps robuste. Ailes supérieures souvent marquées de deux taches (l'orbiculaire et la réniforme); ailes inférieures plissées dans leur longueur, au côté interne. Chenilles cylindriques, glabres ou poilues, sans protubérances, à 8, rarement 7 ou 6 paires de pattes. Chrysalides à cocons très imparfaits, aériennes ou souterraines.

Noctuelles (*Agrotis*, etc.). Les Chenilles « Vers gris » attaquent les Betteraves, les Choux, les Pommes de terre, etc. — Lichnées (*Catocala*). Ailes postérieures co-

---

constituée par des spores qui propagent très rapidement la maladie. Le Ver ressemble alors à une sorte de bonbon provençal appelé *muscardin*. On lutte contre la muscardine en désinfectant la magnanerie.

La *pébrine* se traduit à l'extérieur par des taches foncées qui font paraître le Ver comme saupoudré de poivre; elle est due à la présence dans les tissus, de corpuscules ovoïdes brillants (*corpuscules de Cornalia*) qui se transmettent aux Vers sains et passent du corps de la mère dans les œufs. On combat la pébrine en faisant accoupler les Papillons sur des carrés de toile où la ponte s'opère; après leur mort, on examine les femelles au microscope et on n'utilise que les œufs de celles qui n'ont pas de corpuscules (Pasteur).

La *flacherie* se manifeste au moment de la montée; elle est due à un ferment en chapelet (*Micrococcus Bombycis*) qui abonde dans le tube digestif et ne tarde pas à faire périr la plupart des Vers, en les rendant flasques puis noirâtres. On s'oppose à la propagation de la flacherie en sacrifiant les Vers qui montent avec une grande lenteur ou restent au pied des brindilles, car « le Ver flat engendre des Vers prédestinés à la flacherie ».

lorées et relevées de bandes noires. — Ophidères (*Ophideres*). Des régions intertropicales; taraudent les oranges

Fig. 346. — NOCTUELLE.

et autres fruits, au moyen de leur trompe dont l'extrémité est perforante.

E. PHALÉNIDÉS.— *Ailes en toit, pendant le repos, munies d'un frein. Antennes sétiformes, parfois pectinées chez les mâles. Chenilles progressant par la fixation alternative des deux extrémités* (Chenilles arpenteuses).

Appelés encore *Géométrides*, à cause du mode de progression de leurs Chenilles. Papillons nocturnes; à corps grêle tacheté de points noirs; à ailes relativement larges, avec la couleur et les dessins des ailes supérieures se continuant souvent sur les inférieures. Chenilles à 5 ou 6 paires de pattes restant fixées, à l'état de repos, par les pattes de derrière, avec le corps relevé (*Arpenteuses en bâton*). Chrysalides renfermées dans de petits cocons habituellement placés dans la terre, mais quelquefois filés contre les feuilles des Arbres.

Géomètres (*Geometra*). Papillons verts. — Hibernies (*Hibernia*). Éclosent pendant l'hiver; femelles aptères.

F. MICROLÉPIDOPTÈRES (μικρός, petit). — *Très petits Papillons, à ailes munies d'un frein, à longues antennes sétiformes.*

Les uns diurnes, les autres nocturnes. Chenilles à 8 paires de pattes, restant cachées pendant le jour, se transformant en nymphes dans des cocons. On a réuni quelquefois les *Microlépidoptères* avec les *Sphingidés*, les *Bombycidés*, les *Noctuidés* et les *Phalénidés*, sous la dénomination générale d'*Hétérocères* (1).

Tordeuses (*Tortrix*). Ressemblent à de petites Noctuelles. La Chenille de la Tordeuse ou Pyrale de la Vigne (*T. vitana*) ravage les vignes ; on la détruit au moyen de l'arrosage des ceps par l'eau bouillante (*ébouillantage*). Le « Ver des fruits » si commun dans les pommes et les poires est la Chenille de *Carpocapsa pomonella*. — Galléries ou « Teignes de la cire » (*Galleria*). Rongent les rayons des ruches. — Teignes (*Tinea*). La Chenille de *T. granella* « Ver blanc du grain » s'attaque aux grains de Blé ; celle de *T. tapezella* est la Teigne des tapisseries et s'abrite dans des fourreaux de drap qu'elle traîne avec

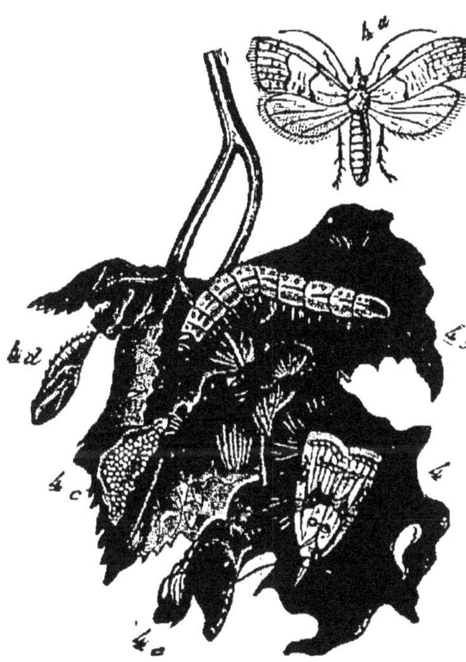

Fig. 347. — Pyrale de la Vigne.

4, mâle ; 4a, femelle ; 4b, chenille ; 4c, œufs ; 4d, 4e, chrysalides.

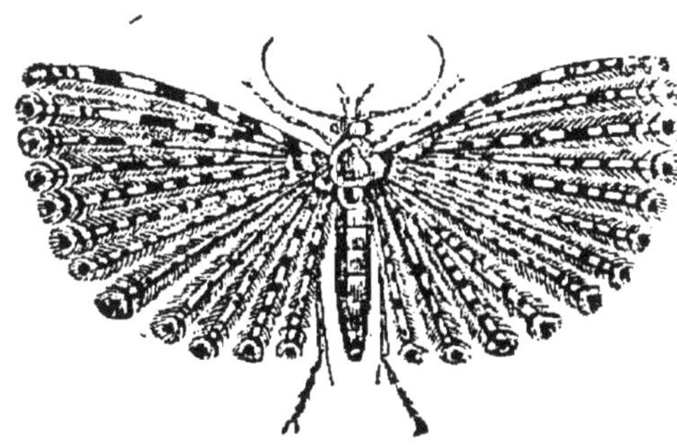

Fig. 348. — Ornéode.

(1) Appelés encore *Chalinoptères* (ailes avec frein).

elle ; celle de *T. pellionella* est la « Mite des fourrures ».
— Sitotrogues (*Sitotroga*). L'Alucite des céréales (*S. ce-
realella*) attaque les grains dans les champs de céréales.
— Ptérophores (*Pterophorus*). Les ailes antérieures se
bifurquent et les postérieures se trifurquent, de façon à
simuler 5 plumes de chaque côté. — Ornéodes (*Orneodes*).
Chaque aile se divise en 6 plumes.

Hémiptères (1) (ἥμισυς, demi ; πτερόν, aile). — *Insectes suceurs, à métamorphoses incomplètes ou nulles.*

Insectes suceurs et piqueurs. Lèvre inférieure constituant un rostre dans lequel les mandibules et les mâchoires ont la forme de 4 soies rigides et protractiles.
Glandes salivaires volumineuses. 2 ou 4 tubes de Malpighi. Antennes courtes ou longues. 2 petits yeux à
facettes ; le plus souvent 2 ocelles. Prothorax généralement libre. Tarses un, ibi ou triarticulés. 4 ailes membraneuses ou les antérieures seulement coriaces à la base
(*hémélytres*). Quelquefois aptères. Abdomen présentant, à
la face ventrale, un bord tranchant (*connexivum*) sur lequel s'ouvrent plusieurs stigmates. Métamorphoses incomplètes, quelquefois nulles (Zoophtires) ou exceptionnellement complètes (mâles des Coccidés); parfois des cas
de parthénogenèse (Phytophtires). Vivent de sucs végétaux
ou animaux.

A. Hétéroptères (ἕτερος, différent). — *4 ailes horizontales,
les antérieures à partie basilaire* (corie) *coriace et à partie
apicale* (membrane) *membraneuse. Rostre naissant du
front.*

Antennes de 4 à 5 articles. Une paire de glandes fétides
s'ouvrant, le plus souvent, par un orifice sternal; des
glandes analogues, impaires, situées sur le dos, chez les
larves.
A. *Géocorises* (2) (γῆ, terre ; κόρις, punaise). — *Hétéroptères terrestres, rarement aquatiques. Antennes découvertes,
plus longues que la tête.*
Pentatomes ou « Punaises des bois » (*Pentatoma*).
Antennes de 5 articles; écusson très grand. — Punaises

(1) Appelés encore *Rhynchotes*.
(2) Appelés encore *Gymnocères* (antennes à nu).

(*Cimex* ou *Acanthia*). Antennes de 4 articles ; rostre de 3 articles ; tarses de 2 articles ; corps très aplati, d'un brun rougeâtre ; cories rudimentaires ; pas de membranes ; pas

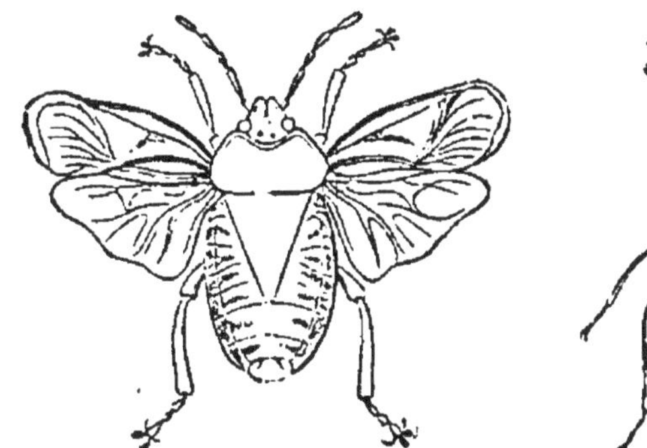

Fig. 349. — Pentatome.

Fig. 350. — Punaise.

d'ailes ; pas d'ocelles. La Punaise des lits (*C. lectularius*) peut vivre plus d'un an sans prendre de nourriture ; elle ne se nourrit que du sang qu'elle pompe elle-même sur

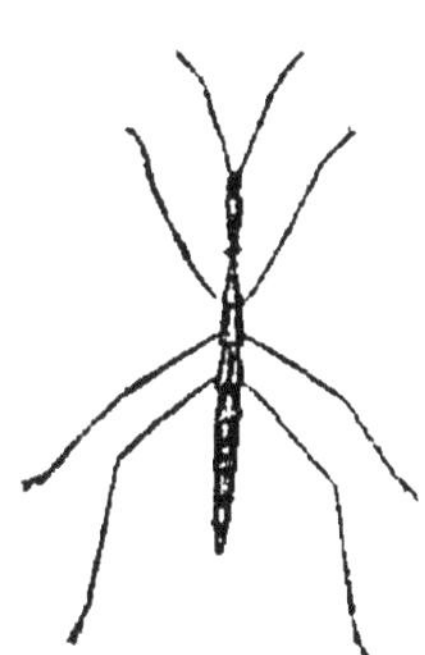

Fig. 351. — Hydro-mètre.

le corps de l'Homme vivant ; sa piqûre est douloureuse et donne lieu à une tache rougeâtre, quelquefois même à une petite ampoule ; elle pond, plusieurs fois par an, des œufs de 1 millimètre de long, cylindriques et munis d'un opercule, d'où sort un Insecte blanc qui peut aussitôt pourvoir à sa nourriture (1). — Tingis (*Tingis*). Ailes antérieures élargies, réticulées. Tigre du Poirier (*T. Piri*) ; à la face inférieure des feuilles ; plutôt nuisible par ses déjections qui recouvrent les stomates, que par ses piqûres ; dépose ses œufs dans le parenchyme des feuilles et les recouvre de ses déjections. — Réduves (*Reduvius*). Tête rétrécie en forme de cou ; élytres presque entièrement membraneux. Le Réduve masqué (*R. personatus*), se trouve dans les mai-

(1) On trouve, dans les pigeonniers et les nids d'Hirondelles, des Punaises qui ne diffèrent pas sensiblement de la Punaise des lits. On a signalé, dans la Russie méridionale, une espèce (*A. ciliata*) et, dans l'île de la Réunion, une autre espèce (*A. rotundata*) qui sont également très voisines de notre espèce domestique.

sons malpropres ; sa piqûre est très douloureuse ; la larve s'entoure de poussière et passe pour faire la guerre aux Punaises. — Hydromètres ou « Araignées d'eau » (*Hy-drometra, Gerris*) ; se promènent, avec leurs longues pattes, à la surface des eaux. — Punaises de mer *(Halo-bates)*. Océan Pacifique.

B. *Hydrocorises* (1) (ὕδωρ, eau). — *Hétéroptères aquatiques. Antennes cachées dans une fossette au-dessous de la tête, plus courtes que la tête.*

Nèpes *(Nepa)*. Tête petite ; pattes antérieures préhensiles. La Nèpe cendrée ou « Scorpion d'eau » pique avec force. — Notonectes (*Notonecta*). Tête grosse ; pattes postérieures en forme de longues rames ci-liées ; nagent sur le dos ; piqûre doulou-reuse. — Corises (*Co-risa*). Rostre caché, paraissant inarticulé.

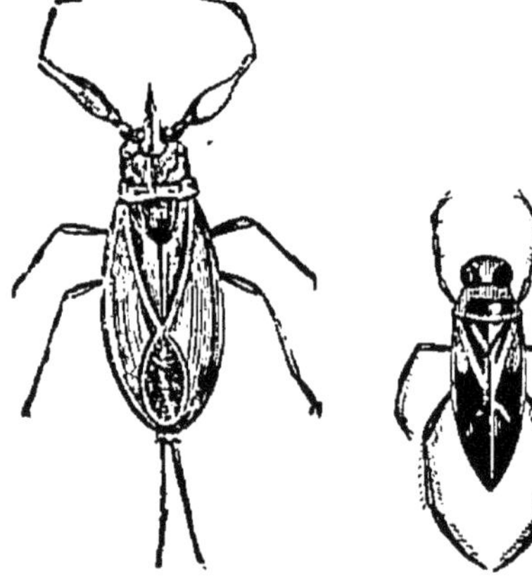

Fig. 352. — NÈPE.   Fig. 352 *bis*. — NOTONECTE.

Les œufs des Corises des lacs du Mexique, déposés sur des faisceaux de joncs, mis à dessein dans l'eau, servent à préparer une sorte de galette, à goût de Poisson, ven-due sous le nom de *hautle*, sur les marchés de Mexico.

B. HOMOPTÈRES (ὁμός, semblable). — *4 ailes membraneuses ou coriaces, disposées en toit pendant le repos. Rostre naissant de la partie inférieure de la tête, au-dessous des yeux. Femelles pourvues d'un oviscapte.*

Cigales *(Cicada)*. Des organes stridulants chez les mâles (*voy.* p. 385) ; ailes antérieures transparentes ; les géants de l'ordre des Hémiptères ; femelles muettes, introduisant leurs œufs sous l'écorce ; larves souterraines. Cigale du Frêne ou plébéienne (*C. Fraxini* ou *plebeia*) ; la plus grosse de France. Cigale de l'Orne (*C. Orni*) ; passe pour faire écouler la manne, à la suite de la piqûre des bran-

1) Appelés encore *Cryptocères* (antennes cachées).

ches du *Fraxinus ornus*. La manne nous vient de la Sicile.
— Fulgores (*Fulgora*). Ailes antérieures coriaces ; front
présentant, à sa partie antérieure, un appendice que l'on

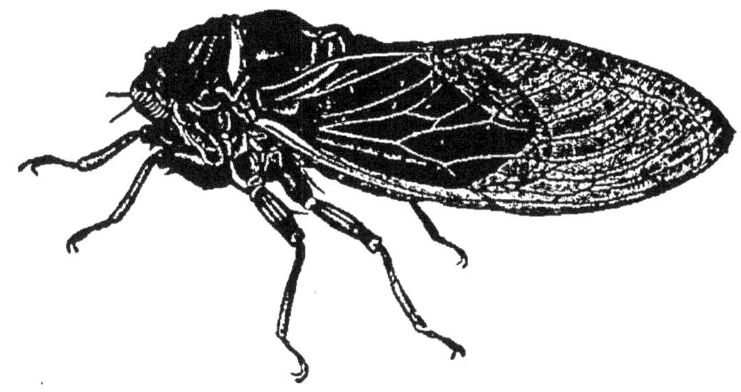

Fig. 353. — CIGALE DU FRÊNE.

a longtemps décrit, à tort, comme un organe phosphorescent ; Amérique du Sud. — Aprophores (*Aprophora*).
Sauteurs ; les larves s'enveloppent d'une écume en forme
de crachat.

C. PHYTOPHTIRES (1) (φυτόν, plante ; φθείρ, pou). — *4 ailes*
membraneuses (quelquefois 2 seulement chez les mâles) à
nervures peu nombreuses. Rostre paraissant naître du
sternum, entre les pattes antérieures et les intermédiaires.

Yeux généralement simples. Tarses à 1 ou 2 articles.
Tégument souvent recouvert d'un dépôt cireux sécrété
par des glandes cutanées unicellulaires. Habituellement
plusieurs générations parthénogénésiques suivies d'une
génération sexuée. Petits Hémiptères vivant du suc des
plantes.
    A. *Psyllidés* (ψύλλα, puce). — *Phytophtires sauteurs, tou-*
jours ailés.
    Psylles (*Psylla*). Ressemblant à de petites Cigales.
    B. *Aphidés* (ἄφις, puceron). — *Phytophtires marcheurs,*
aptères ou tétraptères, souterrains ou aériens.
    a. *Aphidés à générations parthénogénésiques ovipares.*
    Phylloxéras (*Phylloxera*). Antennes à 3 articles. Le

(1) Appelés encore *Sternorhynques.*

Phylloxéra de la Vigne (*P. vastatrix*) a des générations parthénogénésiques aptères vivant sur les racines et devenant en partie, après un certain nombre de mues, des femelles ailées qui pondent, à la face inférieure des feuilles, des œufs de deux grosseurs dont les petits donnent des mâles et les gros des femelles aptes à la fécondation (Phylloxéras sexués). Les sexués sont aptères, dépourvus de suçoir et de tube digestif. Après

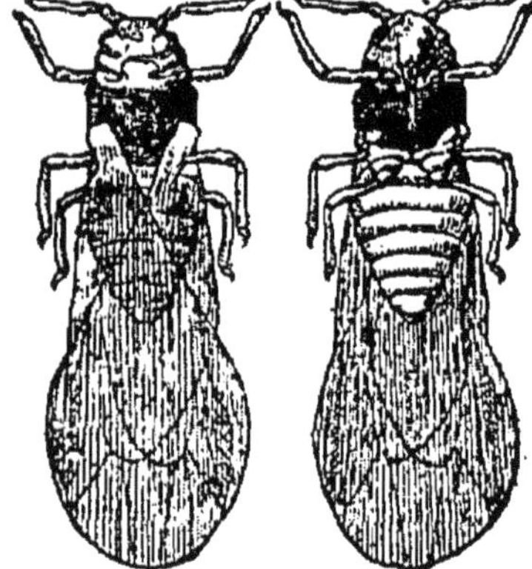

Fig. 354. — Phylloxéra des racines.

Fig. 355. — Phylloxéra ailé (dessus et dessous).

l'accouplement, la femelle pond un seul œuf (*œuf d'hiver*) qu'elle dépose sous l'écorce; il en sort, au printemps, un individu aptère et parthénogénésique qui renouvelle la souche. Le Phylloxéra des racines est très nuisible à la Vigne; en suçant les radicelles, il détermine, à leur surface, des galles ou nodosités qui s'opposent à l'absorption et font périr la plante (1).

b. *Aphidés à générations parthénogénésiques vivipares.*

Schizoneures (*Schizoneura*). Antennes de 6 articles, beaucoup plus courtes que le corps; abdomen présen-

(1) En Amérique, le Phylloxéra attaque surtout les feuilles et est moins dangereux : aussi a-t-on proposé de cultiver la Vigne américaine en Europe, mais la plupart des cepages américains donnent un vin médiocre. On obtient actuellement d'excellents résultats en greffant les Vignes européennes sur des souches américaines. Pour le traitement des Vignes européennes, l'emploi du sulfure de carbone, injecté dans le sol, a été suivi de succès; la submersion des vignobles et leur plantation dans les terrains sablonneux ont donné aussi de bons résultats.

tant, vers l'extrémité, deux pores tuberculeux. Le « Puceron lanigère » (*S. lanigera*) vit sur les Pommiers; il est rougeâtre et couvert de longs filaments de cire blanche lui formant une toison laineuse. Aptère et vivipare, pendant la belle saison, il présente, en automne, une forme femelle ailée et ovipare, enfin deux formes sexuées aptères et sans rostre. La femelle, après l'accouplement, pond sur l'écorce un œuf d'hiver qui, au printemps, donne un Puceron lanigère aptère et vivipare. — Pucerons proprement dits (*Aphis*). Antennes de 7 articles, aussi longues ou plus longues que le corps; abdomen terminé par deux petites pointes (*cornicules*). Des œufs d'hiver sortent, au printemps, de jeunes Pucerons qui donnent naissance à des femelles aptères, parthénogénésiques et vivipares. En automne, apparaissent des mâles ailés et des femelles ordinairement aptères. Ces sexués s'accouplent et les femelles fécondées pondent des œufs d'hiver. Puceron du rosier

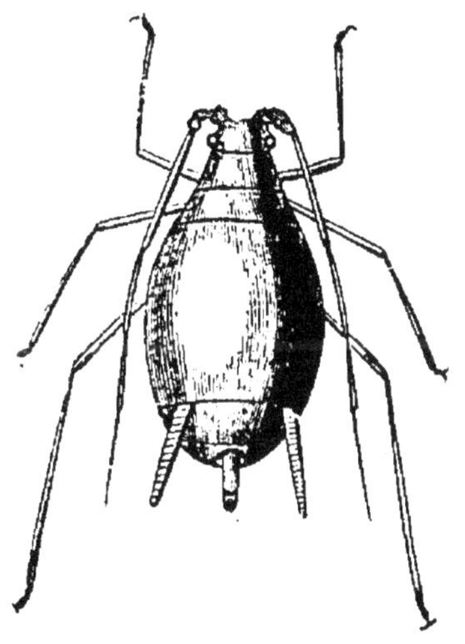

Fig. 356. — Puceron (aptère).

(*A. Rosæ*); couleur verte. Puceron de la Chine (*A. chinensis*); produit, sur les feuilles de divers Arbres, une galle « galle de chêne » employée en Orient comme astringente. Puceron du Pistachier (*A. Pistaciæ*); produit la galle du Pistachier « Caroube de Judée » employée comme astringente.

C. *Coccidés* (1) (κόκκος, graine). — *Phytophtires à femelles aptères et à mâles diptères, ceux-ci beaucoup plus petits, à métamorphoses complètes, manquant de trompe à l'âge adulte et ne prenant plus de nourriture.*

Cochenilles (*Coccus*). Les femelles aptères se fixent sur les plantes, avec leur suçoir. Quand les œufs, soit fécondés, soit parthénogénésiques, sont pondus, le corps de la femelle se dessèche et prend l'apparence d'un bouclier qui les protège. Cochenille ordinaire (*C. Cacti*); originaire du Mexique; prise d'abord pour une graine « graine

____

(1) Appelés encore *Gallinsectes*.

d'écarlate » ; vit sur les raquettes de diverses espèces
de Nopals ; fournit la belle couleur connue sous le nom
de « carmin ». Cochenille du Chêne vert (*C. Ilicis*) ; plus
grosse que la précédente (dimensions d'un pois) ; servait
autrefois en médecine, sous le nom de *Kermès animal*.
Cochenille de Pologne (*C. polonicus*) « sang de saint Jean » ;

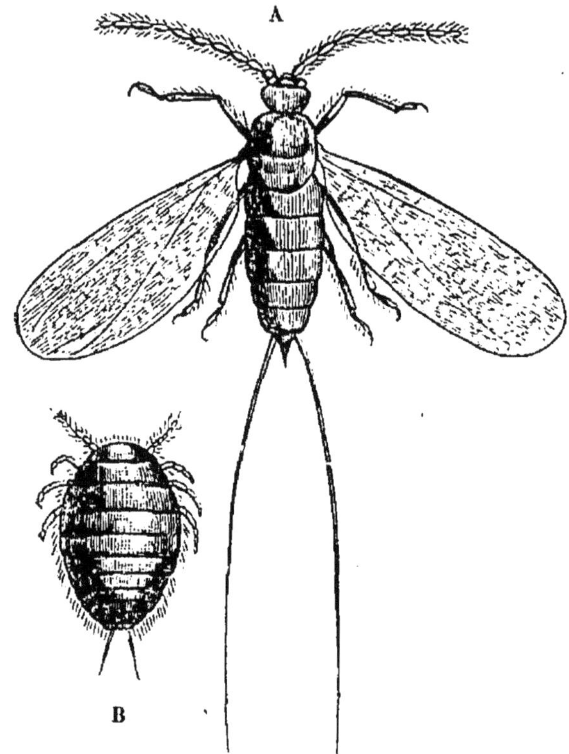

Fig. 357. — COCHENILLE A CARMIN.

A, mâle (grossi) ; B, femelle (grossie).

sur les racines du *Scleranthus perennis*. Cochenille de la
laque (*C. lacca*) ; vit sur le Figuier des pagodes ; les deux
sexes exsudent en abondance la *laque*, sorte de résine
très employée dans l'industrie. Cochenille à graisse (*C. adi-
pofera*) « Axin » ; vit sur l'écorce d'un grand nombre
d'Arbres du Mexique ; sécrète, par de nombreuses glandes
cutanées, une graisse (*axine*) employée comme vernis et

servant à rendre imperméables les étoffes qui en sont imprégnées.

D. Zoophtires (1) (ζῶον, animal ; φθείρ, pou). — *Hémiptères aptères et amétaboliens.*

Ils renferment les *Pédiculidés* ou *Poux*, parasites sur les Animaux à sang chaud. Antennes à 5 articles. Des ocelles, pas d'yeux à facettes. Suçoir composé d'une gaine rétractile formée par la réunion des lèvres, pourvue de crochets à son extrémité, contenant un aiguillon creux qui paraît constitué par la soudure des mandibules et des mâchoires. Tarse représenté par un crochet faisant une pince avec une pointe terminale (*pouce*) de la jambe. Mâles plus petits que les femelles. Dernier segment de l'abdomen arrondi chez les mâles et portant le pénis sur sa face dorsale, bilobé chez les femelles; vulve ventrale entre le dernier et l'avant--dernier segment, d'où coït avec femelle sur le dos du mâle. OEufs ovoïdes (*lentes*) enfoncés, par le petit bout, dans une cupule (comme un œuf dans un coquetier) dont la base forme une gaine autour d'un poil. — Morpions (*Phthirius*). Thorax plus large que l'abdomen et confondu avec lui; corps discoïdal. Une seule espèce (*P. inguinalis*), spéciale à la race blanche, s'attache aux poils des organes génitaux, des aisselles,

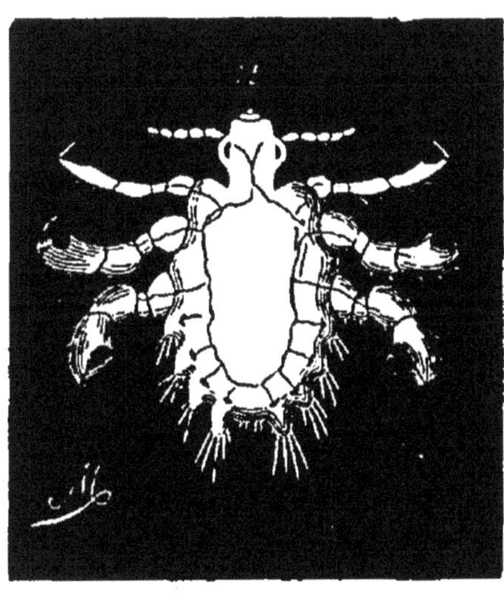

Fig. 358. — Morpion.

de la poitrine, de la barbe, des sourcils et même des cils (chez les enfants), mais ne s'attaque jamais aux cheveux; piqûre assez forte, donnant lieu à la formation de taches rougeâtres et quelquefois de taches bleues caractéristiques. On détruit les Morpions au moyen

(1) Appelés encore *Aptères, Anoploures, Parasites*

de frictions mercurielles ou mieux d'une solution faible
de sublimé corrosif. — Poux proprement dits (*Pediculus*). Thorax peu distinct de l'abdomen, plus étroit que
celui ci : corps allongé. Pou de tête (*P. capitis*) ; stigmates encadrés d'une tache noire, sur les bords de
l'abdomen ; habite la tête des individus malpropres, surtout des enfants. Pou
du corps ou des malades (*P. vestimenti
ou labescentium*) :
plus grand que le
précédent, dont il
ne diffère guère que
par les taches moins
nettes autour des
stigmates ; dépose
ses œufs, soit dans
les vêtements, soit
sous l'épiderme. Dans
ce dernier cas, une
maladie (*phtiriase*)
se déclare, dans
laquelle des légions
de Poux envahissent
le corps et amènent
la mort (Hérode, Antiochus, Agrippa, Sylla, Philippe II, etc.),
si l'on n'intervient

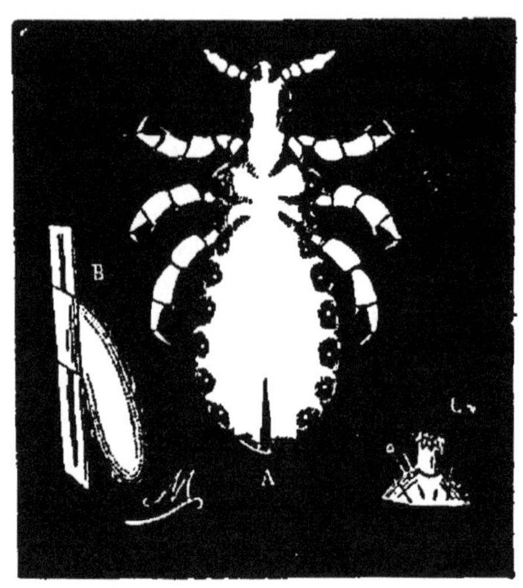

Fig. 359. — POU DE TÊTE.

B, cheveu avec lente ; C, rostre.

pas. On combat : 1º les Poux de tête par des soins de propreté, par la poudre de Staphysaigre, l'emploi d'huiles
grasses qui asphyxient les Insectes en obturant leurs
stigmates ; 2º les Poux de corps et des malades, par les
bains sulfureux et le séjour des vêtements dans l'étuve
à 100º (1).

Diptères (δί;, deux ; πτερόν, aile). — *Insectes suceurs
à deux ailes ou sans ailes. Métamorphoses complètes.*

Insectes suceurs et le plus souvent piqueurs, dont la
lèvre inférieure constitue un canal (*trompe*) dans l'inté-

___

(1) Les Poux de nos Animaux domestiques (Cheval, Bœuf, Chèvre,
Porc, Chien) appartiennent au genre *Hœmatopinus* qui ressemble
beaucoup au genre *Pediculus*. Les Poux des Singes (*Pedicinus*) diffèrent des précédents par leurs antennes à 3 articles au lieu de 5.

rieur duquel existent de deux à six stylets propres ou
non à perforer; glandes salivaires à produit irritant. Un
jabot pédiculé. 4 tubes de Malpighi. Antennes tantôt
petites et triarticulées, tantôt longues et pluriarticulées.
2 gros yeux à facettes; en général 3 ocelles. Thorax
inarticulé (excepté chez les Aphaniptères). Tarses à 5 articles. 2 ailes antérieures membraneuses; 2 postérieures
transformées en balanciers ayant chacun la forme d'une
tige terminée par un bouton. A la base des balanciers,
on trouve souvent (Brachycères) de petites écailles blanchâtres et ciliées (*cuillerons*). Abdomen de 5 à 9 anneaux,
souvent pédiculé. Métamorphoses complètes; larves généralement apodes et de deux formes distinctes : les unes
céphalées, munies d'antennes, d'ocelles et de pièces buccales bien développées; les autres acéphales, sans antennes ni yeux, à pièces buccales rudimentaires ou
représentées par deux crochets cornés. Nymphes mobiles
ou immobiles; quelques-unes aquatiques.

A. Némocères (νῆμα, fil; κέρας, antenne). — *Antennes
longues, multiarticulées, filiformes, souvent en panache
chez les mâles. Thorax inarticulé. Corps allongé.*

Cousins, vulgairement « Moucherons ou Moustiques »
(*Culex*). Les femelles seules sucent le
sang de l'Homme (non des Animaux).
Trompe longue, à 6 stylets sétiformes :
(1° labre et épipharynx soudés ; 2° hypopharynx ; 3° et 4° mandibules ; 5° et
6° mâchoires denticulées en dehors à
la pointe et munies de leurs palpes).
Mâles dépourvus de stylets, à palpes
plus longs que la trompe, à antennes
plumeuses. OEufs déposés à la surface
de l'eau. Larves aquatiques, à abdomen terminé par un tube respiratoire,
nageant la tête en bas. Nymphes aquatiques, mobiles, munies de deux tubes
trachéens derrière la tête, nageant la
tête en haut. Cousin commun (*C. pi-
piens*). Les « Maringouins » des pays
chauds paraissent se rattacher au

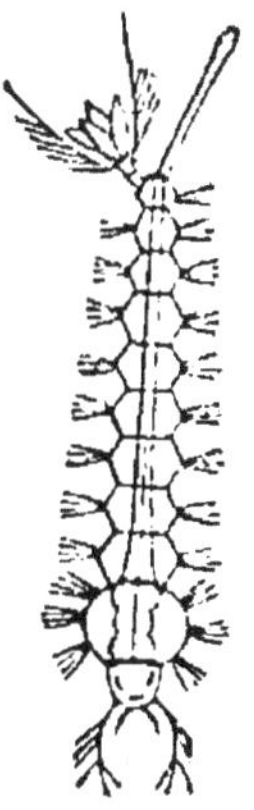

Fig. 360. — Larve
de Cousin.

genre *Culex*. — Tipules (*Tipula*). Pattes et ailes très longues; sur les plantes. — Sciares (*Sciara*) ou « Tipules
funèbres ». Ailes noires; larves (*Vers processionnaires*) se

réunissant quelquefois sous la forme d'un long Serpent grisâtre ; Scandinavie. — Cécidomyies (*Cecidomyia*). Ailes ciliées ; très nuisibles au Froment. — Simulies (*Simulium*).

Aspect de petites Mouches ; 2 stylets dans la trompe ; thorax bossu ; les femelles sucent le sang de l'Homme et des Animaux, mais elles piquent souvent des charo-

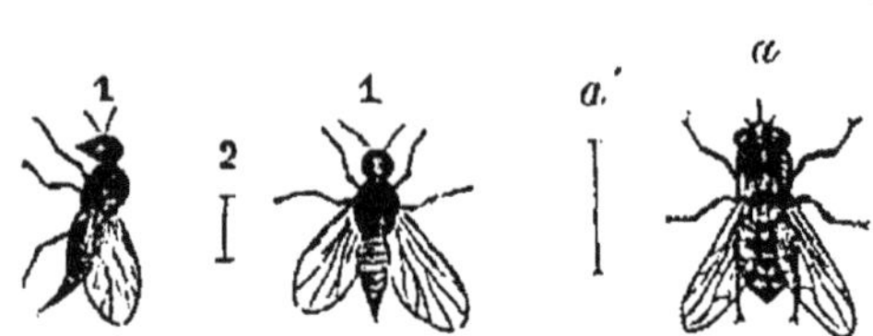

Fig. 361. — Les Mouches charbonneuses de nos pays (1, Simulie cendrée; *a*, Stomoxe mutin).

gnes et peuvent jouer le rôle de porte-virus. S. *cinereum*, S. *maculatum*, S. *reptans* constituent, avec les Stomoxes, dont nous parlerons plus loin, les « Mouches charbonneuses » de nos pays.

B. Brachycères (βαχύς, court). — *Antennes courtes à 3 articles dont le dernier est segmenté et souvent muni d'un style simple ou articulé. Thorax inarticulé. Corps ramassé.*

Les *Tabanidés* ont une trompe saillante, à 6 stylets chez les femelles et à 4 (par atrophie des mandibules) chez les mâles, des antennes dépourvues de soie, des tarses munis de 3 pelotes. Les mâles vivent du suc des fleurs ; les femelles sucent surtout le sang des grands Animaux et quelquefois de l'Homme ; les larves vivent dans la terre. — Taons (*Tabanus*). 3° article des antennes échancré ; pas d'ocelles. Taon des Bœufs (*T. bovinus*) ; de grande taille. Taon noir (*T.*

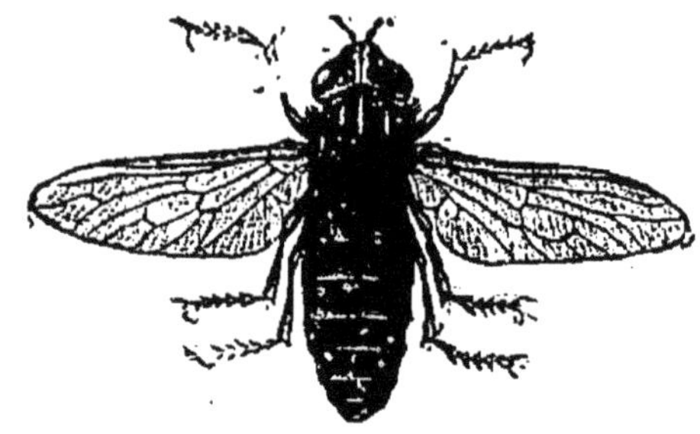

Fig. 362. — Taon des Bœufs.

morio).—Hématopotes (*Hæmatopota*). Petits Taons à 3ᵉ article des antennes non échancré; pas d'ocelles. Petit Taon des pluies (*H. pulvialis*); yeux verts et ailes rapprochées; très importuns pour l'Homme, par les temps orageux. — Chrysops (*Chrysops*). 3 ocelles; yeux verts

et ailes écartées. Petit Taon aveuglant (*C. cœcutiens*) ;
attaque les Animaux, surtout autour des yeux ; harcèle
aussi l'Homme par les temps d'orage.

Les *Stratiomy-dés* ont une courte trompe presque entièrement retirée dans la cavité buccale et contenant 4 soies qui ne produisent jamais de piqûre ; les larves vivent dans

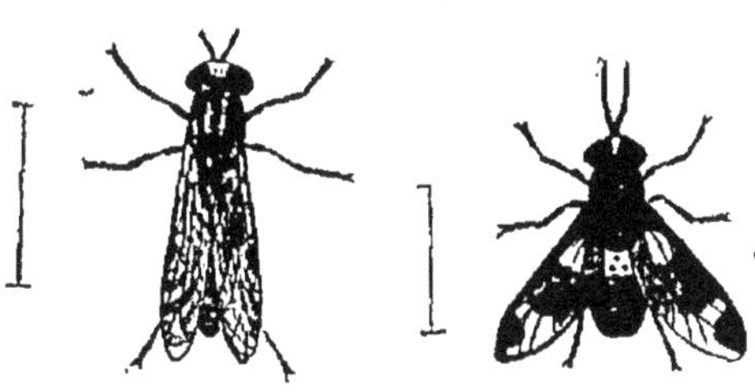

Fig. 363. — Petit Taon pluvial.

Fig. 364. — Petit Taon aveuglant.

l'eau ou le bois pourri. Le Stratiome Caméléon (*Stratiomys Chamœlon*) est commun sur les plantes, au bord des mares.

Les *Tanystomes* ont une longue trompe munie de mâchoires styliformes organisées pour la rapine. — Asiles (*Asilus*). « Mouches de proie » ; corps allongé, trompe saillante, dirigée en avant, pointue, de consistance cornée ; ·

Fig. 365. — Stratiome.

Fig. 366. — Volucelle.

font la chasse à d'autres Insectes dont elles sucent les
liquides ; larves dans les racines et le bois. — Bombyles
(*Bombylius*). Aspect et bourdonnement des Bourdons ;
trompe dirigée en avant, quelquefois plus longue que le
corps. — Anthrax (*Anthrax*). Diffèrent des précédents
par leur trompe courte.

Les *Syrphidés* ont des ailes épaisses, nuancées, et
l'extrémité de la trompe charnue. Les adultes se nourrissent de pollen et de miel. — Volucelles (*Volucella*).
Aspect des Bourdons, des Frelons ou des Guêpes ; déposent leurs œufs dans les nids des Hyménoptères qui
leur ressemblent le plus ; larves pourvues de pattes

membraneuses. — Éristales (*Eristalis*). Aspect d'Abeilles ; larves « Vers à queue de rat » munies d'un long tube respiratoire ; dans les eaux vaseuses. — Syrphes (*Syrphus*). Aspect des petites Guêpes ; les larves vivent de Pucerons.

Les *Œstridés* sont des Diptères à trompe atrophiée, à antennes munies d'une soie, à abdomen velu ; les femelles, ovipares ou larvipares, déposent leurs œufs ou leurs larves sur les grands Mammifères, à des endroits déterminés d'où les larves gagnent leur habitat

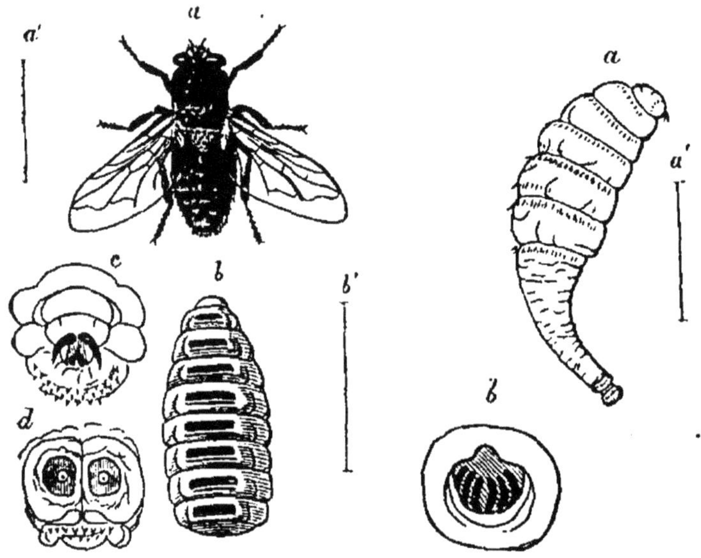

Fig. 367. — Œstre du Mouton.   Fig. 368. — Dermatobie.

a, femelle ; *b*, larve ; *c*, sa tête ;   *a*, larve ; *b*, ses stigmates.
d, ses stigmates.

spécial. Celles-ci vivent en parasites ; elles présentent des anneaux dentelés et souvent leur bouche est armée de crochets. — Œstre du Cheval (*Gastrophilus Equi*). Pond ses œufs sur le poitrail du Cheval. Celui-ci, en se léchant, introduit les œufs dans sa bouche ; ils éclosent ensuite dans l'estomac où les larves subissent plusieurs mues, après quoi elles sont expulsées avec les excréments. La peau des larves se durcit pour constituer l'enveloppe de la Nymphe d'où l'Insecte sort, au bout d'un mois. — Œstre du Bœuf (*Hypoderma Bovis*). Les larves se trouvent dans le tissu conjonctif sous-cutané où elles amènent la formation d'une tumeur; elles en sortent à reculons et tombent à terre où elles se transforment en Nymphes qui donnent, au bout d'un mois, l'Insecte parfait. — Œstre du Mouton (*Œstrus Ovis*). Larves dans les sinus maxillaires et frontaux du Mouton et de la Chèvre. — Œstre de l'Homme ou Dermatobie (*Dermatobia noxialis*). Larve piriforme à 3 paires de stigmates en fente, à la région postérieure ; connue sous les noms de *Ver macaque* ou de *Ver Moyoquil;* vit en Amérique sous la peau des bestiaux, du Chien et même de l'Homme.

Les *Muscidés* sont caractérisés par un renflement charnu de l'extrémité de la trompe qui est rarement piquante; les balanciers sont généralement recouverts par des cuillerons bien développés ; les larves vivent ordinairement dans les fumiers ou sur la viande ; les Nymphes ont la forme de tonnelets. — Mouches (*Musca*). Grisâtres. Mouche commune (*M. domestica*). — Calliphores (*Calliphora*). Bleuâtres. Mouche à viande (*C. vomitoria*); dépose ses œufs sur la viande. — Lucilies (*Lucilia*). D'un vert

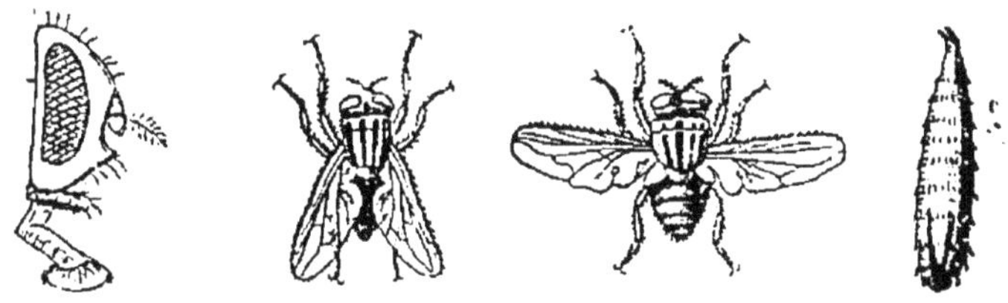

Fig. 369. — Tête de Fig. 370. — Lucilie hominivore et sa larve. Mouche domestique.

métallique. Mouche verte (*L. Cæsar*); dépose ses œufs sur les charognes et quelquefois sur les plaies. Mouche hominivore (*L. hominivorax*); de la Guyane ; dépose ses œufs dans les fosses nasales de l'Homme ; les larves passent dans les sinus, arrivent quelquefois jusqu'au pharynx et amènent souvent la mort. — Ochromyies (*Ochromyia*). Jaunâtres. Mouche du Cayor (*O. anthropophaga*); du Sénégal; la larve « Ver du Cayor » pénètre souvent sous la peau du Chien, du Chat et quelquefois de l'Homme. — Stomoxes (*Stomoxis*). Ressemblent à des Mouches domestiques, mais leur trompe est horizontale et renferme deux stylets (épipharynx, hypopharynx); elles peuvent être charbonneuses. Stomoxe mutin ou « Mouche piquante d'automne » (*S. calcitrans*); pique les Chevaux et les bestiaux ; attaque souvent l'Homme ; pénètre quelquefois dans nos habitations ; se distingue facilement de la Mouche domestique par sa taille un peu plus petite, ses ailes plus écartées et sa station, la tête en haut, tandis que la Mouche affecte, au repos, une position horizontale. — Glossines (*Glossina*). Trompe longue à palpes de même longueur lui servant de gaine. Glossine mordante ou Tsétsé (*G. morsitans*); un peu plus grande que

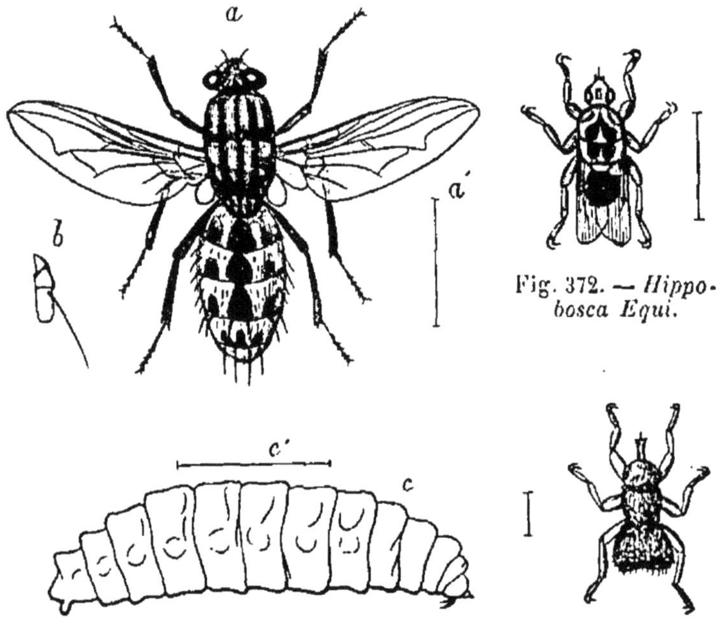

Fig. 371. — *Sarcophila Wohlfarti* et sa larve.

Fig. 372. — *Hippobosca Equi.*

Fig. 373. — *Melophagus ovinus.*

la Mouche commune ; thorax châtain ; abdomen jaunâtre ; ailes un peu enfumées : habite l'Afrique centrale où elle pique l'Homme et les bestiaux ; peut inoculer des matières virulentes et amène souvent la mort. — Sarcophages (*Sarcophaga*). Style des antennes velu. *S. carnaria* « Mouche carnassière » d'un gris jaunâtre et *S. Wohlfarti* d'un cendré grisâtre sont vivipares : elles déposent leurs larves sur les charognes et dans les plaies (1). — Tachines

(1) On appelle *myiase* l'ensemble des accidents provoqués, chez l'Homme, par des larves de Diptères.

(*Tachina*). Style des antennes nu ; les larves vivent en parasites sur les Chenilles.

On désignait autrefois, sous le nom de *Pupipares*, des Insectes dont les femelles, croyait-on, engendraient des Nymphes. On sait aujourd'hui que ces femelles sont *larvipares* et non pupipares ; mais les larves se transforment en Nymphes, aussitôt après la ponte. Ces Insectes, que l'on pourrait appeler *Eurygastres* (εὐρύς, large ; γαστήρ, ventre), ont l'abdomen large et souvent déprimé, les antennes très courtes et quelquefois formées de deux articles seulement, la trompe constituée par la lèvre supérieure et les mâchoires, les ailes rudimentaires ou nulles. Généralement parasites sur la peau des Animaux à sang chaud. — Hippobosques (*Hippobosca*). Yeux grands ; ailes longues. *H. Equi* attaque les Chevaux, plus rarement l'Homme. — Mélophages (*Melophagus*). Aptères ; yeux petits. *M. ovinus ;* sur les Moutons. — Nyctéribies (*Nycteribia*). Aptères ; pattes longues. *N. Latreillei ;* sur les Chauves-Souris. — Braulas (*Braula*). Aptères et aveugles. *B. cœca ;* sur les Abeilles.

C. APHANIPTÈRES (1) (ἀφανής, non apparent ; πτερόν, aile). — *Antennes très courtes. Thorax divisé en trois anneaux distincts. Corps comprimé, aptère.*

Diptères sauteurs et parasites, ovipares. Larves céphalées et maxillées, apodes. Nymphes enveloppées d'une coque soyeuse. Adultes suceurs et piqueurs, suçant le sang des Animaux homothermes, avec un rostre composé : 1º de deux mâchoires foliacées portant chacune un palpe maxillaire ; 2º de deux mandibules allongées, denticulées, peu rigides et se pliant facilement ; 3º d'une languette styliforme, rigide, agent principal de la ponction ; 4º d'une gouttière articulée soutenant les organes précédents et formée par la lèvre inférieure accompagnée de deux palpes labiaux.

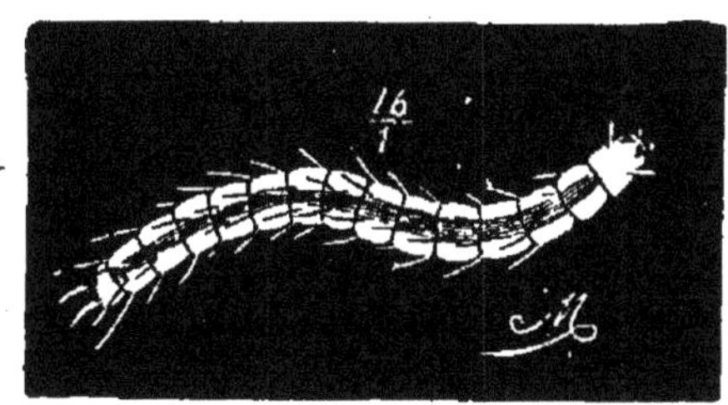

Fig. 374. — LARVE DE PUCE.

----

(1) Appelés encore *Siphonaptères* ou *Suceurs*.

Les deux derniers anneaux du thorax portent de petites plaques qui représentent les ailes. Pattes longues, propres au saut. Anneaux de l'abdomen à arceaux pouvant se distendre énormément.

Puces (*Pulex*). Tête petite; palpes labiaux à quatre articles : un pygidium ; vivent sur l'Homme, sur divers Mammifères (excepté les Ongulés) et sur les Oiseaux. Puce de l'Homme (*P. irritans*) ; la femelle, plus grande que le mâle,

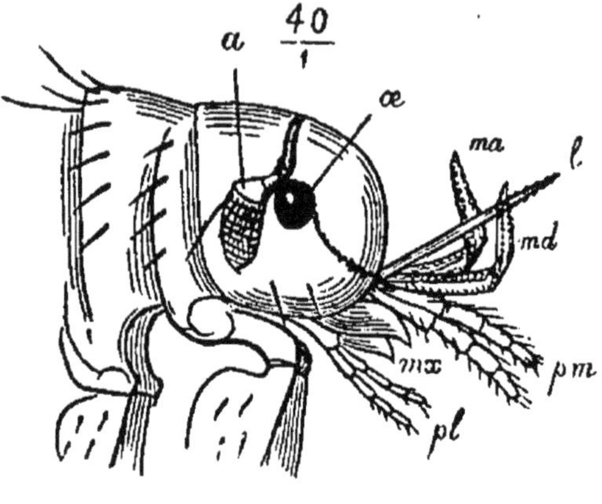

Fig. 375. — Tête de la Puce de l'Homme.

a, antennes; *l*, languette ; *md*, mandibules ; *mx*, mâchoires ; *œ*, œil ; *pl*, palpes labiaux ; *pm*, palpes maxillaires.

pond ses œufs (8 à 12) dans les fentes des parquets, le linge sale, etc.; l'évolution totale dure environ un mois; piqûre désagréable à tache persistant sous la pression du doigt. La Puce du Chien (*P. Canis*) et celle du Chat (*P. Felis*) ne piquent pas l'Homme. — Chiques (*Sarcopsylla*). Tête relativement grosse ; palpes labiaux biarticulés; pas de pygidium. La Chique (*S. penetrans*), de l'Amérique intertropicale, est plus petite que la Puce

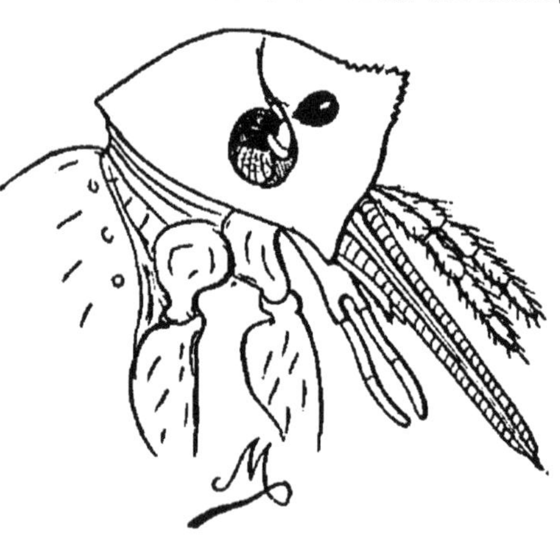

Fig. 376. — Tête de la Chique.

commune, ce qui lui permet de pénétrer par les plus minces interstices des chaussures et des vêtements; elle se tient dans les bois et au voisinage des habitations. La femelle fécondée s'introduit sous la peau du pied de l'Homme et de divers Mammifères (Chiens, Porcs, Moutons, Bœufs, Chevaux, etc.); elle se gorge alors de sang et son abdomen atteint le volume d'un pois. Après la ponte, les larves donnent lieu à un ulcère. Pour retirer l'Insecte, il faut fendre la peau, en ayant soin de ne pas percer l'abdomen de la Puce, car alors les œufs se répandraient dans la plaie et ne pourraient qu'augmenter l'inflammation.

§ II. — *Classe des Myriapodes.*

MYRIAPODES (μυρίος, innombrable; πούς, pied). — *Trachéates munis d'une paire d'antennes et de nombreuses paires de pattes.*

Corps divisé en deux régions : *tête* et *tronc*. Tête portant des yeux simples, plus rarement composés, une paire d'antennes et trois paires de gnathites dont une paire de mandibules non palpigères. Tronc formé de nombreux anneaux portant chacun une ou deux paires de pattes. Jamais d'ailes. Animaux terrestres, vivant dans les lieux sombres et humides.

MYRIAPODES
{
1 paire de pattes à chaque anneau . CHILOPODES.
2 paires de pattes sur la plupart des anneaux .... CHILOGNATHES.
}

Appareil digestif. — Chez les Chilopodes (lèvre à palpes pédiformes), l'armature buccale comprend : un labre, une paire de mandibules, une paire de mâchoires, une lèvre inférieure à palpes pédiformes; en arrière, se trouve une plaque médiane portant, sur les côtés, une paire de pattes ravisseuses terminées par un crochet mobile.

Chez les Chilognathes (lèvre mâchoire), l'armature buccale se compose d'un labre, d'une paire de mandibules, d'une plaque médiane formée par la soudure des mâchoires et de la lèvre inférieure; quelquefois les organes masticateurs sont remplacés par un suçoir conique. Le tube digestif est rectiligne; il se compose d'un œsophage muni de glandes salivaires, d'un estomac pourvu de nombreuses glandes en cæcum, d'un intestin qui s'élargit dans sa portion terminale et aboutit à l'anus situé sur le dernier anneau de l'abdomen.

Appareil circulatoire. — Analogue à celui des Insectes. Cœur ayant la forme d'un long vaisseau dorsal.

Appareil respiratoire. Trachées formant deux longs tubes latéraux et recevant l'air par des stigmates latéraux ou dorsaux (Chilopodes) ou ventraux (Chilognathes). Pas de mouvements respiratoires visibles.

Appareil urinaire. — Deux ou quatre canaux de Malpighi s'ouvrant dans l'intestin.

Appareil reproducteur. — Sexes séparés. Organes reproducteurs constitués généralement par un long tube impair suivi d'un conduit vecteur simple ou double ; tantôt un seul orifice génital situé près de l'anus (Chilopodes), tantôt deux orifices sexuels à la partie antérieure du corps (Chilognathes). Des organes copulateurs distants des orifices sexuels existent (Chilognathes) ou font défaut (Chilopodes). Dans ce dernier cas, le mâle répand sur le sol des spermatophores que la femelle recueille dans son orifice sexuel. Celle-ci pond, le plus souvent, dans la terre. Les petits naissent tantôt apodes, tantôt munis de trois (Chilognathes), six ou huit paires de pattes ; ils subissent une série de mues pendant lesquelles ils prennent successivement un plus grand nombre d'anneaux provenant des divisions de l'anneau terminal sur lesquelles apparaissent de nouvelles pattes.

Système nerveux. — Il présente un cerveau, un collier œsophagien et une chaîne ganglionnaire ventrale. Celle-ci occupe toute la longueur du corps ; elle se renfle, au niveau de chaque anneau, pour former un ganglion. Il existe aussi un système nerveux viscéral.

Organes des sens. — Le tégument présente quelquefois des sels calcaires et acquiert une dureté pierreuse (Iules). Odorat dans les antennes. Goût dans la cavité buccale (?). Pas d'organes de l'ouïe. Yeux presque toujours représentés par des ocelles ou des amas de points oculaires ; rarement des yeux à facettes (Scutigères) ; quelquefois pas d'yeux (Cryptops, Géophiles, Blaniules).

Chilopodes. (χεῖλος, lèvre ; πούς, pied). — *Une seule paire de pattes à chaque anneau.*

Corps généralement déprimé. Antennes longues, multi-articulées. Stigmates latéraux, rarement dorsaux. Deux pattes ravisseuses terminées par un crochet mobile et formant de véritables pinces (*forcipules*) ; elles renferment une glande venimeuse dont le venin s'écoule par un canal

qui s'ouvre près de la pointe du crochet. Surtout carnivores; se nourrissent d'Araignées ou de petits Insectes
qu'ils tuent par leur morsure envenimée.

A. Schizotarses (σχίζειν, fendre; ταρσός, tarse). —
Tarses bifides. Yeux à facettes. Stigmates dorsaux.

Scutigères (*Scutigera*). Pattes très longues; régions
chaudes de l'Europe, Afrique.

B. Holotarses (ὅλος, entier). — *Tarses entiers. Yeux
lisses. Stigmates latéraux.*

Lithobies (*Lithobius*). 15 paires de pattes. — Scolopendres (*Scolopendra*). 21 paires de pattes à tarses
biarticulés. Les Scolopendres sont très redoutées dans
les pays chauds (Sénégal, Indes, Antilles); celle du midi

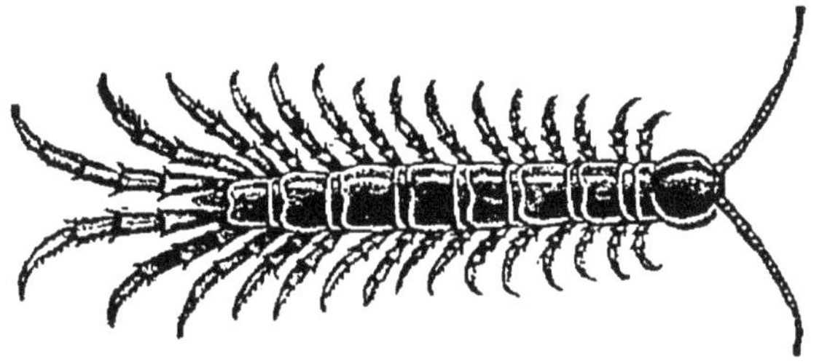

Fig. 377. — Lithobie.

de la France (*S. cingulata*) détermine, par sa morsure, un
gonflement local accompagné d'un état fébrile passager,
accidents que l'on combat au moyen de cataplasmes et de

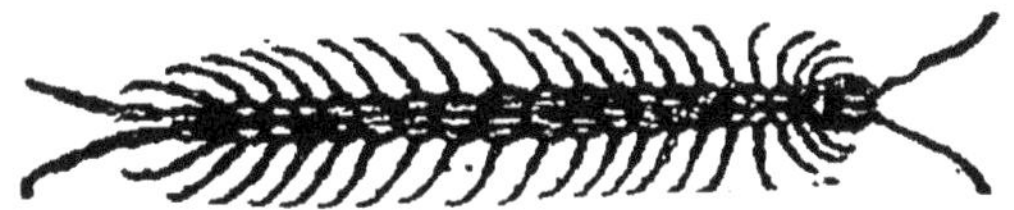

Fig. 378. — Scolopendre.

boissons chaudes. — Cryptops (*Cryptops*). Sortes de Scolopendres sans yeux. — Géophiles (*Geophilus*). Anneaux
très nombreux; pattes courtes à tarses uni-articulés; pas
d'ocelles; rongent les racines charnues; s'introduisent
quelquefois dans les fosses nasales de l'Homme : quelques

formes phosporescentes; Europe. *G. Gabrielis*, le plus grand et le plus grêle de nos Myriapodes indigènes, a 15 centimètres de long et possède 163 paires de pattes.

Chilognathes (1) (χεῖλος, lèvre ; γνάθος, mâchoire). — *Deux paires de pattes à chaque anneau, excepté aux trois anneaux post-céphaliques, qui portent chacun une seule paire de pattes.*

Corps plus ou moins cylindrique. Antennes courtes, à 7 articles. Stigmates ventaux. Pas de forcipules. Sécrètent, par des pores dorsaux, une humeur acide, d'odeur désagréable et servant probablement de moyen de défense. Surtout végétariens.

Nous les diviserons en 2 sous-ordres.

A. Phanérocéphales (φανερός, apparent; κεφαλή, tête). — *Tête distincte et grosse.*

Gloméris (*Glomeris*). Ressemblent aux Cloportes. — Pauropes (*Pauropus*). 9 paires de pattes seulement. — Iules (*Iulus*). Vermiformes ; un amas de points oculaires; anneaux nombreux; pattes courtes, à tarses uni-articulés; se roulent en spirale, lorsqu'ils sont inquiétés; ravagent quelquefois les champs de Betteraves. — Blaniules (*Blaniulus*). Iules

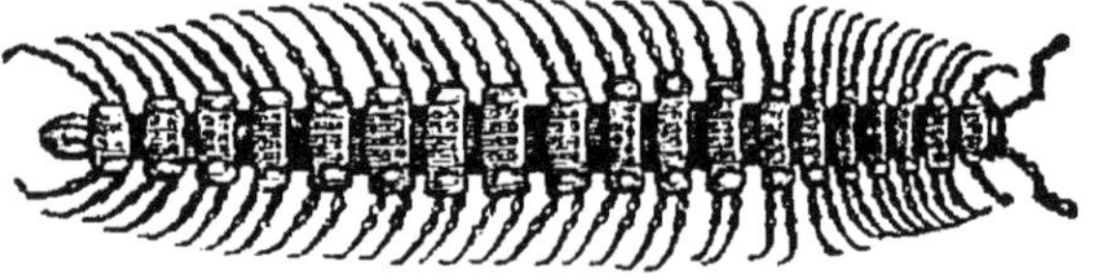

Fig. 379. — Iule.

Fig. 380. — Polydesme.

sans yeux. *B. guttulatus* se trouve assez souvent dans les fraises. — Polydesmes (*Polydesmus*). Diffèrent des Iules par leurs anneaux anguleux.

B. Cryptocéphales (κρυπτός, caché). — *Tête petite et cachée.*

(1) Appelés encore *Diplopodes.*

Polyzonies (*Polyzonium*). Mâchoires soudées formant un suçoir conique ; ressemblent à de petits Iules déprimés.

§ III. — *Classe des Arachnides.*

ARACHNIDES (ἀράχνη, araignée). — *Arthropodes trachéates sans antennes et à quatre paires de pattes* (Octopodes).

Tête soudée au thorax (excepté chez les Solifuges), toujours dépourvue d'antennes. 4 paires de pattes thoraciques. Jamais d'ailes. Abdomen apode.

2 sous-classes (*Autarachnes*, *Pseudarachnes*) basées sur la présence ou l'absence d'un appareil respiratoire. 6 ordres.

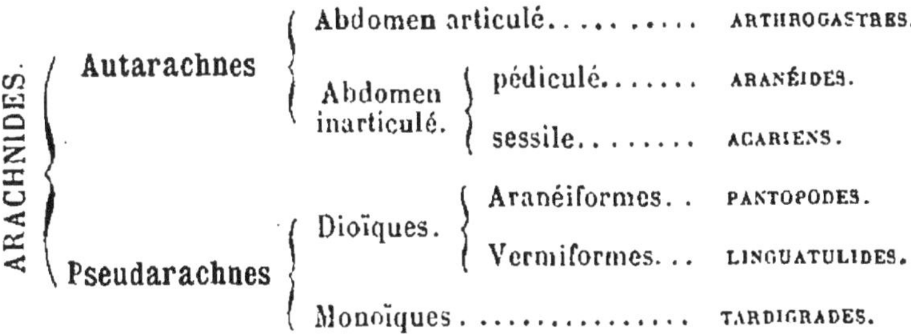

Appareil digestif. — Bouche généralement munie de deux lèvres rudimentaires, l'une supérieure, l'autre inférieure ; d'une paire de mandibules (*chélicères*) terminées par une griffe ou une pince didactyle ; d'une paire de mâchoires portant chacune un palpe (*palpe maxillaire*) très développé et terminé par une pince ou un crochet. Œsophage étroit. Estomac muni quelquefois (Aranéides, Acariens, Pantopodes) de cæcums latéraux. En général des glandes salivaires. Glande digestive souvent très développée (Scorpionides, Aranéides).

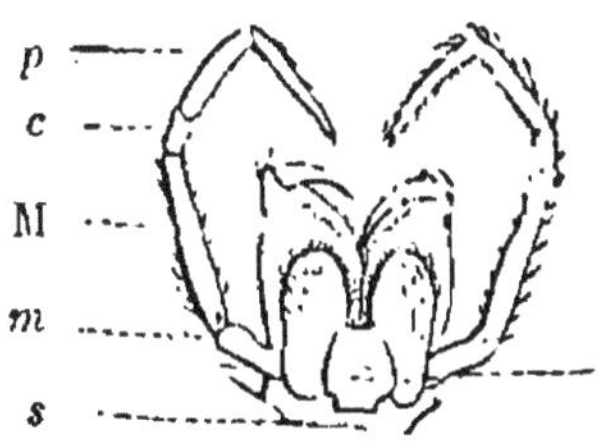

Fig. 381. — BOUCHE D'ARAIGNÉE.

crochets des mandibules ou chélicères M ; *m*, mâchoires avec le palpe *p*; *l*, lèvre inférieure ; *s*, sternum.

Appareil circulatoire. — En général un vaisseau dorsal (*cœur*) à la région supérieure de l'abdomen ; quelquefois pas d'appareil circulatoire (Acariens, Linguatulides, Tardigrades).

Appareil respiratoire. — Respiration tantôt pulmonaire (Scorpionides, Pédipalpes, Aranéides); tantôt trachéenne (Solifuges, Phalangides, la plupart des Acariens); tantôt à la fois pulmonaire et trachéenne(une partie des Aranéides); tantôt enfin seulement cutanée (quelques Acariens; Pseudarachnes). Pas de mouvements respiratoires perceptibles (F. PLATEAU).

Un poumon d'Arachnide est constitué par une cavité aérienne renfermant une série de lamelles chitineuses et parallèles, à l'intérieur desquelles le sang circule (M. LEOD). Cette cavité s'ouvre au dehors par une fente (*pneumostome*) servant à l'entrée et à la sortie de l'air.

Appareil urinaire. — Constitué par des canaux de Malpighi qui s'ouvrent à l'extrémité de l'intestin. Souvent nul.

Appareil reproducteur. — Sexes séparés, excepté chez les Tardigrades. Glandes sexuelles ordinairement paires, à conduits

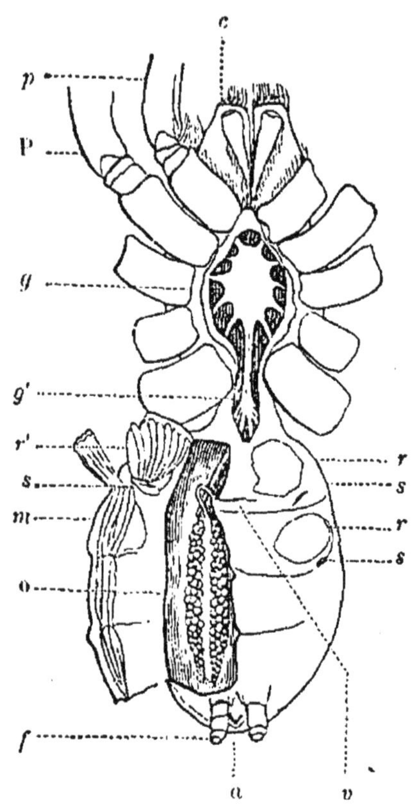

Fig. 382. — ANATOMIE DE LA MYGALE.

a, anus; *c*, chélicères; *f*, filières; *g*, *g'*, ganglions thoraciques et abdominaux; *m*, muscles de l'abdomen; *o*, ovaires; P, première paire de pattes; *p*, palpe maxillaire; *r*, *r*, poumons; *r'*, poumon ouvert pour montrer les lamelles respiratoires; *s*, *s*, pneumostomes; *v*, vulve.

excréteurs se réunissant pour s'ouvrir sur la face ventrale de l'abdomen. Rarement des organes copulateurs; quelquefois (Aranéides) les palpes des mâles introduisent le sperme dans l'orifice sexuel des femelles. Celles-ci, plus grandes que les mâles, à couleurs moins vives, sont souvent vivipares (Scorpionides, Phrynes, quelques Acariens). Des métamorphoses, chez les Acariens et les Pseudarachnes.

Appareil locomoteur. — L'appareil locomoteur présente quatre paires de pattes. Pendant la *marche,* l'Arachnide s'appuie sur un quadrilatère de sustentation formé d'un côté par les pattes de rang pair et de l'autre par les pattes de rang impair; en même temps, elle fait mouvoir les quatre autres pattes, figurant ainsi quatre bipèdes qui se suivent et vont, ceux de rang pair du même pas, ceux de rang impair du pas contraire (CARLET). La marche s'effectue généralement en ligne droite, mais elle peut aussi se faire de côté (Araignées latérigrades). La *course* n'est qu'une marche accélérée. Le *saut* s'observe sur quelques Araignées diurnes (Saltigrades) qui, au moyen de pattes puissantes, bondissent sur leur victime. Chez les Arachnides nageuses, les pattes sont généralement ciliées (Argyronètes, Hydrachnides). Une sorte de locomotion aérienne s'observe chez quelques Araignées (Thomises) qui relèvent l'abdomen et lancent un fil « fil de la Vierge », à une certaine distance, se laissant ensuite entraîner par lui, au gré des vents.

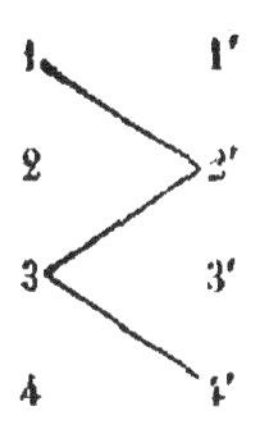

Fig. 383. — SCHÉMA DE LA MARCHE D'UNE ARACHNIDE.

Les pattes 1 2' 3 4' sont posées ; les pattes 1' 2 3' 4 sont levées.

Système nerveux. — Le système nerveux central est caractérisé par la coalescence des ganglions thoraciques; il présente une chaîne ganglionnaire chez les Scorpionides et est réduit au ganglion sus-œsophagien chez les Acariens.

Organes des sens. — Pas d'organes auditifs connus, excepté chez les Ixodes où il existe des otocystes dans le segment terminal de la première paire de pattes. Yeux simples et sessiles, situés sur le sommet du céphalothorax, en nombre variable (2-12), manquant chez beaucoup d'Acariens.

Mœurs. — Les Arachnides se nourrissent généralement de proies vivantes dont elles sucent les fluides, rarement de sucs végétaux; beaucoup sont malfaisantes; un certain nombre vivent en parasites sur le corps des Animaux ; la plupart se cachent pendant le jour et chassent pendant la nuit.

Arthrogastres (ἄρθρον, articulation ; γαστήρ, abdomen). — *Arachnides à abdomen articulé.*

Squelette chitineux, résistant. Pas de filières, excepté chez les Pinces. Abdomen sessile. Respirent par des trachées rameuses (*Arthrogastres trachéens*) ou par des poumons (*Arthrogastres pulmonés*).

' *A.* Solifuges (*sol*, soleil ; *fugere*, fuir). — *Arthrogastres trachéens, à céphalothorax articulé.*

Galéodes (*Galeodes*). Chélicères énormes, didactyles ; palpes simples. Ressemblent à de grosses Araignées ; forment la transition des Arachnides aux Insectes ; attaquent les petits Animaux ; passent pour venimeuses. Pays chauds.

B. Phalangidés (φαλάγγιον. tarentule). — *Arthrogastres trachéens, à céphalothorax inarticulé.*

Faucheurs (*Phalangium*). Chélicères didactyles ; palpes simples ; ressemblent à des Araignées à pattes très lon-

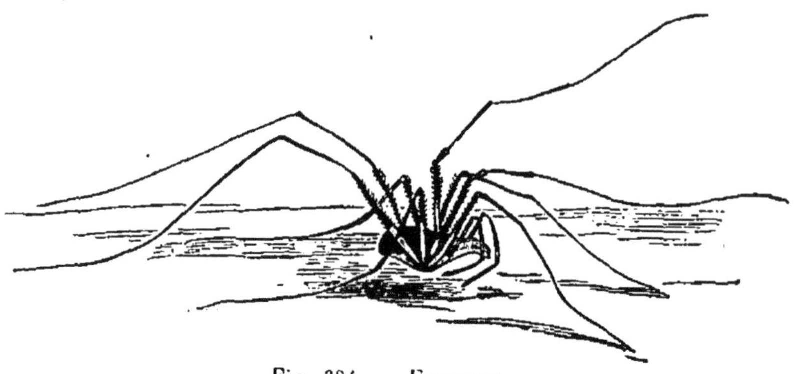

Fig. 384. — Faucheur.

gues et grêles. — Pinces (*Chelifer*). Chélicères et palpes didactyles ; des filières ; ressemblent à de très petits Scorpions à abdomen arrondi (faux Scorpions) ; dans les vieux livres et les herbiers.

C. Scorpionidés. — *Arthrogastres pulmonés, à chélicères didactyles.*

Céphalothorax inarticulé, portant des yeux en nombre variable. Chélicères non venimeuses. Abdomen composé : 1° d'une partie antérieure large, à 7 anneaux (*préabdo-*

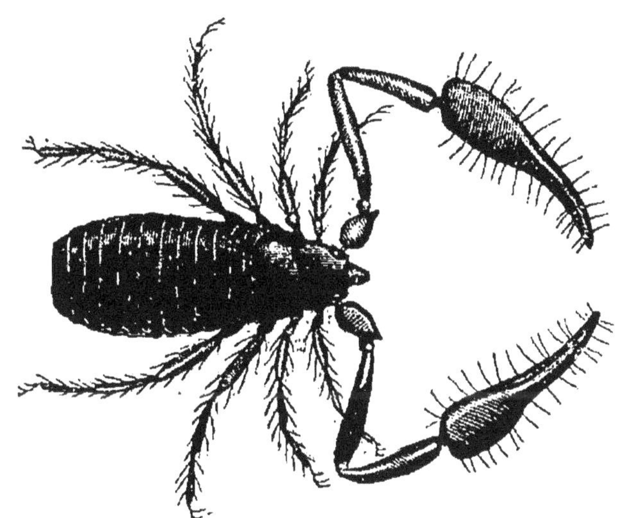

Fig. 385. — Pince (grossie).

men), renfermant 4 paires de poumons et présentant, en arrière des pattes, une paire d'organes énigmatiques

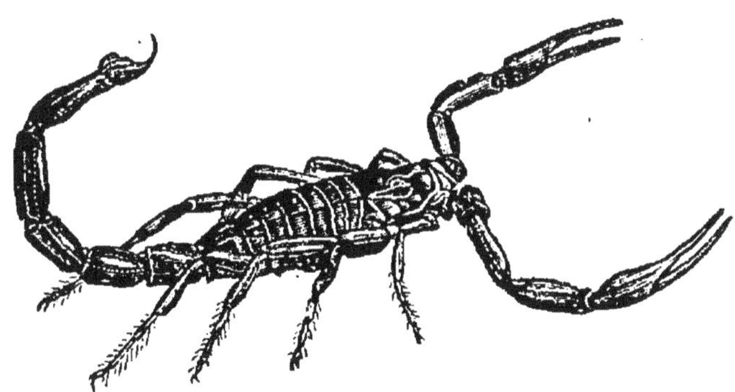

Fig. 386. — Scorpion.

(*peignes*) sur les côtés de l'orifice génital ; 2° d'une partie postérieure caudiforme (*postabdomen*) comprenant 6 anneaux dont le dernier renferme un organe venimeux.

Celui-ci se compose d'un dard recourbé et de deux
glandes hémisphériques appliquées l'une contre l'autre
par leur face plane. Chacune de ces glandes a un canal
excréteur qui débouche près de l'extrémité du dard ;
l'expulsion du venin se
fait par la contraction
de fibres musculaires
qui entourent les glan-
des venimeuses. Le ve-
nin est acide et con-
serve son activité après
la dessiccation ; il pro-
duit d'abord une pé-
riode d'excitation, puis
une période de paraly-
sie, exaltant d'abord les
centres nerveux, puis
paralysant les extrémi-
tés périphériques des
nerfs moteurs (BERT ;
JOYEUX-LAFFUIE). La pi-
qûre du Scorpion est
rarement suivie de
mort chez l'Homme,
mais elle est doulou-
reuse ; les accidents
qu'elle produit sont très
atténués par des lotions
de la plaie avec de l'eau
ammoniacale ou phéni-
quée. Chez les Mammi-
fères de petite taille et
les Oiseaux, la mort ar-
rive assez rapidement ;

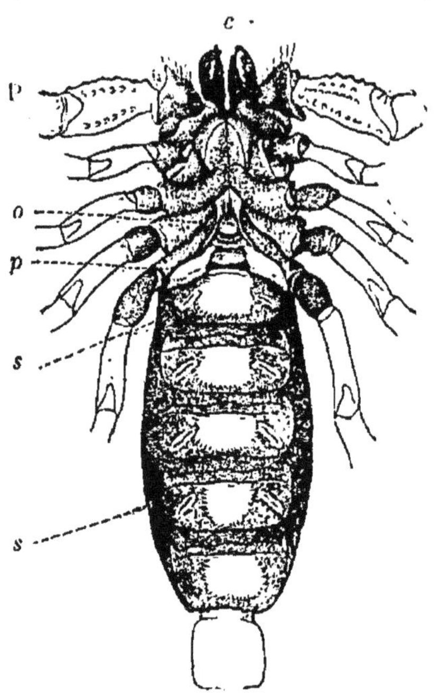

Fig. 387. — CÉPHALOTHORAX ET PRÉABDO-
MEN D'UN SCORPION (vus en dessous).

c, chélicères ; o, orifice de l'oviducte ;
P, palpe maxillaire ; p, peigne ; s, s,
pneumostomes.

elle est presque immédiate chez les Insectes et les
Arachnides. Le Scorpion se nourrit surtout d'Insectes qu'il
saisit avec ses pinces et perce de son dard, après avoir
redressé son postabdomen. Les Scorpionidés habitent
les contrées chaudes des deux continents.

Buthus (*Buthus*). Scorpionidés à sternum triangulaire.
B. europæus se trouve dans le midi de la France, surtout
à l'est du Rhône. — Scorpions proprement dits (*Scorpio*).
Sternum tétragonal ou pentagonal. *S. africanus* est le
plus grand des Scorpions (18 centimètres). *S. flavicaudis*,
brun en dessus (au plus 4 centimètres), habite tout le
midi de la France. *S. carpathicus*, fauve en dessus (au

plus 3 centimètres); du midi de la France, à l'ouest du
Rhône. — Bélisaire (*Belisarius*). Ressemble au précédent,
mais est aveugle; Pyrénées orientales.

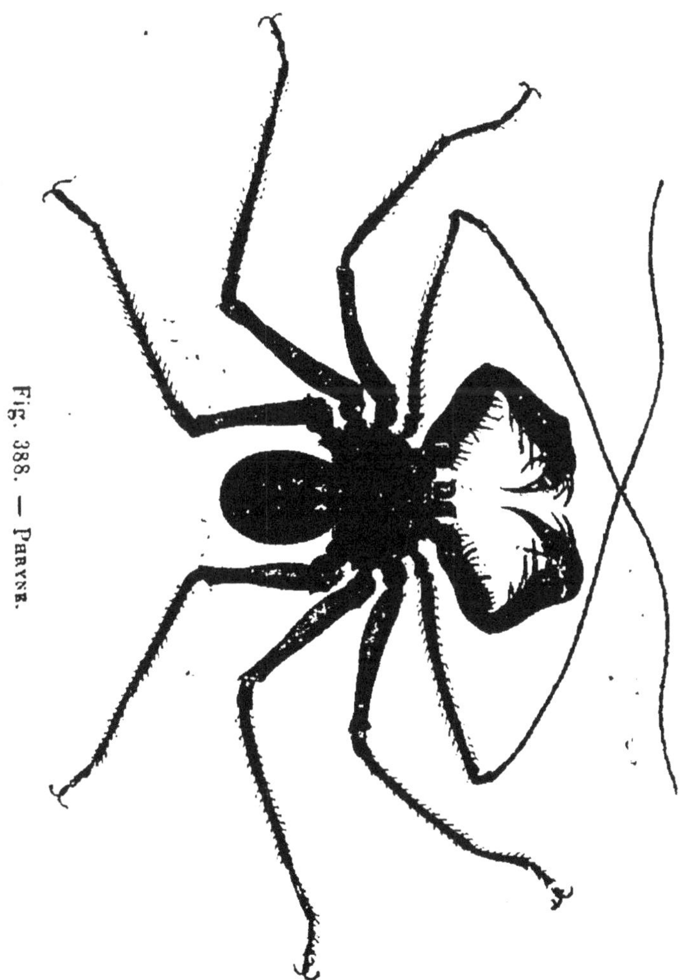

Fig. 388. — Paryne.

***D.* Pédipalpes** (*pes*, pied; *palpus* palpe). — *Arthrogastres
pulmonés, à chélicères monodactyles.*

Céphalothorax inarticulé. Chélicères probablement venimeuses. Pattes antérieures allongées, antenniformes.

2 paires de poumons. Pas d'aiguillon ; pas de peignes. Transition des Araignées aux Scorpions. Régions tropicales.

Thélyphones (*Thelyphonus*). Palpes didactyles ; Java.
Phrynes (*Phrynus*). Palpes simples ; Amérique.

Aranéides. — *Arachnides à abdomen inarticulé, pédiculé et pourvu de filières.*

Céphalothorax inarticulé. Chélicères terminées par un crochet mobile et munies de glandes venimeuses dont le conduit excréteur débouche près de la pointe du crochet. Palpes pédiformes, à dernier article de conformation spéciale chez les mâles et servant d'organe copulateur. Abdomen renflé et pédiculé, renfermant des glandes séricigènes dont la sécrétion (servant à former des fils, des toiles ou des sacs ovifères) s'écoule par des mamelons (*filières*, criblés de petits trous. Respiration pulmonaire, souvent en même temps trachéenne (Ségestrie, Argyronète). En général 8 yeux, plus rarement 6 (Ségestries). Venin très rapidement mortel pour les Insectes, dont les Araignées font leur nourriture : on a énormément exagéré son action sur l'Homme.

A. Tétrapneumones. — *4 poumons. 4 filières (rarement 6). Crochets des chélicères recourbés en bas.*

Mygales (*Mygale*). Araignées géantes tissant des tubes qu'elles habitent, dans les fentes des Arbres ou entre les pierres ; Amérique du Sud. — Cténizes (*Cteniza*). Habitent des tubes souterrains fermés par un opercule mobile ; Europe méridionale.

B. Dipneumones. — *2 poumons. 6 filières. Crochets des chélicères recourbés en dedans.*

A. Vagabondes. — *Yeux disposés sur 3 rangées transversales.*
Chassent leur proie sans tisser de toiles ; fabriquent des sacs ovifères.
Saltiques (*Salticus*). Araignées sauteuses. — Lycoses (*Lycosa*). Araignées coureuses, prenant soin de leurs petits. La Tarentule (*L. Tarentula*) vit surtout aux environs de Tarente, dans des trous souterrains ; elle passe

à tort pour déterminer, par sa piqûre, une maladie spéciale (*tarentisme*).

Fig. 389. — Yeux d'Araignée vagabonde.

Fig. 390. — Yeux d'Araignée sédentaire.

B. Sédentaires. — *Yeux disposés sur 2 rangées transversales.*

Tissent des fils ou des toiles pour attraper leur proie. Thomises (*Thomisus*). Produisent les « fils de la Vierge ». — Araignée domestique (*Tegenaria domestica*). — Araignée de cave (*Segestria cellaria*). — Araignée d'eau (*Argyroneta aquatica*). File, dans l'eau, une cloche qu'elle fixe sur les plantes et qu'elle habite, après l'avoir remplie d'air. — Malmignatte (*Latrodectus malmignata*). Morsure redoutée. — Théridion bienaisant (*Theridium benignum*). Entoure les raisins d'une toile fine qui les protège contre les Insectes. — Épeires (*Epeira*). Tissent des toiles verticales formées de fils concentriques et de fils rayonnants.

Fig. 391. — Malmignatte.

Acariens (ἄκαρι, ciron). — *Petites Arachnides à corps inarticulé; munies de pattes et de pièces buccales; subissant des métamorphoses; respirant, le plus souvent, par les trachées.*

Chélicères en forme de stylets rétractiles ou de griffes ou de pinces didactyles. Mâchoires formant habituellement un rostre ou suçoir, sur les côtés duquel se trouvent les palpes. Pas d'appareil circulatoire. Respiration trachéenne ou cutanée. Subissent, presque tous, des métamorphoses caractérisées par la naissance d'une

larve hexapode à laquelle manque la dernière paire de
pattes et qui arrive à sa forme définitive par des mues
successives. La plupart vivent en parasites sur les Animaux dont ils su-
cent le sang ou
la sérosité, plus
rarement sur les
plantes. Terres-
tres ou aquati-
ques. Les Aca-
riens étaient dé-
signés, par les
anciens natura-
listes, sous les
noms de *Cirons*
ou de *Mites*, sui-
vant qu'ils se
trouvaient sur
des êtres vivants
ou sur des ma-
tières mortes. Ces
désignations ont
été considérées
ensuite comme
synonymes et ne
sont plus guère
employées; le
genre *Acarus*
de LINNÉ, qui a
donné son nom à
l'ordre, a égale-
ment disparu, par
suite de son dé-
membrement en
plusieurs autres
genres.

Les *Gamasidés*
renferment des
Acariens aveu-
gles, ovipares ou
vivipares, munis

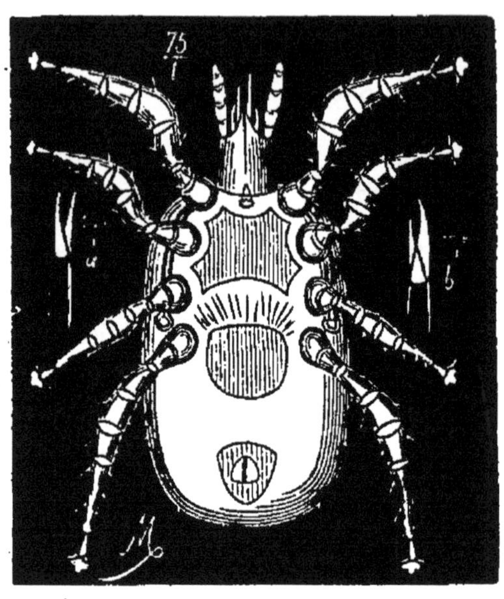

Fig. 392. — GAMASE (femelle).

a, une de ses mandibules; *b*, une de celles du
mâle.

Fig. 393. — DERMANYSSE. Fig. 394. — IXODE.

d'une paire de stigmates à péritrème tubulaire, situés
près des pattes postérieures. — Gamases (*Gamasus*). Tégument coriace, présentant un bouclier sternal bien développé. Vivent, à l'âge adulte, sur les Mammifères et
les Oiseaux; la larve se trouve souvent sur le corps des

Insectes et, en particulier, des Coléoptères. — Derma-
nysses (*Dermanyssus*). Tégument mou, finement strié;
sternum mince. Le Dermanysse des poulaillers (*D. gal-
linœ*) attaque quelquefois l'Homme et les Mammifères.

Les *Ixodidés* comprennent des Acariens aveugles ou
non, possédant un rostre garni de crochets récurrents et
une paire de stigmates à péritrème discoïde, en écu-
moire. Ovipares. — Tiques (*Ixodes*). Rostre terminal..
Ixode Ricin (*I. Ri-
cinus*). La femelle
vit sur les Chiens
et attaque rare-
ment l'Homme; à
jeun, elle a le corps
aplati; fécondée et
repue, elle ressem-
ble à une graine de
Ricin. On se débar-
rasse des Ricins en
arrosant la peau
avec un peu de
benzine ou d'es-
sence de térében-
hine; ils ne tar-
dent pas à se dé-
tacher et à périr.
— Argas (*Argas*).
Rostre à la face
inférieure du cé-
phalothorax; res-
semblent à des Pu-

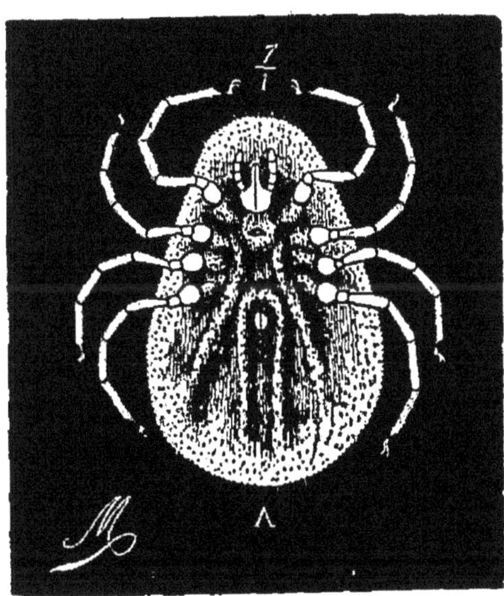

Fig. 395. — ARGAS.

naises. *A. marginatus* vit sur les Pigeons, rarement sur
l'Homme. *A. Persicus* ou « Punaise de Miana » passe pour
avoir une piqûre venimeuse. Divers *Argas* américains,
connus sous le nom de « Garapates », font aussi à
l'Homme des piqûres douloureuses amenant quelquefois
des accidents généraux plus ou moins graves.

Les *Sarcoptidés* sont de petits Acariens mous à chélicères didactyles soudés avec la lèvre inférieure, de
manière à constituer une sorte de cuiller creuse. Pas
d'yeux ni de trachées; pattes pentamères, à tarses terminés par des crochets souvent accompagnés d'une ventouse pédiculée servant d'organe d'adhérence. Ovipares.
Larves hexapodes. Nymphes octopodes, ne différant des
adultes que par la taille plus petite et l'absence des organes sexuels. — Sarcoptes (*Sarcoptes*). Les deux pattes

antérieures sont marginales et terminées par une ventouse pédiculée; les deux pattes postérieures sont sous-abdominales et terminées, les troisièmes par une longue soie, les quatrièmes par une soie chez la femelle, par une ventouse copulatrice chez le mâle. Parasites sur les Animaux à sang chaud.

Le Sarcopte de la gale de l'Homme (*S. scabiei Hominis*) est le plus petit des Sarcoptes. Corps à peine visible à

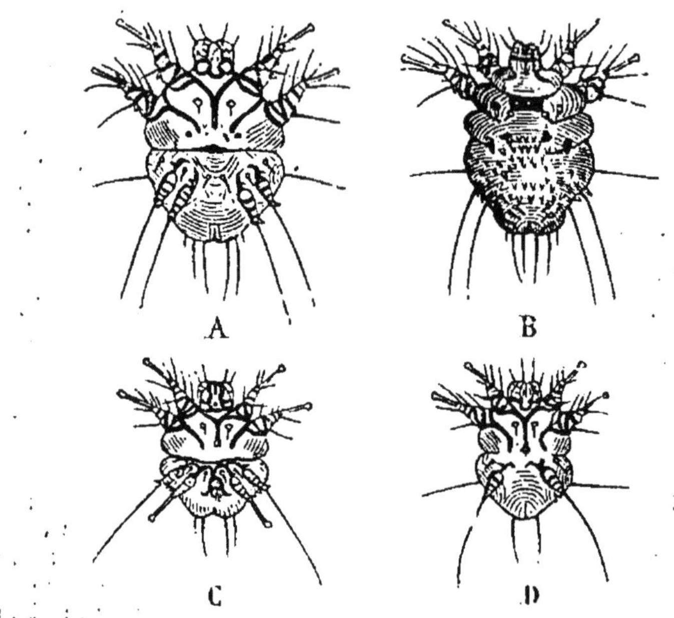

Fig. 396. — SARCOPTE DE LA GALE.

A, femelle ovigère (face ventrale); B, femelle ovigère (face dorsale); C, mâle (face ventrale); D, larve (face ventrale).

l'œil nu, muni, sur le dos, de papilles aiguës (*spinules*) dirigées en arrière. Mâles à pénis placé entre les pattes postérieures et un peu en arrière. Femelles de deux sortes : les unes (*femelles pubères*), à peine plus grandes que les mâles, sont munies, à l'extrémité postérieure du corps, d'une fente vulvo-anale servant à la fois à la copulation et à la défécation; les autres (*femelles ovigères ou fécondées*), après avoir subi une mue de plus que les mâles, deviennent plus grandes (longueur = 0^{mm},30;

largeur = 0^{mm},26) et acquièrent, pour la ponte, un organe spécial dont l'orifice (*tocostome*) est une fente transversale située au milieu de la face inférieure du corps. Le conduit de la ponte n'est donc pas le même que celui de la fécondation (BOURGUIGNON et DELAFOND). Les diverses formes de Sarcopte piquent la peau et produisent, à sa surface, de petites vésicules transparentes; la femelle fécondée, véritable Taupe de la peau, pénètre seule dans la profondeur de l'épiderme où elle creuse une galerie, pour mettre sa progéniture à l'abri; elle occasionne ainsi le prurit violent de la *gale*, maladie déterminée par la présence du Sarcopte. Les galeries de la gale ont, à l'extérieur, l'apparence d'une traînée d'épingle, ce qui leur a fait donner le nom impropre de *sillons*. La femelle occupe toujours le fond de la galerie, d'où l'on peut l'extraire assez facilement, avec la pointe d'une aiguille; elle ne peut rétrograder, à cause de ses spinules dorsales. A l'intérieur même de la galerie, se trouvent des œufs pleins, des œufs vides et des excréments. Après avoir pondu une vingtaine d'œufs, la femelle meurt et en même temps se dessèche. Les larves quittent la galerie en perforant son plafond; elles parcourent le corps et ce sont elles qui, avec les nymphes et les mâles, transmettent ordinairement la gale. Les sillons s'observent surtout dans les endroits où la peau est fine et facile à entamer : entre les doigts (assez souvent entre les orteils, chez les enfants) ; à la face interne des membres; sur les organes sexuels; au ventre et aux seins, chez la Femme; la tête en est presque toujours exempte. Les Sarcoptes sont surtout actifs pendant la nuit; c'est alors que le prurit est le plus violent. On guérit la gale par des frictions générales avec des pommades sulfurées dont la plus employée est celle d'Helmerich (1).

Les *Trombididés* renferment des Acariens en général velus, colorés de teintes vives, à rostre conique, à palpes ravisseurs. Tarses onguiculés. Respiration trachéenne. Souvent deux yeux. — Trombidions (*Trombidium*). Des yeux pédonculés. Pattes à 6 articles. Le Trom-

---

(1) Il existe souvent des Sarcoptes sur le Porc, le Cheval, le Mouton, le Chien, etc. La plupart de ces variétés passent facilement d'une espèce animale sur l'autre et peuvent aussi communiquer la gale à l'Homme ; mais l'affection contractée dans ces circonstances n'est pas tenace. Les Sarcoptes des Oiseaux n'ont pas de spinules dorsales.

Les Psoroptes (*Psoroptes*) à rostre pointu et les Chorioptes (*Chorioptes*) à rostre obtus sont des Sarcoptidés qui diffèrent des Sarcoptes en ce qu'ils ont les pattes toutes marginales; ils provoquent, chez les

bidion soyeux (*T. holosericeum*) ou « Mite rouge » a
l'abdomen carré, est phytophage et se rencontre, en été,
dans les prairies. Sa larve hexapode, appelée « Rouget »
ou « Acare des regains », a le corps orbiculaire, 2 yeux,
2 stigmates, 6 pattes à 6 articles; elle se fixe dans le
tégument d'un Mammifère quelconque, rarement d'un
Oiseau, et montre au dehors son abdomen sous la forme
d'un petit point rouge. Le Rouget attaque l'Homme aux
jambes et au bas-ventre; il occasionne des démangeaisons
très vives; on s'en débarrasse au moyen de quelques
frictions de benzine. — Cheylètes (*Cheyletus*). Trombidides
aveugles; pattes à 5 articles; palpes maxillaires énormes.
C. eruditus se trouve dans les chiffons, les vieux livres, exceptionnellement sur le corps de l'Homme et des Animaux.

Les *Hydrachnidés* sont les Acariens aquatiques. Corps

Animaux, des galès moins graves que celles provenant de la présence
des Sarcoptes. Les uns et les autres ont été quelquefois confondus avec
d'autres Sarcoptidés vivant de détritus organiques. Ces derniers Sarcoptidés sont caractérisés par des poils soyeux et des pattes toutes semblables; le plus connu, la Mite du fromage (*Tyroglyphus siro*), habite la croûte des fromages secs. On a pu constater, sur les Tyroglyphes et quelques genres voisins, de singulières transformations. Lorsque la matière sur laquelle vivent ces Acariens vient à disparaître, les adultes et les larves périssent; mais les nymphes se transforment (*nymphes adventives* appelées aussi *hypopiales*, parce qu'on les avait prises d'abord pour un genre nouveau : *Hypopus*),

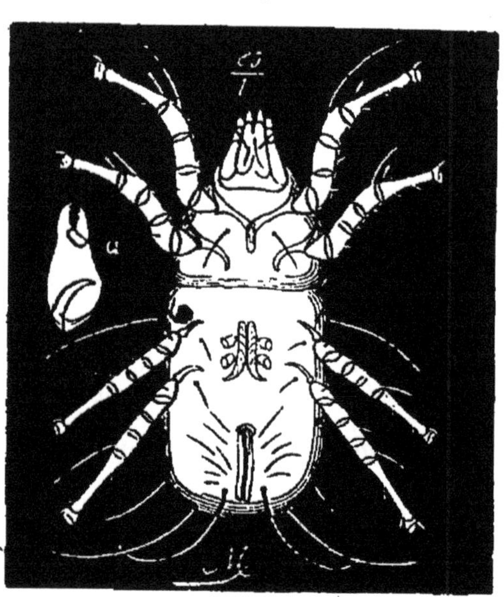

Fig. 397. — *Tyroglyphus siro* (femelle).

deviennent cuirassées, prennent des ventouses sous-abdominales, perdent les ouvertures buccale, anale et vulvaire, enfin s'attachent au
corps d'un Animal quelconque dont elles se détachent, quand elles
sont arrivées dans un milieu convenable; elles reprennent alors leur
forme première et fondent une nouvelle colonie (MÉGNIN).

globuleux ou allongé. 2 ou 4 yeux. Pattes à 6 articles.

Fig. 398. — Rouget.

Respiration trachéenne. Larves hexapodes, parasites sur les Insectes et les Lamellibranches. — Hydrachnes (*Hydrachna*). Yeux très écartés ; larves sur les Nèpes.

Les *Démodicidés* renferment des Acariens vermiformes à pattes courtes, triarticulées. Ovipares. Larves d'abord hexapodes, puis octopodes. Nymphes ne différant des adultes que par l'absence des organes sexuels. Vivent dans les follicules sébacés et pileux de la peau des Mammifères (Homme, Chien, Chat, Porc, Mouton). Le *Demodex folliculorum* de l'Homme a environ $0^{mm},3$ de long sur $0^{mm},04$ de large. Il habite les follicules sébacés du nez, du front et des joues ; il est placé la tête en bas et rarement isolé. Chez

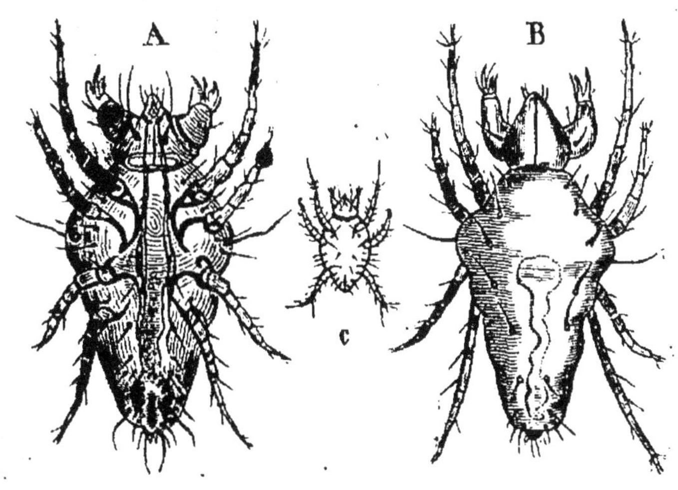

Fig. 399. — *Cheyletus eruditus.*

A, face ventrale ; B, face dorsale ; C, face ventrale de la larve.

le Chien, il détermine la maladie appelée gale folliculaire ou « gale noire ».

Pantopodes (πᾶς, tout; πούς, pied). — *Arachnides marines, à pattes longues et à abdomen rudimentaire.*

Céphalothorax articulé ou non, présentant un rostre conique muni à sa base d'une paire de chélicères didac-

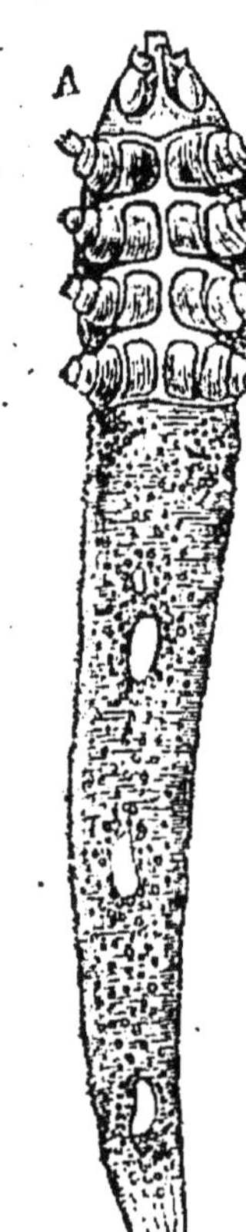

tyles et d'une paire de palpes. 4 paires de longues pattes ambulatoires terminées par des griffes et précédées d'une paire de courtes pattes ovifères. Abdomen rudimentaire. Un cœur. Pas d'organes respiratoires; cependant l'Oomère stigmatophore est muni de trachées véritables (HESSE). 4 yeux dorsaux. En général des métamorphoses; larves hexapodes (*Protonymphon*). Vivent dans les Algues ou sur divers Animaux marins (Poissons, Huîtres, Hydroïdes).

Pycnogonons (*Pycnogonum*). Ché-

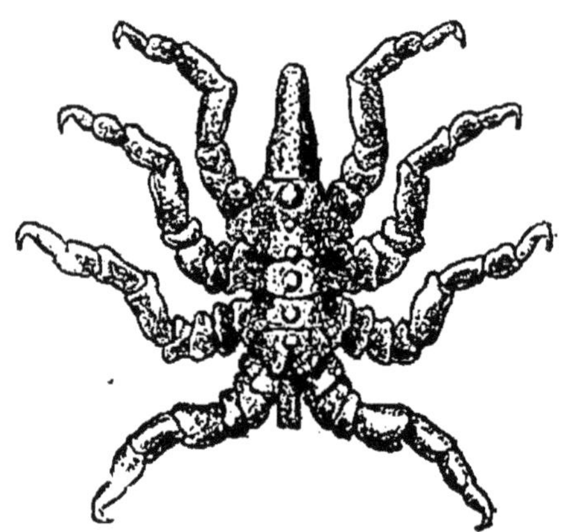

Fig. 400. — *Demodex folliculorum* (très grossi).

Fig. 401. — PYCNOGONON (grossi).

licères et palpes rudimentaires; pattes relativement courtes; petites espèces du littoral. — Nymphons (*Nymphon*). Chélicères et palpes bien développés; pattes très longues; renferment de grandes espèces des abîmes.

Linguatulides (*linguatus*, en forme de langue). —

27.

Arachnides parasites, vermiformes, à corps annelé, dépourvu de pattes et de pièces buccales.

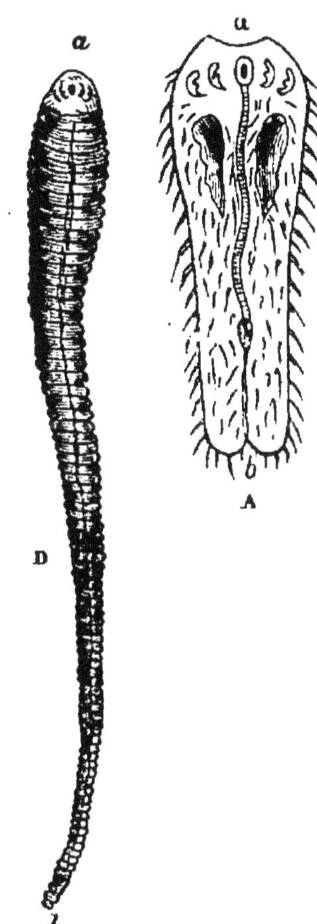

Fig. 402. — *Linguatula
tænioïdes.*

A, larve grossie (face inférieure);
a, bouche; b, anus; D, femelle adulte, grandeur naturelle.

Embryons à deux paires de pattes en crochet correspondant à des pattes antérieures et disparaissant chez les larves. Celles-ci, asexuées, à deux paires de crochets sur les côtés de la bouche, correspondant à des pattes postérieures. Adultes ne différant guère des larves que par le développement des organes génitaux; les mâles beaucoup plus petits que les femelles. Pas de pièces buccales; pas d'organes de circulation ni de respiration; pas d'yeux. Larves, dans le foie des Herbivores; adultes, dans les voies respiratoires des Vertébrés supérieurs.

Linguatules (*Linguatula*). Corps déprimé; cavité générale pectinée. *L. tænioïdes*; à l'état de larve dans le foie du Lapin et de divers autres Mammifères, rarement de l'Homme; à l'état sexué dans les cavités nasales du Chien. — Pentastomes (*Pentastoma*). Corps cylindrique; cavité générale continue. *P. constrictum*; observé en Égypte, dans le foie de l'Homme.

Tardigrades (*tardus*, lent; *gradi*, marcher). — *Arachnides monoïques.*

Animaux microscopiques à corps allongé, à pattes en forme de moignons terminés par plusieurs griffes. Un suçoir armé de deux stylets. Pas de cœur ni d'organes respiratoires. Dans l'eau douce ou salée; dans la mousse;

dans la poussière des toits. Tombent en état de mort apparente, sous l'influence de la dessiccation ; mais reprennent leur activité au contact de l'humidité (*Animaux* dits *reviviscents* ou *ressuscitants*).

Fig. 403. — Arctiscon.

Macrobiotes (*Macrobiotus*). Dans les mousses. — Arctiscous (*Arctiscon*). Dans l'eau stagnante.

Article II. — Sous-embranchement des Protrachéates.

PROTRACHÉATES.—*Arthropodes à respiration aérienne, à stigmates épars, à organes excréteurs représentés par des tubes segmentaires s'ouvrant à la surface des téguments.*

§ I. — *Classe des Onychophores.*

ONYCHOPHORES. (ὄνυξ, ongle ; φορός, porteur). — *Animaux terrestres, vermiformes, à corps demi-cylindrique, mou, verruqueux, composé de segments portant chacun une paire de pattes courtes obscurément articulées et terminées par deux griffes.*

Tête pourvue de deux antennes et de deux yeux simples. Bouche munie d'une lèvre saillante entourant deux paires de gnathites dont une paire de mandibules pédiformes et une paire d'appendices sur lesquels débouchent les conduits excréteurs de deux glandes sécrétant une matière visqueuse susceptible d'être étirée en fils. Un pharynx. Un œsophage. Un long estomac rectiligne suivi d'un intestin qui s'ouvre à la partie postérieure du corps.

Un long vaisseau dorsal. Respiration trachéenne s'effectuant par des trachées très simples partant de stigmates
épars à la surface du corps. Pas de tubes de Malpighi. Organes excréteurs constitués par des tubes segmentaires semblables à ceux des Annélides et s'ouvrant par autant d'ouvertures à l'extérieur. Sexes séparés. Vivipares. Musculature
presque exclusivement composée de fibres lisses ; des muscles
striés dans les pattes. Un double ganglion cérébroïde d'où
partent deux cordons ventraux distants, réunis par des commissures transversales mais n'offrant pas de renflements
ganglionnaires. Pas de métamorphoses.

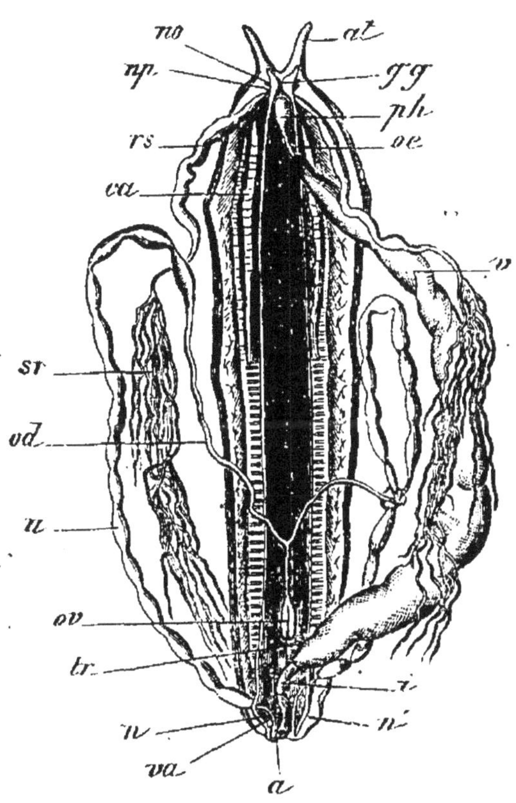

Fig. 404. — ANATOMIE DU PÉRIPATE.

a, anus; *at*, antennes; *ca*, corps adipeux ; *gg*,
ganglions cérébraux ; *i*, intestin ; *n, n'* cordons
nerveux latéraux; *no*, nerf optique ; *np*, nerf
papillaire ; *od*, oviducte ; *oe*, œsophage ; *ov*,
ovaire; *ph*, pharynx ; *rs*, canal excréteur de
la glaude séricifère *sr ; tr*, trachées ; *u*,utérus ;
v, estomac ; *va*, vagiu.

Péripates
(*Peripatus*). Seul genre du groupe ; représenté par des
Animaux vivant à la façon des Myriapodes et établissant
la transition des Annélides aux Arthropodes. Amérique
du Sud ; Australie ; le Cap.

ARTICLE III. — Sous-embranchement des Branchiates.

BRANCHIATES. — *Arthropodes à respiration aqua-tique, respirant le plus souvent par des branchies, à organes excréteurs s'ouvrant directement à la surface des téguments.*

§ I. — Classe des Pœcilopodes.

PŒCILOPODES (ποικίλος, varié; πούς, pied). — *Arthropodes marins sans antennes, à abdomen terminé par un long stylet mobile.*

Un céphalotho-rax en forme de bouclier demi-circulaire, por-tant deux gros yeux composés et deux petits yeux lisses. Une paire de chélicè-res didactyles sui-vie de 5 paires de pattes sur les cô-tés de la bouche, à base denticulée (la première paire terminée en griffe chez les males), servant à la mas-tication et à la locomotion. Ab-domen hexago-nal, portant des fausses pattes la-melleuses munies d'appendices branchiaux et recouvertes par un opercule mobile. Un cœur et des vaisseaux (arté-

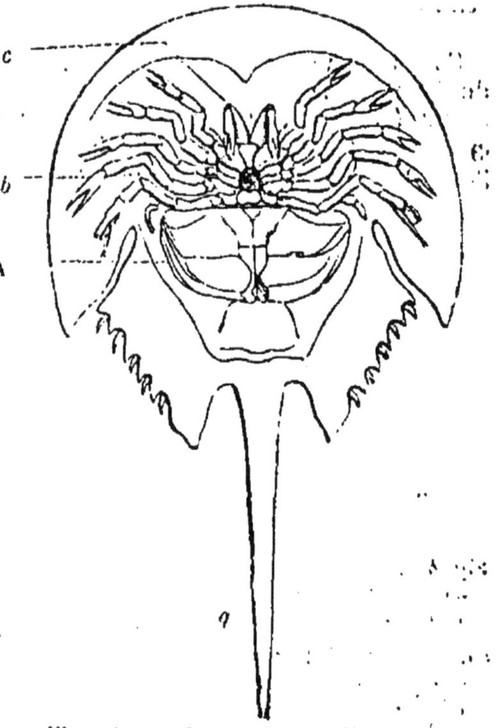

Fig. 405. — Limule (face inférieure).

A, abdomen; *b*, bouche entourée des 5 paires de pattes; *c*, chélicères; *q*, stylet caudal.

res, veines, capillaires). Portion centrale du système nerveux logée dans l'intérieur d'un vaisseau médian. Développement avec métamorphoses ; larves dépourvues de stylet caudal.

Limules ou Crabes des Moluques (*Limulus*). Rappellent les Scorpions par plusieurs détails d'organisation ; comestibles. Archipel indien ; côte occidentale de l'Amérique du Nord.

§ 11. — *Classe des Crustacés.*

CRUSTACÉS (*crustatus*, couvert d'une croûte). — *Arthropodes à respiration aquatique, munis de deux paires d'antennes.*

Corps formé typiquement (*Malacostracés*) de 20 anneaux dont le nombre peut varier beaucoup en plus ou en moins (*Entomostracés*); parfois sans segmentation extérieure chez l'adulte (Lernée, Sacculine); nu ou recouvert par un repli de la peau (*manteau*) affectant la forme d'un

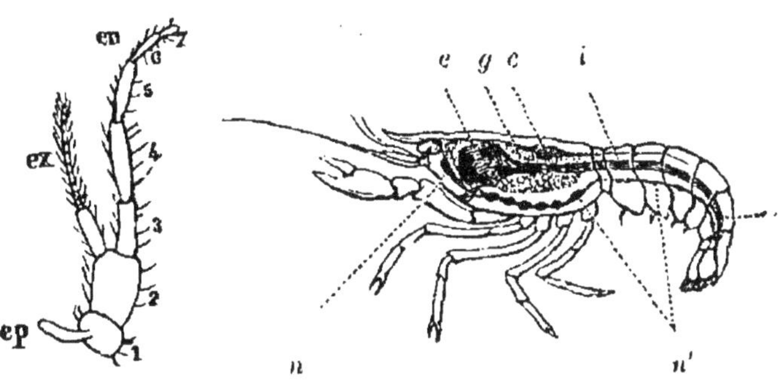

Fig. 406. — Un pied mâchoire d'une larve de Pénæus.

en, endopodite; *ex*, exopodite; *ep*, épipodite. 1-7 articles de l'endopodite type des Malacostracés.

Fig. 407. — Anatomie de l'Écrevisse (schéma).

c, cœur; *e*, estomac; *g*, glande digestive; *i, i*, intestin; *n*, cerveau; *n'*, chaîne ganglionnaire.

bouclier ou d'une coquille bivalve. Tête habituellement soudée avec un ou plusieurs anneaux du thorax et formant une carapace (*céphalothorax*) Une paire d'yeux.

Deux paires d'antennes, les unes antérieures ou internes (*antennules*), les autres postérieures ou externes (*antennes*). Un nombre variable de gnathites (*mâchoires* et *pattes-mâchoires*); de nombreuses paires de pattes thoraciques et souvent des pattes abdominales. Les antennules sont généralement simples, excepté chez les Malacostracés. Les antennes, les gnathites et les pattes ont la forme d'une fourche plus ou moins accusée présentant une branche interne (*endopodite*) dont le deuxième article porte la branche externe (*exopodite*) et dont le premier article est ordinairement muni, chez les Malacostracés, d'un court appendice (*épipodite*) (1). Vie le plus souvent aquatique. La plupart carnassiers. Quelques-uns alimentaires, à chair généralement ferme et d'une digestion assez difficile.

2 sous-classes : l'une (*Malacostracés*) comprenant les Crustacés à corps formé de 20 anneaux; l'autre (*Entomostracés*) renfermant les Crustacés dont le corps se compose d'un nombre variable de somites. 8 ordres.

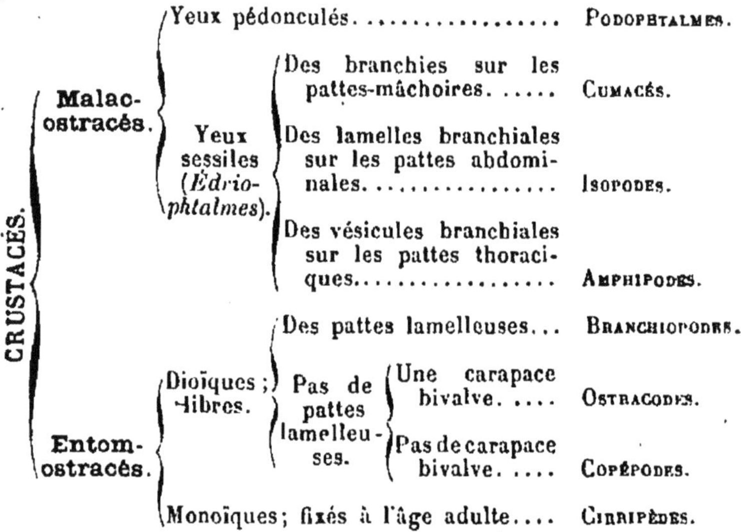

CRUSTACÉS.	Malacostracés.	Yeux pédonculés...........		PODOPHTALMES.
		Yeux sessiles (*Édriophtalmes*).	Des branchies sur les pattes-mâchoires......	CUMACÉS.
			Des lamelles branchiales sur les pattes abdominales...............	ISOPODES.
			Des vésicules branchiales sur les pattes thoraciques...............	AMPHIPODES.
	Entomostracés.	Dioïques; libres.	Des pattes lamelleuses...	BRANCHIOPODES.
			Pas de pattes lamelleuses.	Une carapace bivalve..... OSTRACODES.
				Pas de carapace bivalve..... COPÉPODES.
		Monoïques; fixés à l'âge adulte....		CIRRIPÈDES.

Appareil digestif. — *A*. ARMATURE BUCCALE. a. *Crustacés masticateurs.* — La bouche est surmontée d'une

(1) Dans les antennules fourchues des Malacostracés, c'est le troisième article de la branche interne qui porte la branche externe. Celle-ci correspond à l'antennule simple des autres Crustacés et porte aussi des poils olfactifs.

lèvre supérieure au-dessous de laquelle se trouve une paire de mandibules palpigères recouvrant elles-mêmes fréquemment une petite lamelle bilabiée que l'on regarde comme une lèvre inférieure. A la suite des mandibules, on observe encore une ou deux paires de mâchoires et une ou plusieurs paires de pattes-mâchoires.

b. *Crustacés suceurs.* — Chez les Copépodes parasites, les deux lèvres se soudent pour former une sorte de trompe renfermant dans son intérieur deux stylets aigus qui correspondent aux mandibules; les pattes-mâchoires deviennent des crochets ou des ventouses servant à fixer l'Animal sur sa proie. Chez les Rhizocéphales, le parasite se nourrit au moyen de racines absorbantes partant de la surface du corps et se ramifiant à l'intérieur de l'hôte.

B. CANAL DIGESTIF ET SES ANNEXES. — OEsophage court. Estomac présentant des pièces chitineuses mobiles surtout développées chez les Podophtalmes, où une dent médiane sert à écraser les aliments contre deux dents latérales. Intestin rectiligne. Anus situé dans le dernier anneau. Pas de glandes salivaires. Chez les Crustacés supérieurs, une glande digestive très développée, connue sous les noms de *foie* ou de « farce », déverse sa sécrétion dans la portion pylorique de l'estomac. Chez les Brachyures, une paire de longs cæcums (*appendices pyloriques*) débouche dans la partie antérieure de l'intestin moyen et un long cæcum s'ouvre aussi à sa partie postérieure. Ces appendices sont très réduits chez les Macroures.

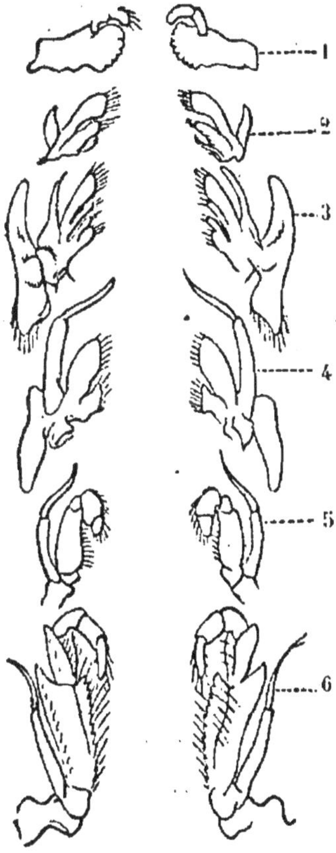

Fig. 408. — ARMATURE BUCCALE DE L'ÉCREVISSE.

1, mandibules palpigères; 2, 3, 1re et 2e paires de mâchoires; 4, 5. 6, 1re, 2e et 3e paires de pattes-mâchoires.

Appareil circulatoire. — Cœur vésiculeux ou tubuleux, toujours artériel, logé dans un péricarde; nul chez les Cirripèdes, quelques Copépodes et Ostracodes. Système artériel composé de vrais vaisseaux; système

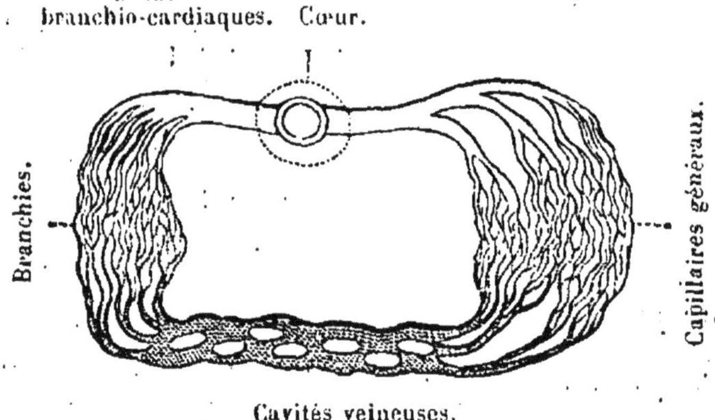

Fig. 409. — Schéma de la circulation des Crustacés.

veineux lacunaire; pas de capillaires généraux. Sang ordinairement incolore, parfois teinté en rouge par de

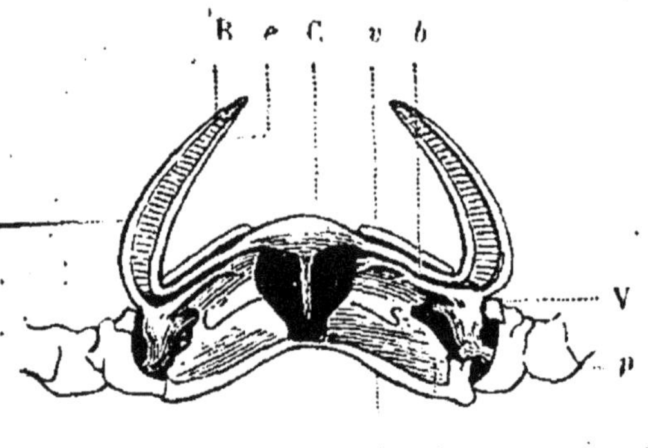

Fig. 410. — Rapports des appareils circulatoire et respiratoire d'un Crustacé.

a, vaisseau branchial afférent; B, branchie; *b*, canal branchio-cardiaque; C, cœur; *c*, cloison; *e*, vaisseau branchial efférent; *p*, patte; *s*, sternum; *v*, voûte des flancs; V, sinus veineux.

l'hémoglobine ou en bleu par de l'hémocyanine, ces deux substances étant dissoutes dans le plasma.

Appareil respiratoire.

— Des branchies proprement dites ne se rencontrent que chez les Podophtalmes et les Cumacés; elles sont fixées aux membres abdominaux (Stomapodes) ou thoraciques (Décapodes) et même aux pattes-mâchoires (Schizopodes, Cumacés). Chez les Décapodes, les branchies sont sous la carapace, dans deux cavités latérales (*chambres branchiales*) s'ouvrant chacune au dehors : 1° par une fente inspiratoire au-dessus de la base des pattes, 2° par un orifice expiratoire à côté de la bouche. Le renouvellement de l'eau dans la chambre branchiale se fait par le jeu d'une valvule en forme de cuiller, constituée par la branche externe des mâchoires de la seconde paire. Au moyen de mouvements de bascule déterminés par des muscles spéciaux, cette valvule rejette, à chaque instant, de l'eau par l'orifice expiratoire et produit ainsi un appel de liquide par la fente inspiratoire. Chez quelques Crabes terrestres, qui d'ailleurs entrent souvent dans l'eau (Gécarcins, etc.), la chambre branchiale présente, à son sommet, une membrane spongieuse ou,

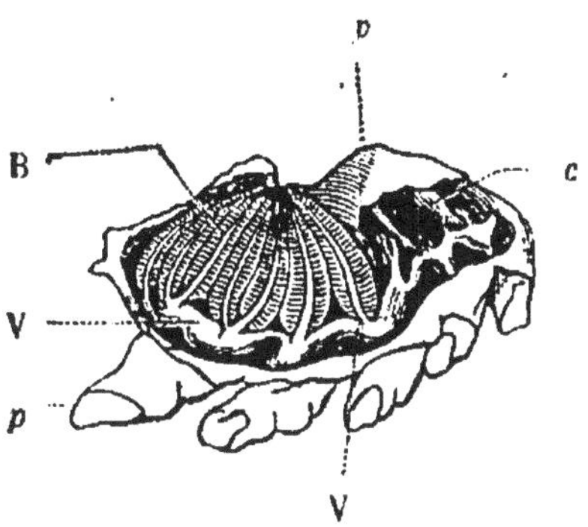

Fig. 411. — Appareil respiratoire d'un Crabe (Le thorax est ouvert et vu de côté.)

B, branchies; c, cloisons de la voûte des flancs v; p, pattes; V, V, sinus veineux.

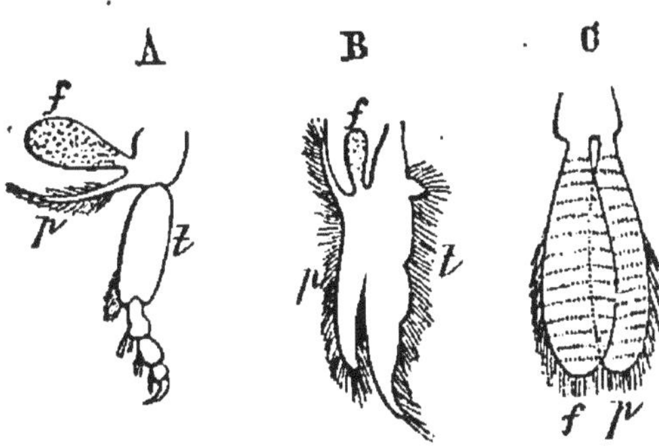

Fig. 412. — Pattes de Crustacés.

A, patte thoracique d'un Amphipode, montrant la vésicule branchiale f; B, patte branchiale d'un Branchiopode ; C, lamelles branchiales d'un Isopode. Les lettres f, p, t, désignent des parties homologues, dans ces trois sortes de pattes.

à sa base, une sorte d'auge servant à emmagasiner de l'eau qui prévient la dessiccation des branchies, lorsque ces Animaux sont à terre. En dehors des branchies, ces organes de respiration sont tantôt des *lamelles branchiales* (Isopodes), tantôt des *vésicules branchiales* (Amphipodes), tantôt les pattes elles-mêmes (*pattes branchiales*) qui prennent l'apparence de lamelles foliacées (Branchiopodes). La respiration peut aussi être cutanée, soit dans l'eau, soit dans l'air, et même, jusqu'à un certain point, pulmonaire (Porcellions, Armadilles), par l'existence de lamelles abdominales creusées de cavités dans lesquelles l'air pénètre en nature; enfin une respiration rectale s'effectuant au moyen de l'entrée et de la sortie de l'eau. par l'anus, peut s'observer chez quelques espèces aquatiques (Limnadies, Daphnies).

Appareil urinaire. — On considère comme organes urinaires, des glandes qui débouchent à la base des antennes externes (*glandes vertes* chez les Malacostracés) et des glandes (*glandes du test*) qui s'ouvrent à la base des mâchoires postérieures (Branchiopodes). On rencontre exceptionnellement (Amphipodes) deux courts tubes glandulaires qui débouchent dans la partie moyenne du tube digestif et que l'on a assimilés aux tubes de Malpighi, mais qui correspondent, en réalité, aux cæcums gastriques qu'on observe chez un grand nombre d'Insectes (KUNCKEL). Le liquide sécrété par les glandes vertes renferme de la guanine.

Appareil reproducteur. — Les sexes sont séparés, excepté chez les Cirripèdes qui, pour la plupart, sont monoïques. Les organes sexuels, habituellement pairs, débouchent à la partie antérieure de l'abdomen, tantôt sur un anneau, tantôt sur l'article basilaire d'une paire de pattes. Les mâles sont plus petits que les femelles, parfois nains et alors vivant en parasites sur les femelles. Celles-ci, toujours ovipares, portent souvent leurs œufs fixés aux appendices abdominaux ou renfermés dans des chambres incubatrices; plus rarement (Cypris) les œufs sont déposés sur des plantes aquatiques. Quelques formes (Apus, Daphnies, etc.) présentent des phénomènes de parthénogenèse.

Le développement est rarement direct (Écrevisse); il s'effectue, le plus souvent, avec des métamorphoses tantôt progressives, tantôt régressives (espèces parasites). Une forme larvaire commune à tous les ordres est le *Nauplius* à corps ovale, non segmenté extérieurement, muni d'un œil frontal impair et de trois paires de membres (la première simple, les deux autres fourchues) qui deviendront respectivement les antennules, les antennes et les mandibules de l'adulte. Quand le Nauplius ne s'observe pas, comme larve libre, on peut toujours trouver dans l'œuf un stade embryonnaire correspondant. La larve des Podophtalmes naît généralement dans un état d'organisation plus avancé, sous la forme *Zoea* ou *Zoé*, à corps nettement segmenté, avec un ou plusieurs aiguillons, sept paires de membres et deux gros yeux à facettes entre lesquels se trouve un petit œil simple.

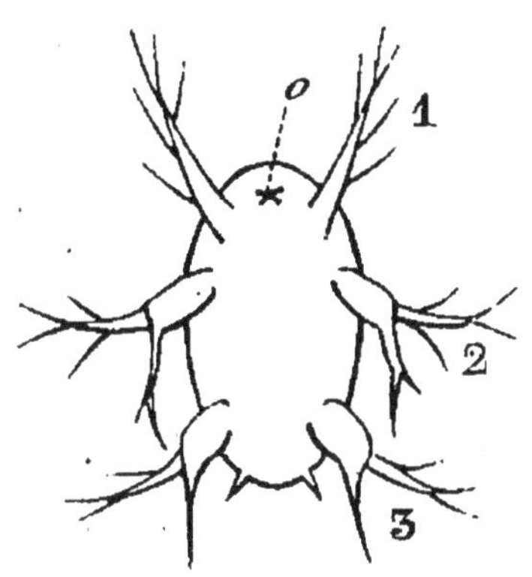

Fig. 413. — Nauplius.

o, œil; 1, 2, 3, 1re, 2e et 3e paires de membres.

Tégument. — Dur et incrusté de sels calcaires chez les Malacostracés, il présente généralement une consistance cornée chez les Entomostracés. En faisant abstraction des

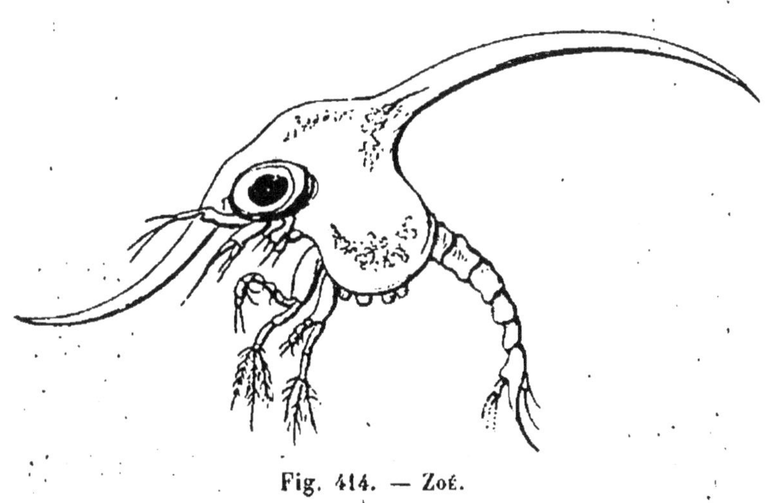

Fig. 414. — Zoé.

yeux (ils se forment secondairement par l'accroissement de parties latérales de la tête et ne sont pas de véritables appendices), on compte, dans le corps des Malacostracés,

20 anneaux ou somites (5 pour la tête, 8 pour le thorax, 7 pour l'abdomen) et 19 paires d'appendices (antennules, antennes, mandibules, mâchoires, pattes-mâchoires, pattes locomotrices), le dernier somite étant réduit à une plaque anale (*telson*) qui ne porte aucun organe appendiculaire. Chez les Entomostracés, le nombre des anneaux est très variable, pouvant dépasser 40 ou au contraire se réduire beaucoup ; quelquefois même le corps ne présente pas de segmentation et les membres peuvent être rudimentaires (Lernée) ou nuls (Sacculine). Un certain nombre d'Entomostracés sont revêtus d'une coquille bivalve (Ostracodes, quelques Branchiopodes) ou multivalve (Cirripèdes). Beaucoup de Crustacés doivent leur coloration normale à deux pigments, l'un rouge, l'autre bleu. Ce dernier est détruit par l'eau chaude, l'alcool et les acides, d'où résulte la coloration rouge du tégument, soit par la cuisson, soit par l'immersion dans l'eau acidulée ou alcoolisée. Souvent les Crustacés mettent leur coloration en harmonie avec le ton général des objets qui les avoisinent.

Système nerveux. — Un cerveau et une chaîne ventrale à ganglions plus ou moins coalescents Dans les formes inférieures, une seule masse cérébrale donne naissance à tous les nerfs. Souvent un système nerveux viscéral ou stomato-gastrique.

Organes des sens. — Tous n'ont pas encore été déterminés d'une façon complète. Les antennules portent des poils olfactifs et souvent des vésicules auditives sur leur article basilaire ; celles-ci peuvent être exceptionnellement situées dans la nageoire caudale (*Mysis*). Les yeux sont tantôt simples, pairs ou impairs ; tantôt composés, à cornée lisse ou à facettes, sessiles ou portés sur des pédoncules mobiles. Un certain nombre de Crustacés, habitant les lacs souterrains ou les abimes de la mer, sont complètement aveugles.

Podophtalmes (πούς, pied ; όφθαλμός, œil). — *Malacostracés à yeux pédonculés.*

Un bouclier céphalothoracique (*carapace*) recouvre, en totalité ou en partie, la face dorsale du thorax Excepté chez quelques Schizopodes (*Mysis*), les deux moitiés de la glande sexuelle sont réunies par une partie impaire, et la première (Stomapodes) ou les deux premières paires de pattes abdominales du male sont transformées en organes copulateurs.

A. Décapodes (δέκα, dix ; πού:, pied). — 5 *paires de pattes locomotrices et 3 paires de pattes-mâchoires.*

Carapace grande, recouvrant tout le thorax. Branchies renfermées dans la carapace et fixées sur la base des pattes thoraciques. La femelle porte ses œufs suspendus aux pattes abdominales.

A. *Brachyures* (βραχύ:, court ; οὐρά, queue). — *Abdomen rudimentaire, replié sous le corps, dépourvu de nageoire caudale.*

Corps ramassé. Antennes courtes. Sternum très large, percé généralement de deux orifices pour la sortie des œufs. Pattes de la première paire terminées par une pince didactyle dont le doigt inférieur est immobile ; pattes des quatre paires suivantes terminées par un tarse styliforme ou lamelleux. Connus généralement sous le nom de « Crabes » ; conformés pour la marche plutôt que pour la nage. La plupart sont alimentaires ; leur chair est blanche et passe pour aphrodisiaque.

Les *Catométopes* ont la carapace plus ou moins carrée.

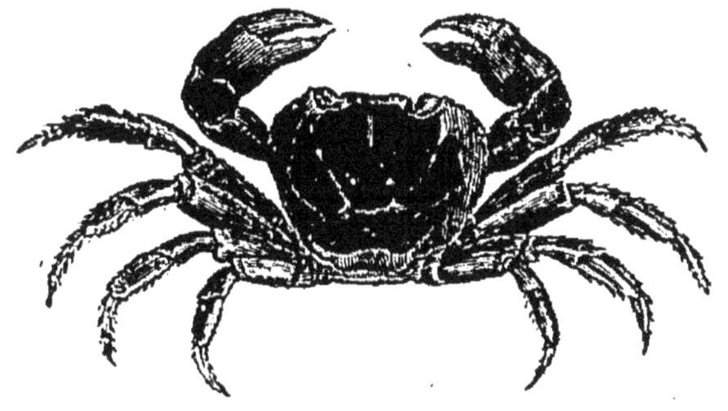

Fig. 415. — Gécarcin.

— Gécarcins ou « Crabes terrestres » (*Gecarcinus*). Régions chaudes des deux hémisphères. Le Tourlourou (*G. ruricola*) des Antilles, peut devenir vénéneux, ce qui serait dû, paraît-il, à ce qu'il mange quelquefois le fruit du Mancenillier. — Gélasimes (*Gelasimus*). La pince didactyle de l'une des pattes de la première paire acquiert, chez le mâle, de grandes dimensions. — Telphuses (*Telphusa*). Crabes fluviatiles, pouvant vivre sous les pierres, dans l'intérieur des terres ; Italie, Grèce, Égypte. — Pinnothères (*Pinnotheres*). Crabes minuscules vivant entre les lobes du manteau des Lamellibranches, surtout des Moules.

Les *Cyclométopes* se reconnaissent à la forme arquée de la partie antérieure de la carapace. — Tourteau (*Cancer pagurus*) ; de grande taille ; chair délicate. — Crabe commun (*Carcinus mœnas*); le « Cranque » des Provençaux ; le « Crabe enragé » des Normands; plus petit et moins délicat que le précédent. — Étrilles (*Portunus*). — Podophtalmes (*Podophthalmus*). Pédoncules oculaires très longs.

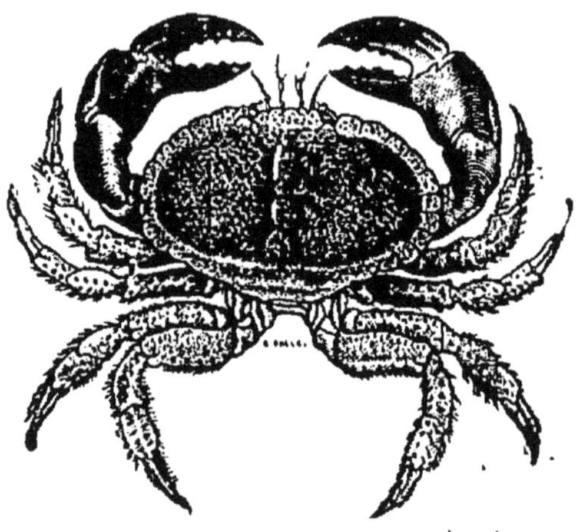

Fig. 416. — Tourteau.

Les *Oxyrhynques* ou « Crabes à bec pointu » ont une carapace triangulaire prolongée en rostre aigu. — Araignées de mer (*Maia*). Comestibles; sur nos côtes.

Les *Oxystomes* ont une carapace plus ou moins circulaire et le cadre buccal triangulaire. — Ilies (*Ilia*). Céphalothorax sphérique; pinces très longues; Méditerranée. — Calappes (*Calappa*). « Crabes honteux »; céphalothorax en demi-cercle, à parties latérales aliformes; les pinces, grandes et appliquées contre les appendices buccaux, semblent voiler la face.

Les *Notopodes* ont la dernière ou les deux dernières paires de pattes plus ou moins insérées sur la face dorsale. — Dromies (*Dromia*). Chair indigeste ; Méditerranée.

B. *Macroures* (μικρός, long). — *Abdomen allongé, terminé par une nageoire caudale.*

Corps allongé. Antennes généralement longues. Sternum étroit, excepté chez les Palinuridés. Orifices de sortie des œufs placés à la base de l'antépénultième paire de pattes. Tous aquatiques, surtout nageurs.

Les *Paguridés* ont l'abdomen mou et abrité dans des coquilles vides de Gastéropodes. Le « Bernard l'ermite » (*Pagurus Bernhardus*) est comestible.

Les *Palinuridés* ont un large plastron sternal, les tégu-

ments très épais et les pattes monodactyles; leurs larves,
à corps presque transparent et aplati comme une feuille,

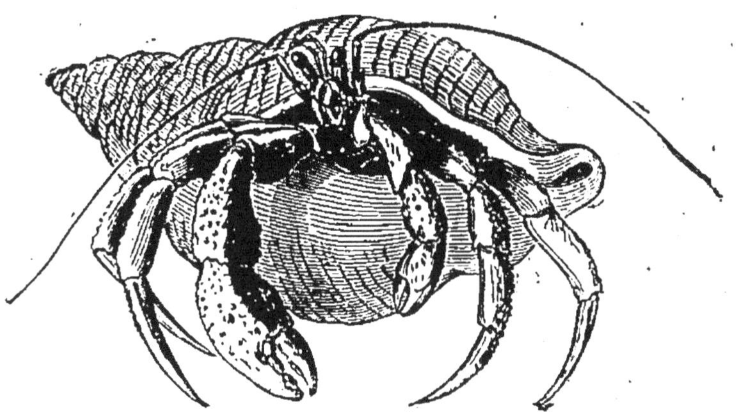

Fig. 417. — BERNARD L'ERMITE (renfermé dans une coquille de Buccin).

ont été décrites, sous le nom de *Phyllosomes*, comme appartenant à un autre groupe. — Langoustes (*Palinurus*).

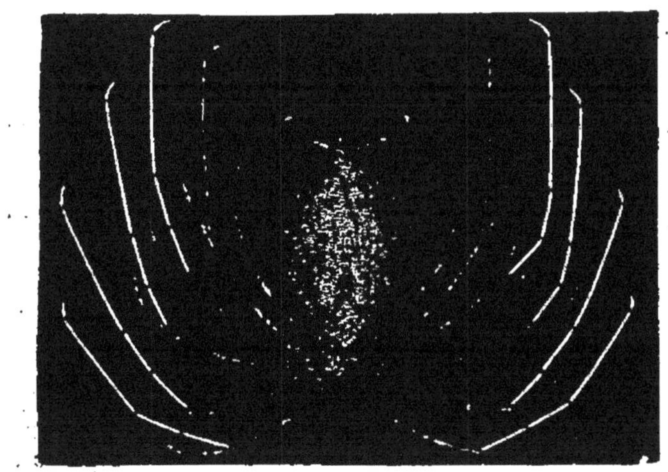

Fig. 418. — PHYLLOSOME (larve de Langouste).

Corps cylindrique; antennes très longues. *P. vulgaris* a
une chair presque aussi estimée que celle du Homard. —

Scyllares (*Scyllarus*). Corps aplati ; antennes externes transformées en larges lamelles. *S. latus;* Méditerranée.

Les *Astacidés* ont le corps cylindrique. Carapace avec une suture transversale. Un appendice lamelleux et mobile, au-dessus de la base des antennes. Branchies disposées en touffes. — Homards (*Homarus*). « Écrevisses de mer » ; rostre armé, de chaque côté, de trois ou quatre petites dents. *H. vulgaris*, de l'Océan et de la Méditerranée, a une chair très estimée. — Écrevisses (*Astacus*). Rostre armé d'une petite dent de chaque côté ; eaux douces de l'Europe et du Nord de l'Asie. *A. fluviatilis* constitue un aliment léger et agréable ; 2 variétés, l'une dite à *pattes blanches*, l'autre à *pattes rouges,* celle-ci plus estimée. L'accouplement a lieu vers la fin d'octobre. Les œufs sont fixés, après la ponte, aux fausses pattes de l'abdomen de la femelle ; d'abord noirâtres, ils deviennent rougeâtres au moment de l'éclosion. Celle-ci a lieu vers le milieu de mai, six mois après la ponte. Les jeunes ont une nageoire caudale rudimentaire et la configuration des adultes. L'Écrevisse mue plusieurs fois pendant la première année, une fois seulement dans les années suivantes. Avant la mue, on trouve, dans les parois de l'estomac, deux concrétions calcaires blanchâtres et lenticulaires. Ces concrétions étaient autrefois employées en médecine, sous le nom d' « yeux d'Écrevisse » ; au moment de la mue, elles sont broyées, dissoutes et utilisées pour la calcification des téguments nouveaux.

Les *Carididés* ont le corps comprimé. Carapace sans suture transversale. Antennes externes recouvertes à la base par une grande lamelle munie de soies. Branchies lamelleuses. — Pénées (*Penæus*). Pattes des trois premières paires didactyles. La Caramote (*P. caramote*) a une chair délicate. —
Crevettes (*Palemon*). Pattes des deux premières paires didactyles ; un long rostre denté en scie. La Crevette rose (*P. serratus*) est un aliment très estimé. — Crangons (*Crangon*). Pattes antérieures monodactyles ; pas de rostre. La Crevette grise (*C. vulgaris*) a

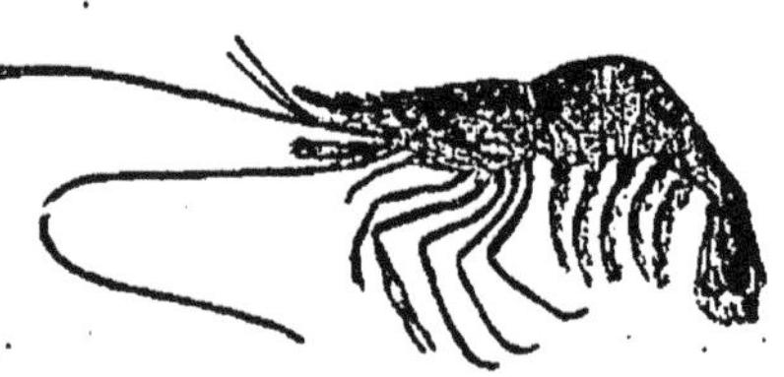

Fig. 419. — Crevette.

une chair moins estimée que celle des Palémons ; son tégument ne devient pas rouge par la cuisson et reste grisâtre, d'où la coloration frauduleuse et dangereuse avec

du minium, pour vendre les Crangons à un prix plus
élevé, comme Crevettes rouges.

B. SCHIZOPODES ($\sigma\chi\acute{\iota}\zeta\epsilon\iota\nu$, fendre). — 8 *paires de pattes
semblables et divisées en deux branches.*

Aspect des Décapodes Macroures. Les 3 paires de pattes
mâchoires servent à la locomotion. Les branchies sont
des appendices ramifiés des pattes thoraciques ; tantôt
extérieures, tantôt cachées dans une cavité branchiale,
elles sont quelquefois nulles (*Mysis*). Le plus souvent, une
cavité incubatrice.

Euphausies (*Euphausia*). Des yeux accessoires sur le
thorax et l'abdomen. — Mysis (*Mysis*). Organes auditifs
dans les lamelles latérales internes de la nageoire caudale.

C. STOMAPODES ($\sigma\tau\acute{o}\mu\alpha$, bouche). — 5 *paires de pattes
buccales et 3 paires seulement de pattes locomotrices.*

Corps déprimé. Carapace courte, laissant à découvert
les trois ou quatre anneaux postérieurs du thorax. 5 paires
de pattes buccales ravisseuses, la deuxième beaucoup

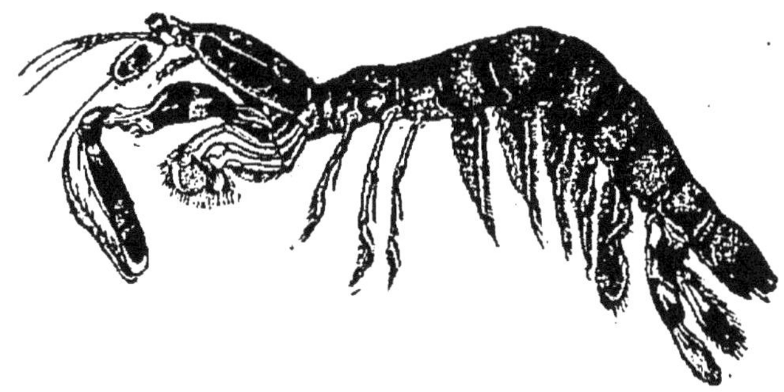

Fig. 420. — SQUILLE.

plus développée que les autres. 3 paires de pattes biramées, sur les derniers anneaux du thorax. Abdomen très
développé, muni de pattes lamelleuses et natatoires dont
la lamelle externe porte des touffes branchiales. Les femelles ne transportent pas les œufs ; elles les déposent
dans les trous qui leur servent d'habitation. Métamorphoses compliquées.

Squilles (*Squilla*). La « Cigale de mer » (*S. mantis*) est commune dans la Méditerranée.

Cumacés. — *Malacostracés à yeux sessiles presque toujours réunis en un seul. 2 paires de pattes-mâchoires portant des branchies. 6 paires de pattes thoraciques.*

Aspect des larves de Décapodes. Carapace peu développée, comprenant la tête et les anneaux antérieurs du thorax. Pas de glandes antennaires. Les deux moitiés de la glande sexuelle ne sont pas réunies par une partie médiane. Pas d'organes copulateurs. Une chambre incubatrice. Petits Crustacés du fond de la mer, parfois des grandes profondeurs.
Leucons (*Leucon*). Norvège. — Cumes (*Cuma*): Mer du Nord.

Isopodes (ἴσος, pareil; ποῦς, pied). — *Malacostracés à yeux sessiles, à 7 paires de pattes thoraciques dépourvues d'organes respiratoires.*

Corps déprimé. Thorax à 7 anneaux libres. Abdomen souvent réduit, muni de pattes transformées en lamelles branchiales, recouvertes souvent par des boucliers protecteurs provenant des pattes antérieures de l'abdomen. Ces boucliers sont quelquefois (*Porcellio ; Armadillo*) parcourus par un système de cavités remplies d'air. Marins, ou d'eau douce, ou terrestres. Se nourrissent de matières animales. Un grand nombre sont parasites.

A. EUISOPODES (εὖ, bien). — *Pattes abdominales munies de lamelles branchiales.*

Armadilles (*Armadillo*). Corps très bombé, susceptible de s'enrouler; terrestres. *A. officinalis* a été employé autrefois comme diurétique et lithontriptique. — Porcellions (*Porcellio*). Abdomen muni d'appendices caudaux styliformes; terrestres; employés autrefois en médecine, comme les précédents et les suivants. — Cloportes (*Oniscus*). Diffèrent des précédents par l'absence de lacunes aériennes dans les lamelles abdominales; lieux humides. — Ligies (*Ligia*). Sortes de grands Cloportes vivant, au bord de la mer, d'une existence alternativement aquatique et aérienne. — Entonisques (*Entoniscus*). Parasites

.prenant la forme de sacs qui s'enferment, en totalité ou
en partie, dans la cavité viscérale d'autres Crustacés. —
Bopyres (*Bopyrus*. Parasites dans la cavité branchiale
des Palémons; ils rendent la carapace bossue du côté où

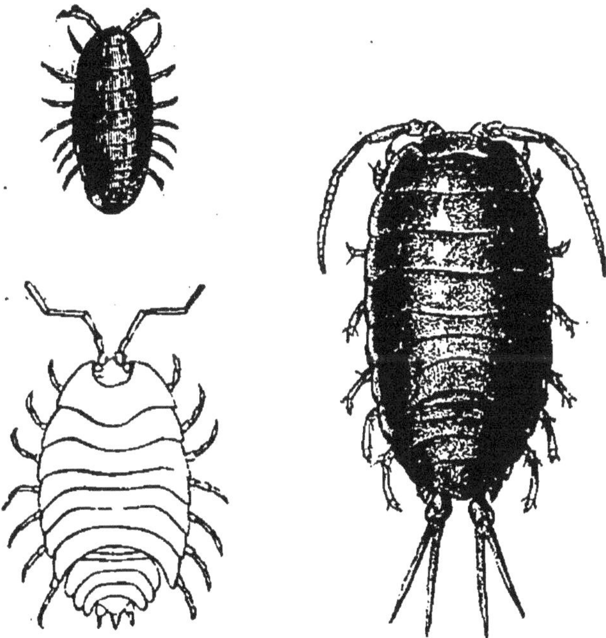

Fig. 422. — Cloporte.　　　Fig. 423. — Ligie.

ils se trouvent. — Aselles (*Asellus*). Formes d'eau douce.
— Idotées (*Idotea*). Dernière paire de pattes transformée
en une sorte d'opercule; Méditerranée, Manche. — Cy-
mothoés (*Cymothoa*). Parasites sur les Poissons.

B. CACOISOPODES (κακός, mauvais). — *Abdomen muni de
pattes biramées ne fonctionnant pas comme branchies.*

Corps ressemblant à celui des Amphipodes.
Ancées (*Anceus*). — Tanaïs (*Tanais*).

Amphipodes (ἀμφί, de deux sortes; πούς, pied). —
*Malacostracés à yeux sessiles, à pattes thoraciques por
tant des vésicules respiratoires.*

Corps comprimé, à 6 ou 7 anneaux thoraciques libres, portant autant de paires de pattes munies de vésicules branchiales. Abdomen variable, muni de pattes natatoires. Marins ou d'eau douce. De petite taille. Quelques-uns parasites.

A. HYPÉRINES. — *Tête grande. Abdomen bien développé.*

Hypéries (*Hyperia*). — Phronimes (*Phronima*).

B. CREVETTINES. — *Tête petite. Abdomen bien développé.*

Crevettines (*Gammarus*). « Crevettes de ruisseaux »; antennes antérieures longues, avec une branche accessoire. La « Puce d'eau » (*G. pulex*) est commune dans les eaux courantes. Quelques espèces marines. — Talitres(*Talitrus*). Antennes antérieures courtes, sans branche accessoire. La « Puce de mer » (*T. saltator*) est commune sur les rivages sablonneux. Quelques espèces vivent aussi dans les flaques d'eau douce.

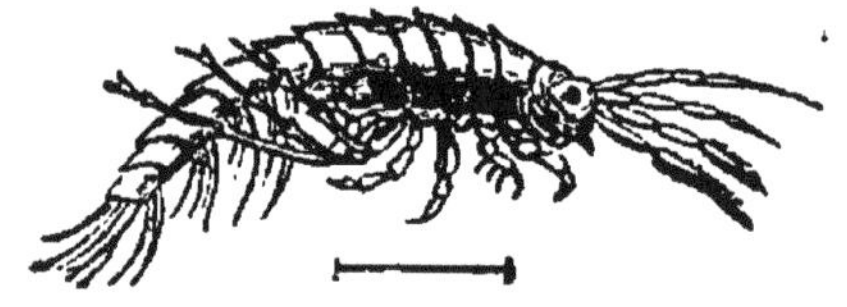

Fig. 424. — CREVETTINE.

C. LÉMODIPODES (λαιμός, cou; δίπους, bipède). — *Tête petite. Abdomen rudimentaire.*

La paire de pattes antérieure est située sous le cou.

Cyames (*Cyamus*). Corps élargi; pattes courtes; vivent en parasites sur la peau des Cétacés. Pou de Baleine (*C. ceti*). — Chevrolles (*Caprella*). Corps linéaire; pattes grêles; mènent une vie errante.

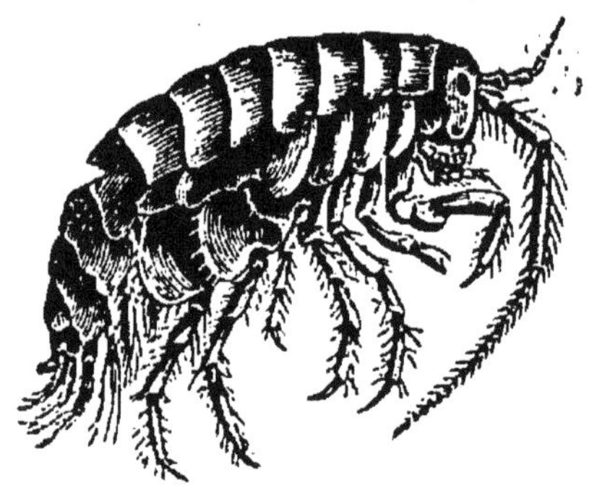

Fig. 425. — TALITRE (grossi).

Branchiopodes (βράγχια, branchies; πούς, pied). — *Entomostracés à pattes lamelleuses.*

Corps allongé, en général nettement segmenté, nu ou couvert soit d'un bouclier, soit d'une carapace bivalve.

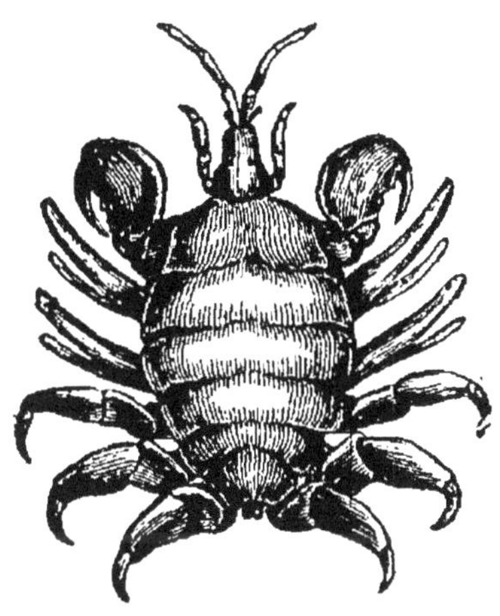

Fig. 426. — CYAME.

Membres en forme de rames doubles, foliacées et lobées. Les femelles ont, le plus souvent, une chambre incubatrice située à la face dorsale, sous le test. Chez beaucoup d'espèces, les œufs peuvent résister à une sécheresse prolongée. La plupart d'eau douce ; quelques-uns marins.

A. CLADOCÈRES (χλάδος, rameau ; κέρας, antenne). — *Petits Branchiopodes à corps comprimé, obscurément segmenté, renfermé, à l'exception de la tête, dans une carapace bivalve. 4 à 5 paires de pattes.*

La plupart n'ont qu'un œil frontal. Antennes antérieures généralement courtes, terminées par une houppe de filaments olfactifs. Antennes postérieures transformées en rames bifurquées, servant d'organes locomoteurs. Mâles plus petits que les femelles. Celles-ci produisent deux espèces d'œufs : les uns (*œufs d'été*) à développement immédiat et parthénogénésique, les autres plus grands (*œufs d'hiver*) ne se développant qu'un certain temps après la fécondation. Les jeunes qui sortent des œufs d'été ont leur forme définitive, ceux qui proviennent des œufs d'hiver subissent généralement des métamorphoses.

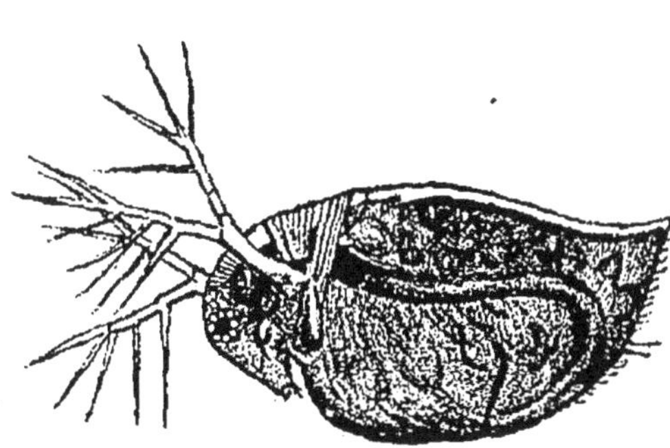

Fig. 427. — DAPHNIE (grossie).

Daphnies (*Daphnia*). La « Puce d'eau » (*D. Pulex*) habite les eaux douces et stagnantes; 5 paires de membres. — Polyphèmes (*Polyphemus*). 4 paires de membres. *P. pediculus* habite les lacs de la Suisse. — Evadnées (*Evadne*). Formes marines.

B. Phyllopodes (φύλλον, feuille ; πούς, pied). — *Grands Branchiopodes, à corps nettement segmenté, entouré généralement d'une carapace soit clypéiforme, soit bivalve. 10 à 40 paires de pattes munies d'appendices branchiaux.*

Deux gros yeux composés, quelquefois pédonculés (Branchipes, Nébalies), et un œil médian plus ou moins rudimentaire. Antennes antérieures courtes ; antennes postérieures (manquant chez les *Apus*) servant de rames. Mâles beaucoup plus rares que les femelles. Chez beaucoup d'espèces, on a constaté la pathénogenèse et la production de deux sortes d'œufs : les uns à développement rapide, les autres pouvant se développer après plusieurs années. Larves naupliformes.

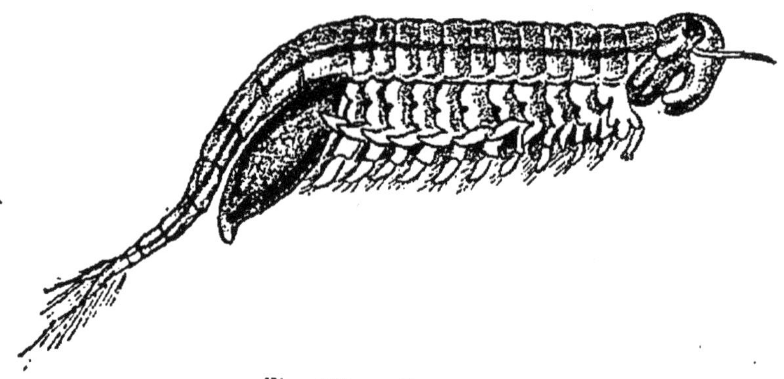

Fig. 428. — Branchipe.

Branchipes (*Branchipus*). Corps allongé, dépourvu de carapace; dans les mares. — Artémies (*Artemia*). Marais salants. — Apus (*Apus*). Tête et thorax cachés sous un bouclier horizontal. — Limnadies (*Limnadia*). Corps entièrement renfermé dans une carapace bivalve. — Nébalies (*Nebalia*). Corps entouré d'un test bivalve qui laisse libre la partie postérieure de l'abdomen. Crustacés marins, formant le passage entre les Entomostracés et les Malacostracés.

Ostracodes (ὄστρακον, coquille). — *Entomostracés à carapace bivalve, dépourvus de pattes lamelleuses.*

Petits Crustacés à corps comprimé, sans segmentation nette, complètement renfermé dans une coquille bivalve. 2 ou 3 paires de pattes locomotrices. Abdomen court. Se nourrissent de matières animales.

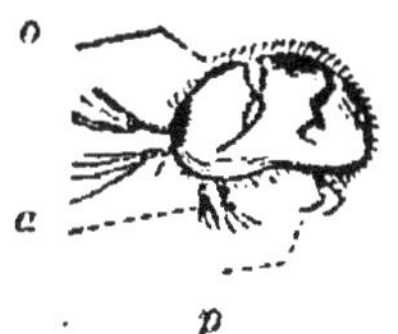

Fig. 429. — CYPRIS.

a, antennes postérieures transformées en pattes; *o,* œil; *p,* pattes.

Cypris (*Cypris*). « Poux d'eau »; carapace mince; eaux douces d'Europe. — Cythérées (*Cythere*). Carapace dure; formes marines.

Copépodes (κώπη, rame; ποῦς, pied). — *Entomostracés dioïques, à 4 ou 5 paires de pattes biramées.*

Corps allongé, ordinairement segmenté, toujours sans coquille. Abdomen à 5 articles, dépourvu de membres. Les femelles, plus grosses que les mâles, portent généralement leurs œufs dans des sacs ou des tubes, de chaque côté de l'abdomen. Naissent, le plus souvent, sous la forme Nauplius dont ils conservent ordinairement l'œil frontal; subissent des métamorphoses compliquées, en partie régressives chez les parasites.

A. EUCOPÉPODES (εὖ, bien). — *Pas d'yeux composés. Abdomen terminé en fourche.*

A. *Gnathostomes* (γνάθος, mâchoire; στόμα, bouche). — *Eucopépodes masticateurs et nageurs, à corps nettement segmenté.*

Cyclopes (*Cyclops*). Doivent leur nom à leur œil unique; les antennes de la première paire sont transformées, chez le mâle, en bras préhensiles; deux poches ovifères chez la femelle. Très petits Crustacés des eaux douces; nagent quelquefois jusque dans les carafes de nos tables. — Cétochiles (*Cetochilus*). Fourmillent souvent dans la mer, en la rendant laiteuse sur une grande étendue; servent d'aliments aux Baleines.

B. *Siphonostomes* (σίφων, tube). — *Eucopépodes suceurs et parasites, à segmentation plus ou moins effacée.*

En général parasites sur la peau et les branchies des Poissons.

Caliges (*Caligus*). Sur certains Poissons de mer. — Lernées (*Lernæa*). Sur les Gades. — Achthères (*Achtheres*). Sur les Per-ches.

B. BRANCHIURES (βράγχια, branchies ; οὐρά, queue). — *Des yeux composés. Abdomen aplati, fonctionnant comme branchie.*

Argules (*Argulus*). Pattes-mâchoires transformées en ventouses. Un appareil perforant ajouté à la bouche. Pas de poches ovifères ; les femelles attachent leurs œufs sur des corps étrangers. Le « Pou de Poissons » (*A. foliaceus*) vit sur les Carpes.

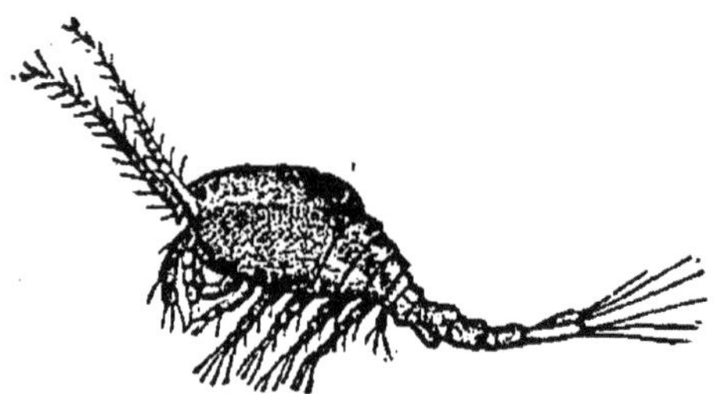

Fig. 430. — CYCLOPE.   Fig. 431. — CALIGE.

Cirripèdes (*cirrus*, frange ; *pes*, pied). *Crustacés ma-rins, fixés à l'âge adulte, généralement monoïques et en-tourés par un repli cutané renfermant des plaques cal-caires. Pattes multiarticulées, en panache recourbé* (cirres), *au nombre de 6 paires, de 3 paires ou nulles.*

Corps indistinctement segmenté ou non segmenté (Rhizocéphales), renfermé ordinairement dans un repli cutané (*manteau*) contenant des pièces calcaires réguliè-rement disposées. L'Animal est fixé par l'extrémité cé-phalique, au moyen de la sécrétion d'une glande (*glande cémentaire*) qui s'ouvre dans la première paire d'antennes ; la seconde paire manque. Le corps peut être sessile ou, au contraire, muni d'un pédoncule constitué par la saillie de la tête hors du test. En général, 3 paires de gnathites, 3 ou 6 paires de pieds cirriformes attirant vers la bouche les particules alimentaires. OEsophage musculeux. Estomac sacciforme. Intestin rectiligne. Une glande digestive. Pas de traces de tube digestif chez quelques formes parasites (Rhizocéphales). Pas d'appareil circulatoire nettement distinct. Pas d'appareil respiratoire. Abdomen rudimentaire, dépourvu de cirres, le plus souvent muni, chez les mâles, d'un long pénis. Quand les sexes sont séparés, le mâle est très petit et vit dans le manteau de la femelle. Dans quelques formes monoïques, il existe des mâles nains (*mâles complémentaires*) fixés sur le corps des hermaphrodites. Système nerveux central constitué par un cerveau et ordinairement une chaîne ventrale formée de 5 paires de ganglions parfois fondus en une masse unique. Un collier œsophagien. Un œil double rudimentaire, correspondant à l'œil impair des Nauplius ; aucune certitude sur l'existence d'organes auditifs ou olfactifs. Des métamorphoses : larves naupliformes ; nymphes cypridiformes, munies d'une coquille bivalve. La paire antérieure de membres du Nauplius s'est transformée en antennes de la Cypris qui deviennent adhésives, puis la tête croît et peut même constituer un long pédoncule. Des pièces calcaires plus ou moins nombreuses apparaissent ensuite, le plus souvent, dans le repli cutané qui forme la coquille.

A. THORACIQUES. — *Corps segmenté, à 6 paires de cirres. Manteau muni ordinairement de plaques calcaires. Généralement monoïques.*

A. *Pédonculés.* — *Corps pédonculé.*
Anatifes (*Lepas*). Test composé de 5 plaques contiguës, une impaire (*carène*) sur le dos, quatre paires (*pièces marginales*), dont le bord ventral limite l'ouverture par laquelle passent les cirres. Deux des plaques marginales (*scuta*) sont à la base du test, en rapport avec le pédoncule ; les deux autres (*terga*) sont situées à l'extrémité du test. L'Anatife commune (*L. anatifera*) se trouve dans nos mers, attachée aux rochers ou aux corps flottants. — Pollicipèdes (*Pollicipes*). Test composé de 5 plaques principales et d'un nombre plus ou moins considérable de pièces accessoires. (*P. cornucopia*) habite l'Océan et la Méditerranée.

B. *Operculés. — Corps sessile ou muni d'un pédoncule rudimentaire.*

Balanes ou « Glands de mer » (*Balanus*). Des plaques accessoires développées autour du pédoncule (*plaques coronales*) forment, avec la carène, une sorte de couronne au-dessus de laquelle les plaques marginales, articulées.

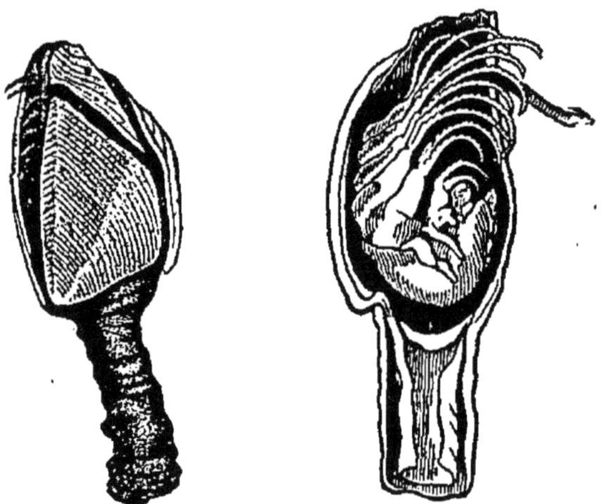

Fig. 432. — ANATIFE (extérieur et intérieur).

entre elles, constituent un opercule mobile. *B. ovularis* est commun sur les coquilles des Moules. — Coronules (*Coronula*). Sortes de gros Balanes aplatis (*Diadema*) ou cylindracés (*Tubicinella*), vivant sur les Cétacés.

B. ABDOMINAUX. — *Corps segmenté, à 3 paires de cirres. Manteau dépourvu de pièces calcaires. Dioïques.*

Vivent en parasites, enfoncés dans la coquille de quelques Gastéropodes. Souvent des mâles complémentaires. Alcippes (*Alcippe*). Dans la coquille des Buccins.

C. ACROSSIDÉS (ἀ priv. ; χροσσός, frange). — *Corps segmenté, dépourvu de cirres et de pièces calcaires. Monoïques.*

Tube digestif rudimentaire. Vivent en parasites dans l'intérieur du manteau d'autres Cirripèdes.
Proteolepas. Antilles.

· *D.* RḤIZOCÉPHALES (ῥίζα, racine ; κεφαλή, tête). — *Corps
non segmenté, présentant des filaments radiciformes, dépourvu de cirres, de pièces calcaires et de tube digestif.
Monoïques.*

Parasites sacciformes constitués, à l'irtérieur de l'hôte,
par des racines absorbantes et, en dehors, par un corps
charnu réuni à la portion intérieure, au moyen d'un
court pédicule. La portion extérieure est charnue et formée presque entièrement par les organes génitaux ; elle
présente une cavité incubatrice communiquant avec le
dehors par un petit orifice (*cloaque*).

Sacculines (*Sacculina*). Parasites ovoïdes, fixés à la face
ventrale de l'abdomen des Crabes ; désignés, par les
pêcheurs, sous le nom d'« œufs de Crabe » (1). — Pelto-
gasters (*Peltogaster*). Parasites en forme de boudins ; sur
les Pagures.

CHAPITRE XI

EMBRANCHEMENT DES VERS

VERS. — *Animaux à symétrie bilatérale, généralement annelés, toujours dépourvus de corde dorsale et de
membres articulés.*

L'embranchement des Vers, le moins homogène des
embranchements du règne animal, est constitué par un
ensemble de formes souvent très disparates. D'une manière générale, les Vers sont caractérisés par leur symétrie bilatérale, tant à l'extérieur qu'à l'intérieur, la division de leur corps, extérieurement et intérieurement,
en une série longitudinale de segments ou métamères, la

(1) La larve cypridiforme de la Sacculine, après s'être fixée sur un
· Crabe, se transforme en une larve sacciforme présentant, à la partie
antérieure, un dard creux par lequel son contenu passe dans le corps
de l'hôte. Elle devient ainsi endoparasite et développe, à sa surface,
des prolongements radiciformes qui se ramifient sur les viscères de
l'hôte et en absorbent les sucs. Quand la masse viscérale de la Sacculine a pris un certain accroissement, elle devient en partie extérieure et le parasite grossit alors rapidement (D**ELAGE**).

présence de canaux latéraux (*canaux aquifères, organes segmentaires*) servant à l'excrétion (WILLIAMS), l'absence de corde dorsale et de membres articulés, enfin l'impossibilité de la vie à l'air libre, tous habitant des milieux humides.

Nous les diviserons en 8 classes, comme l'indique le tableau suivant :

```
         ┌ Un système    ┌ Une chaîne  ┌ Anneaux plus ou moins accen-
         │ nerveux.      │ nerveuse.   │ tués.......................... ANNÉLIDES.
         │               │             └ Pas de segmentation extérieure. GÉPHYRIENS.
         │               │
VERS.    │               │             ┌ Une coquille bivalve.......... BRACHIOPODES.
         │               │ Pas de      │           ┌ Un organe rotatoire... ROTATEURS.
         │               │ chaîne      │ Pas de    │         ┌ Des tentacules ci-
         │               │ nerveuse.   │ coquille  │ Pas     │ liés.............. BRYOZOAIRES.
         │               └             │ bivalve.  │ d'or-   │         ┌ Pas de ┌ Corps
         │                             │           │ gane    │ tenta-  │ cylin-
         │                             │           │ rota-   │ cules   │ drique. NÉMATELMINTHES.
         │                             │           │ toire.  │ ciliés. │
         │                             │           │         │ (Helmin-┌ Corps
         │                             │           │         └ thes).  │ plat.  PLATYELMINTHES.
         └ Pas de système nerveux.................................... PSEUDELMINTHES.
```

§ I. — *Classe des Annélides.*

ANNÉLIDES (*annellus*, petit anneau). — *Vers à corps segmenté extérieurement et intérieurement, munis d'une chaîne ganglionnaire ventrale et d'un système vasculaire clos.*

Corps tantôt cylindrique, tantôt aplati, composé d'une série longitudinale d'anneaux semblables (*somites homonomes*) ou dissemblables (*somites hétéronomes*). Le plus souvent, des diaphragmes musculo-membraneux, percés d'un trou pour le passage du tube digestif, correspondent intérieurement aux divisions extérieures (Chétopodes) ou comprennent entre eux un certain nombre (3, 4 ou 5 de ces divisions (Hirudinées). En général, chaque anneau présente extérieurement une paire de branchies et une paire de pieds inarticulés (*parapodes*)

portant souvent des appendices variés, les uns filiformes
(*soies*), les autres coniques (*cirres*) ou en forme d'écailles
(*élytres*). Chaque chambre intérieure du corps, comprise
entre deux diaphragmes, contient un renflement du
tube digestif, une paire d'organes génitaux, une paire
d'organes segmentaires, deux ganglions nerveux ordinairement plus ou moins fusionnés, enfin deux troncs vasculaires longitudinaux réunis, de chaque côté du tube
digestif, par une anse vasculaire se rendant à l'intérieur
de la branchie correspondante. Les divers organes que
nous venons de signaler dans l'organisation typique d'un
anneau peuvent n'exister que dans certaines regions du
corps; quelques-uns d'entre eux font même quelquefois
complètement défaut.

		Des pieds.............	POLYCHÈTES.
ANNÉLIDES.	Des soies (*Chétopodes*).	Pas de pieds...........	OLIGOCHÈTES.
	Pas de soies......................		HIRUDINÉES.

Polychètes (πολύς, nombreux ; χαίτη, soie). — *Annélides
marins, munis de pieds qui portent des soies nombreuses,
des cirres et des branchies. Dioïques. Développement avec
métamorphoses.*

Une tête distincte, composée de deux parties : 1º l'*anneau cérébral* renfermant le cerveau et portant des appendices appelés *antennes* ; 2º l'*anneau buccal* portant la
bouche et des appendices appelés *tentacules* (DE QUATRE-
FAGES). Les autres anneaux du corps portent des pieds
(*parapodes*) constitués essentiellement par un mamelon
creux souvent décomposé en deux parties ou *rames* l'une
dorsale (*notopode*) plutôt respiratoire, l'autre ventrale
(*neuropode*) plutôt locomotrice. Chacune de ces parties
porte un appendice conique (*cirre dorsal; cirre ventral*)
et un faisceau de soies de formes très variées. Le parapode, normalement biramé, devient uniramé chez quelques familles (Syllidiens, Euniciens); dans ce cas, c'est
toujours le notopode qui disparaît (PRUVOT). Le notopode
et le neuropode présentent habituellement, à leur intérieur, une grosse soie (*acicule*) qui leur donne une certaine rigidité et traverse le bulbe sétigère, mais sans
jamais se montrer dehors.

Le *tube digestif* s'étend, le plus souvent, en ligne
droite, de la bouche à l'anus qui sont tous deux termi-

naux ; rarement il présente des diverticules segmentaires.
Généralement le pharynx est armé de machoires et peut
faire saillie au dehors, sous forme de trompe.

L'*appareil circulatoire* est clos et ne manque que chez
quelques espèces (Polynoés, etc.). Il se compose essentiellement d'un vaisseau sus-intestinal et d'un vaisseau sous-
intestinal reliés ensemble par des canaux latéraux. Le
sang est coloré en rouge, quelquefois en vert (Sabelles).
Le plus souvent, le plasma est coloré par l'hémoglobine et
les globules sont incolores ; mais ceux-ci sont quelquefois
rouges (Glycères). Le sang se meut d'arrière en avant
dans le vaisseau dorsal. Celui-ci peut être contractile dans
toute sa longueur ou seulement dans sa partie antérieure

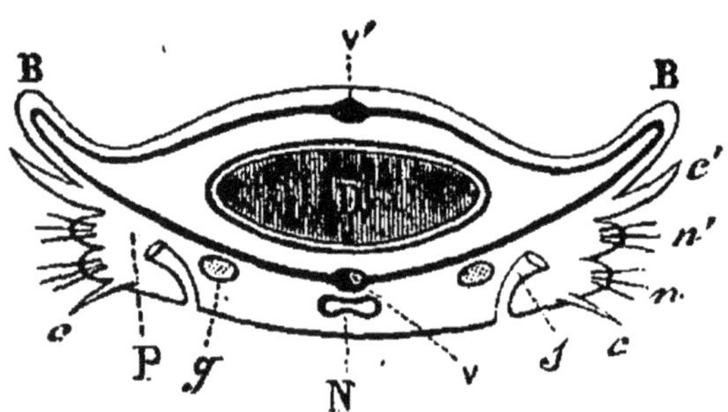

Fig. 433. — Anneau d'Annélide (schéma).

B, branchies ; c, cirre ventral ; c', cirre dorsal ; D, tube digestif ;
g. organe génital ; N, chaine nerveuse ; n. neuropode (rame ventrale) ; n', notopode (rame dorsale) ; P, parapode ; s, organe segmentaire ; v, vaisseau ventral ; v', vaisseau dorsal.

(*cœur*). Le sang se dirige d'avant en arrière dans le vaisseau ventral. La cavité générale du corps renferme un
liquide incolore (*liquide plasmatique*) dans lequel flottent
des globules à mouvements amiboïdes. C'est sous l'influence de l'afflux de ce liquide que les pieds prennent la
rigidité nécessaire à l'accomplissement de la marche ou
de la natation.

L'*appareil respiratoire* est constitué par des branchies.
Les plus simples sont de petits appendices cirriformes
situés sur le dos de la rame dorsale (Hermelles) ; elles
peuvent être en forme de peigne (Eunices), de touffes
arborescentes (Aréuicoles), etc. Développées surtout vers
le milieu du corps chez les Errants, elles se rapprochent
de la tête chez les Sédentaires, où elles forment quelque-

fois une couronne autour de la bouche. Les branchies
font défaut chez quélques groupes (Syllidiens, etc.).

Les *organes segmentaires* font communiquer la cavité

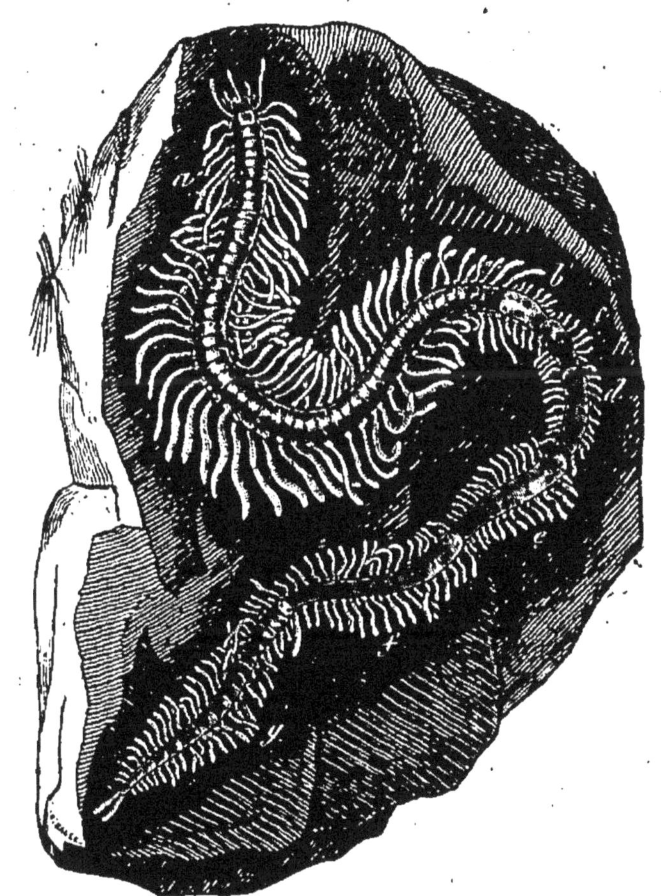

Fig. 434. — Bourgeonnement axial d'une Myrianide.

a, individu souche asexué; *b*, *c*, *d*, *e*, *f*, *g*, petits, développés par
bourgeonnement et sexués ; le dernier, *g*, est le plus âgé.

générale avec l'extérieur. Ce sont ordinairement des tubes
s'ouvrant en dehors, par un orifice étroit, sur la paroi
ventrale du corps et, dans la cavité générale, par un pavillon cilié; quelquefois, ils sont fermés du côté interne

et figurent des sortes de reins. Chaque organe segmentaire appartient à un seul segment.

Les sexes sont séparés ; cependant quelques formes sont hermaphrodites. Les *organes génitaux*, toujours très simples, n'ont pas de conduits propres et ne diffèrent, en apparence, que par leurs produits. Ceux-ci sont évacués par les organes segmentaires : il n'y a pas d'accouplement. Quelques espèces seulement sont vivipares. Les Syllidiens présentent encore une reproduction agame par scissiparité et bourgeonnement suivant l'axe longitudinal. Quelquefois même (Myrianide) on peut observer la génération alternante : les produits sexuels ne se forment alors que dans les derniers anneaux au devant desquels un segment se différencie en une tête ; puis de nouveaux anneaux bourgeonnent, une nouvelle tête se forme et ainsi de suite, jusqu'à la production d'une chaîne d'individus sexués. Le dernier de la chaîne est le plus âgé et tous se séparent successivement de l'individu souche qui demeure toujours asexué.

Le *tégument* se compose d'une cuticule et d'un hypoderme qui renferme souvent des glandes unicellulaires. Il est doublé d'une couche musculaire à fibres circulaires au-dessous de laquelle existent généralement quatre grands muscles longitudinaux, deux dorsaux et deux ventraux.

Le *système nerveux* comprend un cerveau, un collier œsophagien et une double chaîne ventrale présentant une paire de ganglions dans chaque anneau. La première paire de ganglions occupe l'anneau buccal et est en rapport avec le cerveau par le collier œsophagien ; les deux moitiés de la chaîne ventrale peuvent être rapprochées ou écartées, de manière à simuler soit une double chaîne à nœuds, soit une échelle de corde.

Le *toucher* a pour organes les antennes et les cirres.

La *vue* s'exerce par des yeux simples munis d'un cristallin enchâssé dans une cupule rétinienne munie de granulations pigmentaires. Les yeux peuvent être au nombre de deux, de quatre ou davantage, distribués habituellement sur le lobe céphalique, mais pouvant être placés aussi sur les branchies (Sabelles), sur les côtés de tous les anneaux (Polyophtalmes) ou à l'extrémité postérieure du corps (Fabricies) ; enfin ils peuvent manquer.

Les *organes auditifs* sont rares ; on trouve cependant une paire d'otocystes à otolithes, chez quelques formes (Arénicoles).

Le *développement* présente toujours des phénomènes

de métamorphose. Les embryons sont d'abord des larves ciliées dont la forme fondamentale est représentée par la *larve de Lovén* appelée encore *Trochosphère* ou *Trochophore*. Cette larve a la forme d'un corps ovoïde muni extérieurement de deux couronnes équatoriales ciliées, très rapprochées l'une de l'autre ; elle présente intérieurement un tube digestif à bouche située entre les deux couronnes de cils et à anus s'ouvrant au pôle postérieur de l'ovoïde. L'organisme de l'Annélide se développe par la segmentation et la formation de parties semblables, dans la région du corps en arrière de la bouche.

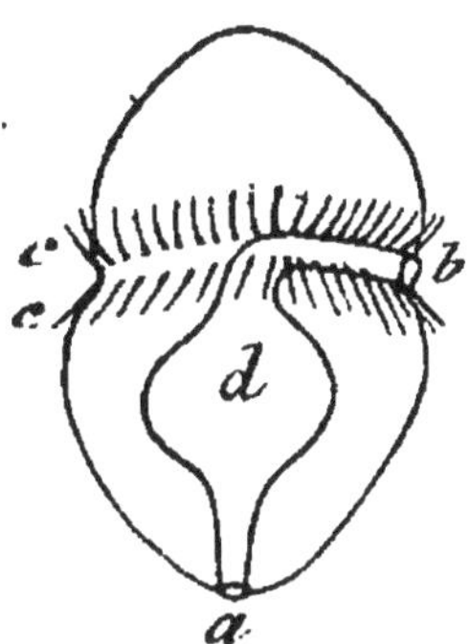

Fig. 435. — Larve de Lovén.

a, anus ; b, bouche ; c, c, couronnes de cils vibratiles ; d, tube digestif.

Tous les Polychètes sont marins, à part quelques très rares exceptions ; ils vivent généralement près des côtes et quelques-uns (*Chœtopterus, Polynoe,* etc.) sont phosphorescents (1).

A. Errants. — *Polychètes à régions du corps similaires.*

Tête distincte, portant des tentacules et des organes des sens. Branchies dorsales ou nulles. Annélides carnassiers, munis généralement d'un appareil masticateur ; à

(1) On considère, comme des formes aberrantes, les genres *Polygordius* et *Myzostoma.*

Les *Polygordius* sont des Vers marins sans segmentation extérieure, dépourvus de soies et de parapodes. La segmentation intérieure est très nette ; le sang est rouge ; les organes segmentaires sont bien développés. Les sexes, séparés chez certaines espèces, sont réunis chez certaines autres. Le système nerveux présente un cerveau et un double cordon ventral sans renflements ganglionnaires. Les larves ont la forme des larves de Lovén. On considère les Polygordius comme très rapprochés du groupe ancestral des Annélides ; on a même proposé d'en faire un ordre à part, sous le nom d'Archiannélides.

Les *Myzostomes* sont de petits Vers discoïdes, parasites des Comatules. Ils ont quatre paires de ventouses ventrales et cinq paires de parapodes munis chacun d'un crochet arqué. L'estomac est entouré de longs cœcums qui se ramifient dans l'épaisseur du corps. Les sexes sont réunis. Une grosse masse ganglionnaire ventrale, située au-dessous de l'estomac, donne naissance à un cordon nerveux qui entoure l'œsophage, sans présenter de renflement sus-œsophagien. Les parapodes sont obscurément divisés en deux articles et se rapprochent ainsi des membres articulés des Arthropodes.

parapodes bien développés ; menant une vie vagabonde.
Aphrodites ou « Souris de mer » (*Aphrodita*). Corps
ovalaire, recouvert d'un feutrage de poils. — Polynoés
(*Polynoe*). Dos recouvert d'élytres nus. — Eunices (*Eunice*).
Une tête à cinq antennes ; de nombreux anneaux à pieds
uniramés ; branchies variables. — Nephthydes (*Nephthys*).
Corps nacré ; bran-
chies cirriformes. —
Néréides (*Nereis*).Tête
distincte à quatre
yeux et quatre anten-
nes ; des machoires ;
pieds biramés ; pas de
branchies. — Syllis

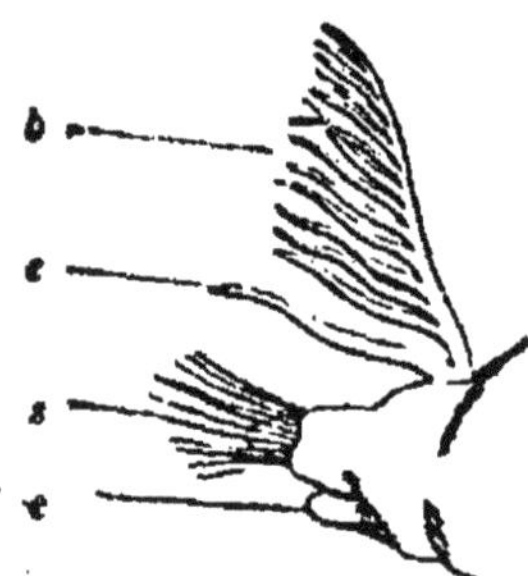

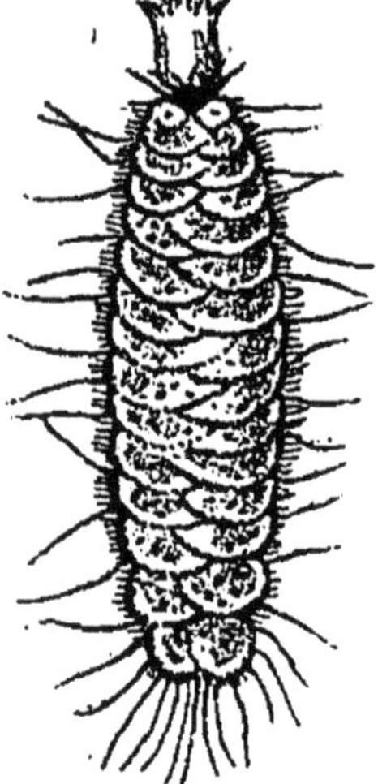

Fig. 436. — Pied d'une   Fig. 437. — Néréide.   Fig. 438. — Polynoé.
Eunice.

ð, branchie ; *c,c*, cirres ;
s, soies.

(*Syllis*). Petits Polychètes à corps linéaire ; pas de mâchoires ; pieds uniramés, sans branchies. — Glycères
(*Glycera*). Tête conique ; pieds biramés, pédonculés.
— Polyophtalmes (*Polyophthalmus*). Aspect de Nématodes ; présentent des yeux céphaliques et des yeux latéraux.

B. SÉDENTAIRES OU TUBICOLES. — *Polychètes à régions
du corps dissimilaires.*

Tête généralement peu distincte. Branchies développées seulement sur quelques segments ou constituées
par les appendices céphaliques transformés (*Céphalo-
branches*), quelquefois nulles. Pas d'appareil masticateur.
Parapodes peu saillants, munis de soies mais dépourvus

de cirres. Vivent dans des tubes glaireux, chitineux ou calcaires, sécrétés par la peau et auxquels ils ne sont pas fixés. Se nourrissent de vase ou de débris organiques.

Serpules (*Serpula*). Branchies céphaliques; un opercule corné infundibuliforme à l'extrémité d'un tentacule; habitent un tube calcaire quelquefois enroulé dans un plan (*Spirorbis*). — Sabelles (*Sabella*). Branchies céphaliques; pas d'opercule; habitent un tube à consistance de caoutchouc. — Térébelles (*Terebella*). Corps vermiforme, plus épais en avant où il porte deux touffes de cirres filiformes; trois paires de branchies dorsales

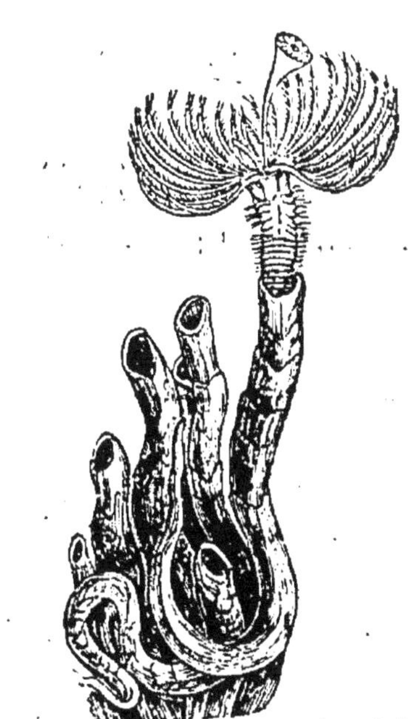

Fig. 439. — SERPULE.

Fig. 440. — ARÉNICOLE.

arborescentes; habitent des tubes grossiers, formés de débris, où creusent des galeries dans le sol. — Hermelles

(*Hermella*). Extrémité antérieure munie de couronnes de soies formant opercule; extrémité postérieure constituée par une queue sans segments ni parapodes; des branchies dorsales; habitent des tubes de grains de sable agglutinés. — Arénicoles (*Arenicola*). Tête sans appendices; branchies arborescentes, dans la partie moyenne du corps; région caudale nue. L'Arénicole des pêcheurs (*A. piscatorum*) s'enfonce dans le sable où elle se creuse une galerie en U : elle sert d'amorce aux pêcheurs. — Capitelles (*Capitella*). Tête conique, sans appendices; parapodes rudimentaires; soies peu nombreuses; se rapprochent des Oligochètes.

Oligochètes (ὀλιγός, peu ; χαίτη, soie). — *Annélides terrestres ou d'eau douce, dépourvus de pieds, de cirres et de branchies; soies peu nombreuses. Monoïques. Pas de métamorphoses.*

Tête peu distincte, ne portant jamais d'antennes ni de tentacules. Pas d'armature buccale; pas de pieds. Généralement quatre séries longitudinales (deux ventrales, deux dorsales) de soies courtes, semblables et peu nombreuses sur chaque segment, implantées dans des culs-de-sac tégumentaires et mues par de petits muscles propres. Au moment de la reproduction, une région du corps (*clitellum* ou *ceinture*) est le siège d'une sécrétion plus ou moins abondante.

Le *tube digestif* est rectiligne; il présente, après le pharynx et l'œsophage, des glandes calcifères (*glandes de Morren*) sécrétant une émulsion calcaire qui sert sans doute à neutraliser l'acidité des aliments. Viennent ensuite un jabot et un gésier qui font défaut chez les Limicoles, puis un intestin formant, sur le côté dorsal, une invagination tubuleuse (*typhlosolis*).

L'*appareil circulatoire* est toujours clos. Il se compose de deux troncs longitudinaux, un dorsal et un ventral, réunis, aux deux extrémités du corps, par un réseau sanguin et, à chaque segment, par des anses vasculaires de deux sortes, les unes accolées au tube digestif (*anses intestinales*), les autres flottant autour de lui (*anses périviscérales*). Le vaisseau dorsal est toujours contractile d'arrière en avant; quelquefois, certaines anses périviscérales sont plus ou moins dilatées et contractiles (*cœurs*). Chez les Terricoles, le vaisseau ventral est divisé en deux troncs superposés. Le sang est presque toujours rouge et dépourvu de corpuscules sanguins.

L'*appareil respiratoire* n'existe que dans le genre *Dero* où l'extrémité caudale se termine par un entonnoir dorsal protégeant quatre branchies rétractiles et ciliées.

Les *organes segmentaires* sont disposés par paires appartenant chacune à deux segments consécutifs ; ils s'ouvrent à l'extérieur, en dedans des soies ventrales.

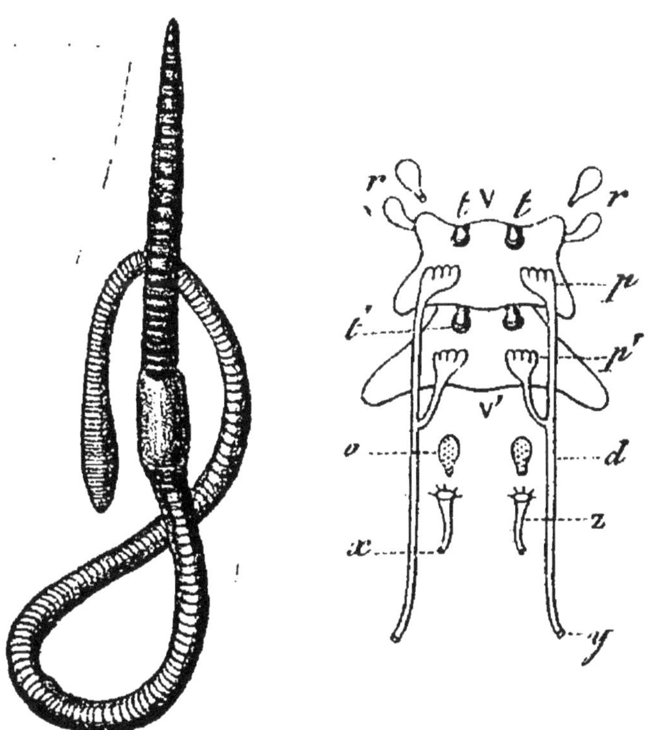

Fig. 441. — Lombric.

On voit la ceinture (*clitellum*), en avant de la partie moyenne du corps.

Fig. 442. — Organes génitaux du Lombric.

d, canaux déférents.; *o*, ovaires ; *p,p'*, pavillons ; *r,r'*, réceptacles séminaux ; *t,t'*, testicules ; *v,v'*, vésicules séminales ; *x*, orifices des oviductes ; *y*, orifices des canaux déférents ; *z*, oviductes.

Les *organes génitaux* sont réunis sur le même individu. Chez les Terricoles, ils ont des conduits excréteurs propres ; chez les Limicoles, les produits sexuels s'échappent par les organes segmentaires situés dans les anneaux génitaux (1). En outre de la reproduction sexuée, certains Limicoles présentent encore une reproduction asexuée par bourgeonnement ou par scissiparité. Le développement a lieu sans métamorphoses.

Le *système nerveux* comprend un cerveau avec nerfs céphaliques, un collier œsophagien avec nerfs pour le pharynx, enfin une chaîne ventrale dont les deux moitiés sont soudées et offrent un ganglion, au milieu de chaque segment.

Les *organes des sens* sont représentés, chez les Limicoles, par de simples amas de pigment qui manquent complètement chez les Terricoles.

A. LIMICOLES (*limus*, limon; *colere*, habiter). — *Oligochètes aquatiques, dépourvus d'organes segmentaires dans les anneaux génitaux.*

La ceinture, quand elle existe, porte les orifices mâles.
Naïs (*Naïs*). Petits Limicoles à sang incolore, à lobe frontal très allongé. — Déros (*Dero*). Appendices de la queue fonctionnant comme branchies. — Tubifex (*Tubifex*). Vivent enfoncés dans des tubes vaseux au dehors desquels l'extrémité postérieure fait saillie. — Enchytrées

(1) Le Lombric « Ver de terre » présente, aux dixième et onzième segments, deux paires de testicules recouvertes de deux grandes vésicules séminales : l'une antérieure portant deux paires de cæcums, l'autre postérieure ne portant qu'une paire de ces appendices. Les vésicules, ne communiquent pas entre elles ; au moment de la fécondation, elles se gonflent de spermatozoïdes. Sur le plancher de chaque vésicule s'ouvre une paire de pavillons frangés auxquels font suite deux canaux déférents qui, après un court trajet, s'unissent pour déboucher à la base du quinzième segment, en dehors des soies dorsales. Les ovaires sont au nombre de deux et situés dans le treizième segment. Les œufs tombent dans la cavité générale; ils s'échappent par de très courts oviductes dont l'orifice interne a la forme d'un pavillon cilié et dont l'orifice externe est situé dans le quatorzième segment, en dedans des soies ventrales. Deux paires de *réceptacles séminaux*, sans communication avec la cavité générale ou les organes génitaux, occupent les neuvième et dixième segments; ils débouchent au dehors, sur la même ligne que les orifices mâles. La fécondation est réciproque. La ceinture comprend les anneaux intermédiaires entre le trente-deuxième et le trente-huitième; au moment de l'accouplement (juin, juillet), elle devient le siège d'une sécrétion abondante. Dans la copulation, les deux Vers s'accolent par leur face ventrale, mais en sens inverse. Après la ponte, les œufs sont enveloppés dans une sorte de cocon provenant de la ceinture et dont le Ver se débarrasse par la contraction de son corps.

(*Enchytræus*). Se rapprochent des Terricoles; vivent dans la terre humide.

B. TERRICOLES (*terra*, terre; *colere*, habiter). — *Oligo-chètes terrestres, pourvus d'organes segmentaires dans les anneaux génitaux.*

On peut les diviser (E. PERRIER), d'après la position relative du clitellum et des orifices génitaux, en : *Anté-clitelliens* (orifices génitaux en avant du clitellum) ; *Intra-clitelliens* (orifices mâles sur le clitellum); *Postclitel-liens* (orifices mâles en arrière du clitellum); *Aclitelliens* (pas de clitellum). Seuls, les Antéclitelliens appartiennent à nos pays. Le plus connu est le Ver de terre (*Lumbri-cus*) dont on a décrit un grand nombre d'espèces, parmi lesquelles une des plus communes et des plus grandes est le *L. terrestris* ou *agricola*. Les Vers de terre ou Lombrics se nourrissent en avalant des portions d'humus et s'assimilant les principes nutritifs qui s'y trouvent : ils réduisent ainsi la terre en une sorte de pâte et con-tribuent, par suite, à l'amélioration du sol qu'ils assaî-nissent encore en y creusant constamment des galeries. Malheureusement, ils peuvent aussi ramener, à la surface du sol, des particules infectieuses enfouies depuis long-temps et qui trop souvent servent à la propagation des maladies (PASTEUR). Les Lombrics sont aussi les agents les plus actifs du recouvrement des anciennes construc-tions par des couches régulières de terre ; ils contribuent à revêtir le sol d'un épais manteau de terre végétale dont ils augmentent même la richesse par la grande quantité de feuilles et autres matières organiques qu'ils emmagasinent dans leurs galeries, non seulement pour se nourrir, mais aussi pour en masquer l'entrée (DARWIN). La galerie d'un Ver est une sorte de tunnel tapissé d'un enduit très adhérent et s'élargissant souvent en une chambre assez spacieuse où l'Animal passe la mauvaise saison. Les Lombrics sont employés pour amorcer les lignes de pêche et servent aussi de nourriture aux Oiseaux de basse-cour ; utilisés autrefois en médecine, ils sont au-jourd'hui complètement abandonnés.

Hirudinées. — *Annélides dépourvus de soies et munis de deux ventouses.*

Vers plus ou moins aplatis, sans tête distincte, ин

pieds, ni soies, ni branchies, possédant une grande ventouse postérieure uniquement fixatrice et une petite ventouse antérieure servant tant à la succion qu'à la fixation. Monoïques. Ectoparasites. La cavité générale est habituellement comblée par le parenchyme du corps; mais elle est encore représentée dans quelques genres (Branchiobdelle, Néphélis, Clepsine) (1).

ORGANISATION DE LA SANGSUE. — La Sangsue proprement dite (*Hirudo*) comprend un grand nombre d'espèces ou de variétés dont les principales sont : la Sangsue grise (*H. medicinalis*), à ventre maculé de noir; la Sangsue verte (*H. officinalis*), à ventre non maculé; la Sangsue dragon ou truite (*H. troctina*), à ventre bordé d'une bande en zigzag. Ces trois Sangsues habitent les eaux douces des ruisseaux, des mares et des étangs; les deux premières se trouvent en Europe; la troisième habite l'Algérie. *H. granulosa* est une grosse Sangsue que l'on emploie dans l'Inde; *H. sinica* sert en Chine. Ces diverses Sangsues ont le corps composé de 93 à 95 anneaux externes qui correspondent à un nombre moindre de segments internes; elles mordent la peau de l'Homme et se contractent en olive, quand on les touche. La ventouse antérieure présente une lèvre supérieure en forme de cuiller et une courte lèvre inférieure. Au fond de la ventouse, se trouve la bouche entourée de trois

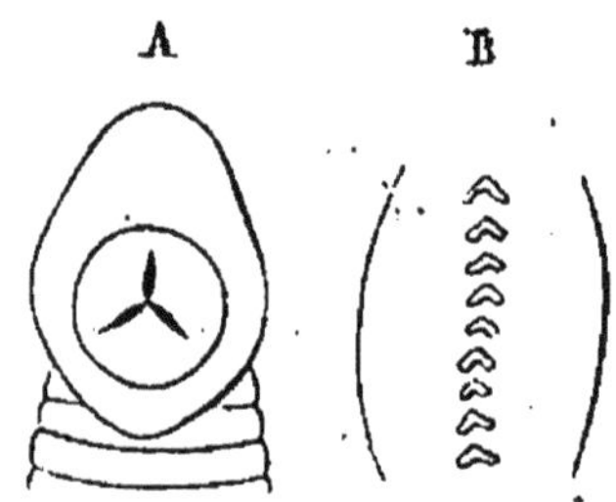

Fig. 443. — A, ventouse antérieure de la Sangsue; B, denticules d'une mâchoire (très grossies).

mâchoires égales, demi-circulaires, l'une supérieure, les deux autres inféro-latérales. Chaque mâchoire est armée d'environ 90 denticules en forme de chevrons et en rapport avec les fibres musculaires dont se compose la partie molle de la mâchoire. Les Sangsues sont employées pour produire des saignées locales; leur *procédé opéra-*

(1) Par la présence des ventouses, l'absence de soies, à l'extérieur, et d'une cavité générale proprement dite à l'intérieur, enfin par la disposition du tube digestif et des organes génitaux, les Hirudinées se rapprochent des Platyelminthes. Mais, d'une part la cavité générale existe à l'état embryonnaire et persiste même chez la Branchiobdelle; d'autre part le corps nettement segmenté, le système vasculaire, les organes excréteurs et la chaîne nerveuse relient les Hirudinées aux Chétopodes, surtout aux Oligochètes.

toire comporte quatre sortes d'opérations (*fixation, morsure, succion, déglutition*) et se fait de la manière suivante (CARLET) :

1° *Fixation*. — En faisant enregistrer, par la Sangsue elle-même, sur un papier enfumé, les formes successives qu'elle donne à sa ventouse, on voit que l'Animal palpe d'abord la surface avec les deux côtés de la lèvre supérieure qui impriment, sur le papier, deux lignes con-

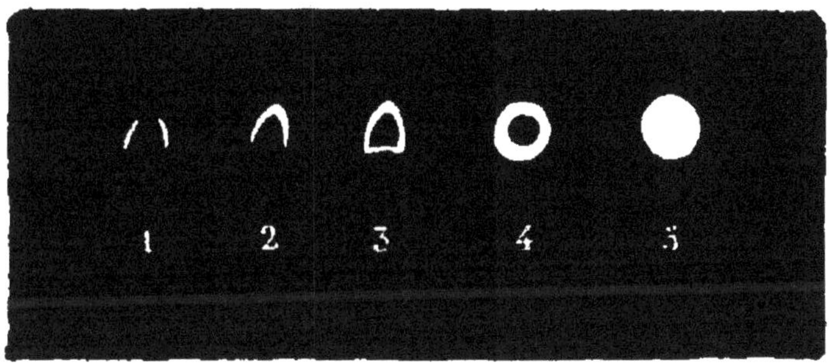

Fig. 444. — GRAPHIQUE DE LA FIXATION DE LA VENTOUSE ANTÉRIEURE D'UNE SANGSUE.

1, application des deux bords de la lèvre supérieure; 2, application de la lèvre supérieure en entier ; 3, application des deux lèvres ; 4, abaissement du pharynx ; 5, contact du fond de la ventouse.

vergentes. Dans un deuxième temps, la lèvre supérieure s'applique en entier et marque sur le papier, une sorte de fer à cheval. Dans un troisième temps, la lèvre inférieure s'applique à son tour, ce qui donne alors un triangle curviligne. Dans un quatrième temps, le Ver abaissant le pharynx, le contour de la ventouse devient circulaire. Enfin, dans un cinquième temps, le fond de la ventouse s'applique sur le plan de fixation et la plus grande quantité de l'air qu'elle contenait s'échappe par les bords.

2° *Morsure*. — En faisant mordre un Animal par des Sangsues et enlevant celles-ci, à des moments convenables, on trouve d'abord, sur la peau, trois incisions linéaires, puis trois déchirures figurant un trèfle, enfin une blessure triangulaire formée par la réunion des trois folioles du trèfle et le retrait des lambeaux de la peau.

3° *Succion*. — Par la vivisection de la Sangsue en train de mordre, on peut s'assurer que les mâchoires s'écartent l'une de l'autre, en même temps qu'elles s'enfoncent dans la peau. Leur divergence amène la dilatation du pharynx qui prend alors la forme d'un entonnoir triangulaire dans le vide duquel le sang s'élance.

4° *Déglutition*. — Après s'être abaissées et écartées, les mâchoires se relèvent et se rejoignent pour refouler derrière elles, à la façon d'un piston, le sang dans le tube digestif.

Le procédé opératoire de la Sangsue correspond ainsi à l'action de trois instruments : la ventouse, le scarificateur et la seringue.

L'*appareil digestif* présente, en arrière de la bouche, les trois mâchoires munies chacune de muscles qui leur communiquent, d'une part des mouvements d'abaissement et d'écartement, d'autre part des mouvements d'élévation et de rapprochement. En arrière de la région des mâchoires, se trouve un pharynx ovoïde dont les parois renferment des fibres musculaires : les unes longitudinales servent au raccourcissement du pharynx ; d'autres circulaires resserrent cette cavité; d'autres enfin radiaires amènent sa dilatation. Entre ces faisceaux musculaires, on remarque un amas de petites glandes unicellulaires (*glandes salivaires*) dont chacune se termine par un canal excréteur. A la suite du pharynx, l'estomac se montre composé de onze chambres consécutives pourvues chacune d'une paire de cæcums et séparées par des anneaux diaphragmatiques percés d'une ouverture centrale. Ces chambres vont en s'élargissant d'avant en arrière, et il en est de même de leurs cæcums; les deux derniers sont volumineux et descendent parallèlement à l'intestin. Celui-ci (*rectum*) est un tube cylindrique, étroit, qui va directement de l'estomac à l'anus; il est séparé de la dernière chambre stomacale par un sphincter qui peut isoler complètement l'estomac du

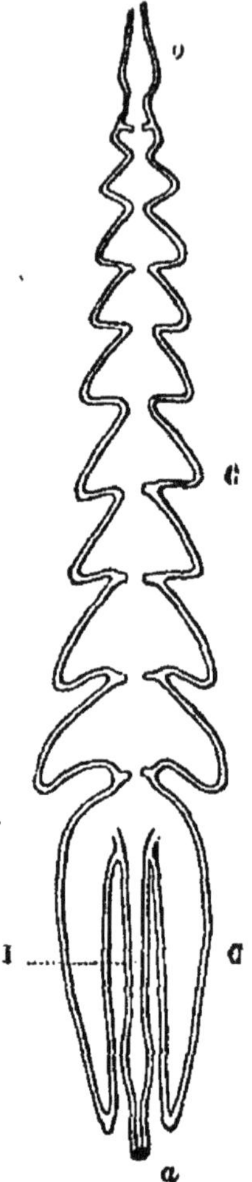

Fig. 445. — TUBE DIGESTIF DE LA SANGSUE.

a, anus; C,C, cæcums; I, intestin; O, œsophage.

rectum. L'anus est très petit et situé au-dessus de la ventouse postérieure.

L'*appareil circulatoire* se compose essentiellement de deux troncs médians l'un supérieur (*vaisseau dorsal*), l'autre inférieur (*vaisseau ventral*), unis par des anses vasculaires entourant le tube digestif, et d'une paire de troncs latéraux. Les deux vaisseaux médians se bifurquent en avant et leurs branches de bifurcation ceignent en se réunissant l'œsophage d'un collier

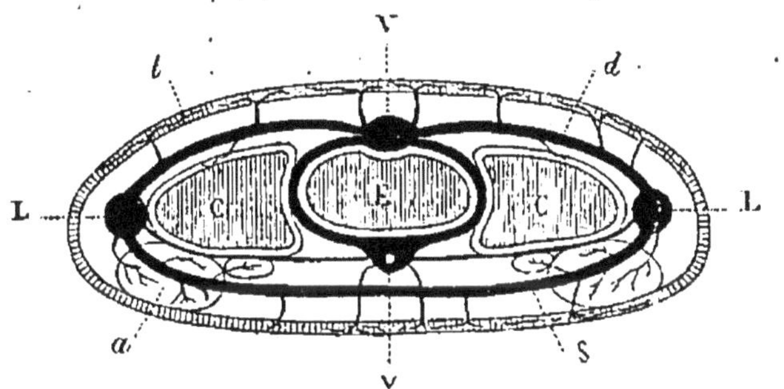

Fig. 446. — Coupe transversale de la Sangsue.

, organes segmentaires : C,C, cœcums, E, estomac ; L.L, vaisseaux latéraux ; V, vaisseau dorsal ; *v*, vaisseau ventral ; *d,s*, vaisseaux anastomotiques ; *t*, tégument.

vasculaire. Les *vaisseaux latéraux* s'anastomosent au niveau des deux ventouses ; à chaque segment intérieur, ils s'envoient des branches de communication : 1° dans la région dorsale (*branches latéro-dorsales*), avec un rameau pour le vaisseau dorsal ; 2° dans la région ventrale (*branches latéro-ventrales*), avec un rameau pour le vaisseau ventral. Ce dernier renferme la chaîne nerveuse dans toute sa longueur et présente un léger renflement au niveau de chaque ganglion. Le sang est rouge et doit sa coloration à l'hémoglobine ; il circule sous l'influence des contractions des troncs longitudinaux (surtout des latéraux). Ces contractions ne semblent pas se faire toujours dans le même sens et la circulation du sang paraît oscillatoire.

L'*appareil respiratoire* est représenté uniquement par la peau où se ramifient des branches provenant des divers vaisseaux. Seul parmi les Hirudinées, le genre *Branchellion* présente des appendices latéraux foliacés fonctionnant comme branchies.

Les *organes segmentaires* sont au nombre de 17 paires ; ils s'étendent du 7e au 24e segment et se présentent sous l'aspect de petites masses blanches également espacées. Chacun d'eux se compose d'une glande accompagnée d'un conduit excréteur, et d'une vésicule. La *glande segmentaire* est formée par un amas cellulaire recouvert d'un tissu fibreux ; elle a la forme d'un fer à cheval dont la convexité est dorsale, tandis que les branches se réunissent pour former un fin prolongement. La *vésicule segmentaire* est une poche piriforme à paroi contractile et tapissée de cils vibratiles ; elle reçoit les produits de la glande segmentaire par un conduit excréteur tortueux et les expulse par un petit orifice inférieur. Cet orifice est visible, sur les côtés du ventre, à la partie postérieure de chacun des segments désignés ci-dessus.

Fig. 447. — Un organe segmentaire de la Sangsue (schéma).

c, conduit excréteur de la glande segmentaire *g* ; *o*, orifice excréteur de la vésicule segmentaire *v*.

Les organes segmentaires de la Sangsue sont anormaux, en ce sens qu'ils sont clos du côté interne ; mais, chez les Hirudinées qui présentent une cavité générale, ils sont munis d'un pavillon vibratile.

A l'exception des Histriobdelles, les Hirudinées sont monoïques. Les *organes mâles* de la Sangsue consistent en 9 paires de testicules (une seulement chez la Branchiobdelle) répartis du 12e au 20e segment, sous le tube digestif, entre la chaîne nerveuse et les organes segmentaires. Ce sont de petits corps globuleux munis chacun d'un canal efférent allant déboucher dans un canal déférent longitudinal. Celui-ci s'enroule à son extrémité antérieure, en formant une sorte d'épididyme, et débouche dans une vésicule piriforme dont le canal excréteur protractile constitue le pénis. La vésicule piriforme est recouverte d'un amas de glandes unicellulaires (*prostate*) dont la sécrétion agglomère les spermatozoïdes en spermatophores allongés. L'orifice du pénis est situé, sur la ligne médiane de la face ventrale, entre le 24e et le 25e anneau. Les *organes femelles* sont concentrés dans le 11e segment, entre l'orifice mâle et la première paire de testicules ; ils se composent de deux ovaires se continuant chacun par un oviducte qui s'unit à celui du côté opposé pour former un oviducte commun. Celui-ci est entouré d'une masse glandulaire (*glande albuminipare*)

qui sécrète de l'albumine ; il débouche dans un sac ovoïde
(*utérus* ou *vagin*) qui s'ouvre en arrière de l'orifice mâle,
entre le 29e et le 30e anneau.

La *fécondation* des Sangsues est réciproque. Les deux
conjoints sont disposés ventre
contre ventre, en sens inverse, de manière à mettre
en présence les deux orifices
de sexe différent. La copula-

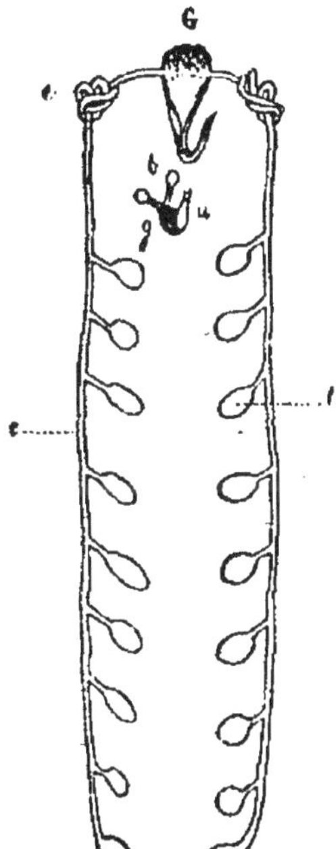

Fig. 448. — Appareil génital de
la Sangsue.

c, canal déférent ; e, épididyme ;
ɢ, vésicule piriforme recouverte
de la prostate ; o, ovaires ; g,
glande albuminipare ; u, utérus.

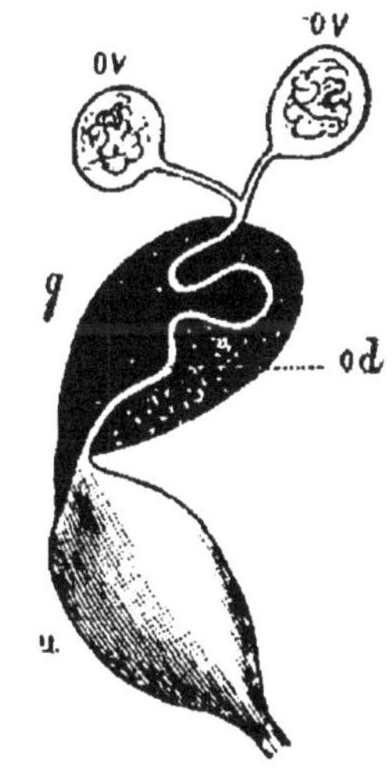

Fig. 449. — Organes femelles de
la Sangsue (grossis).

g, glande albuminipare ; ov,
ovaires ; od, oviducte commun ; u utérus.

tion dure plusieurs heures ; le spermatophore est introduit
dans le vagin et y éclate. La *ponte* a lieu environ un mois
après l'accouplement ; à ce moment, les anneaux voisins
des orifices sexuels se gonflent en une sorte de ceinture
(*clitellum*) et leurs glandes cutanées sécrètent une substance visqueuse dans laquelle sont pondus les œufs. La
Sangsue sort à reculons de cette capsule dont les deux ouvertures se rétrécissent. Ainsi se forme une sorte de *cocon*
d'apparence spongieuse et de coloration brunâtre, de 2 centimètres et demi de long sur 1 centimètre et demi de

large. Les cocons de la Sangsue sont déposés dans la terre humide ; ils contiennent de 10 à 20 œufs. Le développement est direct (chez les Clepsines, la larve diffère de l'adulte) ; il s'effectue entièrement dans le cocon où les jeunes se nourrissent de l'albumine qu'il contient. L'éclosion a lieu, un mois après la ponte. Quand les jeunes Sangsues sortent du cocon, elles sont filiformes, transparentes et longues d'environ 2 centimètres ; elles portent alors le nom de *germement* (1) :

(1) Les industriels distinguent les Sangsues, suivant leur grosseur, sous les noms de *filets* ou *petites. petites moyennes*, *grosses moyennes*, *mères* ou *grosses* et enfin *vaches*, lorsqu'elles ont acquis leur grosseur maximum. Comme les Sangsues se vendent au poids, certains marchands les gorgent avec du sang de Bœuf ou de Mouton. Une Sangsue *gorgée* rend du sang par la bouche, quand on la presse doucement d'arrière en avant ; elle ne vaut jamais une *Sangsue vierge*. On fixe habituellement à 2 grammes le poids d'une bonne Sangsue moyenne et à 5 grammes celui du sang qu'elle peut absorber. On fait souvent dégorger dans l'eau les Sangsues qui ont servi, après les avoir saupoudrées de sel, de sciure de bois, de cendres, etc., qui suffisent pour faire rendre aux Vers une certaine quantité de sang par l'orifice buccal ; mais il faut fréquemment les changer d'eau. C'est une bonne précaution de mettre une couche de sable au fond du vase. Toutes les méthodes de dégorgement immédiat sont nuisibles aux Sangsues. On conserve très bien et l'on peut même faire reproduire les Sangsues dans un vase de terre cuite percé de petits trous à sa base et rempli de terre ; on ferme l'extrémité supérieure du vase avec une toile grossière et l'on fait tremper le fond dans une légère couche d'eau (VAYSON). Pour élever une grande quantité de Sangsues (*hirudiniculture*) on établit des bassins (*barrails*) traversés par un courant d'eau modéré, de niveau constant. Les uns de ces bassins servent à la nourriture des Sangsues (*bassins de nourriture*) ; on y fait entrer des Chevaux, des Anes ou des Mulets hors de service, sur lesquels les Sangsues se précipitent aussitôt, pour se gorger de leur sang. Les autres bassins servent au contraire à les soumettre au jeûne, avant la vente (*bassins de purification* ou *de dégorgement*). On garantit les bassins de l'approche des Porcs, des Taupes, des Musaraignes, des Canards, des Brochets, des Perches, des Anguilles et autres ennemis des Sangsues. Un assez grand nombre de marais du département de la G ronde sont exploités pour l'élevage des Sangsues ; mais actuellement la plupart de ces Annélides viennent de Hongrie, de Russie, de Turquie, de Grèce, d'Algérie, etc.

Avant d'appliquer les Sangsues, on rase la peau, s'il y a lieu, et on l'assouplit avec de l'eau tiède, si elle est rude ou coriace. Les Sangsues de bonne qualité mordent habituellement sans difficulté ; celles dont la vivacité laisse à désirer peuvent être excitées avec du vin ou de l'eau vinaigrée Lorsqu'elles se sont gorgées, elles se détachent ; mais la saignée locale peut être continuée, en favorisant l'écoulement avec des ventouses ou des cataplasmes. Quand on veut augmenter le débit d'une Sangsue, sur un point déterminé, on peut, quand elle est en train de se gorger, la trancher par le milieu, d'un seul coup de ciseaux :

Le *tégument* n'est jamais cilié. Il se compose : 1° d'une cuticule ; 2° d'une couche épidermique renfermant de nombreuses glandes unicellulaires ; 3° d'une couche hypodermique présentant de nombreuses traînées pigmentaires. Au-dessous de l'hypoderme, le système musculaire est constitué par des fibres annulaires, des fibres longitudinales et des fibres rayonnantes.

Le *système nerveux* se compose de deux ganglions cérébroïdes reliés à une paire de ganglions sous-œsophagiens par un collier œsophagien, et d'une chaîne ganglionnaire contenue dans le vaisseau ventral. Celle-ci présente une masse antérieure de 5 paires ganglionnaires auxquelles font suite 21 paires de ganglions régulièrement espacés au milieu de chaque segment et réunis l'une à l'autre par deux connectifs distincts, enfin 7 ganglions formant une masse postérieure (*ganglion anal*). Chaque paire de ganglions ventraux émet deux nerfs de chaque côté. Il existe un système stomato-gastrique encore mal connu.

Le *toucher* paraît surtout s'exercer par la lèvre supérieure de la ventouse orale. Le siège du *goût* est inconnu ; mais l'existence de ce sens est démontrée par la préférence de la Sangsue pour certaines substances, comme le lait ou l'eau sucrée, l'engageant à mordre la peau qui en est humectée. L'*odorat* est dévoilé par la répugnance qu'éprouve la Sangsue à sucer des parties qui ont été couvertes par des emplâtres ou des onguents odorants. On regarde, comme des *organes olfactifs*, des capsules ovoïdes renfermant des cellules épithéliales innervées par des rameaux émanant des ganglions cérébroïdes. Aucun *organe auditif* n'a été découvert ; mais les Sangsues sont sensibles au bruit. Les *yeux* sont au nombre de 5 paires chez la Sangsue médicinale ; ils forment une courbe à concavité postérieure, au-dessus de la ventouse orale. Chaque œil est formé d'une cupule cylindrique doublée extérieurement d'une couche de pigment (*choroïde*) et intérieurement de grosses cellules transparentes (*cristallin*) au milieu desquelles passe un filet nerveux

le plus souvent, la Sangsue ainsi mutilée ne se détache pas et continue de sucer, quelquefois pendant plus de deux heures, le sang s'écoulant au fur et à mesure de la succion. Après la chute et l'enlèvement des cataplasmes, l'écoulement cesse, en général, de lui-même ; mais quelquefois, surtout chez les enfants, on doit l'arrêter par divers moyens appropriés (tampons de toile d'Araignée, bourdonnets de charpie, rondelles d'Agaric, poudres inertes, poudres astringentes, perchlorure de fer, etc.).

qui, parti des ganglions cérébroïdes, s'étale à la base des cellules épidermiques.

A. HISTRIOBDELLIDÉS (*histrio*, mime ; *bdella*, sangsue). — *Hirudinées dioïques.*

Région céphalique distincte, portant deux paires d'appendices tentaculiformes et une ventouse pédiculée. Corps semblable à une larve de Diptère, terminé par deux appendices articulés très mobiles.

Histriobdelles (*Histriobdella*). *H. Homari;* long de 2 à 3 millimètres; sur les œufs de Homard.

B. ACANTHOBDELLIDÉS (ἄκανθα, épine ; βδέλλα, sangsue). — *Hirudinées monoïques, à corps armé latéralement de soies terminées en crochets.*

Acanthobdelles (*Acanthobdella*). Anus au fond de la ventouse postérieure. *A. pelidina;* côtes de Sicile.

C. GNATHOBDELLIDÉS (γνάθος, mâchoire ; βδέλλα, sangsue). — *Hirudinées monoïques, à pharynx armé de mâchoires, à corps dépourvu de soies.*

A. 3 mâchoires. — Sangsues (*Hirudo*). 95 anneaux ; mâchoires finement dentées; 10 yeux. Sangsues médicinales (*H. medicinalis*, etc.; *voy.* plus haut). Sangsue de Ceylan (*Hœmadipsa ceylanica*); de la grosseur d'un crin de Cheval ; atteignant, après la succion, la grosseur d'une plume d'Oie ; un des fléaux de Ceylan où elle vit dans les herbes humides et se jette sur les voyageurs. — Hémopis (*Hœmopis*) 10 yeux; corps moins aplati que celui des Sangsues; 30 denticules seulement sur les mâchoires, ne pouvant entamer que les muqueuses. La Sangsue de Cheval (*H. sanguisuga*) pénètre souvent dans les narines des Chevaux, pendant qu'ils boivent; elle habite les eaux vives de l'Europe et du Nord de l'Afrique. — Aulastomes (*Aulastoma*). 10 yeux; dos brun ; ventre vert. *A. gulo* est commun en France; il sort souvent de l'eau, pour dévorer des Lombrics.

B. 3 plis pharyngiens. — Néphélis (*Nephelis*). 8 yeux; mâchoires remplacées par 3 plis longitudinaux, le long du pharynx. *N. octoculata* habite les fontaines et les ruisseaux de l'Europe; ne peut quitter l'eau, sans mourir au bout de quelques minutes.

C. *2 mâchoires.* — Branchiobdelles (*Branchiobdella*). Corps cylindrique. *B. Astaci;* sur les branchies de l'Écrevisse.

D. Rhynchobdellidés (ῥύγχος, bec). — *Hirudinées monoïques, munies d'une trompe buccale et dépourvues de mâchoires.*

Pontobdelles *(Pontobdella).* Peau verruqueuse ; sur les Raies. — Branchellions (*Branchellio*). Branchies latérales foliacées ; sur les Torpilles. — Clepsines (*Clepsine*). Corps large ; se nourrissent de Mollusques.

§ II. — *Classe des Géphyriens.*

GÉPHYRIENS (γέφυρα, pont : groupe de passage). — *Vers marins sans segmentation extérieure, munis d'une chaîne nerveuse ventrale.*

Corps cylindrique ou renflé, sans segmentation, muni, en avant, d'une trompe rétractile pleine ou percée par l'œsophage. Bouche antérieure ou ventrale, quelquefois entourée de tentacules. Tube digestif toujours contourné sur lui-même, tapissé de cils vibratiles à l'intérieur et à l'extérieur. Anus terminal ou dorsal, souvent très rapproché de l'extrémité antérieure du corps. Système vasculaire composé essentiellement de deux troncs longitudinaux : l'un dorsal, accompagnant l'intestin et présentant quelquefois une dilatation cœur); l'autre ventral, appliqué contre la paroi du corps. Sang incolore ou rougeâtre, distinct du liquide de la cavité générale, circulant sous l'influence de la contraction des vaisseaux et sous l'action des cils vibratiles qui revêtent les parois vasculaires. Respiration cutanée. Deux sortes d'organes excréteurs : les uns (*vésicules anales*) communiquant avec la terminaison de l'intestin, les autres (*organes segmentaires*) débouchant sur la face ventrale. Sexes séparés (excepté chez les Phoronis). Les produits sexuels tombent dans la cavité générale et sortent par les organes segmentaires ou par des canaux propres. Développement avec métamorphoses, offrant des analogies avec celui des Annélides. Pas de pieds ni de ventouses. Système nerveux représenté par une chaîne ganglionnaire ventrale, un collier œsophagien et souvent un cerveau. La chaîne ventrale est très simple et diffère de celle des Annélides par l'absence de renflements ganglionnaires; c'est plutôt un *cordon ventral*. Tégument, à cuticule le plus souvent épaisse, chitineuse et présentant parfois des crochets ou des couronnes de soies; système musculo-cutané très développé. La trompe et les tentacules servent d'organes du tact. Chez quelques Siponcles, des taches oculaires reposent directement sur le cerveau.

Les Géphyriens vivent cachés dans le sable, la vase et les trous des rochers. Ils constituent un groupe peu homogène que l'on divise généralement en 3 ordres.

Géphyriens armés. — *Deux crochets ventraux sous la bouche et souvent deux couronnes de soies à l'extrémité postérieure. Bouche à la base de la trompe imperforée. Anus terminal. Dioïques.*

Bonellies (*Bonellia*). Trompe longue, bifurquée à son extrémité; pas de couronnes de soies postérieures; les mâles ressemblent à des Planaires et se tiennent dans les conduits vecteurs de l'appareil femelle; Méditerranée. — Échiures (*Echiurus*). Trompe courte; deux couronnes de soies postérieures; Océan.

Géphyriens inermes. — *Pas de crochets ni de soies. Bouche à l'extrémité antérieure de la trompe. Anus dorsal. Dioïques.*

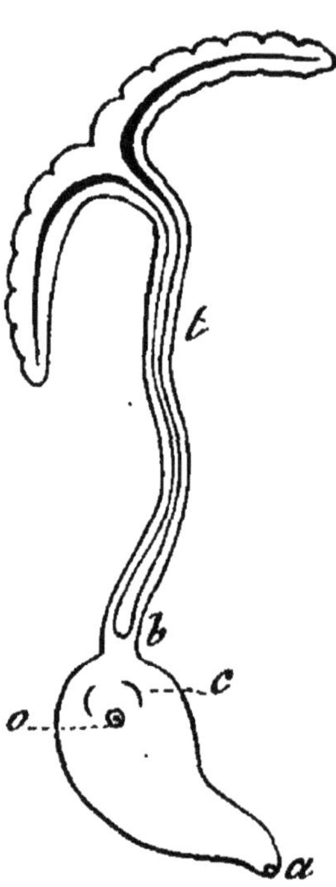

Fig. 450. — Bonellia (femelle).

a, anus; b, bouche; c, crochets; o, orifice génital; t, trompe.

Siponcles (*Sipunculus*). Corps cylindrique; une couronne tentaculaire autour de la bouche. S. *nudus* atteint jusqu'à 3 décimètres de longueur sur 3 centimètres de large; Méditerranée. — Phascolosomes (*Phascolosoma*). Ressemblent aux précédents; peau couverte de papilles.

— Priapules (*Priapulus*). Pas de couronne tentaculaire ; anus presque terminal, le plus souvent surmonté d'un appendice caudal qui porte des tubes en forme de papilles (*branchies*).

Géphyriens tubicoles. — *Pas de crochets ni de soies. Bouche au milieu d'un panache de tentacules. Anus dorsal. Monoïques.*

Un seul genre (*Phoronis*) vivant dans des tubes chitineux sécrétés par la peau ; se rapprochant des Serpuliens.

§ III. — *Classe des Brachiopodes.*

BRACHIOPODES (1) (βραχίων, bras; ποῦς, pied). — *Animaux marins, fixés, sans tête ni pieds; corps déprimé, enfermé dans une coquille équilatérale à deux valves, l'une ventrale, l'autre dorsale, sans ligament articulaire. Un manteau bilobé, garni de soies; un appareil vibratile porté sur deux bras creux enroulés en spirale.*

Le corps des Brachiopodes est, contrairement à celui des Lamellibranches, symétrique par rapport à un plan passant par le milieu de chaque valve. La valve dorsale est la plus petite ; la valve ventrale dépasse ordinairement la dorsale en arrière, du côté de la charnière, en formant un crochet perforé par où passe un pédoncule de fixation. Les deux bras sont placés dans l'intérieur de la coquille, à droite et à gauche. La bouche s'ouvre à la naissance des bras; le tube digestif dirigé en arrière, du côté de la charnière, est entouré d'une grosse glande digestive et se termine par un cæcum ventral (Testicardines) ou débouche à droite, par un anus, dans la cavité palléale (Écardines). Le système vasculaire communique avec la cavité générale; mais il

(1) Appelés encore *Spirobranches* ou *Palliobranches.*
Les Brachiopodes ont été, pendant longtemps, rangés parmi les Mollusques, à côté des Lamellibranches; mais l'étude du développement a fait voir que leurs larves se rapprochent beaucoup de celles des Chétopodes et n'ont rien de commun avec celles des Mollusques, car elles sont profondément segmentées, portent des soies et possèdent un organe larvaire spécial que l'on peut comparer à la couronne tentaculaire des Bryozoaires.

est douteux qu'on doive regarder comme un cœur une
vésicule décrite sous ce nom, sur la face dorsale de l'estomac. Le manteau contient de vastes lacunes et sert à
la respiration. Les organes excréteurs, au nombre de
une ou deux paires, rappellent ceux des Annélides. Sexes
séparés ; organes sexuels constitués par des ovaires et
des testicules avec des oviductes et des spermiductes. La
coquille diffère, par sa structure, de celle des Mollusques ; elle présente, à son intérieur, des canalicules occu-
pés par des appendices cæcaux du tégument. Tantôt elle
est munie d'une charnière et d'un squelette brachial
(Testicardines), tantôt elle est dépourvue de ces deux

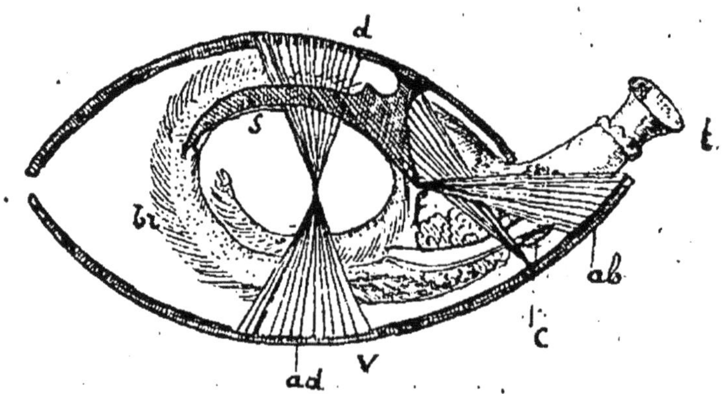

Fig. 451. — Anatomie d'une Térébratule (schéma).

ab, muscle abducteur; ad, muscle adducteur; br, bras; c, cœur (?); d, valve
dorsale; f, glande digestive; s, squelette brachial; v, valve ventrale.

sortes d'organes (Écardines). Des muscles spéciaux, les uns
abducteurs, les autres adducteurs, servent à entr'ouvrir
ou à fermer les deux valves de la coquille entre lesquelles on n'observe jamais de ligament articulaire,
comme celui qui amène l'ouvertur des valves, chez les
Lamellibranches. Le squelette brachial est fixé sur la
valve dorsale et se montre formé de processus calcaires
diversement contournés. Les bras sont composés d'un
tube sur lequel sont branchés extérieurement des
cirres ou tentacules mobiles et couverts de cils vibratiles; ils dirigent les particules alimentaires du côté de
la bouche et amènent le renouvellement de l'eau entre
les deux lobes du manteau. Le système nerveux est
formé d'un collier œsophagien avec un ganglion sous-

œsophagien et de petits ganglions accessoires. L'existence d'organes des sens n'est pas encore connue, d'une manière certaine.

Les Brachiopodes sont fixés, par leur pédoncule, sur les corps étrangers ; ils sont rares dans les mers actuelles.

Testicardines (*testis*, témoin ; *cardo*, gond, charnière). — *Brachiopodes à coquille munie d'une charnière et d'un squelette brachial. Intestin terminé en cul-de-sac.*

Thécidies (*Thecidium*). Test épais et sessile ; crochet non perforé ; Méditerranée. — Térébratules (*Terebratula*). Valve ventrale pédonculée ; valve dorsale auriculée. *T. vitrea ;* Méditerranée. — Argiopes (*Argiope*). Bras remplacés par un disque tentaculifère ; Méditerranée. — Rhynchonelles (*Rhynchonella*). Test plissé ; Océan, Méditerranée.

Écardines (e, sans ; *cardo*, charnière). — *Brachiopodes à coquille dépourvue de charnière et de squelette brachial. Anus latéral.*

Crânies (*Crania*). Test orbiculaire, calcaire ; pas de pédoncule ; valve ventrale adhérente. — Lingules (*Lingula*). Test mince, corné ; un long pédoncule charnu. *L. anatina ;* mer des Indes.

§ IV. — *Classe des Rotateurs.*

ROTATEURS (1). — *Vers aquatiques, le plus souvent microscopiques, munis, à l'extrémité céphalique, d'un organe cilié (organe rotatoire).*

Le corps ne dépasse jamais 1 millimètre ; il présente une segmentation limitée au tégument et est toujours dépourvu de membres. La partie antérieure n'est ordinairement pas segmentée et renferme les organes internes ; elle présente, excepté chez quelques formes parasites, un organe rétractile (*organe rotatoire*) ayant généralement la forme d'un entonnoir cilié et servant

---

(1) Appelés encore *Rotifères* ou *Systolides.*

tant à la natation qu'à la direction de la nourriture vers la bouche. La partie postérieure du corps, formée d'anneaux pouvant s'invaginer les uns dans les autres (*queue* ou *pied*) est souvent terminée par une sorte de tenaille qui sert à fixer l'Animal. Tube digestif cilié, composé d'un pharynx offrant souvent une armature compliquée, d'un œsophage étroit, d'un estomac muni de deux glandes digestives, d'un intestin présentant un anus dorsal situé à la base du pied. Le tube digestif est terminé en cul-de-sac chez quelques espèces (Asplanchnés et fait complètement défaut chez tous les mâles, excepté les *Seison*. Pas d'organes spéciaux, ni pour la circulation, ni pour la respiration. Système excréteur ou aquifère très développé, constitué par deux canaux situés de chaque côté du tube digestif et communiquant avec la cavité viscérale par leur extrémité antérieure ainsi que par quelques canalicules latéraux. Il débouche dans l'intestin, soit directement, soit par l'intermédiaire d'une vésicule contractile (*vessie*) s'ouvrant elle-même par l'anus qui devient ainsi l'orifice d'un cloaque. Sexes séparés. Les mâles, très petits et très différents des femelles, n'apparaissent qu'en automne; leurs organes sexuels sont représentés par un testicule terminé en arrière par un tube copulateur (*pénis*) situé dans le voisinage de la queue et égalant presque sa longueur. Les organes femelles se composent d'un ovaire ventral et d'un court oviducte débouchant dans le cloaque. Deux sortes d'œufs : les uns (*œufs d'été*) à coque molle, à développement rapide et parthénogénésique ; les autres (*œufs d'hiver*) à coque dure, couverte d'aspérités, à développement lent et après fécondation. Les mâles proviennent des œufs d'été. Pas de métamor-

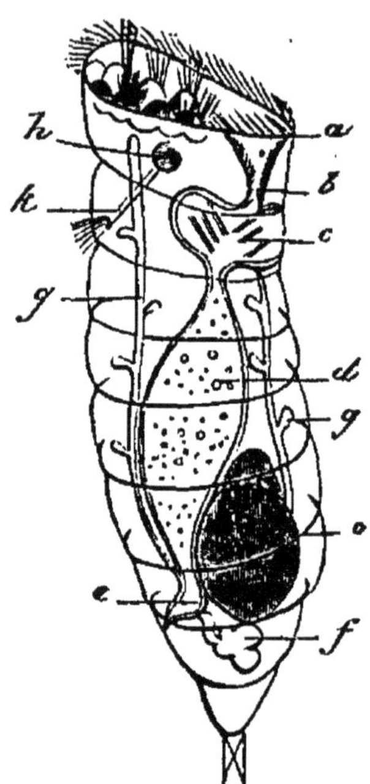

Fig. 452. — Hydatine (schéma).

a, entonnoir cilié ; *b*, bouche ; *c*, pharynx armé ; *d*, estomac ; *e*, cloaque ; *f*, vessie ; *g*.*g*, organes excréteurs ; *h*, ganglion nerveux envoyant un filet nerveux à la fossette ciliée *k* ; *o*, ovaire.

phoses. Tégument composé d'une cuticule chitineuse et d'un tissu hypodermique peu développé. Système musculaire disposé par faisceaux séparés, ne formant pas d'enveloppe musculo-cutanée. Système nerveux représenté par un ganglion cérébroïde d'où partent des nerfs pour les muscles et les organes des sens. Ceux-ci sont rudimentaires ; quelquefois une ou deux taches oculaires et parfois aussi un otocyste ; d'autres fois une sorte d'éperon cilié de nature tactile ou une fossette sétigère.

Les Rotateurs habitent plutôt l'eau douce que l'eau salée ; quelques-uns vivent en parasites ; beaucoup peuvent résister à la dessiccation et reprendre leur activité sous l'influence de l'humidité (*Animaux ressuscitants* ou *réviviscents*).

Syndétiens (σύνδετος, attaché). — *Rotateurs fixés par un long pied, le plus souvent entourés d'un tube ou d'une gaine gélatineuse.*

Flosculaires (*Floscularia*). Organe rotatoire quinquélobé. — Mélicertes (*Melicerta*). Organe rotatoire quadrilobé. — Limnias (*Limnias*). Organe rotatoire bilobé ; gaine verte.

Nectiens (νήκτης, nageur). — *Rotateurs libres, rampants ou nageurs.*

A. CATAPHRACTÉS (κατάρρακτος, cuirassé). — *Corps cuirassé.*

Brachions (*Brachionus*). Cuirasse comprimée, dentelée ; œil impair ; un long pied muni d'une petite pince. — Anurées (*Anurea*). Pas de pied.

B. ACATAPHRACTÉS. — *Corps dépourvu de cuirasse.*

Rotifères (*Rotifer*). Organe rotatoire formant deux roues ; une trompe portant deux yeux ; un long pied fourchu. — Hydatines (*Hydatina*). Corps tubuleux ; organe rotatoire multifide ; pas d'yeux ; un court pied fourchu. — Asplanchnés (*Asplanchna*). Corps sacciforme ; intestin terminé en cæcum. — Trochosphères (*Trochosphæra*). Corps globuleux, sans queue ni autres appendices ; une couronne ciliaire équatoriale ; ressemblent aux larves des Annélides. — Alberties (*Albertia*). Organe

rotatoire très réduit; parasites dans la cavité viscérale
des Vers de terre. — Balatros (*Balatro*). Organe rotatoire nul; parasites sur la peau des Oligochètes. — Sei-
sons (*Seison*). Mâles pourvus d'un tube digestif; différant
peu des femelles; parasites sur les *Nebalia* (1).

§ V. — *Classe des Bryozoaires.*

BRYOZOAIRES (2) (βρύον, mousse; ζῶον, animal). — *Petits
Animaux aquatiques, munis de tentacules ciliés, vivant
ordinairement en colonies ramifiées ou lamelleuses.*

Animaux à symétrie bilatérale, sans métamères, constituant des colonies de formes variées. Chaque individu
(*polypide* ou *zooïde*) habite une petite loge (*cellule* ou
ectocyste ou *zoécie*) aux parois de laquelle il est relié par
un cordon cellulaire (*funicule*). Les loges sont séparées
les unes des autres; elles sont souvent surmontées de
cavités spéciales (*oécies*) plus spacieuses et constituant
de véritables chambres d'incubation dans lesquelles on
trouve des larves à tous les degrés de développement.
Une loge est en général calcifiée ou chitinisée extérieurement; intérieurement elle est tapissée par une couche
molle (*endocyste*) vivante qui limite la cavité générale
renfermant tous les organes. Quelquefois il n'y a pas de
loges (Entoproctes), les divers individus étant unis entre
eux par des stolons prolifères (Pédicellines) ou isolés
(Loxosomes). Les tentacules ciliés reposent sur un support (*lophophore*) tantôt en forme de fer à cheval, tantôt en forme d'anneau. Le plus souvent, les colonies
sont fixées au sol; rarement (Cristatelles) elles sont libres
et peuvent se déplacer sur une sorte de semelle aplatie.
Les individus d'une même colonie n'ont pas toujours la

· (1) On rattache aux Rotateurs : les *Échinodères* et les *Gastrotriches.*
Les ÉCHINODÈRES (ἐχῖνος, hérissé de piquants ; δέρη, cou) sont caractérisés
par un anneau antérieur renflé en boule et muni de longs aiguillons
recourbés en arrière. L'invagination et la dévagination fréquentes
de cet anneau servent à la progression de ces Animaux microscopiques
découverts sur des Algues marines.
Les GASTROTRICHES (γαστήρ, ventre ; θρίξ, poil) sont caractérisés par
un revêtement de cils vibratiles restreint à la surface ventrale du
corps. Ils présentent souvent des soies, surtout sur le dos (*Chætono-
tus*). Un certain nombre d'espèces d'eau douce et une espèce marine.
  (2) Appelés encore *Polyzoaires* (πολύς, nombreux ; ζῶον, animal).

même structure et ne sont pas chargés des mêmes fonctions. Tube digestif recourbé en anse, flottant dans la cavité générale. Bouche au centre d'une couronne tentaculaire rétractile (Ectoproctes) ou non (Entoproctes) dans une gaine; souvent (Phylactolèmes) surmontée d'une languette musculaire et vibratile (*épistome*) servant d'organe de préhension. Anus placé en dedans (Entoproctes) ou en dehors (Ectoproctes) de la couronne tentaculaire. Dans certaines colonies de Bryozoaires marins, on observe des organes spéciaux pour la préhension des aliments ou la protection de la colonie. Ces organes proviennent de bourgeons particuliers placés dans le voisinage de l'orifice de la loge; tantôt ce sont des instruments en forme de tête d'Oiseau (*aviculaires*) avec une mandibule inférieure mobile; tantôt ce sont des appendices flagelliformes (*vibraculaires*) qui battent l'eau. Pas de cœur ni de vaisseaux; la circulation est représentée par les fluctuations du liquide de la cavité

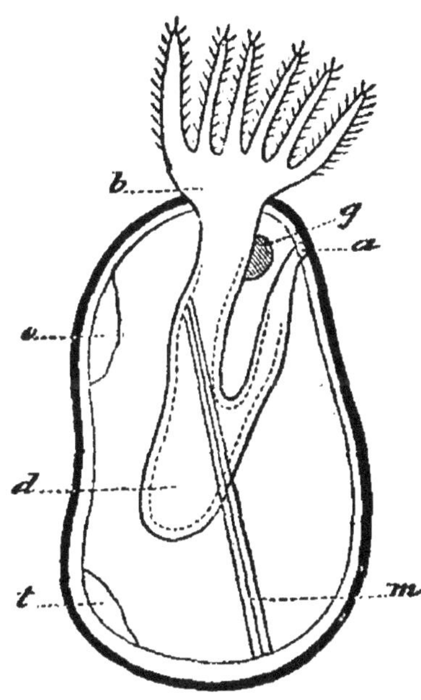

Fig. 453. — BRYOZOAIRE (schéma).

a, anus; *b*, région buccale; *d*, tube digestif; *g*, ganglion nerveux; *m*, muscle rétracteur; *o*, ovaire; *t*, testicule.

viscérale sous l'influence des mouvements généraux auxquels s'ajoute, chez quelques formes, l'action de cils vibratiles. Les organes respiratoires sont constitués presque exclusivement par les tentacules ciliés qui rayonnent autour de la bouche; mais ceux-ci servent encore, par leurs cils vibratiles, à diriger les aliments vers la bouche. Les Bryozoaires peuvent se reproduire de trois manières différentes : par œufs fécondés, par bourgeons oviformes (*statoblastes*), par bourgeons polypoïdes. Les œufs, les spermatozoïdes et les statoblastes sont engendrés sur le funicule ou ses ramifications à la surface de l'endocyste. On désigne sous le nom de *funicule* un cordon qui part du cul-de-sac de l'estomac et s'attache à l'endocyste, après s'être plus ou moins contourné. Les organes génitaux sont tantôt séparés, tantôt réunis sur le même individu. Des métamorphoses. Les larves sont ciliées et présentent les formes les plus variées; leur étude permet de considérer les Bryozoaires comme fils des Rotifères et frères des Brachiopodes (J. BARROIS). Souvent les polypides subissent une métamorphose régressive par laquelle la couronne tentaculaire est résorbée, tandis que l'intestin se transforme en un *corps brun* sphérique. Les corps bruns peuvent être englobés par des bourgeons naissants dans lesquels ils sont résorbés peu à peu. Un seul ganglion nerveux, situé au-dessus de l'œsophage, entre la bouche et l'anus, envoie des fibrilles à la couronne tentaculaire. Pas d'organes spécialisés pour les sens.

Les Bryozoaires vivent, pour la plupart, dans la mer où ils s'établissent sur les corps les plus divers ; quelques-uns seulement habitent les eaux douces.

Ectoproctes (ἐκτός, en dehors ; πρωκτός, anus). — *Bryozoaires à gaine tentaculaire et à anus placé en dehors de la couronne des tentacules.*

Tous sont pourvus d'ectocystes de nature variable (calcaires, cornés, gélatineux). Renferment la plupart des Bryozoaires. Marins ou d'eau douce.

A. PHYLACTOLÈMES (1) (φυλακτός, gardé ; λαιμός, gosier). — *Lophophore en forme de fer à cheval. Bouche surmontée d'un épistome.*

Tous d'eau douce.
Plumatelles (*Plumatella*). Colonies sédentaires, à cellules tubiformes, de consistance parcheminée. — Cristatelles (*Cristatella*). Colonies transparentes, mobiles sur un disque pédieux commun.

B. GYMNOLÈMES (2) (γυμνός, nu ; λαιμός, gosier). — *Lophophore annulaire. Bouche sans épistome.*

(1) Appelés encore *Lophopodes* ou *Hippocrépiens*.
(2) Appelés encore *Stelmatopodes* ou *Infundibulés*.

Tous marins, sauf *Paludicella*.

A. *Chilostomidés* (χεῖλος, lèvre ; στόμα, bouche). — *Orifice des cellules fermé par un opercule mobile ou par un sphincter. Souvent des aviculaires ou des vibraculaires.*

Cellepores (*Cellepora*). Cellules calcaires, rhomboïdes ou ovales, à ouverture terminale. — Eschares (*Eschara*). Cellules calcaires, subovales, à ouverture latérale. — Flustres (*Flustra*). Cellules rectangulaires formant de larges surfaces incrustées. — Cellulaires (*Cellularia*). Cellules infundibuliformes.

B. *Cténostomidés* (κτείς, peigne). — *Orifice des cellules terminales fermé par des replis de la gaine tentaculaire ou par une couronne de soies.*

Paludicelles (*Paludicella*). Cellules tubuleuses ; d'eau douce. — Alcyonides (*Alcyonidium*). Ectocystes formant des colonies charnues ou membraneuses.

C. *Cyclostomidés* (κύκλος, cercle). — *Orifice des cellules rond et terminal, sans appendices mobiles.*

Tubulipores (*Tubulipora*). Colonies en forme de croûtes avec cellules disposées sur des rangées contiguës. — Crisies (*Crisia*). Colonies articulées, calcaires et ramifiées.

Entoproctes (ἐντός, en dedans ; πρωκτός, anus). — *Bryozoaires dépourvus de gaine tentaculaire, à anus placé en dedans de la couronne des tentacules.*

Pas d'ectocystes. Peu nombreux. Marins. Conservent l'organisation des larves de Bryozoaires.

Pédicellines (*Pedicellina*). Petites colonies formées par des stolons. — Loxosomes (*Loxosoma*). Individus isolés, produisant des bourgeons qui se détachent.

§ VI. — *Classe des Nématelminthes* (1).

NÉMATELMINTHES (νῆμα, fil ; ἕλμις, ver). — *Vers cylindriques, pourvus d'une cavité générale et dépourvus de chaine ganglionnaire ventrale* (Vers ronds).

(1) On peut rattacher aux Nématelminthes, les *Chétognathes*, les *Chétosomidés* et les *Desmoscolécidés*.

Les Chétognathes (χαίτη, soie ; γνάθος, mâchoire) renferment le genre *Sagitta*. Vers marins, libres, microscopiques, transparents, en forme de flèche ; à nageoires latérales et caudale pourvues de rayons ; à tube digestif complet dont la bouche est armée, de chaque côté, de

Le corps ne présente jamais qu'une annulation superficielle ne correspondant pas à une segmentation intérieure. Vers pour la plupart endoparasites et unisexués.
2 ordres.

NÉMATELMINTHES {
Un tube digestif.......... NÉMATODES.

Pas de tube digestif....... ACANTHOCÉPHALES.

Nématodes ou Nématoïdes (νῆμα, fil ; εἶδος, forme).
— *Némalelminthes pourvus d'un tube digestif et dépourvus
de trompe.*

Vers ronds à corps allongé, enveloppé d'une cuticule
chitineuse, transparente, rigide (*Vers rigidules*), ridée
transversalement, toujours dépourvue de cils vibratiles.
Au-dessous de la cuticule, un épiderme formé de deux
plans de fibrilles croisées à angle droit. Au-dessous de
l'épiderme, un hypoderme granuleux, sans cellules évi-
dentes, s'épaissit généralement en quatre bourrelets longitudinaux équidistants : deux médians (*ligne médiane
dorsale, ligne médiane ventrale*) et deux latéraux (*champs
latéraux*). La couche musculaire, formée de grandes
cellules, présente quelquefois un revêtement continu et
interrompu seulement sur la ligne médiane ventrale
(*Holomyaires*) ; le plus souvent elle présente 4 champs
musculaires distincts composés chacun de deux rangées
longitudinales d'éléments musculaires (*Méromyaires*) ou
de nombreuses séries de ces éléments (*Polymyaires*) Tube
digestif en général complet, allant d'une extrémité à
l'autre du corps. Bouche ordinairement pourvue de
lèvres, inerme ou armée d'appendices chitineux, obli-
térée chez les Gordiidés adultes. Œsophage étroit, cylin-

soies courbes et mobiles. Monoïques, à orifices sexuels pairs, sans
organes d'accouplement, à développement sans métamorphoses. Système nerveux composé d'un cerveau, d'un collier œsophagien et d'une
masse ganglionnaire ventrale. Deux yeux, à la base de la tête; un
organe olfactif.
Les CHÉTOSOMIDÉS (χαίτη, soie ; σῶμα, corps) sont des Vers voisins des
précédents, à corps couvert de poils très fins, rampant sur les Algues
marines au moyen d'une double rangée de crochets ventraux. Dioïques ;
deux spicules chez les mâles.
Rhabdogaster. — *Chœtosoma.*
Les DESMOSCOLÉCIDÉS (δεσμός, lien : σκώληξ, ver) ont le corps composé
de bourrelets annulaires portant, presque tous, une paire de soies
locomotrices. Dioïques ; deux spicules chez les mâles.
Desmoscolex.

drique ou triquètre, quelquefois dilaté à sa partie postérieure. Estomac cylindrique. Intestin court et étroit.
Anus ventral, s'ouvrant généralement à une petite distance de l'extrémité caudale, manquant chez les Mermidés. Circulation lacunaire. Respiration cutanée. Ordinairement 2 canaux excréteurs situés dans les champs
latéraux, terminés en cul-de-sac et s'ouvrant, à la face
ventrale, par un pore commun (*pore excréteur*). Sexes
séparés, à de très rares exceptions près. Organes sexuels
tubulaires, terminés en cæcum dans la partie testicu-
laire ou ovarienne, débouchant à l'extérieur. Les mâles,
habituellement plus petits que les femelles et à queue
recourbée, ont généralement un testicule impair muni
d'un canal déférent qui débouche, avec le canal digestif,
dans un cloaque. Au voisinage de celui-ci, on observe
souvent une ou deux pièces chitineuses (*spicules*) servant
à dilater la vulve de la femelle pendant l'accouplement;
quelquefois (Strongylidés) une bourse caudale cupuliforme maintient le mâle étroitement fixé à la femelle.
Les organes femelles consistent en un ou deux tubes ova-
riens filiformes, aboutissant à un vagin commun qui
s'ouvre, le plus souvent, vers le milieu de la face ventrale. Chez les Gordiidés, les oviductes débouchent dans le
cloaque. Ovipares ou ovovivipares et alors dits vivipares.
Développement direct ou avec métamorphoses peu accentuées; des migrations chez les formes parasites;
rarement des cas de génération alternante. Système nerveux formé d'un collier œsophagien d'où partent des
troncs nerveux latéralement et sur les lignes médianes.
Quelquefois des taches oculaires.

La plupart des Nématodes sont parasites, plutôt sur
les Animaux que sur les Végétaux. Quelques-uns peuvent
mener une vie indépendante pendant certaines périodes
de leur existence; enfin d'autres ne sont jamais parasites
et vivent librement, soit dans la terre, soit dans l'eau
douce ou salée. Certains Nématodes peuvent, sous l'influence de la dessiccation, perdre leur activité et la reprendre en présence de l'humidité.

A. TÉLÉOPEPSIENS (τέλεος, complet; πέψις, digestion). —
Tube digestif muni d'une bouche et d'un anus.

A. *Acrophalles* (ἄκρον, extrémité; φαλλός, phallus.). —
Organes copulateurs du mâle à l'extrémité de la queue.

Les *Trichinidés* sont de petits Vers vivipares à corps
capillaire progressivement renflé en arrière. Bouche nue.

Anus terminal. Mâles pourvus d'un seul testicule et de deux papilles caudales, sans spicule. Femelles à un seul ovaire et à vulve située vers le quart antérieur du corps. — Trichine (*Trichina spiʻaliʻ*) : mâle long de 1^{mm}; femelle longue de 3^{mm}. Les adultes ou sexués se trouvent dans l'intestin grêle des Mammifères. Chaque femelle peut donner naissance à 10,000 embryons. Ceux-ci traversent les parois intestinales et émigrent surtout dans les muscles striés de l'hôte ; ils se nourrissent de substance musculaire, puis s'enkystent. Les Trichines enkystées sont roulées en spirale ; leurs organes reproducteurs sont rudimentaires; elles ne peuvent arriver à l'état adulte qu'après avoir été ingérées par un autre Mammifère dans l'estomac duquel les kystes sont attaqués. L'Homme est infecté par le Porc ;

Fig. 454. — Trichine (dégagée de son kyste).

celui-ci s'infecte lui-même en mangeant de petits Rongeurs (Rats, Surmulots, etc.) ou des débris de Porc trichiné. L'affection déterminée par la présence des Trichines (*trichinose*) se révèle généralement par des symptômes d'irritation gastro-intestinale ou même de péritonite, lorsque les embryons sortent du tube digestif; leur installation dans les muscles amène des douleurs plus ou moins violentes; enfin la mort peut survenir soit par entéro-péritonite, soit par atrophie progressive des muscles. Le Porc offre une résistance considérable à la trichinose ; mais l'Homme contracte presque toujours cette maladie par l'ingestion de viande de Porc trichinée.

Les larves enkystées résistent énergiquement à la dessiccation et au fumage ; la salaison les fait périr à la longue ; la cuisson prolongée (ébullition) les tue sûrement et il en est de même d'une température de — 15°. Des épidémies de trichinose ont été souvent observées en Allemagne et en Amérique; en France, où l'on ne consomme pas de viande de Porc crue, quelques cas seulement ont été signalés, en 1878, à Crépy-en-Valois (LABOULBÈNE). L'examen des viandes suspectes n'offre aucune difficulté. Un traitement anthelminthique ne peut être utile qu'au début de la maladie : on a préconisé l'administration de la glycérine qui ratatinerait le parasite.

Les *Trichocéphalidés* sont des Vers intestinaux ovipares, à partie antérieure effilée, à partie postérieure épaissé et renfermant les organes génitaux. Bouche nue ; anus terminal. Mâles pourvus d'un testicule et présentant, à l'extrémité postérieure, un spicule rétractile entouré d'une gaine. Femelles à ovaire simple ; vulve à la réunion des deux parties du corps. — Trichocéphales (*Trichocephalus*). Partie antérieure très effilée, enfoncée tout entière dans la muqueuse intestinale. Vivent dans le cæcum des Mammifères. Une seule espèce (*T. dispar*) sur l'Homme ; longue de 3 à 5 centimètres. OEufs en forme de citrons, expulsés avec les excréments ; se développant directement, lorsqu'ils sont introduits dans le tube digestif de l'Homme avec l'eau ou les aliments. Les Trichocéphales sont très communs mais ne déterminent pas d'accidents sérieux : on les combat par le semen-contra, la santonine, le calomel, la mousse de Corse, l'ail, etc.

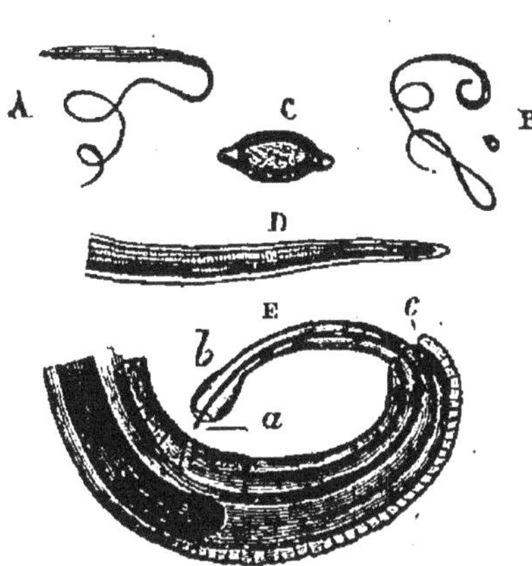

Fig.455. — TRICHOCEPHALUS DISPAR.

A, femelle ; B, mâle ; C. œuf (gross. 150 d.) ; D, extrémité antérieure grossie ; E, extrémite postérieure du mâle grossie (*a*, spicule ; *b*, sa gaine ; *c*, anus).

Les *Strongylidés* ont le corps cylindroïde. Bouche nue ou munie de papilles, armée ou non d'un squelette chitineux. Queue du mâle terminée par une expansion membraneuse généralement soutenue par des rayons et du centre de laquelle part un spicule simple ou double. — Eustrongles (*Eustrongylus*). Bouche entourée de 6 papilles, dépourvue d'armature chitineuse. Bourse caudale campanuliforme, sans rayons ni échancrure, à un seul spicule. Strongle géant (*E. gigas*). Ovipare ; mâle long de 20 centimètres ; femelle longue de 30 centimètres à 1 mètre ; le plus gros Nématode connu ; parasite des

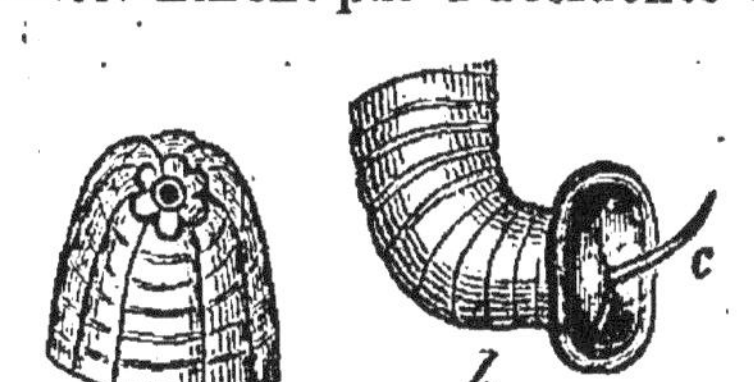

Fig. 456. — STRONGLE GÉANT (mâle).

a, extrémité céphalique ; *b*, extrémité caudale ; *c*, spicule.

reins, chez un grand nombre de Mammifères ; heureusement très rare chez l'Homme où il occasionne des douleurs atroces, des hématuries et finalement la mort. — Strongles (*Strongylus*). Bouche nue ou entourée de 6 papilles. Bourse caudale ouverte sur le côté ventral et munie de côtes rayonnantes ; 2 spicules. Vivent généralement dans les poumons et les bronches ; exceptionnels chez l'Homme. — Dochmies (*Dochmius*). Sortes de Strongles à bouche munie d'un squelette chitineux. Le Strongle du duodénum (*D. duodenalis*) suce le sang dans l'intestin grêle chez l'Homme ; sa bouche est cupuliforme et armée de 8 crochets chitineux. Mâle long de 9 millimètres ; femelle longue de 18 millimètres environ. OEufs en nombre considérable, ne se développant pas dans l'intestin de l'hôte, évoluant dans les excréments ou la terre humide, introduits dans le tube digestif avec des eaux malpropres. Très commun en Égypte où il cause la *chlorose d'Égypte* et en Amérique où il occasionne l'*opilaçao* ou *anémie intertropicale;* il produit, dans nos pays, l'*anémie des mineurs* (PERRONCITO). On le combat au Brésil avec la doliarine, en France avec le thymol.

B. *Hypophalles* (ὑπό, sous ; φαλλό;, phallus). — *Mâles à orifice sexuel ventral.*

Les *Ascaridés* sont des Vers intestinaux polymyaires à bouche entourée de 3 lèvres plus ou moins saillantes

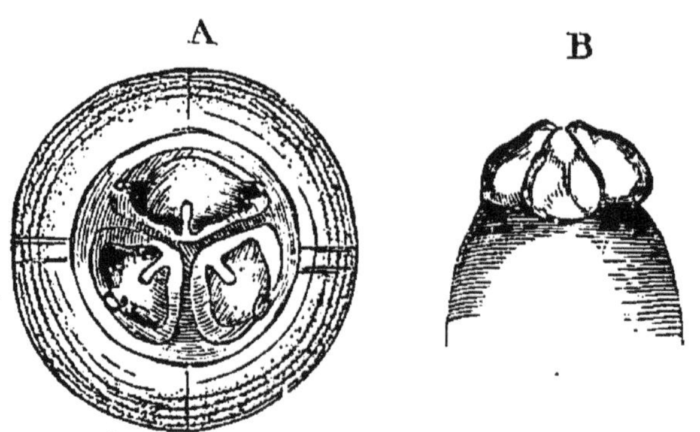

Fig. 457. — ASCARIS LUMBRICOIDES.

Extrémité antérieure vue de face (A) et de dos (B).

(1 médiane dorsale ; 2 latérales). OEsophage triquètre, sans renflement postérieur. Mâles pourvus de 2 spicules ventraux ; femelles à vulve située vers le tiers

antérieur du corps et à extrémité caudale conique. — Ascarides (*Ascaris*). L'Ascaride lombricoïde « Lombric intestinal » (*A. lumbricoïdes*), le plus commun des Vers parasites de l'Homme, habite l'intestin grêle, surtout chez les enfants. Le mâle mesure 15 centimètres et la femelle 25. Les œufs sont ellipsoïdes ; expulsés par milliers, avec les excréments, ils éclosent chez l'individu dans l'intestin duquel ils doivent devenir adultes (GRASSI ; BAILLET). L'infection a lieu par les eaux impures et les aliments végétaux, elle est plus commune à la campagne qu'à la ville où l'on fait usage de filtres à eau. Le semen-contra, la santonine, le calomel, la Tanaisie, etc., sont employés avec succès contre les Ascarides ; leur présence peut passer inaperçue ou au contraire donner lieu à divers accidents nerveux d'origine sympathique. L'Ascaride à moustaches (*A. mystax*) a la tête pourvue de deux ailes membraneuses qui lui donnent l'aspect d'un fer de flèche ; plus petit que le précédent, il habite l'intestin grêle du Chat et est rare chez l'Homme.

Les *Oxyuridés* sont des Vers intestinaux méromyaires à bouche nue ou entourée de 3 lèvres peu saillantes. L'œsophage est muni, en arrière, d'un renflement distinct (*bulbe œsophagien*). Mâles à 1 spicule ; femelles à vulve située vers le quart antérieur du corps et à extrémité caudale tubulée. — Oxyures (*Oxyuris*). Une seule espèce parasite de l'Homme (*O. vermicularis*), surtout chez les enfants, habite

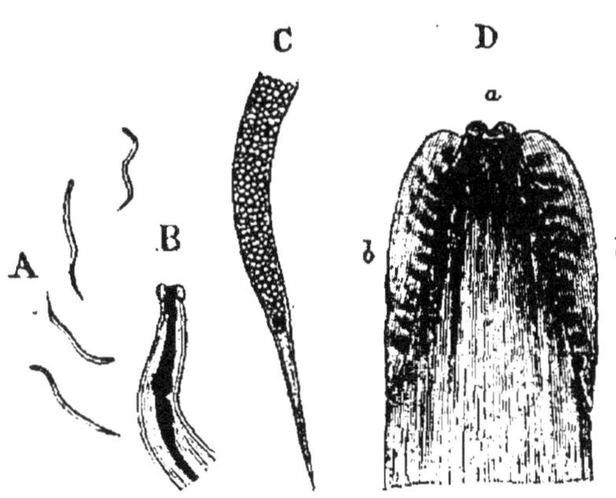

Fig. 458. — OXYURIS VERMICULARIS.

A, individus de grandeur naturelle ; B, extrémité antérieure grossie ; C, extrémité postérieure grossie ; D, tête fortement grossie, montrant les trois nodules buccaux *a* et les deux renflements latéraux *b*.

le rectum, au voisinage de l'anus. Tête munie de deux renflements latéraux ; mâles longs de 3 millim. ; femelles longues de 9 millim. Les œufs sont expulsés de l'intestin et rentrent ensuite dans le tube digestif avec les boissons ou les aliments (Leuckart). Les Oxyures causent, aux environs de l'anus, un prurit violent ; ils émigrent pendant la nuit et, chez les petites filles, s'introduisent quelquefois dans le vagin où leur présence peut provoquer des habitudes d'onanisme. Des frictions anales avec la pommade mercurielle, des lavements d'eau froide (salée ou sucrée) suffisent, le plus souvent, pour détruire les Oxyures ou les expulser.

Les *Filaridés* ont le corps long, filiforme, la bouche nue ou entourée soit de lèvres soit de papilles le plus souvent au nombre de 6. OEsophage sans renflement. 4 paires de papilles. Mâles à 1 spicule ou à 2 spicules inégaux ; femelles à ovaire double, à vulve antérieure, généralement vivipares. — Filaires (*Filaria*). Vulve située tout près de la bouche. Le « Ver de Médine » ou Filaire et improprement Dragonneau de Médine (*F. medinensis*), spécial aux contrées tropicales de l'ancien monde (Afrique, Indes), vit en dehors des viscères, le plus souvent dans le tissu conjonctif sous-cutané. Mâle inconnu. Femelle longue de 60 centimètres à 1 mètre et plus, sur une largeur de 1 millimètre, vivipare, à corps presque entièrement rempli de plusieurs milliers d'embryons à longue queue pointue. Au moment où les embryons vont sortir du corps de la mère, celle-ci devient la cause d'un abcès sous-cutané. Il faut alors extraire le Ver, en se gardant de le rompre, pour ne pas envenimer la plaie avec son contenu. Si les embryons arrivent dans l'eau, ils s'introduisent dans le corps de petits Crustacés (Cyclopes) où ils perdent leur longue queue et passent à l'état de larve sans s'enkyster. On ignore encore si ces larves sont absorbées par l'Homme, avec les boissons, en même temps que leur hôte, ou si elles s'introduisent directement sous la peau quand elle est mise en contact avec l'eau infectée. Filaire du Sang de l'Homme (*F. Bancrofti*). Mâle inconnu ; femelle adulte de 6 centim. de longueur et de la grosseur d'un cheveu, ovipare ; embryons trouvés dans le sang d'Hommes atteints d'hématurie, au Brésil et dans l'Inde ; adultes trouvés plus récemment dans un abcès lymphatique du bras, en Australie (Bancroft). Les Moustiques, en se gorgeant du sang de l'Homme, introduisent dans leur tube digestif un grand nombre d'embryons qui se développent davantage et mesurent, à ce moment, 1 millimètre. Les jeunes Filaires s'échappent alors dans l'eau, puis passent, avec les boissons, dans le tube digestif de l'Homme et pénètrent dans les vaisseaux. La femelle vit dans les lymphatiques, en amont des ganglions. Les œufs s'arrêtent dans les ganglions, y éclosent et pénètrent dans le sang, après avoir suivi les lymphatiques; ils produisent même quelquefois des accidents plus ou moins graves par leur obstruction partielle (scrotum lymphatique, chylurie) ou complète (éléphantiasis) (MANSON). Filaire de l'orbite (*F. Loa*). Peu connue; habite sous la conjonctive des Nègres, au Congo et au Gabon. Filaire de la lèvre (*F. labialis*). Trouvée une seule fois à Naples. Filaire du cristallin (*F. lentis*). Fort mal connue.

Les *Anguillulidés* sont de petits Nématoïdes filiformes, le plus souvent libres dans l'eau ou sur le sol, ordinairement munis de deux renflements œsophagiens; mâles à deux spicules égaux. — Anguillule du vinaigre (*Anguillula aceti*); dans le vinaigre de vin, la colle de farine aigrie. — Anguillule du Blé (*Tylenchus Tritici*); mâle 2 millim.; femelle 4 millim.; détermine la maladie du Blé connue sous le nom de « nielle »; les embryons occu-

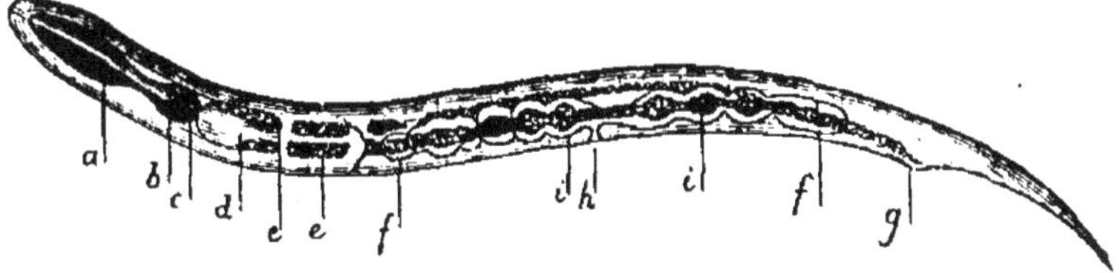

Fig. 459. — ANGUILLULE STERCORALE (femelle).

a,b, renflements œsophagiens; *c*, valvule; *d*, estomac; *e, e*, glande digestive; *f, f*, ovaire; *g*, anus; *h*, vulve; *i*, œufs.

pent l'intérieur du grain. L'Anguillule intestinale et l'Anguillule stercorale des matières fécales des Hommes atteints de diarrhée de Cochinchine, de fièvre paludéenne, d'anémie pernicieuse, etc., semblent appartenir à une même espèce (*Rhabdonema strongyloides*). Celle-ci présenterait alternativement une forme parasite (*intestinalis*) et une forme libre (*stercoralis*) (GRASSI et LEUCKART); on la détruit avec l'extrait éthéré de Fougère mâle.

Les *Énoplidés* sont de petits Nématodes marins libres, sans bulbe œsophagien, souvent munis d'yeux, d'une armature buccale et d'une ventouse caudale. — Dorylaimes (*Dorylaimus*). Un aiguillon dans la cavité buccale. *D. stagnalis;* dans la vase. *D. palustris;* de l'eau saumâtre, dans l'Inde; est peut-être la phase libre de *Filaria medinensis.* — Énoples (*Enoplus*). Cavité buccale indistincte, entourée de 3 dents. *E. tridentatus ;* dans la mer. — Oncholaïmes (*Oncholaimus*). Cavité buccale spacieuse, munie de 3 dents. *O. Echini ;* dans l'intestin de l'Oursin.

B. Atélépepsiens (ἀτελής, imparfait; πέψις, digestion). — *Tube digestif dépourvu de bouche ou d'anus.*

Les *Mermidés* sont des Vers filiformes très longs et dépourvus d'anus. Bouche entourée de 6 papilles. Mâles à extrémité caudale élargie portant 2 spicules. Vivent à l'état larvaire dans la cavité viscérale des Insectes ; deviennent sexués dans la terre humide. — *Mermis nigrescens.* Quelquefois abondant sur le sol après une pluie d'orage, ce qui avait fait croire à des « pluies de Vers ».

Les *Gordiidés* sont filiformes, très longs et dépourvus de bouche à l'âge adulte. La partie postérieure du tube digestif aboutit à un cloaque où débouchent les conduits vecteurs des glandes sexuelles. Mâles à deux testicules, à extrémité caudale bifurquée, sans spicules ; femelles à 2 ovaires, à extrémité caudale obtuse. Vivent dans les fontaines, les rivières et surtout les flaques d'eau, entortillés en nœuds compliqués, d'où le nom de *Gordius;* bruns, noirâtres, du diamètre d'une corde de violon, atteignant quelquefois plusieurs mètres. Pondent dans l'eau. L'embryon présente une armature céphalique au moyen de laquelle il pénètre dans une larve d'Insecte aquatique où il s'enkyste. Quand la larve est mangée par un Insecte carnassier ou un Poisson, le kyste se dissout et l'embryon, après avoir vécu, un certain temps, dans le tube digestif de ce nouvel hôte, s'échappe dans l'eau où il perd plus tard la partie antérieure de son tube digestif, par la pression qu'exercent sur lui les organes génitaux, au moment de leur développement (Villot). — Dragonneaux (*Gordius*). *G. aquaticus* a été trouvé une fois dans les matières vomies par une hystérique.

Acanthocéphales (ἄκανθα, épine; κεφαλή, tête). — *Nématelminthes sans tube digestif, à trompe munie de crochets.*

Vers ronds intestinaux, terminés, à l'extrémité antérieure, par une trompe cylindrique, pleine, imperforée, garnie de crochets chitineux recourbés, au moyen desquels ils se fixent à l'intestin de leur hôte. Cette trompe peut se replier dans une gaine (*réceptacle de la trompe*) dont le fond porte un *ligament suspenseur* ou *génital* occupant une grande partie de la cavité viscérale et supportant l'appareil génital. Corps couvert d'une cuticule résistante doublée d'une couche musculaire à fibres longitudinales et à fibres circulaires. Un système de vaisseaux cutanés, sans parois propres, présentant deux troncs longitudinaux principaux, constitue peut-être un appareil spécial de nutrition. On regarde comme un appareil excréteur deux corps (*lemnisques*) suspendus à la gaine de la trompe et creusés de canaux anastomosés à contenu granuleux. Sexes séparés. Mâles avec deux testicules et un pénis situé généralement au fond d'une poche campanuliforme occupant l'extrémité du corps et susceptible de se renverser à l'extérieur. Femelles avec un ovaire contenu dans le ligament et laissant tomber les œufs dans la cavité viscérale. Ceux-ci sont recueillis par un utérus en forme de cloche aboutissant à un court vagin qui débouche à l'extrémité postérieure. Système nerveux formé d'un ganglion central situé dans la région inférieure de la trompe et émettant, en haut, des nerfs antérieurs, en bas 4 nerfs latéraux et un nerf génital médian. Pas d'organes des sens.

Échinorynques (*Echinorhynchus*). A l'âge adulte, dans le tube digestif des Vertébrés, surtout des Poissons ; à l'état de larve, dans la cavité viscérale ou les muscles d'un Invertébré (Crustacés, Insectes). L'Échinorynque de l'Homme (*E. Hominis*) n'est connu que par un seul exemplaire trouvé dans l'intestin grêle d'un enfant. L'Échinorynque du Porc (*E. gigas*) est assez commun en France ; le mâle a environ 15 centim. et la femelle 30 centim., ses œufs, rejetés avec les selles du Porc, sont dévorés par les larves du Hanneton à l'intérieur desquelles elles subissent la phase embryonnaire. Le Porc s'infecte ensuite, en mangeant les Vers blancs.

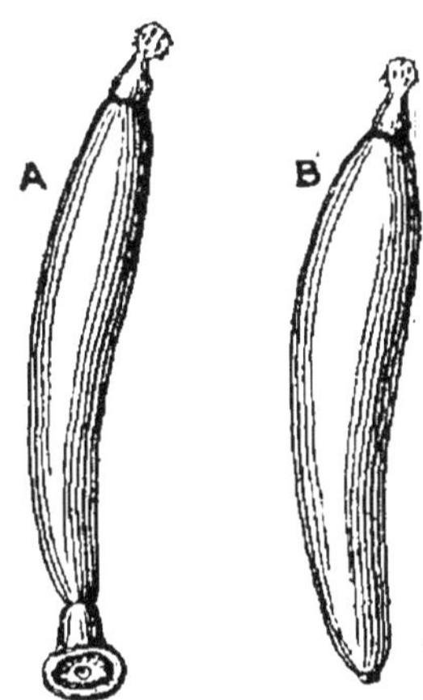

Fig. 460. — ÉCHINORHYNQUE.

A, mâle ; B, femelle.

§ VII. — *Classe des Platyelminthes.*

PLATYELMINTHES ($\pi\lambda\alpha\tau\acute{u}\varsigma$, large ; $\ddot{\epsilon}\lambda\mu\iota\varsigma$, ver). — *Vers plats, parenchymateux, à appareil excréteur formé d'un système pair de canaux continus dans toute leur longueur.*

A l'exception des Némertiens, les Platyelminthes ne présentent pas de véritable cavité générale et sont ordinairement monoïques. Développement souvent accompagné de métamorphoses et de génération alternante. 4 ordres.

$$
\text{PLATY-ELMINTHES}
\begin{cases}
\text{Un tube digestif}
\begin{cases}
\text{Un anus} \dots\dots\dots\dots \text{ NÉMERTIENS.} \\
\text{Pas d'anus}
\begin{cases}
\text{Pas de ventouses. PLANARIENS.} \\
\text{Des ventouses} \dots\dots \text{ TRÉMATODES.}
\end{cases}
\end{cases} \\
\text{Pas de tube digestif} \dots\dots\dots\dots \text{ CESTODES.}
\end{cases}
(1)
$$

Némertiens ($N\eta\mu\epsilon\rho\tau\acute{\eta}\varsigma$, nom d'une Néréide). — *Platyelminthes ciliés pourvus d'un tube digestif complet.*

Corps allongé, cylindrique ou aplati, couvert d'un épiderme cilié. Au sommet de l'extrémité céphalique, un orifice entouré d'un sphincter (*orifice proboscidien*) se continue avec un court canal (*canal de sortie de la trompe*) aboutissant lui-même à un long boyau musculaire exsertile terminé en cul-de-sac et constituant une *trompe* caractéristique. Celle-ci est suspendue, à l'état de repos, dans une gaine (*gaine proboscidienne*) remplie de liquide et occupant toute la longueur du corps, sur le milieu de la face dorsale, au-dessous des téguments. Cette gaine se termine elle-même en cul-de-sac, près de l'anus ; son fond présente un cordon musculaire (*rétracteur*) qui va s'attacher sur les parois de la gaine proboscidienne. Chez

(1) Les Némertiens et les Planariens, ayant le corps couvert de cils vibratiles et n'étant pas parasites, étaient autrefois réunis sous la dénomination générale de TURBELLARIÉS ; mais ces deux groupes d'Animaux sont très différents, tant par leur forme extérieure que par leur organisation. On les considère aujourd'hui comme deux ordres distincts et le nom de *Turbellariés* est devenu synonyme de *Planariens*.

les Némertiens armés, la trompe renferme, dans sa région moyenne, un gros stylet central et plusieurs stylets latéraux. Ces organes, en forme de clous à tête, sont contenus dans des sacs spéciaux pleins de liquide et le stylet médian vient faire saillie par l'orifice proboscidien qu'il bouche complètement. Les usages de la trompe ne sont pas encore connus ; elle a été considérée comme un organe de préhension, de défense, d'attaque ; on a même voulu y voir un appareil venimeux, sans apporter aucune preuve à l'appui de cette assertion. Tube digestif généralement cilié, simple ou pourvu de diverticules, sans communication avec la trompe ; bouche située au-dessous de l'orifice proboscidien ; anus terminal. Appareil circulatoire composé ordinairement de trois troncs longitudinaux, l'un dorsal, les deux autres latéraux s'anastomosant entre eux aux deux extrémités du corps. Sang incolore, se dirigeant vers la queue dans le vaisseau médian et vers la tête dans les deux vaisseaux latéraux. Pas d'organes spéciaux pour la respiration. Organes excréteurs constitués par un plus ou moins grand nombre de petits canalicules s'ouvrant d'un côté au dehors et se mettant, de l'autre côté, en rapport avec les troncs vasculaires latéraux. Sexes séparés. Organes génitaux constitués par une série de petits sacs se développant sur les côtés de l'intestin et s'ouvrant chacun par un petit orifice latéral servant à l'expulsion des produits sexuels. Pas de copulation. Développement avec (Anoplidés) ou sans (Enoplidés) forme larvaire. Larve ciliée

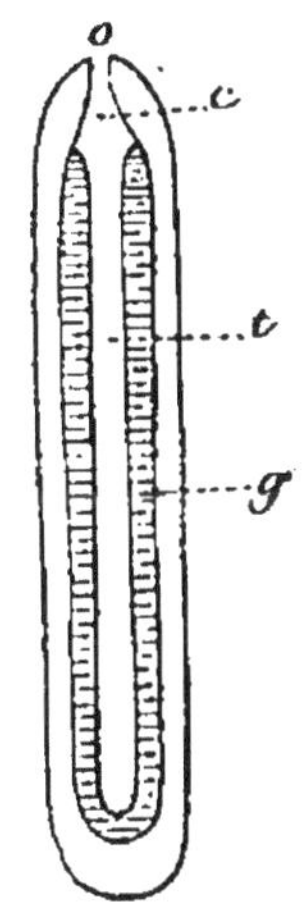

Fig. 461. — SCHÉMA D'UN NÉMERTIEN ET DE SA TROMPE.

c, canal et o, orifice de sortie de la trompe t; g, gaine proboscidienne.

typique, en forme de casque (*Pilidium*) se présentant quelquefois sous une forme plus simple (*larve de Desor*). Enveloppe musculo-cutanée séparée des organes par une véritable cavité générale remplie d'un liquide incolore tenant en suspension des éléments figurés. Système nerveux composé de deux gros ganglions cérébroïdes unis par deux commissures, l'une dorsale, l'autre ventrale formant une sorte de collier œsophagien, au milieu duquel passe la trompe et non l'œsophage qui est situé au-dessous. Quelques nerfs émergent de la partie antérieure des ganglions ; deux gros cordons longitudinaux, issus de la partie postérieure

des ganglions, vont se terminer en pointe, au voisinage
de l'anus. Des yeux variables de nombre et de position,
avec ou sans lentille cristalline, existent sur la face supérieure de la tête ; enfin deux *sacs céphaliques*, en forme
de poche ovoïde, semblent être un épanouissement d'un
nerf volumineux qui naît sur le côté du ganglion cérébroïde.

Les Némertiens sont, pour la plupart, marins et vivent
sous les pierres ou dans la vase ; quelques-uns seulement
sont terrestres et quelques autres parasites, chez les
Crabes ou les Lamellibranches.

A. ÉNOPLIDÉS (ἐνόπλιος, armé). — *Némertiens à trompe
armée de stylets. Bouche en avant des ganglions cérébroïdes. Développement sans métamorphoses.*

Némertes (*Nemertes*). Corps très long ; trompe courte ;
yeux nombreux. 2 sous-genres : l'un (*Geonemertes*) terrestre, l'autre (*Pelagonemertes*) pélagique. — Tétras-
temmes (*Tetrastemma*). Quatre yeux groupés en carré.
— Amphipores (*Amphiporus*). Corps relativement court ;
yeux groupés en plusieurs amas.

B. ANOPLIDÉS (ἄνοπλος, sans armes). — *Némertiens à
trompe inerme. Bouche située derrière les ganglions cérébroïdes. Développement avec métamorphoses.*

Linées (*Lineus*). Deux fentes céphaliques. *L. marinus*
atteint quelquefois plusieurs mètres de longueur. —
Céphalotriques (*Cephalothrix*). Pas de fentes céphaliques ;
corps filiforme. — Malacobdelles (*Malacobdella*). Pas de
fentes céphaliques ; une large ventouse à l'extrémité
postérieure ; se rapprochent des Hirudinées ; parasites
dans la cavité palléale des Myes.

Planariens (*planus*, plan) ou **Turbellariés** (*tur-
bellæ*, agitation *ciliaire*). — *Platyelminthes ciliés, à tube
digestif dépourvu d'anus.*

Corps mou, ovale ou foliacé, recouvert d'un revêtement ciliaire continu, dépourvu de ventouses ou de crochets de fixation, glissant à la surface de l'eau ou des
corps immergés, d'un mouvement lent et continu par

31.

l'action des cils vibratiles. Tégument renfermant souvent des corpuscules en baguettes, quelquefois des cellules lançant un fil qui se déroule (*nématocystes*), enfin divers pigments. Enveloppe musculo-cutanée en continuité avec le parenchyme qui remplit les interstices des organes. Pas de cavité générale. Tube digestif souvent cilié.

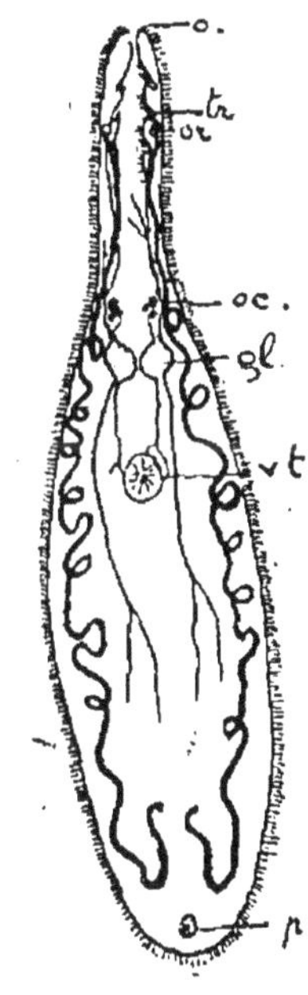

Fig. 462.— PROSTOME.

gl, ganglions cérébroïdes; *o*, orifice de la trompe *tr*; *oc*, yeux; *or*, orifice des canaux excréteurs; *vt*, bouche entourée de son sphincter; *p*, pore génital.

Bouche circulaire, entourée d'un sphincter, suivie d'un pharynx débouchant dans une cavité gastro-intestinale tantôt droite (Rhabdocèles), tantôt ramifiée (Dendrocèles), cette cavité pouvant même faire complètement défaut (Acèles). Jamais d'anus. Pas d'organes de la circulation ni de la respiration. Appareil excréteur composé de nombreuses branches terminées, d'un côté, par des entonnoirs vibratiles imperforés, venant s'ouvrir, d'autre part, dans deux troncs latéraux qui débouchent au dehors par un ou plusieurs orifices, sur des points variables du corps; quelquefois rudimentaire ou nul. Reproduction rarement asexuelle par scissiparité; sexes réunis, excepté chez les Microstomes. Orifice sexuel unique ou double. Organes mâles : testicules compacts ou diffus, symétriques; canaux déférents; vésicule séminale; pénis. Organes femelles : ovaire (ancien *germigène*) impair, compact ou diffus; oviducte simple ou double, accompagné d'un réceptacle séminal; souvent deux glandes (*vitellogènes*) produisant l'albumine et non pas le vitellus de l'œuf, comme on le croyait autrefois; une glande simple (*glande coquillière*) qui sécrète une substance destinée à former une coque à l'œuf; enfin un double utérus en forme de boyau allongé, servant à recevoir les œufs après la fécondation. Ceux-ci s'échappent, lors de l'éclosion, par rupture des téguments. Pendant l'été, la glande coquillière et le pénis étant peu développés, il y a autofécondation et les ovules (*œufs d'été*) sont à coque molle; à l'automne, les ovules (*œufs d'hiver*) sont fécondés par accouplement réciproque et ont une coque résistante sécrétée par la glande coquillière. Développement sans métamorphoses, excepté chez quelques Dendrocèles marins où l'on observe une larve munie d'appendices digités. Système nerveux formé par la coalescence de deux gros ganglions cérébroïdes d'où partent, en avant, une paire de cordons latéraux pré-

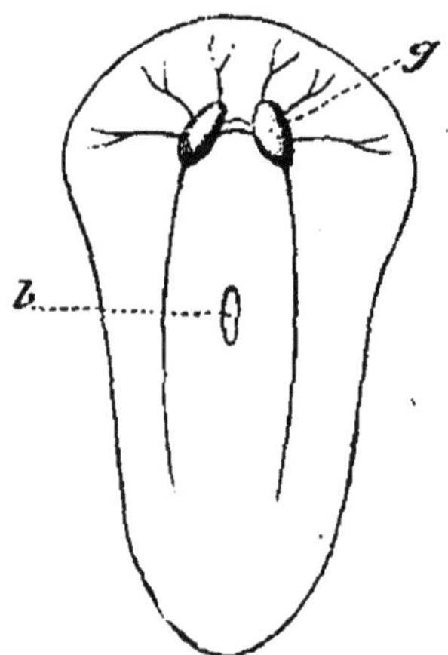

Fig. 463. — Planaire.

b, bouche : *g*, ganglions nerveux.

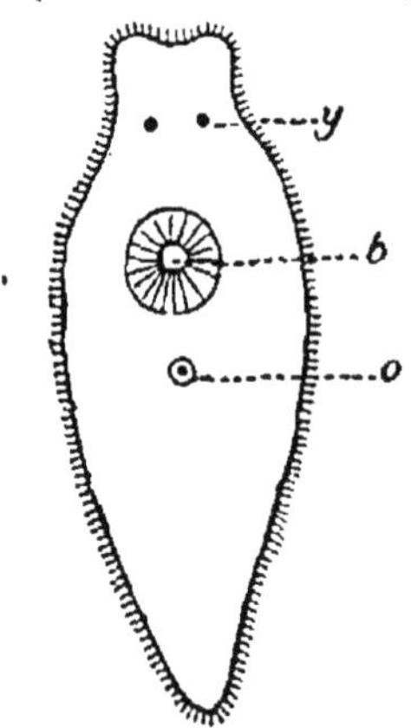

Fig. 464. — Mésostome.

b, bouche ; *o*, orifice génital ; *y*, yeux.

sentant souvent des renflements ganglionnaires et des anastomoses transversales. Yeux assez répandus, constitués par des taches pigmentaires, avec ou sans cristallin. Rarement un otocyste (Acèles). Quelquefois des fossettes ciliées, sur les parties latérales de l'extrémité antérieure.

Les Turbellariés habitent l'eau douce ou l'eau de mer ; quelques-uns seulement sont terrestres.

A. DENDROCÈLES (δένδρον, arbre ; κοῖλον, cavité). — *Turbellariés à cavité digestive ramifiée.*

Corps large et aplati. Bord antérieur présentant des appendices tentaculiformes ; bords latéraux souvent plissés.

A. *Digonopores* (δίς, deux ; γονή, génération ; πόρος pore). — *Deux orifices sexuels superposés.*

Pas de vitellogènes. Appareil excréteur rudimentaire ou nul. Intestin très ramifié « *Polyclades* ». Presque tous marins, présentant ordinairement une phase larvaire.

Styloques (*Stylochus*). Deux tentacules. — Leptoplanes (*Leptoplana*). Pas de tentacules. — Céphaloleptes (*Cephalolepta*). Une ventouse céphalique. — Thysanozoons (*Thysanozoon*). Corps garni de nombreuses papilles dorsales.

B. *Monogonopores.* — *Un seul orifice sexuel.*

Deux vitellogènes. Appareil excréteur bien constitué. Intestin peu ramifié, offrant généralement trois paires de branches principales « *Triclades* ». Terrestres ou d'eau douce, rarement marins, sans métamorphoses. — Planaires (*Planaria*). Deux yeux; eau douce. — *Geoplana*. Terrestres. — *Gunda*. Formes marines.

B. Rhabdocèles (ράβδος, bâton; κοῖλον, cavité). — *Turbellariés à cavité digestive droite.*

Corps peu aplati. Généralement hermaphrodites. Deux vitellogènes. Un appareil excréteur. Développement direct; infusoriformes pendant le jeune âge. Presque tous d'eau douce.

A. *Diorchidés* (δίς, deux; ὄρχις, testicule). — *Rhabdocèles à deux testicules compacts. Intestin simple.*

Microstomes (*Microstomum*). Sexes séparés. — Prostomes (*Prostomum*). Bouche ventrale; à l'extrémité antérieure, une cavité renfermant une trompe exsertile. — Macrostomes (*Macrostomum*). Bouche près de l'extrémité antérieure. — Mésostomes (*Mesostomum*). Bouche au milieu du corps. — Dérostomes (*Derostomum*). Pharynx en forme de tonneau. — Vortex (*Vortex*). Corps cylindrique. — Opisthomes (*Opisthomum*). Bouche près de l'extrémité postérieure.

B. *Polyorchidés* (πολύς, nombreux; ὄρχις, testicule). — *Rhabdocèles à testicules nombreux, disséminés. Intestin lobé.*

Plagiostomum. — *Monotis.*

C. Acèles (ά priv., κοῖλον, cavité). — *Turbellariés sans tube digestif.*

Bouche ventrale, suivie d'un œsophage conduisant dans le parenchyme. Pas d'appareil excréteur. Orifices sexuels séparés. Testicules dispersés. Pas de vitellogènes distincts de l'ovaire. Pas d'yeux. Un otocyste.

Convoluta. — *Proporus.*

Trématodes (τρηματώδης, troué). — *Platyelminthes
sans cils vibratiles, à tube digestif bifurqué, sans anus,
munis d'une ou de plusieurs ventouses.*

Vers plats, courts, dépourvus d'anneaux, parasites intérieurs (*endoparasites*) ou extérieurs (*ectoparasites*) sur
d'autres Animaux auxquels ils se fixent par leurs ventouses. Bouche antérieure, générale-
ment située au fond d'une petite ventouse (*ventouse orale*), suivie d'un pharynx ovoïde et d'un court œsophage
d'où partent deux branches gastro-
intestinales simples (*Distomum lanceolatum*) ou ramifiées (*Distomum hepaticum*), contractiles et terminées en cul-
de-sac près de l'extrémité caudale.
Pas d'organes de circulation ni de respiration. Appareil excréteur constitué
par un réseau de vaisseaux très fins
terminés, d'un côté par des entonnoirs
vibratiles paraissant clos, d'autre part
débouchant dans un tronc dorsal qui
suit la ligne médiane et présente quelquefois une vésicule contractile, avant
d'aboutir, près de l'extrémité caudale,
à un *pore excréteur* presque terminal.
Sexes réunis, excepté chez *Bilharzia*.
Organes mâles : deux testicules en
grappe dont les canaux déférents se
rendent dans une vésicule séminale
terminée elle-même par un canal éjaculateur entouré d'une glande (*prostate*) et débouchant dans un cloaque
commun avec l'appareil femelle. Celui-
ci est constitué par un ovaire impair et deux vitellogènes dont les vitelloductes se réunissent à l'oviducte,
pour constituer un utérus ou vagin qui reçoit en outre
la sécrétion d'une glande coquillière, avant de déboucher dans le cloaque sexuel. Un canal énigmatique (*canal de Laurer*) s'ouvrant d'une part dans l'oviducte et
d'autre part sur la ligne médiane dorsale, fait communiquer l'appareil femelle avec le dehors. Orifice génital
simple ou double, situé sur la face ventrale, non loin de
la ligne médiane, près de l'extrémité antérieure. La
plupart ovipares; quelques-uns seulement vivipares. On

Fig. 465. — Douve du
foie.

B, bouche; o, orifice
génital ; p, pore
excréteur; V, ven-
touse ventrale.

admet une autofécondation externe, les spermatozoïdes
éjaculés dans le cloaque sexuel pénétrant dans l'utérus
où ils s'accumulent comme dans un réceptacle séminal.
Développement direct (la plupart des Polystomiens) ou
accompagné de métamorphoses (Distomiens). Système
nerveux composé de deux ganglions cérébroïdes unis
par une commissure dorsale. De ces ganglions partent
des nerfs antérieurs pour la ventouse orale et deux gros
troncs latéraux ; ceux-ci portent ou non des renflements
ganglionnaires et des commissures transversales. Organes
des sens réduits à des taches oculaires qu'on observe surtout dans la phase embryonnaire.

A. Distomiens (δίς, deux ; στόμα, ouverture). — *Trématodes à deux ventouses au plus.*

Endoparasites ; sans crochets ; vivant surtout dans le
tube digestif des Vertébrés. Métamorphoses complexes.
Œufs toujours petits et nombreux, à coque mince, donnant naissance, dans un milieu aqua-
tique, à des embryons (*proscolex*) tantôt
nus, tantôt ciliés, souvent pourvus de
piquants à la partie antérieure. L'embryon pénètre habituellement dans le
corps d'un Mollusque aquatique (Limnée, Paludine, etc.) et s'y transforme en
un sac (*scolex*) dépourvu de cils et ordinairement muni d'une ventouse. Ce sac
appelé *Rédie*, quand il possède un tube
digestif, et *Sporocyste*, quand il n'en a
pas, produit, par bourgeonnement intérieur, de nouveaux organismes auxquels
on a donné le nom de *Cercaires*. Celles-ci

Fig. 466. — Cer-
caire.

b, bouche ; *c,*
queue; *v* , ven-
touse ventrale.

ressemblent à des Têtards de Grenouilles et ne diffèrent
guère des Distomiens adultes que par la présence d'une
queue et l'absence des organes génitaux ; elles quittent le
sac qui les renferme et s'enkystent à nouveau, en perdant leur queue, soit dans le corps de l'hôte, soit dans
le corps d'un nouvel Animal aquatique à l'intérieur duquel elles pénètrent (Mollusque, larve d'Insecte, Crustacé,
Ver, etc.) ; mais les organes génitaux ne sont encore que
rudimentaires (*Distomiens agames*). Lorsque l'Animal
porteur de Cercaires enkystées devient la proie d'un Vertébré, le parasite, mis en liberté dans l'estomac de ce dernier, gagne une cavité déterminée (intestin, canaux
biliaires, vessie urinaire, etc.), où il acquiert ses organes

génitaux (*Distomiens adultes*). Dans certains cas, le cycle évolutif est plus compliqué, une Rédie ou un Sporocyste pouvant eux-mêmes se reproduire, soit par scission, soit par.bourgeonnement, les Rédies ou les Sporocystes ainsi produits donnant, à leur tour, des Cercaires. D'autres fois l'évolution est notablement simplifiée, le sac germinatif se montrant déjà formé dans l'embryon.

Monostomes (*Monostomum*). Une ventouse orale; pas de ventouse ventrale. *M. lentis* a été trouvé une seule

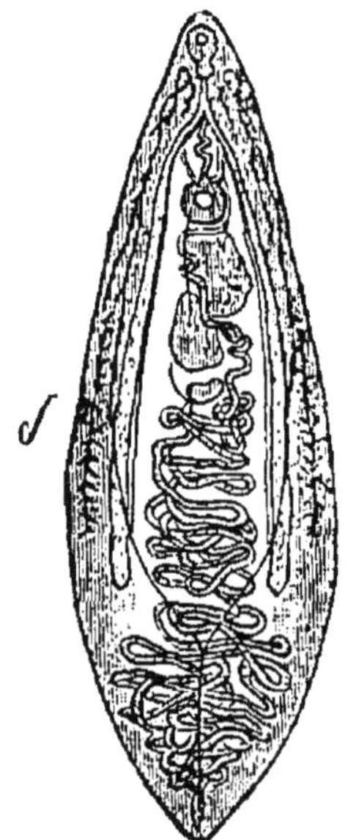

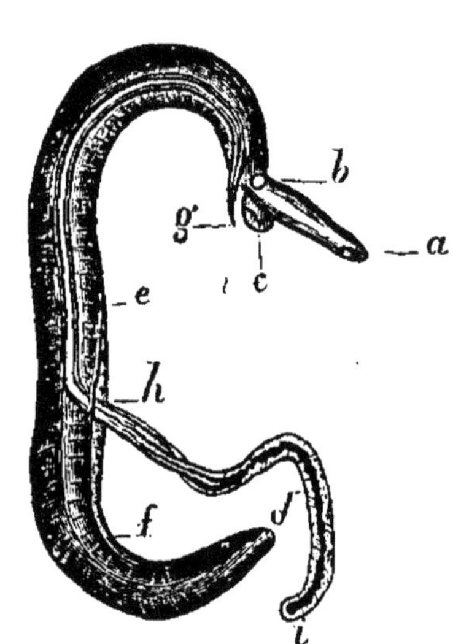

Fig. 467. — Distomum
lanceolatum.

Fig. 468. — Bilharzia hoematodia.

a, b, e, f, mâle; g, h, i, femelle; a, ventouse orale; c, ventouse ventrale.

fois dans la capsule du cristallin. — Distomes ou Douves (*Distomum*). Une ventouse antérieure ou orale; une ventouse ventrale, imperforée, dans le tiers antérieur du corps. Douve du foie ou grande Douve (*D. hepaticum*). Corps rétréci antérieurement en une sorte de cou; terminé en pointe mousse à la partie postérieure; couvert de petites écailles chitineuses; 3 centim. de long sur 1 centim. de large; intestin ramifié; ventouse ventrale triangulaire; orifice génital entre les deux ventouses.

Rare chez l'Homme et quelques autres Mammifères; commun dans les canaux biliaires du Mouton; sa présence détermine des lésions du foie et consécutivement une affection hydrémique spéciale (*cachéxie aqueuse*). Embryon infusoriforme pénétrant dans *Limnæus truncatulus;* les Cercaires s'enkystent probablement sur l'herbe des prairies et les Animaux s'infectent en consommant cette herbe. Distome lancéolé ou petite Douve du foie (*D. lanceolatum*). Beaucoup plus petite que la précédente (9 millim. de long sur 3 millim. de large); corps lancéolé, taché en brun par les œufs; intestin non ramifié; plus commune que la précédente; se rencontre avec celle-ci chez les mêmes Animaux; évolution non encore complètement connue. Cinq autres Distomes ont été observés, sur l'Homme, mais très rarement : *D. crassum; D. spatulatum; D. perniciosum; D. pulmonale; D. heterophyes.* — Bilharzies (*Bilharzia*). Deux ventouses, comme chez les Distomes, mais sexes séparés; mâle plus gros que la femelle et portant celle-ci, plus longue et plus étroite que lui, dans une dépression de la face ventrale qui devient un canal (*gynécophore*) par le rapprochement de ses deux bords; orifices génitaux situés en arrière de la ventouse ventrale. *B. hœmatobia* habite le système porte de l'Homme, en Égypte et sur toute l'étendue de la côte orientale de l'Afrique; il détermine souvent des hématuries ou de graves affections dysentéroïdes. — Amphistomes (*Amphistomum*). Corps épais, muni d'une ventouse ventrale très grande et tout à fait postérieure. Ont été rencontrés dans le cæcum ou le côlon de quelques Indiens.

B. Polystomiens (πολύς, nombreux; στόμα, bouche). — *Trématodes munis de plus de deux ventouses.*

Ectoparasites, à ventouses souvent accompagnées de crochets constituant un appareil de fixation plus développé que chez les précédents et en rapport avec la vie extérieure. Généralement, deux ventouses antéro-latérales, entre lesquelles s'ouvre la bouche, et une ou plusieurs ventouses supérieures. Développement presque toujours direct. OEufs très développés, contenant un embryon qui présente d'ordinaire la forme et l'organisation des parents.

Polystomes (*Polystomum*). Plusieurs petites ventouses postérieures avec crochets. *P. integerrimum* habite la vessie de la Grenouille. — Diplozoons (*Diplozoon*). Animal double, constitué par deux individus hermaphrodites soudés en X au moyen d'une papille et d'une ventouse médianes, chacun d'eux ayant ses organes indépendants de ceux de l'autre. Parasites sur les branchies des Poissons d'eau douce ; assez communs sur celles du Goujeon. — Gyrodactyles . (*Gyrodactylus*). Très petits Vers munis d'un gros disque caudal armé de forts crochets. *G. elegans* vit sur les branchies des Carpes. — Tristomes (*Tristomum*). Deux ventouses orales et une seule terminale, très grande ; pas de crochets. Sur la peau de l'Espadon, les branchies de l'Esturgeon, etc.

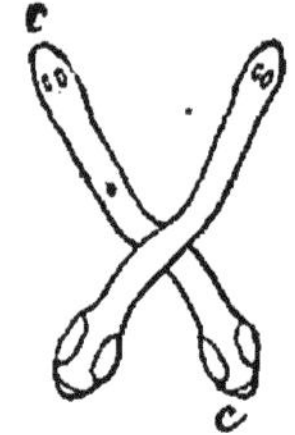

Fig. 469. — Diplozoon.

c, extrémité caudale; *t*, tête.

Cestodes ou Cestoïdes (κεστός, ruban ; εἶδος, forme). — *Platyelminthes sans cils vibratiles ni tube digestif.*

Vers rubanés, endoparasites, composés d'une tête et d'une série de segments (*proglottis*). La tête porte un ganglion nerveux et des organes de fixation (*ventouses, crochets*); les proglottis renferment les organes génitaux. Toujours hermaphrodites. Pas de tube digestif ni d'organes pour la circulation et la respiration. Un appareil excréteur bien développé est constitué par des canaux latéraux dans lesquels convergent, le plus souvent, des systèmes de canalicules prenant leur origine dans de petits entonnoirs ciliés (FRAIPONT). Ces collecteurs peuvent communiquer entre eux par des anastomoses transversales; ils s'ouvrent à la partie postérieure du corps par un orifice (*foramen caudale*) qui se reforme chaque fois qu'un anneau se détache. Le développement a lieu par métamorphoses et s'accompagne de migrations. Parasites dans le tube digestif des Vertébrés.

A. TÉNIADÉS (ταινία, ruban). — *Tête munie de quatre ventouses disposées en croix. Anneaux à pores sexuels marginaux.*

Ténias (*Tænia*). L'œuf mûr renferme un embryon (*Hexacanthe*) muni de six crochets, deux antérieurs et quatre latéraux. Sorti de l'œuf, l'Hexacanthe donne naissance à une larve (*proscolex*) qui, dans un milieu favora-

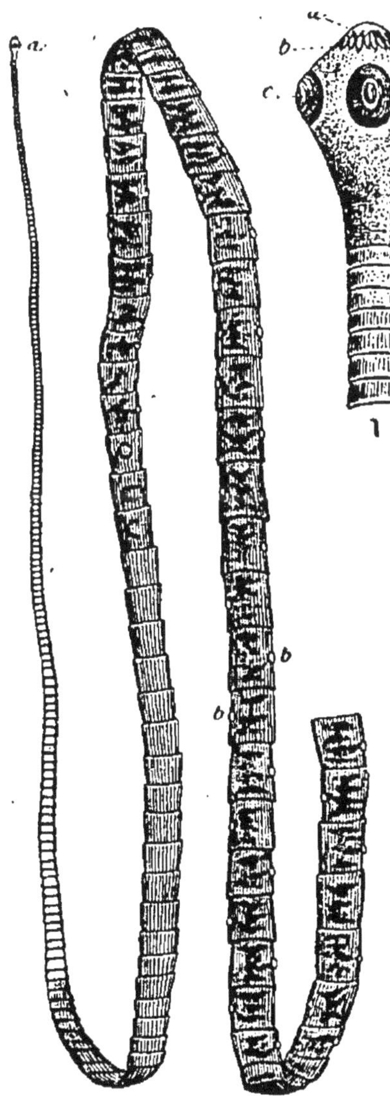

Fig. 470. — Tænia solium.

a, tête ; *b*, *b*, pores génitaux. — 1, tête très grossie ; *a*, proboscide ; *b*, double couronne de crochets ; *c*, *c*, ventouses. — 2, un crochet isolé ; *a*, manche surmonté de la garde et de la lame.

ble, produit une vésicule caudale. Cette larve vésiculaire (*Cystique*) s'enkyste et devient une seconde larve invaginée (*Scolex*). Celle-ci, introduite dans le tube digestif d'un hôte convenable, perd sa vésicule et produit, par bourgeonnement une série linéaire (*Strobile*) d'anneaux (*proglottis*) qui, arrivés à maturité, finissent par se désarticuler (*cucurbitains*). Après qu'ils se sont détachés, les anneaux se contractent et se vident, dans l'intestin, d'une partie de leurs œufs, par la solution de continuité de leurs deux bords d'adhérence. Après leur expulsion de l'intestin, les cucurbitains rampent encore, pendant un certain temps, à la surface du sol, en s'allongeant et se raccourcissant tour à tour. Les Vers rubanés proviennent donc de la transformation des Vers vésiculaires (Küchenmeister). Les Cystiques peuvent se développer chez les Vertébrés ou les Invertébrés, mais les Strobiles se rencontrent seulement chez les Vertébrés, presque exclusivement dans le canal intestinal.

1º Les *Cystidiens* sont des Ténias à tête généralement armée d'une double couronne de crochets, à pores génitaux régulièrement ou irrégulièrement alternes ; leurs Cystiques ont une vésicule caudale très développée (*Ténias vésiculaires*); ils se présentent sous trois formes : les *Cysticerques*, les *Cénures*, les *Échinocoques*. Les Cysticerques (*Cysticercus*) sont des Cystiques à un seul corps et à une seule tête. Les Cénures (*Cœnurus*) sont des Cystiques renfermant plusieurs corps terminés chacun par une seule tête. Les Échinocoques (*Echinococcus*) sont des Cystiques renfermant plusieurs corps vésiculeux qui produisent, à leur tour, des têtes multiples. Les Ténias de ce groupe, qui vivent chez les Mammifères, se trouvent à l'état strobilaire dans le tube digestif des carnassiers et à l'état cystique dans les tissus ou cavités closes du corps des herbivores; les omnivores seuls peuvent être porteurs, à la fois, de Cystiques et de Strobiles (VAN BENEDEN).

Le « Ver Solitaire » (*Tænia solium*) habite, à l'état rubané, l'intestin grêle de l'Homme (1). Il présente, à l'œil nu, une tête arrondie (cuboïde, au microscope), plus petite qu'une tête d'épingle, portée sur une sorte de cou très mince et suivie d'une longue chaîne (de 2 à 10 mètres) d'anneaux, d'abord plus larges que longs, puis aussi larges que longs (vers le milieu), enfin plus longs que larges (vers l'extrémité, où ils atteignent 1 centimètre de longueur sur 5 à 7 millimètres de largeur). La tête, de 1 millimètre de diamètre, porte quatre ventouses circulaires ; elle se termine par un mamelon protractile (*proboscide* ou *rostellum*) autour duquel s'insèrent une trentaine de crochets chitineux (2), les uns grands, les autres petits, disposés sur deux rangées concentriques. Ces ventouses et ces crochets servent d'organes de fixation contre les parois de l'intestin. Le cou est filiforme; il produit les proglottis par bourgeonnement de sa partie postérieure, de sorte que le plus rapproché de la tête est le plus jeune. Un proglottis présente: 1º deux faces : l'une (*ventrale* ou *femelle*) près de laquelle se trouvent les organes femelles, l'autre (*dorsale* ou *mâle*) contre la-

(1) Le nom de « Ver solitaire » est impropre, car ce Ver est loin de vivre toujours isolé.

(2) Chaque crochet a la forme d'une serpe et présente 3 parties : un *manche*, une *garde* et une *lame*. Les grands crochets sont aux petits comme 3 : 2, mais tous ont leur pointe sur une même ligne circulaire. Implantés par le manche dans de petites poches du tégument, les crochets montrent leur pointe en dehors.

quelle sont appliqués les organes mâles ; 2° quatre bords : un antérieur, un postérieur, deux latéraux sur l'un desquels se trouve un petit bouton (*papille génitale*). Les proglottis du commencement de la chaîne ne montrent guère que les éléments du parenchyme ; ceux de l'extrémité ou cucurbitains sont bourrés d'œufs embryonnés qui ont refoulé ou détruit la plupart des organes ; ceux du milieu de la chaîne offrent, d'une manière plus ou moins nette, l'organisation suivante. Appareil excréteur débutant, dans la tête, par un anneau d'où partent quatre vaisseaux qui passent, chacun, derrière une ventouse. Ils vont former, de chaque côté, dans la série des anneaux, deux vaisseaux distincts : l'un externe et ventral, dépourvu de paroi (*lacune longitudinale*) ; l'autre interne et dorsal, muni d'une paroi propre (*vaisseau longitudinal*). Les vaisseaux longitudinaux ne communiquent pas entre eux dans les anneaux, mais les lacunes longitudinales sont réunies par une anastomose transversale (*lacune transversale*) longeant le bord postérieur de chaque proglottis (Sommer ; Moniez). En dehors des vaisseaux excréteurs, deux cordons nerveux suivent les côtés du corps jusqu'à la tête, où ils se terminent par un système très complexe de ganglions fournissant en outre les nerfs des ventouses et du rostellum. Organes sexuels réunis dans chaque anneau, faisant leur apparition vers l'anneau 250, les organes mâles se développant avant les organes femelles et ceux-ci persistant seuls dans les derniers anneaux. Organes mâles représentés par un grand nombre de *testicules* ou amas de spermatozoïdes ne paraissant reliés au canal déférent que par les mailles du parenchyme. Le canal déférent ou spermiducte a des parois véritables ; il vient déboucher dans une petite cavité (*poche péniale*) s'ouvrant elle-même au sommet de la papille génitale ; son extrémité peut se renverser et faire saillie à l'extérieur (*cirre* ou *pénis*). Organes femelles formés de trois ovaires dont deux latéraux réunis par un tube intermédiaire et un inférieur beaucoup plus petit. Les œufs sont recueillis par un pavillon suivi d'un oviducte qui se bifurque aussitôt. L'une des branches de bifurcation se renfle en un *réservoir séminal* et se continue avec un long tube (*vagin*) qui va s'ouvrir sur la papille génitale, en arrière du canal déférent ; l'autre branche de bifurcation présente aussi un renflement (*bulbe*) et se continue avec l'utérus. Celui-ci a la forme d'un cylindre présentant des branches latérales plus ou moins ramifiées. On ignore encore si la fécondation se fait, dans chaque anneau, par la pénétration du pénis à l'intérieur du vagin, ou si les spermatozoïdes passent directement dans cet organe, après avoir été déversés dans la poche péniale. Quoi qu'il en soit, ceux-ci, accumulés dans le réservoir séminal, imprègnent les œufs lors de leur passage dans l'oviducte, avant leur pénétration dans l'utérus. Les proglottis ont des pores sexuels marginaux alternant régulièrement d'un anneau à l'autre. Les cucur-

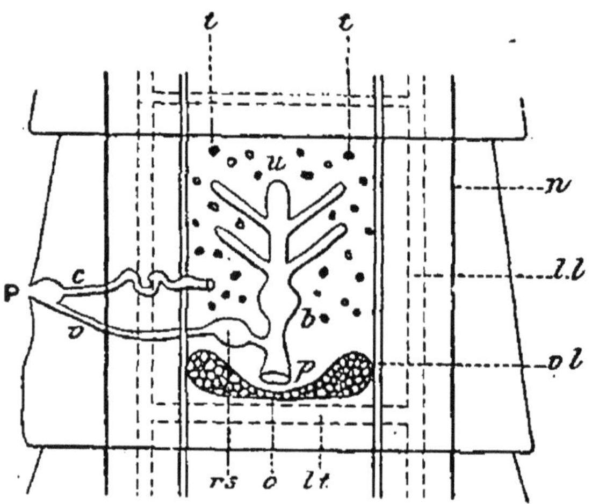

Fig. 471. — Un anneau de ténia (Schéma).

b, bulbe ; *c*, canal déférent ; *l*, *l*, lacune longitudinale ; *ll*. lacune transversale ; *n*, cordon nerveux ; *o*, les deux ovaires latéraux (le troisième n'est pas représenté) ; *P*, papille et pore génitaux ; *p*, pavillon de l'utérus ; *rs*, réservoir séminal ; *t*, *t*, deux testicules (les autres sont représentés également par des points) ; *u*, utérus ; *v*, vagin ; *vl*, vaisseau longitudinal.

bitains présentent un utérus ayant, de chaque côté, une dizaine de branches irrégulièrement ramifiées ; ils se détachent isolément et sortent pendant la défécation. Les œufs sont sphériques et ont 33 μ de diamètre. Quand un cucurbitain ou simplement un œuf a été avalé par un Porc, l'embryon ou Hexacanthe, devenu libre, traverse la paroi de l'intestin, en se servant de ses crochets antérieurs pour perforer et des latéraux pour se pousser. Quand il a trouvé son lieu d'élection, il s'enkyste, perd ses crochets et prend la forme d'un Cysticerque. Le Porc alors est dit *ladre* ou atteint de *ladrerie* (1). Les Cysticerques (*Cysticercus cellulosæ*) ont le volume d'un pois ; ils présentent une dépression ou invagination au fond de laquelle se trouve une tête de Ténia montrant la double couronne de crochets et, un peu plus bas, les quatre ventouses en croix.

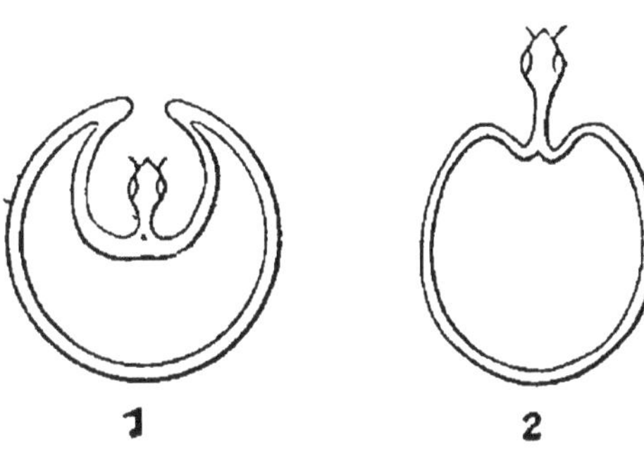

Fig. 472. — CYSTICERCUS CELLULOSÆ.

1, tête rentrée ; 2, tête sortie.

Cette tête est exsertile ; mais elle ne se retourne pas, comme on l'a dit, à la façon d'un doigt de gant ; elle sort de sa gaine, comme une tête de Tortue lorsqu'elle sort de sa carapace (MONIEZ). Quand les Cysticerques du Porc ont été introduits dans l'intestin de l'Homme, leur vésicule caudale est digérée et se rompt à la base du cou. Le jeune Ver, alors long de 1 à 2 millimètres, se met aussitôt à former de nouveaux anneaux et devient le *Tænia solium* que nous avons décrit plus haut.

Le *Cysticercus cellulosæ* ou Cysticerque du tissu conjonctif se trouve habituellement chez le Porc ; mais on l'a rencontré aussi chez le Sanglier, le Chien, le Chat, le Rat, le Chevreuil, l'Ours, divers Singes et même chez l'Homme. Des expériences sur le Porc sain ont démontré que cet Animal devenait ladre, après l'ingestion d'œufs du Ver solitaire de l'Homme. Des Hommes de bonne volonté et des condamnés à mort, après avoir avalé des Cysticerques de Porc ladre, ont été atteints du Ver solitaire. Enfin on a expérimenté, sur l'Homme, que les Cysticerques humains se transformaient en *Tænia solium*, aussi bien que les Cysticerques du Porc. La ladrerie de

(1) Les Cysticerques sont surtout répandus dans les muscles de la langue, du cou et des épaules, exceptionnellement dans le pannicule adipeux. On peut apercevoir, de chaque côté du frein de la langue, les Cysticerques sous la forme de globules opalins soulevant la muqueuse ; de là l'examen de la langue des Porcs vivants (*langueyage*), dans les abattoirs, et aussi la pratique qui consiste à crever les Cysticerques avec une épingle (*épinglage*), pour essayer de faire disparaître ce signe de l'affection parasitaire.

l'Homme peut se produire, soit par ingestion directe des œufs, soit par le fait d'un cucurbitain remonté de l'intestin dans l'estomac et digéré dans ce dernier organe. Les Cysticerques humains se logent, de préférence, dans le tissu conjonctif sous-cutané ou intermusculaire (ils sont très rares sous la langue); mais ils ont été observés aussi dans l'œil (surtout dans le corps vitré), dans les méninges, enfin dans le cerveau où ils prennent quelquefois une forme rameuse et où ils déterminent des accidents épileptiformes plus ou moins graves. La présence des Vers rubanés dans l'intestin détermine souvent des douleurs abdominales, des borborygmes, des frissons, de l'anxiété, une faim exagérée, etc. On combat les Ténias avec l'écorce de racine de Grenadier, les graines de Courge, le Kousso, etc. Il importe d'amener l'expulsion de la tête, pour empêcher tout bourgeonnement ultérieur. L'aire de distribution du Ténia, à la surface du globe, est naturellement celle du Porc; on ne le rencontre pas chez les populations (Juifs, Musulmans, etc.) qui s'abstiennent du Porc; il est rare en Asie et en Afrique. En France, où l'habitude de faire cuire convenablement la viande de Porc se répand de plus en plus, le Ver solitaire devient de moins en moins fréquent.

Le Ténia inerme (*Tænia saginata* ou *mediocanellata*) rappelle, à première vue, le Ver solitaire. A l'état rubané, il habite l'intestin grêle de l'Homme ; à l'état vésiculaire (*Cysticercus Bovis*), il se trouve dans le tissu conjonctif des muscles du Bœuf et peut-être aussi de quelques autres Ruminants. On a démontré expérimentalement : 1° la ladrerie du Bœuf ou du Veau, à la suite d'ingestion, par ces Animaux, d'œufs du Ténia inerme ; 2° l'infection de l'Homme par l'introduction, dans son tube digestif, de Cysticerques recueillis dans la chair du Bœuf. La fréquence de plus en plus considérable du Ténia inerme, aujourd'hui plus commun que le Ver solitaire, s'explique par l'usage très répandu des vian-

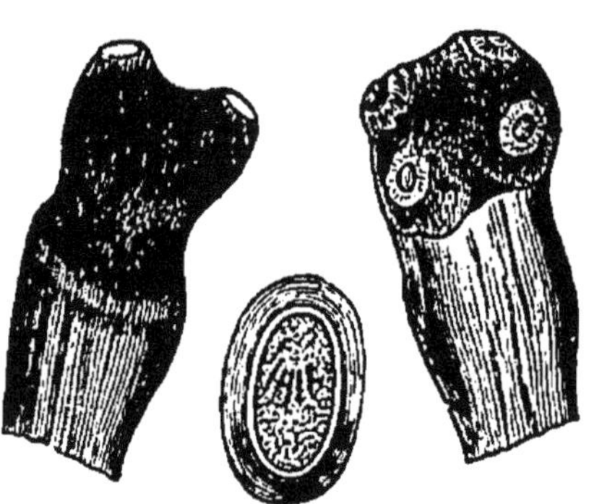

Fig. 473. — TÆNIA SAGINATA.

Tête (gross. 5). Ovule (gross. 350).

des saignantes. La tête de *T. saginata* (2 milim. de diamètre) est dépourvue de crochets et présente une dépression apicale, au lieu du proboscide du *T. solium;* ses ventouses sont plus volumineuses que celles du Ver solitaire et souvent teintées en noir par un pigment. Les proglottis situés près de la tête sont plus larges que longs, mais ceux de l'extrémité atteignent 2 centim. de long sur 5 à 7 millim. de large, présentant ainsi, sur la même largeur, une longueur double de ceux de *T. solium.* Les pores marginaux alternent d'une façon irrégulière, au lieu de présenter l'alternance régulière de ceux de *T. solium.* Les cucurbitains sont munis d'un utérus ayant, de chaque côté, une trentaine de branches peu ramifiées; ils se détachent quelquefois par chaînons, le plus souvent isolément, et sont expulsés non seulement pendant la défécation, mais encore dans l'intervalle des selles, malgré les efforts du malade pour les retenir. Les œufs sont elliptiques (40 μ de long sur 30 μ de large) et un peu plus gros que ceux du *T. solium.* Le *Cysticercus Bovis* n'a pas encore été rencontré dans l'espèce humaine; par conséquent son Ténia ne fait pas courir les mêmes dangers que le Ver solitaire, mais il est plus difficile à expulser que ce dernier, par l'administration des médicaments appropriés, qui sont d'ailleurs les mêmes dans les deux cas.

D'autres Ténias, ayant pour Cystiques des Cysticerques, s'observent chez les Animaux; les plus connus sont les suivants, qui ont tous la tête armée. Le Ténia en scie (*Tænia serrata*) habite l'intestin grêle du Chien; son Cystique (*Cysticercus pisiformis*) est très commun dans le péritoine du Lapin. Le Ténia bordé (*T. marginata*) habite, en compagnie du précédent, l'intestin grêle du Chien; son Cystique (*Cysticercus tenuicollis*), appelé « boule d'eau » par les bouchers, se rencontre surtout dans le péritoine des Ruminants; il a un cou grêle et une vésicule de la grosseur d'une prune. Le Ténia crassicol (*T. crassicollis*) habite l'intestin grêle du Chat; son Cystique (*Cysticercus fasciolaris*) se trouve dans le foie des Rats et des Souris : il est remarquable par sa forme allongée et le peu de développement de sa vésicule caudale. — Le Ténia Cénure (*T. cœnurus*), de l'intestin grêle du Chien, est armé et long de 30 centim. à 1 mètre. Son Cystique est un Cénure (*Cœnurus cerebralis*) qui se développe ordinairement dans l'encéphale du Mouton : il peut n'être pas plus gros qu'une tête d'épingle ou arriver au volume d'un œuf de Poule et offrir alors de nombreuses têtes invaginées; sa présence détermine, chez le Mouton, l'affection connue sous le nom de « tournis » et dont le symptôme principal est le tournoiement de l'Animal atteint.

Le Ténia Échinocoque (*T. echinococcus*), de l'intestin grêle du Chien, est le plus petit des Cestodes connus. Il a pour Cystique un Échinocoque (*Echinococcus polymorphus*) dont l'habitat est des plus variables. Le Ver rubané a la forme d'un filament rougeâtre, long de 3 à 4 millim., comprenant une tête armée et 3 ou 4 anneaux, dont le dernier est rempli d'œufs. L'Échinocoque, appelé encore *Hydatide*, se développe surtout dans le foie et le poumon d'un grand nombre de Ruminants; mais on peut le trouver aussi dans les autres organes chez ces Animaux, les Porcins, les Jumentés, le Lapin, divers Singes et l'Homme. Le volume des Hydatides est très variable et peut dépasser la grosseur de la tête, mais leur croissance s'effectue toujours très lentement; elles se montrent composées de deux couches; une externe fibreuse (*cuticule*) formée d'une série de lamelles stratifiées, une interne celluleuse (*membrane germinale*) qui joue seule un rôle actif. Quelquefois l'Hydatide ne renferme qu'un liquide albumineux : on la dit alors *stérile* et on l'appelle *Acéphalocyste;* le plus souvent, elle est *fertile*, c'est-à-dire qu'elle contient un certain nombre de vésicules secondaires ou externes. Les Échinocoques sont assez communs en France et en Algérie; mais ils abondent en Australie et surtout en Islande où l'Homme vit dans une communauté par trop étroite avec un nombre relativement considérable de Chiens et de Ruminants. On devrait partout interdire aux Chiens l'entrée des abattoirs et ne jamais se laisser lécher par ces Animaux. Les Hydatides fournissent, lorsqu'on les percute, un *frémissement hydatique* spécial bien connu des chirurgiens; le traitement de ces kystes est surtout chirurgical (ponction) ; cependant l'ingestion de quantités assez considérables de sel marin paraît avoir quelquefois déterminé la mort des parasites (Laennec).

2° Les *Cystoïdiens* renferment des Ténias de formes très diverses. Leurs Cystiques (*Cysticercoïdes*) ont une vésicule caudale très réduite et ne contenant pas de liquide (*Ténias non vésiculaires*); ils ne sont jamais entourés d'un kyste et ne vivent en parasites que chez les Invertébrés. Le Ténia cucumérin (*T. cucumerina*), long de 10 à 40 centim., a un rostellum muni de 4 couronnes de crochets et présente, dans chaque proglottis, une paire de pores marginaux. Il se trouve, à l'état strobilaire, dans l'intestin grêle du Chien et quelquefois de l'Homme, surtout chez les enfants. Son Cysticercoïde est microscopique et vit dans le corps du Pou de Chien (*Trichodectes Canis*). Le Chien mange ses Poux ; ceux-ci avalent les œufs du Ténia rendus avec les. excréments et fixés aux poils ; enfin les enfants, en embrassant les Chiens, peuvent ingérer des Trichodectes. Le Ténia elliptique (*T. elliptica*) habite l'intestin grêle du Chat ; il ressemble beaucoup à *T. cucumerina* et se comporte de la même manière. Le Ténia nain (*T. nana*), long d'environ 1 centimètre, à une seule rangée de crochets et à pores sexuels unilatéraux, a été trouvé une seule fois, au Caire, dans l'intestin grêle d'un jeune Égyptien. Le Ténia à taches jaunes (*T. flavopunctata*), à tête rappelant celle de *T. saginata* et à pores unilatéraux, comme le précédent, a été signalé en Amérique, dans l'intestin d'un enfant. Toûs ces Ténias ont des crochets, à l'exception peut-être de *T. flavopunctata*. Sont au contraire inermes : *T. expansa* de l'intestin grêle du Mouton ; *T. denticulata* de l'intestin grêle des bêtes bovines ; *T. perfoliata* du cæcum des Équidés et quelques autres Ténias qu'il est inutile de citer ici.

B. Bothriocéphalidés (βόθριον, fossette ; κεφαλή, tête). — *Tête munie de 2 ventouses. Pores sexuels sur le milieu de de la face ventrale.*

Bothriocéphales (*Bothriocephalus*). La plupart parasites chez les Poissons ; quelques-uns chez les Oiseaux et les Mammifères. Bothriocéphale large (*B. latus*), de l'intestin grêle de l'Homme. Tête ovoïde dépourvue de crochets, munie de deux ventouses en forme de fentes allongées (*bothridies*), l'une dorsale, l'autre ventrale. Corps rubané, composé de proglottis plus larges que longs et présentant chacun 3 orifices sur la ligne médiane ventrale : 1° un orifice antérieur (*orifice du pénis*) par où s'échappent les spermatozoïdes ; 2° un orifice moyen (*orifice du vagin*) par où pénètrent les spermatozoïdes ; 3° un orifice postérieur (*orifice de l'utérus*), par où s'effectue la ponte. Les deux premiers orifices sont très rapprochés l'un de l'autre, au sommet d'un petit tubercule, près du bord antérieur de l'anneau ; le troisième orifice est à quelque distance en arrière de ceux-ci. Les testicules sont situés, en grand nombre, sur les parties latérales de la face dorsale de l'anneau ; ils paraissent reliés par les mailles du parenchyme, à un canal déférent ou spermiducte replié sur lui-même et dont la partie antérieure peut se renverser au dehors, sous forme de pénis. L'ovaire est médian et situé à la partie postérieure de l'anneau. Les ovules sont reçus dans un pavillon qui se continue avec l'utérus, lequel communique lui-même avec le vagin et le vitelloducte. Le vagin se renfle en un réservoir séminal qui emmagasine les spermatozoïdes ; le vitelloducte conduit la sécrétion des glandes vitellogènes situées sur les côtés de la face ventrale de l'anneau. Il existe donc un orifice pour la ponte ; les œufs ne sont pas mis en liberté par une simple déchirure, comme chez les Ténias. Contrairement aussi à ce qui se passe chez ces derniers, les anneaux du Bothriocéphale ne se séparent pas en

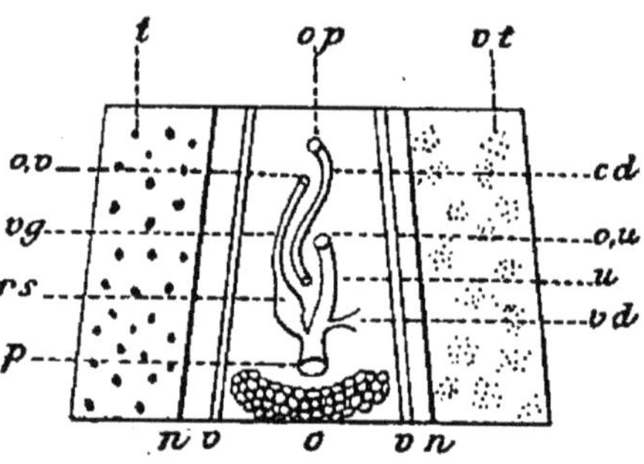

Fig. 474. — Un anneau de Bothriocéphale (Schéma).

cd, canal déférent ; n, n, cordons nerveux ; o, ovaire ; op, orifice du pénis ; o.u, orifice de l'utérus ; ov, orifice du vagin ; p, pavillon ; rs, réceptacle séminal ; t, testicules (ils ne sont représentés que d'un côté) ; u, utérus ; v, v, vaisseaux excréteurs ; vd, vitelloducte ; vg, vagin ; vt, glandes vitellogènes (elles ne sont représentées que d'un côté).

cucurbitains ; le plus souvent, ils restent fixés au strobile, après la ponte, et la séparation se fait par chaînons assez longs. En dehors des organes génitaux, les proglottis présentent un appareil excréteur plus ou moins compliqué et deux troncs nerveux situés au milieu de l'espace qui sépare la ligne médiane du bord des anneaux. Ces deux troncs, arrivés dans la tête, se renflent et se réunissent par une commissure au delà et en deçà de laquelle ils émettent des filets nerveux. Les œufs sont ellipsoïdaux (longs de 70 μ, larges de 44 μ) ; ils présentent un opercule en forme de calotte, à l'un des pôles. L'éclosion a lieu dans l'eau, plusieurs mois après la ponte. L'embryon est revêtu d'une enveloppe ciliée et nage en tournoyant. Au bout d'un certain temps, l'enveloppe se déchire et met en liberté un embryon (*Hexacanthe*) présentant, comme celui des Ténias, six crochets mobiles. On ignore encore quel est l'hôte de cet embryon. Peut-être arrive-t-il dans le tube digestif de l'Homme où il se développerait directement, sans passer par un hôte intermédiaire ? Il paraît plus probable que les Bothriocéphales non sexués qu'on trouve dans les muscles des Brochets et des Lottes représentent une phase de l'évolution du Bothriocéphale de l'Homme (BRAUN). Le Bothriocéphale large est rare en France ; on le trouve en Suisse « Ver Suisse », en Hollande, en Suède et en Russie, où il occasionne des accidents du même ordre que ceux provoqués par le Ténia. On combat le Bothriocéphale avec l'essence de térébenthine, la racine de Fougère mâle, les pilules Peschier préparées, à Genève, avec l'extrait éthéré de cette dernière substance.

Fig. 475. — BOTHRIOCEPHALUS
LATUS.

Embryon.

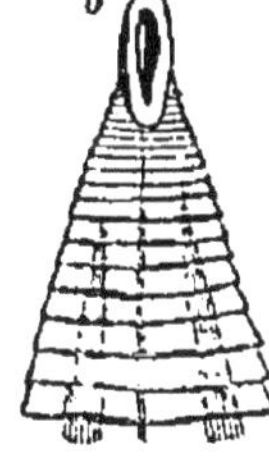

Fig. 476. — BOTHRIOCEPHALUS
CORDATUS.

Tête vue de face et de profil.

Deux autres espèces de Bothriocéphales ont été signalées chez l'Homme. L'une de ces espèces (*B. cristatus*) n'a été rencontrée que deux fois en France ; elle doit son nom à sa tête aplatie qui offre, sur chacune de ses faces, une crête longitudinale saillante. L'autre espèce (*B. cordatus*) a la tête en cœur ; elle habite le Groenland.

Ligules (*Ligula*). Corps en apparence simplement strié en travers ; tête munie d'une fossette allongée (*bothridie*) sur chacune de ses faces. Œuf ovale, operculé, se développant dans l'eau et donnant naissance à un Hexacanthe cilié qui passe dans le tube digestif des Cyprinoïdes, puis s'établit dans leur cavité viscérale où il devient rubané, les organes sexuels n'engendrant de produits qu'après émigration dans le tube digestif d'un Oiseau aquatique (DUCHAMP ; DONNADIEU). Dans certaines localités de l'Italie, on mange les Ligules en friture, sous le nom de « *macaroni piatti* ».

C. Tétraphyllidés (τέτρα, quatre; φύλλον, feuille). — *Tête munie de 4 grandes ventouses foliacées quelquefois réduites à 2* (Diphyllidés), *avec ou sans trompes protractiles munies de crochets. Orifices sexuels latéraux.*

~*Echinobothrium*. 2 ventouses et 2 trompes. Intestin des Plagiostomes. — *Tetrarhynchus*. 4 ventouses et 4 trompes. Même habitat. — *Phyllobothrium*. 4 ventouses sans crochets. Même habitat. — *Acanthobothrium*. 4 ventouses armées de crochets. Même habitat.

D. Caryophyllidés (καρυόφυλλον, clou de girofle). — *Tête dépourvue de ventouses et de crochets. Corps non segmenté. Un appareil sexuel unique, situé dans la partie postérieure du corps et à pores médians.*

Caryophyllée changeante (*Caryophyllæus mutabilis*). En forme de clou de Girofle; tube digestif des Cyprinoïdes; se rapproche des Trématodes.

§ VIII. — *Classe des Pseudelminthes* (1).

PSEUDELMINTHES (ψευδής, faux; ἕλμις, ver). — *Animaux parasites composés simplement de deux feuillets, l'un interne* (entoderme) *uni ou multicellulaire, l'autre externe* (ectoderme) *toujours formé de plusieurs cellules.*

(1) Nous avons déjà dit quelques mots (voy. p. 64) des Animaux que nous réunissons ici sous la dénomination générale de Pseudelminthes et que nous considérons, avec certains auteurs (Giard, etc.), comme des Vers dégradés par le parasitisme. Quelques naturalistes (Éd. van Beneden, etc.), se basant sur l'absence de mésoderme, ont voulu faire de ces Animaux, sous le nom de *Mésozoaires*, un sous-règne intermédiaire entre les *Métazoaires* et les *Protozoaires*. Mais 1° en présence du mode de formation si variable du mésoderme souvent à peine reconnaissable, chez certains Cœlentérés; 2° en présence de la couche de fibrilles musculaires qu'offrent les Orthonectides et où l'on peut voir un mésoderme rudimentaire qui, il est vrai, fait complètement défaut chez les Dicyémides; il ne semble pas qu'on doive attacher une telle importance au caractère invoqué pour caractériser les Mésozoaires. Jusqu'à plus ample informé, nous considérerons donc les Orthonectides et les Dicyémides, c'est-à-dire les Pseudelminthes, comme les derniers des Vers.

Organismes très simples, ciliés, dépourvus de cavité du corps, de tube digestif, d'organes spéciaux de circulation, de respiration ou d'excrétion, n'ayant ni appareil fixateur, ni système nerveux, ni organes des sens.

Orthonectides (ὀρθός, droit ; νήχτης, nageur). — *Pseudelminthes à corps composé de plusieurs segments et à entoderme représenté par des cellules multiples.*

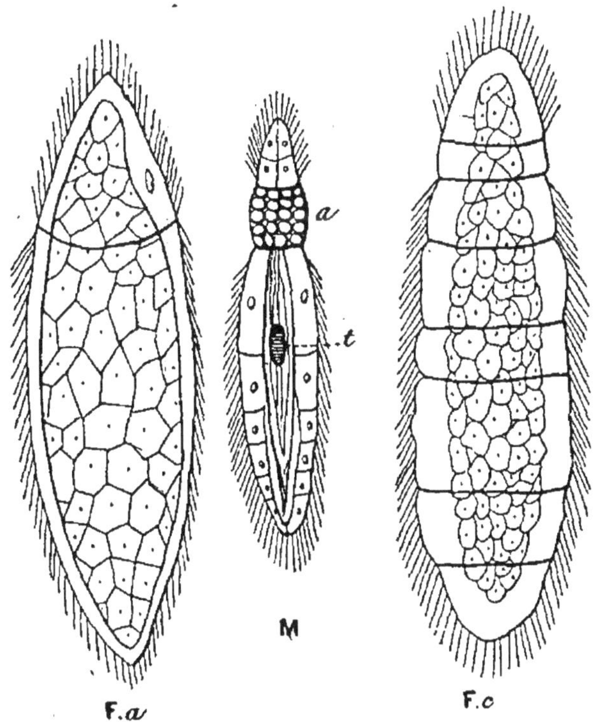

Fig. 477. — RHOPALURA.

F.*a*, femelle aplatie. — F.*c*, femelle cylindrique. — M, mâle : *a*, anneau papillifère ; *t*, testicule.

Parasites des Némertiens, des Turbellariés et des Ophiures. Nagent à l'aide des cils vibratiles de l'ectoderme, sans contractions du corps, allant droit devant eux ; d'où leur nom. Bien étudiés, dans ces derniers temps (GIARD ; METSCHNIKOFF ; JULIN) ; principalement *Rho-*

palura Giardi, parasite dans la cavité d'incubation d'un Ophiure (*Ophiocoma neglecta*). 2 sexes. Mâle fusiforme, segmenté, long d'un dixième de millimètre, cilié aux deux extrémités; présentant : derrière la tête un anneau de cellules cuboïdes non ciliées (*anneau papillifère*); au milieu du corps, une poche ovoïde (*testicule*) entourée d'un faisceau de fibrilles musculaires; se désagrégeant, au moment de la maturité sexuelle, pour l'expulsion des spermatozoïdes. Femelles dimorphes, longues de 2 dixièmes de millimètre : les unes *cylindriques*, à anneaux tous ciliés, excepté le second; les autres *aplaties*, à corps entièrement cilié; les unes et les autres remplies par une masse d'œufs. Les œufs (15 µ de diamètre) des femelles cylindriques donnent naissance à des mâles; ceux des femelles aplaties engendrent des femelles.

Dicyémides (δίς, deux; κύημα, embryon). — *Pseudelminthes à corps non annelé et à entoderme unicellulaire.*

Parasites dans les corps spongieux ou organes urinaires des Céphalopodes. Se meuvent au moyen des cils vibratiles de l'ectoderme et offrent aussi des mouvements généraux dus aux contractions des cellules ectodermiques.

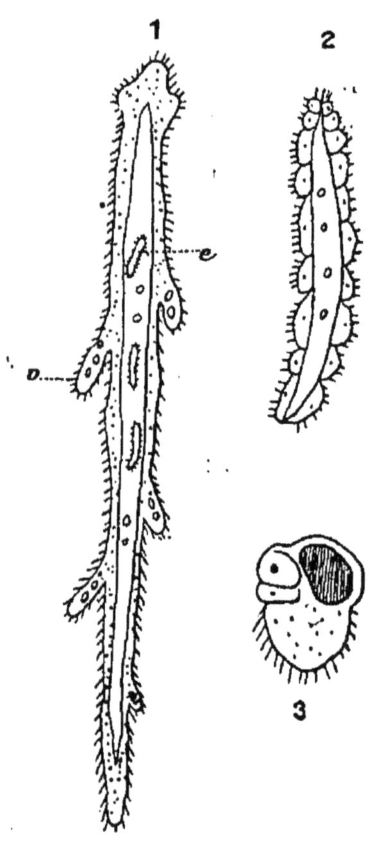

Fig. 473. — DICYEMA.

1, adulte; *e*, un embryon vermiforme; *v*, verrue. — 2, embryon vermiforme plus grossi. — 3, embryon piriforme.

Petits Animaux vermiformes dont la taille varie de 0,1 à 5 millimètres, à extrémité céphalique légèrement renflée; de chaque côté du corps ou à l'extrémité, des sortes

de bourses (*verrues*) bourrées de sphérules réfringentes.
A l'intérieur de la cellule axiale ou entodermique, de petits corps ciliés mobiles (*embryons*) de deux sortes, les uns vermiformes, les autres piriformes ou infusoriformes. Ces embryons quittent le corps de la mère en perforant l'ectoderme ; les vermiformes deviennent des Dicyémides semblables à celui qui leur a donné naissance ; les infusoriformes paraissent ne pas subir de transformations et sont probablement des organismes mâles (Éd. van Beneden ; Whitman).

Dicyema. — Une coiffe de 8 cellules à l'extrémité céphalique ; verrues latérales ; rein du Poulpe. — *Conocyema*. Pas de coiffe polaire ; verrues terminales ; rein du Poulpe.

CHAPITRE XII

EMBRANCHEMENT DES ÉCHINODERMES (1)

ÉCHINODERMES (ἐχῖνος, hérisson ; δέρμα, peau).
— *Animaux marins à corps rayonné, mais à symétrie bi-*

(1) On rattache à l'embranchement des Échinodermes ou à celui des Vers, sous le nom d'Entéropneustes (ἔντερον, intestin ; πνεῦσις, respiration), un Animal marin qui, à l'âge adulte (*Balanoglossus*) a l'aspect d'un long Ver aplati, mais qui, à l'état de larve (*Tornaria*), ressemble à une larve d'Échinoderme. *Balanoglossus* est couvert de cils vibratiles et muni, à son extrémité céphalique, d'une trompe au moyen de laquelle il peut se mouvoir ou s'enfoncer dans le sable. La trompe est étranglée à sa base et suivie d'un large collier musculaire derrière le bord antérieur duquel est situé l'orifice buccal. La portion pharyngienne du tube digestif est respiratoire et communique avec l'extérieur par de nombreuses fentes branchiales rappelant celles de l'Amphioxus et de certains Poissons ; sa portion gastrique présente des mamelons fonctionnant comme glandes digestives ; enfin sa région intestinale est un long conduit terminé par l'anus. Système circulatoire clos, composé de deux troncs longitudinaux, l'un dorsal, l'autre ventral, avec anastomoses transversales ;

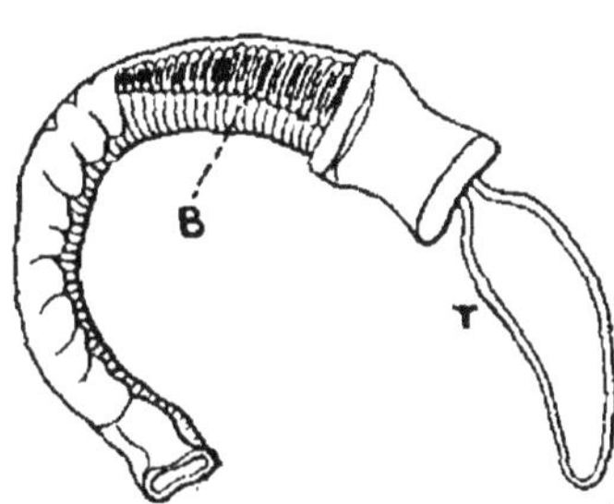

Fig. 479. — Balanoglossus (jeune).

B, fentes branchiales ; T, trompe.

latérale toujours reconnaissable ; à peau incrustée de calcaire et souvent hérissée de piquants ; munis d'un tube digestif spécialisé, d'un système nerveux, d'un système ambulacraire en rapport avec un système aquifère.

Corps à parties homologues généralement disposées autour d'un axe ou d'un centre, suivant des rayons au nombre de 5 ou d'un multiple de 5. Symétrie bilatérale évidente dans quelques groupes, rendue manifeste, chez les autres, par la présence d'organes impairs spéciaux (plaque madréporique ; canal pierreux, etc.). Larves le plus souvent à symétrie bilatérale très nette. Téguments à couche superficielle (*périsome*) mince et revêtue d'un épithélium vibratile, à couche moyenne présentant des fibres musculaires, des fibres conjonctives et des pièces calcaires. Celles-ci ont la forme soit de pétits corps épars, soit de plaques isolées ou solidement unies entre elles et constituant un véritable squelette cutané (*test*) le plus souvent muni de deux ouvertures, l'une (*péristome*) autour de la bouche, l'autre (*périprocte*) autour de l'anus. Le test est souvent garni de piquants mobiles, articulés sur de petits mamelons et mis en mouvement par des muscles spéciaux ; il présente souvent aussi de petites pinces préhensiles (*pédicellaires*) à deux (Étoiles de mer) ou trois (rarement quatre) branches (Oursins) unies par des fibres musculaires ; enfin on observe généralement, chez les Oursins, de petits boutons ciliés, transparents et brièvement pédonculés (*sphéridies*) que l'on suppose être des organes sensoriels servant à apprécier la nature du milieu ambiant.

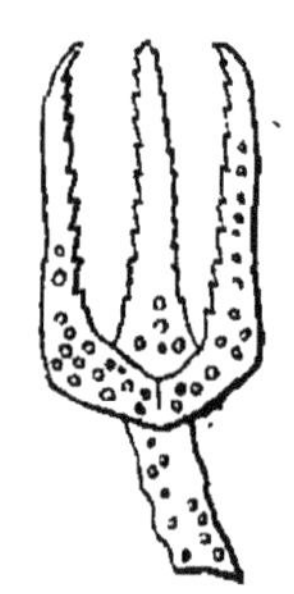

Fig. 480. — Un pédicellaire d'Oursin (grossi).

Les pédicellaires, surtout abondants au voisinage de la bouche, portent les aliments vers cet orifice ; mais ils servent aussi à débarrassser le test des excréments ou de divers débris qui pourraient le souiller ; enfin quelquefois ils permettent à l'Animal de s'accrocher

sexes séparés ; glandes sexuelles dans la région gastrique. Les autres organes ont été trop peu étudiés pour que nous en parlions ici.

Tornaria présente un cercle de cils préoral, un deuxième postoral et un troisième circumanal ; elle ressemble à certaines larves d'Étoiles de mer et aussi aux larves trochosphères de Chétopodes. Sa transformation en *Balanoglossus* a été bien étudiée (AL. AGASSIZ).

aux plantes marines, pour grimper le long des roches submergées qui en sont recouvertes. Les véritables organes locomoteurs forment un ensemble (*système ambulacraire*) représenté par des pieds tubuleux contractiles (*pieds* ou *tubes ambulacraires*) généralement terminés par une ventouse et amenés à l'état d'extension par la pression d'un liquide remplissant un système de canaux (*système aquifère*) en rapport avec le système ambulacraire. Le plus souvent, des vésicules contractiles (*vésicules ambulacraires*) sont annexées aux pieds ambulacraires; au moment de la locomotion, elles chassent le liquide du système aquifère dans ces organes et en déterminent la turgescence.

4 classes, distinctes par les formes extérieures du corps.

	Corps cylindrique............	HOLOTHURIDES.
ÉCHINODERMES.	Corps globuleux ou discoïde..	ÉCHINIDES.
	Corps stelliforme ou pentagonal.	ASTÉROÏDES.
	Corps caliciforme.............	CRINOÏDES.

Ces diverses formes du corps sont liées entre elles et l'on peut facilement passer de l'une à l'autre. Prenons, comme point de départ, la forme sphérique des Oursins réguliers; celle-ci présente toujours un aplatissement aux deux extrémités d'un même diamètre qui est l'*axe longitudinal* du corps. Cet axe va du pôle où se trouve la bouche (*pôle oral*) au pôle opposé (*pôle aboral*), où s'ouvre habituellement l'anus. 5 fuseaux équidistants (*aires ambulacraires*) percés de trous (*pores ambulacraires*) pour le passage des tubes ambulacraires (1), sont séparés les uns des autres par 5 fuseaux imperforés (*aires interambulacraires*). Au sommet de l'une des aires interambulacraires, on observe, chez les Échinides et les Stellérides, une plaque criblée de trous (*plaque madréporique*). Si l'on considère le plan du méridien qui passe par le milieu (*rayon*) de l'aire ambulacraire opposée à la plaque madréporique, celle-ci sera divisée en deux par ce plan que l'on peut considérer comme le plan de symétrie bilatérale. L'Animal se trouvera ainsi orienté; il présentera

---

(1) C'est à dessein que nous n'adoptons pas le mot *ambulacre* qui a été tour à tour employé par les auteurs, pour désigner les tubes ambulacraires, les pores ambulacraires et les aires ambulacraires.

un rayou antérieur, ¡mpair; deux rayons latéraux, l'un droit, l'autre gauche ; deux rayons postérieurs, l'un droit, l'autre gauche, ceux-ci comprenant entre eux l'aire interambulacraire postérieure, impaire et occupée au sommet par la plaque madréporique. L'allongement considérable de l'axe du corps des Oursins réguliers produit la forme cylindrique des Holothurides ; au contraire, son raccourcissement donne le corps discoïde des Oursins irréguliers. Si ce raccourcissement s'accompagne de l'allongement de plus en plus prononcé des aires ambulacraires, on obtient un pentagone, puis une étoile dont les bras sont soudés à la base, comme chez les Étoiles de mer, enfin une étoile dont les bras sont isolés, comme chez les Ophiures. Une simple ramification des bras donne la forme des Euryalides et, si ces organes portent, en outre, des filaments secondaires articulés(*pinnules*), on obtient la forme des Crinoïdes.

Tube digestif toujours distinct de la cavité générale (*cœlome*) dans laquelle il est suspendu

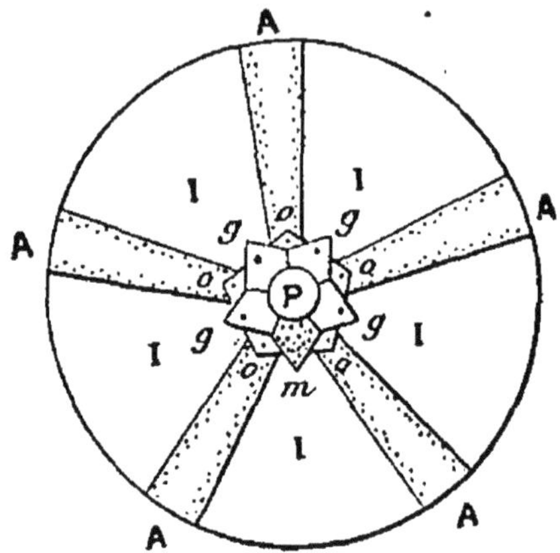

Fig. 481. — Oursin régulier (vu du pôle aboral).

A, aires ambulacraires montrant les pores ambulacraires ; *g*, plaques génitales montrant les orifices génitaux ; I, aires interambulacraires ; *m*, plaque madréporique, percée de trous ; *o*, plaques ocellaires ; P, périprocte.

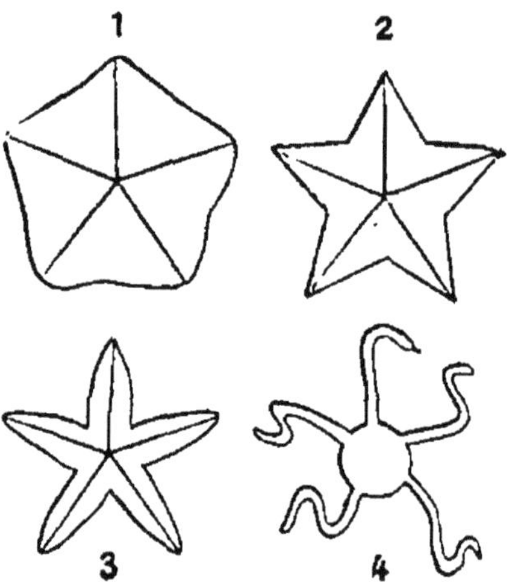

Fig. 482. — Astéroïdes.

1 2, 3, trois formes de Stellérides ; 4, un Ophiure.

par une sorte de mésentère, comme chez tous les Animaux que nous avons étudiés précédemment, à l'exception de quelques types dégradés par le parasitisme ; tantôt court et sacciforme (Astéroïdes), tantôt long et alors replié sur lui-même (Holothurides) ou contourné en hélice (Échinides, Crinoïdes). Orifice buccal tantôt central, tantôt excentrique ; tantôt nu, tantôt entouré de tentacules ou de rayons ; tantôt inerme, tantôt muni d'organes de mastication. Ceux-ci sont constitués, chez les Étoiles de mer, par de simples papilles tuberculeuses ; mais, chez la plupart des Oursins, ils forment une armature complexe (*lanterne d'Aristote*) composée de 25 pièces distinctes parmi lesquelles 5 plus considérables (*mâchoires*) sont terminées chacune par une dent longue, légèrement recourbée. OEsophage court. Estomac assez étroit (Holothurides, Échinides) ou au contraire spacieux (Étoiles de mer) et muni de 5 paires de cæcums glanduleux fonctionnant comme glandes digestives. Intestin présentant quelquefois des appendices glandulaires de diverses formes (1). Anus tantôt central, tantôt excentrique, situé le plus souvent sur la face aborale, mais se trouvant aussi parfois sur la face orale ou pouvant même faire complètement défaut (Ophiurides ; quelques Stellérides).

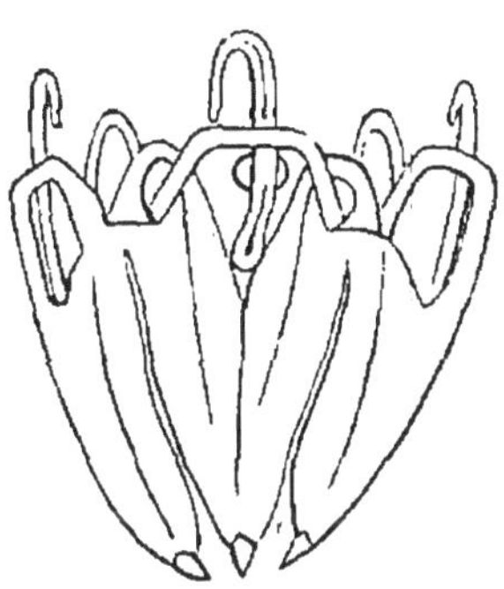

Fig. 483. — LANTERNE D'ARISTOTE.

Le *système aquifère* remplit à la fois les fonctions d'un *appareil circulatoire* et d'un *appareil respiratoire;* il communique toujours avec l'eau de mer et comprend deux parties : l'une centrale, l'autre périphérique. La partie centrale est constituée par un canal péricœsophagien (*anneau aquifère* ou *canal annulaire*) auquel sont annexées des ampoules contractiles (*vésicules de Poli*). La partie périphérique se compose : 1° de *canaux radiaires* ciliés à l'intérieur et situés dans les aires ambulacraires ; 2° d'un

(1) Tantôt ce sont des cæcums interradiaires que l'on a considérés comme des organes urinaires (Étoiles de mer) ; tantôt des appendices glanduleux (*organes de Cuvier*) observés chez quelques Holothuries et sécrétant des fils collants qui, lancés par l'anus, paraissent servir d'organes de défense.

système vasculaire se ramifiant le long du tube digestif et venant déverser dans l'anneau aquifère les produits dissous de la digestion ; 3° d'un *canal pierreux* ou *du sable* (ainsi nommé à cause du calcaire déposé dans ses parois) naissant au-dessous de la plaque madréporique et se rendant à l'anneau aquifère. A la façon d'un crible, la plaque madréporique (1) laisse pénétrer l'eau ambiante ; celle-ci, chargée d'oxygène, se sature de particules alimentaires au contact du tube digestif, puis va irriguer les organes (2). Il n'existe pas de cœur (JOURDAIN; PERRIER). L'organe décrit sous ce nom est simplement une glande fusiforme (*glande de Jourdain*) accolée au canal pierreux ; elle s'ouvre d'un côté sous la plaque madréporique et de l'autre dans le système vasculaire. Les tissus recevant directement l'oxygène par le liquide du système aquifère, il n'existe pas d'appareil bien développé pour la respira-

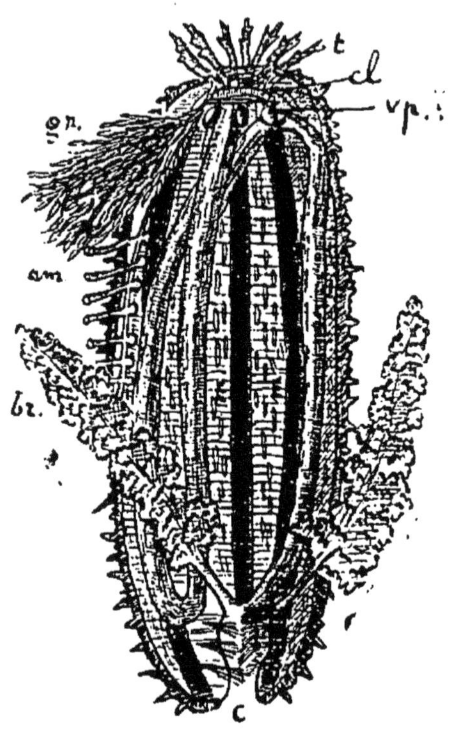

Fig. 484. — HOLOTHURIE (anatomie).

am, pieds ambulacraires ; *br*, poumons aquifères ; *c*, cloaque ; *cl*, collier ; *gn*, organes génitaux ; *m, m*, bandes musculaires longitudinales ; *t*, tentacules ; *vp*, vésicule de Poli.

(1) Chez les Ophiurides, il y a presque toujours plusieurs plaques madréporiques ; elles sont toutes situées sur la face ventrale du disque, dans le voisinage de la bouche.

(2) Chez les Holothurides, la plaque madréporique se détache de bonne heure des téguments et vient flotter dans le liquide de la cavité générale. Chez les Crinoïdes, on n'observe pas de plaque madréporique ; mais un grand nombre d'orifices spéciaux (*entonnoirs vibratiles*) introduisent l'eau ambiante dans le système aquifère.

tion ; cependant un certain nombre d'organes peuvent être considérés comme jouant un rôle respiratoire plus ou moins important. Les uns ne sont que des tubes ambulacraires modifiés, comme par exemple les *branchies ambulacraires* des Oursins irréguliers, les *branchies dermiques* des Étoiles de mer et des Oursins réguliers, les *tentacules* des Holothurides (1). Les autres sont des organes spéciaux de respiration ne se rencontrant que chez quelques Holothuries où on les nomme improprement des *poumons aquifères*. Ceux-ci partent du cloaque en formant deux (rarement 4 ou 5) organes creux, arborescents et contractiles, terminés par des vésicules allongées. Sous l'influence de mouvements alternatifs d'inspiration et d'expiration, l'eau entre et sort par l'anus, se renouvelant sans cesse à l'intérieur des poumons aquifères, amenant des échanges continuels entre le milieu ambiant et celui de la cavité générale.

Reproduction principalement sexuelle ; néanmoins certaines espèces peuvent se multiplier normalement, par division spontanée. Dioïques, à l'exception des Holothurides apodes. *Organes sexuels* représentés par des glandes en grappes dont la nature ne peut guère être distinguée que par l'examen microscopique ; toutefois, au moment de la fécondation, les testicules présentent une couleur blanchâtre et les ovaires une teinte jaune-brun ou rougeâtre. Chez les Oursins, 5 glandes génitales, situées dans les espaces interambulacraires, débouchent par des pores dorsaux percés dans des plaques spéciales (*plaques géni-*

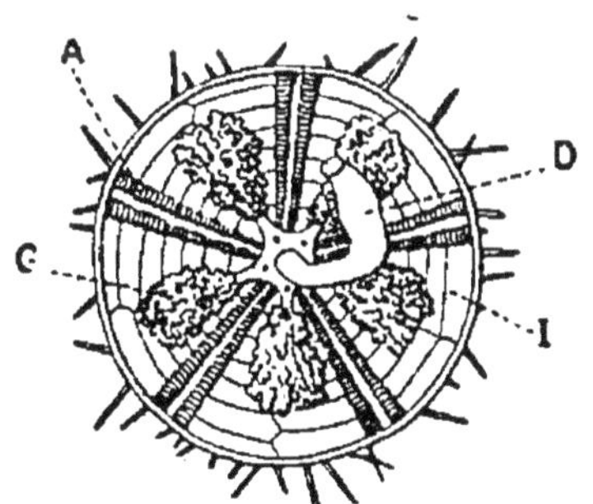

Fig. 485. — ORGANES GÉNITAUX D'UN OURSIN.

A, aires ambulacraires ; D, tube digestif ; G, glandes génitales ; I, aires interambulacraires.

---

(1) Les branchies ambulacraires des Oursins irréguliers (Spatangides, Clypéastrides) sont des organes foliacés qui occupent la face dorsale de l'Animal. Les *branchies dermiques* des Étoiles de mer sont des organes analogues ayant la même situation et présentant la forme de tubes simples ; celles des Oursins réguliers sont ramifiées et au nombre de 5 paires situées autour de la bouche. Les *tentacules* des Holothurides sont des organes simples ou ramifiés formant une couronne en avant de l'orifice buccal.

tales) qui entourent le périprocte et dont fait partie la plaque madréporique. Chez les Étoiles de mer, 5 ou 10 paquets de glandes sexuelles situées dans les régions interbrachiales viennent s'ouvrir, par des orifices d'ordinaire assez nombreux, percés dans des plaques (*plaques criblées*) de la courbure de ces régions. Chez les Ophiures, les glandes sexuelles, au nombre de dix, débouchent sur la face ventrale, par autant de fentes situées de chaque côté des bras. Chez les Crinoïdes, ces glandes sont placées dans les pinnules ou limitées au calice. Enfin, chez les Holothuries, les organes sexuels ont la forme d'un paquet de tubes simples ou ramifiés dont le canal excréteur débouche sur la face dorsale, dans le voisinage de la couronne tentaculaire. Pas d'accouplement; la fécondation se fait par l'intermédiaire des eaux de la mer.

Le *système nerveux* consiste en un anneau pentagonal situé autour de l'œsophage et donnant naissance à 5 troncs principaux (*troncs radiaux* ou *cerveaux ambulacraires*) ou davantage, suivant le nombre dés rayons.

Organes des sens peu importants. Les tentacules ambulacraires paraissent être des organes du tact. Les yeux se réduisent à des taches pigmentaires rouges situées à la face inférieure de l'extrémité des bras, chez les Stellérides. Ces yeux, qui se multiplient avec l'âge, présentent une certaine analogie avec ceux des Sangsues. Les taches pigmentaires qu'on a cru être des yeux, sur les *plaques* dites *ocellaires*, autour de l'anus des Oursins, ne diffèrent pas des autres taches pigmentaires répandues sur le tégument. Enfin on a décrit des vésicules auditives chez les Synaptes.

Développement rarement direct. Le plus souvent, on observe des métamorphoses profondes, avec larves transparentes (*Echinopœdium*) à symétrie bilatérale, munies de bandes ciliées et rappelant les larves des Annélides (1).

(1) L'Échinoderme rayonné se forme aux dépens de la totalité ou plus souvent d'une seule partie du corps de la larve. Celle-ci, par les progrès de l'évolution, prend des formes différentes que l'on a désignées sous divers noms. Chez les Holothuries, la larve (*Auricularia*) se présente avec un seul cordon cilié. Chez les Étoiles de mer, on observe deux formes consécutives (*Bipinnaria* puis *Brachiolaria*), avec deux couronnes ciliées. Chez les Oursins et les Ophiures, la larve (*Pluteus*) est en forme de chevalet, avec un certain nombre d'appendices sur lesquels se prolonge le cordon cilié. Chez les Crinoïdes, une larve libre (*larve cystoïde*), à forme de tonnelet entouré de cercles ciliés, nage pendant quelque temps, puis se fixe au moyen d'un pédoncule terminé par un disque transversal (*larve pentacrinoïde*).

§. I. — *Classe des Holothurides.*

HOLOTHURIDES (ὅλος, entier; θυρίδιον, petit trou; *corps parsemé de petits trous*). — *Échinodermes vermiformes, a bouche antérieure et entourée d'une couronne de tentacules rétractiles.*

Peau farcie de corpuscules calcaires. Vivent sur les côtes ou dans les eaux profondes. Mouvements lents. Engloutissent la vase et se nourrissent des particules digestibles qui s'y trouvent.

Eupodes (εὖ, bien; πούς, pied). — *Holothurides pourvues de pieds ambulacraires.*

Des poumons aquifères. Sexes séparés.

A. ASPIDOCHIROTES (ἀσπίς, bouclier; χείρ, main). — *Tentacules scutiformes. Anus terminal.*

Holothuries (*Holothuria*). Corps cylindrique. Appelées vulgairement « Trépangs ou Cornichons de mer »; vivent ordinairement près des côtes. A Naples, on mange *H. tubulosa*. En Chine, *H. edulis* et quelques autres constituent un mets très recherché pour les propriétés aphrodisiaques qu'on leur attribue, surtout à cause de leur forme (*Priapus marinus*). — *Stichopus*. Corps prismatiqueà 4 faces.

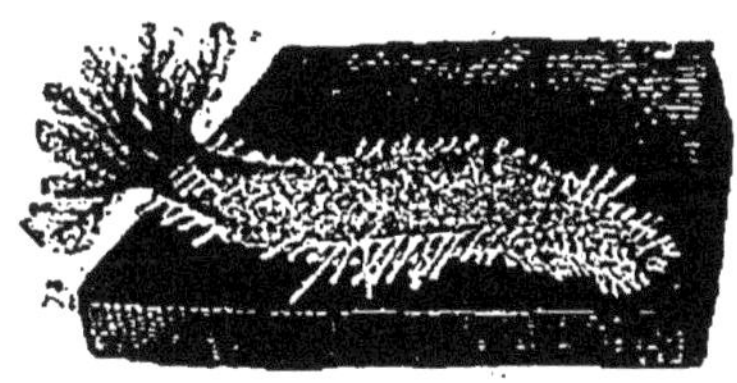

Fig. 486. — HOLOTHURIE.

B. DENDROCHIROTES (δένδρον, arbre; χείρ, main). — *Tentacules ramifiés. Anus terminal.*

Cucumaires (*Cucumaria*). Tubes ambulacraires disposés par séries. 10 tentacules. *C. doliolum* est commun dans la Méditerranée. — Thiones (*Thione*). Tubes ambulacraires distribués sur tout le corps; anus avec dents calcaires; Océan.

C. Rhopalodinides (ρόπαλον, massue). — *Tentacules pennés. Anus situé près de la bouche.*

Rhopalodina. En forme de bouteille, sur le cou de laquelle sont situés les deux orifices buccal et anal, comprenant entre eux le pore génital.

Apodes (à priv. ; πούς, pied). — *Holothuries dépourvues de tubes ambulacraires.*

Probablement tous hermaphrodites.

A. Pneumonophores (πνεύμων, poumon; φορός, porteur). — *Des poumons aquifères.*

Molpadies (*Molpadia*). Tentacules digités. — Échinosomes (*Echinosoma*). Tentacules en forme de tubercules.

B. Apneumones. — *Pas de poumons aquifères.*

Synaptes (*Synapta*). La peau renferme des corpuscules en forme d'ancre. Un mollusque Gastéropode (*Entoconcha*) et même un Poisson (*Fierasfer*) vivent souvent à l'intérieur du corps de certaines Synaptes. Transition entre les Vers et les Échinodermes.

§ II. — *Classe des Échinides.*

ÉCHINIDES (ἐχῖνίς, oursin). — *Échinodermes à corps globuleux, clypéiforme, discoïde ou cordiforme.*

Test composé de plaques pentagonales immobiles ou très rarement mobiles entre elles ; portant toujours des *radioles* (piquants ou baguettes) mobiles, des pédicellaires et souvent des sphéridies. Appelés vulgairement Oursins; herbivores ou carnivores ; quelques-uns ont la singulière habitude de se creuser des retraites dans les rochers.

Échinidentés. — *Bouche centrale pourvue d'un appareil masticateur. 5 glandes génitales.*

A. Réguliers. — *Oursins globuleux, à aires ambulacraires semblables et occupant des méridiens entiers. Anus subcentral.*

A. *Euéchinides* (εὐ, bien). — *Test immobile, à aires ambulacraires larges.*

Des radioles minces. Des branchies ambulacraires autour de la bouche. Renferment les Oursins comestibles ou « Châtaignes de mer » dont les plus connus sont : l'Oursin commun (*Strongylocentrotus lividus*) répandu sur presque toutes les côtes européennes ; l'Oursin melon (*Echinus melo*) et d'autres (*Echinus esculentus, Echinus granularis*, etc.), dont on mange les glandes génitales, après avoir

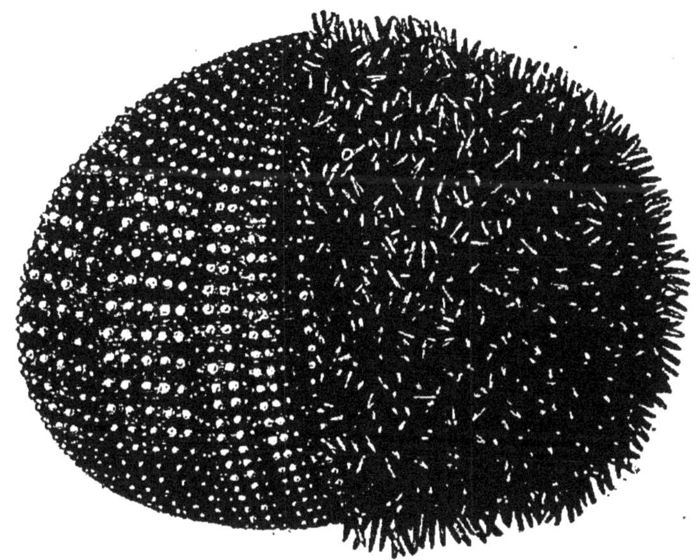

Fig. 487. — Oursin comestible.

Du côté gauche, on a enlevé les piquants, pour montrer le test.

rejeté le tube digestif rempli d'Algues et de sable. Il est prudent de ne manger des Oursins que de septembre en avril, c'est-à-dire en dehors des époques de la fécondation, car on a signalé quelques cas d'intoxication survenus pendant cette période. Dans certaines localités du midi de la France, on boit le liquide de la cavité générale des Oursins, comme excitant des fonctions digestives ; il agit ainsi, à la dose d'un verre par jour ; mais, à plus forte dose, il devient purgatif. On ne doit également faire cette « cure d'Oursins » que de septembre en avril.

B. *Cidarides* (κίδαρις, diadème). — *Test immobile, à aires ambulacraires très étroites.*

Des radioles en massue, grandes et épaisses. Pas de branchies ambulacraires autour de la bouche.

Cidaris. — Salenia.

C. *Échinothurides* (ἐχῖνος, hérisson ; θυρίδιον, petit trou). — *Test à plaques mobiles, écailleuses, imbriquées, et à aires ambulacraires larges.*

Test couvert de tubercules perforés, à radioles nombreuses et petites. Animaux des grandes profondeurs.

Calveria. — Phormosoma.

B. Irréguliers. — *Oursins déprimés, clypéiformes, présentant, autour du pôle aboral, une rosette ambulacraire à 5 pétales courts. Anus excentrique.*

A. *Clypéastrides* (clypeus, bouclier ; aster, étoile). — *Test plus ou moins bombé, à aires ambulacraires imparfaitement pétaloïdes.*

Clypeaster. — Laganum.

B. *Scutellides* (scutella, plateau). — *Test plat, discoïde, à aires ambulacraires nettement pétaloïdes.*

a. Imperforés. — *Pas d'entailles ni de trous.*

Dendraster. — Echinarachnius.

b. Perforés. — *Des entailles ou des trous.*

Lobophora. — Mellita. — Rotula.

Échinédentés. — *Pas d'appareil masticateur. Bouche et anus excentriques. 4 glandes génitales.*

A. Cassidulidés (*cassida*, casque). — *Oursins irréguliers, plus ou moins clypéiformes, à bouche subcentrale et dépourvue de labre. Anus ventral ou marginal.*

A. *Échinonéides.* — *Aires ambulacraires simples, rubanées, non pétaloïdes.*

Echinoneus. Forme elliptique ; Antilles.

B. *Échinolampides* (ἐχῖνος, hérisson ; λαμπάς, flambeau). — *5 aires ambulacraires pétaloïdes.*

Echinolampas. Forme arrondie ; Antilles.

B. Spatangidés (σπάταγγος, hérisson de mer). — *Oursins irréguliers, plus ou moins cordiformes, à bouche excentrique et transversale, entourée d'un labre saillant. Anus ventral ou marginal.*

A. *Euspatangides* (εὖ, bien). — *Une rosette ambulacraire à 4 pétales bien marqués.*
Spatangus. — *Brissus.* — *Schizaster.*
B. *Holastérides* (ὅλος, entier; ἀστήρ, étoile). — *Pas de rosette pétaloïde.*
Pourtalesia. Des grandes profondeurs.

§ III. — *Classe des Astéroïdes.*

ASTÉROÏDES (ἀστήρ, étoile; εἶδος, forme). *Échinodermes aplatis, à corps pentagonal ou en forme d'étoile.*

Un revêtement dorsal de petites pièces calcaires de formes très diverses (brosses, piquants, etc). Un squelette interne ventral constitué par des pièces articulées mobiles entre elles, formant des anneaux juxtaposés à la façon des vertèbres. Face orale ou ventrale tournée vers le sol, portant seule des sillons ambulacraires et la bouche au centre. Face aborale ou dorsale présentant une ou plusieurs plaques madréporiques et l'anus, s'il existe. Organes génitaux dans le disque. Habitent toutes les mers, depuis les côtes jusqu'à des profondeurs extrêmes. Présentent des phénomènes de reproduction agame, par mutilation spontanée ou accidentelle et reconstitution subséquente des parties détruites (*rédintégration*). Quand un bras se détache, le plus souvent le bourgeonnement de la plaie reconstitue : du côté de l'organisme, l'organe enlevé; du côté de l'organe, l'organisme absent.

Astérides ou **Stellérides** (*stella*, étoile). — *Rayons non distincts du disque central.*

Les rayons sont épais et renferment des appendices du tube digestif; ils présentent, sur la face ventrale, des sillons ambulacraires dans lesquels sont situés les pieds ambulacraires généralement terminés chacun par une ventouse. Une ou plusieurs plaques madréporiques toujours dorsales. Les Stellérides (*Étoiles de mer*) rampent lentement sur les corps du fond de la mer, en y fixant leurs ventouses et raccourcissant le tube membraneux qui leur fait suite. Ils maintiennent généralement l'extrémité des rayons courbée un peu en haut, les yeux tournés vers la lumière. Ils se nourrissent surtout de Mollusques qu'ils capturent en renversant au dehors la poche stoma-

calc. Certaines espèces d'Étoiles de mer sont très redoutées des éleveurs d'Huîtres ou de Moules.

A. QUADRISÉRIÉS. — *Pieds ambulacraires sur* 4 *rangées
ou davantage, terminés chacun par une ventouse. Pédicellaires pédonculés. Appareil masticateur imparfait. Un
anus.*

Astéries (*Asterias* ou *Asteracanthion*). L'Astérie rouge
(*A. rubens*), commune sur les côtes de la Manche et de la
mer du Nord, est considérée comme vénéneuse; elle est
si abondante, dans cer-
taines contrées, qu'on
s'en sert pour amender
les terres. — *Heliaster*.
30 à 40 bras.

B. BISÉRIÉS. — *Pieds
ambulacraires sur* 2 *rangées, terminés ou non par
une ventouse. Pédicellai-
res sessiles. Appareil
masticateur en général
bien développé. Anus
quelquefois nul.*

Solaster. Plaques dor-
sales portant au centre un

Fig. 488. — ASTÉRIE.

bouquet d'épines mobiles (*paxilles*). — Astérines (*Asterina*
ou *Asteriscus*). Corps pentagonal, à bords tranchants. —
Pteraster. Dos recouvert d'une peau nue figurant une
sorte de tente dorsale à l'abri de laquelle se développent
les jeunes. — *Asterodiscus*. Corps pentagonal à bords arrondis, sans plaques marginales. — *Pentagonaster*. Corps pentagonal, à côtés bordés en dessus et en dessous par une
rangée de pièces marginales. — *Archaster*. Bras allongés,
avec deux rangées de plaques marginales. — *Porcellanaster*.
Plaques marginales à aspect de porcelaine; portent au
milieu du dos une colonnette molle (plus développée encore dans les genres voisins : *Caulaster* et *Ilyaster*) rappelant le pédoncule fixateur des Crinoïdes. — *Astropecten*.
Pieds ambulacraires sans ventouses; pas d'anus. L'Étoile
de mer orangée (*A. aurantiacus*) se trouve dans toutes

33.

les mers d'Europe. — *Brisinga.* Bras très longs et flexibles, distincts du disque ; aspect des Ophiurides ; des grandes profondeurs.

Ophiurides (ὄφις, serpent ; οὐρά, queue ; εἶδος, aspect). — *Rayons nettement distincts du disque central.*

Pas de pédicellaires. Intestin sans anus. Plaques madréporiques multiples et toujours à la face ventrale. Les rayons ou bras sont serpentiformes, grêles, flexibles et ne contiennent jamais de prolongements du tube digestif ; ils sont dépourvus de sillons ambulacraires, ou plutôt ceux-ci sont recouverts. Les pieds ambulacraires, toujours dépourvus de ventouses, font saillie sur les côtés des bras.

A. Ophiurées. — *Bras simples, non volubiles, à sillons ambulacraires recouverts par des plaques ventrales.*

Les Ophiurées se meuvent en faisant onduler leurs bras, comme des Serpents, dans un plan horizontal.
Ophiomyxa. Disque mou. — *Ophiothrix.* Téguments durs et épineux ; fentes buccales nues. — *Ophiocoma.* Téguments durs et épineux ; fentes buccales pourvues de papilles. *O. vivipara ;* vivipare ; des grandes profondeurs. — *Amphiura.* Disque recouvert d'écailles nues. *A. squamata* est hermaphrodite et phosphorescente. — *Ophiactis.* Disque rond, recouvert d'écailles qui portent de courts piquants. *O. virens* se multiplie par scissiparité ; le liquide de son système aquifère renferme de l'hémoglobine. — *Ophiura* ou *Ophioderma.* Disque granuleux ; bras munis de très courts piquants.

B. Euryalées (εὐρυάλως, spacieux). — *Bras ordinairement rameux, volubiles, à sillons ambulacraires fermés par une peau molle.*

Les Euryalées enroulent leurs bras, pour grimper, après les corps auxquels elles se fixent.
Astronyx. Bras simples. — *Astrophyton.* Bras bifurqués à la base. *A. arborescens ;* Méditerranée.

§ IV. — *Classe des Crinoïdes.*

CRINOÏDES (χρίνον, lis; εἶδος, aspect). — *Échinodermes en forme de calice ou de disque, pourvus de bras articulés plus ou moins développés et garnis de branches latérales* (pinnules).

Fixés dans le jeune âge ou pendant toute la vie par une tige calcaire qui part du pôle aboral ou dorsal. Cette tige, creuse et pluriarticulée, porte souvent, de distance en distance, de petits appendices, également creux et articulés (*cirres*) disposés en verticilles. Corps capsuliforme; face dorsale composée de plaques juxtaposées; face ventrale tournée vers le haut, revêtue d'une membrane coriace, portant la bouche au centre et l'anus dans un espace interradiaire. Des bords du calice naissent des bras articulés, simples ou ramifiés, munis d'appendices latéraux (*pinnules*) qui sont les dernières ramifications des bras. De la bouche partent des sillons qui se prolongent dans les bras et leurs ramifications. Ces sillons (*sillons ambulacraires* ou *tentaculaires*), revêtus d'une peau molle, portent des tubes ambulacraires tentaculiformes et couverts de cils vibratiles dont les mouvements dirigent vers la bouche les particules alimentaires. La locomotion s'effectue par les mouvements ondulatoires et verticaux des bras; de plus, des cirres généralement terminés par des crochets et formant une couronne au-dessus du calice, permettent à l'Animal de s'accrocher aux corps sous-marins. La plaque madréporique n'existe pas; elle est remplacée par des pores du calice (*entonnoirs vibratiles*) qui introduisent l'eau de mer dans le système aquifère. Organes génitaux situés dans le calice (Cystidés) ou dans les pinnules (Brachiés).

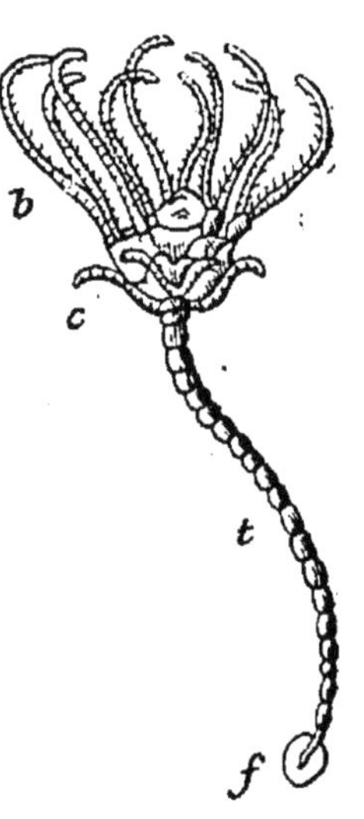

Fig. 489. — Jeune Comatule (encore fixée).

b, bras; *c*, cirres; *f*, plaque fixatrice; *t*, tige.

Brachiés. — *Bras bien développés. Organes génitaux dans les pinnules.*

Calice formé d'un nombre plus ou moins considérable de plaquettes disposées régulièrement sur 5 rayons. Souvent une pièce unique (*pièce centrodorsale*) sert à l'insertion de la tige.

Comatules (*Comatula* ou *Antedon*). Pédonculés dans le jeune âge ; sessiles et libres plus tard. Seuls représentants des Crinoïdes sur les côtes de tous les pays du monde. *C. mediterranea* ou *A. rosaceus*, à 10 bras simples, est commun dans la Méditerranée. Naît sous la forme d'un petit Ver muni de 4 bandes de cils vibratiles et à l'intérieur duquel se développe une sorte de bouton pédonculé qui ne tarde pas à prendre des bras puis des cirres et à rompre son pédoncule pour aller se suspendre aux Algues voisines, en conservant son attitude primitive. — *Eudiocrinus*. Comatules à 5 bras ; des profondeurs de l'Atlantique et du Pacifique. — Pentacrines (*Pentacrinus*). Calice à 10 bras plusieurs fois bifurqués ; situé à l'extrémité d'un pédoncule pourvu de verticilles de cirres. Le « Palmier marin » (*P. caput Medusæ*) des Antilles est la plus grande des espèces vivantes. — D'autres formes pédonculées, sur lesquelles il est inutile d'insister ici, proviennent des explorations sous-marines (le *Porcupine ;* le *Challenger ;* le *Blake ;* le *Travailleur ;* le *Talisman*).

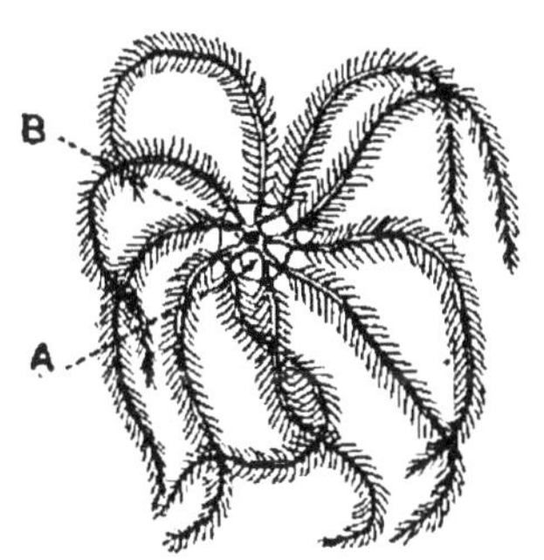

Fig. 490. — Comatule adulte (réduite).

A, anus ; B, bouche.

Cystidés (κύστις, vessie). — *Corps sphéroïdal avec bras peu développés ou nuls. Organes génitaux dans le calice.*

Calice formé d'un grand nombre de plaques toutes ou en partie finement poreuses et ne paraissant pas disposées dans un ordre rayonné. Anus muni d'une pyramide de plaquettes. Sessiles ou brièvement pédonculés.

Une seule espèce vivante : *Hyponome Sarsi*, ressemblant à une Euryale ; détroit de Torrès.

CHAPITRE XIII

EMBRANCHEMENT DES COELENTÉRÉS

CŒLENTÉRÉS (1) (κοῖλον, cavité ; ἔντερον, intestin).
— *Animaux aquatiques à symétrie rayonnée ; à cavité digestive se continuant d'ordinaire avec des canaux creusés dans
la substance du corps* (cavité gastro-vasculaire), *pourvue
d'un seul orifice* (bouche) *servant à l'introduction des aliments et aussi à l'expulsion des produits d'excrétion ; à téguments munis de cellules urticantes* (nématocystes ou
cnidoblastes).

Les nombres 4 ou 6 et leurs multiples président ordinairement à la symétrie du corps. Celui-ci est sacciforme,
à deux parois : l'une externe (*ectoderme*), l'autre interne
(*entoderme*) entre lesquelles existe une couche moyenne
(*mésoderme*) plus ou moins développée. L'*ectoderme* peut
être vibratile ou non, à une ou plusieurs couches de cellules auxquelles peuvent s'ajouter des fibres musculaires
et des fibrilles nerveuses. Il renferme des glandes unicellulaires piriformes, sécrétant une mucosité gluante ;
mais, de tous ses éléments, les plus importants et les plus
constants sont les *nématocystes* ou *cnidoblastes*, cellules
urticantes contenant, en outre d'un protoplasme presque
liquide et irritant, un fil hélicoïdal (*cnidocil*) qui se déroule au moindre contact et se projette au dehors. Le
cnidocil se borne quelquefois à adhérer au corps qu'il
touche ; mais, le plus souvent, il produit une blessure
dans laquelle il déverse le liquide caustique de sa cellule
basilaire. L'action des nématocystes amène rapidement
la mort des petits Animaux qui servent de proie aux
Cœlentérés ; elle produit souvent, chez l'Homme, une vio-
lente urtication. Le *mésoderme* est constitué par une
substance homogène, transparente, tantôt mince (*lamelle
de soutien*), tantôt épaisse (*cœnenchyme*), dans laquelle se
forment souvent des parties cornées ou calcaires (*sque-*

______

(1) Appelés encore *Zoophytes* (ζῶον, animal ; φυτόν, plante) ; *Polypes*
(πολύς, nombreux ; πούς, pied, tentacule) ; *Cnidaires* (κνίδη, ortie ; ortie
de mer).

lette). L'*entoderme* est composé des mêmes éléments que
l'ectoderme, mais en moindre quantité ; il tapisse la cavité
gastro-vasculaire et renferme des cellules glandulaires
sécrétant un suc digestif. L'eau introduite par la bouche
se mélange avec les matières nutritives, pour former le suc
nourricier. Celui-ci est mis en circulation dans les canaux
gastro-vasculaires par les cellules ciliées de l'entoderme
qui ont également pour rôle d'absorber les produits assimilables. La *respiration* s'effectue par la surface du corps.
Des groupes de cellules appartenant à l'épithélium de la
cavité gastrique forment des concrétions cristallines que
l'on a considérées comme des *productions urinaires*. Les
produits sexuels peuvent se développer aux dépens des cellules constituantes, dans les régions les plus diverses, tantôt
par l'ectoderme, tantôt par l'entoderme ; plus rarement
(*Hydractinia*) les éléments mâles sont d'origine ectodermique et les femelles d'origine entodermique. La reproduction asexuelle est fréquente et conduit souvent à la formation de colonies dont les divers individus sont des *Polypes*.
Chez les formes élevées, on observe des muscles et des nerfs
distincts provenant tous deux des cellules de l'ectoderme ;
chez les formes inférieures (Hydres), il n'y a que des cellules musculaires et des cellules nerveuses. Les cellules
musculaires se continuent souvent, vers l'intérieur, par
une ou plusieurs fibres qui forment, avec leurs analogues,
une couche presque continue dans la profondeur de l'ectoderme, contre la lamelle de soutien. Les cellules nerveuses, difficiles à constater, envoient des prolongements
aux nématocystes et à la couche musculaire (ROUGET). Les
organes des sens sont peu développés : on regarde comme
tels les corpuscules marginaux des Méduses et certains organes de forme variable situés autour de la bouche (tentacules, etc.) Le *développement* est rarement direct ; généralement une larve ciliée (*Planula*), formée de deux couches de cellules, subit des métamorphoses plus ou moins
profondes, pour acquérir l'organisation et la forme rayonnée de l'adulte. Tous les Cœlentérés sont aquatiques et,
pour la plupart, marins.

3 classes :

<table>
<tr><td rowspan="3">CŒLENTÉRÉS.</td><td colspan="2">Des palettes natatoires......................</td><td>CTÉNOPHORES.</td></tr>
<tr><td rowspan="2">Pas
de palettes
natatoires.</td><td>Cavité gastro-vasculaire simple..</td><td>HYDROMÉDUSES.</td></tr>
<tr><td>Cavité gastro-vasculaire cloison-
née ....</td><td>CORALLIAIRES.</td></tr>
</table>

§ I. — *Classe des Cténophores.*

CTÉNOPHORES (κτείς, peigne; φορός, porteur). — *Cœlentérés nageurs présentant des rangées méridiennes (généralement 8) de palettes natatoires.*

Animaux marins, toujours solitaires et de consistance gélatineuse, ayant deux plans de symétrie perpendiculaires entre eux. L'un est *sagittal* et correspond au plan médian des Vertébrés. L'autre est *bilatéral;* il comprend les *tentacules* ou *filaments tactiles* que présentent la plupart des Cténophores (Sténostomes) et qui répondent ainsi, comme situation, aux deux bras de l'Homme, par rapport au plan sagittal. La forme typique du corps est celle d'une sphère présentant 4 paires de secteurs (*côtes*) munis de palettes natatoires (*peignes*) formées par de grands cils cornés et soudés à la base. La bouche, située à l'un des pôles, est tantôt large (Eurystomes), tantôt rétrécie (Sténostomes), entourée souvent de lobes plus ou moins développés. Un court œsophage conduit dans un estomac volumineux (Eurystomes) ou étroit (Sténostomes) parcouru longitudinalement par deux bourrelets glandulaires (*glandes digestives*). Le fond de l'estomac communique avec une cavité (*entonnoir*) qui lui fait suite. De l'entonnoir partent : 1° deux *canaux paragastriques*, en cul-de-sac, qui remontent parallèlement à l'estomac; 2° deux *canaux*

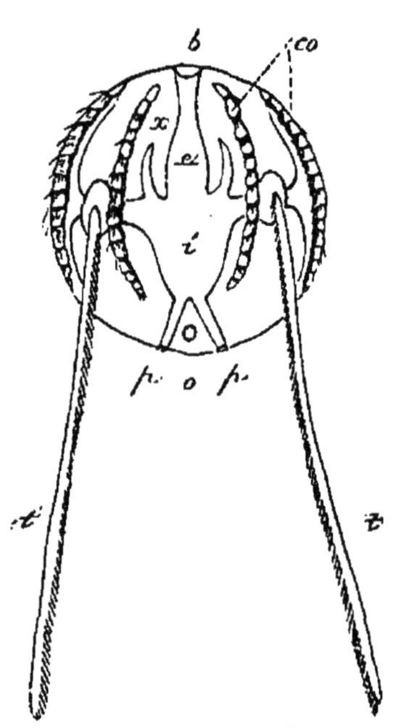

Fig. 491. — PLEURObRACHIA.

b, bouche; *co,* côtes; *e,* estomac; *i,* entonnoir; *o,* organe central; *p, p,* pores; *t, t,* tentacules; *x,* canaux paragastriques.

radiaires ou *gastro-vasculaires* qui se divisent en deux branches dont chacune se bifurque, à son tour, pour former huit canaux méridiens longeant les côtes à l'intérieur; 3° deux *canaux terminaux* qui vont chacun déboucher au pôle aboral, par un *pore* muni d'un sphincter mais ne remplissant jamais le rôle d'anus. Hermaphrodites. Glandes génitales situées dans des culs-de-sac que présentent latéralement les canaux méridiens; les mâles, d'un côté du canal; les femelles, de l'autre côté. Nagent librement par l'action des peignes qui se meuvent, soit tous ensemble, soit par séries entières ou partielles, suivant que l'Animal veut progresser dans une direction déterminée ou tourner sur lui-même. Chez les Sténostomes, on observe deux longs *tentacules latéraux* ou *filaments préhensiles,* plus ou moins ramifiés, rétractiles dans une poche spéciale (*poche tentaculaire*) et creusés d'un canal qui n'est autre chose qu'un prolongement du canal gastro-vasculaire. Les tentacules renferment un grand nombre de *cellules préhensiles,* sortes de nématocystes en forme de boutons hémisphériques garnis extérieurement de granules collants auxquels s'attachent les petits Animaux dont se nourrissent les Cténophores. Au pôle aboral, s'observe un *organe central* constitué essentiellement par un otocyste dont on n'a pas réussi jusqu'à présent à montrer les relations avec un système nerveux central, mais qui paraît présider au mouvement des palettes natatoires. Les Cténophores sont phosphorescents. Le développement est direct; rarement des métamorphoses.

Eurystomes (εὐρύς, large ; στόμα, bouche). — *Bouche large. Cavité stomacale énorme. Pas de tentacules.*

Corps en forme de tonneau allongé, un peu comprimé.
Béroës (*Beroe*). Bords de la bouche entiers. — Rangies (*Rangia*). Des tentacules autour de la bouche.

Sténostomes (στενός, étroit). — *Bouche et cavité stomacale étroites. 2 tentacules.*
A. GLOBULEUX. — *Corps sphérique, ovoïde ou cylindrique.*

Vulgairement « Melons de mer ».
Cydippe. — Pleurobrachia. — Mertensia. — Callianira.

B. Rubanés. — *Corps ayant la forme d'un large ruban.*

Bouche et cavité stomacale très étroites, au milieu du ruban. 2 paires de côtes atrophiées.

Cestum. « Ceinture de Vénus » (*C. Veneris*); dans la Méditerranée.

C. Lobés. — *Corps comprimé, muni de deux paires d'appendices* (auricules) *et de deux lobes aliformes.*

Bolina. — *Mnemia.* — *Eucharis.*

§ II. *Classe des Hydroméduses.*

HYDROMÉDUSES (1) (allusion à la *forme hydraire* de l'état agame et à la *forme médusaire* de l'état sexué). — *Cœlentérés fixés ou nageurs, à cavité gastro-vasculaire simple. En général deux formes, l'une fixée, cylindrique et agame* (hydriforme *ou* polypiforme), *l'autre libre, campanulée et sexuée* (médusiforme).

La forme hydraire ou agame (*Hydranthe*) est représentée par un cylindre creux ouvert à l'une de ses extrémités, fermé à l'autre, par laquelle elle se fixe (*pied*). L'ouverture (*bouche*) se trouve au sommet d'un cône extérieur (*cône buccal*) entouré à sa base d'un cercle de tentacules préhensiles dont chacun communique avec la cavité gastro-vasculaire. Celle-ci n'est pas cloisonnée et se continue généralement avec des canaux périphériques. Les Hydraires peuvent former des colonies, mais ils ne présentent qu'exceptionnellement (Hydrocoralliaires) un squelette calcaire analogue à un polypier; assez souvent des produits cornés de l'épiderme constituent, autour de l'axe et de ses ramifications, des gaines délicates s'épanouissant quelquefois en calice autour des Polypes.
La forme médusaire ou sexuée (*Méduse*) est une sorte d'ombrelle ou de cloche gélatineuse à face supérieure (*sus-ombrelle*) convexe et à face inférieure (*sous-ombrelle*) concave dont l'intérieur est creusé de canaux rayonnants réunis à la périphérie par un canal circulaire qui court le

____

(1) Appelée encore *Polypoméduses* ou *Hydrozoaires* (ὕδωρ, eau; ζῶον, animal).

long du bord. Le manche de l'ombrelle ou le battant de la
cloche est représenté par un pédicule creux (*manubrium*)
qui porte la bouche à son extrémité libre et n'est autre
chose que le tube stomacal se continuant, par sa base,
avec les canaux rayonnants. Les Méduses sont généralement
dioïques ; elles ont pour organes sexuels des amas cellulaires situés dans la région orale de la paroi du corps et
se transformant en œufs ou en spermatozoïdes. La Méduse est libre et nage au moyen des contractions de son

Fig. 492. — Forme hydraire
d'une Hydroméduse.

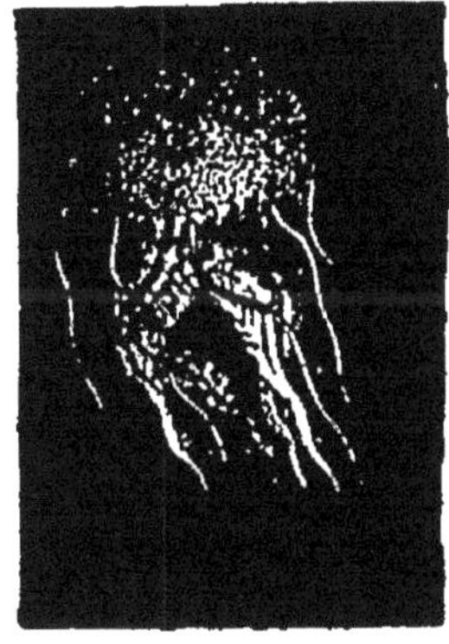

Fig. 493. — Forme médusaire d'une
Hydroméduse.

disque. Sur le bord de celui-ci, on observe presque toujours des *corpuscules marginaux* représentant soit des
otocystes, soit des taches oculaires munies ou non de
corps réfringents ; souvent aussi des *tentacules marginaux*
plus ou moins nombreux constituent des organes tactiles.
Ces divers organes des sens sont innervés par un cordon
annulaire qui accompagne le canal périphérique.

Souvent les Polypes et les Méduses restent unis dans
une même colonie, réduits tous deux à un état inférieur
et ressemblant : les uns (*Polypoïdes*) à de petits sacs digestifs dépourvus de tentacules ; les autres (*Médusoïdes*),
à de petits bourgeons renfermant les produits sexuels. La
colonie représente alors un organisme dont les Médusoïdes et les Polypoïdes sont les organes (1). D'ailleurs, les

(1) Suivant que l'on considère les appareils nourriciers et les appareils reproducteurs comme des individus distincts ou, au contraire,

Polypes et les Méduses ne diffèrent pas autant que semble le montrer leur forme extérieure ; la Méduse tire son origine du corps du Polype et n'est, au fond, qu'un Polype discoïde ; enfin il existe des types de Cœlentérés qui n'étant ni des Méduses, ni des Polypes, constituent des intermédiaires entre ces deux formes (CLAUS).

Acalèphes (ἀκαλήφη, ortie). — *Hydroméduses à forme hydraire solitaire, scyphistomaire et strobilaire, produisant des Méduses de grande taille, à corpuscules marginaux recouverts par les lobes de l'ombrelle et dépourvues de velum.*

Méduses à ombrelle ordinairement épaisse et rigide, munies de corpuscules marginaux complexes (comprenant chacun un œil et un otolithe) situés dans des cavités spéciales et recouverts par des lobes marginaux au-dessus desquels s'observe une fossette olfactive (CLAUS). Il existe des centres nerveux situés à la base des corps marginaux (CLAUS ; les HERTWIG) et permettant au bord du disque, séparé du reste de l'Animal, des contractions automatiques. On ne rencontre un repli marginal de l'ombrelle que chez les Cubomédusaires ; cet organe (*velarium*) diffère du velum des Méduses hydroïdes en ce qu'il contient, des prolongements du système gastro-vasculaire. Il existe, dans la cavité stomacale, des filaments vermiformes (*filaments gastriques*) spéciaux aux Acalèphes et présentant un revêtement glandulaire qui sécrète des sucs digestifs. Les Méduses sont dioïques (excepté *Chrysaora*) ; leurs organes génitaux, gros et vivement colorés, sont constitués par des rubans pelotonnés contenus dans des *cavités génitales* périgastriques, généralement au nombre de quatre et parfaitement visibles sous l'ombrelle. Les produits sexuels tombent ordinairement par déhiscence dans la cavité gastrique d'où ils sont expulsés au dehors par la bouche. Le développement est rarement direct (*Pelagia*). De l'œuf fécondé de la Méduse, sort une larve ciliée (*Planula*) qui, après avoir nagé pendant un certain temps, se fixe et perd ses cils vibratiles. Une bouche apparaît à l'extrémité libre et la larve prend la forme d'une

comme des organes d'un même individu, on peut dire qu'il y a ou qu'il n'y a pas *génération alternante*. Actuellement, on tend à abandonner la théorie de la génération alternante qui n'explique rien, tandis que la théorie de la descendance permet de comprendre que le Polype et la Méduse sont les modifications d'une seule et même forme primitive, adaptée à des conditions d'existence différentes.

coupe (*Scyphistome*) munie d'une cavité gastrique centrale. Les bords du Scyphistome se garnissent de tentacules naissant deux par deux, de façon à présenter d'abord une symétrie bilatérale avec 2, puis 4 (en croix), 8, 16, 32 (exceptionnellement) tentacules. Au début, les Scyphisto-

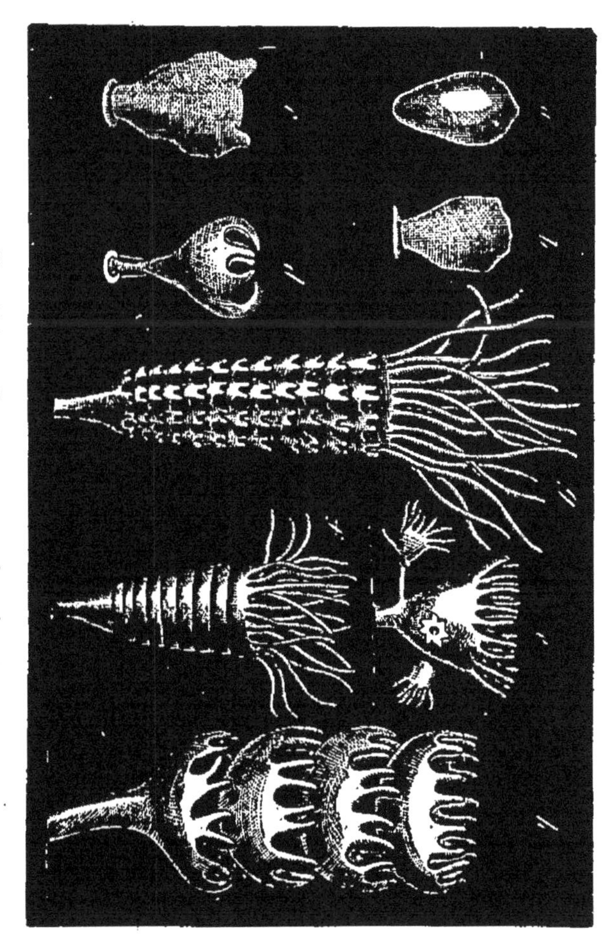

Fig. 494. — Développement d'un Acalèphe.

a, Planula; b, c, phases par lesquelles elle passe pour arriver au Scyphistome d, qui passe lui-même par les stades e, f, pour constituer le Strobile g et finalement les Méduses h.

mes se multiplient par bourgeonnement, produisant, sur divers points du corps, de nouveaux Scyphistomes; plus tard, ils se divisent, de haut en bas, en un certain nombre de tronçons transversaux acquérant chacun une couronne de huit lobes périphériques. Ces tronçons, empilés les uns sur les autres, figurent assez bien une pile d'assiettes creuses, forme nouvelle (*Strobile*) qui ne persiste pas longtemps. Bientôt les segments supérieurs se détachent de l'axe et chacun d'eux devient une jeune Méduse (*Ephyra*) qui acquiert graduellement l'organisation des Méduses sexuées. Pour les raisons qui précèdent, les Méduses des Acalèphes sont appelées *Méduses éphyroïdes* (en forme d'*Ephyra*), *Scyphoméduses* (Méduses provenant d'un Scyphistome), *Phanérocarpes* (à organes sexuels visibles, *Stéganophtalmes* (à yeux recouverts) ou *Acraspèdes* (sans velum).

A. Discomédusaires ou Discophores (δίσχος, disque; φορός, porteur). — *Méduses discoïdes, sans velum ni velarium, généralement octoradiées.*

Bouche entourée de puissants bras buccaux. 8, rarement 12 ou 16 corpuscules marginaux dans autant de fossettes du pourtour de l'ombrelle. Ordinairement 4 poches génitales largement ouvertes. Sous-ombrelle à muscles striés. Pas de véritable anneau nerveux. Progression par les mouvements de l'ombrelle qui s'ouvre ou se ferme; nagent souvent en bandes nombreuses traçant, pendant la nuit, un sillage phosphorescent, à la surface de la mer.

A. *Monostomidés* (μόνος, unique; στόμα, bouche). — *Discophores munis d'une large bouche quadrangulaire et centrale, entourée*

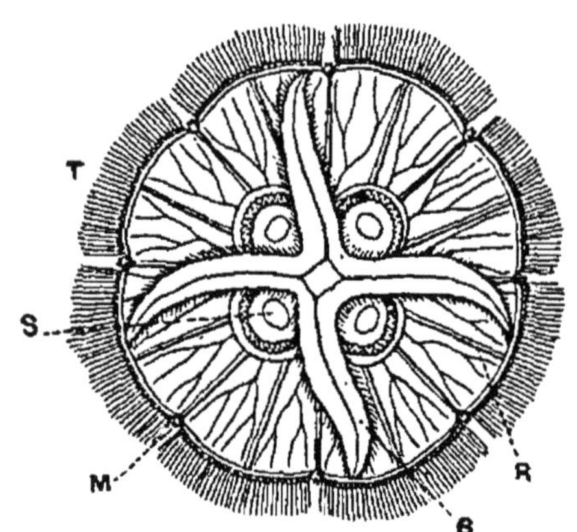

Fig. 495. — Méduse oreillarde (vue par dessous).

B, bras buccaux; M, corpuscules marginaux; R, vaisseaux radiaires; S, glandes et ouvertures sexuelles; T, tentacules marginaux.

de 4 bras plus ou moins considérables. Bord de l'ombrelle généralement pourvu de filaments creux (tentacules marginaux).

Aurélies (*Aurelia*). Ombrelle aplatie, bordée de courts tentacules; bras buccaux étalés horizontalement. La Méduse oreillarde (*A. aurita*) est employée, en Norvège, pour traiter les névralgies. On applique, à plusieurs reprises, la sous-ombrelle contre les parties douloureuses; les nombreux nématocystes qu'elle contient produisent alors une vive urtication amenant souvent une prompte guérison. — Cyanées (*Cyanea*). Des touffes de filaments sur la face inférieure du disque; bras en forme de larges feuilles ondulées. — Pélagies (*Pelagia*). Ombrelle hémisphérique, bordée de très longs tentacules; reproduction directe.

· B. *Rhizostomidés* (ῥίζα, racine; στόμα, bouche). — *Discophores munis de 8 bras buccaux percés de nombreux petits suçoirs. Bord de l'ombrelle dépourvu de tentacules marginaux.*

A l'origine, les Rhizostomes ont une bouche centrale entourée de 4 bras; mais ceux-ci ne tardent pas à se dédoubler, en même temps que la bouche s'oblitère.

Fig. 496. — Rhizostome.

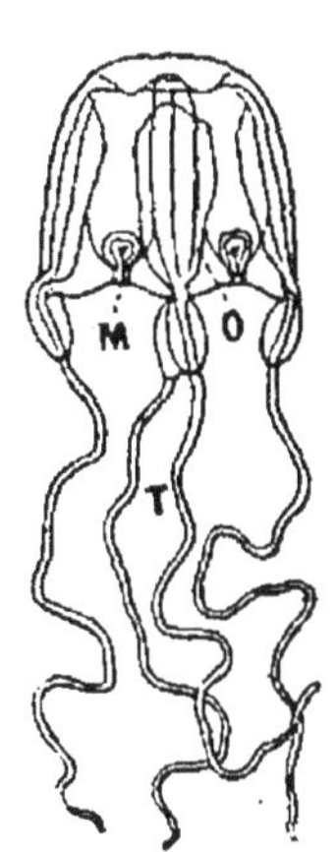

Fig. 497. — Charybdée.

M, corpuscules marginaux;
O, ovaires; T, tentacules.

Rhizostomes (*Rhizostoma*). « Poumons de mer ». Bras simples, à bords plissés. — Céphées (*Cephea*). Bras ramifiés, avec filaments. — Cassiopées (*Cassiopea*). Bras ramifiés, sans filaments. — Crambesses (*Crambessa*). Bras longs, simples, sans filaments. *C. Tagi;* d'eau saumâtre ; dans le Tage.

B. CUBOMÉDUSAIRES ou LOBOPHORES (λοβός, lobe ; φορός, porteur). — *Méduses en forme de cloche cuboïde et quadrilobée munies d'un velarium, à symétrie quadriradiée.*

Bouche dépourvue de bras. 4 corpuscules marginaux. Un véritable anneau nerveux sur le bord de l'ombrelle, avec des ganglions vis-à-vis des corps marginaux. Développement inconnu.

Charybdées (*Charybdea*). *C. Marsupialis;* Méditerranée.

C. CALYCOZOAIRES (κάλυξ, calice ; ζῶον, animal). — *Acalèphes en forme de coupe, fixés par le pied.*

Animaux marins rappelant, par leur structure, les Scyphistomes des Discomédusaires. La coupe présente au centre un tube gastrique terminé par une bouche entourée de quatre petits bras buccaux. Bord de la coupe à huit lobes surmontés de courts tentacules et parcourus, à l'intérieur de la coupe, par huit bourrelets rubanés représentant les organes génitaux ; quelquefois des poches génitales. On considère comme équivalents des corpuscules marginaux huit *papilles marginales* tentaculiformes, transitoires ou permanentes, situées dans les sinus du bord de la coupe. Développement probablement direct.

Fig. 498. — LUCERNAIRE.

A. *Cleistocarpés* (κλειστός, fermé ; καρπός, fruit). — *Des poches génitales.*

Craterolophus. — *Manania.*

B. *Éleuthérocarpés* (ἐλεύθερος, libre). — *Pas de poches génitales.*

Lucernaires (*Lucernaria*). — *Haliclystus.*

Siphonophores (σίφων, tube; φορός, porteur). — *Colonies flottantes constituées essentiellement par des Polypoïdes et des Médusoïdes attachés à une tige creuse et contractile terminée le plus souvent par une vésicule aérienne.*

Polypoïdes ou individus nourriciers en forme de tube muni, à l'extrémité libre, d'une bouche sans tentacules; ouverts à l'extrémité fixe dans une cavité commune aux autres parties de la communauté. Pourvus, à leur base, d'un long appendice contractile simple ou ramifié (*filament préhensile* ou *pêcheur*) armé de nématocystes parfois groupés de manière à constituer de véritables batteries (*boutons urticants*).

Médusoïdes ou individus reproducteurs ayant généralement la forme d'une cloche dont le battant est rempli d'œufs ou de spermatozoïdes ; sortes de bourgeons sexuels devenant rarement libres avec la forme de Méduse (*Velella*). En outre de ces deux sortes d'appendices, qui ne manquent jamais, on en rencontre d'autres qui sont propres à certains d'entre eux et se rapportent, soit à des Polypoïdes, soit à des Médusoïdes modifiés. Ce sont : des *dactylozoïdes*, organes protecteurs vermiformes et imperforés ; des *boucliers* en forme d'écailles ou de feuilles protectrices ; des *cloches natatoires* ou *nectocalyces*, sortes de Méduses très contractiles sans pédoncule, ni tentacules, ni corps marginaux ; enfin un *pneumatophore* ou *flotteur* constitué par une vésicule pleine de gaz, située à l'extrémité supérieure de la tige et percée d'un pertuis apical. Chacun des appendices de la tige peut être considéré comme un individu de la

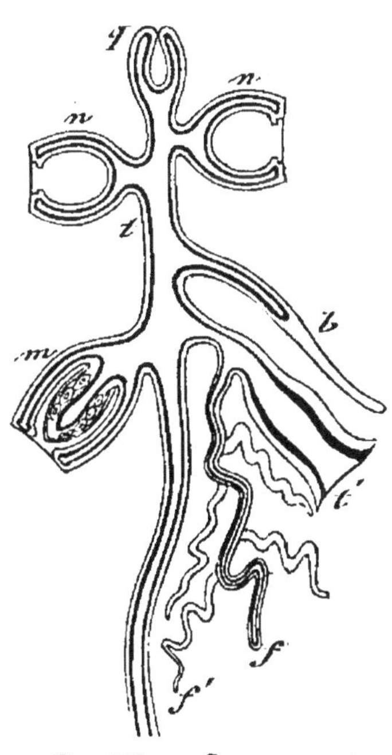

Fig. 499. — Siphonophore (Schéma).

b, bouclier; *f, f'*, filaments préhensiles; *m*, Médusoïde ; *n, n*, nectocalyces ; *q*, pneumatophore ; *t*, tige; *t'*, Polypoïde.

colonie ou plutôt comme un simple organe de la colonie assimilée alors à un individu. Généralement monoïques. Tous marins, très urticants, redoutés des baigneurs ; considérés, peut-être à tort, comme ayant une chair toxique.

A. Physophoridés (φῦσα, vessie ; φορός, porteur). — *Un pneumatophore petit, volumineux ou discoïde. Tige allongée, courte ou discoïde.*

Physophores (*Physophora*). Des nectocalyces ; des dactylozoïdes ; tige courte ; Méditerranée. — Physalies ou « Galères » (*Physalia*). Pas de nectocalyces ; tige transformée en une large chambre presque horizontale contenant un pneumatophore en forme de cornemuse communiquant avec l'extérieur par son extrémité effilée ; Atlantique. — Vélelles (*Velella*). Tige discoïde surmontée d'un pneumatophore discoïde et supportant un gros Polype nourricier central entouré de nombreux appendices polypoïdes et médusoïdes ; une crête verticale au-dessus du disque. — Porpites (*Porpita*). Organisation des Vélelles, sans crête sur le disque.

B. Calycophoridés (κάλυξ, calice). — *Une longue tige dépourvue de pneumatophore et munie de cloches natatoires.*

Hippopus. Un grand nombre de nectocalyces. — *Diphyes*. 2 nectocalyces. — *Monophyes*. Un seul nectocalyce.

Hydroïdes (ὕδρα, hydre ; εἶδος, aspect). — *Forme hydraire très rarement solitaire, constituant généralement des colonies cespiteuses ou dendroïdes, jamais scyphistomaires ou strobilaires, comprenant des individus nourriciers, des Médusoïdes ou de petites Méduses. Parfois des Méduses pourvues d'un velum et de corpuscules marginaux à nu, sans phase polypoïde.*

Les *Polypes hydroïdes* restent rarement isolés (*Hydra*) ; ils vivent en petites colonies ramifiées dont l'axe et les rameaux sont creusés d'un canal qui communique avec la cavité générale de chaque individu. Les uns sont nourriciers (*Gastrozoïdes*) et possèdent une bouche entourée de tentacules. Les autres sont reproducteurs (*Gonozoïdes*) ;

ils peuvent ressembler aux précédents dont ils diffèrent
en ce qu'ils portent sur leurs parois des bourgeons sexués
(*gonophores*), ou bien ce sont de petites Méduses isolées
(*Méduses hydroïdes*). Les gonophores sont tantôt un sac

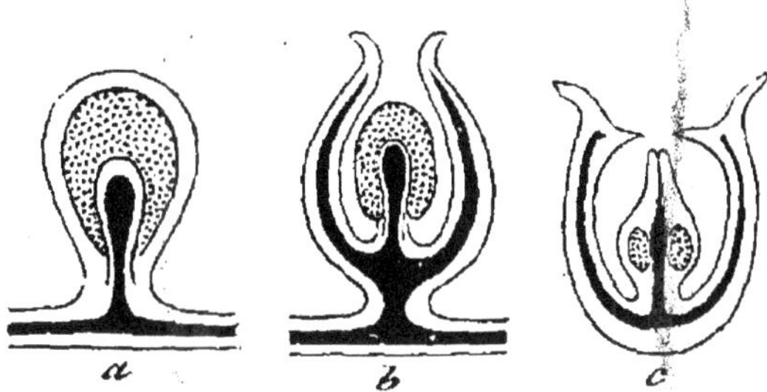

Fig. 500. — Organes reproducteurs des Hydroïdes.

a, sporosac ; *b*, Médusoïde ; *c*, Méduse.

clos (*sporosac*) contenant un cul-de-sac central (*spadice*)
autour duquel se développent les produits sexuels,
tantôt un *Médusoïde* provenant de l'ouverture en forme
de cloche du sporosac dont le spadice reste clos ou s'ouvre à l'extrémité, les éléments sexuels étant renfermés
dans les parois du spadice ou de la cloche. Les Méduses
hydroïdes ne sont, au fond, que des Médusoïdes qui se
détachent. Elles ont des corpuscules marginaux à nu sur
le bord de l'ombrelle et présentent, en dedans de ce
bord, un repli musculo-membraneux (*velum*) ne renfermant jamais de vaisseaux et formant une sorte de diaphragme percé d'une ouverture centrale par laquelle
peut sortir le manubrium ; enfin leurs organes génitaux
sont situés dans les parois du manubrium ou dans celles
des vaisseaux radiaires et non dans des cavités spéciales.
Pour toutes ces raisons, les *Méduses hydroïdes* sont faciles à distinguer des Méduses éphyroïdes ; elles sont encore appelées : *Cryptocarpes* (à organes sexuels cachés),
Gymnophtalmes (à yeux nus) ou *Craspédotes* (munies d'un
vélum). Elles présentent, en outre, la particularité d'avoir
deux anneaux nerveux situés l'un au-dessus de l'autre et
envoyant chacun des filaments qui se mettent en relation
avec des cellules sensitives spéciales dont la surface
porte un cil raide et qui forment autour du disque une
zone sensorielle ; enfin leurs corpuscules marginaux
sont ou des yeux ou des otocystes qui s'excluent réciproquement (excepté chez *Tiaropsis*), de sorte que les
Méduses sont, les unes ocellées, les autres otocystées.

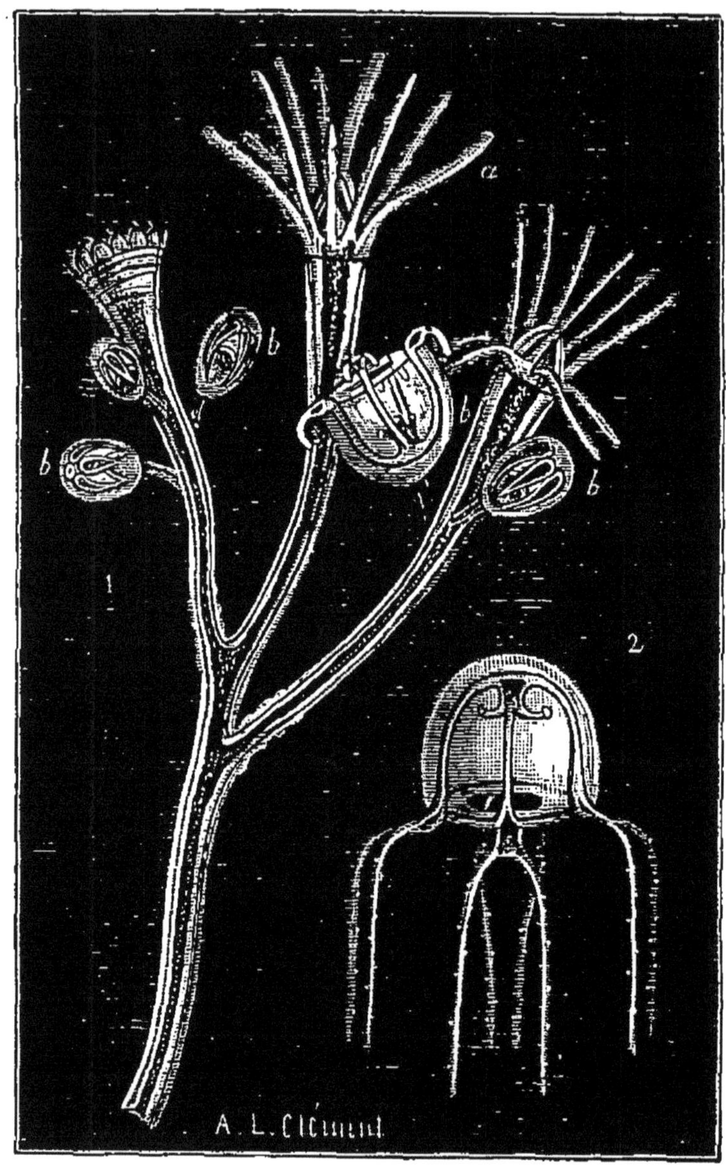

Fig. 501. — HYDROMÉDUSES.

1, *Eudendrium. a*, Gastrozoïdes ; *b, b*, Gonozoïdes à divers états de développement. — 2, *Bougainvillea.*

A. Trachyméduselaires (τραχύς, rigide). — *Méduses cras-*
pédotes, à disque soutenu par des cordons cartilagineux
et entouré de tentacules rigides ; à produits sexuels tan-
tôt dans les canaux radiaires, tantôt dans le manubrium ;
se développant directement ou avec métamorphoses, sans
passer par la forme hydroïde.

Geryonia. — Liriope. — Ægina. — Trachynema.

B. Synhydraires (σύν, ensemble ; ὕδρα, hydre). — *Hy-*
droïdes sociaux entourés d'un revêtement chitineux (péri-
derme ou périsarc).

A. Campanulariens. — Un calice chitineux (hydrothè-
que) autour de chaque Polype. Méduses otocystées,
discoïdes, à éléments sexuels dans les canaux radiaires.
Campanulaires (*Campanularia*). Forme hydraire; hydrothèques à pédoncule annelé. *Eucope.* Forme médusaire.
B. Tubulariens. — Pas d'hydrothèques. Méduses ocel-
lées, en cloche ou en tour, à éléments sexuels dans la paroi
du manubrium.
Eudendrium. Forme hydraire. *Bougainvillea.* Forme
médusaire. — *Podocoryne.* Forme hydraire. *Oceania.*
Forme médusaire. — *Cordylophora.* Dans l'eau douce.

C. Hydraires. — *Hydroïdes solitaires et nus, sans forme*
médusaire, à éléments sexuels dans la paroi du corps.

Hydres (*Hydra*). Polypes d'eau douce, à tentacules
filiformes protractiles; se reproduisent par gemmiparité, en même temps que par voie sexuelle ; possèdent
une remarquable puissance de rédintégration, chaque
fragment du corps pouvant reproduire un Animal entier; peuvent être retournés, à la façon d'un doigt de
gant et continuer à digérer, comme avec l'ancienne cavité (Trembley). *H. viridis, H. fusca, H. vulgaris* ou *grisea*
se trouvent communément dans nos étangs, sur les
feuilles des plantes aquatiques. — *Protohydra.* Forme
marine, sans tentacules, se reproduisant par scissiparité, constituant les plus simples des Cœlentérés actuels.

D. Hydrocoralliaires (ὕδρα, hydre ; κοράλλιον, corail).
— *Hydroïdes à polypier calcaire.*

Colonies d'Hydroïdes, dans lesquelles de gros gastro-zoïdes sont entourés de petits dactylozoïdes. Intermédiaires entre les Hydraires et les Coralliaires, mais différant de ceux-ci par l'absence de cloisons et la nature du squelette qui est ectodermique chez les Hydraires et mésodermique chez les Coralliaires.

Millepora. Polypiers à calices divisés en étage par des planchers. — *Stylaster.* Pas de planchers dans les calices du polypier.

§ III. — *Classe des Coralliaires.*

CORALLIAIRES (1) (κοράλλιον, corail). — *Cœlentérés fixés, à tube stomacal suspendu dans la cavité du corps divisée par des cloisons rayonnantes* (lames *ou* replis mésentéroïdes) *en loges se continuant avec des tentacules circumbuccaux.*

Les Coralliaires ont la même forme que les Polypes des Hydroméduses ; mais leur taille est plus considérable et leur organisation plus compliquée. Ils ne revêtent jamais l'aspect médusaire, mais on peut néanmoins les comparer à une Méduse dans laquelle la face externe du pédicule s'unirait avec la face interne de l'ombrelle ; les canaux gastro-vasculaires de la Méduse répondent alors à la cavité cloisonnée du Coralliaire. Un sac cylindrique, à parois contractiles, fixé par son fond et présentant, à son extrémité libre, une ouverture en forme de fente (*bouche*) entourée d'une ou de plusieurs couronnes de tentacules préhensiles ; tel est le Polype coralliaire à l'extérieur. Intérieurement, la bouche s'ouvre dans un tube (*tube stomacal*) suspendu au milieu du cylindre qui représente le corps de l'Animal. Ce tube digère les substances qui y sont introduites et, par le moyen d'un sphincter dont il est muni à sa partie inférieure, laisse passer dans la cavité située au-dessous (*cavité gastro-vasculaire*) les produits de la digestion. La cavité gastro-vasculaire est divisée en loges incomplètes par des lames

---

(1) Appelés encore *Anthozoaires* (ἄνθος, fleur ; ζῶον, animal), expression doublement mauvaise, parce qu'elle se prononce comme le mot *Entozoaires* (Vers parasites à l'intérieur du corps des Animaux) et qu'elle a pour racines les deux mêmes mots que *Zoanthaires* (l'un des groupes des Anthozoaires), ce qui prête à la confusion.

mésentéroïdes qui rattachent la paroi du sac stomacal aux parois du corps. Ces loges figurent des sortes de niches qui se continuent dans les tentacules et communiquent aussi, chez les Polypes coloniaux, avec des canaux ramifiés dans l'épaisseur de la colonie. Le système cavitaire, tapissé de cils vibratiles, est plus spécialement affecté à la fonction circulatoire et sert aussi à l'accomplissement de la respiration. Les cloisons sont formées par une lamelle de soutien, de nature fibreuse ; elles portent, sur une de leurs faces, un épaississement

Fig. 502. — CORAIL.

a, axe solide ; b, vaisseaux longitudinaux ; c, coupe transversale d'un Polype ; d, coupe longitudinale d'un Polype à tentacules rétractés ; e, coupe longitudinale d'un Polype à tentacules épanouis.

constitué par un faisceau musculaire longitudinal. Le bord libre de chaque cloison présente un épaississement formant un cordon flexueux (*entéroïde*) qui rappelle l'intestin grêle appendu au mésentère. L'entéroïde est couvert de nématocystes et renferme des cellules qui sont les unes glandulaires, les autres sensorielles. Sexes le plus souvent séparés. Les produits sexuels se forment toujours dans l'épaisseur des cloisons mésentéroïdes où ils constituent un cordon sexuel allongé, entre le faisceau musculaire et l'entéroïde ; ils s'échappent par déhiscence. En outre de la reproduction sexuelle, on observe quelquefois la scissiparité et très souvent la gemmiparité qui donne lieu à des colonies (*cormes*) arborescentes ou étalées. Les cormes sont généralement composés d'une seule sorte d'individus (*cormes homomorphes*), exceptionnellement de deux sortes d'individus (*cormes dimorphes* des Pennatulides et de quelques Alcyonidés) ; ils peuvent être hermaphrodites, monoïques, dioïques (cas le plus fréquent) ou polygames. La fécondation est intérieure. Les cormes mâles lâchent leurs spermatozoïdes dans la mer et ceux-ci pénètrent dans les cavités gastro-vasculaires des cormes femelles ; les larves sont des Planules ciliées qui, vomies par la bouche des Polypes, nagent pendant quelque temps, avant de se fixer. Le système nerveux est diffus et forme des réseaux sous-épithéliaux encore mal connus. Il n'y a pas d'organes spécialisés pour les sens ; les tentacules constituent, il est vrai, des organes tactiles qui se rétractent quand on les touche, mais ils servent surtout à la préhension de petites proies qu'ils dirigent ensuite vers l'orifice buccal. En général, les Polypes sont enfoncés dans une masse commune (*cœnenchyme* ou *sarcosome*) et communiquent entre eux, plus ou moins directement, par les canaux qui transportent dans la colonie les produits de la digestion des divers individus. A l'exception des Malacodermés, les Coralliaires sont pourvus de formations squelettiques (*polypiers*) qui prennent naissance dans le mésoderme et sont le plus souvent constituées par des corpuscules calcaires (*sclérites* ou *spicules*). Les sclérites peuvent être disséminées dans les parties molles auxquelles elles donnent une consistance coriace ; mais le plus souvent, elles sont agglutinées entre elles par une substance organique fondamentale ou par une matière calcaire. Si la substance organique prédomine ou existe seule, le squelette est corné (Gorgones), ou corné avec des incrustations calcaires, soit d'une manière uniforme (Gorgonelles), soit avec des segments calcaires alternant avec des segments cornés (Isis). Si, au contraire, là substance calcaire est prépondérante, le squelette devient pierreux et forme soit des axes (Corail), soit des tubes (Tubipores), soit des masses pierreuses à structure cristalline (Madrépores) ou *polypiers proprement dits* dont chaque unité est un *polypiérite*. Le développement n'a été observé que dans un petit nombre d'espèces. Les cloisons se forment toutes en même temps (Octocoralliaires) ou par paires, symétriquement par rapport au plan de la fente buccale (Hexacoralliaires), la symétrie étant alors bilatérale au début du développement (Lacaze-Duthiers) ; mais le nombre des cloisons et des tentacules augmente avec l'âge, suivant une loi qui n'est pas encore bien connue. Même chez l'adulte, si l'on considère les vaisseaux musculaires longitudinaux situés sur l'une des faces des cloisons mésentéroïdes, on retrouve toujours la symétrie par rapport au plan de la fente buccale et même en outre quelquefois (*Edwardsia*), par rapport à un plan axial perpendiculaire au premier. Chez les Cœlentérés, comme chez les Échinodermes, la symétrie est donc bilatérale en réalité, quoique rayonnée en apparence.

Tous les Coralliaires sont marins et se nourrissent de petits Animaux ; la plupart habitent les mers chaudes.

Hexacoralliaires (1) (ἕξ, six ; κοράλλιον, corail). — *Coralliaires à tentacules non bipennés, au nombre de 6 ou d'un multiple de 6.*

A. Madréporaires (de l'ital. *madre*, mer ; *poro*, trou). — *Polypes produisant, par gemmiparité et scissiparité, des colonies à squelette calcaire et continu.*

Le développement du squelette envahit la base et les parois latérales du corps, en donnant naissance à une coupe où l'on distingue une *lame pédieuse* et une lame murale (*muraille*) d'où rayonnent des *cloisons* correspondant non aux replis mésentéroïdes mais aux loges et par conséquent aux tentacules. En outre de ces parties, on observe souvent, dans le polypiérite, une colonne centrale (*columelle*) entourée quelquefois d'une couronne de baguettes verticales (*palis*) qui adhèrent, à leur base seulement, avec les cloisons. La muraille peut aussi présenter, extérieurement, des prolongements (*côtes*) des cloisons ; enfin les loges peuvent être subdivisées par de minces baguettes (*synapticules*) ou par des planchers horizontaux (*dissépiments*) partant des faces latérales des cloisons. Aucun polypiérite ne présente réunis à la fois les divers organes que nous venons d'énumérer. Un certain nombre de Madréporaires produisent, par les accumulations de leurs polypiers, des masses rocheuses plus ou moins étendues (*récifs de coraux*) qui constituent un véritable danger pour le navigateur (2).

(1) Appelés encore *Hexactiniaires* ou *Zoanthaires*.
(2) Les Polypes à récifs sont très répandus dans l'Océan pacifique

A. *Imperforés.* — *Madréporaires à muraille et cloisons compactes, imperforées. Cloisons bien développées.*

Flabellum. — *Turbinolia.* — *Caryophyllia.* Vulgairement « OEillets de mer ». — *Oculina.* O. *virginea,* vulgairement « Corail blanc » était employé autrefois en médecine. — *Euphyllia.* — *Meandrina.* — *Astræa.* — *Fungia.*

B. *Perforés.* — *Madréporaires à muraille et cloisons criblées de pores. Cloisons rudimentaires.*

Astroïdes. — *Dendrophyllia.* — *Madrepora.* — *Porites.*

Fig. 503. — Astroïdes.

Fig. 504. — Actinie.

B. Malacodermés (μάλαχος, mou ; δέρμα, peau). — *Hexa-coralliaires à corps dépourvu de parties solides.*

A. *Actinidés* (ἀκτίς. rayon). — *Polypes à cloisons nombreuses.*

et l'Océan indien, sur une zone ne dépassant pas 30 degrés de latitude, de chaque côté de l'Équateur. Leur croissance est rapide et donne naissance à trois sortes de récifs : 1° les *récifs côtiers ;* 2° les *récifs en barrière ;* 3° les *récifs annulaires* ou *atolls* (d'un mot de langue maldive). Les récifs côtiers entourent les côtes et forment des terrasses étendues, terminées du côté de la mer par un bord abrupt. Les récifs en barrière diffèrent des précédents, en ce qu'ils sont séparés de la terre ferme par un canal profond (*lagune*). Enfin les atolls sont des récifs annulaires entourant une lagune et ordinairement ouverts du côté sous le vent. On n'est pas d'accord sur le mode de formation des récifs coralliaires que les uns (Darwin) expliquent par l'affaissement lent et les autres (naturalistes du *Challenger*) au contraire, par l'élévation lente du fond de l'Océan. Quoi qu'il en soit, quand un atoll est constitué, il arrête les objets flottants et reçoit, avec les déjections des Oiseaux, des graines qui, en couvrant l'île de verdure, la rendent bientôt habitable.

Polypes charnus, pour la plupart solitaires et hermaphrodites, pouvant se fixer, ramper ou nager librement. Dans quelques Actinies, des organes de défense (*aconties*) constitués par de longs filaments urticants, blancs ou violets, partent des bords libres des cloisons et peuvent être lancés au dehors par la bouche ou par des ouvertures (*cinclides*) percées dans la paroi du corps. Les cinclides laissent aussi s'échapper de l'eau, quand l'Animal se contracte. ,

Cerianthus. Corps allongé, à extrémité inférieure percée d'un pore et s'enfonçant dans le sable. — Zoanthes (*Zoanthus*). Polypes agrégés. — *Thalassianthus.* Tentacules composés, rameux ou papillifères. — Actinies (*Actinia*). Tentacules simples, rétractiles ; pied discoïde. L' « Anémone de mer » *A. equina* est d'un beau pourpre. *A. edulis*, de couleur verte, se mange aux environs de Nice. *A. coriacea*, vulgairement « Cul de mulet », se vend, pendant l'hiver, sur le marché de Rochefort. — *Minyas.* Disque pédieux en forme de bourse, servant à la natation.

B. *Edwarsidés* (dédié à *Milne Edwards*). — *Polypes à huit cloisons et un plus grand nombre de tentacules.*

Edwarsies (*Edwardsia*). Corps charnu, divisé en deux parties, l'antérieure coriace, la postérieure molle. Petits Polypes solitaires, rampant lentement sur le sol.

C. Antipathaires (ἀντί, contre ; πάθος, douleur). — *Hexacoralliaires à écorce molle entourant un axe corné.*

Antipathes. 6 tentacules très courts ; axe noir ramifié « Corail noir » ; a passé longtemps pour un remède souverain contre toutes les douleurs. — *Gerardia.* 24 tentacules.

Octocoralliaires (1) (ὀκτώ, huit ; κοράλλιον, corail). — *Coralliaires à 8 tentacules bipennés.*

Polypes vivant le plus souvent en colonies homomorphes et à sexes séparés, munis de huit replis mésentéroïdes et d'autant de loges dont chacune est surmontée d'un tentacule bipenné ; très rarement solitaires (*Haimea*). Les formations calcaires des téguments constituent tantôt des spicules épars, tantôt des polypiers cornés ou pierreux ne présentant jamais de cloisons calcifiées.

(1) Appelés encore *Octactiniaires* ou *Alcyonaires.*

A. Tubiporidés *(tubus,* tube ; *porus,* pore). — *Octocoralliaires à polypier formé de tubes calcaires parallèles et
unis par des lamelles horizontales.*

Tubipores (*Tubipora*). « Orgues de mer ». Polypiers
généralement colorés en rouge, dont les tubes correspondent aux murailles des Madréporaires. *T. musica ;* mer
des Indes.

B. Hélioporidés (ἥλιος, soleil; πόρος, pore). — *Octocoralliaires à polypier calcaire compacte, à cavités traversées par
des lamelles transversales.*

Héliopores (*Heliopora*); mers du Sud.

C. Gorgonidés (*Gorgone,* nom mythol.). — *Octocoralliaires fixés, à polypier constitué par un axe corné ou calcaire.*

Corail (*Corallium rubrum*). Axe pierreux, rouge, rameux, inarticulé (1), revêtu d'une écorce renfermant des
sclérites qui donnent au sarcosome une coloration rouge
sur laquelle se détachent les Polypes très rétractiles et
d'un blanc éclatant. Ceux-ci furent pris pour des fleurs,
jusqu'en 1725, époque à laquelle leur animalité fut démontrée (Peyssonnel). Le sarcosome renferme deux sortes
de vaisseaux; les uns, longitudinaux et parallèles, sont
appliqués contre l'axe, sur lequel ils impriment leur trajet; les autres forment un réseau irrégulier dans l'épaisseur de l'écorce (Lacaze-Duthiers). Autrefois employé
comme tonique, absorbant et aphrodisiaque, le Corail ne
sert plus aujourd'hui, en médecine, que pour la confection
de poudres dentifrices. Surtout répandu dans la Méditerranée, où il se développe à la face inférieure des rochers
et est l'objet d'une pêche extrêmement pénible. — *Isis.*
Axe articulé, formé alternativement de cylindres calcaires

(1) Le polypier est la partie utilisée pour la fabrication des bijoux.
Il est habituellement d'un rouge vif, mais sa teinte varie beaucoup,
depuis le blanc jusqu'au noir (variété cadavérique produite par l'acide
sulfhydrique résultant de la putréfaction) ; le plus estimé est le corail
rose (*peau d'ange*) qui provient surtout de Dalmatie. Composé essentiellement de carbonate de chaux et d'un peu de carbonate de magnésie, le Corail doit probablement sa coloration à la quantité plus ou
moins considérable d'oxyde de fer qu'il renferme.

et cornés. — *Briarium*. Axe formé de spicules calcaires non soudés. — *Gorgonella*. Axe. lamelleux, calcaire. — *Gorgonia*. Axe corné; polypier ramifié. — *Rhipidigorgia*. Polypier cornéocalcaire, en éventail « Éventail de mer ».

D. PENNATULIDÉS· (*penna*, plume). — *Octocoralliaires en colonies autour d'une tige libre et terminée par un pivot qui peut s'enfoncer dans le sable. Le plus souvent un axe corné.*

Habituellement phosphorescents et dimorphes (des individus neutres, à côté des sexués).
Vérétilles (*Veretillum*). « Verges de mer »; tige cylindrique. — Pennatules (*Pennatula*). « Plumes de mer »; dimensions et aspect d'une plume d'Autruche. — Virgulaires (*Virgularia*). Très longues baguettes pourvues d'un axe calcaire.

E. ALCYONIDÉS (ἅλς, mer; κύων, qui fait ses petits). — *Octocoralliaires fixés et entièrement charnus.*

Alcyons (*Alcyonium*). « Mains de mer »; masses ramifiées, lobulées ou digitées. — Cornulaires (*Cornularia*). Réunis en petit nombre à la surface d'une expansion crustiforme. — *Haimea*. Isolés.

Fig. 505. — VÉRÉTILLE.

CHAPITRE XIV

EMBRANCHEMENT DES SPONGIAIRES

SPONGIAIRES ou **ÉPONGES**(1)(*spongia*, éponge).
— *Animaux aquatiques, à corps percé de nombreux orifices, les uns petits* (pores) *servant à l'entrée de l'eau, les autres larges* (oscules) *servant à sa sortie.*

Animaux composés d'éléments cellulaires agglutinés, ordinairement soutenus par des productions cornées, calcaires ou siliceuses. Ces productions (*spicules*), de formes très variées, maintiennent les diverses parties de

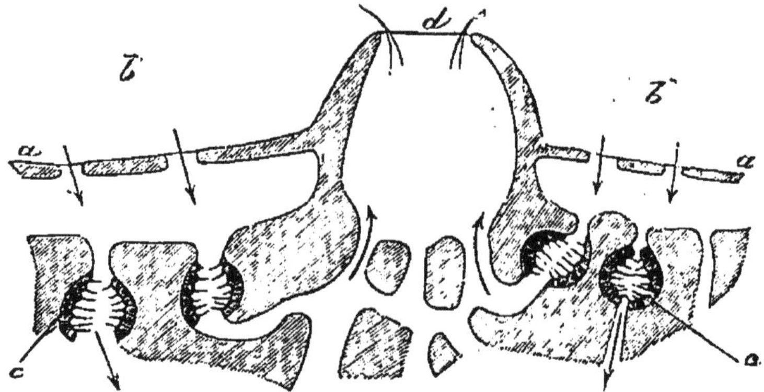

Fig. 506. — Spongille (coupe schématique).

a,a, couches superficielles; *b,b*, pores inhalants; *c,c*, corbeilles vibratiles; *d*, oscule.

l'Éponge solidement unies. Elles servent aussi de moyens de défense; enfin, quelquefois, elles prennent un tel développement que, sous la forme d'un câble ou d'une longue chevelure, elles fixent l'Éponge sur le sol et l'amarrent aux corps environnants. La forme individuelle la plus simple d'une Éponge est celle d'une urne criblée de petits trous (*pores*), fixée par sa base et pourvue d'une large ouverture (*oscule*) à l'extrémité libre. Les pores

(1) Appelés encore *Porifères*.

Carlet. — *Zool. méd.*   35

conduisent dans des *canaux afférents* communiquant eux-mêmes avec des cavités ciliées en forme d'ampoules (*corbeilles vibratiles*) d'où partent des *canaux efférents* qui débouchent dans une cavité centrale. Celle-ci constitue simplement un réservoir d'expulsion et non une cavité digestive, comme chez les Cœlentérés. Les Spongiaires diffèrent encore de ces derniers par l'absence de symétrie rayonnée, de tentacules et de nématocystes. La paroi d u corps se compose de l'ectoderme, du mésoderme et de l'entoderme. L'*ectoderme* est un revêtement de cellules ordinairement pavimenteuses. Le *mésoderme* forme le parenchyme de l'Éponge et est essentiellement composé de cellules amœboïdes ; il se montre tantôt hyalin et gélatineux (Myxosponges), tantôt renforcé de fibres cornées ou de spicules, soit siliceux, soit calcaires, libres ou cohérents. L'*entoderme* est constitué généralement par des cellules flagellées. L'eau circule à travers l'Éponge, sous l'influence des corbeilles vibratiles ; elle entre par les pores, traverse les canaux afférents, les chambres ciliées, les canaux efférents, arrive dans la cavité centrale et sort par l'oscule, après avoir fourni à l'Animal l'oxygène et les aliments nécessaires. Le bourgeonnement transforme une Éponge simple en Éponge composée ; quelquefois aussi des Éponges forment une colonie par le simple rapprochement d'individus primitivement isolés. Dans ces deux cas, le nombre des oscules est ordinairement inférieur à celui des membres de la colonie, par suite de la fermeture de quelques oscules ou de la fusion de plusieurs d'entre eux en un seul. Les Éponges peuvent aussi se produire par division (un individu se fractionnant en deux ou plusieurs morceaux qui continuent à vivre indépendants) ou par gemmules. Les *gemmules* sont des sphérules protoplasmiques entourées d'une membrane soutenue par des spicules. Au printemps, la coque de la gemmule se déchire et son contenu va former de nouvelles Éponges. La reproduction sexuée s'observe dans tous les groupes : les éléments sexuels abondent dans le mésoderme, entre les corbeilles vibratiles du système canaliculaire. Les ovules offrent des mouvements lents (*mouvements amœboïdes*) ; les spermatozoïdes présentent une tête et une queue bien distinctes. Après la fécondation, l'œuf donne naissance à une larve ciliée qui s'échappe par l'oscule, nage pendant quelque temps, puis se fixe, pour devenir une nouvelle Éponge. Les colonies sont généralement dioïques. A part *Spongilla* et quelques genres américains d'eau douce, les Éponges sont marines.

Elles renferment toujours des corps étrangers et souvent des parasites.

3 classes distinguées d'après la nature ou l'absence du squelette.

SPONGIAIRES.
{ Un squelette { calcaire .... CALCISPONGES.
{ corné ou siliceux... FIBROSPONGES.
{ Pas de squelette.............. MYXOSPONGES.

§ I. — *Classe des Calcisponges.*

CALCISPONGES (*calx*, chaux ; *spongia*, éponge). — *Éponges marines, simples ou agrégées, à squelette formé de spicules calcaires* (Éponges calcaires).

Éponges le plus souvent incolores, quelquefois colorées en rouge, isolées ou agrégées. Spicules calcaires, tantôt simples, tantôt en forme d'étoiles à 3 ou 4 rayons. Jamais de spicules siliceux.

Syconides (σῦχον, figue). — *Calcisponges à paroi épaisse, percée de larges canaux rectilignes.*

Sycon. Aspect de petits Radis blancs. *S. ciliata;* Atlantique. *S. raphanus ;* Adriatique.

Leuconides (λευχός, blanc). — *Calcisponges à paroi épaisse, traversée de canaux irrégulièrement ramifiés et anastomosés.*

Leuconia.

Asconides (ἀσχός, outre). — *Calcisponges à paroi mince percée de pores inconstants.*

Ascandra. — Olynthus. — Ascaltis.

§ II. — *Classe des Fibrosponges.*

FIBROSPONGES (*fibra*, fibre ; *spongia*, éponge). — *Éponges à squelette corné ou siliceux, jamais calcaire* (Éponges fibreuses).

Hexactinellides (ἔξ, six; ἀκτίς, rayon). — *Fibro*

Fig. 507. — Éponges calcaires.

1, *Olynthus* ; 2, spermatozoïdes ; 3, 4, cellules flagellifères ; 5, œuf;
6, coupe d'*Ascaltis*.

sponges à charpente treillissée, formée par des spicules siliceux 6 radiés (Éponges de verre).

En outre des spicules à 6 branches, on trouve souvent encore des spicules en forme d'ancre et des spicules en bouton double (*amphidisques*). La plupart de ces Éponges appartiennent aux grands fonds, mais ne dépassent guère 2000 mètres, se maintenant ainsi dans les régions supérieures de la faune abyssale.

Euplectelles (*Euplectella*). L'Euplectelle arrosoir ou « Corbeille de Vénus » (*E. aspergillum*), des Philippines, est la plus élégante de toutes les Éponges ; elle a la forme d'une corne d'abondance en cristal, à corps treillagé, dont la pointe se perd dans une touffe de délicats fils fixateurs et dont l'ouverture est fermée par une sorte de pomme d'arrosoir. — *Aphrocallistes.* Aspect d'une urne à parois plissées et à ouverture fermée par un crible. — *Pheronema.* Aspect d'un élégant nid d'Oiseau, soutenu par une masse de fins spicules, semblables à du verre filé. — *Hyalonema.* Éponges cylindriques ou coniques dont la partie inférieure, en forme de torsade de verre « fouet de mer », se décompose, à l'extrémité, en un grand nombre de fils, pour maintenir la colonie au fond de la mer.

Tétractinellides (τετρά:, quatre). — *Fibrosponges à charpente compacte, formée par des spicules siliceux à 4 rayons* (Éponges de pierre).

Les spicules ont aussi quelquefois la forme d'ancres. *Corallistes. — Ancorina. — Geodia.*

Monactinellides (μόνος, seul). — *Fibrosponges à spicules siliceux non cohérents et le plus souvent à un seul axe.*

Axinella. Éponges résistantes, plus ou moins cylindriques. — *Vioa.* Éponges perforantes s'établissant quelquefois sur les coquilles des Huîtres et causant des dégâts plus ou moins considérables dans les huîtrières. — *Chondrosia.* Éponges à consistance de caoutchouc ; quelquefois dépourvues de spicules siliceux. — *Spongilla.* Éponges d'eau douce ; formant des revêtements d'un gris verdâtre sur les parties immergées des piles de pont, des portes d'écluses et des bois flottés.

Cératospongides (χέρα:, corne). — *Fibrosponges à charpente de fibres cornées dans lesquelles se trouvent parfois des spicules siliceux* (Éponges cornées).

Les fibres cornées sont constituées par une substance azotée spéciale (*spongine*) et les corpuscules siliceux ou les grains de sable qui s'y trouvent doivent être considérés comme des corps étrangers.

Les Éponges employées en médecine et dans l'industrie ont été décrites sous le nom collectif d'*Euspongia officinalis;* mais elles appartiennent, en réalité, à plusieurs espèces. *E. equina* « Éponge de Cheval » est l'Éponge commune, grossière, creusée de larges cavités, consacrée aux usages domestiques et employée pour le pansage des Chevaux; nord de l'Afrique. *E. communis.* « Éponge de Marseille » ou Éponge brune; de Barbarie. *E. zimocca.* Éponge fine, de l'Archipel. *E. mollissima.* Éponge fine en forme de coupe, de Syrie; réservée pour la toilette et la chirurgie. Celle-ci emploie l'*Éponge préparée à la gomme*, l'*Éponge préparée à la cire* et surtout l'*Éponge préparée à la ficelle*, pour dilater des orifices naturels ou accidentels. En médecine, la grande quantité d'iode que renferment les Éponges les a fait employer comme remède contre le goître.

§ III. — *Classe des Myxosponges.*

MYXOSPONGES (μύξα, mucosité; σπόγγος, éponge). — *Éponges marines sans aucune production squelettique* (Éponges muqueuses *ou* gélatineuses).

Halisarca. Masses spongieuses, molles, sans spicules; recouvrant les rochers de nos côtes d'incrustations d'un beau violet.

CHAPITRE XV

PROTOZOAIRES

Quelques auteurs continuent à décrire comme des Animaux des êtres dont la nature animale n'est nullement démontrée. Ces êtres, dont on a formé un *embranchement des Protozoaires*, rentrent dans le *règne des Protistes* (voy. p. 4).

Les *Protistes* sont des êtres monocytodiques ou unicellulaires, quelquefois réunis en groupes. Ils n'offrent ni tissus ni organes véritables ; ils ne présentent jamais cette division du travail qui caractérise les organismes animaux ou végétaux. Leur corps ne se développe pas, comme celui des Animaux, aux dépens de feuillets blastodermiques et ne présente pas de couches cellulaires, comme celui des Végétaux.

Nous nous bornerons à résumer ici très rapidement les principaux caractères des Protozoaires et leur classification.

PROTOZOAIRES (πρῶτος, premier ; ζῶον, animal). — *Étres unicellulaires ou monocytodiques ; ne se reproduisant pas au moyen d'œufs et de spermatozoïdes ; se mouvant, soit rapidement, par l'action de cils vibratiles (au moins dans le jeune âge), soit lentement, à l'aide de prolongements protoplasmiques rétractiles* (pseudopodes).

3 classes :

PROTOZOAIRES.	**Cellulaires.**	Pas de pseudopodes.	INFUSOIRES.
		Des pseudopodes..	RHIZOPODES.
	Cytodiques.	Des pseudopodes...	MONÈRES.

Les Rhizopodes et les Monères, toujours pourvus de pseudopodes, sont quelquefois réunis sous la dénomination générale de *Pseudopodiens* ou de *Myxopodiens.*

Les individus les plus simples (Monères) sont constitués par une masse protoplasmique ou sarcodique, sans autre différenciation que des granulations plus ou moins nombreuses. Chez d'autres (Rhizopodes), on distingue un noyau à l'intérieur du protoplasma, celui-ci restant nu, tout en pouvant présenter à l'extérieur une couche plus dense (*ectosarc*) et même un test corné, calcaire ou siliceux. Le noyau peut être simple ou multiple et présenter lui-même un ou plusieurs nucléoles, soit à son intérieur, soit dans son voisinage. Le test est tantôt continu et le protoplasma fait corps avec lui ; tantôt perforé et le protoplasma peut se rétracter à l'intérieur ou au contraire diffluer à travers les vides du test qui, d'externe qu'il était primitivement, devient alors interne. Chez les plus élevés des Protozoaires (Infusoires), en outre du noyau, ou observe une véritable membrane d'enveloppe formant même quelquefois, autour d'elle, une *cuticule* qui atteint une plus grande solidité.

La *digestion* se fait très simplement. Les liquides pénètrent par simple absorption. Chez les Rhizopodes et les Monères, les particules alimentaires sont saisies par les pseudopodes, puis bientôt attirées par eux vers le centre du corps ou enveloppées par sa masse qui tantôt s'étale autour d'elles, tantôt se creuse de fossettes pour les recevoir ; quand la proie est digérée et assimilée, les résidus réfractaires sont évacués par la rétraction du corps. Les Infusoires tentaculifères (Acinétiens) présentent des prolongements filiformes et rétractiles terminés en bouton par une sorte de ventouse. Ces tentacules arrêtent la proie en se fixant sur elle ; puis la substance de la victime passe dans leur intérieur, sous forme de gouttelettes, et arrive ainsi dans le corps de l'Infusoire suceur. A part quelques rares exceptions (Opalines) où la cuticule très mince permet la nourriture par absorption, les Ciliés sont pourvus d'une bouche et d'un anus. La bouche est tantôt superficielle, tantôt située au fond d'une fossette (Vorticelles) et les cils y amènent les matières nutritives. Il n'y a jamais de tube digestif, de sorte que les aliments sont obligés de traverser la masse du corps (*endosarc*), avant de sortir par l'anus. Celui-ci n'est guère perceptible qu'au moment de l'expulsion des déjections ; rarement rapproché de la bouche (Vorticelles, Stentors), il occupe le plus souvent la partie postérieure du corps. On observe quelquefois un rudiment d'œsophage et un rudiment d'intestin (*Entodinium, Didinium*), mais nulle part on ne trouve un canal complet à parois propres.

La *circulation* se réduit à des courants intérieurs rendus visibles par le déplacement des granulations protoplasmiques ou des substances alimentaires. Chez les Monères et les Rhizopodes, cette circulation est entretenue par les contractions continuelles du corps; chez les Infusoires, elle a son point de départ dans le voisinage de la bouche et semble due à l'impulsion de l'eau par le jeu des cils vibratiles. Excepté chez les Monères, on observe dans la substance du corps (généralement dans l'ectosarc) des sortes de vésicules (*vacuoles pulsatiles*) tantôt passagères, tantôt persistantes, dont les mouvements présentent un certain rythme. Ces espaces clairs, qui apparaissent et disparaissent alternativement, se remplissent (*diastole*) ou se vident (*systole*) d'un liquide transparent où l'on a pu déceler la présence d'un acide, par l'emploi des réactifs.

Les vacuoles pulsatiles ont été considérées tour à tour comme affectées à la circulation ou à l'excrétion ; peut-être aussi cumulent-elles ces deux fonctions.

La *respiration* n'est localisée dans aucun organe spécial et paraît se produire sur toutes les parties du corps.

La *reproduction* s'effectue par scissiparité, gemmiparité, conjugaison et sporogonie, quelquefois même par le cumul de deux ou trois de ces procédés. Les deux modes de reproduction par scissiparité et gemmiparité nous sont déjà connus (*voy.* p. 49) et ne diffèrent pas de ceux qu'on observe dans le règne animal ; la conjugaison et la sporogonie rappellent au contraire les modes de reproduction qu'on observe chez les Algues. La *conjugaison* consiste dans l'union de deux individus semblables extérieurement. Elle peut s'opérer sur tous les points du corps, mais particulièrement sur la face ventrale, quand celle-ci est saisissable, comme chez un certain nombre d'Infusoires. Les phénomènes d'altération et de division du noyau, qui suivent ce rapprochement, ne sont pas encore assez connus pour que nous en parlions ici. La *sporogonie* ou *reproduction par spores* s'observe chez quelques Rhizopodes et chez quelques Monères ; elle a été bien étudiée (HÆCKEL ; CIENKOWSKI). Quand certaines Monères sont sur le point de se reproduire, elles rétractent leurs pseudopodes et prennent la forme d'une sphère dont la couche extérieure plus dense constitue une sorte d'enveloppe. Le protoplasma se segmente ensuite en quatre (*Vampyrella*) ou en un grand nombre (*Proto-myxa*) de sphérules. Cette division effectuée, l'enveloppe se rompt en un point quelconque et laisse échapper les petites masses protoplasmiques auxquelles on a donné le nom de *spores*. Chacune de celles-ci devient piriforme, puis son extrémité s'allonge en filament ou *flagellum*. Cette forme flagellifère se transforme bientôt en un être semblable à celui qui lui a donné naissance. Quelquefois (*Protomonas*), un certain nombre de ces corpuscules amœboïdes se fusionnent pour reconstituer, par leur réunion, l'être qui a servi de point de départ. Chez les Radiolaires, Rhizopodes caractérisés par la présence d'une capsule centrale, la reproduction se fait souvent aussi par sporogonie ; le contenu de la capsule se divise en une multitude de corps sphéroïdaux qui se comportent comme les spores des Monères dont ils ne diffèrent que par la présence d'un noyau et parfois d'une concrétion minérale d'aspect cristallin. Rien, dans l'état actuel de la science, n'autorise à considérer la génération sexuelle comme existant chez les Protozoaires. Souvent aussi ces êtres s'enkystent, autrement dit sécrètent autour d'eux une coque qui les protège contre les causes de dessiccation et de destruction. L'enkystement est, en général, suivi d'une scission qui sépare l'individu en un certain nombre d'êtres qui deviennent libres par rupture du kyste. Les procédés si variés de reproduction des Protozoaires expliquent leur résistance et leur multiplication si rapide dans les milieux qu'ils habitent.

Les Protozoaires sont nus ou au contraire munis d'un *squelette* soit calcaire, soit siliceux, présentant une très grande régularité en opposition avec la variabilité de formes qu'offre le protoplasma. Quelques Infusoires (Vorticelles, Stentors, Spirostomes) présentent des parties striées (*couche musculaire*) se rapprochant du muscle et éminemment contractiles. Parfois la cuticule présente des corpuscules cylindriques (*trichocystes*) projetant au dehors de très fins filaments qui servent à l'attaque ou à la défense.

La *locomotion* se fait soit par l'émission des pseudopodes (Rhizopodes et Monères), soit par le battement des cils vibratiles ou les contractions de la couche musculaire (Infusoires).

Le genre de vie des Protozoaires est extrêmement varié. Les uns vivent dans l'eau douce, les autres dans la mer ; quelques-uns se trouvent dans les matières organiques en décomposition.

§ I. — *Classe des Infusoires.*

INFUSOIRES (êtres se développant dans les infusions végétales et animales). — *Protozoaires apseudopodiens, à corps limité par une cuticule, ciliés (au moins dans le jeune âge), munis d'un ou de plusieurs noyaux et nucléoles, d'une ou de plusieurs vacuoles contractiles, d'une bouche ou de suçoirs rétractiles.*

Ciliés. — *Infusoires à corps muni de cils vibratiles, au moins autour de la bouche.*

A. HYPOTRICHES (ὑπο, sous ; θρίξ, poil). — *Infusoires bilatéraux, à face dorsale convexe, à face ventrale concave, portant la bouche et des cils plus ou moins modifiés en soies ou griffes.*

Stylonychia. — Oxytricha. — Euplotes. — Chilodon.

B. HOLOTRICHES (ὅλος, tout entier). — *Corps couvert de cils tous semblables, courts et fins.*

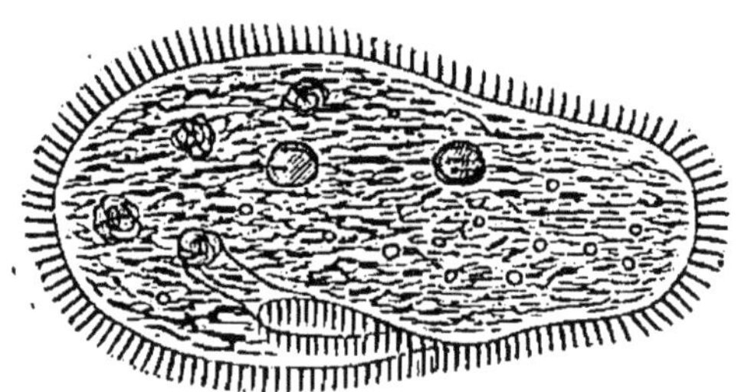

Fig. 508. — PARAMÉCIE (Infusoire cilié).

Paramœcium. — Trachelius. — Colpoda. — Opalina.

C. HÉTÉROTRICHES (ἕτερος, différent). — *Corps couvert de cils très fins, présentant, autour de la bouche, une rangée de cils longs et rigides disposés sur une ligne droite ou spirale.*

Spirostomum. —· Stentor. — Bursaria. — Balantidium. B. coli est le seul Infusoire qui ait été, jusqu'à présent, rencontré en parasite chez l'Homme. Il se trouve dans le gros intestin et paraît transmis à l'Homme par le Porc. On ne l'a observé que dans des cas de maladie, en Suède et en Russie. On ne l'a pas encore signalé en France, en Allemagne ou en Angleterre; cependant il a été trouvé chez les ouvriers du Saint-Gothard atteints de l'anémie des mineurs.

D. PÉRITRICHES (περί, autour). — *Corps ordinairement cylindrique et nu, avec une zone de longs cils autour de la bouche.*

A. *Nageurs.*
Didinium. — Urocentrum. — Urceolaria. — Entodinium.

B. *Sédentaires* ou *Fixés.*
Vorticella. — *Vaginicola.* — *Ophrydium.*

Acinétiens (ἀκίνητος, immobile). — *Infusoires tentaculifères, dépourvus de cils à l'âge adulte.*

Parasites sur d'autres Infusoires. Tentacules rarement ramifiés, servant de suçoirs.

A. THÉCACINÉTIENS (θήκη, coffre). — *Corps enveloppé d'une carapace incomplète, hyaline.*

Acineta. — *Urnula.* — *Calix.*

B. GYMNACINÉTIENS (γυμνός, nu). — *Corps nu.*

Dendrocometes. — *Ophryodendron.* — *Podophrya.* — *Sphærophrya.* — *Trichophrya.*

§ II. — *Classe des Rhizopodes.*

RHIZOPODES (ῥίζα, racine; πούς, pied). — *Protozoaires pseudopodiens et nucléés.*

Corps dépourvu de membrane d'enveloppe et de bouche; munis, le plus souvent, d'un squelette calcaire ou siliceux et parfois de vacuoles contractiles ou non. Les pseudopodes servent à la locomotion et à la préhension de la proie; ils peuvent être larges et courts, grêles et longs, rigides ou mous, simples ou rameux ou filamenteux et susceptibles de se fusionner par le contact.

Radiolaires (*radius*, rayon). — *Rhizopodes marins, munis d'une ou de plusieurs capsules centrales et le plus souvent d'un squelette organique ou siliceux de forme radiaire.*

La capsule centrale est membraneuse et percée de trous; elle contient une partie du protoplasma (*endosarc*), extérieure à la capsule, renferme de petites vésicules jaunes qui ne sont autre chose que des Algues unicellulaires parasites des Radiolaires; elle émet de très nom-

breux pseudopodes radiés et ordinairement anastomosés.
Généralement des vacuoles non contractiles et un sque-

Fig. 509. — Radiolaires.

1, *Arachnocorys*; 2, *Amphilonche*; 3, *Acanthometra*.

lette siliceux constitué par des baguettes disposées suivant des rayons ou formant une capsule treillagée.
Vivent à la surface de la mer; après la mort, leur sque-

lette tombe au fond de la mer et contribue à en former le sol.

A. Polycytariens (πολύς, nombreux; κύτος, cavité). — *Radiolaires sociaux, à plusieurs capsules centrales.*

Collosphœra. Un squelette. — *Collozoum.* Pas de squelette.

B. Monocytariens (μόνος, seul). — *Radiolaires isolés, pourvus d'une seule capsule centrale.*

A. *Entolithidés* (ἐντός, dedans; λίθος, pierre). — *Squelette formé de deux parties, l'une extracapsulaire, l'autre intracapsulaire.*
Lithelius. — *Trematodiscus.* — *Lithocyclia.* — *Rhizosphœra.* — *Dorataspis.* — *Acanthometra.* — *Amphilonche.*
B. *Ectolithidés* (ἐκτός, dehors). — *Squelette extracapsulaire ou nul.*
Aulosphœra. — *Heliosphœra.* — *Arachnocorys.* — *Aulacantha.* — *Thalassicola.* Pas de squelette.

Héliozoaires (ἥλιος, soleil; ζῷον, animal). — *Rhizopodes sans capsule centrale, à corps nu ou muni d'un squelette, soit chitineux, soit siliceux; émettant des pseudopodes rayonnés.*

Généralement d'eau douce, à protoplasma différencié en entosarc et ectosarc; présentant des vacuoles contractiles; à pseudopodes droits, munis le plus souvent d'un axe rigide.
Pinacocystis. — *Actinosphœrium.* — *Actinophrys.*

Foraminifères (*foramen*, trou; *ferre*, porter). — *Rhizopodes ordinairement enveloppés d'un test chitineux, arénacé ou calcaire; émettant des pseudopodes filamenteux, anastomosés.*

Pas de vésicules pulsatiles. La coquille peut présenter une seule chambre munie d'une large ouverture (*Monothalames*) ou plusieurs chambres diversement disposées, mais communiquant toutes entre elles (*Polythalames*).

Presque tous marins; vivent soit à la surface, soit sur le
fond de la mer; ont joué un rôle important dans la for-

Fig. 510. — Foraminifères.

1, *Miliola* ; 2, *Rotalia* ; 3, *Cornuspira*.

mation des roches. « Plus un être est petit, plus sa dépouille
occupe de place dans l'univers. »

A. Perforés. — *Coquille calcaire criblée de pores par lesquels s'effectue l'émission des pseudopodes.*

Polystomella. — Rotalia. — Globigerina. — Orbulina.

B. Imperforés. — *Une seule ouverture, simple ou en crible, par laquelle passent les pseudopodes.*

Alveolina. — Miliola. — Cornuspira. — Gromia.

Amœbiens (ἀμοιϐή, changement). — *Rhizopodes émettant des pseudopodes ordinairement larges, lobés, à contours nets, non anastomosés.*

Souvent des vacuoles pulsatiles. Habitent les eaux douces ou salées ; se rencontrent quelquefois dans la terre et dans les matières organiques en décomposition.

A. Thécamoebiens (θήκη, coffre). — *Corps revêtu d'une enveloppe partielle.*

Arcella. — Quadrula. — Difflugia.

B. Gymnamoebiens (γυμνός, nu). — *Corps nu.*

Amibes (*Amœba*). *A. princeps* vit dans l'eau douce renfermant des matières organiques en décomposition. *A.*

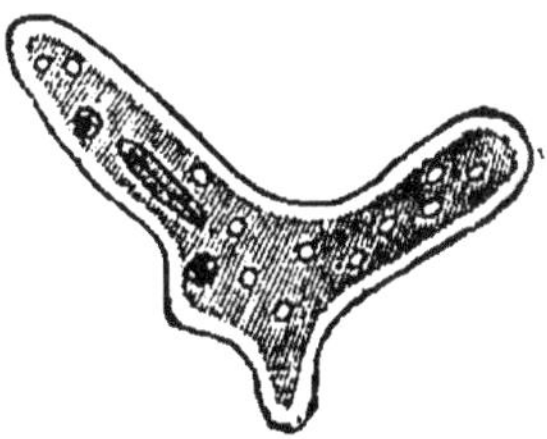

Fig. 511. — Amibe (deux formes).

coli a été observé dans l'intestin d'individus atteints de dysenterie, de choléra, ou de simple diarrhée. *A. vaginalis* a été signalé dans le vagin et la vessie d'une jeune fille morte de tuberculose. *A. buccalis* se trouve quelquefois dans le tartre dentaire.

§ III. — *Classe des Monères.*

MONÈRES (μονήρης, solitaire). — *Protozoaires pseudopodiens, sans noyau ni membrane.*

Vie aquatique ou existence parasite.

Fig. 512. — Protamœba.

Rhizomonères (ῥίζα, racine). — *Pseudopodes filamenteux, souvent anastomosés.*

Protomonas. — Protomyxa. — Protogenes.

Lobomonères (λοβός, lobe). — *Pseudopodes lobés, non anastomosés.*

Protamœba. Individus isolés. — *Pelobius*. Masses protoplasmiques, plus ou moins considérables (*plasmodie*), à
mouvements amœboïdes ; dans la boue des eaux douces.
— *Bathybius*. Plasmodies renfermant un grand nombre
de petits corpuscules calcaires (*coccolithes*); trouvées
dans la vase calcaire des mers profondes. — *Protobathy-
bius*. Plasmodies homogènes et visqueuses affectant la
forme de réseaux à larges mailles, parcourues par des
courants de granulations; dans la vase des mers polaires.

FIN.

TABLE DES MATIÈRES

ERRATA

—

PAGES	LIGNES	AU LIEU DE :	LISEZ.
51	33	*voovivipares*	*ovovivipares*.
105	6	phrases.................	phases.
118	37	330 grammes de viande...	300 grammes de viande.
203	18 et 24	$\frac{0}{1}$	$\frac{1}{0}$
204	20	$\frac{1}{1}$	$\frac{2}{1}$
229	12 et 16	Cavicorne................	Autilopien.
253	34	*Rubicula*................	*Rubecula*.
258	31	*Palmedea*................	*Palamedea*.
284	1	*Ceratophys*	*Ceratophrys*.
298	42	postérieure.............	antérieure.
338	37	(*Monomvaires*),(*Dimvaires*)	(*Monomyaires*), (*Dimy-aires*).
455	13	*Sarcophoga*..............	*Sarcophaga*.
514	11	dans les	hors des.

La fig. 421, dont la légende a disparu, par suite d'un accident de tirage, représente une ARMADILLE.

6459-86. — CORBEIL. Imprimerie CRÉTÉ.

www.ingramcontent.com/pod-product-compliance
Ingram Content Group UK Ltd.
Pitfield, Milton Keynes, MK11 3LW, UK
UKHW022048120726
13694UKWH00001B/35